Technische Mathematik Metall

lernfeldorientiert

Hermann Brauchle
Frank Seyfried
Markus Strobel

4., überarbeitete Auflage

Handwerk und Technik – Hamburg

ISBN 978-3-582-46036-3 Best.-Nr. 3108

Die Normblattangaben werden wiedergegeben mit Erlaubnis des DIN Deutsches Institut für Normung e.V. Maßgebend für das Anwenden der Norm ist deren Fassung mit dem neuesten Ausgabedatum, die bei der Beuth Verlag GmbH, Burggrafenstraße 6, 10787 Berlin, erhältlich ist.

Verlag Handwerk und Technik GmbH,
Lademannbogen 135, 22339 Hamburg; Postfach 63 05 00, 22331 Hamburg – 2021
E-Mail: info@handwerk-technik.de – Internet: www.handwerk-technik.de

Satz: Reemers Publishing Services GmbH, 47799 Krefeld
Illustrationen: Hans-Hermann Kropf, 89428 Syrgenstein
Druck: Himmer GmbH Druckerei & Verlag, 86167 Augsburg

Vorwort

Das Fachbuch „Technische Mathematik Metall – lernfeldorientiert" ist ein Lehr- und Arbeitsbuch für die Metallberufe:

- Industriemechaniker/-innen
- Zerspanungsmechaniker/-innen
- Werkzeugmechaniker/-innen
- Feinwerkmechaniker/-innen
- Fertigungsmechaniker/-innen
- Fachkraft für Metalltechnik
- Maschinen- und Anlagenführer/-innen

Es ist in zwei Bereiche gegliedert:

1. Grundlagen mit systematischer Einführung in grundlegende mathematische bzw. technologische Sachverhalte, die vom Leichten zum Schweren, vom Einfachen zum Zusammengesetzten führen.
Es wurde besonderer Wert auf Übungsaufgaben mit mittlerem Schwierigkeitsgrad gelegt, damit das notwendige Üben – auch in Form von Hausaufgaben oder Distanzunterricht – möglich ist. Je nach Vorkenntnissen kann im Präsenzunterricht sowohl ein lehrergeführter Unterricht als auch selbstständige Einzel- oder Gruppenarbeit durchgeführt werden. Zahlreiche Skizzen erleichtern das Erfassen der Problemstellung.

2. Projekte mit didaktisch ausgewählten, auftragsorientierten Lernsituationen.
Projekte mit mathematischen Inhalten ermöglichen in besonderem Maße handlungsorientiertes Vorgehen, z. B. beim Planen des Lösungsweges, bei der Berechnung der Zahlenwerte, bei der Bewertung der Ergebnisse und bei der Präsentation der Lösung durch die Auszubildenden / Schüler und Schülerinnen. Gemäß den bundeseinheitlichen Rahmenplänen ist die Nutzung technischer Informationsquellen von besonderer Bedeutung. Die Projekte und Aufgaben erfordern eine Wertermittlung aus Tabellenbüchern (Abkürzung: TB), wobei die Werte variieren können. Deshalb ergeben sich auch mehrere mögliche Lösungen. Um die Projekte vom Grundlagenteil abzugrenzen, haben diese ein P als Kennzeichnung vor der Nummerierung. Projekte mit derselben Nummer sind entweder lernfeld- oder lernsituationsbezogen (teilweise nur für einzelne Ausbildungsberufe passend) zusammengefasst.

Für Anregungen, Kritik und konkrete Korrekturhinweise sind die Autoren und der Verlag stets dankbar. Gerne können Sie uns diese zukommen lassen.

Autoren und Verlag

Inhalt

Teil A **Grundlagen**

Teil B **Mathematisch orientierte Projekte zu den Lernfeldern**

Teil A
Grundlagen

1 Größen und Einheiten

Im internationalen Einheitensystem SI (Système international d' unités) sind Basisgrößen und Basiseinheiten für physikalische Merkmale wie z. B. Länge, Zeit, Temperatur u. a. festgelegt. Die wichtigsten Basisgrößen für die Metalltechnik sind:

Basisgröße	Länge	Masse	Zeit	elektrische Stromstärke	thermodynamische Temperatur
Basiseinheit	**Meter**	**Kilogramm**	**Sekunde**	**Ampere**	**Kelvin**
Kurzzeichen	m	kg	s	A	K

Aus den Basisgrößen wurden folgende Größen und Einheiten abgeleitet (kohärente Einheiten):

Abgeleitete Größe	Kraft	Druck	Energie (Arbeit)	Leistung	Elektrische Spannung
Einheit	**Newton**	**Pascal**	**Joule**	**Watt**	**Volt**
Kurzzeichen	N	Pa	J	W	V
Beziehung	$1\ N = 1\ \frac{kg \cdot m}{s^2}$	$1\ Pa = 1\ \frac{N}{m^2}$	$1\ J = 1\ N \cdot m$	$1\ W = 1\ \frac{J}{s}$	$1\ V = 1\ \frac{W}{A}$

Durch Veränderung der Zahlenfaktoren ergeben sich nicht direkt abgeleitete Einheiten (nicht kohärente Einheiten):

Größe	Zeit	Zeit	Masse	Druck	Volumen
Einheit	**Minute**	**Stunde**	**Tonne**	**Bar**	**Liter**
Kurzzeichen	min	h (lateinisch: hora)	t	bar	l
Beziehung	1 min = 60 s	1 h = 60 min 1 h = 3 600 s	1 t = 1 000 kg	1 bar = 100 000 Pa $= 10\ \frac{N}{cm^2}$	$1\ l = 1\ dm^3$ $1\ l = 0{,}001\ m^3$

Zur besseren Überschaubarkeit des Zahlenwertes einer Einheit dürfen dezimale Vielfache (Vergrößerungen) und Teile (Verkleinerungen) verwendet werden.

Vorsatz		Faktor	
M	Mega	millionenfach	$10^6 = 1\,000\,000$
k	Kilo	tausendfach	$10^3 = 1\,000$
h	Hekto	hundertfach	$10^2 = 100$
da	Deka	zehnfach	$10^1 = 10$

Vorsatz		Faktor	
d	Dezi	Zehntel	$10^{-1} = 0{,}1$
c	Zenti	Hundertstel	$10^{-2} = 0{,}01$
m	Milli	Tausendstel	$10^{-3} = 0{,}001$
µ	Mikro	Millionstel	$10^{-6} = 0{,}000\,001$

Aufgaben zur Umrechnung von Einheiten

1.1 Rechnen Sie die Zahlenwerte in Einheiten ohne Vorsatz um.

a) 15,4 dm
b) 45 cm
c) 760 mg
d) 1 280 µm
e) 0,058 MW
f) 0,362 km
g) 8,6 hl
h) 6,2 dag

1.2 Rechnen Sie die Einheiten um.

a) 76 mg = ? dag
b) 200 mW = ? W
c) 132 kW = ? MW
d) 1 023 mbar = ? bar
e) 750 mg = ? cg
f) 52 dag = ? kg
g) 16,2 Mg = ? kg
h) 1,4 kN = ? MN

1.3 Rechnen Sie folgende Größen um.

Die Nullen sollen entfallen.

a) 157 000 m = ?
b) 25 000 N = ?
c) 12 000 mbar = ?
d) 1 600 000 daN = ?

Die Dezimalstellen sollen entfallen.

e) 0,005 W = ?
f) 0,003 kJ = ?
g) 0,063 MN = ?
h) 0,000 85 MJ = ?

1.4 Rechnen Sie die Zahlenwerte um.

Sie sollen zwischen 0,1 und 1000 liegen.

a) 18 500 Pa
b) 287 500 kJ
c) $94\ 750\ \frac{N}{m^2}$
d) 375 420 J
e) 0,003 7 kg
f) 0,008 71 t
g) 0,071 32 MW
h) 0,000 003 kA

1.5 Zahlenwert und Einheit physikalischer Größen

Folgende Zahlenwerte und Einheiten sind gegeben:
0,409 kW / 17,5 cm / 0,066 kV / 0,24 t / 0,048 km / 1 740 mV / 1 850 g / 0,008 MW

a) Bestimmen Sie mit dem Tabellenbuch zu jeder Einheit den Namen der physikalischen Größe.
b) Ordnen Sie in Tabellenform jeder physikalischen Größe die Maßeinheit ohne Vorsätze zu.
c) Wandeln Sie die Einheiten so um, dass ihre Zahlenwerte zwischen 0,1 und 1 000 liegen. Ergänzen Sie damit die Tabelle.

1.6 Umrechnen von Einheiten

a) 264 Ncm in Nm
b) $1\ 285\ \frac{daN}{cm^2}$ in $\frac{N}{mm^2}$
c) $90\ \frac{m}{s}$ in $\frac{m}{min}$
d) 356 t in Mg
e) 3 345 kg in t
f) $124{,}5\ \frac{kg}{m^3}$ in $\frac{g}{cm^3}$

1.7 Leistung eines Kraftwerks

Ein Kraftwerk erzeugt 1,26 GW elektrischen Strom. Bestimmen Sie mithilfe des Tabellenbuches:

a) das Formelzeichen und die Einheit der elektrischen Leistung,
b) die Bedeutung des Vorsatzes G,
c) die Umrechnung der Kraftwerksleistung in MW.

1.8 Abgeleitete Größe mit Zahlenwert und Einheit

Gegeben ist der Größenwert $p = \frac{0{,}2\ kN}{125\ mm^2}$.

a) Berechnen Sie den Zahlenwert für p in der Einheit $\frac{N}{mm^2}$.
b) Welche Bedeutung hat das Formelzeichen p laut Tabellenbuch?
c) Ermitteln Sie im Tabellenbuch eine Beziehung zwischen $\frac{N}{m^2}$ und bar.
d) Wandeln Sie den Zahlenwert in bar um.

2 Potenzen und Wurzeln

Potenzen

Werden gleiche Faktoren multipliziert, kann man dafür die abgekürzte Schreibweise der Potenz verwenden.

Exponent (Hochzahl) → 3; Potenz → 4^3; Basis (Grundzahl) → 4

$4^3 = 64$ — Potenzwert

$4^3 = 4 \cdot 4 \cdot 4 = 64$

Der Exponent gibt an, wie oft die Basis als Faktor anzuschreiben ist.

Beispiele:

$6^1 = 6 = 6$		
$3^2 = 3 \cdot 3 = 9$	sprich:	3 hoch 2 oder 3 im Quadrat
$2^3 = 2 \cdot 2 \cdot 2 = 8$	sprich:	2 hoch 3
$5^4 = 5 \cdot 5 \cdot 5 \cdot 5 = 625$	sprich:	5 hoch 4

Rechnen mit Potenzen

Beispiel:

Nur Potenzen mit gleicher Basis und gleichem Exponenten kann man **addieren** oder **subtrahieren**.

$3^2 + 3^2 = 2 \cdot 3^2$

$4^5 + 4^5 - 4^5 = 4^5$

Potenzen mit gleicher Basis werden **multipliziert**, indem man die Exponenten addiert und die Basis unverändert lässt.

$3^2 \cdot 3^3 = 3^{2+3} = 3^5$

$3 \cdot 3 \cdot 3 \cdot 3 \cdot 3 = 3^5$

$2^5 \cdot 2^3 = 2^8$

Potenzen mit gleicher Basis werden **dividiert**, indem man die Exponenten subtrahiert und die Basis unverändert lässt.

$\frac{3^5}{3^2} = 3^{5-2} = 3^3$

$\frac{3^5}{3^2} = \frac{\not{3} \cdot \not{3} \cdot 3 \cdot 3 \cdot 3}{\not{3} \cdot \not{3}} = \frac{3^3}{1} = 3^3$

Brüche werden **potenziert**, indem man Zähler und Nenner potenziert.

$\left(\frac{2}{5}\right)^2 = \left(\frac{2}{5}\right) \cdot \left(\frac{2}{5}\right) = \frac{2 \cdot 2}{5 \cdot 5} = \frac{2^2}{5^2}$

Eine Potenz mit dem Exponenten Null hat den Potenzwert 1.

$\frac{3^2}{3^2} = \frac{9}{9} = 1 \rightarrow \frac{3^2}{3^2} = 3^{2-2} = 3^0 = 1$

$\frac{b^3}{b^3} = b^{3-3} = b^0 = 1$

Potenzen mit negativen Exponenten bedeuten Kehrwerte.

$5^{-3} = \frac{1}{5^3} = \frac{1}{125}$; $\quad a^{-3} = \frac{1}{a^3}$; $\quad \text{min}^{-1} = \frac{1}{\text{min}}$

Zehnerpotenzen

Potenzen mit der Basis 10 heißen Zehnerpotenzen.

1 000	100	10	1	$\frac{1}{10} = 0{,}1$	$\frac{1}{100} = 0{,}01$
$10 \cdot 10 \cdot 10 = 10^3$	$10 \cdot 10 = 10^2$	10^1	10^0	$\frac{1}{10^1} = 10^{-1}$	$\frac{1}{10^2} = 10^{-2}$

Beispiele:

$56\,000 = 56 \cdot 1\,000 = 56 \cdot 10^3$

$0{,}056 = \frac{56}{1\,000} = \frac{56}{10^3} = 56 \cdot 10^{-3}$

Wurzeln

Die Umkehrung der Potenzrechnung ist das Wurzelziehen (Radizieren*). Es wird die Basis einer Potenz gesucht, von der sowohl der Potenzwert als auch der Exponent bekannt sind.

Wurzelexponent → 3; Wurzel → $\sqrt[3]{64}$; Radikand → 64

$\sqrt[3]{64} = 4$ — Wurzelwert

Beachten Sie:
1. Wurzeln mit dem Exponenten 2 heißen Quadratwurzeln.
2. Wurzeln mit dem Exponenten 3 heißen Kubikwurzeln.
3. Der Wurzelexponent 2 wird meist nicht geschrieben.

Beispiele: $\sqrt{4} = \sqrt[2]{4} = 2$; $\quad \sqrt{b^2} = \sqrt[2]{b^2} = b$; $\quad \sqrt[3]{27} = \sqrt[3]{3 \cdot 3 \cdot 3} = 3$

* radix (lateinisch) Wurzel

Rechnen mit Wurzeln

Nur Wurzeln mit gleichen Radikanden und gleichen Exponenten kann man addieren oder subtrahieren.

Wurzeln mit gleichem Exponenten werden multipliziert, indem man aus dem Produkt der Radikanden die Wurzel zieht.

Wurzeln mit gleichem Exponenten werden dividiert, indem man aus dem Quotienten der Radikanden die Wurzel zieht.

Potenzieren und Radizieren mit dem gleichen Exponenten heben sich auf.

Beispiele:

$\sqrt{5} + 2\sqrt{5} = 3\sqrt{5}$

$7\sqrt[3]{5} - 4\sqrt[3]{5} = 3\sqrt[3]{5}$

$\sqrt[3]{4} \cdot \sqrt[3]{5} = \sqrt[3]{4 \cdot 5} = \sqrt[3]{20}$

$\sqrt[5]{30} = \sqrt[5]{5 \cdot 6} = \sqrt[5]{5} \cdot \sqrt[5]{6}$

$\frac{\sqrt{48}}{\sqrt{3}} = \sqrt{\frac{48}{3}} = \sqrt{16} = 4$

$\sqrt[3]{12} = \sqrt[3]{\frac{36}{3}} = \frac{\sqrt[3]{36}}{\sqrt[3]{3}}$

$\sqrt[5]{5^5} = 5$

$\sqrt[n]{a^n} = a$

Aufgaben zu Potenzen und Wurzeln

2.1 Potenzwert

Berechnen Sie den Potenzwert folgender Potenzen.

a) 2^2; 3^2; 3^3; 4^3

b) 10^2; $0{,}5^2$; $\left(\frac{1}{3}\right)^2$; 1^3; $0{,}1^3$

c) $2^2 + 3^2$; $2^2 \cdot 3^2$; $2^2 : 3^2$

d) $\left(\frac{1}{2}\right)^2 + \left(\frac{1}{4}\right)^2$; $\left(\frac{1}{2}\right)^2 \cdot \left(\frac{1}{4}\right)^2$; $\left(\frac{1}{2}\right)^2 : \left(\frac{1}{4}\right)^2$

e) $(0{,}3\text{ cm})^2 + (0{,}5\text{ cm})^2$; $5^2\text{ cm}^2 - 3^2\text{ cm}^2$

f) $5 \cdot (6^2\text{ cm}^2 + 4^2\text{ cm}^2 + 6\text{ cm} \cdot 4\text{ cm})$

g) 10^{-2}; 2^{-3}; $0{,}5^{-2}$; $0{,}02^{-3}$

2.2 Potenzschreibweise

Schreiben Sie folgende Ausdrücke in Potenzform.

a) $b \cdot b \cdot b$

b) $2a \cdot a \cdot 3a$

c) $12\text{ m} \cdot 6\text{ m}$

d) $15\text{ m} \cdot 8\text{ m} \cdot 2{,}5\text{ m}$

e) $4xy \cdot 2xy \cdot 3y$

f) $\frac{1}{2}a \cdot 3b \cdot 4ab$

2.3 Zehnerpotenzen

Verwandeln Sie die Zahlen in Zehnerpotenzen (Beizahl mit einer Stelle vor dem Komma).

a) 100; 1 000; 100 000

b) 120; 1 400; 152 000

c) 0,1; 0,01; 0,0001

d) 0,35; 0,028; 0,00049

2.4 Darstellung sehr kleiner Stoffwerte

Wandeln Sie die Ausdehnungskoeffizienten mithilfe von Zehnerpotenzen in eine Zahl mit einer Stelle vor dem Komma um.

Stoff	Ausdehnungskoeffizient $\frac{1}{\text{K}}$
Aluminium	0,0000238
Glas	0,0000005
Silizium	0,0000042
Benzin	0,0011
Wasser	0,00018

2.5 Maßeinheiten und Zehnerpotenzen

Wandeln Sie die Zahlenwerte und Einheiten mithilfe der Zehnerpotenzen um.

a) 1,5 t in g

b) 120 m^2 in cm^2

c) 0,83 m^3 in mm^3

d) 12,4 kg in mg

e) 94,5 dm^2 in mm^2

f) 733 l in mm^3

2.6 Tagessekunden

Berechnen Sie die Zahl der Sekunden eines Tages und schreiben Sie das Ergebnis mit Zehnerpotenzen.

2.7 Lichtgeschwindigkeit

Die mittlere Entfernung der Erde von der Sonne beträgt $149{,}5 \cdot 10^6$ km. Die Lichtgeschwindigkeit beträgt $299{,}8 \cdot 10^6\ \frac{\text{m}}{\text{s}}$. Wie lange ist das Licht von der Sonne zur Erde unterwegs?

2.8 Satellitenbahn

Wie lang ist die kreisförmige Bahn eines Satelliten, der in $1{,}8 \cdot 10^3$ km Höhe die Erde (Erdradius $6{,}37 \cdot 10^3$ km) umkreist?

2.9 Luftmolekül

Der Durchmesser eines Luftmoleküls beträgt etwa $3 \cdot 10^{-8}$ cm. Wie viele solcher Moleküle würde man benötigen, um die Strecke eines Zentimeters auszulegen?

2.10 Wurzeladdition und -subtraktion

Berechnen Sie.

a) $5\sqrt{2} + 4\sqrt{2} - 2\sqrt{2} - 6\sqrt{2}$

b) $8\sqrt[3]{5} + 4\sqrt[3]{5} - 7\sqrt[3]{5}$

c) $3{,}5\sqrt{3} + 0{,}5\sqrt{3} + 3{,}6\sqrt[3]{5} - 1{,}5\sqrt{3} - 1{,}1\sqrt[3]{5}$

2.11 Berechnen Sie den Wurzelwert mit dem Taschenrechner.

a) $\sqrt{81}$; $\sqrt{144}$; $\sqrt{0{,}49}$; $\sqrt{0{,}09}$

b) $\sqrt[3]{8}$; $\sqrt[3]{0{,}027}$; $\sqrt[3]{1000}$; $\sqrt[3]{1{,}331}$

2.12 Schreiben Sie folgende Wurzeln vereinfacht.

a) $\sqrt{c^2}$; $\sqrt{16b^2}$; $\sqrt{49a^2c^2}$; $\frac{\sqrt{147a^2}}{\sqrt{3b^2}}$; $\frac{\sqrt{112c^2}}{\sqrt{7}}$

b) $\sqrt[3]{a^2} \cdot \sqrt[3]{a}$; $\sqrt[3]{c^2 \cdot b} \cdot \sqrt[3]{c \cdot b^2}$; $\sqrt[3]{\frac{1}{2}} \cdot \sqrt[3]{54a^3}$

2.13 Anwendung des Wurzelrechnens

a) Kreisfläche $A = \frac{\pi \cdot d^2}{4}$

geg.: $A \approx 132{,}7\text{ mm}^2$
ges.: d

b) Pythagoras $c^2 = a^2 + b^2$

geg.: $a = 9$ cm, $b = 12$ cm
ges.: c

geg.: $c = 35$ mm, $b = 21$ mm
ges.: a

c) Kugelvolumen $V = \frac{\pi \cdot d^3}{6}$

geg.: $V \approx 905\text{ mm}^3$
ges.: d

3 Gleichungen und Formeln

Mathematische und naturwissenschaftliche Zusammenhänge werden mit Gleichungen ausgedrückt. Nach DIN 1304 werden physikalische Größen mit Formelzeichen dargestellt. Deshalb spricht man in der Technik von **Größengleichungen** oder **Formeln**.

Eine Gleichung besteht aus drei Teilen, die man mit einer Tafelwaage vergleichen kann:

linke Gleichungsseite	Gleichheitszeichen	rechte Gleichungsseite
linke Tafel		rechte Tafel

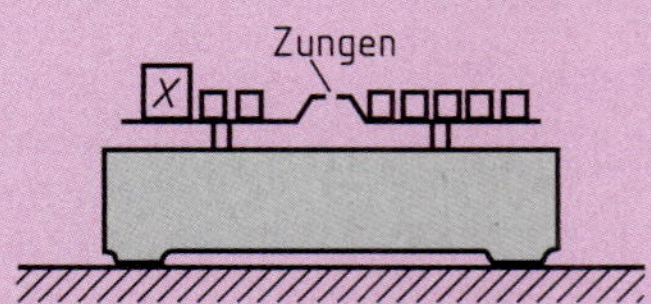

Die Zungen zeigen Gleichgewicht an, wenn die beiden Seiten gleich sind. Enthält eine Gleichung eine Unbekannte, so kann diese berechnet werden. Eine solche Gleichung heißt **Bestimmungsgleichung.** Um die Unbekannte *x* zu bestimmen, muss sie auf der linken Tafel der Waage allein sein. Zwei Gewichtssteine sind zu entfernen. Gleichgewicht besteht jedoch nur, wenn auch auf der anderen Tafel zwei Gewichtssteine weggenommen werden.

Beispiel 1: $x + 2 = 5$

$$\begin{aligned} x + 2 &= 5 \quad | -2 \\ x + 2 - 2 &= 5 - 2 \\ x &= 5 - 2 \\ \underline{\underline{x}} &\underline{\underline{= 3}} \end{aligned}$$

$| - 2$ heißt: Auf jeder Gleichungsseite werden 2 abgezogen.

Regeln:
1. Die Unbekannte muss allein auf einer Gleichungsseite stehen.
2. Bei einer Gleichung muss immer auf jeder Gleichungsseite gleich viel verändert werden.
3. Die Unbekannte muss im Zähler stehen.
4. Vor der Unbekannten darf kein negatives Vorzeichen stehen.

Beispiel 2:

$$\begin{aligned} x - 7 &= 13 \quad | + 7 \\ x - 7 + 7 &= 13 + 7 \\ x &= 13 + 7 \\ \underline{\underline{x}} &\underline{\underline{= 20}} \end{aligned}$$

Beispiel 3:

$$\begin{aligned} 5x &= 24 \quad | : 5 \\ \frac{5x}{5} &= \frac{24}{5} \\ \underline{\underline{x = \frac{24}{5}}} \end{aligned}$$

Beispiel 4:

$$\begin{aligned} \frac{x}{5} &= 11 \quad | \cdot 5 \\ \frac{x \cdot 5}{5} &= 11 \cdot 5 \\ \underline{\underline{x = 55}} \end{aligned}$$

Beispiel 5:

$$\begin{aligned} 6x + 3 &= 15 \quad | - 3 \\ 6x + 3 - 3 &= 15 - 3 \\ 6x &= 12 \quad | : 6 \\ \frac{6x}{6} &= \frac{12}{6} \\ \underline{\underline{x = 2}} \end{aligned}$$

Beispiel 6:

$$\begin{aligned} \frac{3}{x} &= 12 \quad | \cdot x \\ \frac{3x}{x} &= 12x \\ 12x &= 3 \quad \text{siehe Beispiel 3} \\ \underline{\underline{x = \frac{1}{4}}} \end{aligned}$$

Beispiel 7:

$$\begin{aligned} \frac{x+2}{3} &= 2 \quad | \cdot 3 \\ \frac{(x+2)\,3}{3} &= 2 \cdot 3 \\ x + 2 &= 6 \quad \text{siehe Beispiel 1} \\ \underline{\underline{x = 4}} \end{aligned}$$

Aufgaben zu Gleichungen und Formeln

3.1 Lösen Sie die Bestimmungsgleichungen nach *x* auf.

a) $x + 4 = 9$
b) $15 + x = 27$
c) $x - 5 = 4$
d) $5 = x - 4$
e) $x - 3{,}2 = 4{,}8$
f) $\frac{1}{3} + x = \frac{3}{4}$

3.2 Lösen Sie nach *x* auf.

a) $9 - x = 6$
b) $4 = 7 - x$
c) $x + 9 = 5$
d) $6 - x = -5$
e) $z + x = b$
f) $a - x = c$

3.3 Gesucht ist *x*.

a) $3x = 27$
b) $8{,}4x = 75{,}6$
c) $0{,}2x = 7{,}2$
d) $\frac{x}{3} = 5$
e) $\frac{x}{4} = b$
f) $a = \frac{x}{b}$

3.4 Berechnen Sie *x*.

a) $3x + 2 = 14$
b) $84 + 2x = 87$
c) $15 - 3x = 6$
d) $b + 3x = a$
e) $\frac{2x}{9} - 3 = 3$
f) $\frac{1}{4}x - \frac{1}{8}x = -\frac{3}{4}$

3.5 Lösen Sie nach *x* auf.

a) $\frac{x + 15}{4} = 12$
b) $\frac{42x - 3}{9} = 2$
c) $\frac{8 - x}{3} = -4$
d) $\frac{2x}{3} + \frac{x}{6} = 5$

3.6 Berechnen Sie *x*.

a) $\frac{2 \cdot (3x - 3)}{3} = 8$
b) $\frac{3 \cdot (6 + 3x)}{5} = 9$
c) $4 = \frac{2 \cdot (11 - 3x)}{5}$
d) $\frac{2x - 5{,}5}{3} = \frac{3}{2}$

3.7 Lösen Sie nach *x* auf.

a) $\frac{33-5x}{3} = 2x$

b) $\frac{12x-5}{3x} = 3$

c) $\frac{x}{x-4} = 5$

d) $4 = \frac{x}{x-3}$

3.8 Berechnen Sie *x*.

a) $\frac{2}{x} = 6$

b) $\frac{a}{x-b} = c$

c) $\frac{x-3}{x+4} = 2$

d) $\frac{3+x}{4x} = \frac{5}{2}$

3.9 Formelumstellung

a) $l = l_1 + l_2$
$l_1 = ?$

b) $A = A_1 + A_2 + A_3$
$A_2 = ?$

c) $c^2 = a^2 + b^2$
$b^2 = ?;\ b = ?$

d) $l = l_1 + l_2 - l_3$
$l_2 = ?$

e) $V = V_1 + V_2 - V_3$
$V_3 = ?$

f) $p_e = p_{abs} - p_{amb}$
$p_{amb} = ?$

3.10 Formelumstellung

a) $U = \pi \cdot d$
$d = ?$

b) $m = V \cdot \varrho$
$V = ?$

c) $A = \frac{l \cdot b}{2}$
$b = ?$

d) $v = \frac{s}{t}$
$s = ?;\ t = ?$

e) $V = \frac{\pi \cdot d^2}{4} \cdot h$
$h = ?$

f) $F_1 \cdot l_1 = F_2 \cdot l_2$
$l_1 = ?;\ F_2 = ?$

3.11 Umstellen von Formeln

a) $t_h = \frac{L \cdot i}{n \cdot f}$
$n = ?$

b) $\eta = \frac{P_2}{P_1}$
$P_1 = ?$

c) $A = \frac{l_1 + l_2}{2} \cdot b$
$b = ?$

d) $h = 2 \cdot m + c$
$m = ?$

e) $A = \frac{\pi}{4}(D^2 - d^2)$
$D^2 = ?;\ D = ?$

f) $a = \frac{m\,(z_1 + z_2)}{2}$
$z_1 = ?$

3.12 Umstellen von Formeln

Stellen Sie jeweils nach allen Größen um.

a) $p = \frac{F}{A}$

b) $v = \pi \cdot d \cdot n$

c) $C = \frac{D-d}{L}$

d) $\frac{F_1}{F_2} = \frac{A_1}{A_2}$

e) $F_A = \frac{F_1 \cdot l_1 + F_2 \cdot l_2}{l}$

f) $V_R = \frac{D-d}{2} \cdot \frac{L_w}{L}$

3.13 Lochabstand

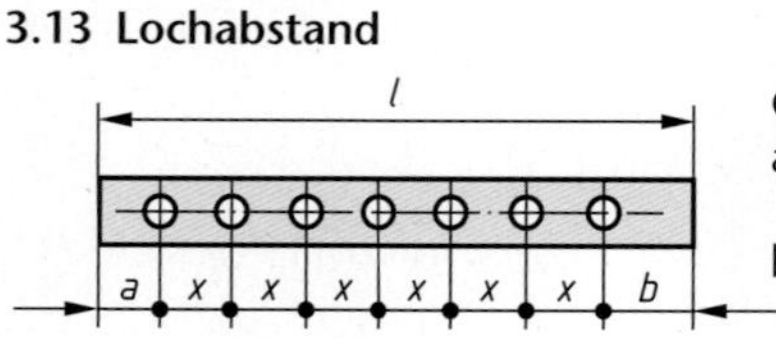

Gesucht:
a) die Formel für den Lochabstand *x*
b) der Zahlenwert für *x* in mm, wenn:
a = 120 mm
b = 150 mm
l = 1206 mm

3.14 Stablänge

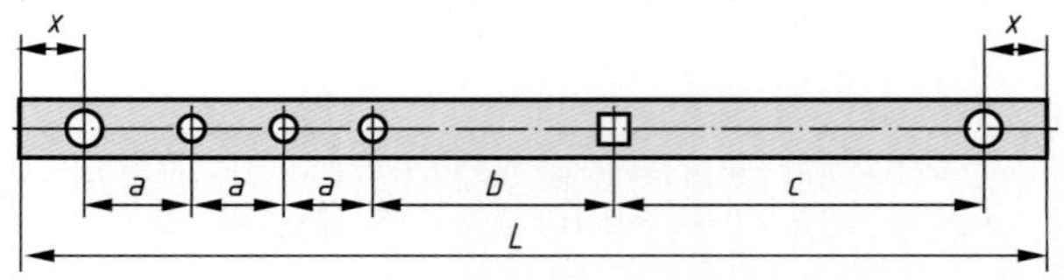

Gesucht: a) die Formel für die Gesamtlänge *L*
b) Berechnen Sie das Maß *x* für L = 750 mm, a = 60 mm, b = 120 mm und c = 400 mm.

3.15 Platte

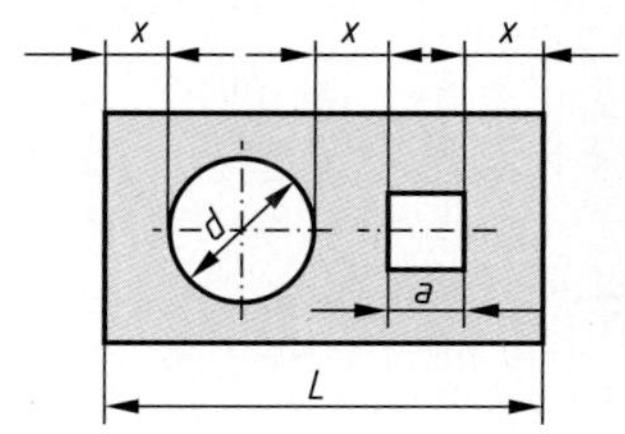

Die Stege sollen überall die gleiche Breite *x* haben.
Gesucht:
a) die allgemeine Formel für das Maß *L*
b) Stellen Sie die Formel nach *x* um.
c) Berechnen Sie die Länge *x* für:
L = 108 mm,
d = 52 mm,
a = 20 mm.

3.16 T-Profil

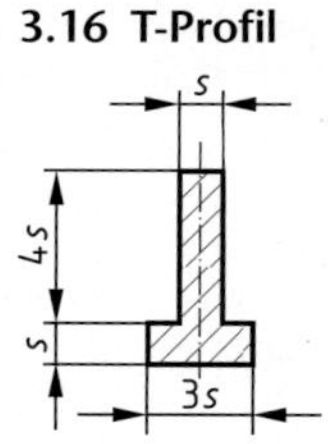

Gesucht:
a) die allgemeine Formel für den Werkstoffquerschnitt *A*
b) die allgemeine Formel für den Umfang *U* des T-Profils
c) Berechnen Sie *A* und *U* für s = 2,4 mm.

3.17 Abdeckung aus Stahlblech

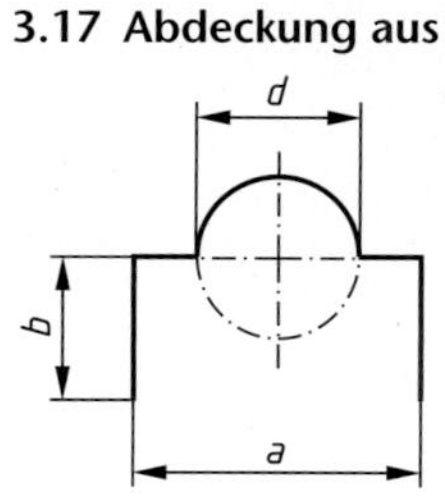

Gesucht:
a) die allgemeine Formel für die Zuschnittbreite *L*
b) die Zuschnittbreite *L* für:
d = 60 mm
b = 62 mm
a = 156 mm

3.18 Exzenter

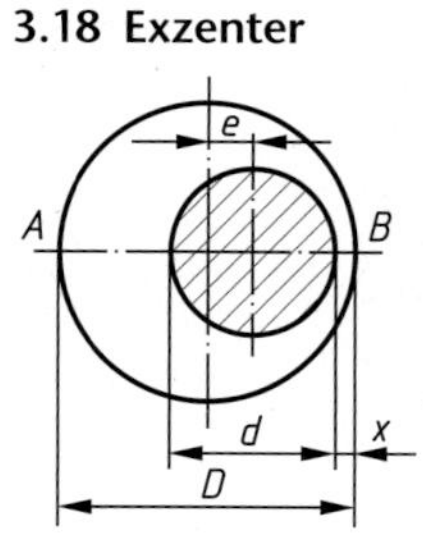

Gesucht:
a) die allgemeine Formel für das Maß *x*
b) Berechnen Sie *x* für die Werte:
D = 85 mm, d = 32 mm, e = 14 mm.

4 Gerade Längen

Metrisches Maß

Die Länge ist eine Basisgröße und hat als Einheit das **Meter** mit dem Zeichen m.

Früher diente zur Festlegung der Längeneinheit das in Paris aufbewahrte Urmeter. Heute gilt die Festlegung der internationalen Generalkonferenz für Maß und Gewicht. Dabei wurde das Meter festgelegt als der Weg, den ein Lichtstrahl im Vakuum in einem bestimmten Bruchteil einer Sekunde zurücklegt.

Kilometer	Hektometer	Dekameter	**Meter**	Dezimeter	Zentimeter	Millimeter	Mikrometer
km	hm	dam	m	dm	cm	mm	µm

Umwandlung 0,001 km = 0,01 hm = 0,1 dam = 1 m = 10 dm = 100 cm = 1000 mm = 1 000 000 µm

Beispiel 1: 3,4 km = ? cm

Lösung: 1 km = 1 000 m → $3{,}4\text{ km} = 3{,}4\ \text{km} \cdot \frac{1\,000\text{ m}}{\text{km}} = \underline{3\,400\text{ m}}$

1 m = 100 cm → $3\,400\text{ m} = 3\,400\ \text{m} \cdot \frac{100\text{ cm}}{\text{m}} = \mathbf{\underline{340\,000\text{ cm}}}$

Beispiel 2: 140 µm = ? mm

Lösung: $1\ \mu\text{m} = \frac{1}{1\,000}\text{ mm} \rightarrow 140\ \mu\text{m} = 140 \cdot \frac{1}{1\,000}\frac{\text{mm}}{\mu\text{m}}\ \mu\text{m} = \frac{140}{1\,000}\text{ mm} = \mathbf{\underline{0{,}14\text{ mm}}}$

Zollmaß

Das Zollmaß wird, international vereinbart, immer seltener angewandt. Zum Beispiel werden in der Installationstechnik bei Gewinderohren die Gewindebezeichnungen im Zollmaß angegeben.

1 inch = 1 Zoll = 25,4 Millimeter

1 inch = 25,4 mm

Teilmaße eines inch werden mit Brüchen angegeben, z. B. $\frac{1}{8}$ inch, $\frac{5}{8}$ inch, $\frac{1}{16}$ inch, $1\frac{1}{4}$ inch.

Umrechnungsbeispiel: $\frac{1}{8}$ inch = $\frac{1}{8} \cdot 25{,}4$ mm = $\underline{3{,}175\text{ mm}}$

Streckenteilungen

Bezeichnungen:

l	die Gesamtlänge	*a, b*	die Randabstände
p	die Teilung	*n*	die Anzahl der Teilelemente
s	die Sägeschnittbreite		

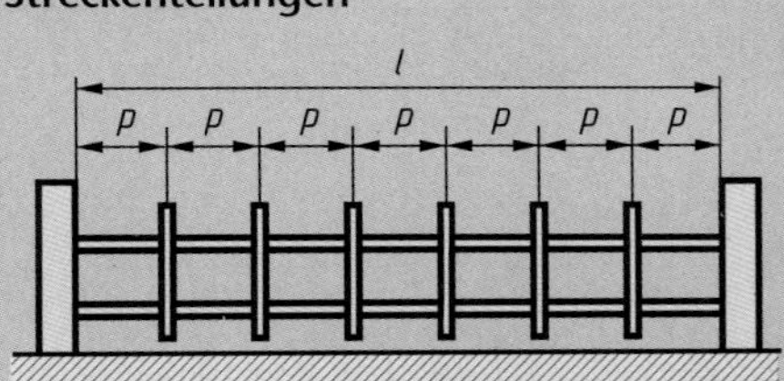

Die Strecke l wird durch $n = 6$ Stäbe in $n + 1 = 7$ gleich lange Teilstrecken aufgeteilt.

Randabstand = Teilung

$$p = \frac{l}{n+1}$$

Beispiel 1:
Die Strecke in nebenstehendem Bild ist $l = 1\,015$ mm lang. Sie soll mit 6 Stäben gleichmäßig aufgeteilt werden. Gesucht: die Teilung p

Lösung: $p = \frac{l}{n+1} = \frac{1\,015\text{ mm}}{6+1} = \mathbf{\underline{145\text{ mm}}}$

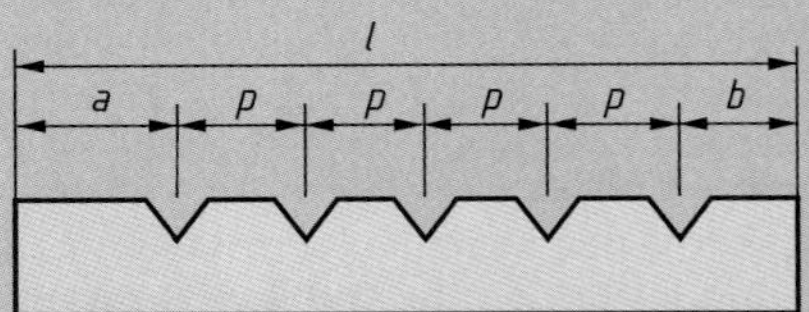

Die Strecke l soll $n = 5$ Kerben mit gleichmäßigem Abstand p erhalten. Die Randabstände a und b sind ungleich.

Randabstand ≠ Teilung

$$p = \frac{l-(a+b)}{n-1}$$

Beispiel 2:
Das Werkstück im nebenstehenden Bild mit $l = 538$ mm soll in gleichmäßigem Abstand $n = 5$ Kerben erhalten. Die Randabstände sind $a = 120$ mm und $b = 90$ mm.
Gesucht: die Teilung p
Lösung:

$$p = \frac{l-(a+b)}{n-1} = \frac{538\text{ mm} - (120+90)\text{ mm}}{5-1} = \mathbf{\underline{82\text{ mm}}}$$

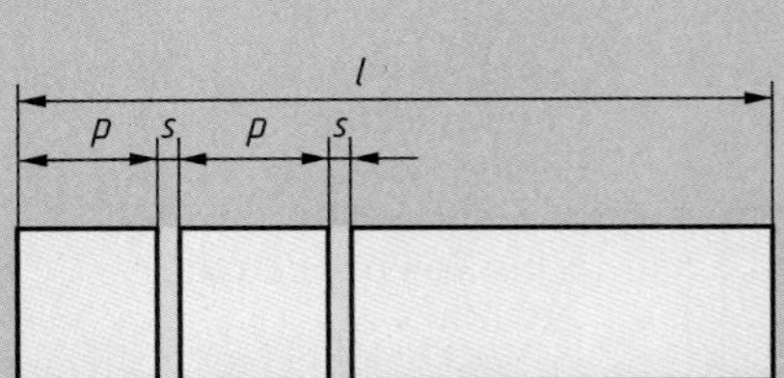

Vom Werkstück mit der Länge l sollen Stücke mit der Länge p durch Sägen getrennt werden. Die Sägeschnittbreite ist s.

$$n = \frac{l}{p+s}$$

Beispiel 3:
Von einem $l = 300$ mm langen Stab sollen Werkstücke mit der Länge $p = 33$ mm abgesägt werden. Die Sägeschnittbreite ist $s = 1{,}3$ mm.
Gesucht: die Anzahl n der Werkstücke

Lösung: $n = \frac{l}{p+s} = \frac{300\text{ mm}}{(33+1{,}3)\text{ mm}} = \underline{8{,}75}$

$\Rightarrow \underline{n = 8}$

Aufgaben zu Längenmaßen

4.1 Einheiten umwandeln

a) 14,8 cm in mm
b) 3,08 dm in mm
c) 0,308 m in mm
d) 134 µm in mm
e) 341,08 mm in m
f) 28679,5 µm in dm
g) 0,2854 km in m
h) 666,2 µm in cm

4.2 Berechnen Sie die Summe in mm.

a)
3,2 m
10,5 mm
16,4 µm
8,2 dm
+ 244,1 cm

b)
76 µm
3 cm
24 cm
130 µm
+ 3,2 mm

4.3 Berechnen Sie die Differenz in mm.

a) 3,2 cm − 175 µm

b) 16,3 dm − 2750 µm

c) 17,4 mm − 375 µm

d) 164,2 mm − 17,5 µm

4.4 Rechnen Sie in mm um.

a) $\frac{1}{2}$ inch
b) $\frac{3}{4}$ inch
c) $\frac{7}{8}$ inch
d) $\frac{5}{16}$ inch
e) $1\frac{1}{4}$ inch
f) $1\frac{1}{2}$ inch
g) 2 inch
h) $2\frac{3}{4}$ inch

4.5 Whitworth-Rohrgewinde

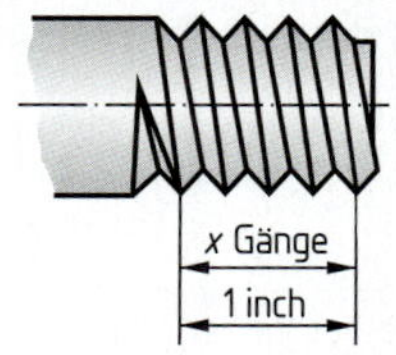

Die Gewindesteigung wird durch die Zahl der Gänge je inch angegeben. Ermitteln Sie die Steigung *P* folgender Gewinde:
a) in inch,
b) in mm (Ergebnisse auf 2 Dezimalstellen runden).

Kurzzeichen	R $\frac{1}{16}$	R $\frac{3}{8}$	R $\frac{3}{4}$	R $1\frac{1}{2}$
Gangzahl *x* je inch	28	19	14	11

Aufgaben zu geraden Längen

4.6 Welle langdrehen

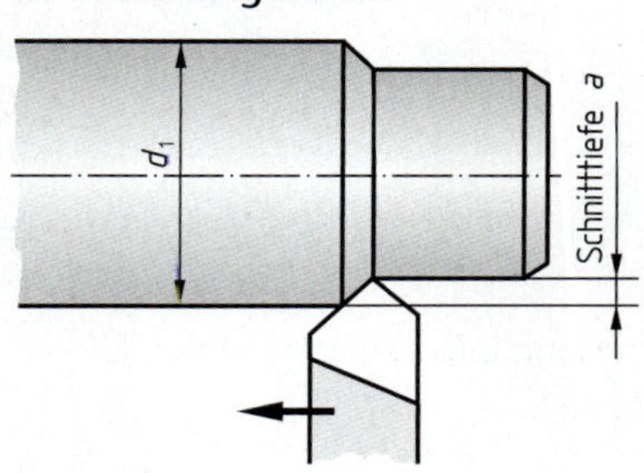

Die Welle mit d_1=98 mm wird dreimal überdreht.

Gesucht:
der Wellendurchmesser d_2 nach der Bearbeitung
die Schnitttiefen:
a_1 = 2,4 mm
a_2 = 2,4 mm
a_3 = 0,15 mm

4.7 Bügel

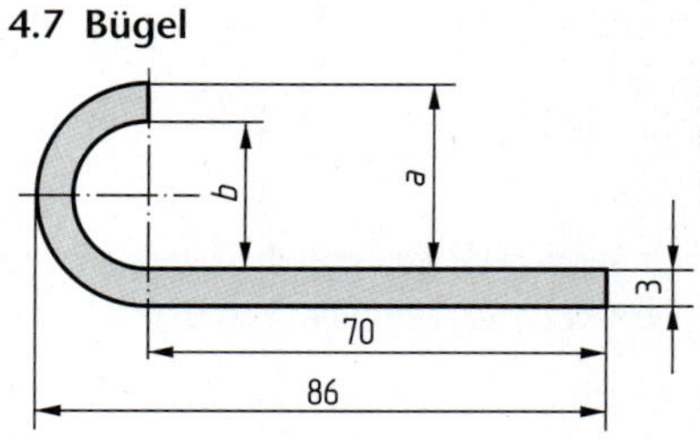

Gesucht:
die Kontrollmaße *a* und *b*

4.8 Kontrollmaße

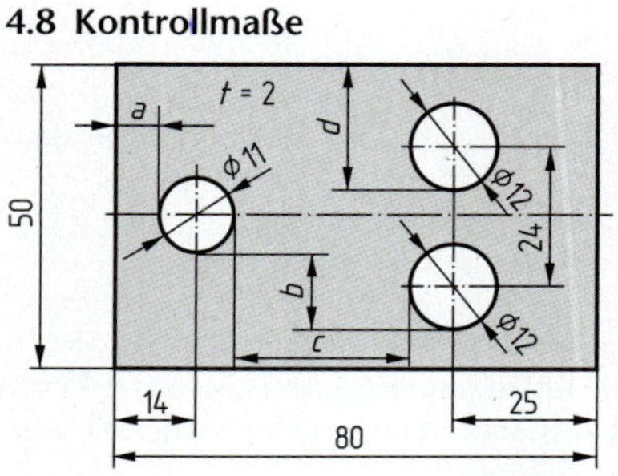

Gesucht:
die Kontrollmaße *a, b, c, d* der Anreißschablone

4.9 Parallelendmaße

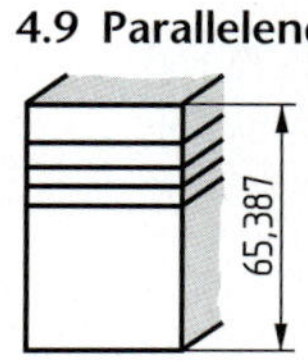

Endmaßsatz, bestehend aus je einem Element		
von	bis	steigend um mm
1,001	1,009	0,001
1,01	1,09	0,01
1,1	1,9	0,1
1	9	1
10	100	10

Gesucht: die Zusammenstellung der Endmaße für:
a) Prüfmaß 65,387 mm b) Prüfmaß 137,209 mm

Aufgaben zu Streckenteilungen

4.10 Werkstückteilung

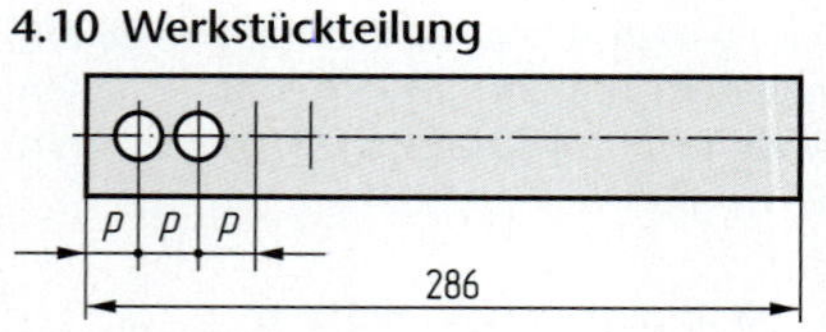

Der Flachstahl soll 12 Bohrungen erhalten. Alle Abstände sollen gleich sein.

Gesucht:
die Teilung *p*

4.11 Rohrbefestigung

Ein 35,7 m langes Wasserrohr wird an der Decke mit insgesamt 20 Rohrschellen befestigt. Die erste Schelle ist 1,8 m vom einen, die letzte 1,6 m vom anderen Rohrende entfernt. Berechnen Sie den Abstand *p* zwischen zwei Schellen.

4.12 Werkstücke von der Stange sägen

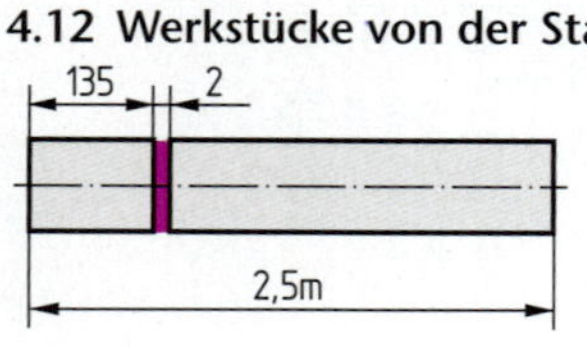

Gesucht:
a) die Zahl der Werkstücke
b) die Länge des Abfalls

4.13 Materialbedarf

Eine Leiter von 4,77 m Gesamtlänge hat einen Sprossenabstand von 170 mm. Die erste und letzte Sprosse sind jeweils 26 cm vom Leiterende entfernt. Wie viel mm Rundstahl werden für die Sprossen benötigt, wenn eine Sprosse 36 cm lang ist und beim Sägen ein Verschnitt von 2 mm je Sprosse entsteht?

4.14 Gitterteilung

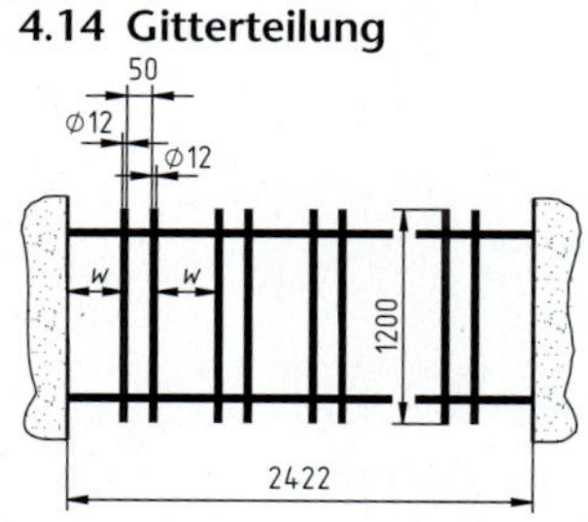

Zwischen zwei Mauern soll ein Gitter mit Doppelstäben gemäß Skizze eingebaut werden. Die größte zulässige lichte Weite *w* beträgt 120 mm.

a) Wie viele Stäbe ø 12 mm sind erforderlich?
b) Wie groß ist die lichte Weite *w*?
c) Wie viele laufende Meter Rundstahl sind für die senkrechten Stäbe erforderlich, wenn Verluste für Verschnitt unberücksichtigt bleiben?

5 Kreisumfang und gestreckte Längen

Kreisumfang

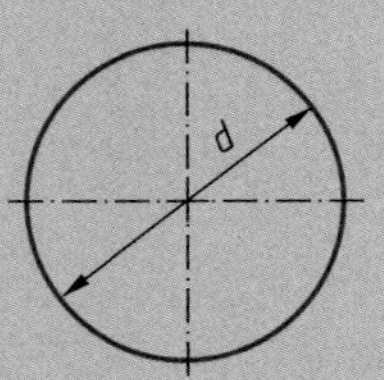

Kreisbogen

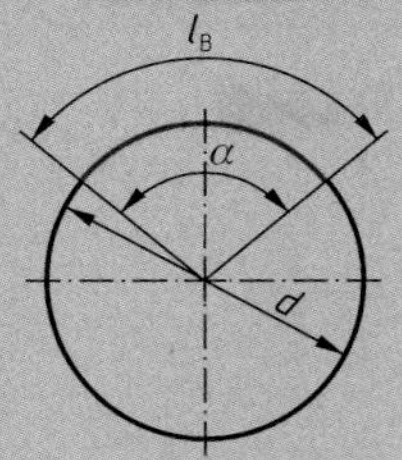

Bezeichnungen:

U	der Umfang	l_B	die Bogenlänge
d	der Durchmesser	α	der Mittelpunktswinkel
s	die Dicke	r_i	der Biegeradius innen
d_n	der Durchmesser der neutralen Faser		
L	die gestreckte Länge		

$$U = \pi \cdot d$$

$$\pi \approx \frac{22}{7} \approx 3{,}14$$

$$l_B = \frac{\pi \cdot d \cdot \alpha}{360°}$$

Gestreckte Längen

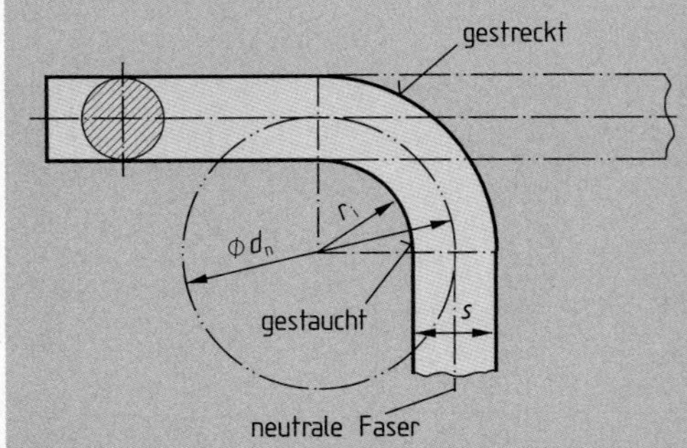

Beim Biegen von Werkstücken werden die äußeren Fasern durch Zugkräfte gestreckt, die inneren durch Druckkräfte gestaucht.
Die neutrale Faser ist die Faser, die sich in ihrer Länge nicht verändert.

Die Ausgangslänge für Biegeteile, die gestreckte Länge, ist die Länge der neutralen Faser.

Ist bei kreisförmigen, quadratischen und rechteckigen Querschnitten das Verhältnis $\frac{r_i}{s} \geq 5$, fällt die neutrale Faser auf die Mittellinie.
Ist das Verhältnis $\frac{r_i}{s} < 5$, muss ein Korrekturfaktor berücksichtigt werden, siehe hierzu Kapitel 35.

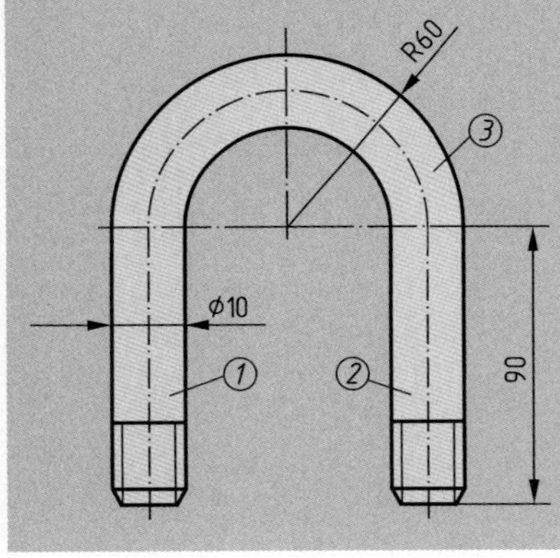

Beispiel: Bügel

Gesucht: die gestreckte Länge L

Lösung: $\frac{r_i}{s} = \frac{50\text{ mm}}{10\text{ mm}} = \underline{5}$, d. h. die neutrale Faser fällt auf die Mittellinie.

① Strecke	90,00 mm
② Strecke	90,00 mm
③ Kreisbogen $= \frac{\text{Umfang}}{2}$	
$\frac{U}{2} = \frac{\pi \cdot d_n}{2} = \frac{\pi \cdot 110\text{ mm}}{2} = \pi \cdot 55\text{ mm} =$	172,79 mm
Gestreckte Länge L	**352,79 mm**

■ Aufgaben zu Kreisumfang und gestreckte Längen

5.1 Riementrieb

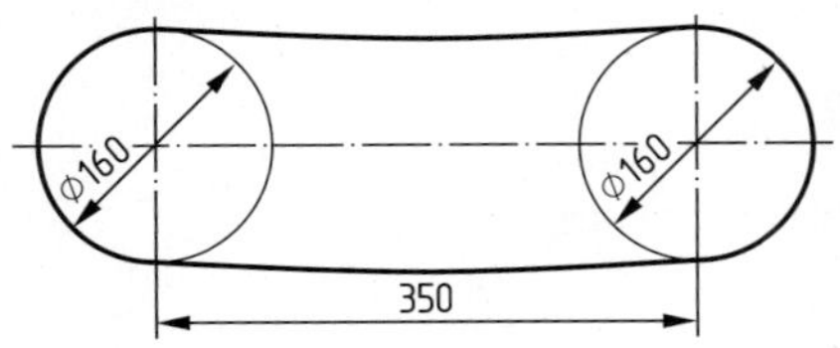

Gesucht:
a) die Riemenlänge L
b) die Riemenlänge L bei 420 mm Achsabstand und 180 mm Riemenscheibendurchmesser

Der Durchhang und die Riemendicke werden nicht berücksichtigt.

5.2 Messraddurchmesser

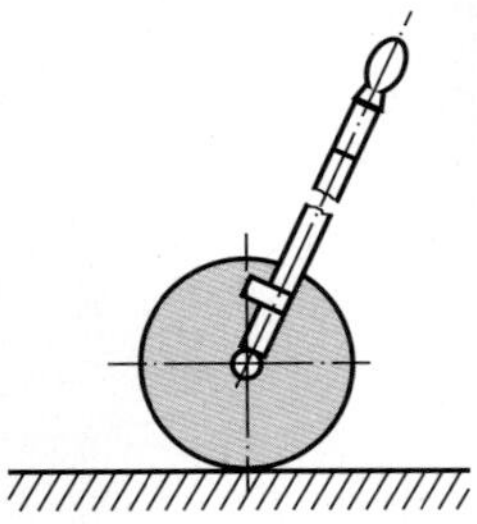

Das Rad eines Wegstreckenmessers soll bei zwei Umdrehungen einen Weg von 1 Meter zurücklegen. Berechnen Sie den Durchmesser des Rades in mm.

5.3 Metallbandsäge

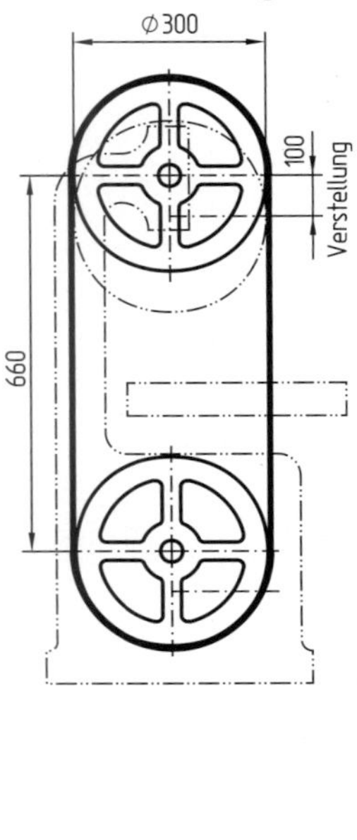

Gesucht:
a) die Sägebandlänge im gezeichneten Zustand
b) die Mindestlänge des Sägebandes bei 4 mm Schweißzugabe.

5.4 Wegstreckenmesser

Ein Streckenmesser hat einen Scheibendurchmesser von 240 mm. Welche Wegstrecke wurde zurückgelegt, wenn am Zähler 823 Umdrehungen abgelesen werden?

5.5 Segmentscheibe

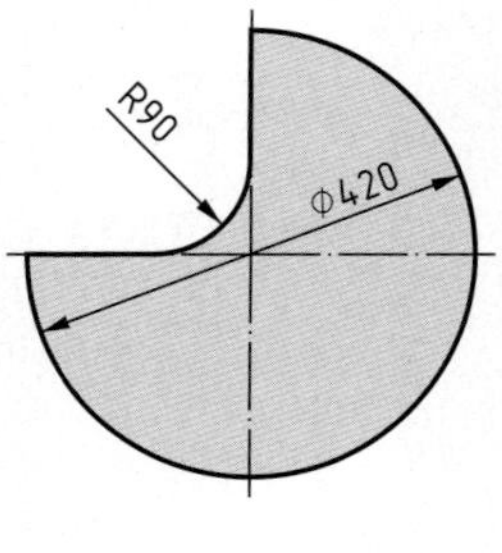

Die Form der Scheibe soll durch Brennschneiden hergestellt werden. Berechnen Sie die Länge der Schnittkante.

5.6 Schnittkantenlänge

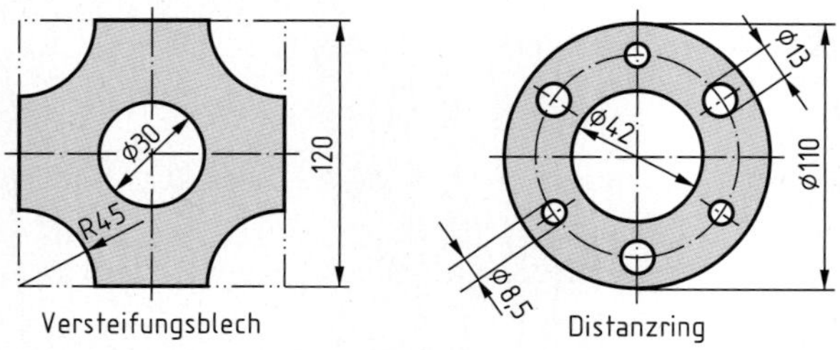

Gesucht: die Länge *L* der Schnittkante innen und außen

5.7 Spezial-Gliederkette

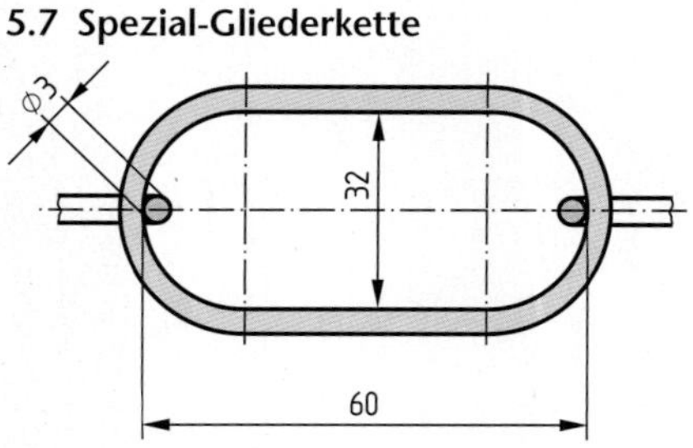

Gesucht:

a) das Verhältnis $r_i : s$
b) die gestreckte Länge *L* für ein Kettenglied

5.8 Gebogener Flachstahl

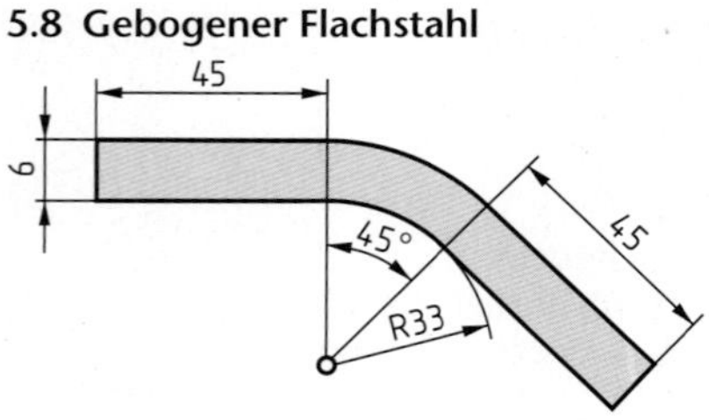

Gesucht:
die gestreckte Länge *L* des Biegeteils

5.9 Bügel

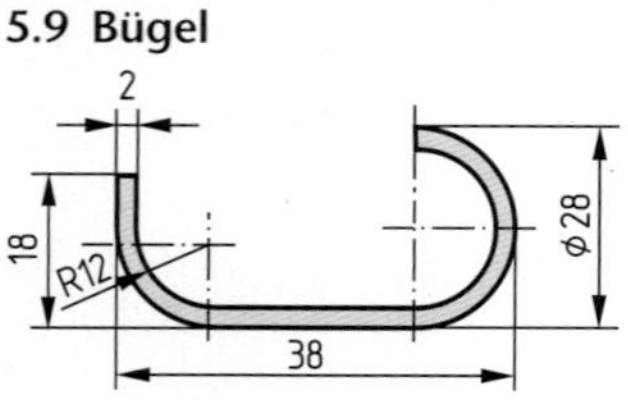

Gesucht:
die gestreckte Länge *L* des Bügels

5.10 Scharnierblech

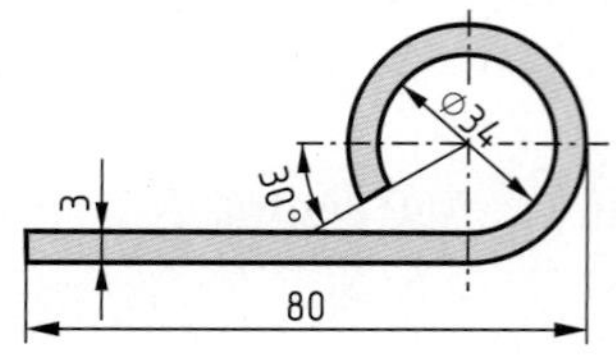

Gesucht:
die gestreckte Länge *L* des Scharniers

5.11 Haken

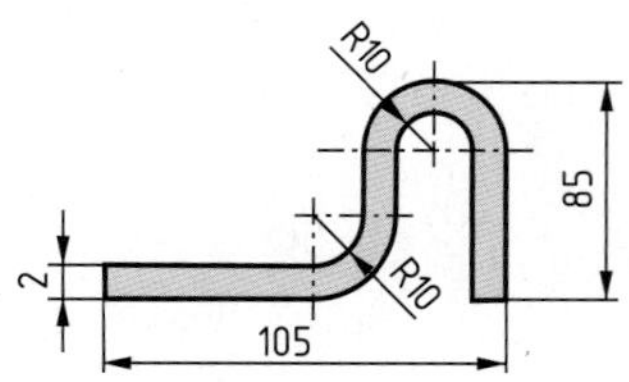

Gesucht:
die gestreckte Länge *L* des Ausgangsblechs

5.12 Haltebügel

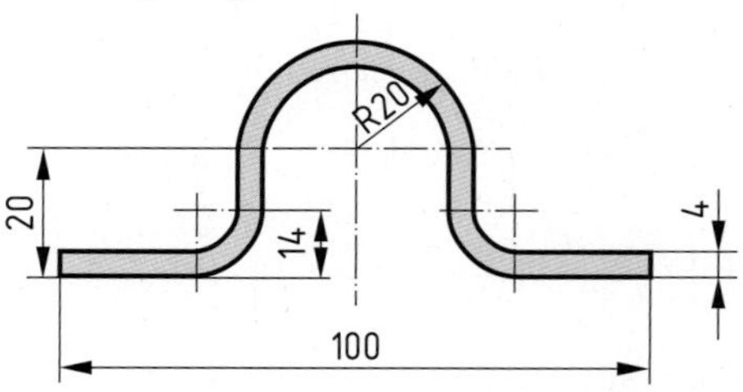

Gesucht: die gestreckte Länge *L* des Bügels

5.13 Schrägablage (gelötet)

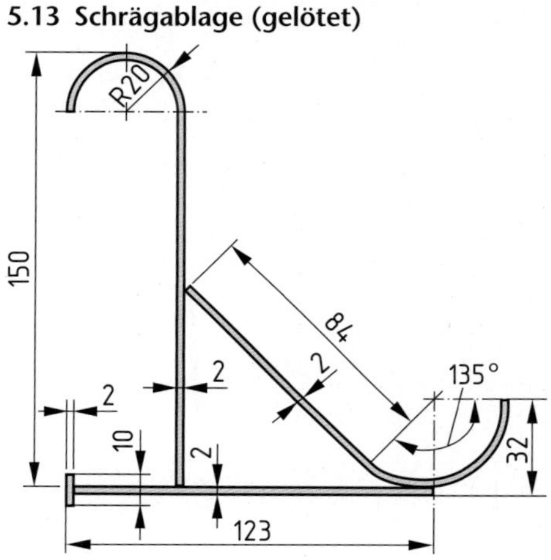

Gesucht:
die gestreckte Gesamtlänge *L* aller 4 Bauteile

5.14 Rohrbefestigung

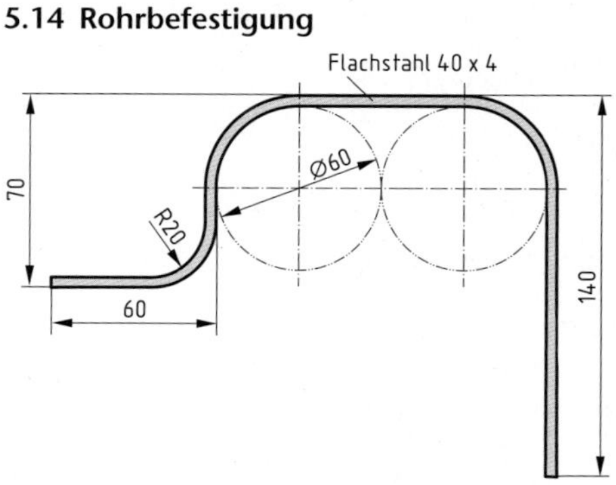

Gesucht: die gestreckte Länge *L* des Flachstahls

6 Maßtoleranzen, Passungen

Maßtoleranzen

In der Fertigung ist es unmöglich und häufig auch unnötig, Werkstücke genau mit dem in der Zeichnung genannten Maß, dem Nennmaß, herzustellen. Abweichungen werden toleriert (geduldet). Die Maßtoleranz ist die zulässige Abweichung vom Nennmaß. Sie wird durch das obere und untere Abmaß begrenzt. Abmaße werden den technischen Anforderungen entsprechend frei gewählt oder durch Allgemeintoleranzen bzw. Toleranzklassen festgelegt.

Äußeres Formelement W
z. B. die Welle, die Passfeder usw.

Inneres Formelement B
z. B. die Bohrung, die Nut usw.

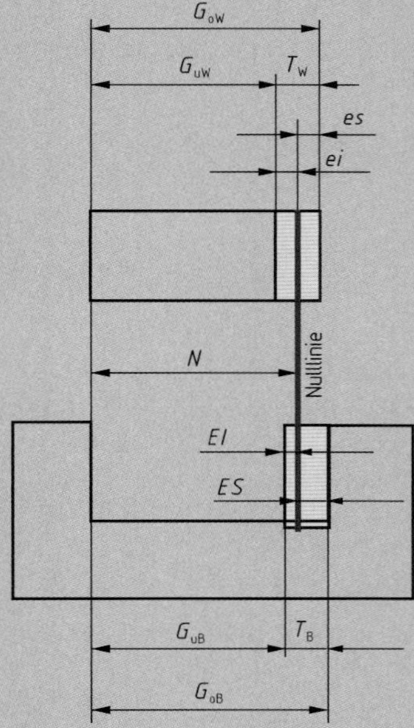

Bezeichnungen:

T_W die Maßtoleranz
es das obere Abmaß
ei das untere Abmaß
G_{oW} das Höchstmaß
G_{uW} das Mindestmaß

$T_W = es - ei$
$T_W = G_{oW} - G_{uW}$
$G_{oW} = N + es$
$G_{uW} = N + ei$

N das Nennmaß

T_B die Maßtoleranz
ES das obere Abmaß
EI das untere Abmaß
G_{oB} das Höchstmaß
G_{uB} das Mindestmaß

$T_B = ES - EI$
$T_B = G_{oB} - G_{uB}$
$G_{oB} = N + ES$
$G_{uB} = N + EI$

Anmerkung: Die Abkürzungen sind nicht genormt.
Ausnahme: ES, es (frz. écart supérieur)
EI, ei (frz. écart intérieur)

Beispiele:

$15^{+0,2}_{-0,3}$

T_W = 0,2 mm − (− 0,3mm) = 0,5 mm
G_{oW} = 15 mm + 0,2 mm = 15,2 mm
G_{uW} = 15 mm + (− 0,3 mm) = 14,7 mm

$15^{+0,2}_{-0,1}$

T_B = 0,2 mm − (− 0,1 mm) = 0,3 mm
G_{oB} = 15 mm + 0,2 mm = 15,2 mm
G_{uB} = 15 mm + (− 0,1 mm) = 14,9 mm

Passungen

Eine Passung wird bestimmt durch die Angabe des Nennmaßes und der Kurzzeichen für die beiden Toleranzklassen des inneren Formelements (z. B. Bohrung) und des äußeren Formelelements (z. B. Welle). Dabei erhalten beide Formelemente dasselbe Nennmaß.

Kennzeichnend für eine Passung ist der Längenmesswert:

Maß des inneren Formelements **minus** Maß des äußeren Formelements

Anmerkung: Als Differenz zweier Maße ist die Passung ein Wert der physikalischen Größe „Länge".

Ist das Ergebnis positiv, ergibt sich **Spiel**.
Ist das Ergebnis negativ, ergibt sich **Übermaß**.

Bezeichnungen:

P_S	das Spiel	$P_Ü$	das Übermaß
P_{SM}	das Mindestspiel	$P_{ÜM}$	das Mindestübermaß
P_{SH}	das Höchstspiel	$P_{ÜH}$	das Höchstübermaß

Beim Zusammenfügen der Passteile ergeben sich je nach Toleranz des inneren und des äußeren Formelements folgende Grenzfälle:

$P_{SH} = G_{oB} - G_{uW}$ $P_{SM} = G_{uB} - G_{oW}$ $P_{ÜH} = G_{uB} - G_{oW}$ $P_{ÜM} = G_{oB} - G_{uW}$

Passungsarten

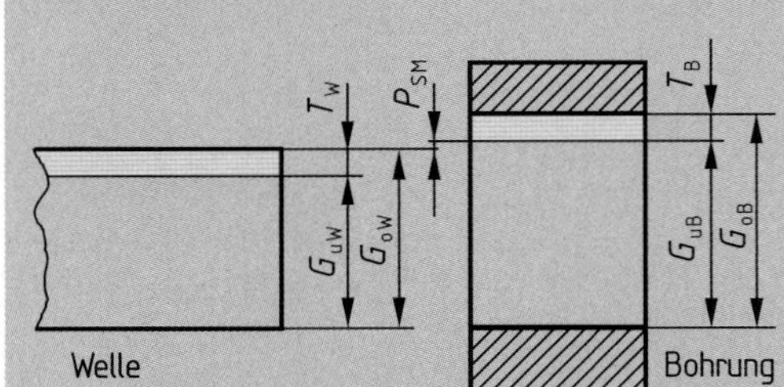

Ist $G_{uB} \geq G_{oW}$, so handelt es sich um eine **Spielpassung.**

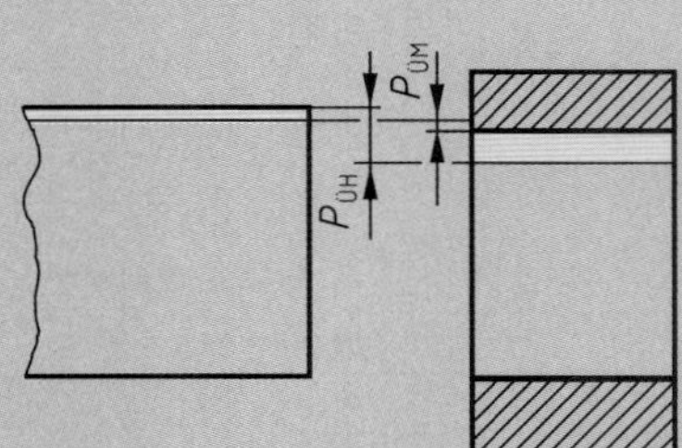

Ist $G_{uW} \geq G_{oB}$, so handelt es sich um eine **Übermaßpassung.**

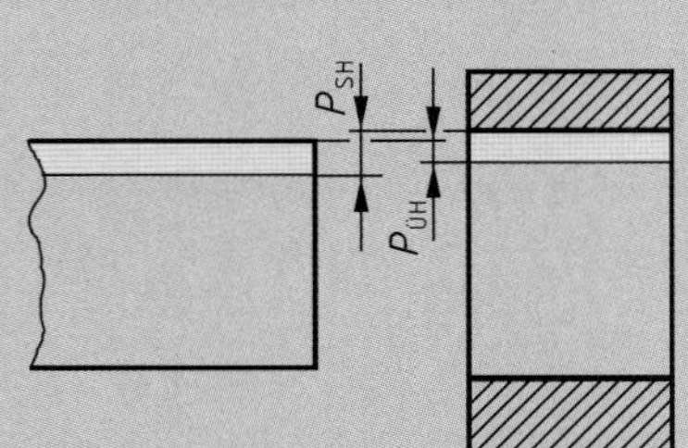

Übergangspassung

ISO* – System für Grenzmaße und Passungen

Die Toleranzkurzzeichen des ISO-Toleranzsystems bestehen aus Buchstaben und Zahlen.

Beispiel:

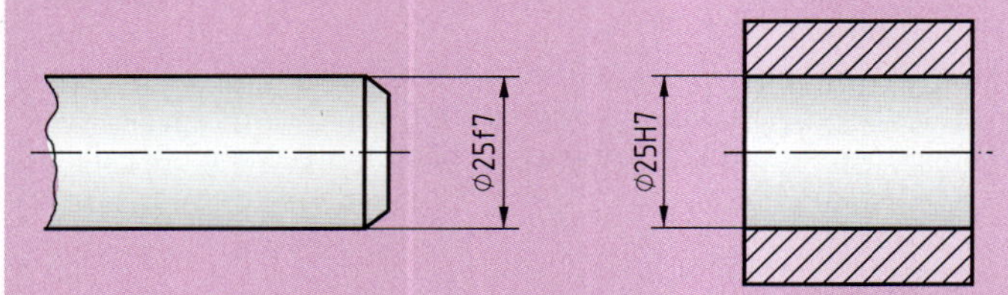

1. Der Buchstabe kennzeichnet die Lage des Toleranzfeldes zur Nulllinie.
2. Großbuchstaben sind für innere Formelemente (Bohrungen).
   Kleinbuchstaben sind für äußere Formelemente (Wellen).
3. Die Zahl kennzeichnet den Grundtoleranzgrad IT** (Größe des Toleranzfeldes) in Abhängigkeit vom Nennmaß.

Die Grenzabmaße der ISO-Toleranzen werden Tabellen entnommen (siehe Tabellenbuch unter DIN EN ISO 286-1).

* International Organization for Standardization
** Internationale Toleranz

Aufgaben zu Maßtoleranzen und Passungen

6.1 Toleranzen

Berechnen Sie die Toleranzen folgender Maßangaben.

a) $134^{+0,2}_{-0,5}$ d) $42,5^{+0,011}_{-0,005}$

b) $333^{+0,57}_{-0}$ e) $250^{-0,170}_{-0,285}$

c) $67^{+0,148}_{+0,102}$ f) $121^{-0,077}_{-0,117}$

6.2 Grenzmaße

Berechnen Sie zu jeder Maßangabe die Toleranz, das Höchstmaß und das Mindestmaß.

a) $23^{+0,013}_{-0,052}$ c) $139^{+0,311}_{-0,248}$

b) $80^{+0,013}_{-0,009}$ d) $370^{-0,018}_{-0,054}$

6.3 Abmaße

Berechnen Sie das fehlende Abmaß.

	a)	b)	c)	d)
Toleranz	0,011	0,062	0,054	0,022
oberes Abmaß	+0,012	?	?	?
unteres Abmaß	?	−0,142	+0,210	−0,034

6.4 Kettenmaße

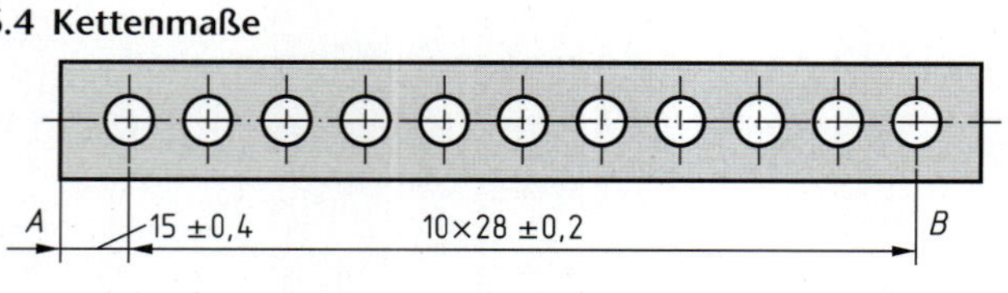

Gesucht: a) das Höchstmaß AB b) das Mindestmaß AB

6.5 Prüfplan eines Werkstückes

	Prüfstelle	Nennmaß mm	Abmaße *ES, es, EI, ei* mm		Istmaß mm
1	Gesamtlänge	75 DIN ISO 2768-m	?	?	75,15
2	Zweikant	17 ± 0,2	?	?	16,9
3	Innen-ø	ø 10H7	?	?	10,01
4	Zylindr. Ansatz	ø 24g6	?	?	23,95
5	Wellennutbreite	8P9	?	?	7,975
6	Gewindefreistich	ø 7,7h13	?	?	7,5

Gesucht:
a) die Abmaße aller Prüfstellen
b) Entscheiden Sie, ob das Istmaß den Anforderungen entspricht.

6.6 Prüfung eines Grenzlehrdorns

Ein Grenzlehrdorn trägt die Angabe ø 30 H7 und soll auf seiner Gut- und Ausschussseite überprüft werden. Welches Höchst- und Mindestmaß muss die Überprüfung ergeben?

6.7 ISO-Passmaße

Bestimmen Sie mithilfe eines Tabellenbuches *EI, ES* bzw. *ei, es* und berechnen Sie T, G_o, G_u für:
a) die Bohrung ø 30 H7, d) die Welle ø 30 m6,
b) die Bohrung ø 50 G7, e) die Welle ø 50 g6,
c) die Bohrung ø 120 J6, f) die Welle ø 120 j6.

6.8 Zylinderstift

Zwei Platten werden mit Zylinderstiften DIN EN ISO 2338-5 m6×40-St gefügt. Die Bohrungen werden durch Reiben auf ø 5 H7 vorbereitet.
Bestimmen Sie:
a) anhand des Tabellenbuches die Toleranz von Bohrung und Stift,
b) G_o und G_u von Bohrung und Stift,
c) alle Grenzfälle P_s und $P_ü$,
d) die Passungsart.

6.9 Welle und Nabe

Die Bohrung einer Nabe hat die Maßangabe ø $32^{-0,004}_{-0,020}$, die Welle hat ø $32^{0}_{-0,011}$.
Bestimmen Sie:
a) die Toleranz T der Bohrung und der Welle,
b) das Höchst- und Mindestmaß von Bohrung und Welle,
c) alle Grenzfälle P_s und $P_ü$,
d) die Passungsart,
e) anhand des Tabellenbuches die Passmaße von Bohrung und Welle mit ISO-Kurzzeichen.

6.10 ISO-Passmaße

Eine Nabe mit Bohrung und Welle wird gefügt. Die Toleranz der Bohrung beträgt T_B = 0,025 mm und die der Welle T_W = 0,025 mm. Das Mindestmaß der Bohrung ist G_{uB} = 40,0 mm und das der Welle G_{uW} = 39,950 mm.
Bestimmen Sie:
a) das Höchstmaß von Bohrung und Welle,
b) alle Grenzfälle P_s und $P_ü$,
c) die Passungsart,
d) die Abmaße von Bohrung und Welle *EI, ES, ei, es*,
e) mithilfe des Tabellenbuches die Passmaße von Bohrung und Welle mit ISO-Kurzzeichen.

7 Flächen

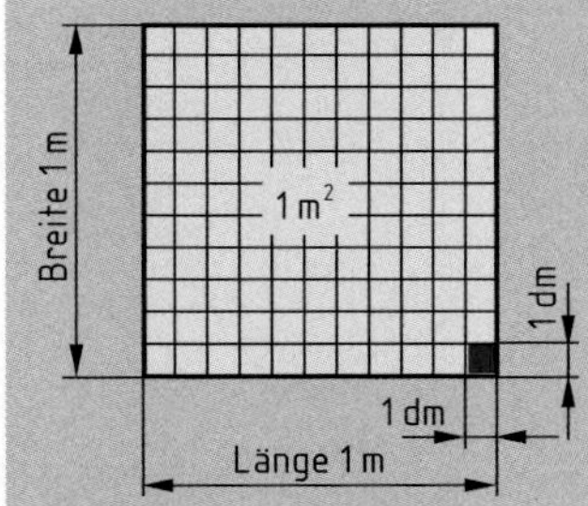

Aus der Länge und der Breite einer Fläche, gemessen in m, ergibt sich die Einheit Quadratmeter.

$1\ \text{m} \cdot 1\ \text{m} = 1\ \text{m}^2$

$10\ \text{dm} \cdot 10\ \text{dm} = 100\ \text{dm}^2 = 1\ \text{m}^2$

$100\ \text{cm} \cdot 100\ \text{cm} = 10000\ \text{cm}^2 = 100\ \text{dm}^2 = 1\ \text{m}^2$

$1000\ \text{mm} \cdot 1000\ \text{mm} = 1000000\ \text{mm}^2 = 10000\ \text{cm}^2 = 100\ \text{dm}^2 = 1\ \text{m}^2$

Flächenberechnung

Quadrat **Rechteck** **Parallelogramm** **Trapez** **Dreieck**

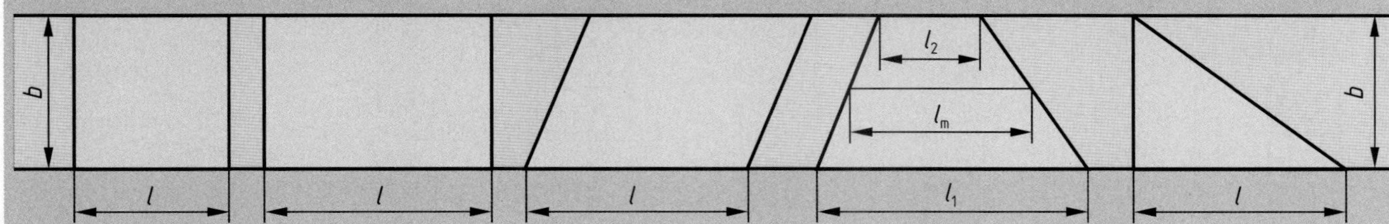

Quadrat: $l = b$

$A = l^2$

Rechteck: $A = l \cdot b$

Parallelogramm: $A = l \cdot b$

Trapez: $l_m = \frac{l_1 + l_2}{2}$

$A = l_m \cdot b$

$A = \frac{l_1 + l_2}{2} \cdot b$

Dreieck: $A = \frac{l \cdot b}{2}$

Kreis **Ellipse** **Kreisring** **Kreisausschnitt** **Kreisabschnitt**

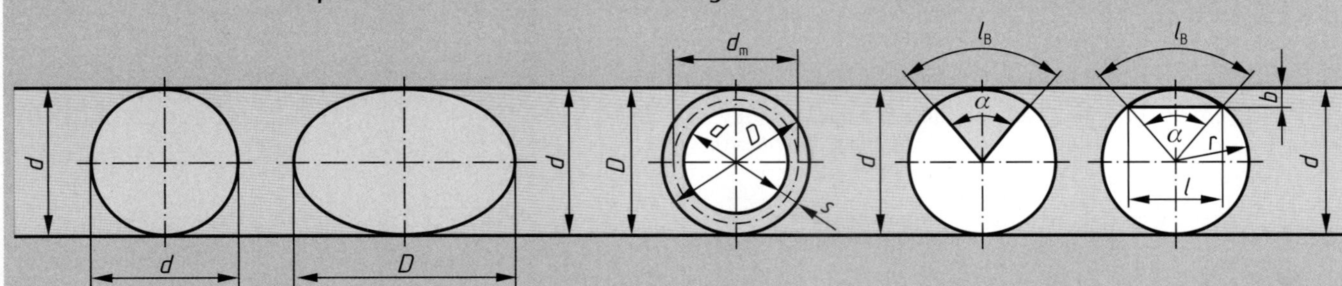

Kreis: $A = \frac{\pi \cdot d^2}{4}$

Ellipse: $A = \frac{\pi \cdot D \cdot d}{4}$

Kreisring: $A = \frac{\pi(D^2 - d^2)}{4}$

$A = \pi \cdot d_m \cdot s$

Kreisausschnitt: $A = \frac{\pi \cdot d^2}{4} \cdot \frac{\alpha}{360°}$

$A = \frac{l_B \cdot d}{4}$

Kreisabschnitt: $A = \frac{l_B \cdot r - l(r - b)}{2}$

$A = \frac{\pi \cdot d^2}{4} \cdot \frac{\alpha}{360°} - \frac{l \cdot (r - b)}{2}$

Bezeichnungen:

A	die Fläche	l_1, l_2	die Längen im Trapez	D	der Durchmesser	l_B	die Bogenlänge
l	die Länge	l_m	die mittlere Länge	d_m	der mittlere Durchmesser	α	der Mittelpunktswinkel
b	die Breite	d	der Durchmesser	r	der Halbmesser	s	die Kreisringdicke

Verschnitt

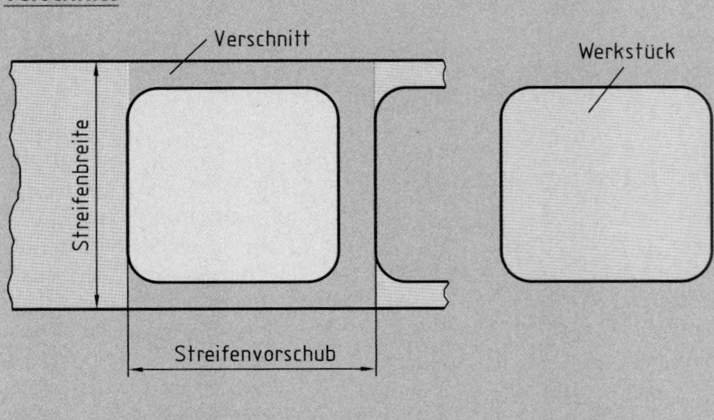

Die Flächenteile eines Rohteiles, die nicht in das Werkstück eingehen (siehe Bild), werden als Verschnitt bezeichnet.

Die Fläche des fertigen Werkstückes entspricht dabei 100 %.

$$\text{Verschnitt in \%} = \frac{\text{Fläche des Verschnittes}}{\text{Fläche des fertigen Werkstückes}} \cdot 100\,\%$$

7.1 Flächeneinheiten

Wandeln Sie folgende Größen um.

a) in mm^2: 2,42 cm^2; 0,63 dm^2; 1,902 dm^2; 0,058 m^2
b) in cm^2: 15,6 m^2; 37,469 mm^2; 0,086 dm^2; 1,109 dm^2
c) in dm^2: 1,05 m^2; 3,67 cm^2; 2,8 mm^2; 51 357 mm^2
d) in m^2: 167,2 dm^2; 830 cm^2; 0,95 dm^2; 0,4 km^2

7.2 Summe von Flächen

Berechnen Sie die Flächen.

a) in m^2: 12 400 cm^2 + 0,9 dm^2 + 423,8 dm^2 + 1 513 cm^2
b) in dm^2: 49,7 m^2 + 24 256 cm^2 + 1 200 mm^2 – 21 268 cm^2

7.3 Quadratstahl

Ermitteln Sie die Kantenlänge der folgenden Querschnitte.

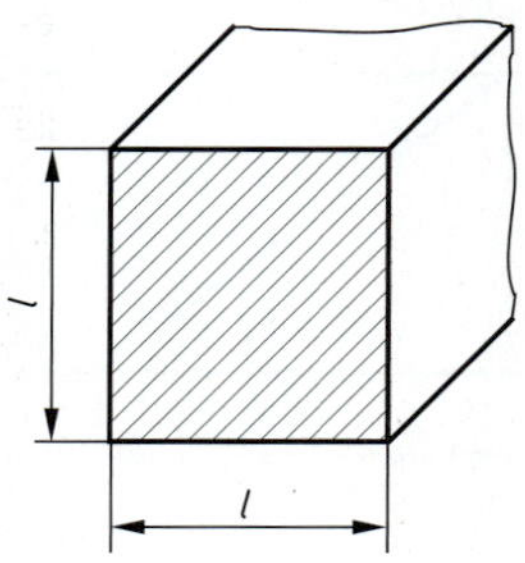

Querschnitt:
a) 484 mm^2
b) 1 936 mm^2
c) 56,25 mm^2
d) 0,0676 m^2

7.4 Quadratstahl

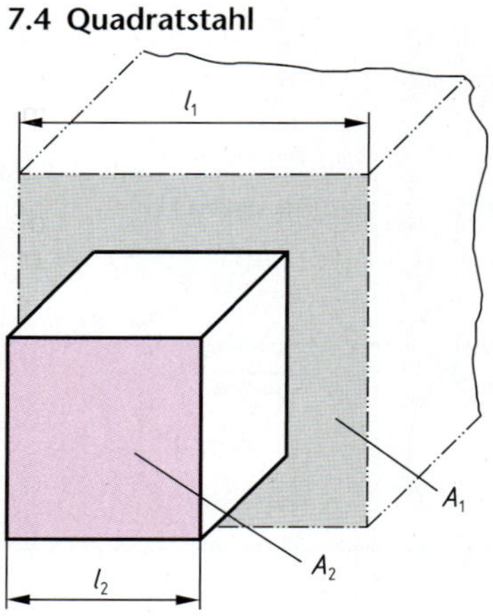

Einem Quadratstahl mit A_1 = 20,25 cm^2 Querschnittsfläche wird ein Vierkant angeschmiedet. Die neue Querschnittsfläche A_2 soll ein Drittel der ursprünglichen betragen.

Gesucht:
a) die Kantenlänge l_1 des Quadratstahles vor der Bearbeitung
b) die Kantenlänge l_2 des angeschmiedeten Vierkantes

7.5 Querschnittsflächen

Vier quadratische Stahlstützen mit je 8 mm Kantenlänge sollen bei gleichbleibender Querschnittsfläche ersetzt werden. Folgende Abmessungen (mm) sind am Lager: 10 × 10; 12 × 12; 15 × 15; 10 × 6; 10 × 8; 12 × 8; 12 × 10.

a) Welcher Vierkant ist geeignet, wenn nur noch zwei Stützen verwendet werden?
b) Welche Kombination von drei gleichen Rechteckquerschnitten ist möglich?
c) Welche Kombination von quadratischen und rechteckigen Querschnittsformen wäre bei drei Stützen möglich?

7.6 Breiter I-Träger (IPB 240)

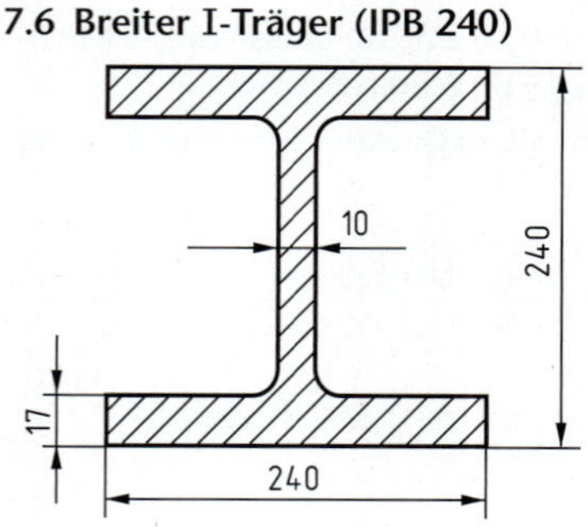

Gesucht: die Querschnittsfläche in cm^2
a) ohne die Berücksichtigung der Radien
b) mit der Berücksichtigung der Radien (Radius $r \approx 2 \cdot s$)

7.7 Schneidstempel

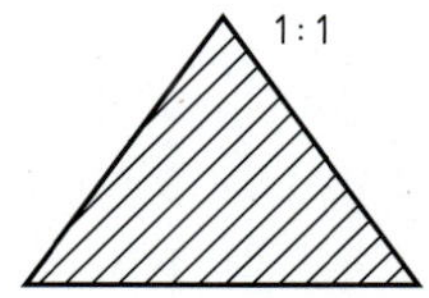

Gesucht:
der Querschnitt

Bauplatz

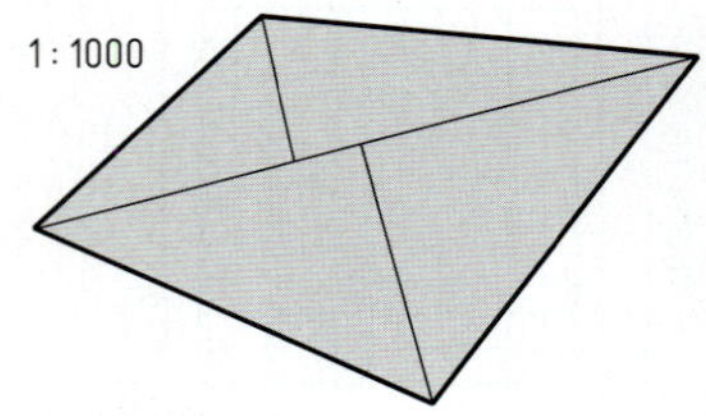

1 m^2 kostet 72,50 €
Gesucht: a) der Flächeninhalt b) der Preis

Die Maße sind den Zeichnungen zu entnehmen.

7.8 Dreikantdurchbruch

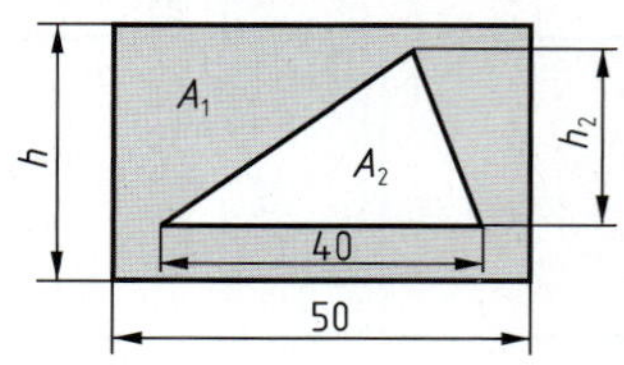

Eine rechteckige Platte hat einen Dreikantdurchbruch. Restfläche und Durchbruchfläche verhalten sich wie 2,5 : 1. Die Restfläche beträgt 1000 mm^2.

Berechnen Sie:
a) die Fläche A_2 des Durchbruches,
b) die Höhe h_2 des Dreikantdurchbruches,
c) die Höhe h der Platte.

7.9 a) Abdeckung

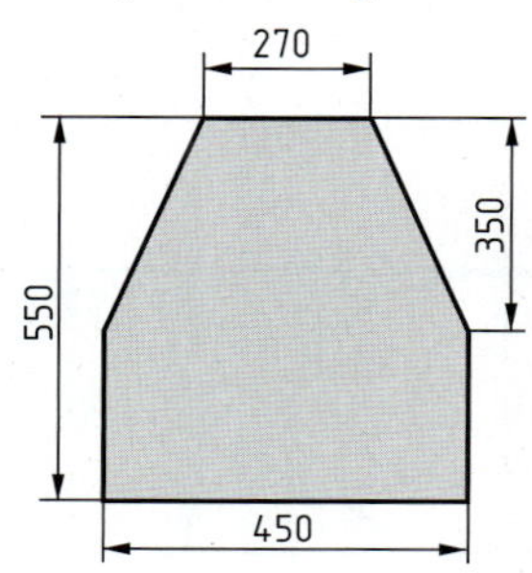

Gesucht:
der Flächeninhalt in m^2

b) Schlittenführung

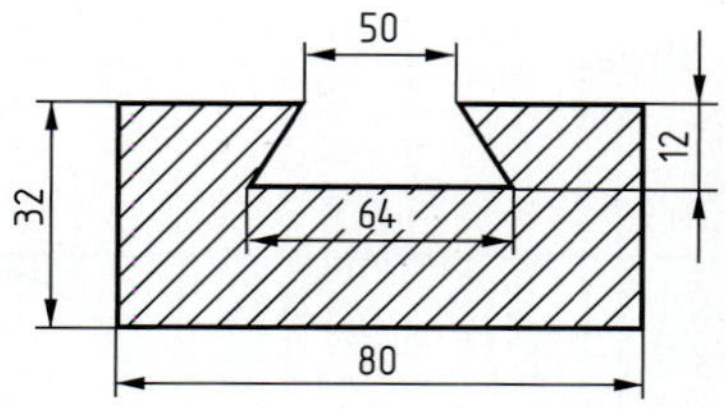

Gesucht:
die Querschnittsfläche

7.10 Rohrstütze mit 4 Rippen

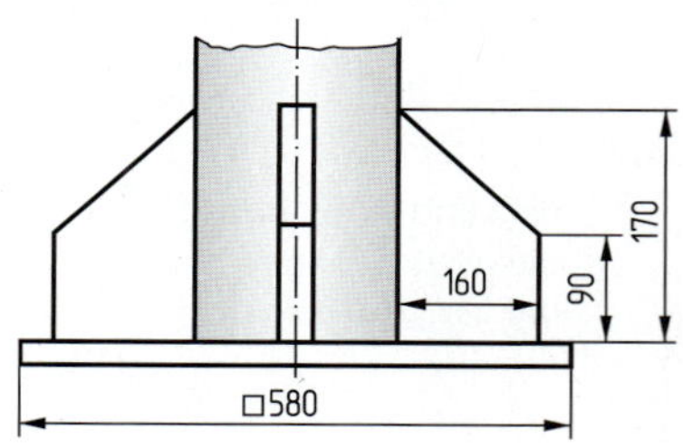

Gesucht:
der Blechbedarf für 4 Rippen und die Grundplatte in dm^2

7.11 Spanungsquerschnitt beim Drehen

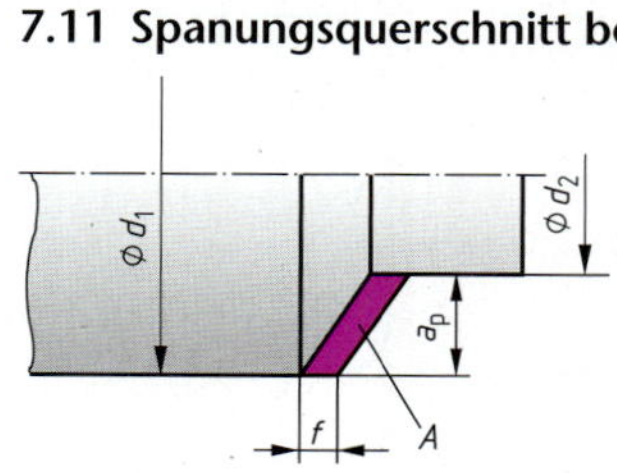

a) Wie groß ist der Spanungsquerschnitt A, wenn der Vorschub je Umdrehung f = 0,8 mm und die Schnitttiefe a_p = 5,8 mm betragen?
b) Welchen Durchmesser d_2 hat die Welle mit d_1 = 72 mm nach der Bearbeitung?
c) Mit welchem Vorschub f wurde eine Welle bearbeitet, wenn der Spanungsquerschnitt A = 1,8 mm^2 und die Schnitttiefe a = 4,5 mm betragen?

7.12 Flachstahlquerschnitt

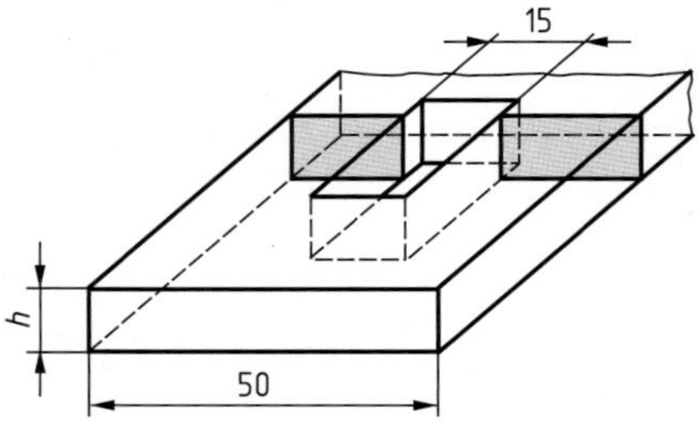

Ein Flachstahl mit Vierkant-Durchbruch soll einen Restquerschnitt von A = 420 mm² haben. Berechnen Sie die Höhe h.

7.13 Kreisfläche eines Gewindebolzens

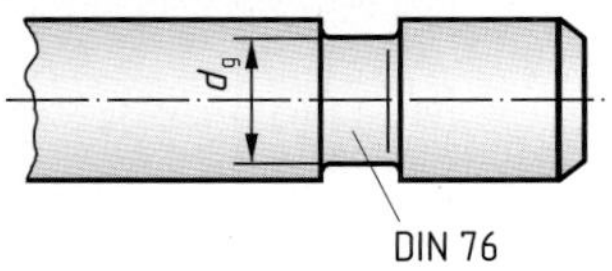

Ein Gewindebolzen wurde nach DIN 76-1 freigestochen. Berechnen Sie die Querschnittsfläche im Freistich (Spanungsquerschnitt) mit dem Durchmesser d_g anhand des Tabellenbuches für die Regelgewinde M6, M8, M10 und M12.

7.14 Scheibe DIN EN ISO 7090

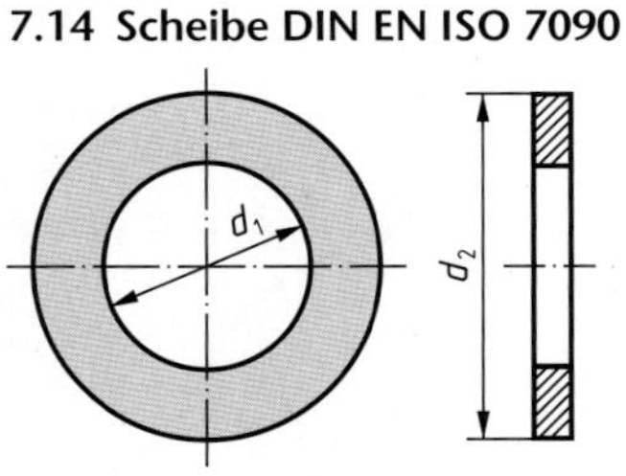

Berechnen Sie die Auflagefläche einer Scheibe DIN EN ISO 7090 für die Gewinde M6, M8, M10 und M12 anhand der Durchmesserangaben im Tabellenbuch.

7.15 Rundstahlquerschnitt

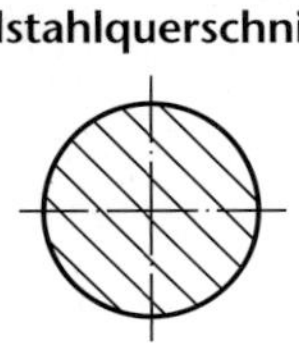

A_1 = 19,64 mm²
A_2 = 113,10 mm²
A_3 = 176,72 mm²
A_4 = 490,87 mm²

Gesucht:
der Durchmesser d

7.16 Werkstoffquerschnitt eines Rohres

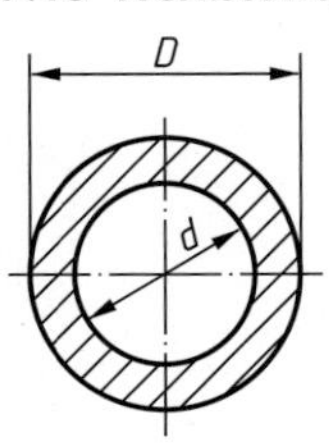

A_1 = 100,53 mm²; d_1 = 14 mm
A_2 = 93,27 mm²; d_2 = 22,5 mm
A_3 = 373,06 mm²; D_3 = 50 mm
A_4 = 1 133,92 mm²; D_4 = 100 mm

Gesucht: D_1, D_2, d_3, d_4

7.17 Kreisring

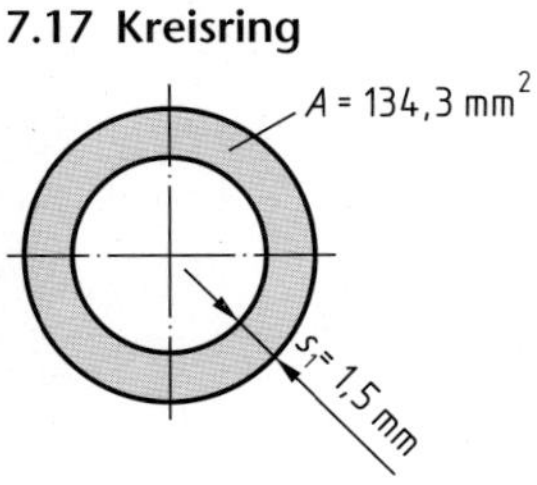

Gesucht:
a) der mittlere Durchmesser d_m
b) D; d
c) die Kreisringdicke s_2, wenn d_m = 21,375 mm beträgt

7.18 a) Kesselboden

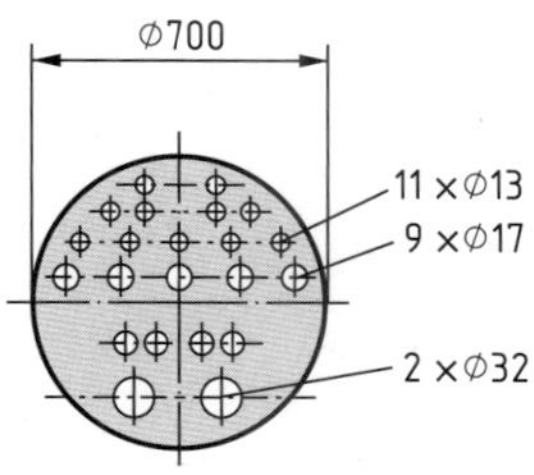

Gesucht:
der Restquerschnitt des Kesselbodens in cm²

b) Dichtung

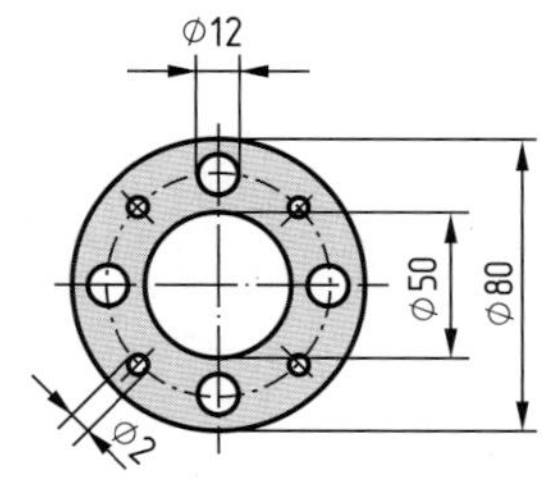

Gesucht:
die Dichtfläche in cm²

7.19 Lüftungsabzweig

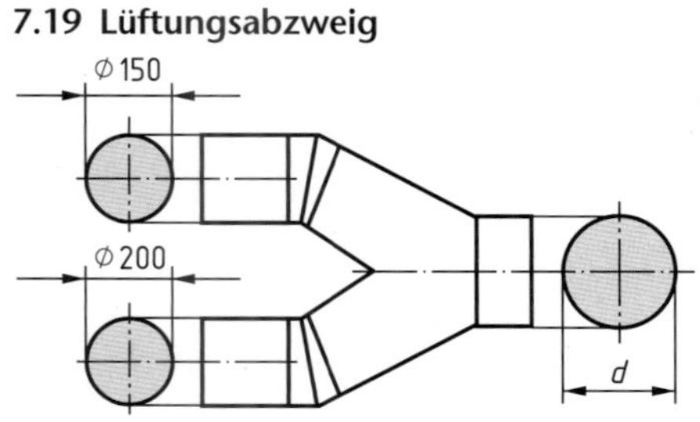

Berechnen Sie d so, dass der abgehende Querschnitt so groß ist wie die beiden zugeführten Querschnitte.

7.20 Schablone

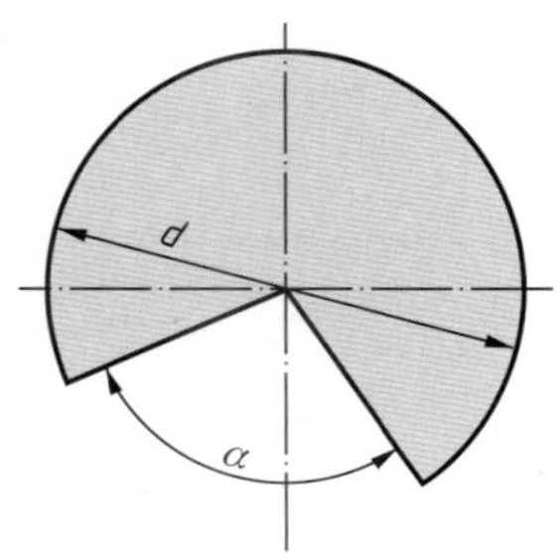

Gesucht:
a) die Fläche A_1 der Schablone bei α_1 = 95° und d_1 = 80 mm
b) der Mittelpunktswinkel α_2, wenn die Fläche der Schablone A_2 = 726,93 mm² und der Durchmesser d_2 = 70 mm betragen

7.21 Segment-Schleifkörper

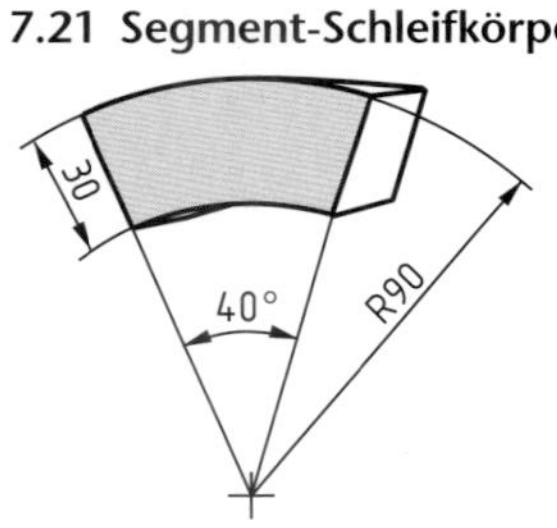

Gesucht:
die graue Arbeitsfläche

7.22 a) Abdeckhaube

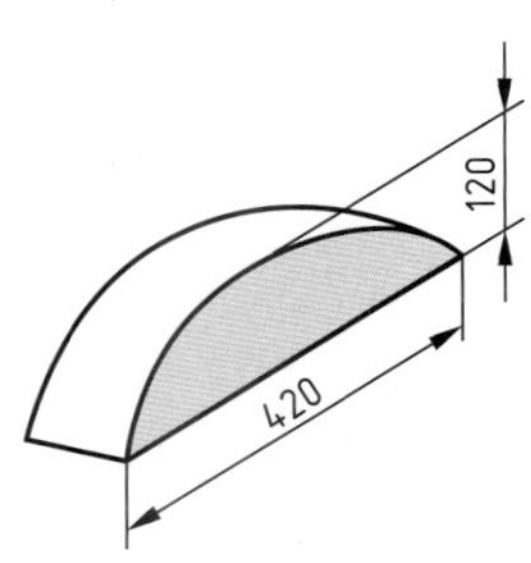

Gesucht: der Flächeninhalt der grauen Seitenfläche

b) Werkzeugvierkant

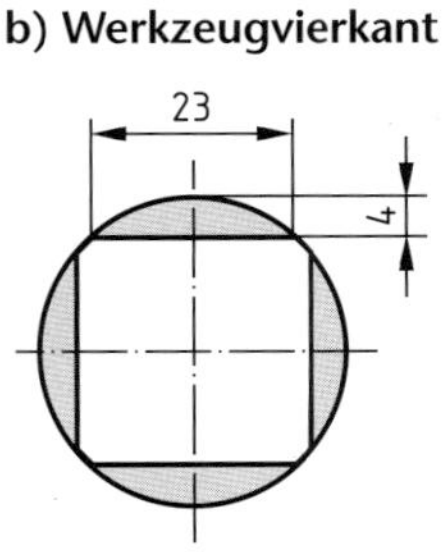

Gesucht:
der zerspante Querschnitt

7.23 Schutzhaube für Schleifscheibe

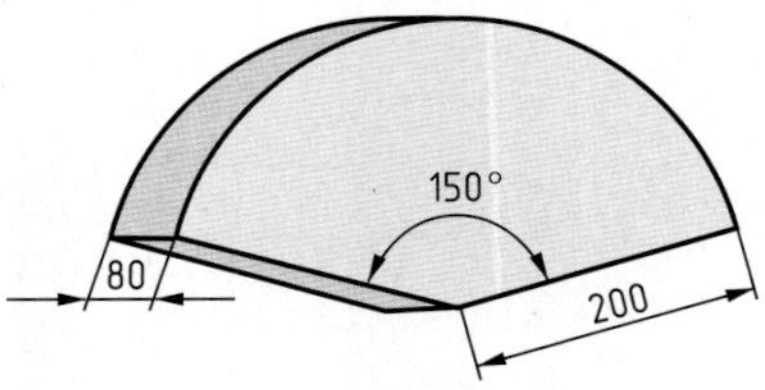

Gesucht:
der Blechbedarf in m²
bei 30 % Verschnitt

7.24 Schutzhaube für Schleifbock

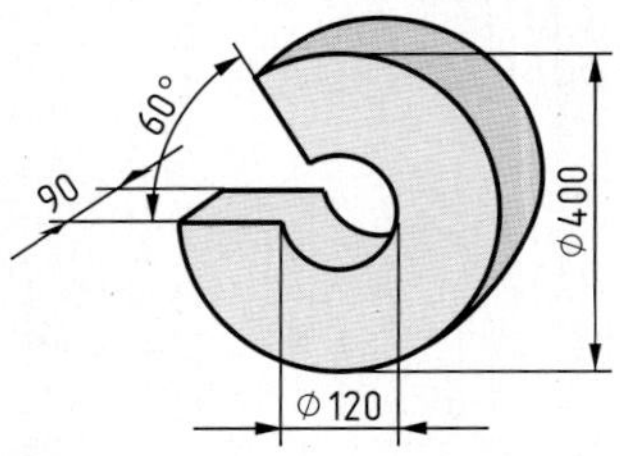

Gesucht:
der Blechbedarf bei
30 % Verschnitt in m²

7.25 Schneidstempel

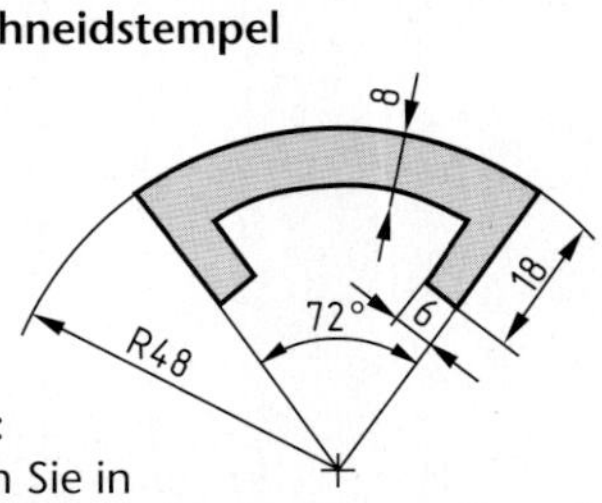

Hinweis:
Zerlegen Sie in
Kreisringausschnitt
und Rechtecke.

Gesucht:
die graue Fläche in cm²

7.26 Schneidplatte

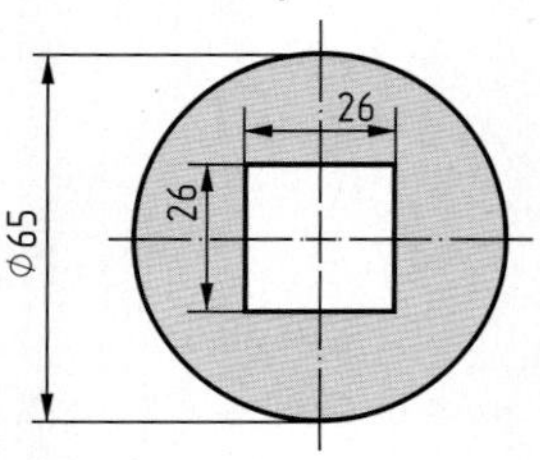

Gesucht: der Flächeninhalt in cm²

7.27 Schließblech

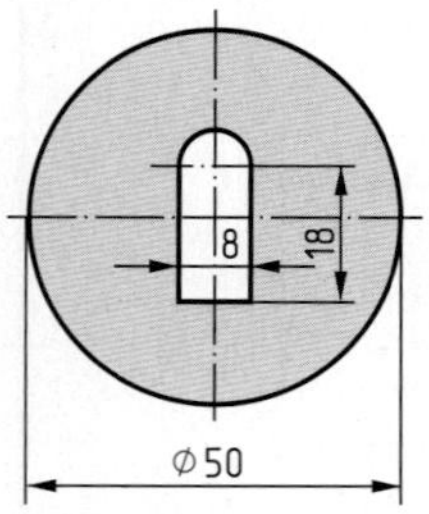

Gesucht:
a) der Flächeninhalt in cm²
b) der Blechbedarf bei 56 % Verschnitt

7.28 Flansch

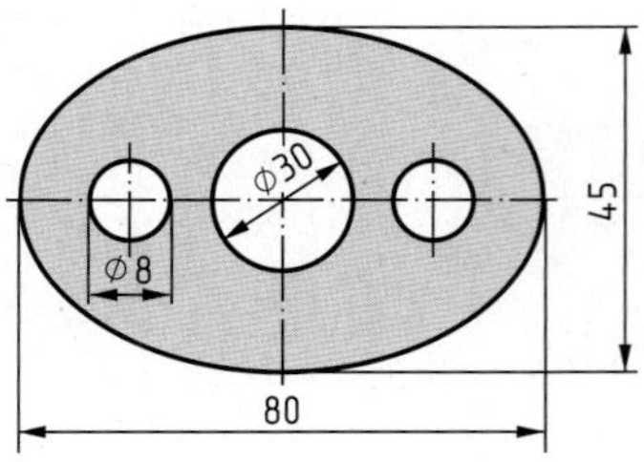

Gesucht: die Dichtfläche in cm²

7.29 Abdeckung

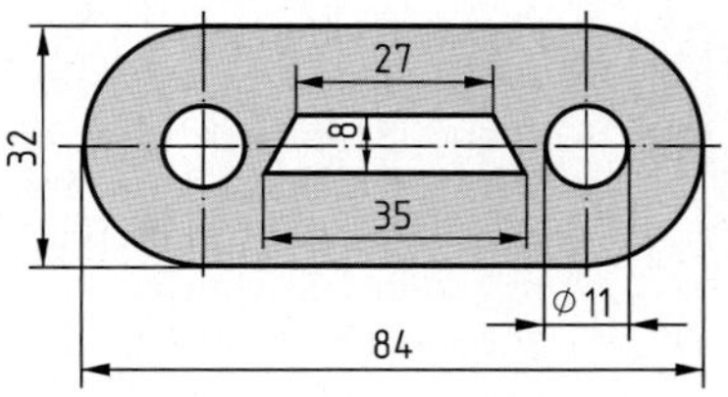

Gesucht:
a) der Flächeninhalt in cm²
b) der Blechbedarf, wenn der Verschnitt 36 % beträgt

7.30 Deckelblech

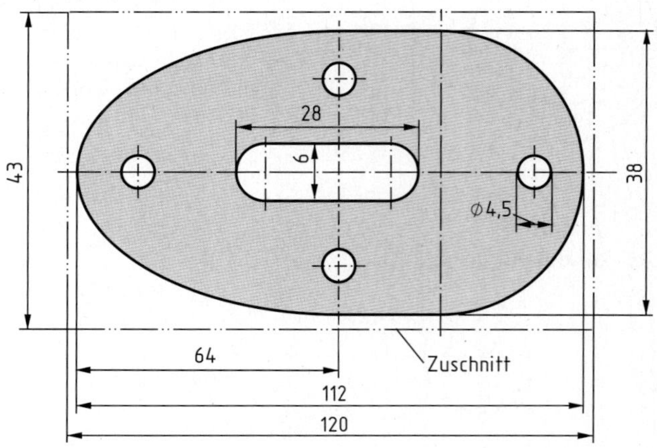

Gesucht:
a) die Fläche des Deckels in cm²
b) der Verschnitt in %

7.31 Formschnitt

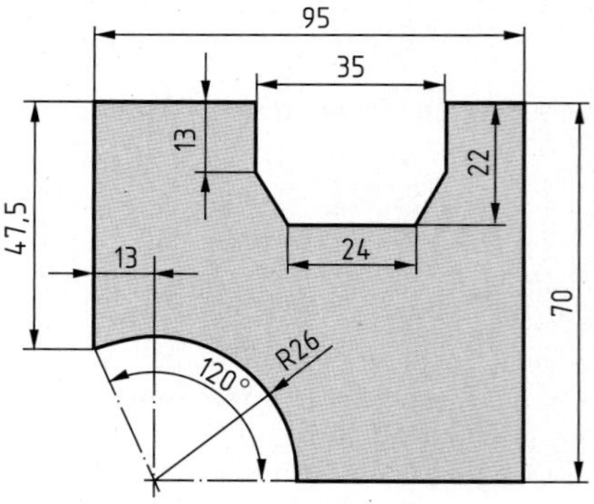

Gesucht:
a) der Flächeninhalt in cm²
b) der Verschnitt in %, wenn je Werkstück 100 mm × 72 mm verbraucht werden

8 Volumen und Masse

Volumen

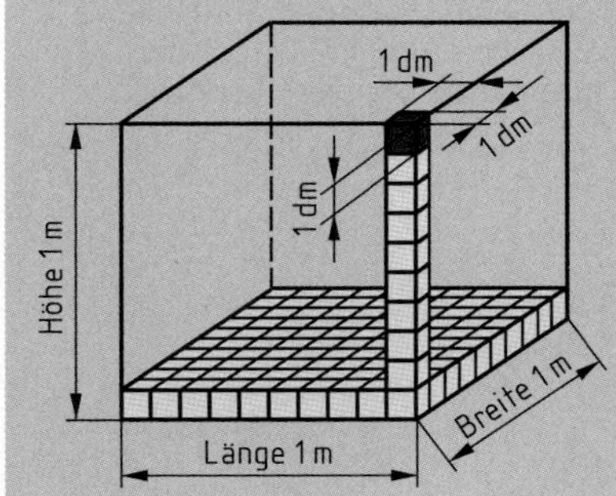

Aus den drei Ausdehnungen eines Körpers, nämlich der Länge, der Breite und der Höhe, gemessen in m, ergibt sich die Einheit Kubikmeter.

$1\ \text{m} \cdot 1\ \text{m} \cdot 1\ \text{m} = 1\ \text{m}^3$

$10\ \text{dm} \cdot 10\ \text{dm} \cdot 10\ \text{dm} = 1000\ \text{dm}^3 = 1\ \text{m}^3$

$100\ \text{cm} \cdot 100\ \text{cm} \cdot 100\ \text{cm} = 1000000\ \text{cm}^3 = 1000\ \text{dm}^3 = 1\ \text{m}^3$

$1000\ \text{mm} \cdot 1000\ \text{mm} \cdot 1000\ \text{mm} = 1000000000\ \text{mm}^3 = 1\ \text{m}^3$

Weitere Einheit: der Liter $1\ \text{l} = 1\ \text{dm}^3$

Bezeichnungen

V	das Volumen (Rauminhalt)	h	die Höhe	d	der Durchmesser
A, A_1	die Grundfläche	D	der Durchmesser	d_m	der mittlere Durchmesser
A_2	die Deckfläche			S	der Schwerpunkt

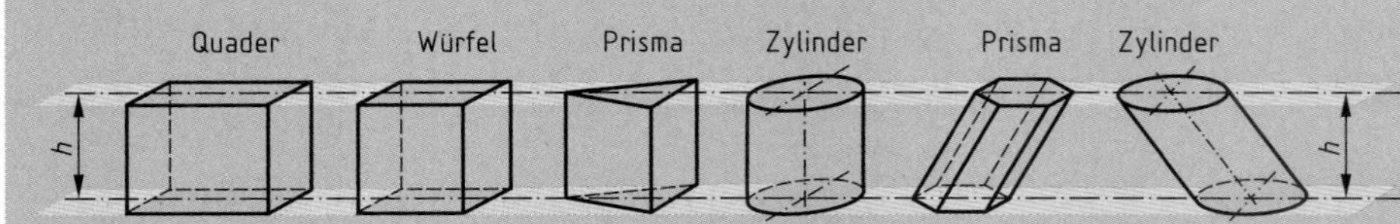

Körper mit gleich bleibendem Querschnitt, senkrecht oder schief:

Volumen = Grundfläche × Höhe

$V = A \cdot h$

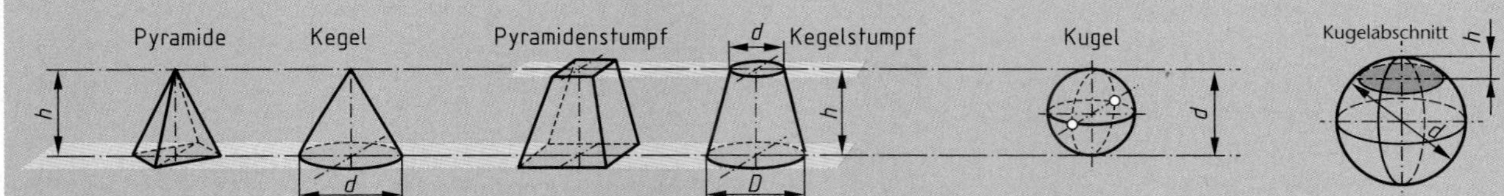

Zugespitzte Körper:

$V = \frac{A \cdot h}{3}$

Abgestumpfte Körper:

$V = \frac{h}{3} \cdot (A_1 + A_2 + \sqrt{A_1 \cdot A_2})$

Kugel:

$V = \frac{\pi}{6} \cdot d^3$

Kugelabschnitt:

$V = h^2 \cdot \pi \cdot \left(\frac{d}{2} - \frac{h}{3}\right)$

Guldinsche Regel

Das Volumen von Rotationskörpern errechnet sich aus dem Produkt der erzeugenden Querschnittfläche A und dem vom Schwerpunkt S zurückgelegten Weg.

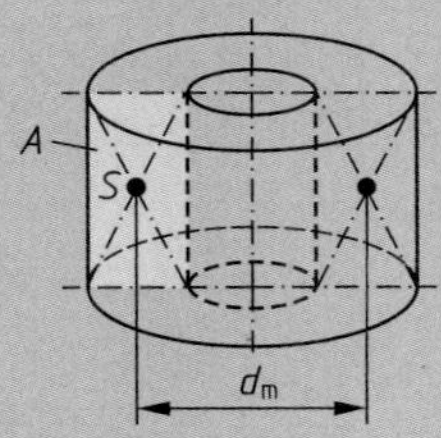

$V = A \cdot d_m \cdot \pi$

Masse

Die Masse eines Körpers wird durch Wiegen auf der Waage gemessen.
Die Einheit der Masse ist das Kilogramm.

In manchen Fällen wird die Masse noch als Gewicht bezeichnet. Zum Beispiel „Ladegewicht eines Lkw = 7,5 t". Das bedeutet, dass eine Masse von 7,5 t geladen werden darf.

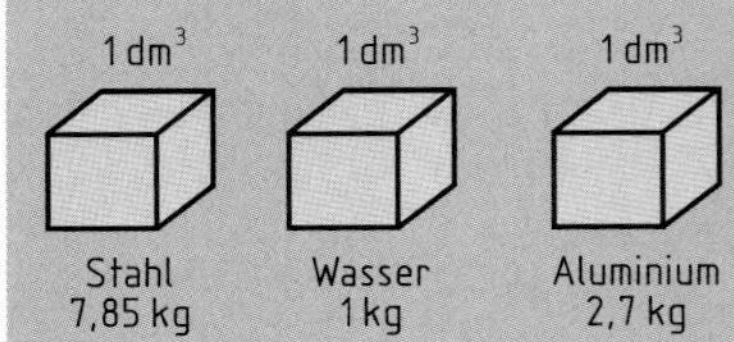

Wiegt man jeweils die Raumeinheit 1 dm³ verschiedener Stoffe, so ergeben sich unterschiedliche Massen. Man sagt: Die Stoffe haben unterschiedliche **Dichte**.
Die Dichte wird mit dem griechischen Buchstaben ϱ (spricht: rho) abgekürzt.
Dichtewerte entnimmt man Tabellen.

$\text{Dichte} = \frac{\text{Masse}}{\text{Volumen}}$ $\varrho = \frac{m}{V}$

Masse = Volumen × Dichte $m = V \cdot \varrho$

Bezeichnungen:

ϱ die Dichte
m die Masse
V das Volumen

Einheiten der Dichte:

feste und flüssige Stoffe $\frac{\text{g}}{\text{cm}^3}$; $\frac{\text{kg}}{\text{dm}^3}$

gasförmige Stoffe $\frac{\text{kg}}{\text{m}^3}$

Aufgaben zu Volumen

8.1 Umwandeln der Volumenmaße

Wandeln Sie um:

a) 3,43 cm^3 in mm^3
b) 10465 dm^3 in m^3
c) 17,9 cm^3 in dm^3
d) 0,052 m^3 in cm^3
e) 0,61 dm^3 in mm^3
f) 0,0034 m^3 in dm^3
g) 0,39 mm^3 in cm^3
h) 8744,03 mm^3 in dm^3

8.2 Waschwanne

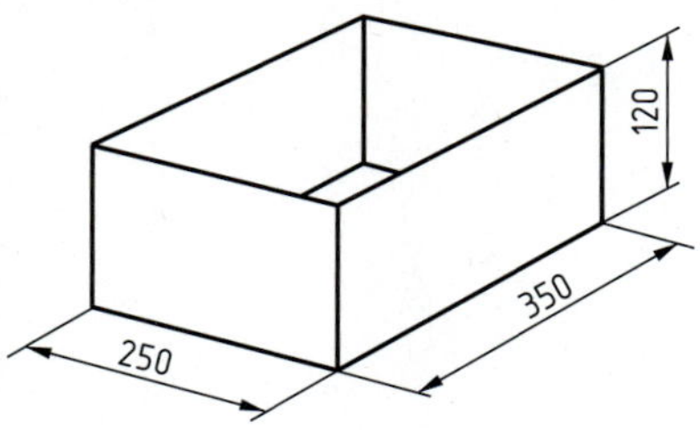

Gesucht:
das Fassungsvermögen in Liter

8.3 Pkw 1300

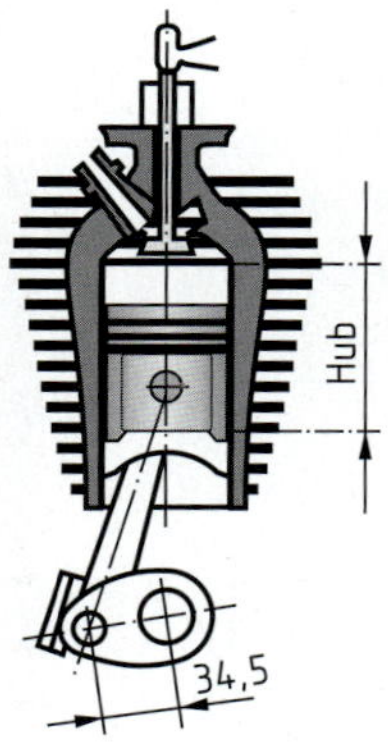

4-Zylinder-Otto-Motor
Bohrung: ø 77 mm

Gesucht:
der Hubraum in cm^3

8.4 Wanne

Gesucht: das Volumen in dm^3

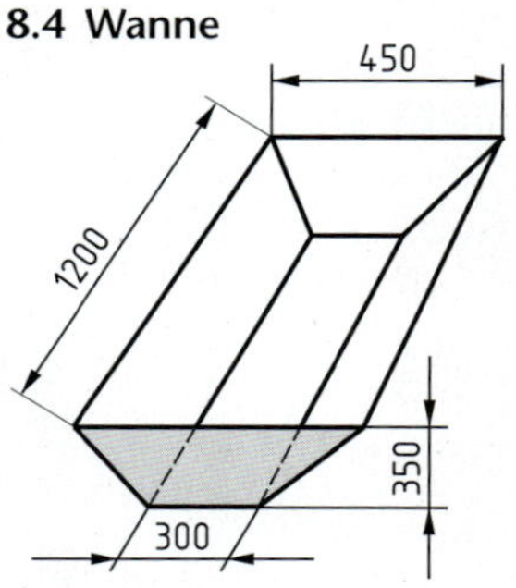

8.5 Körnerspitze

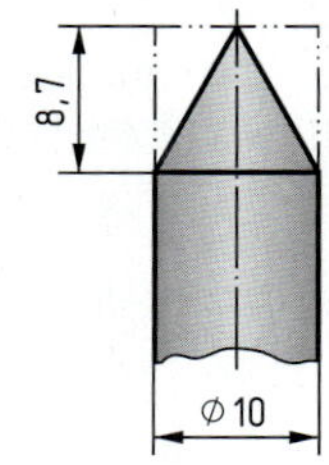

Gesucht:

a) das Volumen der Spitze in mm^3
b) das Volumen des beim Anschleifen der Spitze abgetragenen Werkstoffes

8.6 Werkzeugkegel

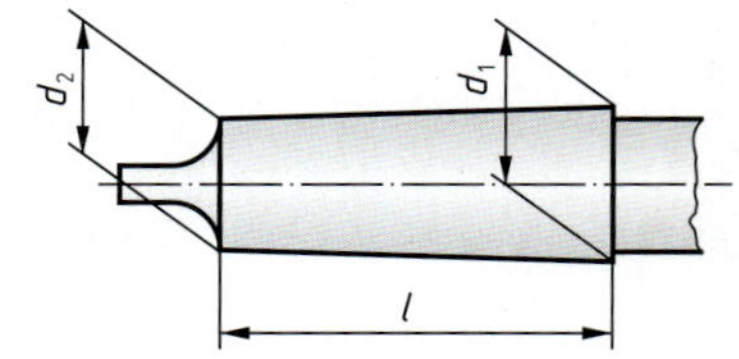

	d_1	d_2	l
a)	9,045	6,1	53
b)	44,399	36,5	136

Maße in mm

Gesucht:
das Volumen in cm^3

8.7 Kugelgriff aus Phenolharz

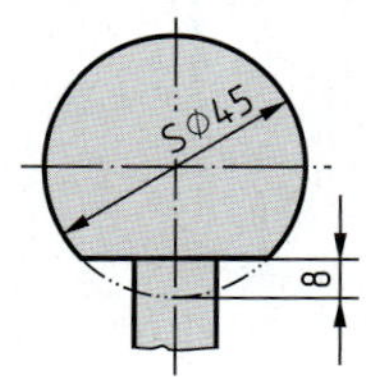

Gesucht:
der Werkstoffbedarf in cm^3 für den Griff

8.8 Volumen eines Knotenblechs

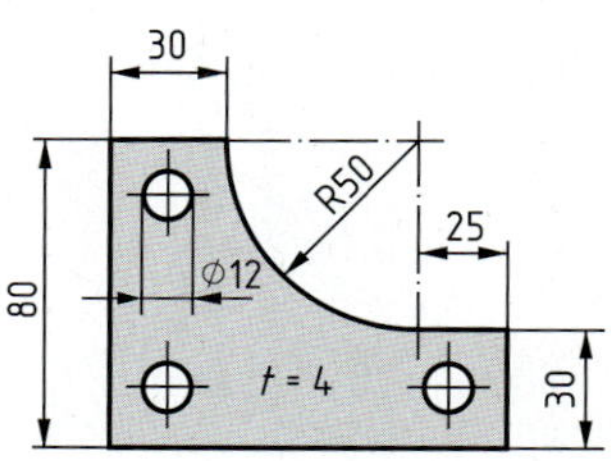

Gesucht:
das Volumen eines Knotenbleches in cm^3

Aufgaben zu Masse

8.9 Blanker Flachstahl

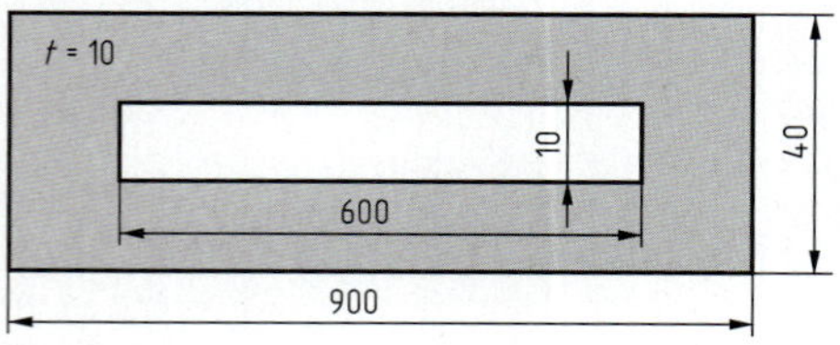

Gesucht: die Masse des fertigen Werkstückes aus unlegiertem Stahl in kg

8.10 Aluminium-Masseln

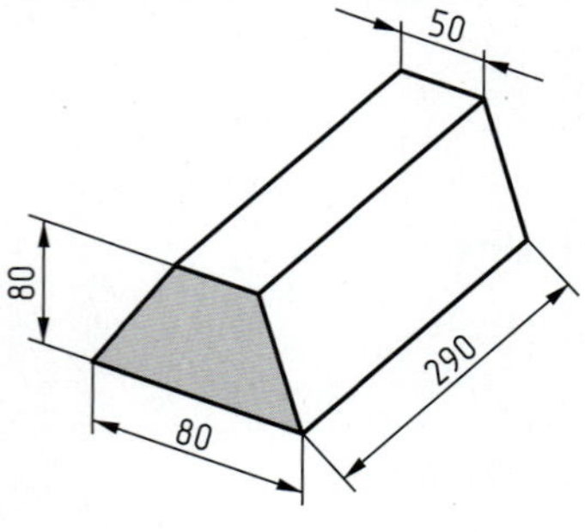

Gesucht:

a) die Masse einer Massel aus Aluminium
b) Wie viele Stücke können auf einem 3t-Lkw geladen werden?

8.11 Berechnung der Masse

a) Messbecher

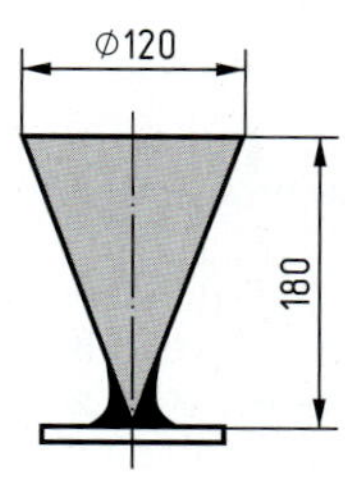

Gesucht:
die Masse einer Füllung mit Maschinenöl

b) Kupferspitze

Gesucht: die Masse in kg

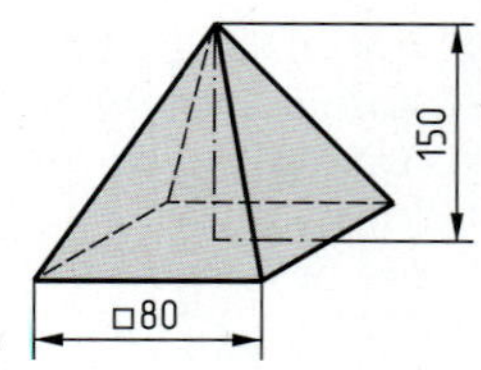

8.12 Schätz- und Rechenaufgabe

a) 1000 Stahlkugeln

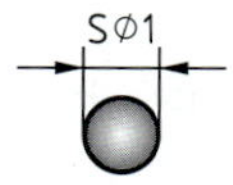

Gesucht:
die Masse in g
Schätzen Sie zuerst!

b) 1 Korkkugel

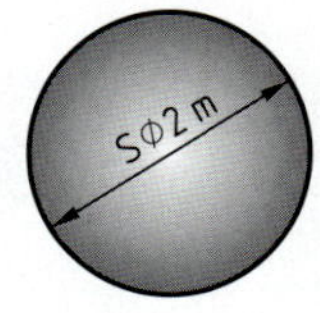

Kork: $\varrho = 0{,}24\ \frac{kg}{dm^3}$

Gesucht:
die Masse in kg
Schätzen Sie zuerst!

8.13 Reitstockspitze aus Werkzeugstahl

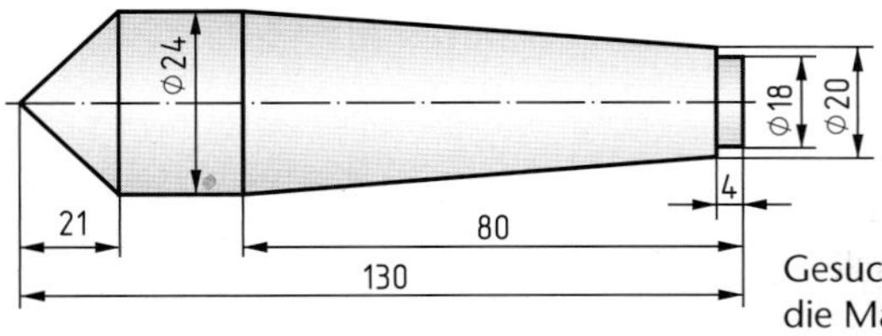

Gesucht:
die Masse in g

8.14 Spannschiene aus E335

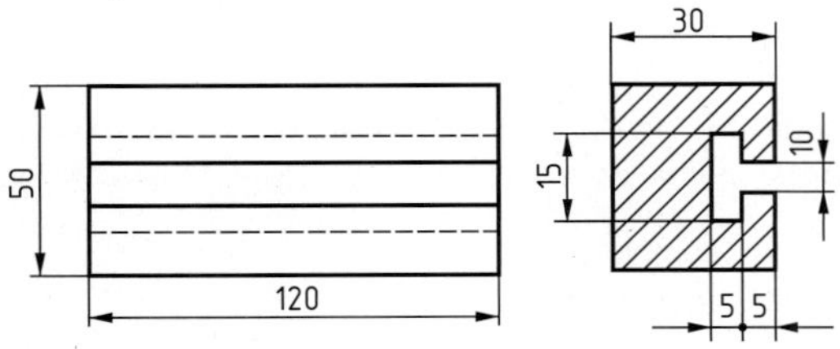

Gesucht: die Masse in kg

8.15 Spanneisen aus E335

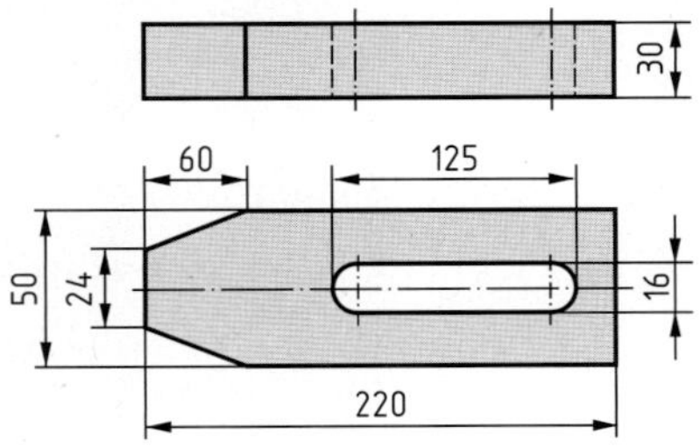

Gesucht:
die Masse in kg

8.16 Abdeckplatte aus S235

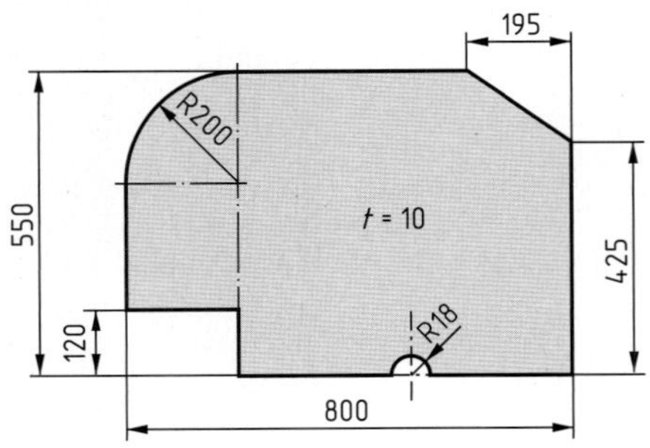

Gesucht:
a) die Masse in kg
b) der metallische Werkstoff, der verwendet werden muss, wenn die Abdeckplatte bei gleichen Abmessungen um 20,3 kg leichter sein soll

8.17 Stopfbuchse aus EN-GJL-150

Gesucht: die Masse in g

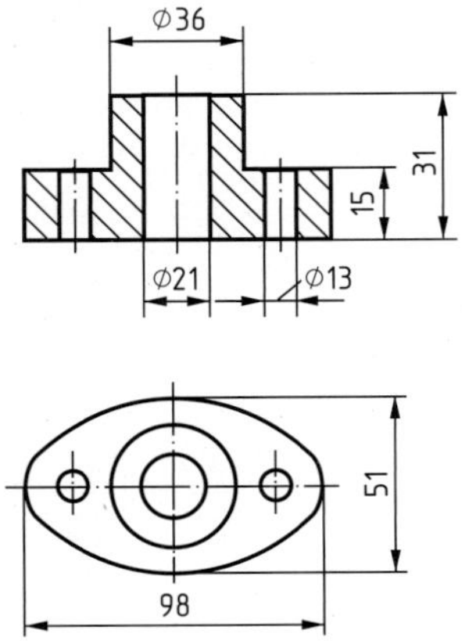

8.18 Gelenkgabel aus EN-GJL-200

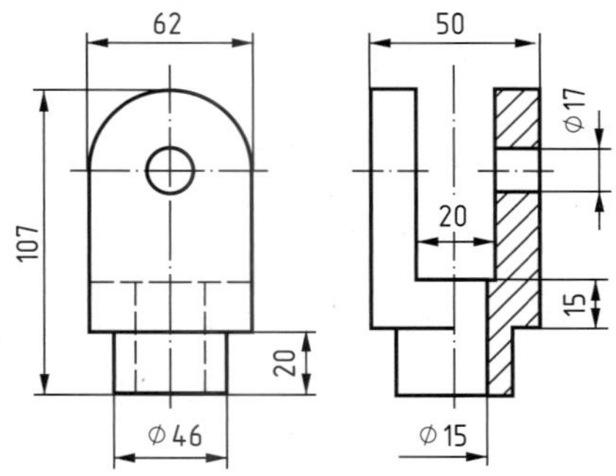

Gesucht:
die Masse in kg

8.19 Lagerbuchse aus E295

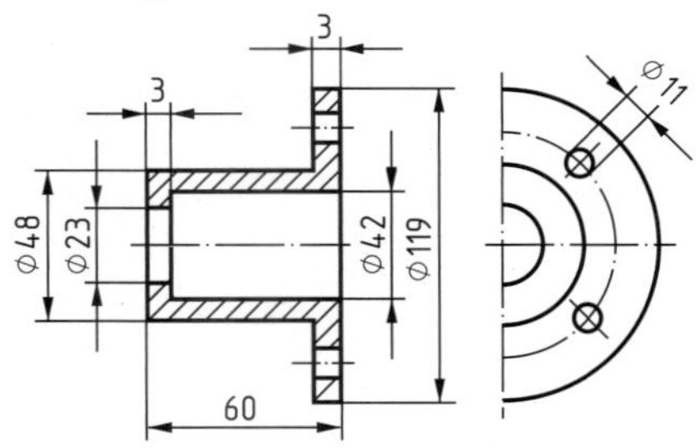

Gesucht:
die Masse in g

8.20 Schlittenführung aus C60

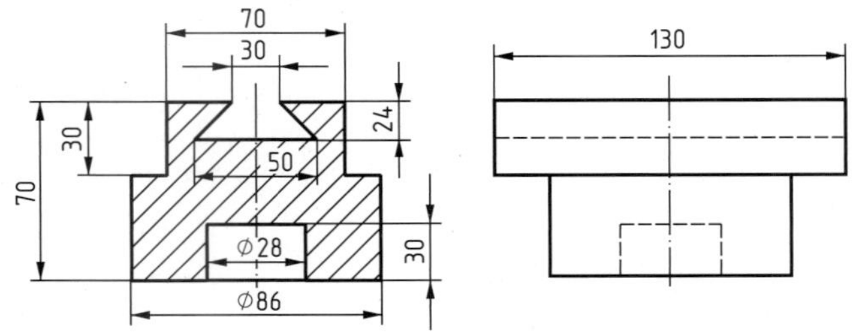

Gesucht: die Masse in kg

8.21 Kanister

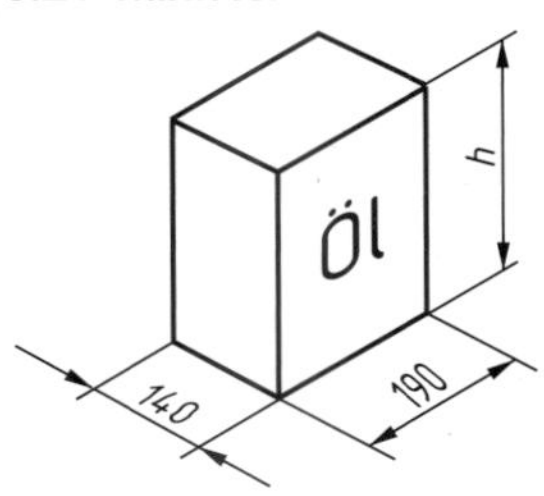

Der Kanister soll 5 kg Schneidöl $\left(\varrho = 0{,}8\,\frac{\text{kg}}{\text{dm}^3}\right)$ fassen.

Gesucht: die Höhe

8.22 Petroleumfass

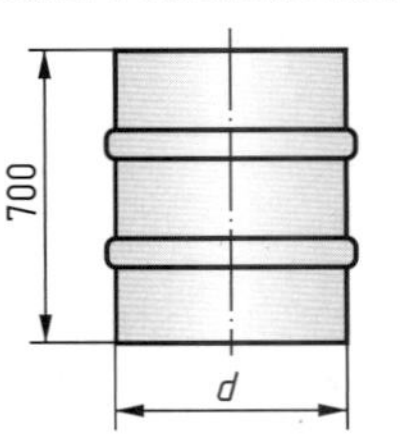

Das Fass soll 250 kg Petroleum aufnehmen. Wie groß muss der Durchmesser *d* sein?

Petroleum: $\varrho = 0{,}81\,\frac{\text{kg}}{\text{dm}^3}$

8.23 Fundamentplatte

Eine 120 mm dicke Fundamentplatte aus Gusseisen mit der Grundfläche 1 200 mm × 800 mm wird so abgehobelt, dass sie bei gleicher Grundfläche um 65 kg leichter wird.
Wie dick ist die fertige Platte?

9 Lehrsatz des Pythagoras

Pythagoras = griechischer Philosoph und Mathematiker, etwa 580 bis 500 v. Chr.

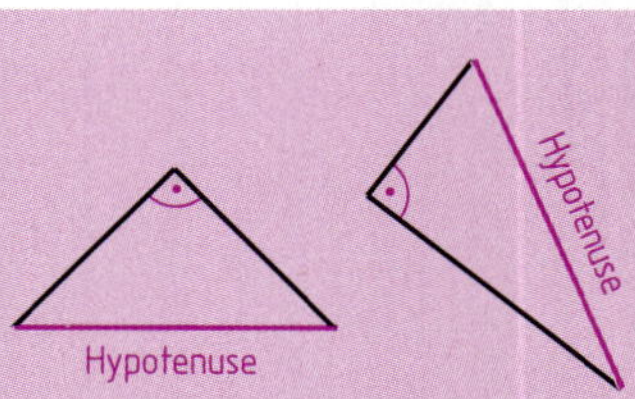

Im rechtwinkligen Dreieck liegt stets die längste Seite dem rechten Winkel gegenüber. Sie wird als Hypotenuse bezeichnet.

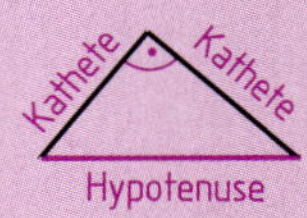

Die an dem rechten Winkel anliegenden zwei Schenkel werden Katheten genannt.

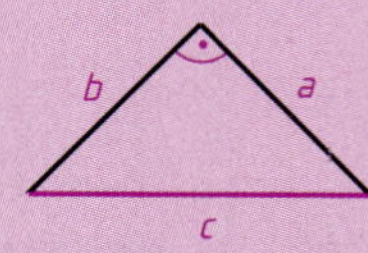

In der Regel werden die Seiten eines rechtwinkligen Dreiecks mit folgenden Buchstaben bezeichnet:
Katheten: a und b
Hypotenuse: c

Satz des Pythagoras

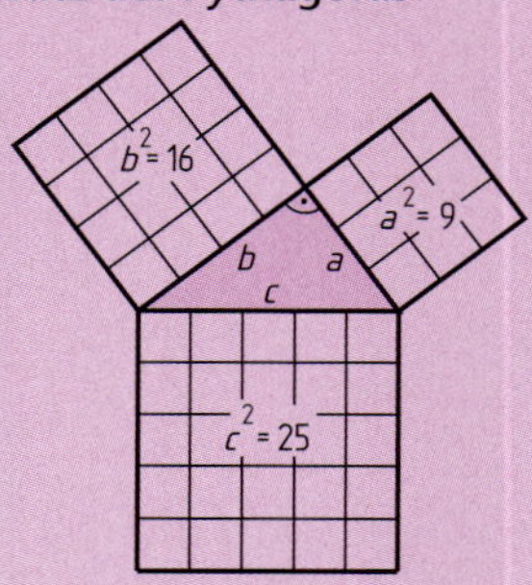

Im rechtwinkligen Dreieck ist der Flächeninhalt des Quadrates über der Hypotenuse gleich dem Flächeninhalt der beiden Quadrate über den Katheten.

Hypotenusenquadrat:	25 Quadrate
Kathetenquadrat über a:	9 Quadrate
Kathetenquadrat über b:	16 Quadrate

$$\boldsymbol{c^2 = a^2 + b^2}$$

Beispiel: Sparrenlänge für ein Garagendach

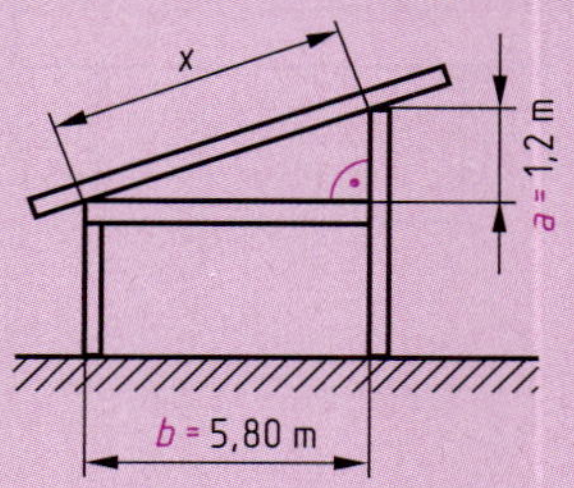

Wie groß ist die Länge x zwischen den zwei Auflagepunkten?

Lösung: $x^2 = a^2 + b^2$

$$x = \sqrt{a^2 + b^2} = \sqrt{(1{,}2\text{ m})^2 + (5{,}8\text{ m})^2} = \sqrt{35{,}08\text{ m}^2} = \mathbf{5{,}92\text{ m}}$$

Aufgaben zum pythagoreischen Lehrsatz

9.1 Diagonalstrebe

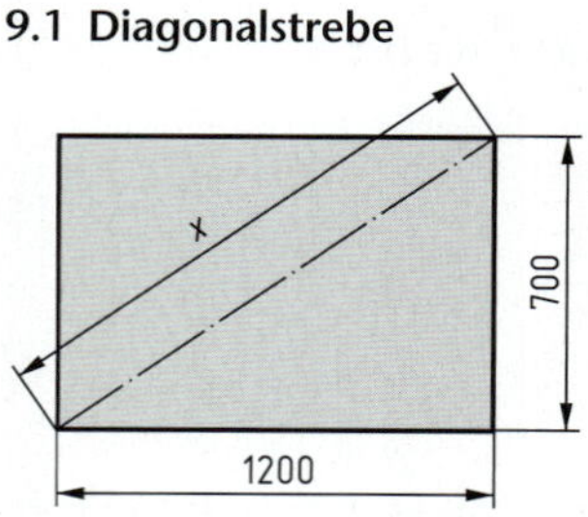

Zur Versteifung des nebenstehenden Rahmens ist eine Diagonalstrebe einzuziehen.

Wie groß ist die Länge x?

9.2 Bohrungsabstand

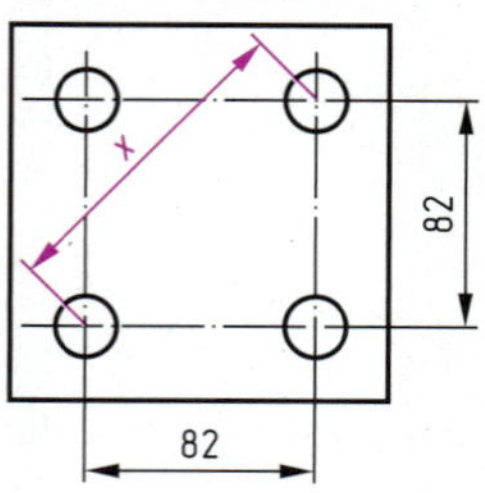

Auf einer quadratischen Platte ist als Prüfmaß der Abstand x zweier schräg einander gegenüberliegender Bohrungen zu berechnen.

9.3 Maße für eine numerisch gesteuerte Maschine

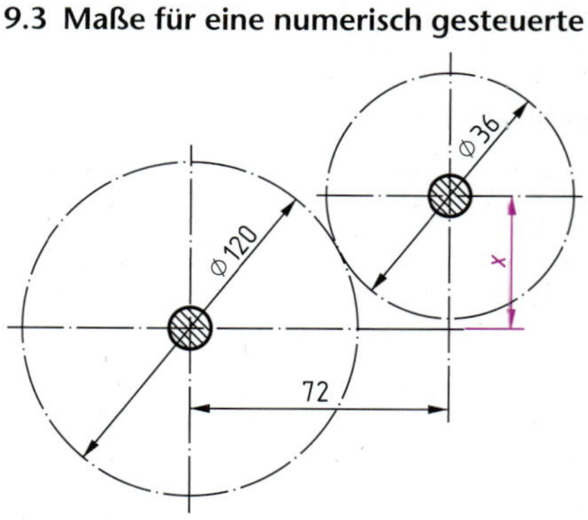

Für einen Zahntrieb gemäß Skizze ist das Maß x festzulegen.

Beachten Sie:
Es ist mit dem Halbmesser zu rechnen.

9.4 Berechnen Sie *x* und *y*.

a)

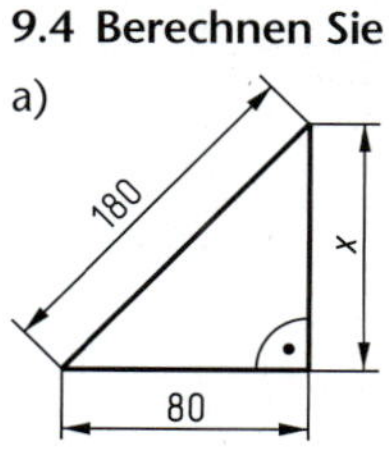

b)

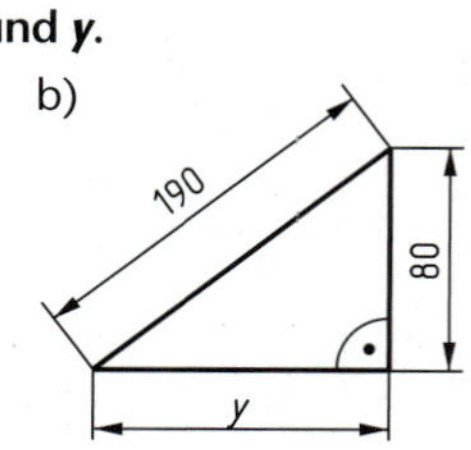

9.5 Zweikant DIN 475-SW 22

Gesucht: das Maß x

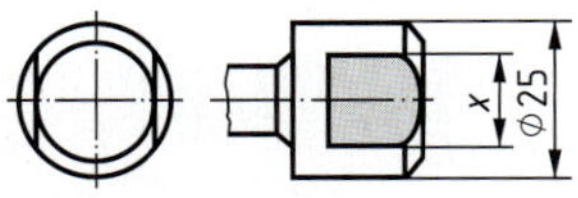

9.6 Kugelbolzen

Gesucht ist die Länge a des zylindrischen Teiles.

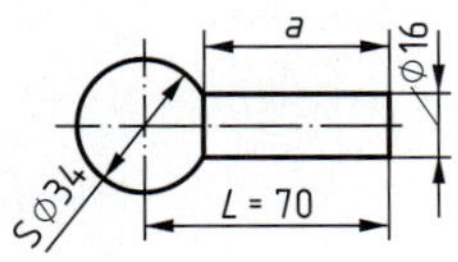

9.7 Knabberschneiden

Schneidestempeldurchmesser: d_{St} = 8 mm

Gesucht:

a) die Welligkeit w bei einem Vorschub von e = 6 mm

b) die Welligkeit bei einem Vorschub e = 2,5 mm

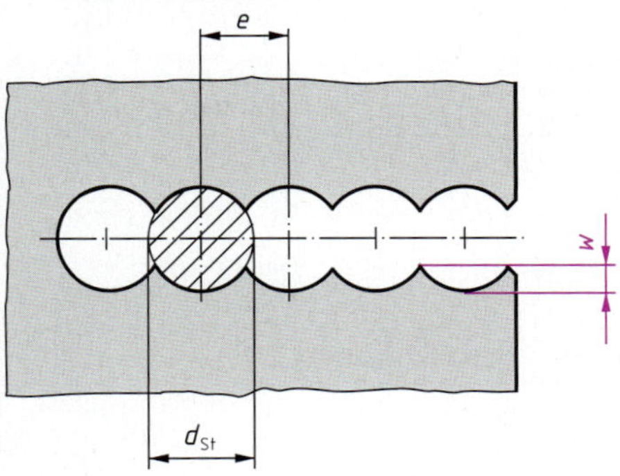

9.8 Berechnung des Konturüberganges: Kugel/Zylinder

Gesucht: das Maß x

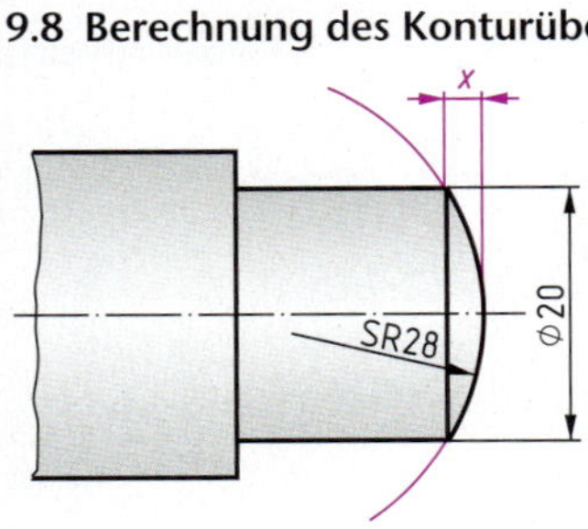

9.9 Fräseranschnitt

die Schnitttiefe a = 2,5 mm

Gesucht: der Fräseranschnitt l_s

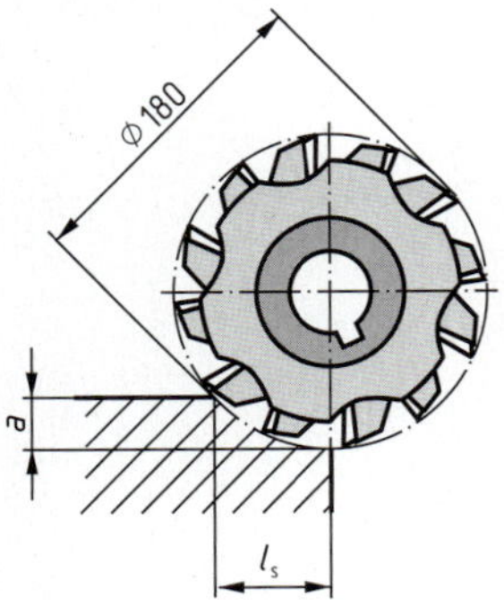

9.10 Ringfeder-Spannelement

Gesucht: die Verkleinerung des Bohrungsdurchmessers, wenn das Spannelement durch die Krafteinwirkung vollkommen plan liegt

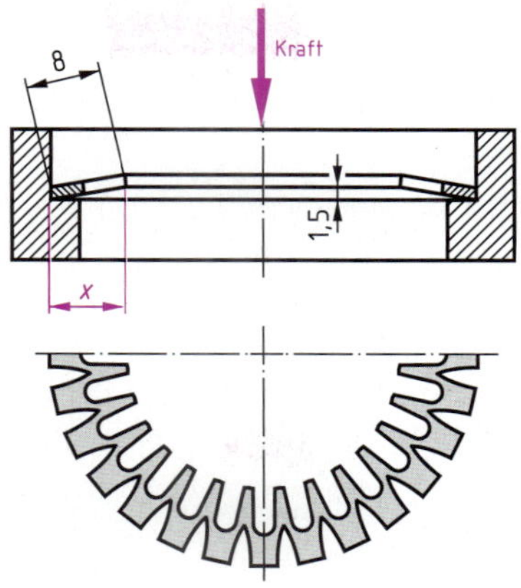

9.11 Ausrichten einer Zarge

Eine Stahlzarge soll als Schweißteil hergestellt werden. Das Ausrichten des rechten Winkels erfolgt durch Messen des Maßes x an der Innenseite. Berechnen Sie das Maß x.

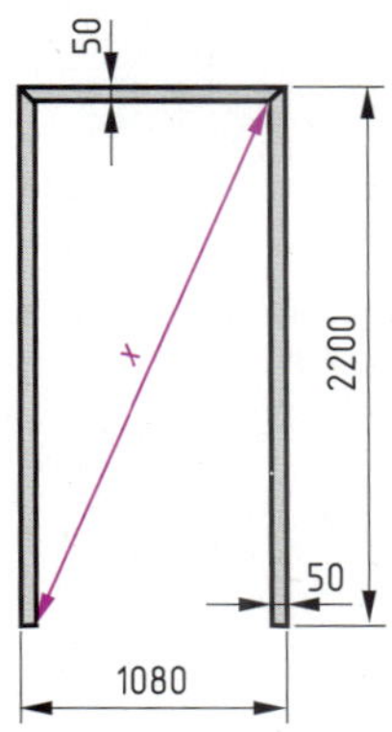

9.12 Versteifung der Arbeitsbühne

An der unten dargestellten Arbeitsbühne soll eine Versteifung in der Raumdiagonalen eingebaut werden. Diese wird als dünner Stab (die Dicke kann vernachlässigt werden) ausgeführt. Berechnen Sie die Länge x des Stabes.

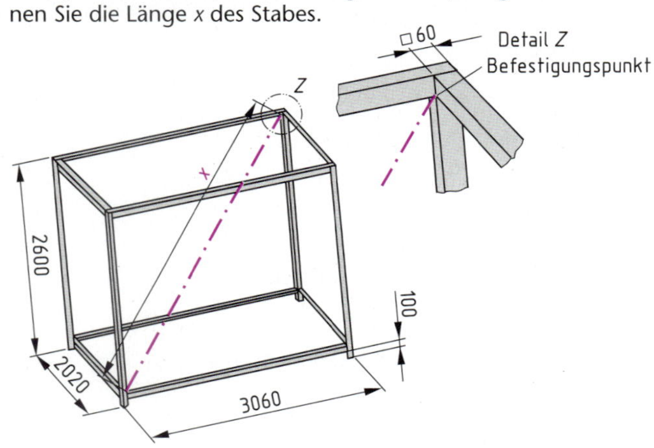

9.13 Hebel

Nebenstehender Hebel ist am Punkt A gelagert und wird zwischen den Punkten B und C von einer Feder zurückgezogen.

a) Bestimmen Sie die Länge x der Feder bei nicht betätigtem Hebel.

b) Bestimmen Sie die Länge y der Feder, wenn der Hebel so weit betätigt ist, dass die Feder waagerecht liegt.

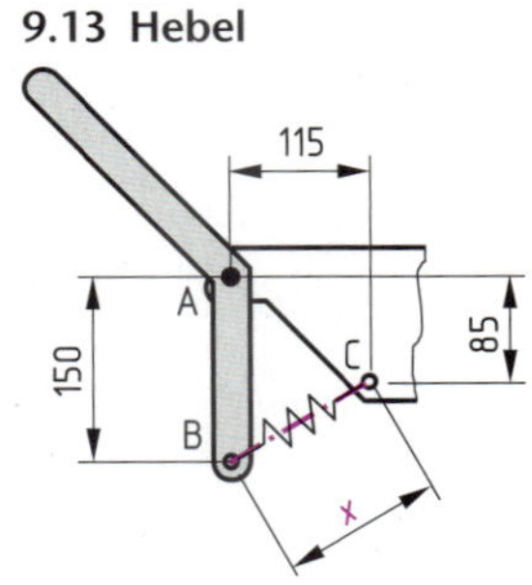

10 Winkelfunktionen

(Trigonometrie vom Lateinischen bzw. Griechischen: tri = drei, gonia = Eck, Funktion = Verhältnis)

Bezeichnungen am rechtwinkligen Dreieck, bezogen auf einen Winkel:_

Gegenkathete (liegt dem Winkel gegenüber)

Ankathete (liegt am Winkel)

Hypotenuse (liegt dem rechten Winkel gegenüber und ist die längste Seite)

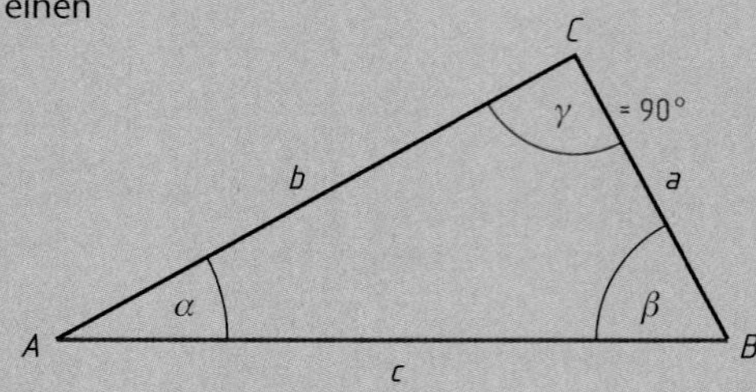

Für den Winkel α ist:

a die Gegenkathete
b die Ankathete
c die Hypotenuse

Die Seitenverhältnisse von rechtwinkligen Dreiecken mit gleichen Winkeln sind stets gleich; hier z. B. rechtwinklige Dreiecke mit einem Winkel α von 15°:

das Seitenverhältnis $= \frac{a}{b} = \frac{a'}{b'} = \frac{a''}{b''}$, hier stets: ≈ 0,2679

Dies entspricht einem Winkel α von 15°.

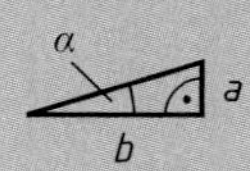

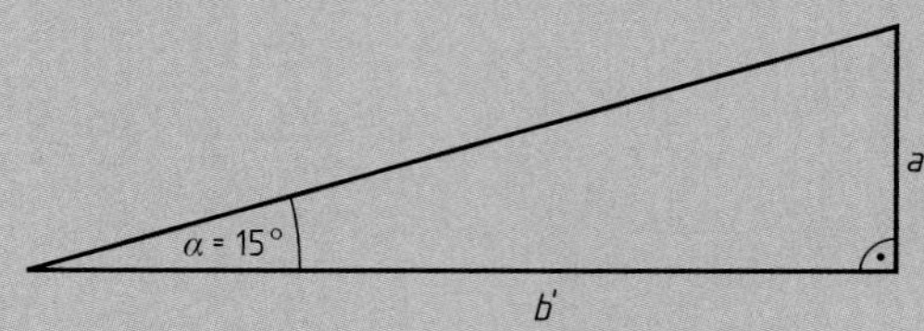

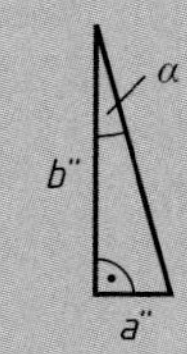

Zu jedem Winkel a gehört ein konstantes Seitenverhältnis. Man sagt dazu auch Winkelfunktionswert.

Wichtige Winkelfunktionen Merke: Funktionen mit us → geteilt durch Hypotenuse.

Sinus	**Cosinus**	**Tangens**
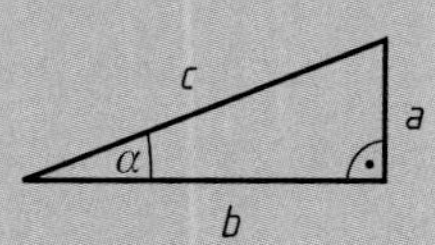	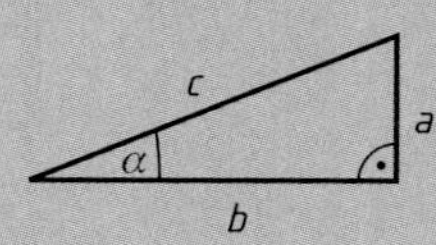	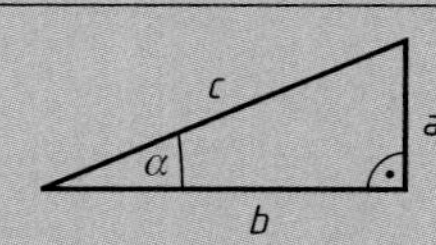
$\sin\alpha = \frac{a}{c}$ Sinus $= \frac{\text{Gegenkathete}}{\text{Hypoteneuse}}$	$\cos\alpha = \frac{b}{c}$ Cosinus $= = \frac{\text{Ankathete}}{\text{Hypoteneuse}}$	$\tan\alpha = \frac{a}{b}$ Tangens $= \frac{\text{Gegenkathete}}{\text{Ankathete}}$

Eingabe in den Taschenrechner
Taschenrechner und Computer verlangen meist die Eingabe der Winkel in Dezimalwerten.

Beispiel: $\alpha = 13°15'14''$

Gesucht: der Winkel α als Dezimalwert

Lösung:

13°	= 13°
15′ = (15/60)°	= 0,25°
14″ = (14/3600)°	= 0,0038889°
13°15′14″	= **13,2538889°**

Die Tastenfolge ist je nach Taschenrechner unterschiedlich.

$x = \sin 30°$: entweder [3] [0] [sin]
oder [sin] [3] [0] [EXE] Ausgabe: 0,5

$\cos\alpha = 0{,}5$: entweder [0] [.] 5 [cos⁻¹]
oder [cos⁻¹] [0] [.] [5] [EXE] Ausgabe: 60

Beispiel 1: Abstand zwischen 2 Bohrungen

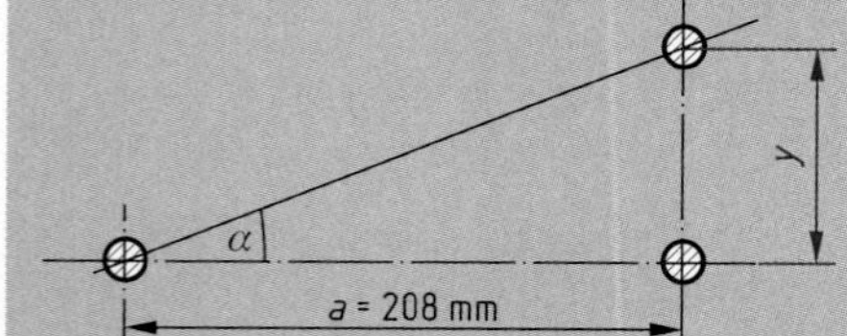

Der Winkel α beträgt 14°20′.

Gesucht: das Maß y

Lösung: $\tan\alpha = \frac{y}{a}$

$y = a \cdot \tan\alpha = 208\ \text{mm} \cdot \tan 14{,}33° = \mathbf{53{,}147\ mm}$

Beispiel 2: Sinuslineal zur Festlegung von Winkeln

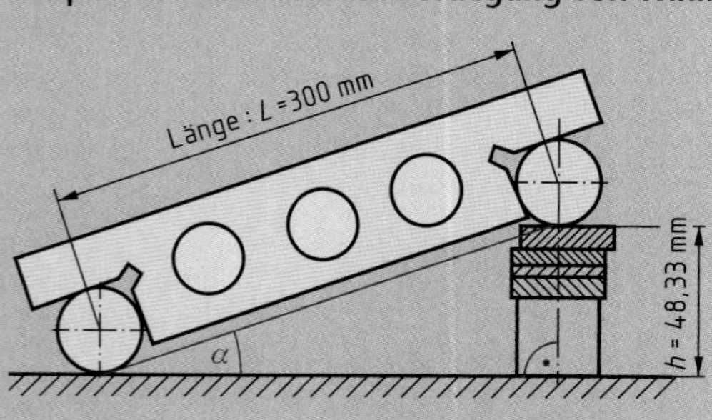

Gesucht: der Winkel α mithilfe des Taschenrechners

Lösung: $\sin\alpha = \frac{h}{L} = \frac{48{,}33\ \text{mm}}{300\ \text{mm}} = 0{,}1611$

$\alpha = 9{,}27°$
$\alpha = 9° + 0{,}27 \cdot 60' = \mathbf{9°16{,}2'}$

10.1 Gesucht: Werte der Winkelfunktionen

a)	tan 16° 10′	e)	sin 30,525°
b)	cos 52° 40′	f)	sin 18° 15′
c)	sin 18° 50′	g)	tan 24° 31′
d)	sin 75° 36′	h)	cos 35° 16′ 12″

10.2 Fließpressstempel

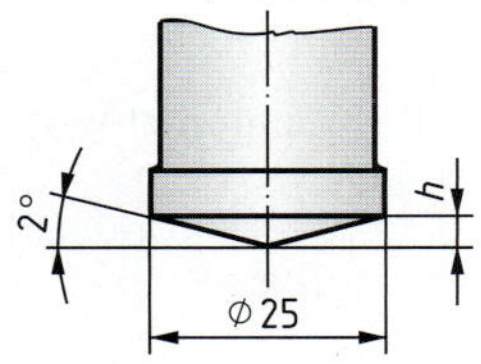

Die Druckfläche sollte als stumpfer Kegel ausgebildet sein, damit der Werkstoff leichter abfließt.

Gesucht:

a) das Maß h bei einem Winkel von 2°

b) der Winkel, wenn $h = 0{,}6$ mm ist

10.3 Spannkeil für Bohrvorrichtung

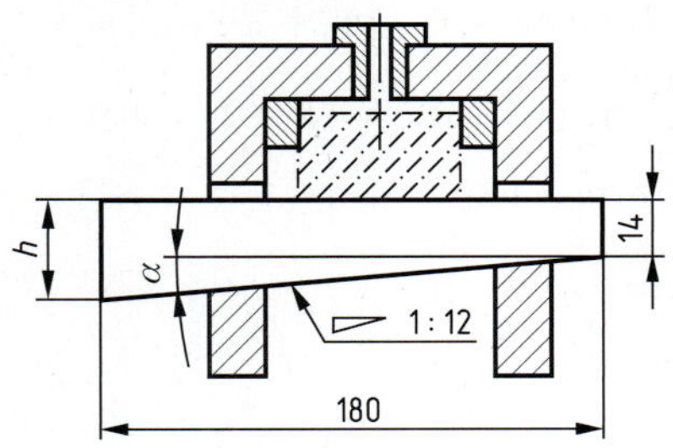

Gesucht:

a) die größte Höhe h

b) der Einstellwinkel α für die Neigung 1 : 12

10.4 Keilschieber

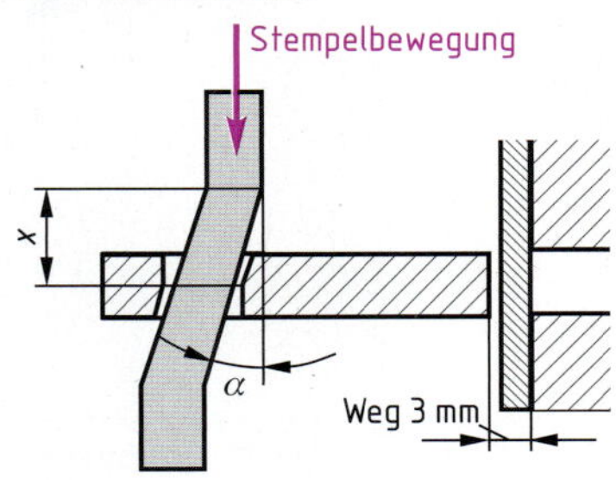

Sie ermöglichen Querbewegungen in Werkzeugen.

Gesucht:

der notwendige Hub x der Stempelbewegung für $\alpha = 20°$

10.5 Schneidplattendurchbrüche

a)

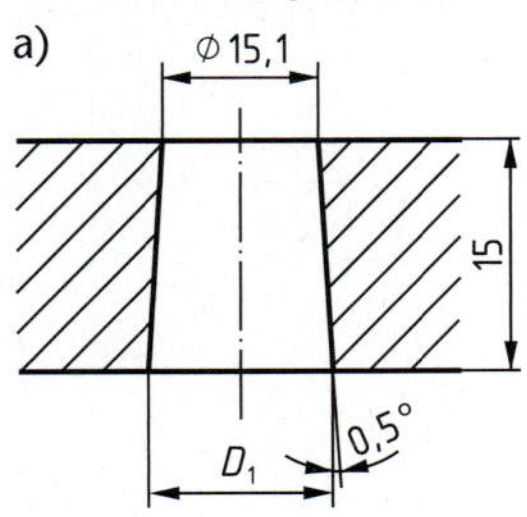

b)

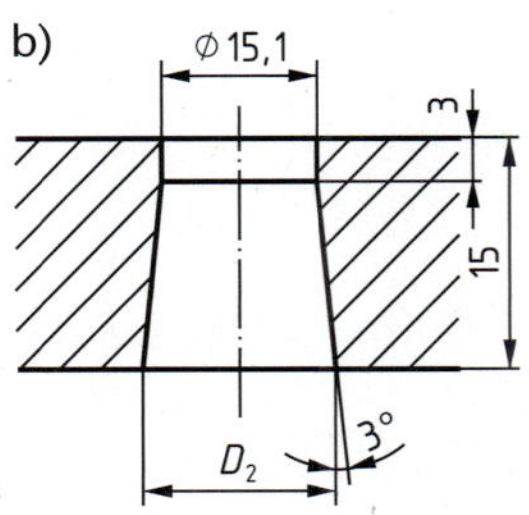

Gesucht: die großen Durchmesser D_1 und D_2

10.6 Schwalbenschwanzführung

a)

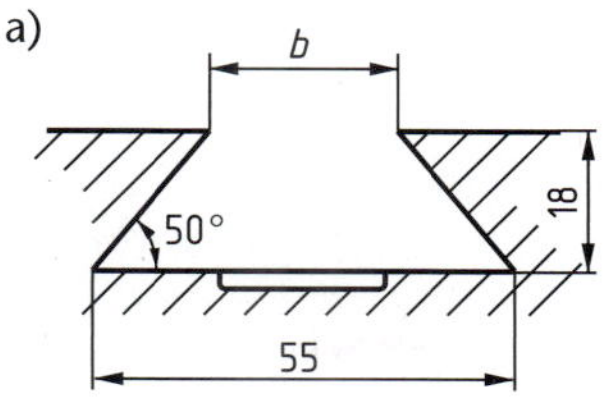

Gesucht: die Länge b

b) Messen mit Messzylinder $d = 12$ mm

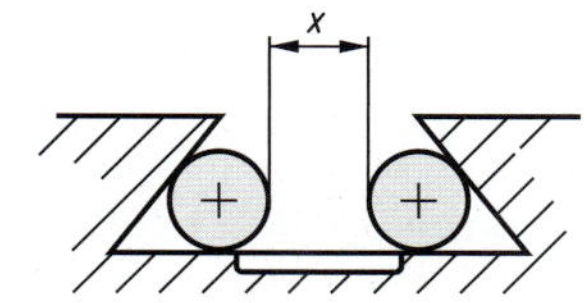

das Maß x

10.7 Diagonalstrebe

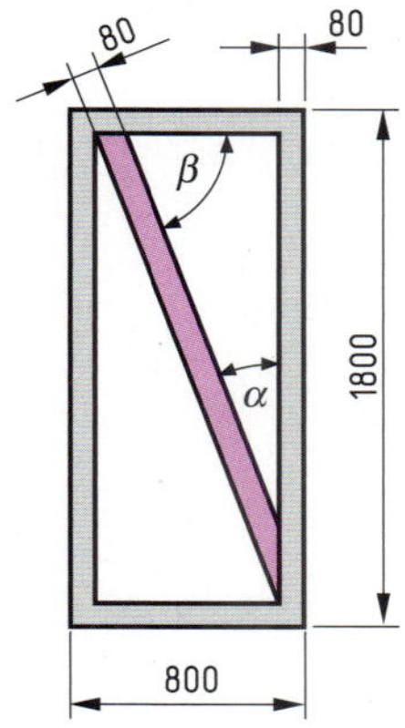

In einen Rahmen soll eine Diagonalstrebe eingebracht werden.

Berechnen Sie für die Diagonalstrebe:

a) die beiden an der Kappsäge einzustellenden Winkel α und β,

b) als Kontrollmaß die Länge der kurzen Seite der Diagonalstrebe,

c) die Länge der beiden Schnittkanten.

10.8 Schräger Blechzuschnitt

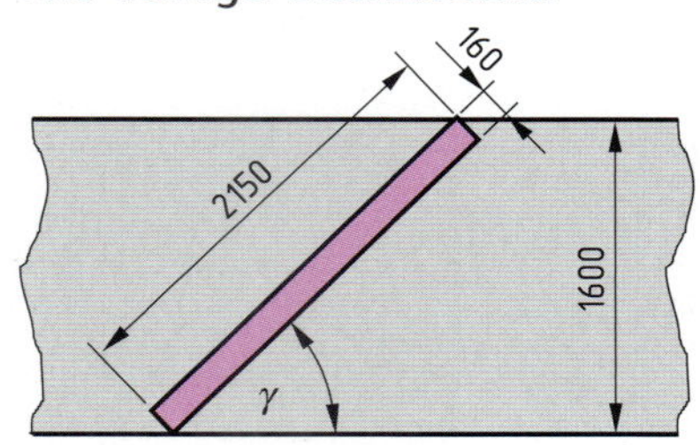

Da Blechrollen (Coils) in Breiten von 1600 mm günstiger zu beziehen sind als breitere, sollen längere Blechstreifen schräg ausgeschnitten werden.

Berechnen Sie.

a) die Länge der Werkstückdiagonalen

b) Unter welchem Winkel β zur Coilkante muss die Werkstückdiagonale liegen?

c) den Winkel γ zwischen Werkstückkante und Coilkante

10.9 Bohrungspositionen

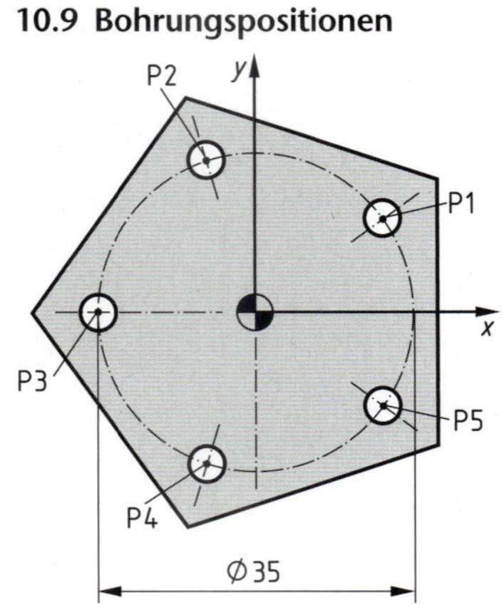

Bestimmen Sie die Bohrungspositionen der Bohrungen im kartesischen Koordinatensystem bezüglich des Mittelpunktes.

11 Koordinaten und CNC-Technik

Zur Fertigung von Werkstücken auf numerisch gesteuerten Werkzeugmaschinen müssen den Maschinen Weginformationen mitgeteilt werden. Solche Weginformationen kann man in rechtwinkligen Koordinaten oder in Polarkoordinaten eingeben.

Rechtwinklige (kartesische)[1] Koordinaten

Die Lage eines Punktes P wird mithilfe von Koordinatenwerten der Hauptachsen X, Y und Z festgelegt.

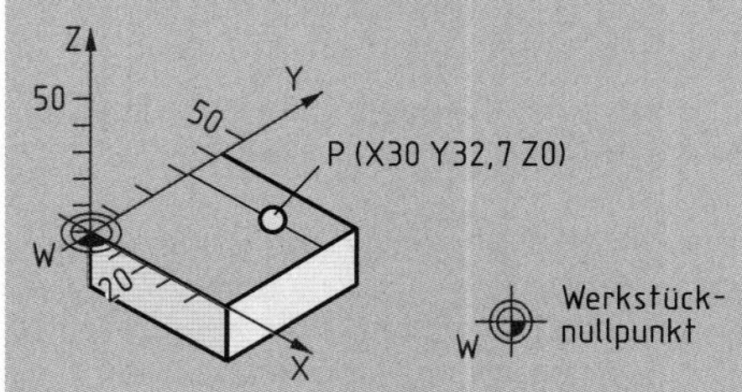

Der Punkt P hat die Koordinatenwerte:

X = 30,0 mm
Y = 32,7 mm
Z = 0 mm

Bei einigen Bearbeitungsvorgängen sind Drehungen um eine Achse erforderlich:

Polarkoordinaten

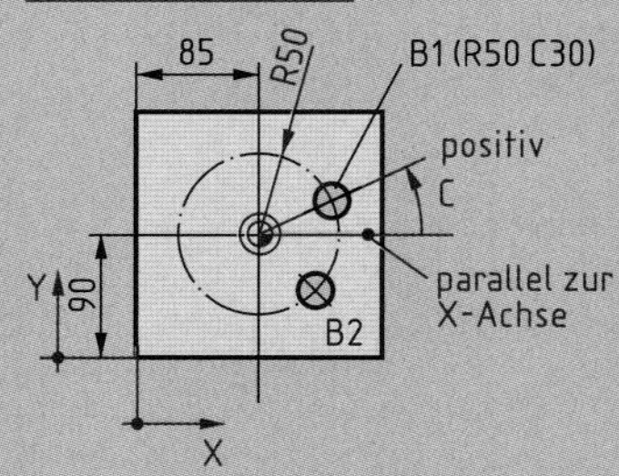

Bezeichnungen:

X, Y und Z	die Koordinatenachsen
R	der Radius
W	der Werkstücknullpunkt
A, B und C	der Richtungswinkel am Pol

Die Lage eines Punktes wird bestimmt durch den Halbmesser R und den Winkel C, bezogen auf den Mittelpunkt (Pol).
Im gezeichneten Beispiel ist die Bohrung B 1 durch R = 50 mm und den Richtungswinkel C = 30° festgelegt.
Die Bohrung B 2 hat die Polarkoordinaten: R 50 C – 45

Die Drehachsen sind den Achsen des rechtwinkligen Koordinatensystems zugeordnet:

Rechtwinklige Koordinaten	X	Y	Z
Bezeichnung der Drehachse	A	B	C

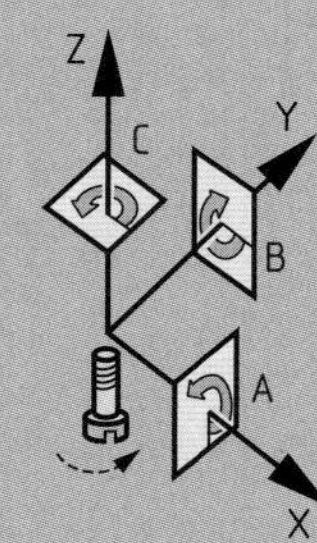

Der positive Richtungswinkel lässt sich mithilfe einer gedachten – in die X-, Y- oder Z-Achse eingedrehten – Schraube ableiten. Nebenstehende Zeichnung veranschaulicht dies für die C-Achse. Die Schraubendrehung gibt jeweils die positive Zählrichtung des Winkels an.

Koordinatentabelle (eine Aufstellung der Koordinatenwerte)

Für die Angabe der Koordinaten gibt es stets 2 Möglichkeiten:

Absolutmaße: Die Koordinaten sind **nur** (= absolut) auf den Nullpunkt bezogen. Die Winkel werden von den Achsen (z. B. der *X*-Achse) aus gemessen.

Bildzeichen bei nummerischen Steuerungen: 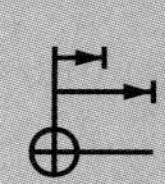

Relativmaße: Sie werden auch als Kettenmaße oder inkrementale Maße (Zuwachsmaße) bezeichnet. Die Koordinatenwerte eines Zielpunktes sind stets auf den vorhergehenden Punkt bezogen.

Bildzeichen: 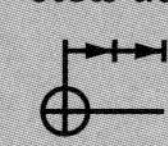

Rechtwinklige Koordinaten

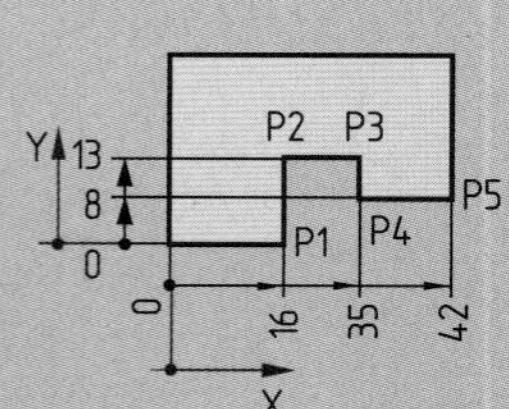

Koordinatenplan (absolut):

	X	Y
P 1	16	0
P 2	16	13
P 3	35	13
P 4	35	8
P 5	42	8

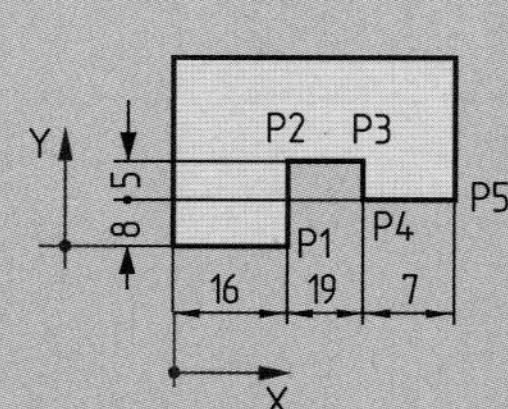

Koordinatenplan (inkremental):

	X	Y
P 1	16	0
P 2	0	13
P 3	19	0
P 4	0	–5
P 5	7	0

Polarkoordinaten für die Bohrungen B 1, B 2 und B 3

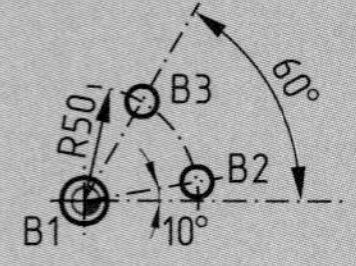

Koordinatenplan (absolut):

B 1	R 0	C 0
B 2	R 50	C 10
B 3	R 50	C 60

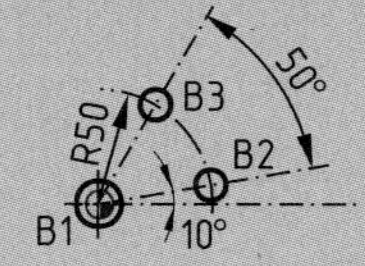

Koordinatenplan (inkremental):

B 1	R 0	C 0
B 2	R 50	C 10
B 3	R 0	C 50

[1] kartesisch; nach dem französischen Philosophen René Descartes (1596–1650). Er schlug vor, unsere Umwelt mit Zahlen zu erfassen.

11.1 Bohrungen einer Deckplatte

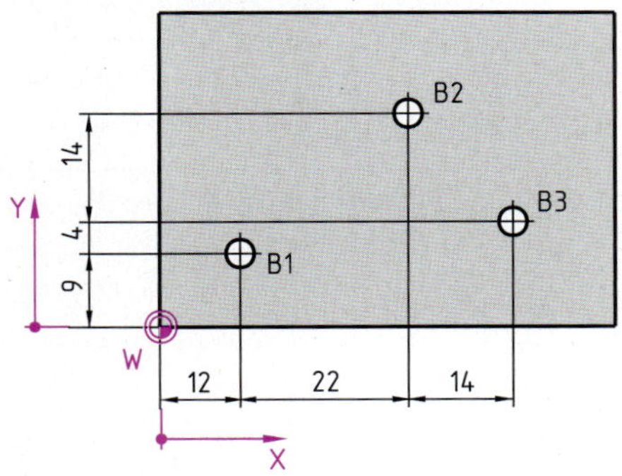

Gesucht:
der Koordinatenplan für die Punkte B1 bis B3
a) als Absolutmaße
b) als Relativmaße

11.2 Koordinatenwerte einer Bohrung

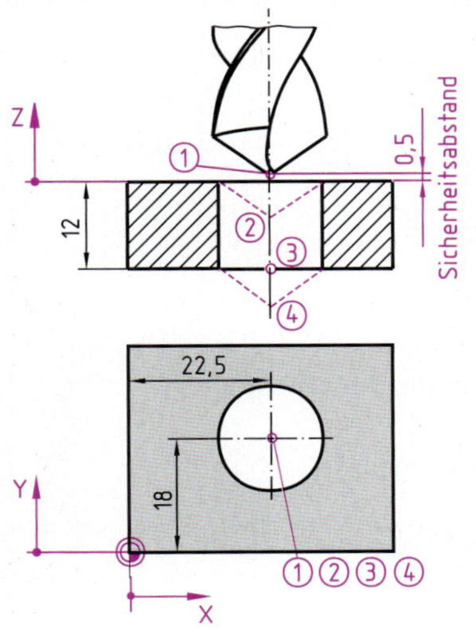

der Bohrerdurchmesser 10 mm
die Höhe der Bohrerspitze 2,8 mm (Anschnitt)

Gesucht:
die Koordinatenwerte der Bohrerspitze für die Punkte:
① 0,5 mm über der Werkstückoberfläche (Sicherheitsabstand)
② der Bohrer schneidet voll
③ die Bohrerspitze bricht durch
④ die Bohrung voll durchgeschnitten

11.3 Punkte einer Werkstück-Kontur

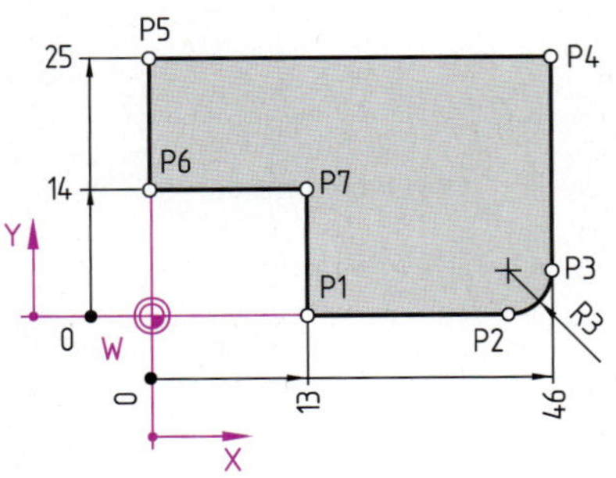

Gesucht:
die Koordinaten der Punkte P1 bis P7
a) in Absolutbemaßung
b) in Relativbemaßung

11.4 Plattenführung eines Schneidwerkzeuges

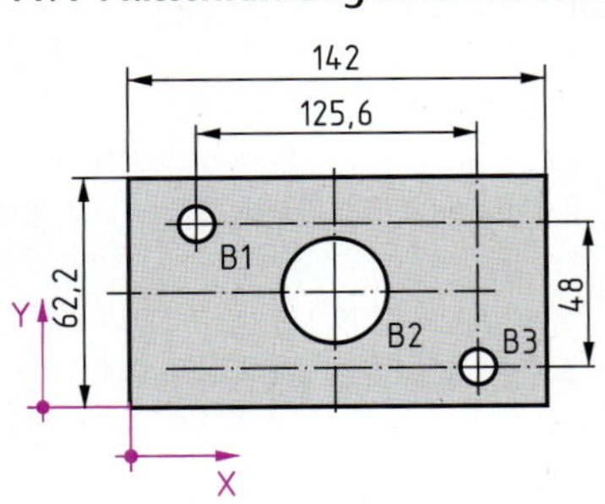

Gesucht:
die Koordinaten der 3 Bohrungen B1 bis B3

11.5 Bohrbuchsenplatte (Zeichnung im Maßstab 1:2)

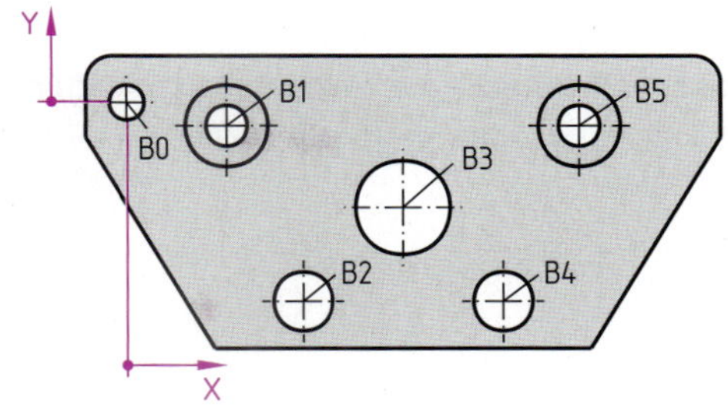

(alle Maße des Werkstückes sind ganze mm)

Gesucht:
die Koordinaten der Bohrungen B0 bis B5, die Maße sind der Zeichnung zu entnehmen
a) in Absolutmaßen
b) als Kettenmaße mit der Reihenfolge B0 bis B5

11.6 Abdeckplatte

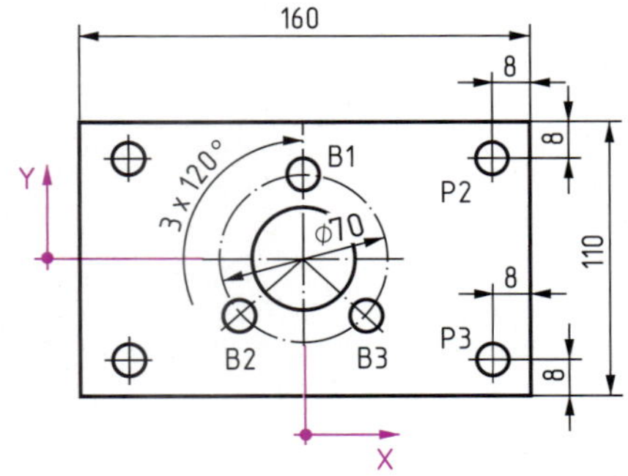

Gesucht:
a) die Koordinatenwerte für die Punkte P2 und P3
b) die Polarkoordinaten der Bohrungen B1 bis B3 in Absolut- und Relativmaßen

11.7 Umwandlung von rechtwinkligen Koordinaten in Polarkoordinaten

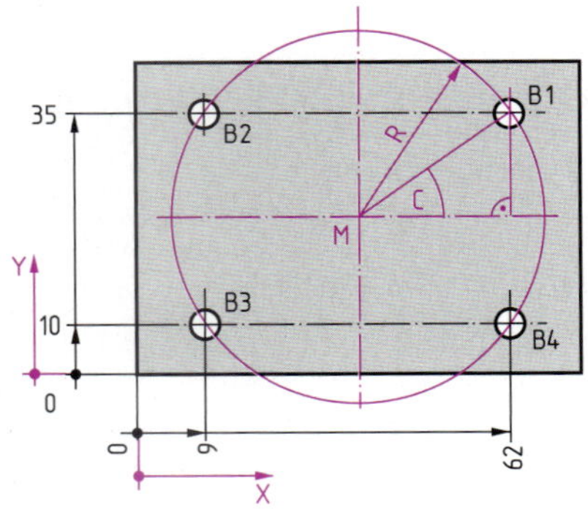

Gesucht:
a) die Koordinaten des Mittelpunktes M
b) der Halbmesser R und der Winkel C
c) die Polarkoordinaten der Punkte B1 bis B4
d) die inkrementalen Polarkoordinaten für die Bewegungen B1 nach B2, B2 nach B3, B3 nach B4 und B4 nach B1

11.8 Flanschdeckel mit 9 Bohrungen

Die Winkel sind bezogen zur *X*-Achse im Uhrzeigersinn anzugeben.

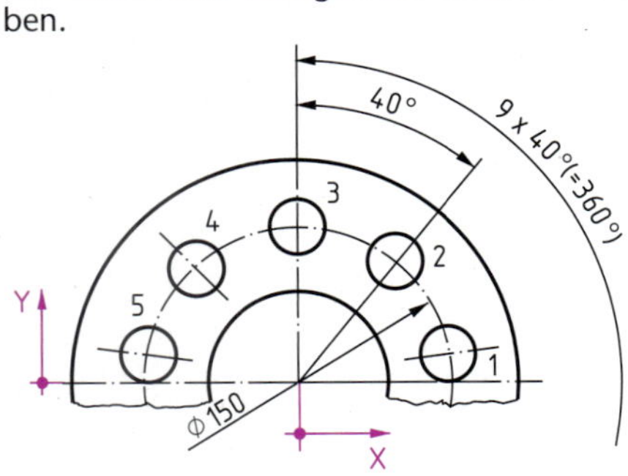

Gesucht:
a) die Polarkoordinaten der Bohrungen 1 bis 5 in Absolutmaßen
b) desgleichen, aber in Relativmaßen
c) die kartesischen Koordinaten für die Bohrungen 1, 2 und 3

NC-Technik *(NC, von engl.* ***N****umerical* ***C****ontrol, d. h. zahlenverstehende Steuerung)*

Koordinatenachsen und Bezugspunkte bei Werkzeugmaschinen

Bei Werkzeugmaschinen werden die Koordinatenachsen je nach Lage der Arbeitsspindel unterschiedlich bezeichnet:

Bohren/Fräsen

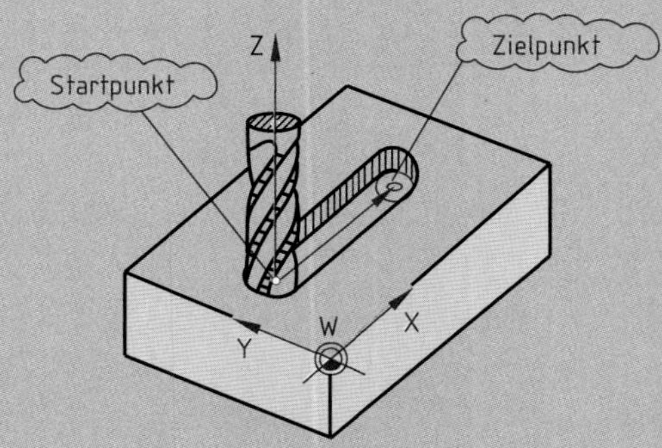

Drehen (Die X-Maße beziehen sich auf den Durchmesser.)

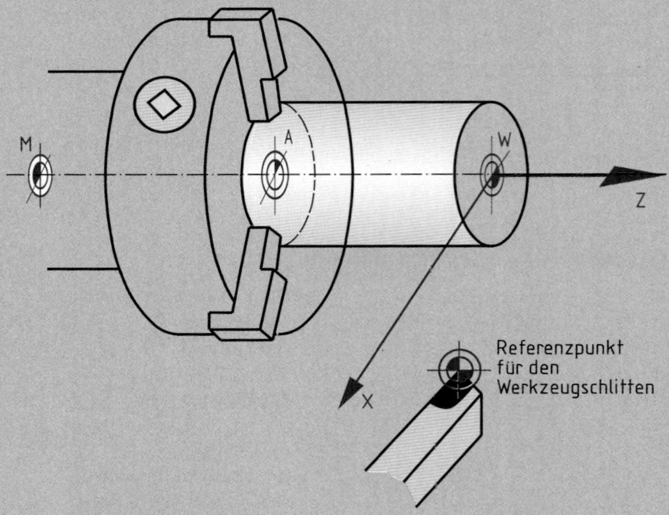

Die **Eingabe** in NC-Steuerungen erfolgt gemäß **DIN 66025** in Adressschreibweise mit vorgesetzten Buchstaben:

Startpunkt	**X 11**	**Y 7**	**Z – 2**
die Erklärung:	*X-Wert 11 mm*	*Y-Wert 7 mm*	*Z-Wert –2 mm*
Zielpunkt	**X 19**	**Y 7**	**Z – 2**
		nicht erforderlich	

die Bezugspunkte:

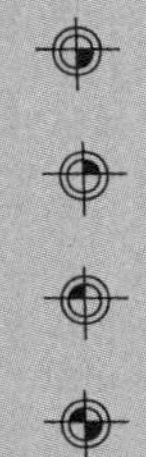

W (= der **Werkstücknullpunkt)**

der Anschlagpunkt

M (= der Maschinennullpunkt)

R der Referenzpunkt

Bezeichnungen:
- X, Y und Z die Koordinatenachsen, die Koordinatenwerte
- A der Richtungswinkel um die X-Achse
- B der Richtungswinkel um die Y-Achse
- C der Richtungswinkel um die Z-Achse
- R der Radius bei Polarkoordinaten
- I, J, K die inkrementellen Maßangaben bei Kreisbögen

Beispiel: die Bemaßung mithilfe von Tabellen

der Lochkreisdurchmesser 118 mm

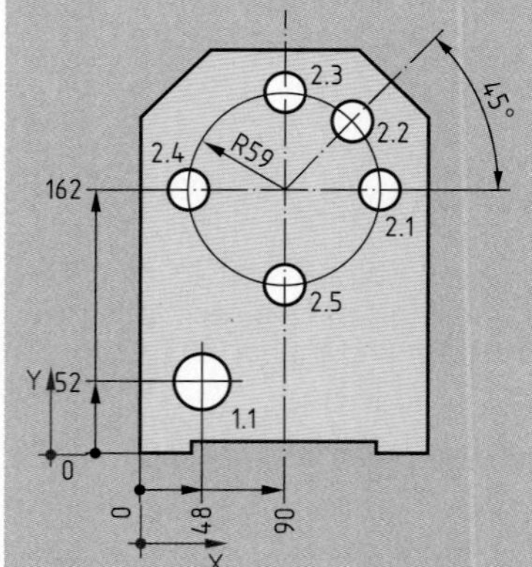

Gesucht: die Koordinatenwerte der Bohrungen in Polarkoordinaten und rechtwinkligen Koordinaten

Lösung:

Bohrung Nr. (Positions-Nr.)	Koordinaten des Pols X	Y	Polarkoordinaten R	C	Rechtwinklige Koordinaten X	Y
1.1	48	52	–	–	48	52
2.1	90	162	59	0°	149	162
2.2	90	162	59	45°	131,719	203,719
2.3	90	162	59	90°	90	221
2.4	90	162	59	180°	31	162
2.5	90	162	59	270°	90	103

CNC-Technik (= Computerized Numerical Control)

Alle Berechnungen, die in der NC-Technik der Programmersteller ausführen muss (z. B. die Berechnung der Äquidistantenbahn), werden in der CNC-Technik von einem in die Steuerung integrierten Computer übernommen.
Die dabei ablaufenden mathematischen Berechnungen werden leichter verständlich, wenn man solche Abläufe zahlenmäßig durchrechnet.

Beispiel: die Linearinterpolation

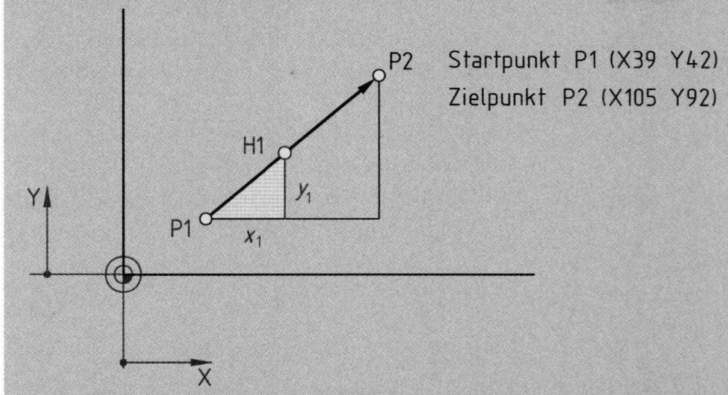

Der Weg vom Startpunkt P1 zum Zielpunkt P2 wird vom Rechner in viele kleine Schritte in X-Richtung (x_1) und dazugehörige Schritte in Y-Richtung (y_1) aufgelöst. Dieser Vorgang heißt Linearinterpolation. Der Befehl in einem Programm hierzu lautet **G01**.

der Auszug aus einem Programm:
N... G00 X39 Y42
N... G01 X105 Y92

Gesucht: Zwei Hilfspunkte H1 und H2 auf der Geraden von P1 nach P2 vom Startpunkt in X-Richtung $x_1 = 0{,}003$ und $x_2 = 7{,}521$ mm entfernt

die *Lösung über ähnliche Dreiecke:*

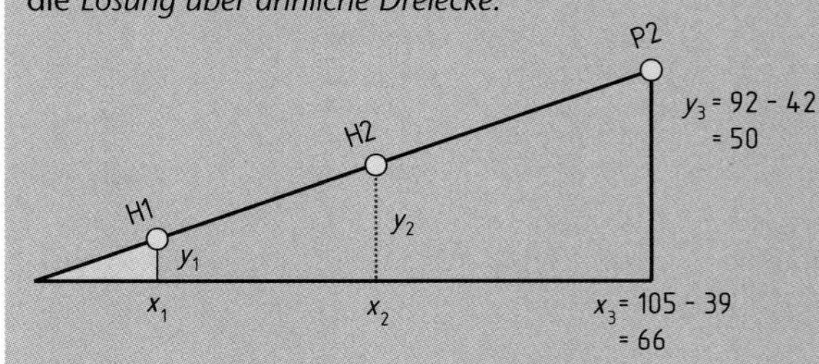

$$y_1 = \frac{y_3}{x_3} \cdot x_1 = \frac{50}{66} \cdot 0{,}003\,\text{mm} = \underline{\mathbf{0{,}002273\ mm}}$$
$$y_2 = \frac{y_3}{x_3} \cdot x_2 = \frac{50}{66} \cdot 7{,}521\,\text{mm} = \underline{\mathbf{5{,}6977\ mm}}$$

Punkt	Koordinaten	
H1	X39,003 Y42,002	(abgerundet)
H2	X46,521 Y47,698	(aufgerundet)

Koordinaten für Kreisinterpolation

die Arten der Festlegung für Kreisbahnen:

1. Radius-Angaben (mit Start- und Zielpunkt)	2. Kreismittelpunkt-Angaben (inkremental vom Startpunkt aus)
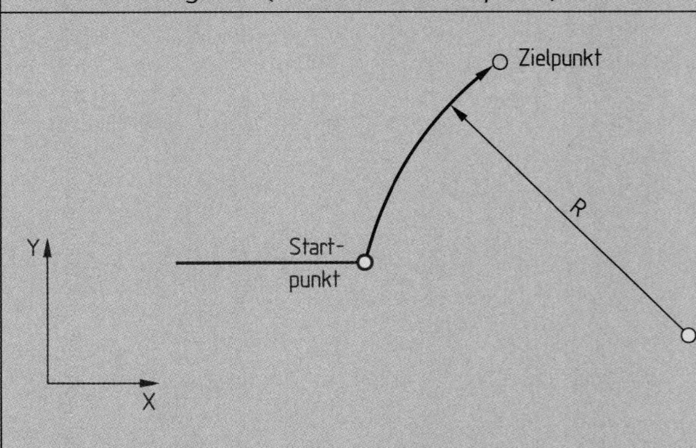	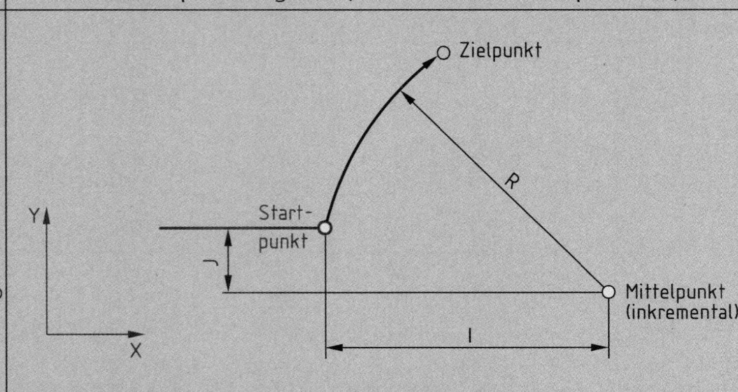

die erforderlichen Angaben:
- der Radius R
- der Zielpunkt X, Y

die erforderlichen Angaben:
- die inkrementellen Koordinaten des Mittelpunktes I, J

mit folgender Zuordnung:

X-Achse	Y-Achse	Z-Achse
I	J	K

Beispiel: die Angaben für die Kreisinterpolation

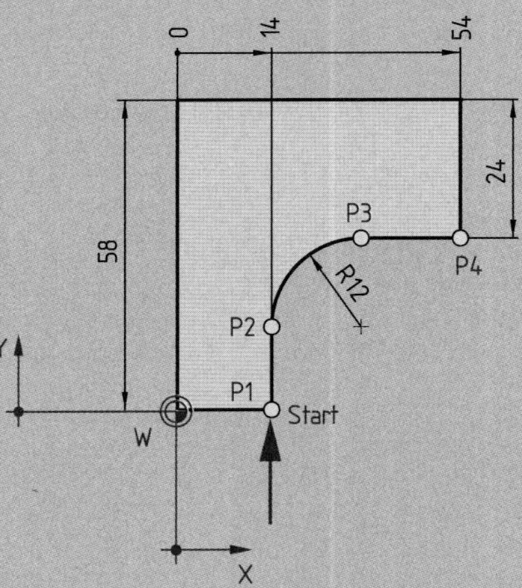

Gesucht:
a) die Koordinaten der Bahnpunkte P1 bis P4
b) Die Kreisbahn von P2 nach P3 ist durch die Angabe des Radius festzulegen.
c) die inkrementelle Kreismittelpunktangabe für die Kreisbahn von P2 nach P3

Lösung:

a)

P1: X14 Y0	P2: X14 Y22	P3: X26 Y34	P4: X54 Y34

b) die Kreisbahn mit Radius-Angabe:

der Startpunkt (P2):	X14 Y22
der Zielpunkt (P3):	X26 Y34
der Radius:	R12

c) die inkrementellen Angaben für die Kreisbahn:

der Startpunkt (P2):	X14 Y22
der Mittelpunkt:	I12 J0
der Zielpunkt (P3):	X26 Y34

Parameter (= Größe in einem Programm, die erst bei einer konkreten Aufgabe festgelegt wird)

In NC-Programmen werden Parameter auch als Platzhalter bezeichnet. Der Vorteil von Parametern liegt in der kurzfristigen Änderung vor dem Programmablauf.

Beispiel: die Schnitttiefe und der Sicherheitsabstand beim Schruppen

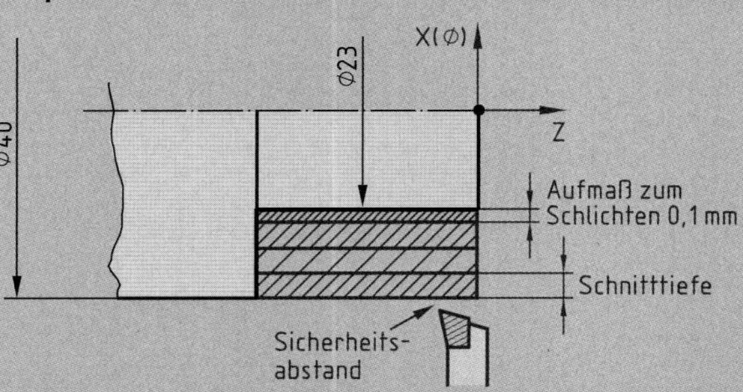

die Parameter: die Schnitttiefe beim Schruppen 3 mm
der Sicherheitsabstand 0,5 mm

Gesucht:
a) die Anzahl der Schnitte
b) die Koordinaten der Startpunkte für die Schruppzyklen

Lösung: der Außendurchmesser: 40 mm + 2 · 0,5 mm = <u>41 mm</u>
die Zerspanungstiefe: (41 mm – 23,2 mm): 2 = <u>8,9 mm</u>

a) Anzahl der Schnitte 8,9 mm : 3 mm = <u>2,93</u>;
also: <u>3 Schnitte</u>

b)

Startpunkt	Koordinaten
1. Zyklus	X35 Z0,5
2. Zyklus	X29 Z0,5
3. Zyklus	X23,2 Z0,5

Unterprogramme mit Kettenmaßen – eine Erleichterung für die Programmierung bei gleichartigen Bohrbildern

Beispiel: ein U-Profil mit Bohrungen für schräge Streben

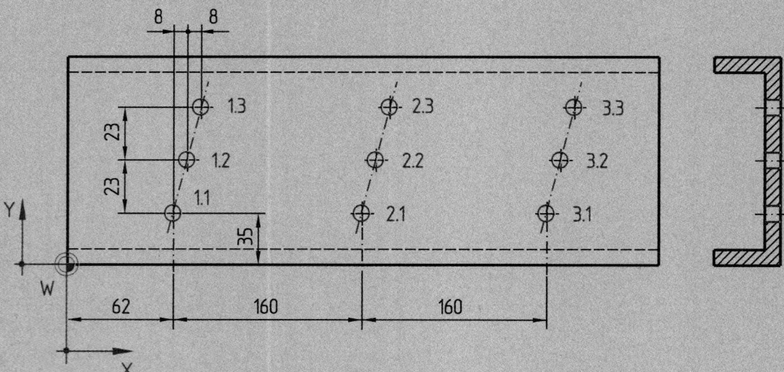

die Vorgehensweise:
Im **Hauptprogramm** wird der Ausgangspunkt 1.1 angefahren.
Das **Unterprogramm** verfährt von dem Ausgangspunkt auf die anderen Bohrungsmitten:
1.2, 1.3 bzw. 2.2, 2.3 usw.

Mit folgendem Programm werden die einzelnen Positionen angefahren:

Hauptprogramm

G90 (Absolutmaße)
X62 Y35 (Punkt 1)

3mal

Rücksprung zur nächsten Zeile

G90 (Absolutmaße)

Unterprogramm

G91 (Kettenmaße)
X8 Y23 (Punkt 2)
X8 Y23 (Punkt 3)
X144 Y–46 (neuer Punkt)
(Ende des Unterprogrammes)

Gesucht:
Welche Koordinatenwerte in Absolutmaßen ergeben sich bei 3-maligem Durchlauf des Unterprogrammes?

Lösung:

Punkt	1. Durchlauf	Punkt	2. Durchlauf	Punkt	3. Durchlauf
1.1	X62 Y35	2.1	X222 Y35	3.1	X382 Y35
1.2	X70 Y58	2.2	X230 Y58	3.2	X390 Y58
1.3	X78 Y81	2.3	X238 Y81	3.3	X398 Y81

Aufgaben zur NC-CNC-Technik

11.9 Bohrungen für 4 Flanschschrauben

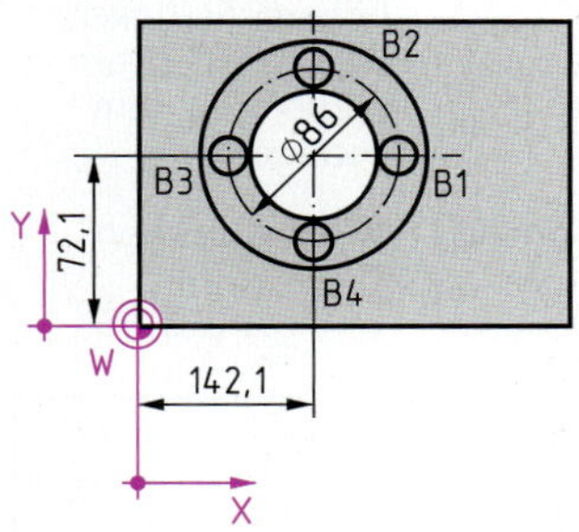

Gesucht:

a) die Koordinatenwerte der Bohrungen B1 bis B4 in Adressschreibweise

b) die Koordinatenwerte, wenn der Teilkreisdurchmesser statt 86 mm nur 72 mm beträgt

11.10 Drehteil mit verschiedenen Bezugspunkten

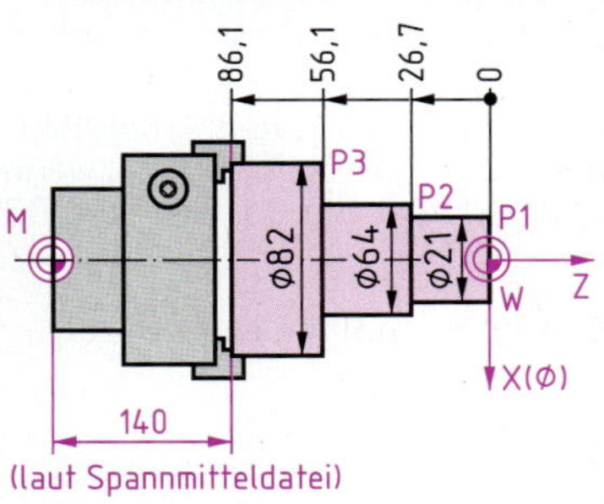

Gesucht:
die Koordinatenwerte der Punkte P1 bis P3 in Adressschreibweise bezogen auf:

a) den Werkstücknullpunkt (W)

b) den Maschinennullpunkt (M)

Anleitung:
Die X-Koordinaten sind Durchmessermaße.

11.11 Gravieren eines Firmenzeichens

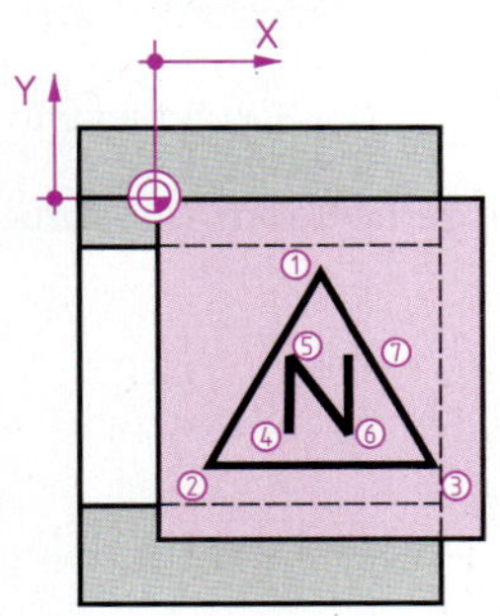

das Werkstück im Maßstab 1 : 1 (Alle Maße der Zeichnung sind ganze oder halbe Millimeter.)

Gesucht:
die Tabelle der Koordinatenwerte für die Punkte ① bis ⑦ (jeweils Strichmitte)
ein Vorschlag für die Anordnung:

Punkt	Koordinaten
①	X 11 Y –4,5
②	X. . . Y. . .

11.12 Umrechnung von Polarkoordinaten in rechtwinklige Koordinaten

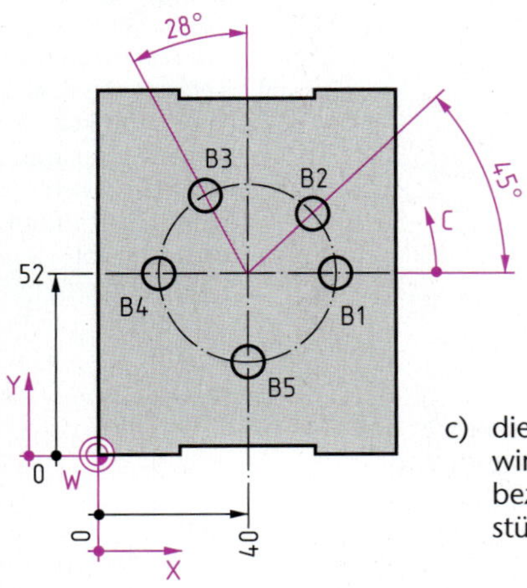

der Lochkreisdurchmesser: 58 mm

Gesucht:

a) die Koordinatenwerte der Bohrungen B2 und B3

b) die Koordinatentabelle für die Polarkoordinaten, bezogen auf den Lochkreis-Mittelpunkt

c) die Festlegung der rechtwinkligen Koordinaten, bezogen auf den Werkstücknullpunkt

11.13 Stempelmittelpunkte eines rechteckigen Ausschnittes

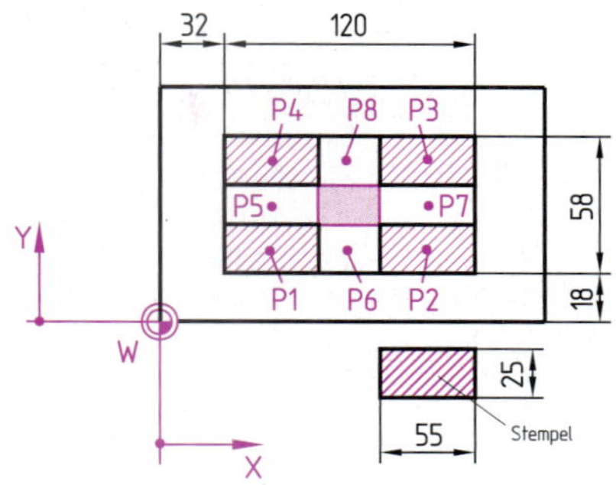

Gesucht:

a) die Koordinatenwerte P1 bis P4 der Stempelmittelpunkte in den Ecken des Ausschnitts

b) die Koordinatenwerte P5 bis P8 für das mittige Schneiden der Stege

c) die Größe des rechteckigen Abfallstückes (rot hinterlegt)

11.14 NC-Koordinaten für ein Knotenblech

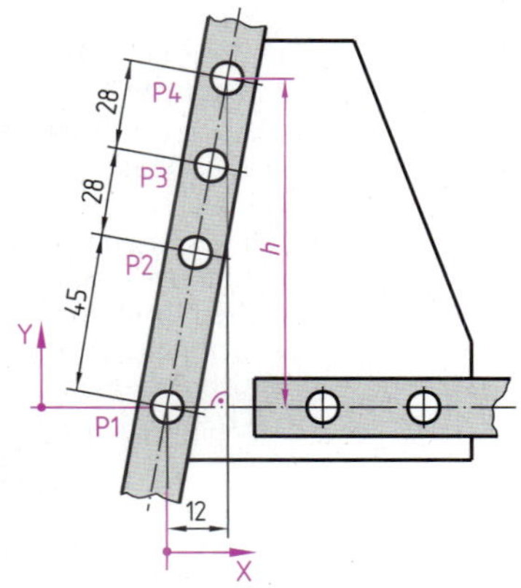

Gesucht:

a) die Höhe *h*

b) die Koordinaten der Punkte P2 und P3

11.15 Kollisionsgefahr bei falschem Wegbefehl

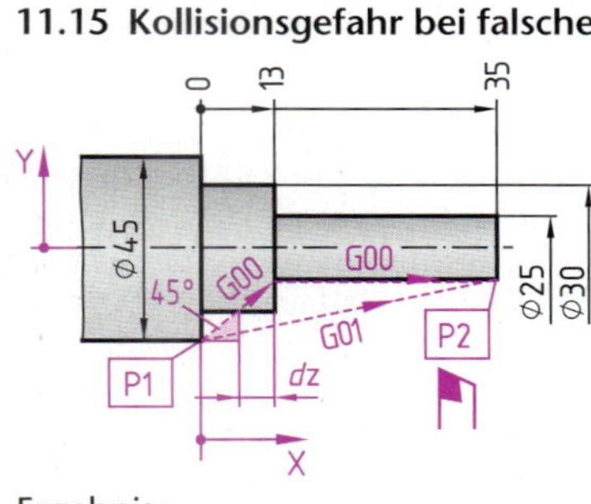

Der Drehmeißel soll mit dem Befehl G 00 im Eilgang von Position P1 nach P2 fahren.

1. Der Wegbefehl **G00** ergibt ungefähr die gezeichnete Bahn **G00**, da alle Vorschubmotoren gleichzeitig mit Höchstgeschwindigkeit starten.
2. Der Wegbefehl **G01** ergibt eine Gerade von P1 nach P2 ohne Kollisionsgefahr.

Ergebnis:
Ca. 45°-Schräge, bis der Wert der X-Koordinate erreicht ist → Kollision.

Gesucht:
die Schnittbreite *dz* in mm bei Kollision

11.16 Kollisionsgefahr beim Schlichten

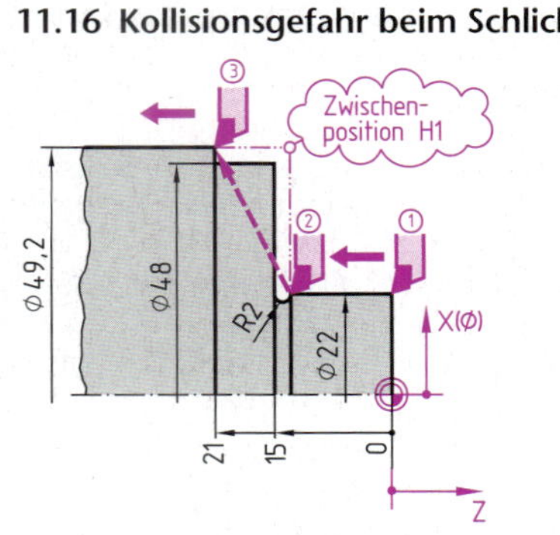

Gesucht:

a) die Koordinaten der Positionen des Drehmeißels ①, ② und ③
Anleitung: das Vorzeichen der Z-Werte beachten

b) die Koordinatenwerte für die Zwischenposition nahe am Werkstück (Es gibt viele Lösungen!)

c) Nennen Sie die Ungleichung für die Zwischenposition H 1.

Beispiel:
X > 2 (größer als 2) Z < 2 (kleiner als 2)

11.17 Profilschablone mit Radien

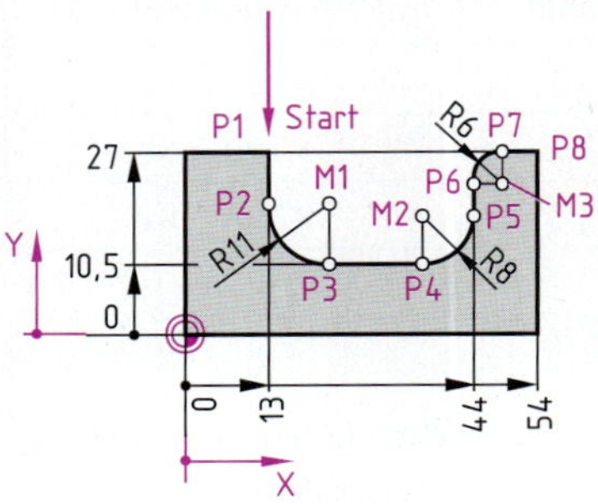

Gesucht:

a) die Koordinaten der Bahnpunkte P 1 bis P 8
b) Die 3 Kreisbahnen sind durch Angabe des Radius festzulegen.
c) Die Kreisbahnen sind durch inkrementelle Mittelpunktsangaben festzulegen.

11.18 Passstück *(Kreis mit tangentialem Übergang)*

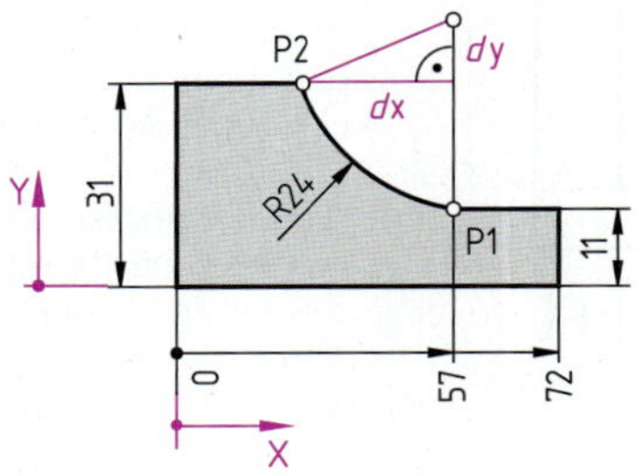

Gesucht:

a) die Koordinaten der Punkte P 1 und P 2
b) die Radiusangaben für die Kreisbahn von P 1 nach P 2
c) die inkrementellen Angaben für den Kreismittelpunkt

11.19 Schablone für einen Kesselboden

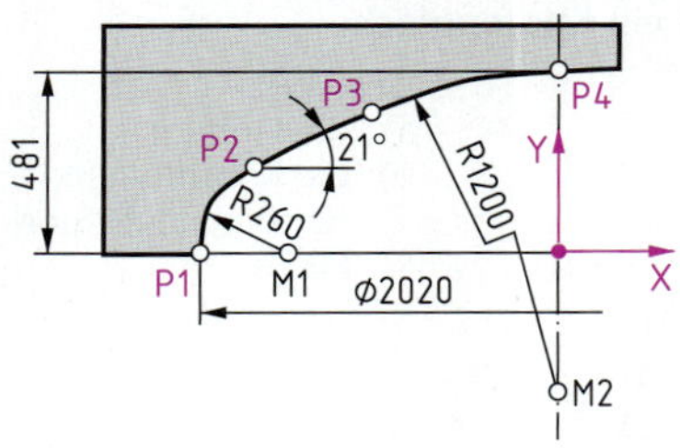

Gesucht:

a) die Koordinaten der Mittelpunkte M 1 und M 2
b) die Koordinaten der Punkte P 1, P 2, P 3 und P 4
c) die Angaben für die inkrementale Mittelpunkt-Programmierung des Kreisbogens von P 3 nach P 4

11.20 Bearbeitungszyklus Nutenfräsen

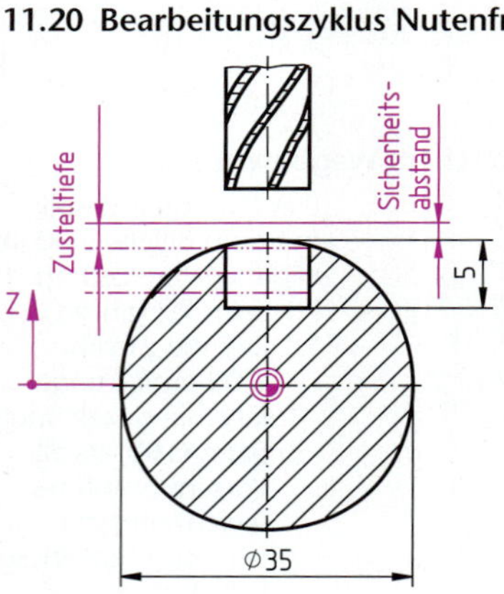

die Zustelltiefe: 1,5 mm
der Sicherheitsabstand: 0,5 mm

Gesucht:

a) die gesamte Zustellung
b) die Anzahl der Zustellzyklen
c) die Z-Werte der Fräserunterkante

11.21 Bohrzyklus Tiefbohren (unterbrochener Vorschub und Rückzug zum Späne ausleeren)

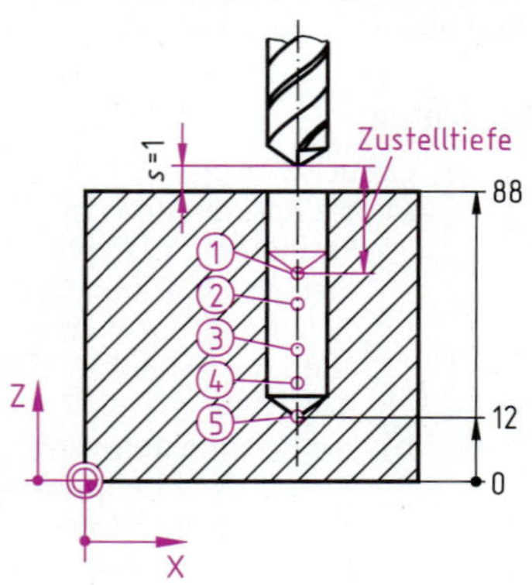

der Sicherheitsabstand: s = 1 mm
die Zustelltiefe je Zyklus: 13,5 mm

Gesucht:

a) die Länge des Bohrerweges in Richtung der Z-Achse
b) die Anzahl der Zustellungen
c) die Z-Werte der Bohrerspitze

11.22 Achsparalleler Abspanzyklus beim Drehen

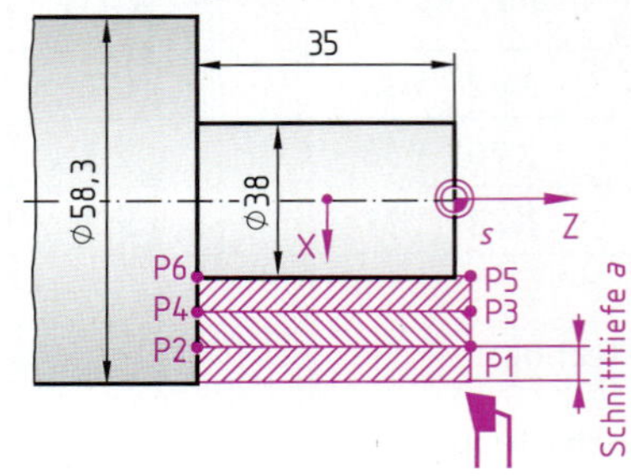

X = Maße des Durchmessers

der Sicherheitsabstand: s = 0,5 mm
die Schnitttiefe: a = 3,5 mm

Gesucht:

a) die Zahl der Schnitte
b) die Koordinatenwerte der Punkte P 1 bis P 4
c) die Koordinaten für einen Werkstoff mit höherer Festigkeit, wenn s = 0,3 mm und a = 1,2 mm betragen

11.23 Unterprogramm für ein Bohrbild mit 4 Bohrungen

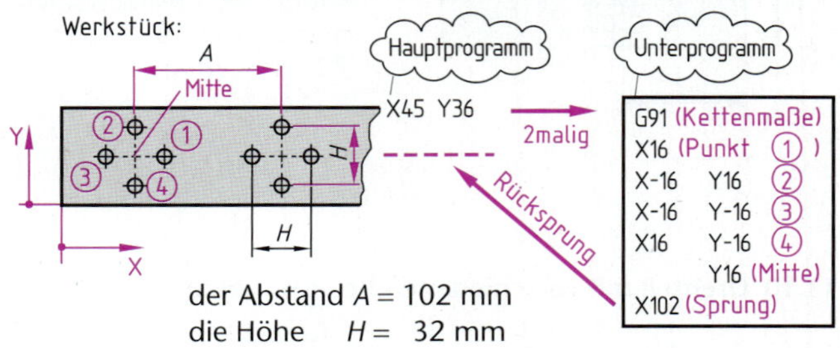

der Abstand A = 102 mm
die Höhe H = 32 mm

Gesucht:

a) die Koordinaten in Absolutmaßen für das 1. und 2. Bohrbild
b) das Unterprogramm, ausgehend von der Teilkreismitte, wenn das quadratische Bohrbild eine Höhe von 35 mm statt 32 mm erhält

11.24 Wiederholung eines Bohrbildes mithilfe eines Unterprogrammes

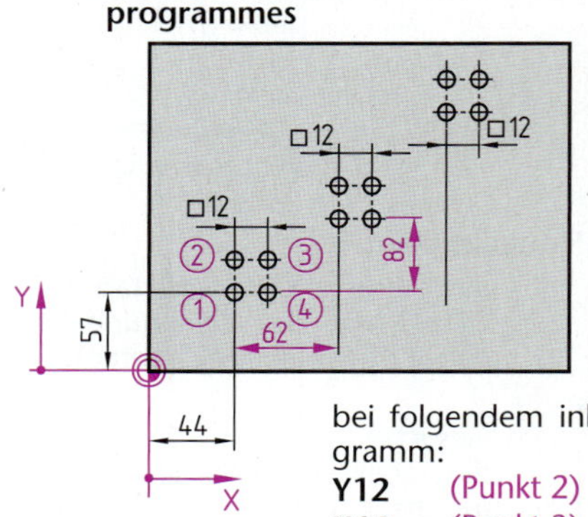

Gesucht:

a) die Koordinaten der Ausgangsbohrung ①
b) Wie viele Unterprogrammdurchläufe sind erforderlich?
c) die Koordinaten der 3 Bohrbilder in Absolutmaßen

bei folgendem inkrementalem Unterprogramm:

Y12 (Punkt 2)
X12 (Punkt 3)
Y – 12 (Punkt 4)
X – 12 (Punkt 1)
X62 Y82

11.25 Lageabtastung einer Blechtafel

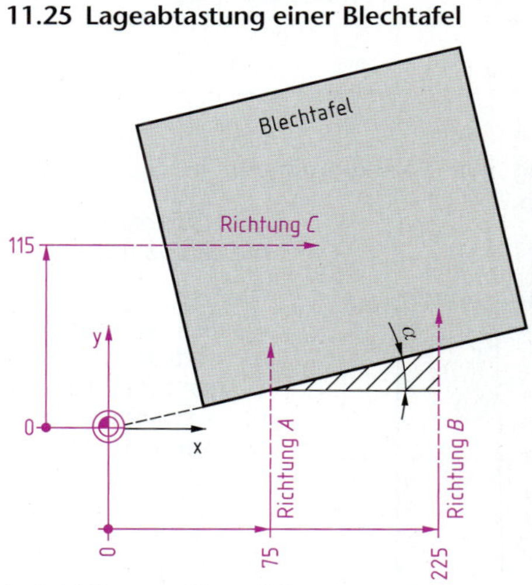

Werkstücke, die mit Laser bearbeitet werden, brauchen nur auf den Tisch aufgelegt werden. Ein besonderes Programm erfasst die Position und korrigiert die Lage. Mit Sensoren am Schneidkopf wurden folgende Werte ermittelt:

in A-Richtung Y_1 = 5,2 mm,
in B-Richtung Y_2 = 18,5 mm und
in C-Richtung X = 4,2 mm.

Berechnen Sie die ersten Werte für die Lagekorrektur.

a) den Winkel α zwischen der Werkstückunterkante und der X-Achse
b) den Schnittpunkt der Verlängerung der Unterkante des Werkstückes mit der X-Achse

Hinweis: Verhältnisse in ähnlichen Dreiecken oder Winkelfunktionen

Koordinaten bei Robotern

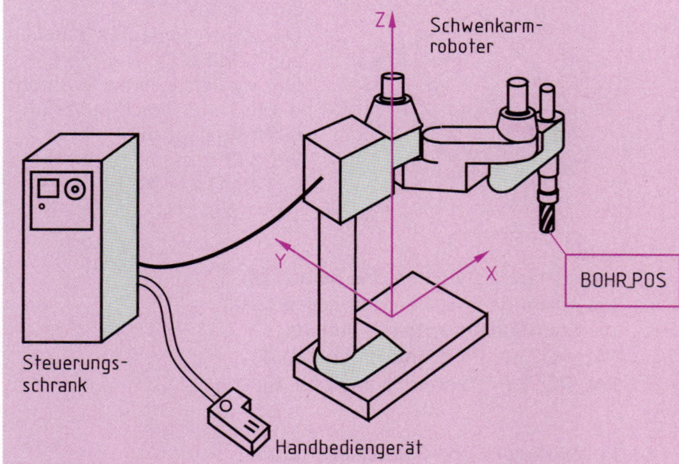

Im einfachsten Fall werden wie bei der NC-Programmierung von Werkzeugmaschinen rechtwinklige Koordinaten X, Y und Z verwendet.
Für die Programmierung wird jeder Position des Greifers ein gekürzter Name gegeben; z. B. für die Bohrposition BOHR_POS. Aus dem Speicher können unter diesem Namen die Koordinatenwerte dieses Punktes aufgerufen werden; z. B.:

BOHR_POS =	(175,2;	–84,3;	75,2)
Name des Punktes	X = 175,2 mm	Y = – 84,3 mm	Z = 75,2 mm

Die einzelnen Koordinatenwerte werden zur Eingabe in die Steuerung in eine Klammer geschrieben und in der alphabetischen Folge als X-, Y- und Z-Koordinate aufgeführt. Die Koordinatenwerte sind jeweils durch einen Strichpunkt getrennt.

Beispiel: Werkstückänderung – Berücksichtigung einer größeren Blechdicke beim Punktschweißen

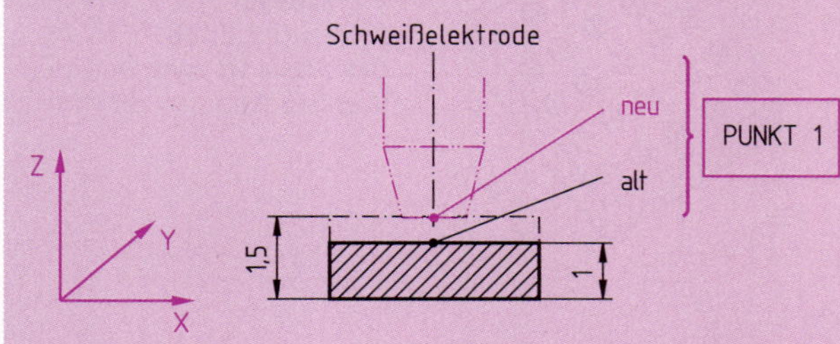

Aufgabe: Für die neue Fertigung wurde die Blechdicke von 1 mm auf 1,5 mm erhöht.
Die alte Position wurde im Teach-in-Verfahren ermittelt:
PUNKT1 = (75,24; 2,43; 21,0)

Gesucht: die Koordinatenwerte für die neue Position (Variable = Name für eine Speicherstelle; hier: Die Koordinatenwerte wechseln; die Bezeichnung PUNKT1 bleibt erhalten.)

Lösung: Die neuen Koordinatenwerte der Punktvariablen sind:
PUNKT1 = (75,24; 2,43; 21,5)
└ Z-Wert um 0,5 mm erhöht.

Aufgaben zu Koordinaten bei Robotern

11.26 Koordinaten für 2 zusätzliche Schweißpunkte

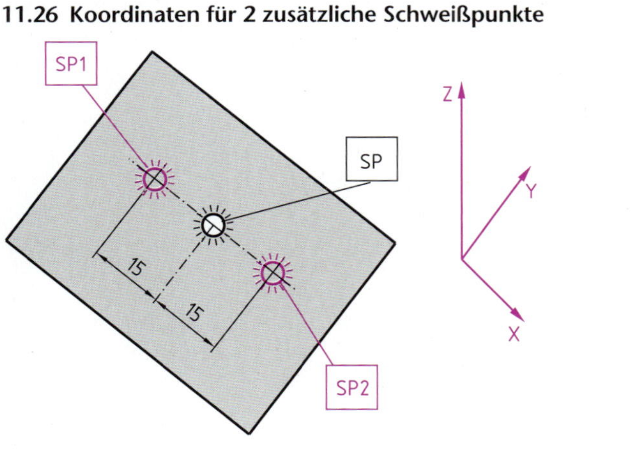

Das bisherige Werkstück hatte nur einen Schweißpunkt (SP) mit den Koordinaten: SP = (45,3; 128,6; 75,2)

Gesucht:

a) die Koordinatenwerte der zusätzlichen 2 Schweißpunkte SP1 und SP2, die zur Verbesserung der Festigkeit angebracht werden

b) die Koordinatenwerte für 3 Schweißpunkte, die gegenüber Aufgabe a) um 0,7 mm in Y-Richtung versetzt liegen

11.27 Änderung der Blechdicke beim Punktschweißen

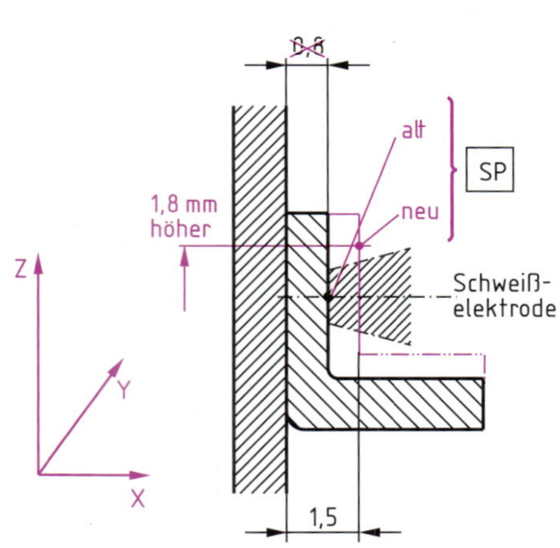

Im alten Roboterprogramm steht:
SP = (85,4; – 72,3; 48,234)

Gesucht:

a) der neue Koordinatenwert unter Berücksichtigung der Blechdickenänderung von 0,8 auf 1,5 mm

b) der neue Koordinatenwert, wenn die Elektrode wegen Kollisionsgefahr um 1,8 mm höher zu setzen ist

11.28 Änderung des Endpunktes einer Schweißnaht

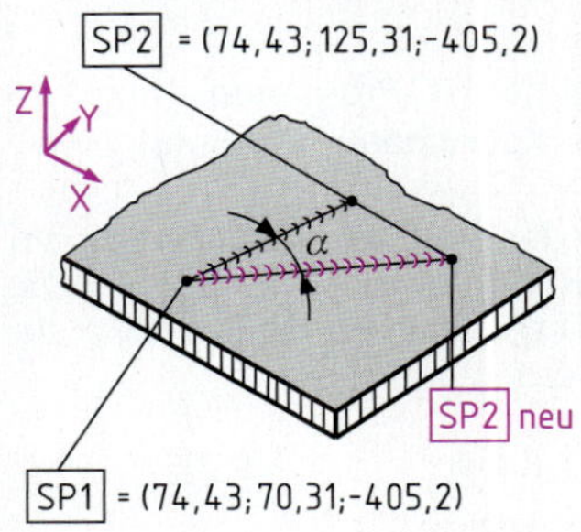

Beispiel:
Ein neuer Kfz-Typ ist auf einer vorhandenen Transferstraße zu schweißen.

Gesucht:
a) die Schweißnahtlänge in Y-Richtung
b) die Koordinaten des Punktes SP2 (neu), wenn der Endpunkt der Schweißraupe unter einem Winkel von $\alpha = 21°$ bei gleichem Y-Wert versetzt wird

11.29 Roboterkoordinaten: Fügen eines Stiftes

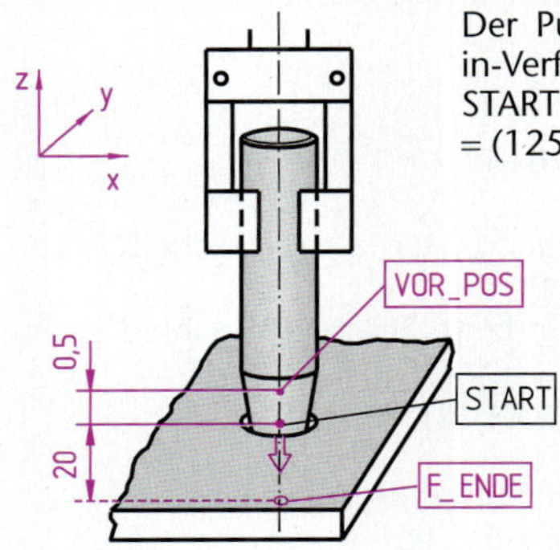

Der Punkt START wurde im Teach-in-Verfahren festgelegt:
START
= (125,43; 75,281; – 75,234)

Gesucht:
die Koordinatenwerte für die Positionen:
VOR_POS (0,5 mm höher als START, Beginn der Fügebewegung)
F_ENDE (20 mm tiefer als START, Ende des Fügevorganges)

11.30 Greif-Positionen auf einer Palette

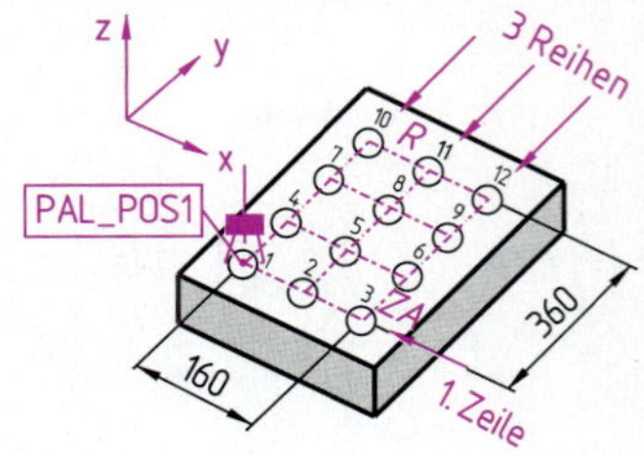

Die Reihen verlaufen parallel zur Y-Achse.
Die Zeilen verlaufen parallel zur X-Achse.
Die vorderste, linke Position wurde im Teach-in-Verfahren festgelegt mit:
PAL_POS1
= (135,414; – 94,2; – 86,5)

Gesucht:
a) die Abstände zwischen den Reihen (*R*)
b) die Abstände zwischen den Zeilen (*ZA*)
c) die Koordinatenwerte der Punkte:
PAL_POS5 (= Palettenposition Nr. 5)
PAL_POS8 (= Palettenposition Nr. 8)

11.31 Werkstück von Palette entnehmen

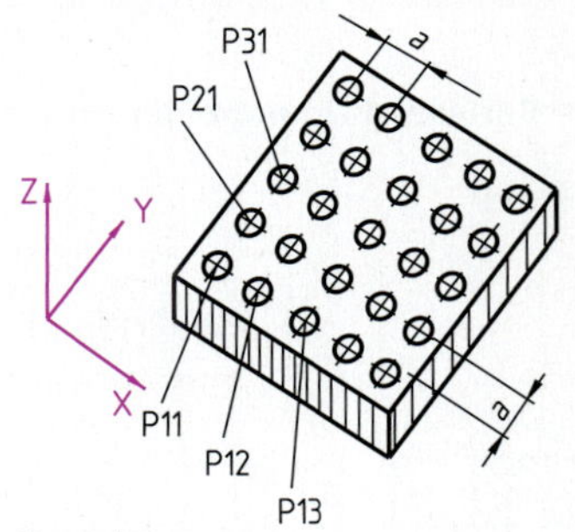

Gegeben:
die Koordinaten der Greifpositionen für das linke Werkstück:
P 11 = (25,2; 38,7; 15,1)
der Abstand zwischen den Werkstücken: $a = 32$ mm

Gesucht:
a) die Position der Punkte P 12 und P 13
b) die Position der Punkte P 21 und P 31
c) die allgemeine Formel für die X- und Y-Werte, wenn:
n = Anzahl der Werkstücke in X-Richtung
m = Anzahl der Werkstücke in Y-Richtung

12 Kräfte

Zur Formänderung oder Bewegung eines Körpers werden Kräfte benötigt. Die Größe einer Kraft wird in N, Newton (sprich: njutn), gemessen. Wird die Masse $m = 1$ kg mit $a = 1\,\frac{m}{s^2}$ beschleunigt, wirkt eine Kraft von 1 N.

$F = m \cdot a$

$1\ N = 1\,\frac{kg \cdot m}{s^2}$

Bezeichnungen:

a die Beschleunigung in $\frac{m}{s^2}$ m die Masse in kg F die Kraft in N

Gewichtskraft

Ein frei fallender Körper wird auf der Erdoberfläche in jeder Sekunde um $9{,}81\,\frac{m}{s}$ beschleunigt, d.h. die Geschwindigkeit nimmt in jeder Sekunde um $9{,}81\,\frac{m}{s}$ zu. Die Erdanziehung beschleunigt alle Körper mit der

Fallbeschleunigung $g = \frac{9{,}81\,\frac{m}{s}}{1\,s} = 9{,}81\,\frac{m}{s \cdot s}$

$g = 9{,}81\,\frac{m}{s^2}$

Auf einen Körper, der auf einer Unterlage ruht, wirkt auch die Erdanziehung. Da eine Bewegung nicht möglich ist, wird auf die Unterlage eine Kraft, die **Gewichtskraft**, ausgeübt. Je größer die Masse des Körpers ist, desto größer ist die Gewichtskraft G.

Gewichtskraft = Masse × Fallbeschleunigung

$G = m \cdot g$ oder $F_G = m \cdot g$

Bezeichnungen:

g die Fallbeschleunigung in $\frac{m}{s^2}$

m die Masse in kg

G oder F_G die Gewichtskraft in $\frac{kg \cdot m}{s^2}$ bzw. N

Darstellung von Kräften

Eine Kraft wird maßstäblich durch eine Strecke mit Pfeil dargestellt:

1. Durch die Lage der Strecke zur Waagerechten oder Senkrechten ergibt sich die **Wirkungslinie** der Kraft.
2. Die Länge der Strecke entspricht der **Größe** der Kraft. Der Kräftemaßstab (M_k) ist stets anzugeben.
3. Der Anfang der Strecke wird durch den **Angriffspunkt** gekennzeichnet.
4. Der Pfeil gibt die **Richtung** der Kraft auf der Wirkungslinie an.

Kräftemaßstab

Die Pfeillänge wird mit dem Kräftemaßstab aus dem Betrag der Kraft errechnet.

$\text{Pfeillänge} = \frac{\text{Kraft}}{\text{Kräftemaßstab}}$

$l = \frac{F}{M_k}$

Bezeichnungen und Einheiten:

l die Pfeillänge in mm F die Kraft in N M_k der Kräftemaßstab in $\frac{N}{mm}$

Addition von Kräften

Liegen Kräfte gleicher Richtung (F_1, F_2, …) auf einer Wirkungslinie, können sie auf der Wirkungslinie verschoben und zu einer **Ersatzkraft** F_r zusammengezählt werden.

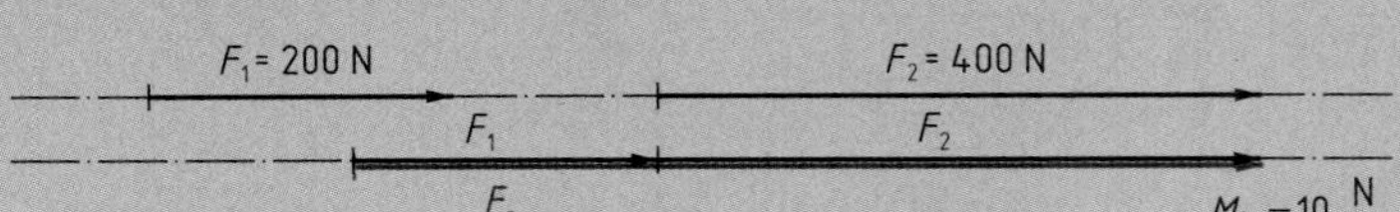

$F_1 + F_2 = F_r$

200 N + 400 N = <u>600 N</u>

Subtraktion von Kräften

Liegen Kräfte entgegengesetzter Richtung (F_1, F_2, …) auf einer Wirkungslinie, können sie zu einer Ersatzkraft F_r voneinander abgezogen werden.

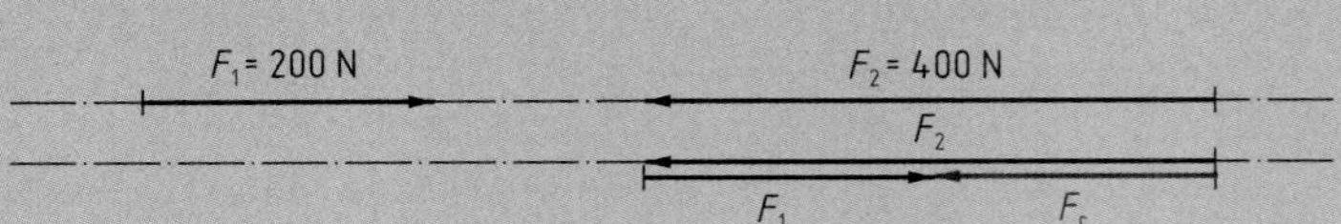

$F_2 - F_1 = F_r$

400 N – 200 N = <u>200 N</u>

Zusammensetzung von Kräften

Haben zwei Kräfte unterschiedliche Wirkungslinien, die sich schneiden, ergibt sich die Ersatzkraft F_r als Diagonale des **Kräfteparallelogramms**.

Zwei Spannseile eines Leitungsmastes (siehe Skizze) sollen durch eines ersetzt werden. Richtung und Größe der Ersatzkraft ergeben sich aus dem Kräfteparallelogramm.

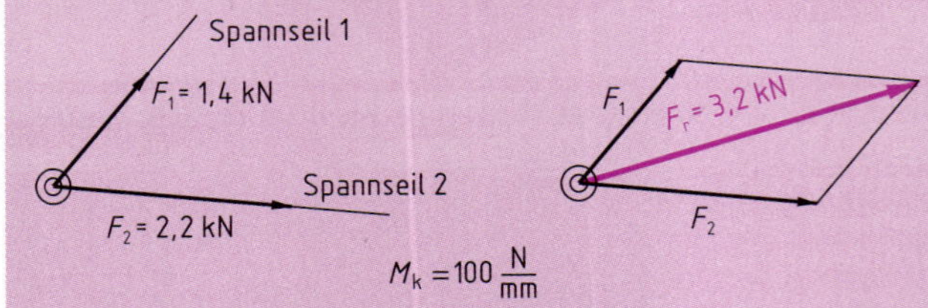

F_1, F_2 die Teilkräfte (Komponenten)
F_r die Ersatzkraft (Resultierende)

Entweder wirken die Teilkräfte F_1 und F_2 **oder** die Ersatzkraft F_r.
Die Ersatzkraft hat die gleiche Wirkung wie die Teilkräfte, aus denen sie ermittelt wurde.

Zerlegung von Kräften

Jede Kraft F kann als eine Ersatzkraft angesehen werden, die sich aus zwei Teilkräften ergeben hat. Also kann man jede Kraft in zwei Teilkräfte zerlegen.
Das Spannseil eines Leitungsmastes (siehe Skizze) soll durch zwei Seile ersetzt werden. Die Befestigung erfolgt an den Stellen A und B. Die Größe der Teilkräfte ergibt sich aus dem Kräfteparallelogramm.

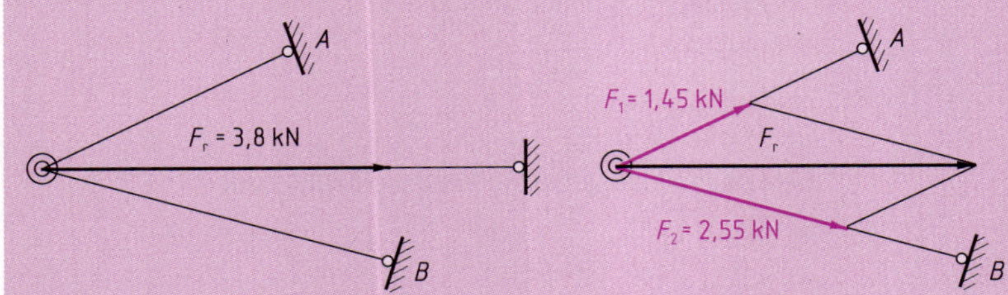

Teilkräfte und Ersatzkraft haben denselben Angriffspunkt.

Aufgaben zu Kräften

12.1 Gewichtskraft auf der Erde

a) ein Kombiwagen b) ein(e) Mitschüler/-in c) ein Stahlträger

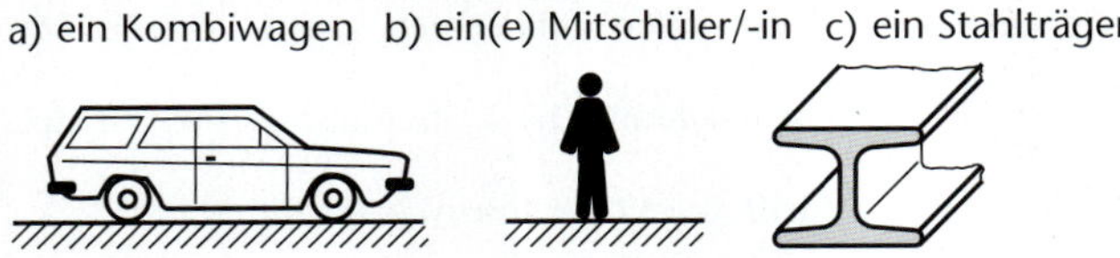

m = 960 kg m = 62 kg m = 37 kg

Berechnen Sie die Gewichtskräfte.

12.2 Berechnung der Gewichtskraft

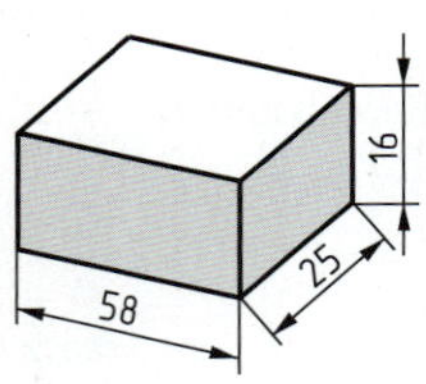

ein Werkstück aus E335

Gesucht:
a) die Masse in Gramm
b) die Gewichtskraft in Newton

12.3 Gegengewicht für Glühofentür

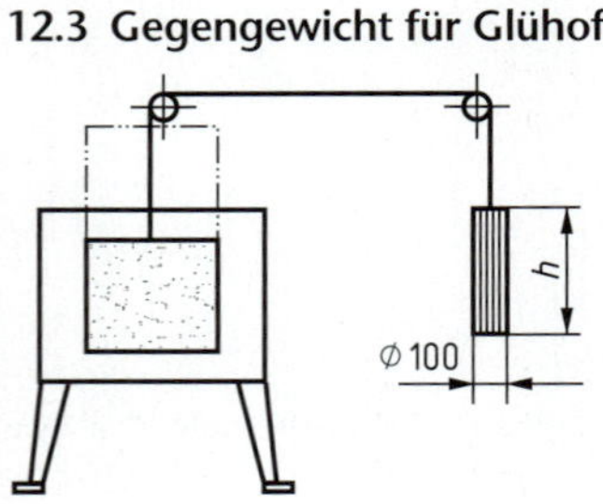

Ein Rundstahl mit der Masse m = 18 kg wird als Gegengewicht verwendet.

Berechnen Sie.
a) die Zugkraft im Seil in Newton
b) die Länge des Rundstahls in mm

12.4 Gewichtskraft am Pol

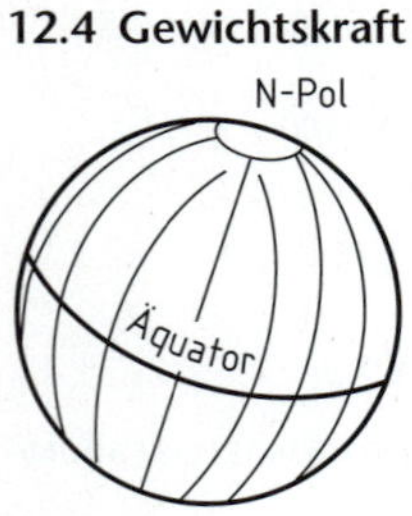

Ein Raupenfahrzeug mit der Masse m = 2,4 t wird aus dem Äquatorgebiet in die Polargegend verlegt.

Berechnen Sie die Gewichtskraft des Fahrzeuges in kN.

a) am Äquator ($g = 9{,}78\ \frac{m}{s^2}$)

b) am N-Pol ($g = 9{,}83\ \frac{m}{s^2}$)

12.5 Baukran

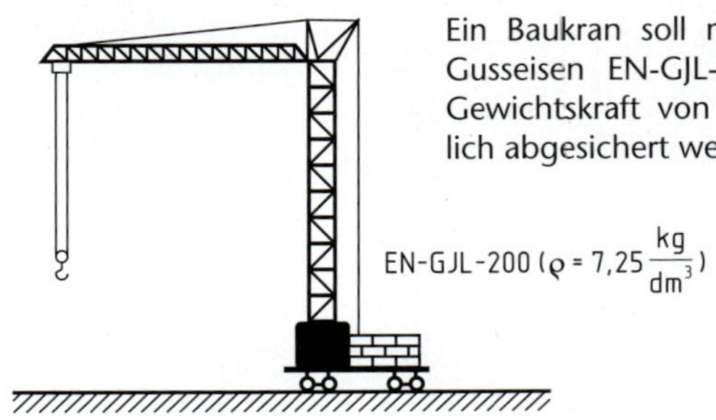

Ein Baukran soll mit Platten aus Gusseisen EN-GJL-200 mit einer Gewichtskraft von 10 kN zusätzlich abgesichert werden.

a) Wie viel kg Grauguss müssen in der Gießerei bestellt werden?
b) Welchen Rauminhalt benötigen die Platten?
c) Wie hoch müssen die GG-Platten bei einer Grundfläche von 60 cm × 90 cm aufgeschichtet werden, wenn eine Ausgleichskraft von G = 17 kN notwendig ist?

12.6 Handwagen

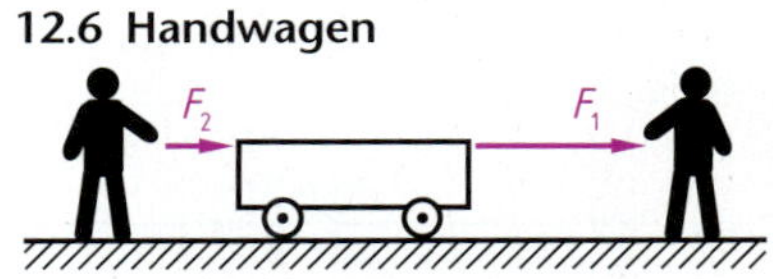

Ein Handwagen wird mit F_1 = 100 N gezogen und mit F_2 = 7,5 daN geschoben.
Mit welcher Kraft wird der Wagen dadurch bewegt?

12.7 Motorboot flussaufwärts

die Motorkraft F_1 = 0,8 kN der Strömungswiderstand F_2 = 340 N
Mit welcher Kraft fährt das Boot flussaufwärts?

12.8 Umlenkrolle

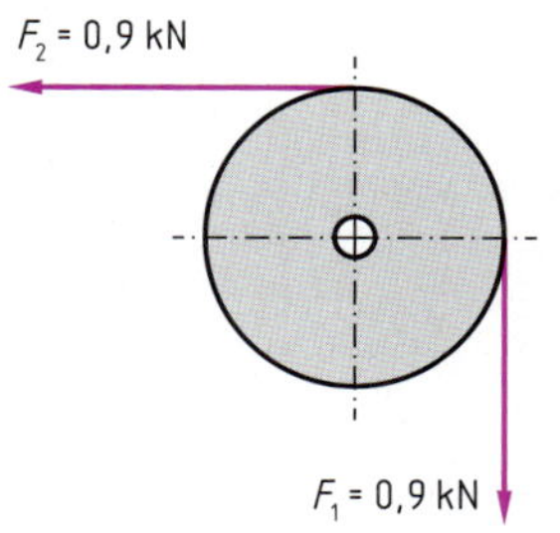

a) Legen Sie den Kräftemaßstab fest.
b) Ermitteln Sie zeichnerisch die Ersatzkraft (Resultierende).
c) Überprüfen Sie das Ergebnis rechnerisch.

12.9 Kugelspannung

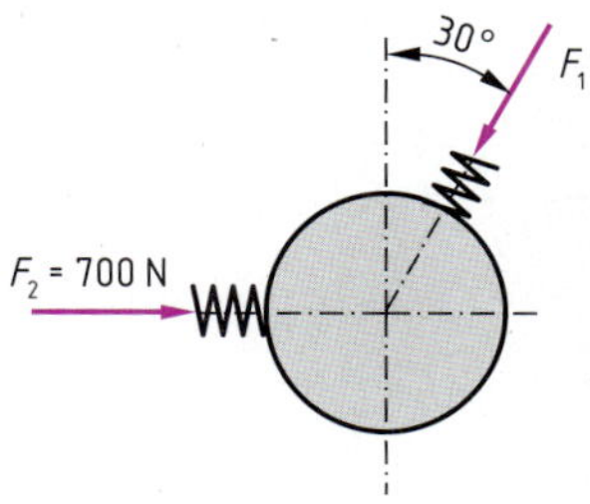

Die Kugel soll durch eine dritte Federkraft F_3 im Gleichgewicht gehalten werden.

Gesucht:
a) der Kräftemaßstab
b) die Größe der Gegenkraft
c) der Winkel der Gegenkraft zur senkrechten Achse

12.10 Spannseil für Leitungsmast

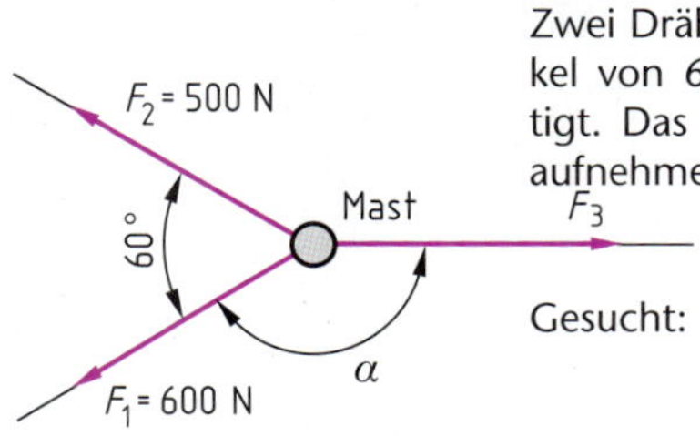

Zwei Drähte sind unter einem Winkel von 60° an einem Mast befestigt. Das Seil bei F_3 soll die Kräfte aufnehmen.

Gesucht: a) die Kraft F_3 im Spannseil
b) der Winkel α

der Kräftemaßstab $M_k = \frac{100\ \text{N}}{\text{cm}}$

12.11 Gerüstknoten

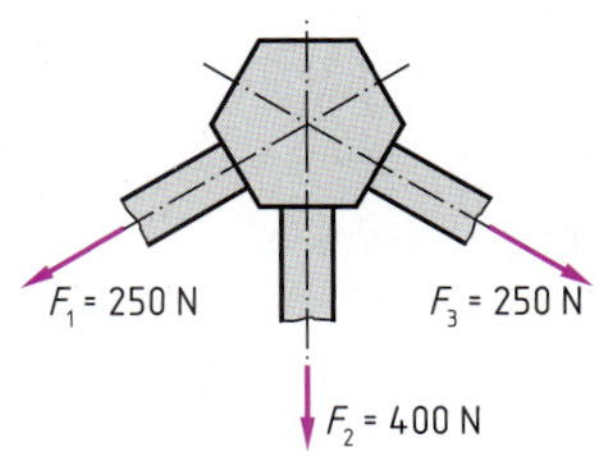

In drei Richtungen wirken Zugkräfte.

Gesucht:
a) der Kräftemaßstab
b) die Ersatzkraft F_r

12.12 Dreifaches Zugseil

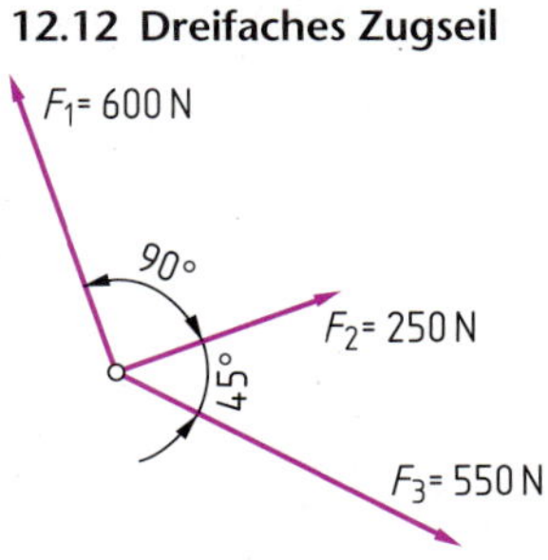

Gesucht:
a) der Kräftemaßstab
b) die Ersatzkraft F_r

12.13 Leuchtkörperaufhängung

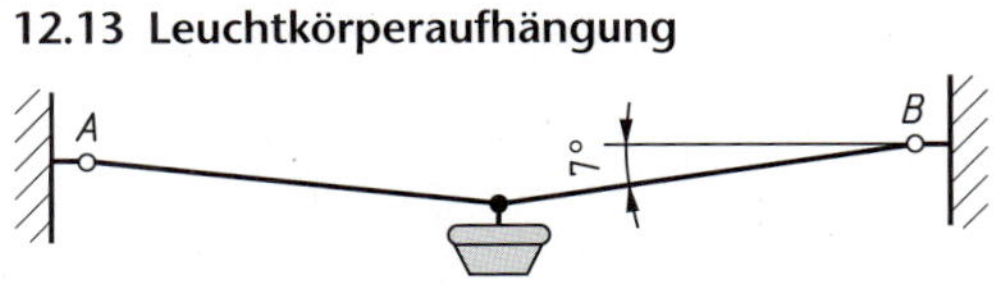

Ermitteln Sie zeichnerisch die Zugkräfte in den Seilen!

der Kräftemaßstab $M_k = \frac{2\ \text{N}}{\text{mm}}$

12.14 Beladener Handwagen

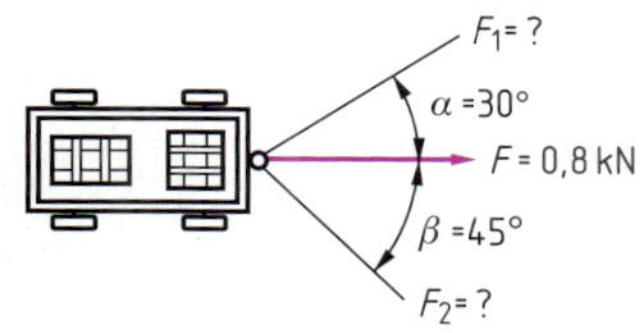

Ein Arbeiter benötigt zum Ziehen in Fahrtrichtung $F = 0{,}8$ kN.

a) Legen Sie den Kräftemaßstab fest.
b) Mit welchen Teilkräften F_1 und F_2 würden 2 Arbeiter ziehen?
c) Wie verändern sich die Teilkräfte, wenn $\alpha = 10°$ und $\beta = 20°$ betragen?

12.15 Schrägverzahntes Stirnrad

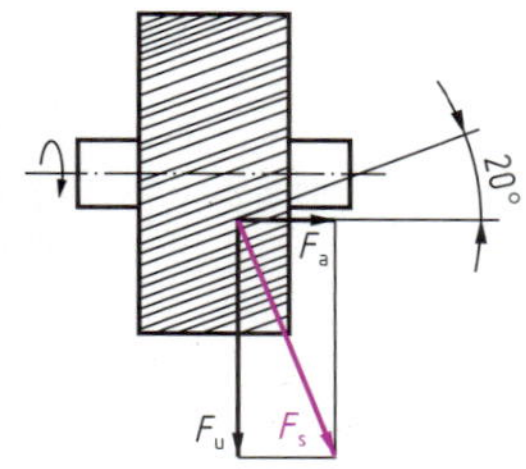

Es ist eine Umfangskraft $F_u = 800$ N zu übertragen.

Gesucht:
a) die Axialkraft F_a
b) die Kraft F_s senkrecht zu den Zähnen

der Kräftemaßstab $M_k = \frac{20\ \text{N}}{\text{mm}}$

12.16 Gegenlauffräsen — Gleichlauffräsen

a)

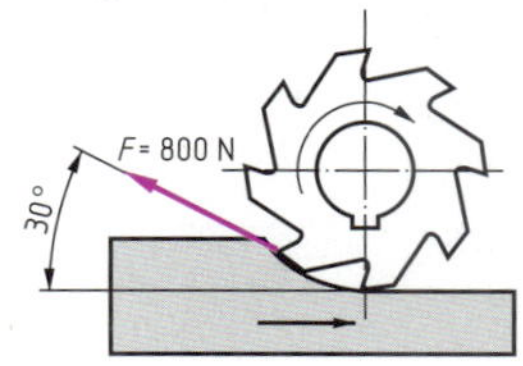

b)

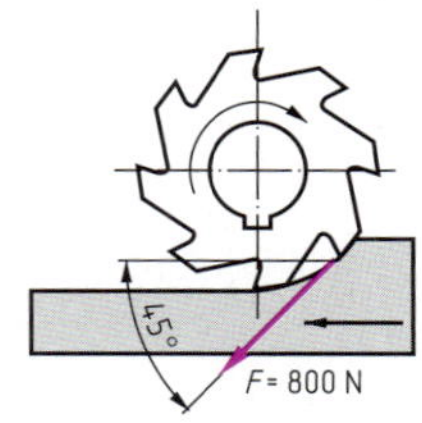

Zerlegen Sie die Gesamtschnittkraft in ihre waagerechten und senkrechten Komponenten!

der Kräftemaßstab $M_k = \frac{20\ \text{N}}{\text{mm}}$

12.17 Bestimmen Sie jeweils die Stabkräfte in 1 und 2.

a)

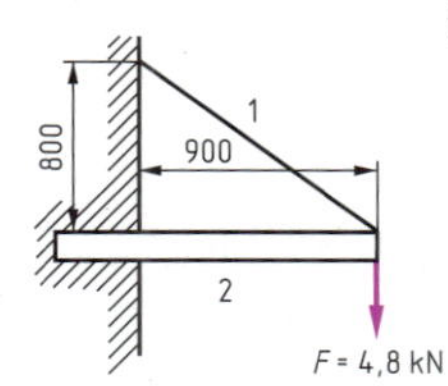

b)

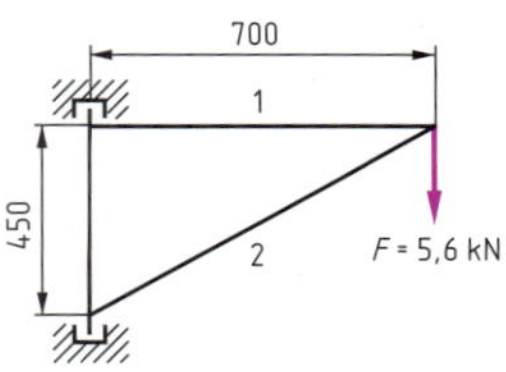

Zeichnungsmaßstab 1 : 10

Kräftemaßstab $M_k = \frac{100\ \text{N}}{\text{mm}}$

12.18 Prismenführung

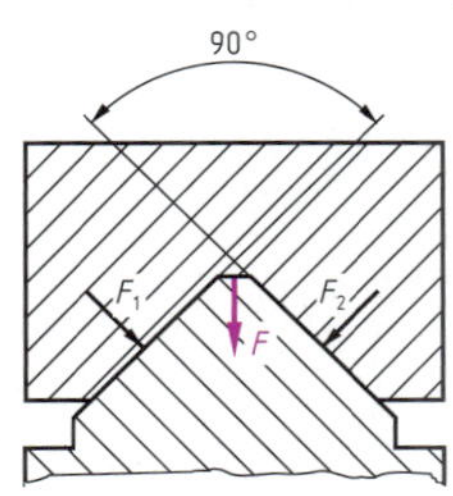

die Kraft $F = 1{,}2$ kN
Ermitteln Sie zeichnerisch die Größe der Kräfte F_1 und F_2.

der Kräftemaßstab $M_k = \frac{20\ \text{N}}{\text{mm}}$

12.19 Keilriemenantrieb

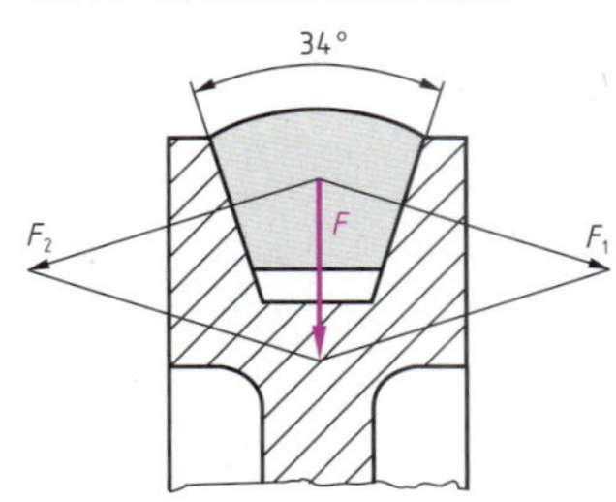

Der Keilriemenantrieb hat einen Zug F von 400 N. Dieser kann nur durch senkrechte Kräfte F_1 und F_2 aufgenommen werden.

Gesucht:
die Kräfte F_1 und F_2

der Kräftemaßstab $M_k = \frac{10\ \text{N}}{\text{mm}}$

13 Hebel, Drehmoment, Rollenflaschenzug

Mit einem Hebel lassen sich Größe und Richtung einer Kraft verändern, z. B. bei Zangen, Scheren, Brechstangen, Schraubenschlüsseln. Ein Hebel ist ein starrer Körper, der um eine Achse drehbar ist. Man unterscheidet:

Einseitiger Hebel

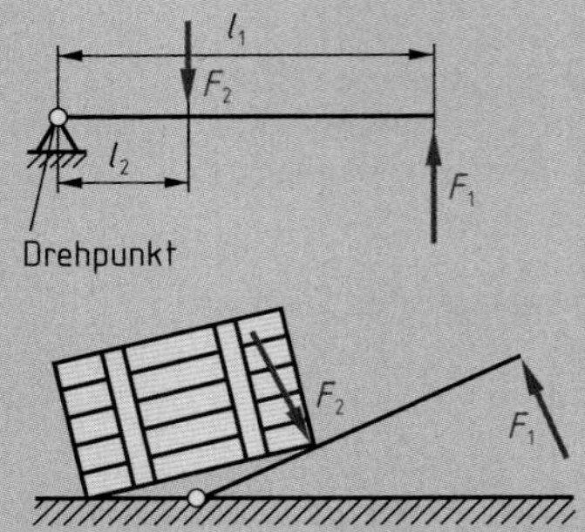

Zweiseitiger Hebel

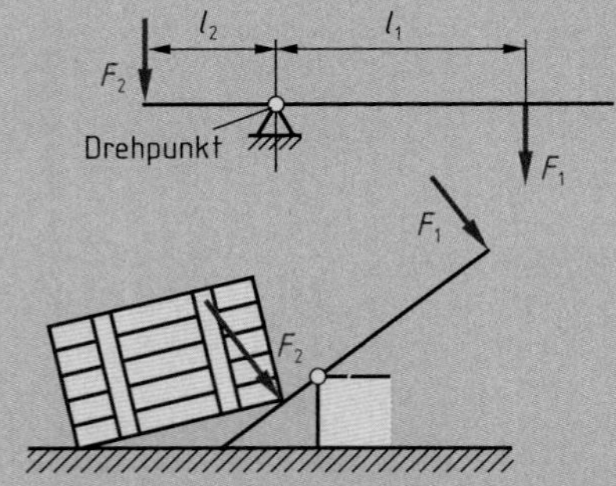

Winkelhebel
(zweiseitiger Hebel)

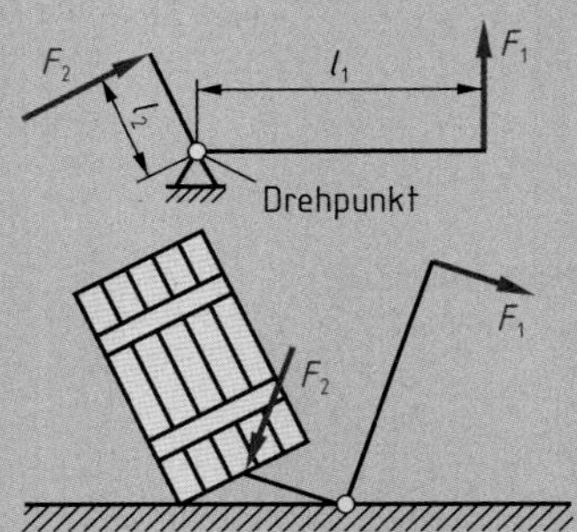

Seiltrommel
(zweiseitiger Hebel)

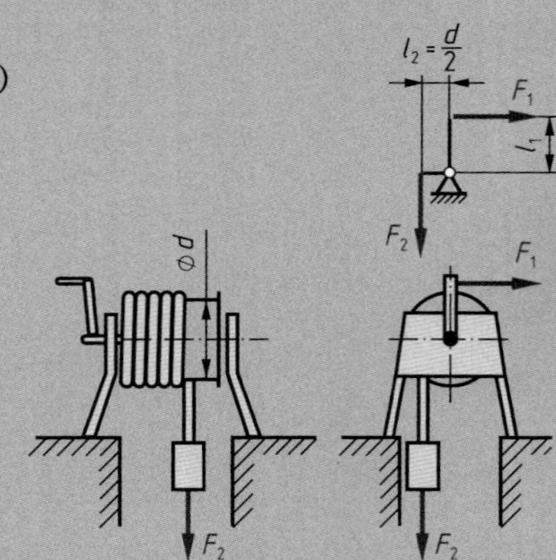

Hebelgesetz

Kraft F_1 · Hebellänge l_1 = Kraft F_2 · Hebellänge l_2

$$F_1 \cdot l_1 = F_2 \cdot l_2$$

Bezeichnungen:

$F_1, F_2, F_3, \ldots$	Kräfte
$l_1, l_2, l_3, \ldots$	wirksame Hebellänge
M	Drehmoment
ΣM	Summe aller Drehmomente

Die wirksame Hebellänge ist immer die senkrechte Entfernung (Abstand) des Drehpunkts von der Wirkungslinie der zugehörigen Kraft.

Drehmoment

Durch eine Kraft und eine wirksame Hebellänge entsteht am Hebel eine Drehwirkung, die **Drehmoment *M*** genannt wird.
Je größer die Kraft und je größer die wirksame Hebellänge, desto größer ist das Drehmoment.

$M = F \cdot l$ $\qquad$ $M_1 = F_1 \cdot l_1$ $\qquad$ $M_2 = F_2 \cdot l_2$

Je nach Lage der Kraft zum Drehpunkt entsteht ein linksdrehendes oder rechtsdrehendes Moment. Eine Kraft, deren Wirkungslinie durch den Drehpunkt geht, kann kein Drehmoment erzeugen. Greifen zwei oder mehr Kräfte am Hebel an, herrscht Gleichgewicht, wenn die Summe der linksdrehenden Momente gleich der Summe der rechtsdrehenden Momente ist.

$$\overset{\curvearrowleft}{\Sigma M} = \overset{\curvearrowright}{\Sigma M}$$

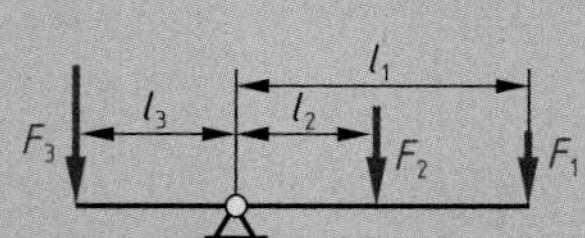

$$F_1 \cdot l_1 + F_2 \cdot l_2 = F_3 \cdot l_3$$

Kräfte und Momente am Zahnrad

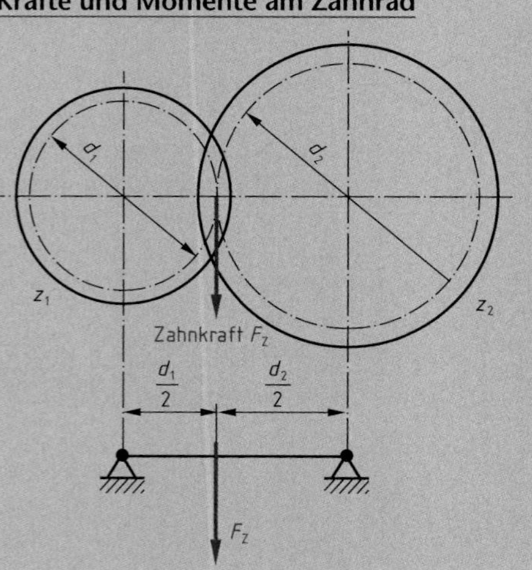

Zahntriebe übertragen Kräfte und ändern Drehmomente. Die Kraft, die am Teilkreisumfang von einem Zahn des ersten Zahnrades auf einen Zahn des zweiten Zahnrades übertragen wird, heißt Zahnkraft F_z.

$$M_1 = F_z \cdot \frac{d_1}{2} \qquad M_2 = F_z \cdot \frac{d_2}{2}$$

$$F_z = \frac{2M_1}{d_1} \qquad F_z = \frac{2M_2}{d_2}$$

daraus folgt: $\frac{M_1}{d_1} = \frac{M_2}{d_2}$

Ersetzt man den Teilkreisdurchmesser $d = m \cdot z$, dann folgt daraus:

$$\frac{M_1}{m \cdot z_1} = \frac{M_2}{m \cdot z_2}$$

$$\frac{M_1}{z_1} = \frac{M_2}{z_2} \quad \text{oder} \quad \frac{M_1}{M_2} = \frac{z_1}{z_2}$$

Die Drehmomente verhalten sich wie die Zähnezahlen.

Bezeichnungen:
m der Modul
z die Zähnezahl

Feste Rolle

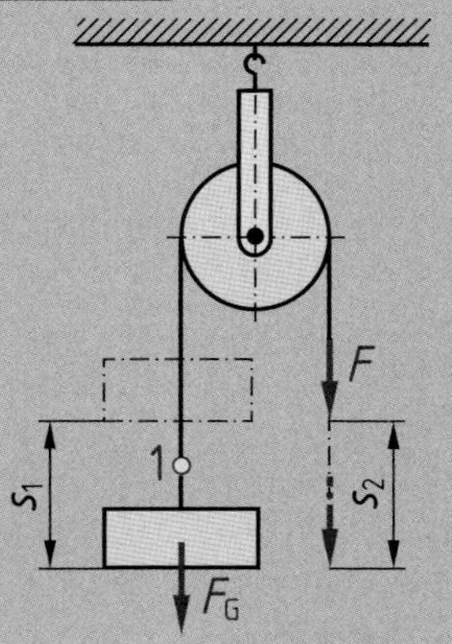

Bezeichnungen:

F die Zugkraft
F_G die Gewichtskraft
n die Anzahl der tragenden Seile
s_1 der Weg der Gewichtskraft (Hub)
s_2 der Kraftweg (Seilweg der Zugkraft)

Feste Rollen ändern die Richtung der Kraft. Es kann dabei keine Kraft gespart werden. Wird die Reibung vernachlässigt, gilt:

Zugkraft = Gewichtskraft	$F = F_G$
Kraftweg = Weg der Gewichtskraft	$s_2 = s_1$

Lose Rolle (einfacher Flaschenzug)

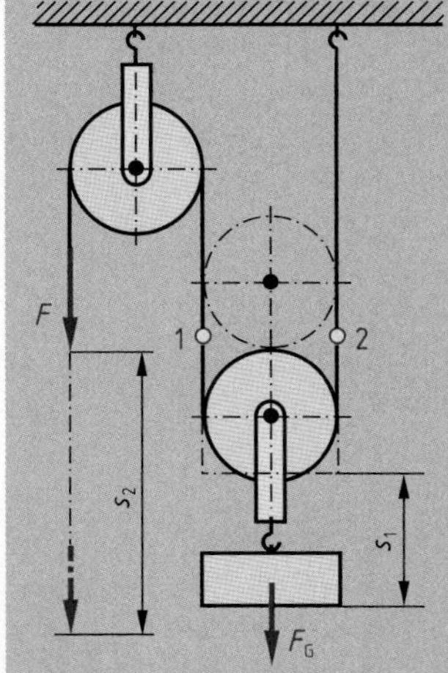

Eine lose Rolle bringt Kraftersparnis. Sie wird meist mit einer festen Rolle zusammen eingesetzt.
Seilstrang 1 und 2 tragen je die Hälfte der Gewichtskraft.

$$\text{Zugkraft} = \frac{\text{Gewichtskraft}}{2} \qquad F = \frac{F_G}{2}$$

$$\text{Zugkraft} = \frac{\text{Gewichtskraft}}{\text{Anzahl der tragenden Seile}} \qquad F = \frac{F_G}{n}$$

Kraftweg = 2×Weg der Gewichtskraft $\qquad s_2 = 2 \cdot s_1$

Kraftweg = Zahl der tragenden Seile×Weg der Gewichtskraft $\qquad s_2 = n \cdot s_1$

Was an Kraft gewonnen wird, geht an Weg verloren.

Rollenflaschenzug

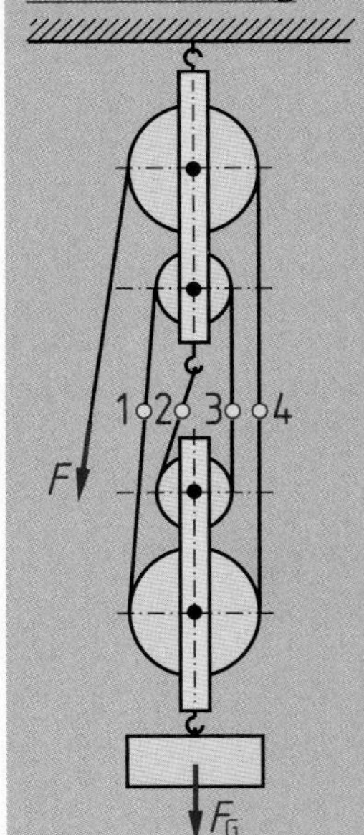

Ein Rollenflaschenzug besteht meist aus einer gleichen Zahl von festen und losen Rollen.

Beispiel: Rollenflaschenzug

Der Flaschenzug besteht aus 2 festen und 2 losen Rollen. Es ist eine Gewichtskraft von $F_G = 1\,800$ N auf eine Höhe von 2,4 m zu heben.

Berechnen Sie.
a) die Zugkraft F
b) den Kraftweg s_2

Lösung: a) $F = \frac{F_G}{n} = \frac{1\,800\ \text{N}}{4} = \mathbf{450\ N}$ b) $s_2 = n \cdot s_1 = 4 \cdot 2{,}4\ \text{m} = \mathbf{9{,}6\ m}$

■ Aufgaben zu Hebel und Drehmoment

13.1 Lochwerkzeug

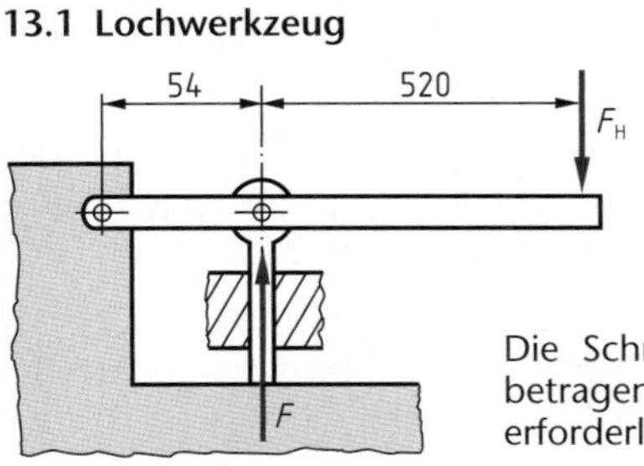

Die Schnittkraft soll F = 2,6 kN betragen. Welche Handkraft F_H ist erforderlich?

13.2 a) Brechstange

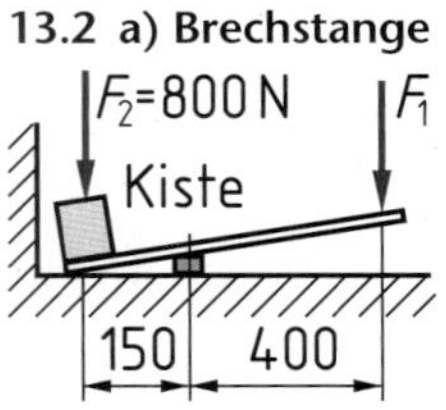

Gesucht: die Kraft F_1, die zum Gleichgewicht notwendig ist

b) Backenbremse

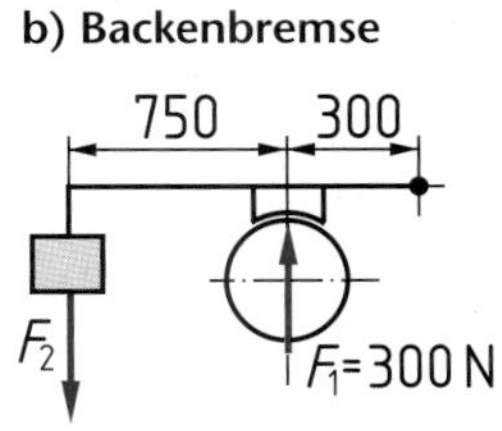

Gesucht: die Gewichtskraft F_2 in N

13.3 Winkelhebel

a) Gesucht: die Kraft F_2 b) Gesucht: die wirksame Hebellänge l_1

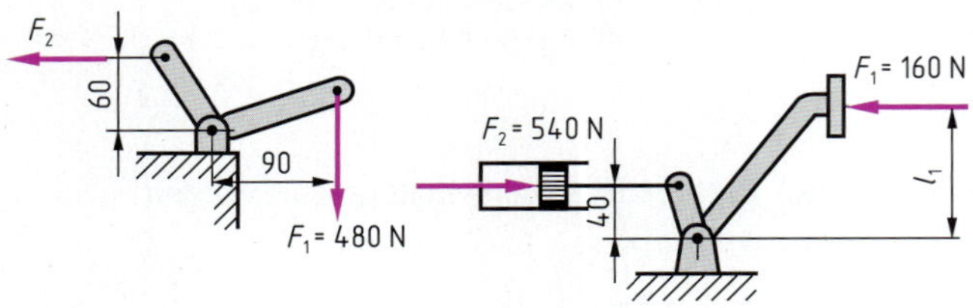

13.4 Seiltrommel

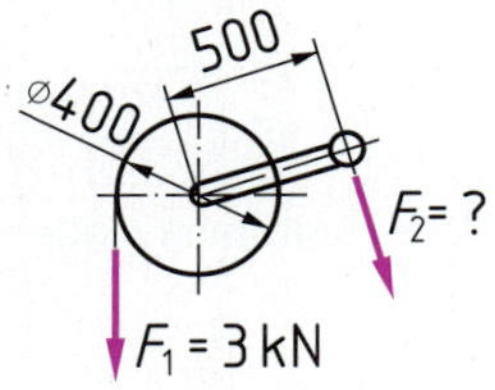

Gesucht:
die Handkraft F_2 in N

13.5 Seilwinde

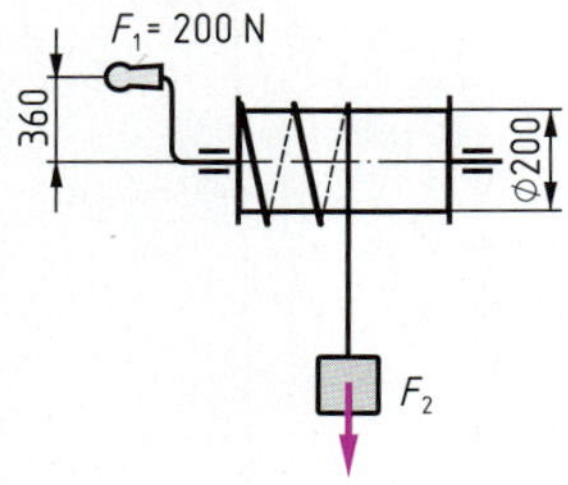

Gesucht: die Kraft F_2 in N

13.6 Zweiseitiger Hebel

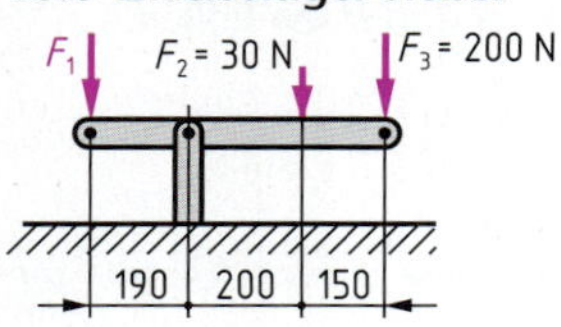

Gesucht: die Kraft F_1

13.7 Pneumatisch betätigte Spannpratze

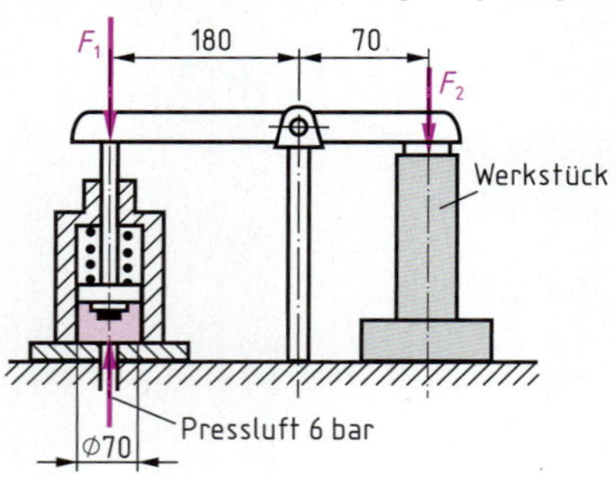

Gesucht:
a) die Kraft F_1 auf den Kolben
b) die Anpresskraft F_2, wenn die Federkraft nicht berücksichtigt wird

13.8 Sicherheitsventil

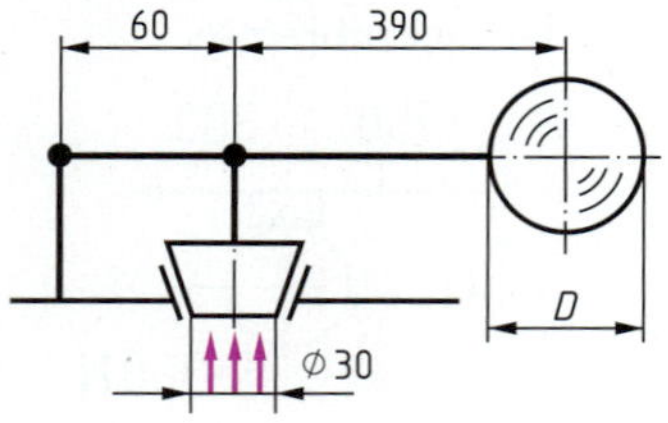

Gegeben:
der Kesseldruck $p = 4$ bar
eine Kugel aus Gusseisen

Gesucht:
a) die Gewichtskraft der Kugel
b) der Durchmesser D

13.9 Überdruckventil

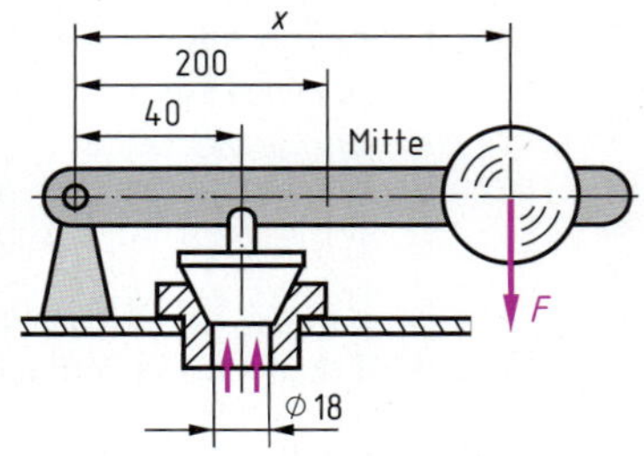

Gegeben:
der Dampfdruck $p = 6$ bar
die Gewichtskraft der verschiebbaren Kugel $F_G = 10$ N
die Gewichtskraft des Ventilkegels $F_K = 4$ N
die Gewichtskraft der Hebelstange $F_{St} = 12$ N

Gesucht: die Länge x

13.10 Ventilklappe

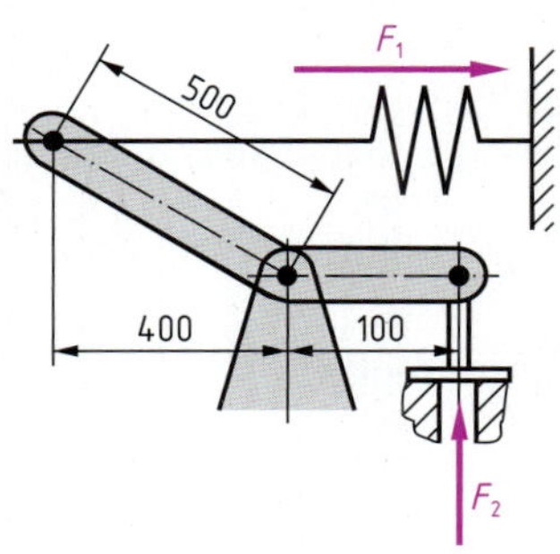

Gesucht:
die Federzugkraft F_1, wenn auf die Ventilklappe eine Kraft von $F_2 = 750$ N wirkt

13.11 Bolzenschneider

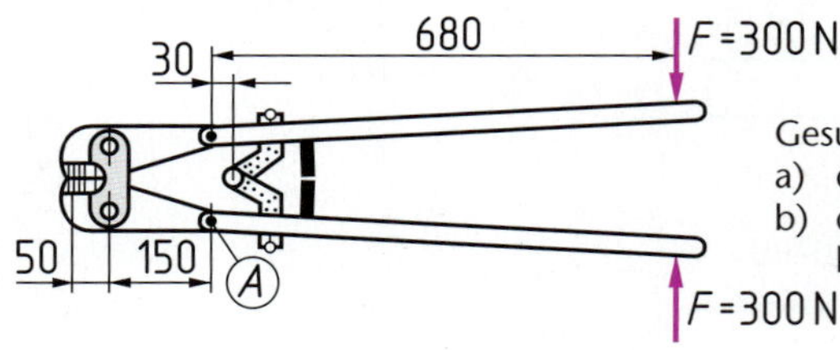

Gesucht:
a) die Kraft bei A
b) die Schnittkraft

13.12 Andrückrolle

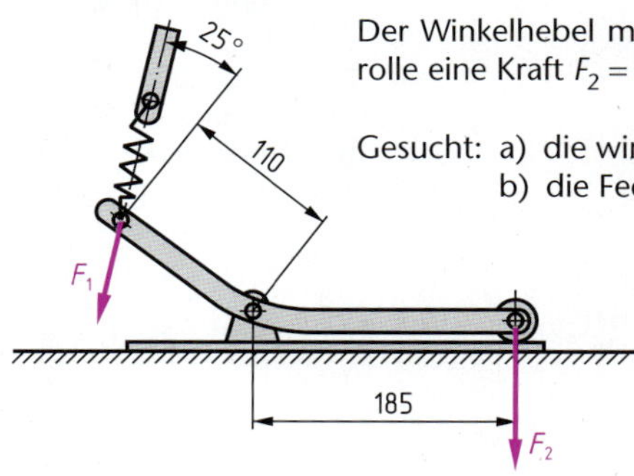

Der Winkelhebel muss bei der Andrückrolle eine Kraft $F_2 = 1{,}2$ kN erzeugen.

Gesucht: a) die wirksame Hebellänge l_1
b) die Federkraft F_1

13.13 Hebelgestänge

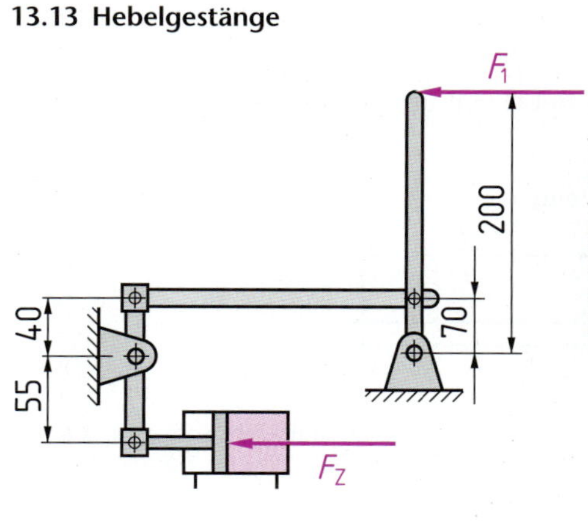

Wie groß muss die Kraft F_1 sein, wenn die Kolbenkraft im Hydraulikzylinder $F_Z = 1{,}8$ kN betragen soll?

13.14 Montageanweisung für Einspritzpumpen

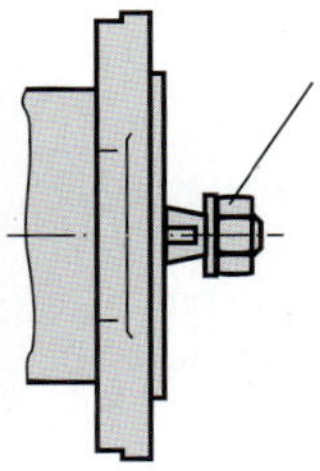

Gesucht:
die Kraft am 180 mm langen Schraubenschlüssel für beide Einbaufälle

13.15 Winde

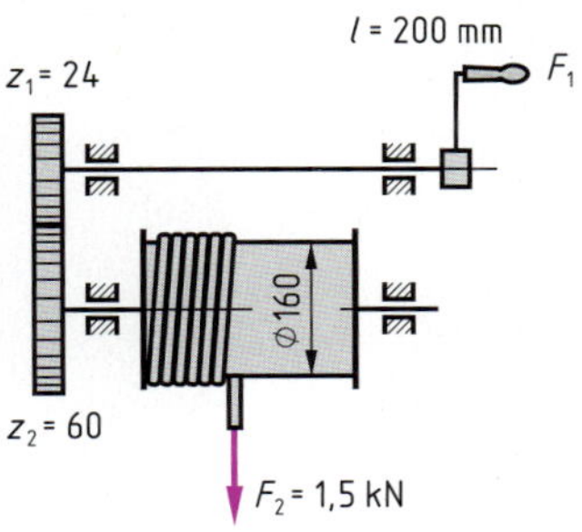

Gesucht:
a) die Kraft F_1 am Handgriff
b) die Kraft F_1, wenn durch Reibung 40% Verlust entstehen

13.16 Handpresse

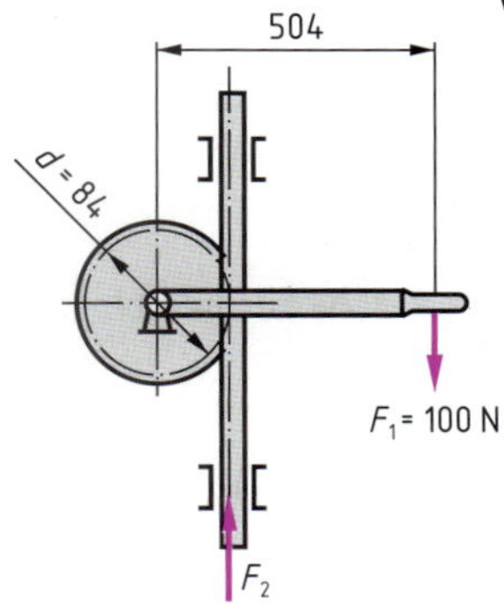

Wie groß ist die Presskraft F_2?

Aufgaben zu Rollen und Flaschenzügen

13.17 a) Lose Rolle

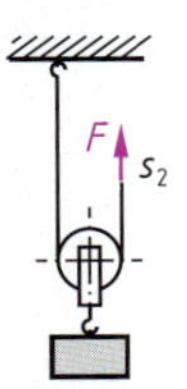

F_G = 540 N
Weg 3 m

b) Lose und feste Rolle

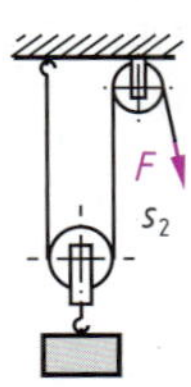

F_G = 360 N
Weg 80 cm

Gesucht:
a) die Kraft F
b) der Weg s_2

13.18 Flaschenzüge

a)

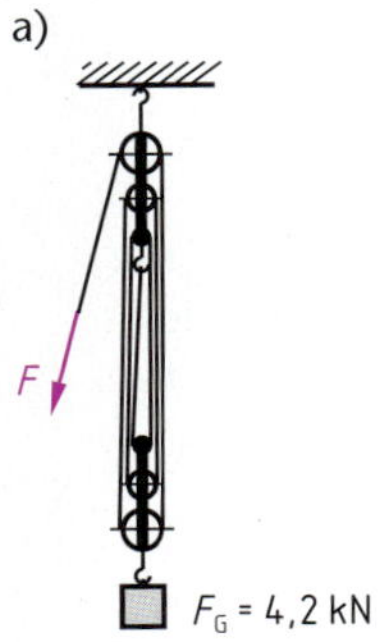

b)

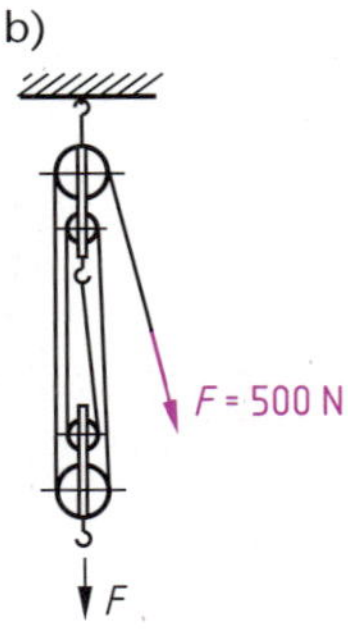

Gesucht:
a) die Zugkraft F und der Weg s am Zugseil, wenn das Gewicht 3 m gehoben wird
b) die angehängte Gewichtskraft

13.19 Einfacher Flaschenzug

Mit einem einfachen Flaschenzug soll ein Stahlträger mit der Gewichtskraft von 4,8 kN um 3,4 m gehoben werden.

Berechnen Sie.
a) die Zugkraft, wenn die Gewichtskraft der losen Rolle einschließlich Haken 180 N beträgt
b) den Kraftweg

13.20 Rollenflaschenzug

Beim Heben einer Last mit einem Rollenflaschenzug (3 lose und 3 feste Rollen) muss am Zugseil eine Kraft F = 240 N aufgebracht werden.
a) Wie groß ist die Gewichtskraft der Last ohne Berücksichtigung der Reibung?
b) Wie groß darf die Gewichtskraft der Last werden, wenn die Gewichtskraft der losen Rollen 288 N beträgt und 5% der Zugkraft zur Überwindung der Reibung benötigt werden?

13.21 Rollenflaschenzug mit Antrieb

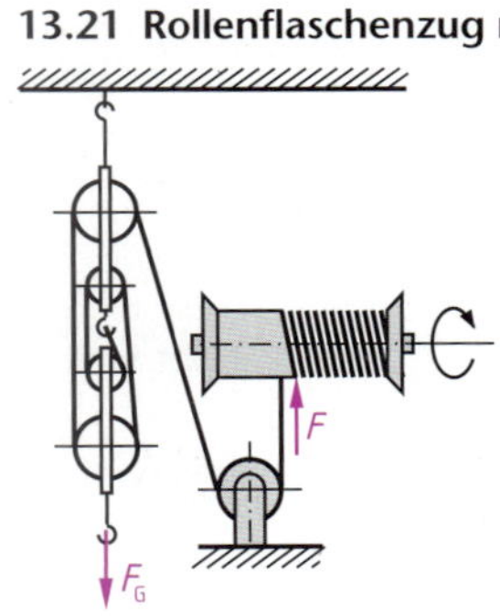

Gewichtskraft der Last
F_G = 560 N
der Weg der Last
s_1 = 2,8 m
der Trommeldurchmesser
d = 400 mm

Gesucht:
a) die Zugkraft zum Heben der Last mit der Gewichtskraft F_G
b) die Zahl der Trommelumdrehungen zum Heben der Last

13.22 Rollenflaschenzug mit Seiltrommelantrieb

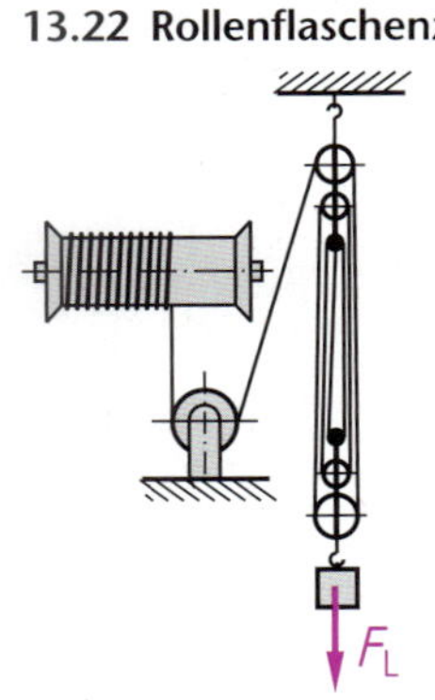

Gegeben ist die Zugkraft 135 N,
die Drehzahl der Seiltrommel 30 $\frac{1}{min}$,
der Durchmesser der Trommel 450 mm,
die Gewichtskraft der losen Rollen 260 N.

Gesucht:
a) die Gewichtskraft F_L, die gehoben werden kann
b) die Hubgeschwindigkeit v_L in $\frac{m}{s}$

14 Druck in Flüssigkeiten und Gasen

Unter Druck versteht man die Kraft je Flächeneinheit.

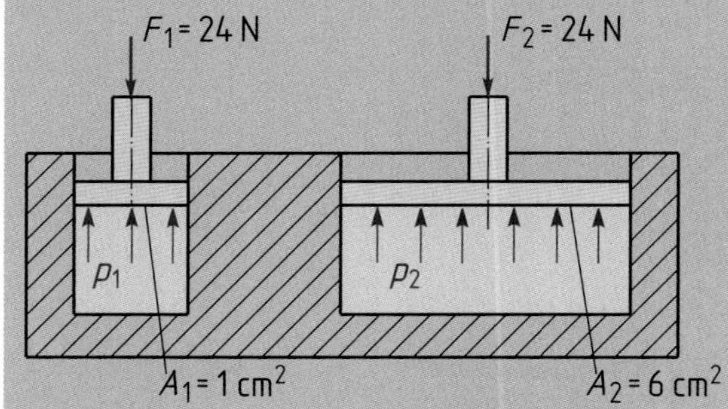

$$p = \frac{F}{A}$$

$$\text{Druck} = \frac{\text{Kraft}}{\text{Fläche}}$$

Bezeichnungen:
- p der Druck
- F die Kraft
- A die Fläche

Kolben links $p_1 = \frac{F_1}{A_1} = \frac{24\ \text{N}}{1\ \text{cm}^2} = 24\ \frac{\text{N}}{\text{cm}^2} = \underline{\underline{2{,}4\ \text{bar}}}$

Kolben rechts $p_2 = \frac{F_2}{A_2} = \frac{24\ \text{N}}{6\ \text{cm}^2} = 4\ \frac{\text{N}}{\text{cm}^2} = \underline{\underline{0{,}4\ \text{bar}}}$

In einem geschlossenen, mit Gas oder Flüssigkeit gefüllten Behälter ist der Druck an jeder Stelle der Gefäßwand gleich groß. Druck pflanzt sich nach allen Seiten gleichmäßig fort. Dies wird bei pneumatischen und hydraulischen Geräten zur Bewegungs- und Kraftübertragung ausgenutzt.

Einheiten:

In der Technik werden folgende aus Kraft und Fläche abgeleitete Druckeinheiten verwendet:

Name	Einheiten-Zeichen
Pascal	Pa
Bar	bar

$$1\ \text{Pa} = 1\ \frac{\text{N}}{\text{m}^2} = \frac{1}{100\,000}\ \text{bar}$$

$$1\ \text{bar} = 10\ \frac{\text{N}}{\text{cm}^2} = 100\,000\ \text{Pa}$$

Druck in Flüssigkeiten – Hydrostatischer Druck

In einem offenen, mit Flüssigkeit gefüllten Gefäß, z. B. in einem Öltank, entsteht durch die Gewichtskraft der Flüssigkeit ein von oben nach unten zunehmender Druck. Dieser Druck heißt: Hydrostatischer Druck.

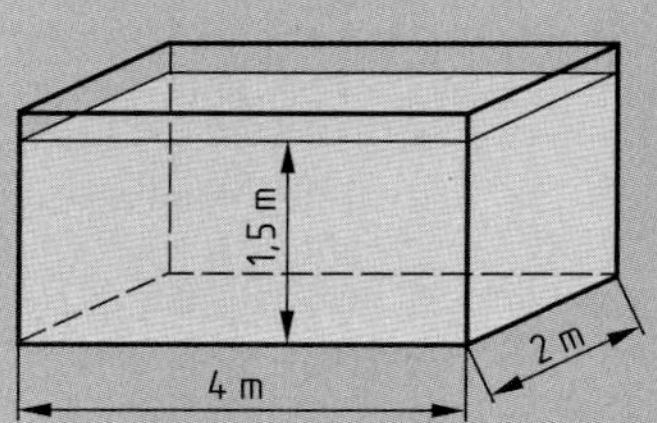

Beispiel: Heizöltank

Ein kellergeschweißter, prismatischer Tank ist mit Heizöl $\left(\varrho = 0{,}92\ \frac{\text{kg}}{\text{dm}^3}\right)$ gefüllt.

Berechnen Sie.
a) das Volumen der Ölfüllung
b) die Masse des Öles
c) die Gewichtskraft des Öles ($g \approx 10\ \frac{\text{m}}{\text{s}^2}$)
d) den Bodendruck im Tank (hydrostatischer Druck)

Lösung:

a) $V = A \cdot h = 4\ \text{m} \cdot 2\ \text{m} \cdot 1{,}5\ \text{m} = \underline{\underline{\mathbf{12\ m^3}}}$

b) $m = V \cdot \varrho = 12\,000\ \text{dm}^3\ 0{,}92\ \frac{\text{kg}}{\text{dm}^3} = \underline{\underline{\mathbf{11\,040\ kg}}}$

c) $F = m \cdot g = 11\,040\ \text{kg} \cdot 10\ \frac{\text{m}}{\text{s}^2} = \underline{\underline{\mathbf{110\,400\ N}}}$

d) $p = \frac{F}{A} = \frac{110\,400\ \text{N}}{8\ \text{m}^2} = 13\,800\ \frac{\text{N}}{\text{m}^2} = \underline{\underline{\mathbf{13{,}8\ kPa}}}$

In diesem Beispiel ergab sich zur Berechnung des hydrostatischen Druckes (Bodendruckes) folgender Rechenweg:

$$p = \frac{F}{A} = \frac{m \cdot g}{A} = \frac{V \cdot \varrho \cdot g}{A} = \frac{A \cdot h \cdot \varrho \cdot g}{A}$$

(mit $F = m \cdot g$, $m = V \cdot \varrho$, $V = A \cdot h$; A gekürzt)

Daraus ergibt sich: Hydrostatischer Druck

$$p = h \cdot \varrho \cdot g$$

Bezeichnungen:
- h die Höhe der Flüssigkeit
- ϱ die Dichte der Flüssigkeit
- g die Fallbeschleunigung

Der hydrostatische Druck ist abhängig von der Höhe und Dichte der Flüssigkeit sowie von der Fallbeschleunigung. Er ist unabhängig von Gefäßform und Querschnitt.

Druck in Gasen

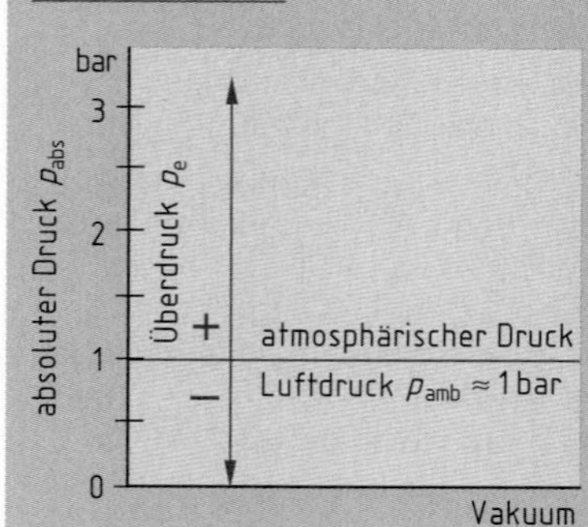

Bei technischen Vorgängen ist meist nur die Differenz zwischen dem absoluten Druck und dem Luftdruck wichtig. Diese Differenz heißt Überdruck. Der Überdruck kann positive oder negative Werte annehmen.
Überdruck = absoluter Druck – Luftdruck

$$p_e = p_{abs} - p_{amb}$$

Bezeichnungen:
- p_{abs}[1] der absolute Druck
- p_{amb}[2] der atmosphärische Druck, Luftdruck
- p_e[3] der Überdruck

Der Luftdruck ist abhängig von der Höhe über der Meeresoberfläche und der Wetterlage. Er beträgt $p_{amb} \approx 1$ bar.

[1] abs = absolut [2] amb = ambiance = umgebend [3] e = excedens = überschreitend

14.1 Druckeinheiten

a) eine Gasleitung, $p_e = 0{,}2$ bar
Gesucht: der Überdruck in Pa

b) die Pressluft, $p_e = 5{,}8$ bar
Gesucht: der Überdruck in kPa

c) der Motorverbrennungsdruck, $p_e = 39$ bar
Gesucht: der Überdruck in MPa

14.2 Druckeinheiten

a) ein Dieselmotor, Verbrennungsdruck $p_e = 8$ MPa
Gesucht: der Überdruck in bar

b) ein Druckluftwagenheber, $p_e = 1{,}03$ MPa
Gesucht: der Überdruck in bar

c) ein Bremskraftverstärker Lkw, $p_e = 35$ kPa
Gesucht: der Überdruck in bar

14.3 Gasheizgerät

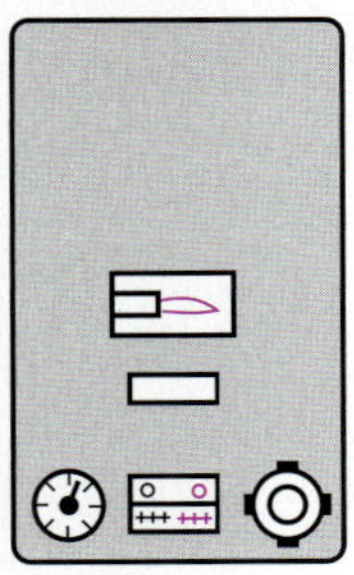

Ein Erdgasheizgerät darf mit dem absoluten Druck von $p_{abs} = 2{,}27$ bar betrieben werden.

a) Geben Sie den absoluten Druck in kPa an.

b) Welcher Überdruck p_e in bar ist erlaubt?

14.4 Pkw-Vergaser

In der Ansaugleitung eines Pkw-Vergasers herrscht ein Druck von $p_e = -0{,}6$ bar.
Berechnen Sie den absoluten Druck in kPa.

14.5 Ansaugdruck

Im Ansaugrohr eines Ottomotors herrscht ein absoluter Druck von 0,88 bar. Der atmosphärische Druck beträgt 1 025 hPa. Wie groß ist der negative Überdruck p_e in bar?

14.6 Kolbenkraft im Motor

Berechnen Sie die Kolbenkraft.

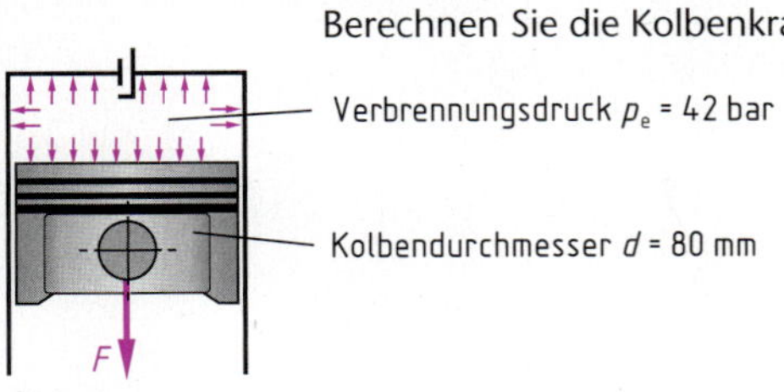

14.7 Verdichtung im Ottomotor

Zum Verdichten eines Kraftstoffluftgemisches ist kurz vor der Zündung des Gemisches eine Kolbenkraft von $F = 4{,}42$ kN erforderlich.
Wie groß ist der Überdruck bei einem Kolbendurchmesser von $d = 75$ mm?

14.8 Rakete

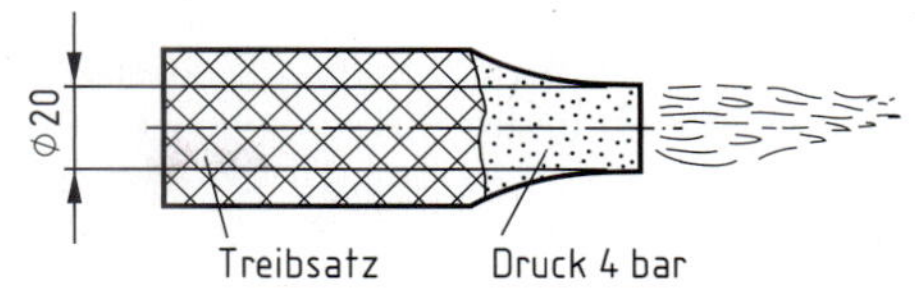

Gesucht:
die Schubkraft in N

14.9 Gasleitung

Eine Gasleitung soll mit einem Prüfdruck $p_e = 1{,}2$ bar getestet werden.

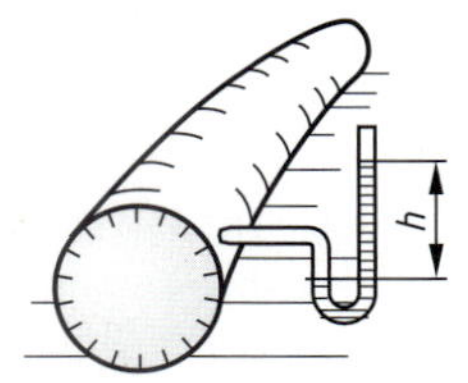

Gesucht:

a) die Höhe h einer Wassersäule

b) die Höhe h einer Quecksilbersäule

14.10 Tauchboot

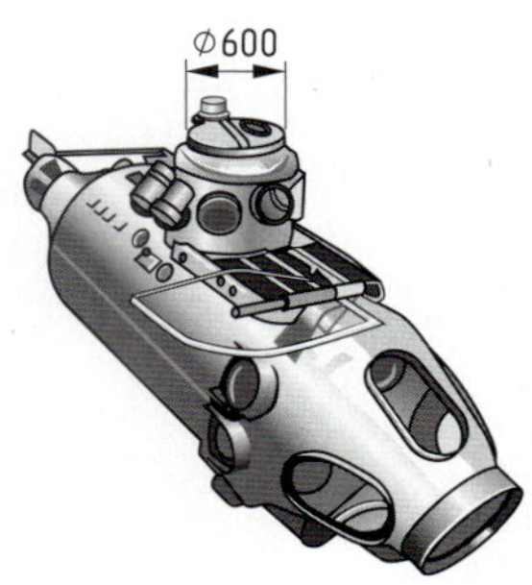

Gesucht:

a) der Druck auf das Boot in 50 m Tiefe in bar

b) die Gesamtkraft auf die Einstiegsluke

14.11 Bodendruck im Benzintank

a) Berechnen Sie den Bodendruck im Benzintank einer Tankstelle, der 1,8 m hoch gefüllt ist.

b) Welche Bodenkraft wirkt, wenn der Tank eine Bodenfläche von 18 m² besitzt?

14.12 Bodendruck im Schwimmbecken

Ein Schwimmbecken ist 2 m tief mit Wasser gefüllt. Durch Düsen am Boden wird Luft in das Wasser eingepresst.
Welchen Überdruck p_e muss das Gebläse mindestens erzeugen?

14.13 Zylindrisches Fass für Kraftstoffe

Ein zylindrisches Fass mit der Höhe $h = 1{,}2$ m und dem Durchmesser $d = 0{,}8$ m ist mit Benzin voll gefüllt.

a) Wie viel Liter Benzin befinden sich im Fass?

b) Wie viel Liter Dieselkraftstoff dürfen anstatt Benzin in das Fass gefüllt werden, wenn der Bodendruck nicht verändert werden darf?

14.14 Druckbehälter

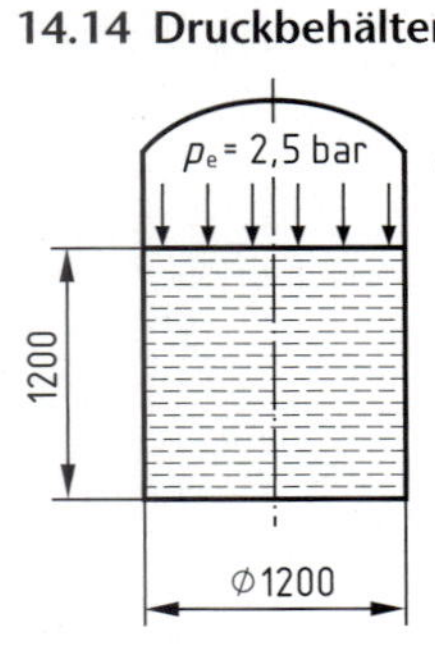

Ein Druckbehälter ist mit Wasser gefüllt. Über der Wasseroberfläche liegt ein Luftpolster mit $p_e = 2{,}5$ bar Überdruck.

Gesucht:

a) der gesamte Bodendruck

b) die Gesamtkraft auf den Behälterboden

15 Wärmetechnik

Temperatureinheiten

Die tiefste Temperatur, die physikalisch überhaupt erreichbar ist, beträgt – 273,1 °C. Dieser Punkt wird als absoluter Nullpunkt bezeichnet. Er ist Bezugspunkt für die Kelvin-Skala. Die Einheit ist 1 K (Kelvin). Die Einheit °C kann weiterhin verwendet werden. Temperaturunterschiede werden aber immer in Kelvin (K) angegeben.

$1\ °C \triangleq 1\ K$

Nach dem „Gesetz über Einheiten im Messwesen" (1969) ist die Temperaturdifferenz in Kelvin (K) anzugeben.

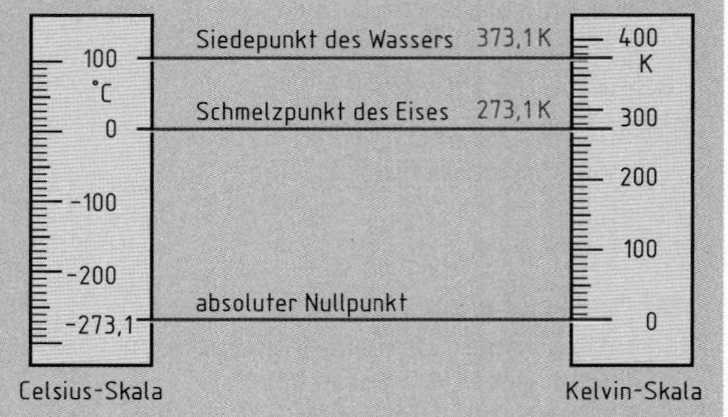

Längenänderung

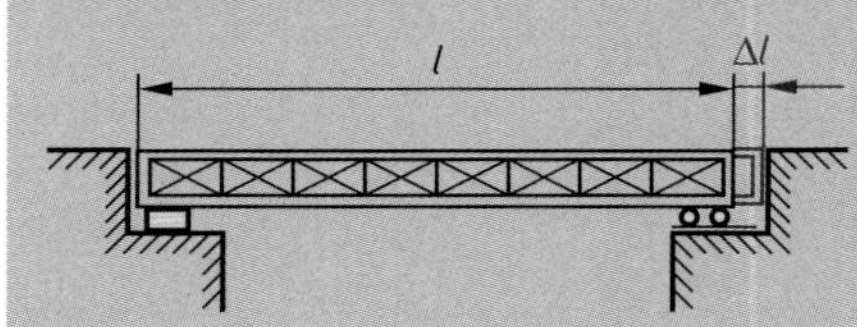

Wie alle Metalle, so dehnt sich auch die nebenstehend skizzierte Stahlbrücke bei Erwärmung aus. Die Längenänderung Δl ist dabei von der Temperaturänderung Δt, der Länge der Brücke l und dem verwendeten Werkstoff abhängig. Diese Werkstoffeigenschaft wird durch den Längenausdehnungskoeffizient α beschrieben und kann dem Tabellenbuch entnommen werden.
Es gilt:

$$\Delta l = \alpha \cdot l \cdot \Delta t$$

Bezeichnungen:

l die Länge
Δl die Längenänderung
t_1 die Anfangstemperatur
t_2 die Endtemperatur
Δt die Temperaturänderung (sprich: Delta t)
α der Längenausdehnungskoeffizient

Beispiel: Längenausdehnung einer Brücke

Eine Stahlbrücke von $l = 60$ m Länge ist im Sommer einer Temperatur von + 40 °C ausgesetzt. Im Winter ist mit Tiefsttemperaturen von – 40 °C zu rechnen.
Wie groß ist die Längenänderung?

Lösung: $\Delta l = \alpha \cdot l \cdot (t_2 - t_1) = 0{,}000\,012\,\frac{1}{K} \cdot 60\ m \cdot [+40\ °C - (-40\ °C)] = \frac{0{,}000012 \cdot 60\ m \cdot 80\ K}{K} = \underline{0{,}0576\ m} \approx \underline{\underline{5{,}8\ cm}}$

Volumenänderung (Raumausdehnung)

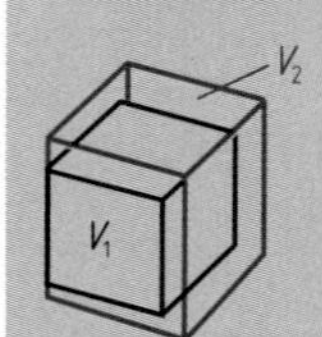

Körper dehnen sich nach allen Richtungen aus. Bei Flüssigkeiten gibt der Raumausdehnungskoeffizient α_V an, um das Wievielfache sich ein Körper bei einer Erwärmung um 1 Kelvin (K) ausdehnt.

Bei festen Stoffen gilt: $\alpha_V \approx 3 \cdot \alpha$

Bezeichnungen:

α_V der Ausdehnungskoeffizient für Volumen
V das Ausgangsvolumen
ΔV die Volumenänderung

$$\Delta V = \alpha_V \cdot V \cdot \Delta t$$

Beispiel: Benzintank

Ein Benzintank mit 60 l Inhalt wird randvoll aufgetankt. Aus dem Erdtank kommt das Benzin mit einer Temperatur von 8 °C. Auf einem sonnigen Parkplatz erwärmt sich das Fahrzeug auf 48 °C. Der Raumausdehnungskoeffizient für Benzin ist $\alpha_V = 0{,}0011\ \frac{1}{K}$. Welche Benzinmenge läuft aus?

Lösung: $\Delta V = \alpha_V \cdot V \cdot \Delta t = 0{,}0011\ \frac{1}{K} \cdot 60\ l \cdot 40\ K = \underline{\underline{2{,}64\ l}}$

15.1 Wälzlagereinbau

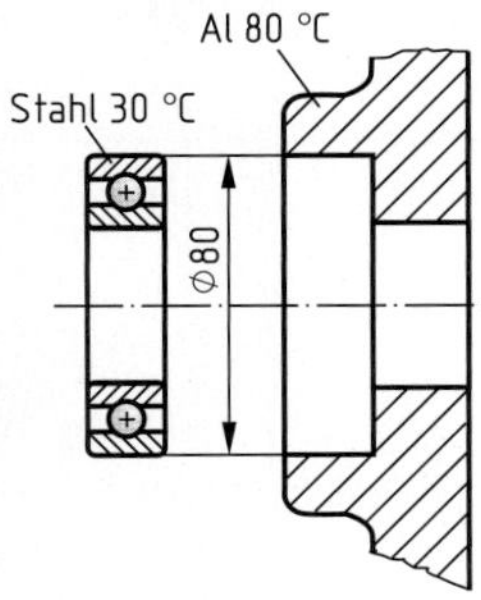

Das Aluminiumgehäuse wird auf 80 °C erwärmt.

Gesucht:
das Einbauspiel in mm

Der Wert von α ist dem Tabellenbuch zu entnehmen.

15.2 Faustregel beim Messen

1 K Temperaturunterschied ergibt bei 100 mm Länge 1 µm Ausdehnung bei unlegiertem Stahl.

Gesucht:
a) die genaue Länge der Ausdehnung
b) Stellen Sie eine ähnliche Faustregel für Aluminium auf. Dabei ist α dem Tabellenbuch zu entnehmen.

15.3 Kolbenbolzen einbauen

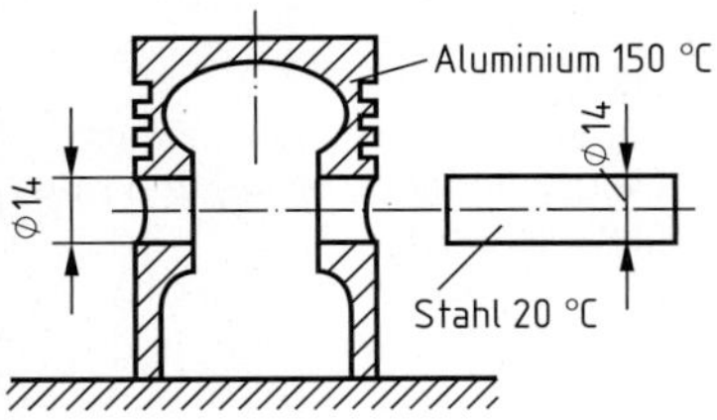

Bolzen und Bohrung haben bei 20 °C das Maß 14,00 mm. Der Kolben wird auf einer Heizplatte auf 150 °C erwärmt.

Gesucht:
das Spiel in µm beim Einbau

15.4 Gehäuse aus Gusseisen

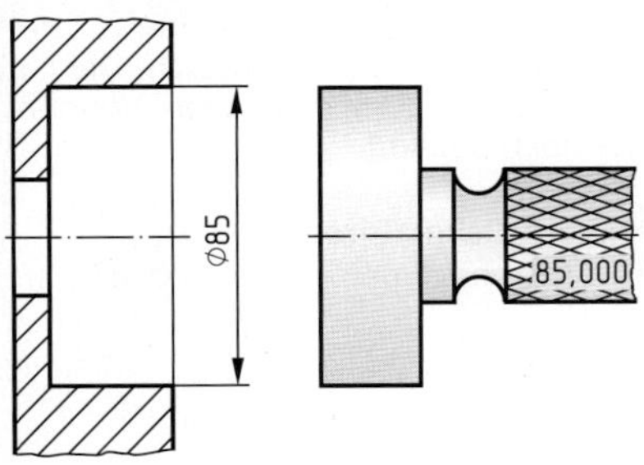

Durch die Bearbeitung hat sich das Gehäuse auf 75 °C erwärmt. Ein Normallehrdorn von 85,000 lässt sich gerade noch einführen.

Gesucht:
das tatsächliche Maß der Bohrung bei 20 °C
Werkstoff:
EN-GJL-200

15.5 Handwärme

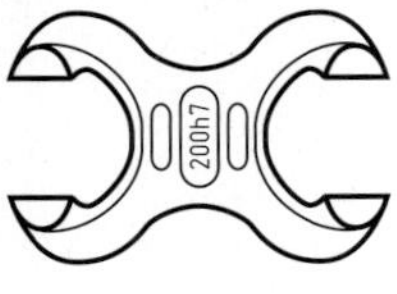

Statt der vorgeschriebenen Temperatur von 20 °C hat eine Grenzrachenlehre von 200,00 mm eine Temperatur von 35 °C.

Gesucht:
der Messfehler in µm

15.6 Drehen zwischen Spitzen

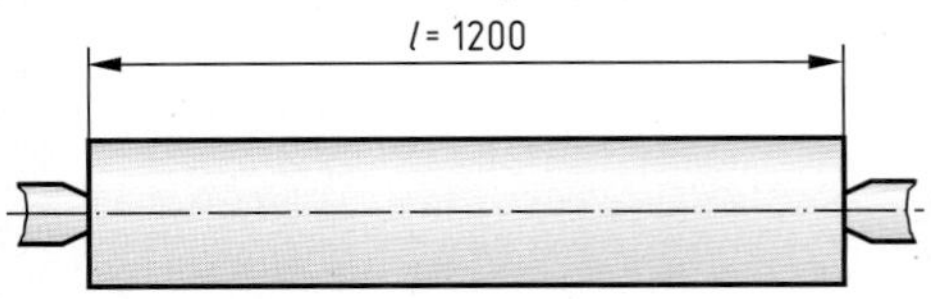

Die bei der Zerspanung auftretende Wärme erwärmt die unlegierte Stahlwelle auf 65 °C.

Gesucht: die Wärmeausdehnung in mm gegenüber einer Raumtemperatur von 20 °C

15.7 Heißwasserpumpe: kalt 20 °C; Werkstoff: Gusseisen

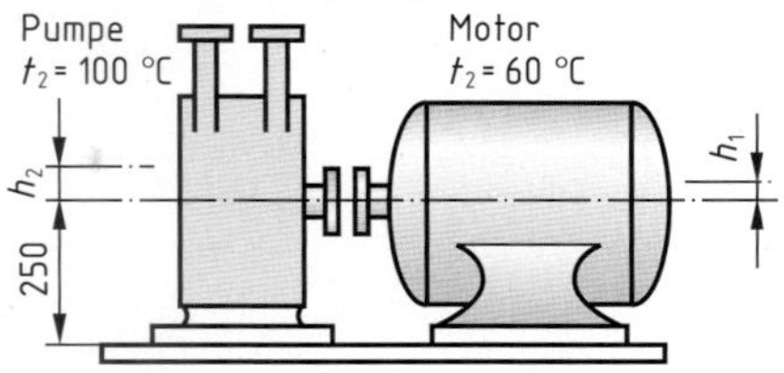

Betriebstemp.:
der Motor 60 °C
die Pumpe 100 °C

Gesucht:
a) die Wärmeausdehnung h_1 und h_2
b) der Höhenunterschied, den die Kupplung ausgleichen muss

15.8 Trocknungsanlage

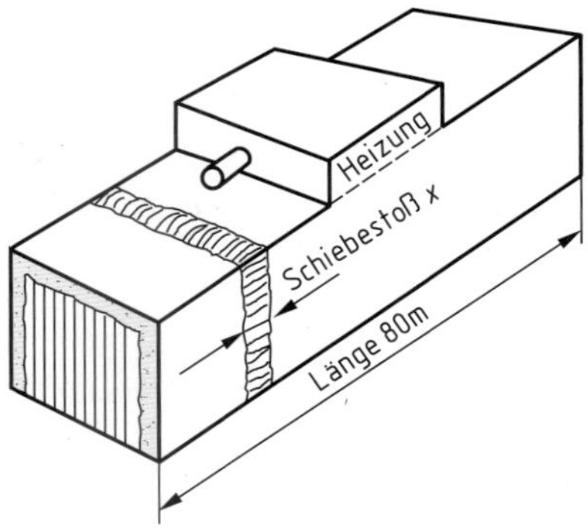

Ein Lacktrocknungskanal für Pkw-Karosserien wird aus Stahlblech hergestellt (Wärmeausdehnungszahl = $0{,}000012\ \frac{1}{K}$).

die Grenztemperaturen:
im Winter an arbeitsfreien Feiertagen:
– 20 °C
die maximale Innentemperatur: + 150 °C

Welche Längenänderung x muss der Schiebestoß auffangen können?

15.9 Dehnungsausgleicher einer Heizwasserleitung (Kompensator)

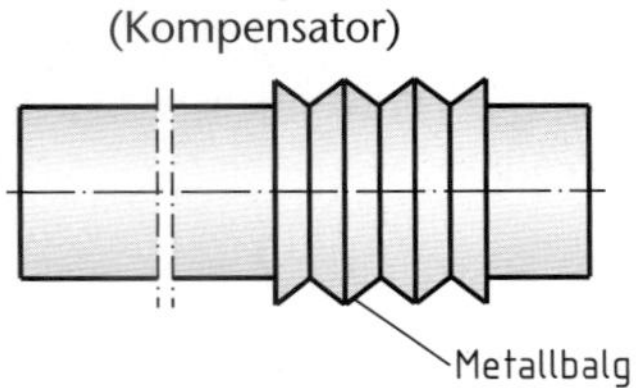

der Dehnungsausgleich des Metallbalges: 80 mm
der Temperaturbereich: von – 10 °C bis 130 °C

Gesucht:
die maximal zulässige Länge des Stahlrohres, für die der Metallbalg ausreicht (unlegierter Stahl)

15.10 In einem Druckspeicher

werden 100 l Wasser von + 6 °C auf 100 °C erwärmt. Die mittlere Raumausdehnungszahl von Wasser ist:

$\alpha_V = 0{,}00018\frac{1}{K}$

Welche Wassermenge tritt bei einer vollen Kaltwasserfüllung aus?

Schwinden bei Gusswerkstücken

Gussstücke schwinden bei der Abkühlung auf Raumtemperatur. Das Schwinden wird in % angegeben.
Die Modelllänge ist stets 100%.

$$l_1 = \frac{l \cdot 100\ \%}{100\ \% - S}$$

Bezeichnungen:
S das Schwindmaß in %
l die Werkstücklänge
l_1 die Modelllänge
Δl Längenänderung

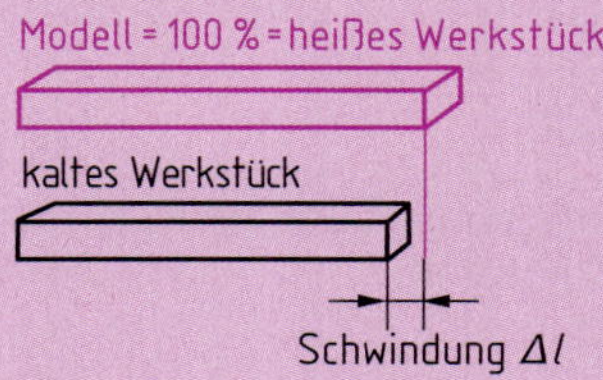

Schwindmaße	
Aluminium (EN AC-AlSi12)	1,2 %
Gusseisen (EN-GJL-200)	1 %
Stahlguss (GE200)	2 %

Beispiel: Werkstück aus Gusseisen

Länge l = 280 mm, Durchmesser d = 120 mm
Wie groß sind die Modellmaße?

Lösung mit Formel:

$$l_1 = \frac{280\ \text{mm} \cdot 100\ \%}{100\ \% - 1\ \%} = \underline{\underline{282{,}83\ \text{mm}}}$$

$$d_1 = \frac{120\ \text{mm} \cdot 100\ \%}{100\ \% - 1\ \%} = \underline{\underline{121{,}21\ \text{mm}}}$$

Lösung mit Dreisatz:
Das Modell ist 100 %. Das erkaltete Gussstück ist 100 % – 1 % = 99 %.

l_1: 99 % sind 280 mm
100 % sind ? mm

99 % sind
1 % ist
100 % sind

$$\frac{280\ \text{mm} \cdot 100}{99} = \underline{\underline{\mathbf{282{,}83\ mm}}}$$

d_1: 99 % sind 280 mm
100 % sind ? mm

99 % sind
1 % ist
100 % sind

$$\frac{120\ \text{mm} \cdot 100}{99} = \underline{\underline{\mathbf{121{,}21\ mm}}}$$

15.11 Werkstück aus EN-GJL-200

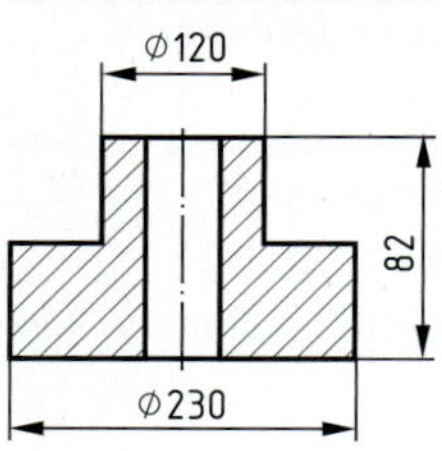

das Schwindmaß: im Tabellenbuch

Gesucht:
die Modellmaße für das in nebenstehender Skizze dargestellte Werkstück

15.12 Gegossene Büchse

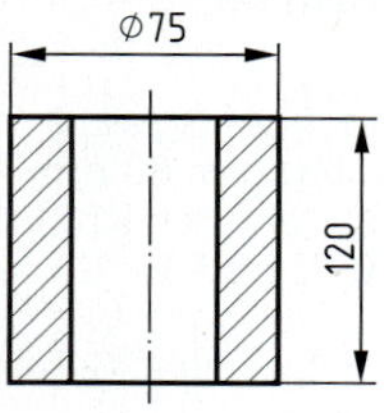

Gesucht:
die Modellmaße für die in der Skizze des fertigen Werkstückes dargestellten Maße

Werkstoff: GE200

15.13 Modell in blauer Farbe

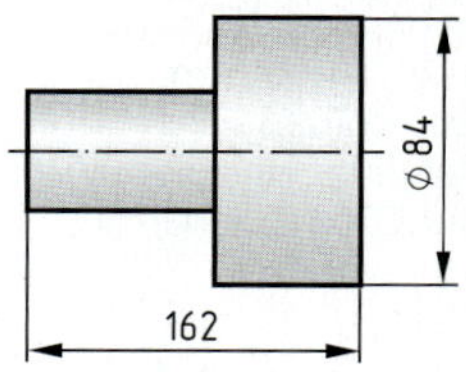

Gesucht:
a) der Werkstoff, mit dem dieses Modell abgegossen werden muss (Tabellenbuch)
b) die Hauptmaße des Werkstückes

15.14 Modellkontrolle

Bei der Kontrolle des Gießmodells einer Ziehmatrize aus EN-GJS-400-18 wird die Länge mit 2613 mm gemessen. Die Breite der fertigen Ziehmatrize soll 1315 mm betragen. Vor dem Einsatz wird die Ziehmatrize noch geglüht.

a) Berechnen Sie die Länge der Ziehmatrize.
b) Welche Breite muss am Gießmodell gemessen werden?

Wärmemenge bei Temperaturänderung

Wärmemenge (Kurzform: Wärme) ist Energie. Die Einheit ist das Joule (sprich: dschul).[1]

1 J	=	1 N · m	=	1 W · s

Wärmemenge beim Erwärmen und Abkühlen

Jeder Stoff nimmt bei Erwärmung eine bestimmte Wärmemenge auf. Diese Stoffeigenschaft wird durch die spezifische Wärmekapazität c beschrieben.

Bezeichnungen:

- Q die Wärmemenge
- m die Masse
- ΔT die Temperaturänderung
- c die spezifische Wärmekapazität

Stoffwert: Die **spezifische Wärmekapazität** von Wasser ist $c = 4{,}18\ \frac{\text{kJ}}{\text{kg K}}$;

d. h. um 1 kg Wasser um 1 K (1 °C) zu erwärmen, ist eine Wärmemenge von 4,18 kJ notwendig.

Die erforderliche Wärmemenge ist:

Wärmemenge = spezifische Wärmekapazität × Masse × Temperaturänderung $Q = c \cdot m \cdot \Delta T$

Erwärmung von 20 °C auf 100 °C

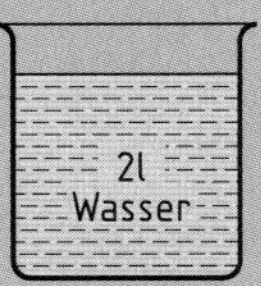

Beispiel: Erwärmung von Wasser

Eine Wassermenge von 2 l (siehe Skizze) soll von 20 °C auf 100 °C erwärmt werden.
Beachten Sie: 2 l Wasser sind 2 kg Masse.
Wie groß muss die zugeführte Wärme sein?

Lösung: $\Delta T = T_2 - T_1 = 100\ °\text{C} - 20\ °\text{C} = \underline{80\ \text{K}}$

$Q = c \cdot \text{m} \cdot \Delta T = 4{,}18\ \frac{\text{kJ}}{\text{kg} \cdot \text{K}} \cdot 2\ \text{kg} \cdot 80\ \text{K} = \underline{\underline{\mathbf{668{,}8\ kJ}}}$

Schmelzwärme

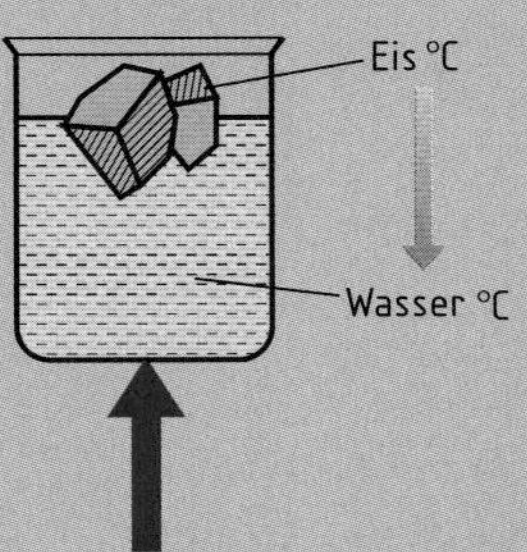

Stoffwert:
Die **spezifische Schmelzwärme** q ist die Wärmemenge, die notwendig ist, um 1 kg eines Stoffes bei seiner Schmelztemperatur vom festen in den flüssigen Zustand zu überführen.

Bezeichnungen:

- Q die Schmelzwärme
- q die spezifische Schmelzwärme

Schmelzwärme = spezifische Schmelzwärme × Masse $Q = q \cdot m$

Beispiel: 2 kg Eis schmelzen

Eis von 0 °C ist in Wasser von 0 °C zu überführen.
Welche Wärmemenge ist erforderlich, wenn die spezifische Schmelzwärme von Wasser $q = 332\ \frac{\text{kJ}}{\text{kg}}$ beträgt?

Lösung: $Q = q \cdot m = 332\ \frac{\text{kJ}}{\text{kg}} \cdot 2\ \text{kg}$

$= \underline{\underline{\mathbf{664\ kJ}}}$

Verbrennungswärme (Heizwert)

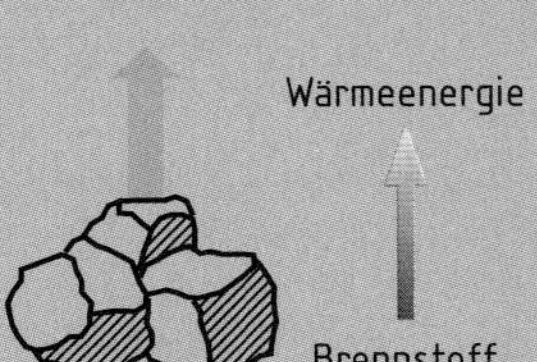

Stoffwert:
Der **spezifische Heizwert** H ist die Wärmemenge, die bei vollständiger Verbrennung von 1 kg bzw. 1 m³ eines Brennstoffes abgegeben wird.

Bezeichnungen:

- Q die Verbrennungswärme
- H der Heizwert (Brennwert)
- V das Volumen gasförmiger Brennstoffe
- m die Masse von festen oder flüssigen Brennstoffen

Verbrennungswärme = spezifischer Heizwert × Masse (bzw. Volumen)

Feste und flüssige Stoffe: $Q = H \cdot m$ **Gase:** $Q = H \cdot V$

Heizwerte (H) verschiedener Brennstoffe	
Braunkohle	$18\ \frac{\text{MJ}}{\text{kg}}$
Steinkohle	$32\ \frac{\text{MJ}}{\text{kg}}$
Heizöl	$42\ \frac{\text{MJ}}{\text{kg}}$
Benzin (normal)	$43\ \frac{\text{MJ}}{\text{kg}}$
Erdgas	$35\ \frac{\text{MJ}}{\text{m}^3}$

Beispiel: Wie viel Verbrennungswärme in kW · h könnte man aus 1 Liter Normalbenzin erhalten?

Dichte von Benzin: $\varrho = 0{,}75\ \frac{\text{kg}}{\text{dm}^3}$

Lösung: $m = V \cdot \varrho = 1\ \text{dm}^3 \cdot 0{,}75\ \frac{\text{kg}}{\text{dm}^3} = \underline{0{,}75\ \text{kg}}$

$Q = H \cdot m = 43\ \frac{\text{MJ}}{\text{kg}} \cdot 0{,}75\ \text{kg} = \underline{32{,}25\ \text{MJ}} = \underline{\underline{\mathbf{9{,}375\ kW \cdot h}}}$

[1] Joule, engl. Physiker (1818–1889)

15.15 Kunststoff im Wärmebad verformen

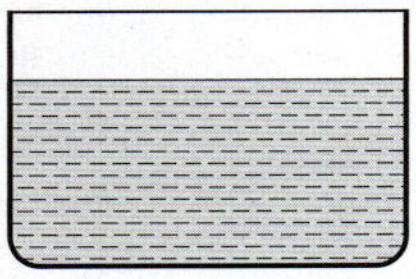

Es sollen 60 l Leitungswasser von 10 °C auf 90 °C erwärmt werden.

Gesucht:
a) die notwendige Wärmemenge
b) der Verbrauch an Erdgas

Verluste an Strahlung usw. werden nicht berücksichtigt.

15.16 Ein Druckspeicher

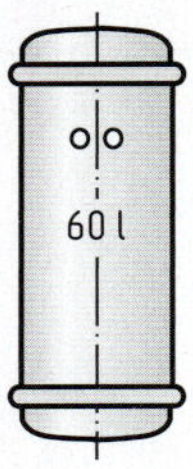

erwärmt 60 l Wasser von 8 auf 80 °C.

Gesucht:
a) die notwendige Wärmemenge, um das Wasser zu erwärmen
b) die notwendige Wärmemenge, wenn 3 kg unlegierter Stahl mit zu erwärmen sind

15.17 Wasserkühlung eines Verbrennungsmotors

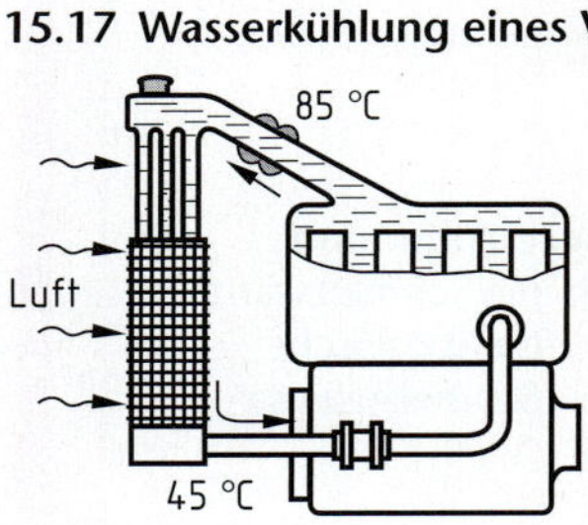

Die Kühlwassermenge von 15 l soll 151,2 MJ Wärme pro Stunde abführen.

Gesucht:
a) Wie viele l Kühlwasser sind durch den Kühler zu pumpen?
b) Wievielmal in der Stunde ist das Kühlwasser umzuwälzen?

15.18 Welche Energie ist preiswerter?

	Elektrische Energie	Steinkohle	Heizöl	Erdgas
Kosten je Einheit	$0{,}308\ \frac{€}{\text{kW}\cdot\text{h}}$	$0{,}538\ \frac{€}{\text{kg}}$	$0{,}781\ \frac{€}{\text{l}}$	$0{,}615\ \frac{€}{\text{m}^3}$
Heizwert		9,1 kW · h je kg	11,1 kW · h je Liter	10,5 kW · h je m^3

a) Wie viel kostet jeweils eine Kilowattstunde?
b) Wie viele kWh erhält man jeweils für 1,– €?

15.19 Elektrische Energie oder Heizöl?

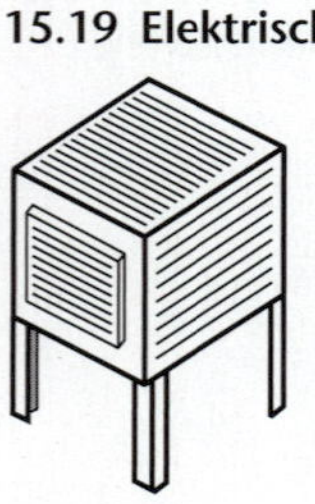

In einem Muffelofen sollen 20 kg Werkstücke aus unlegiertem Stahl von 20 °C auf 920 °C erwärmt werden.
Es ist anzunehmen, dass im Ofen 80 kg Stahl mit auf diese Temperatur erwärmt werden müssen.
Die spezifische Wärmekapazität *c* ist dem Tabellenbuch zu entnehmen.

a) Welche Wärmemenge wird benötigt?
b) Heizöl kostet $0{,}64\ \frac{€}{\text{kg}}$ bei einem Heizwert von $42\ \frac{\text{MJ}}{\text{kg}}$. Elektrische Energie kostet $0{,}31\ \frac{€}{\text{kW}\cdot\text{h}}$.

Was kostet die notwendige Energie aus den verschiedenen Energieträgern?

15.20 Sonnenenergie zur Warmwasserbereitung

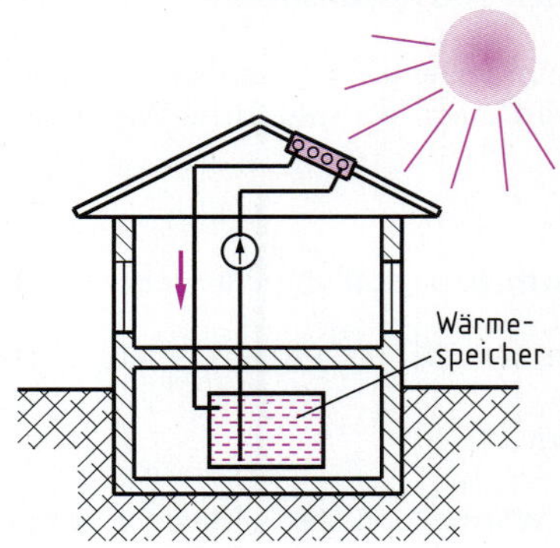

die Wärmeeinstrahlung: ca. $1000\ \frac{\text{W}}{\text{m}^2}$ (wolkenloser Himmel, senkrecht) auf einer Fläche von 4 m × 1,5 m

Gesucht:
a) die Energieaufnahme in 4 Stunden
b) die Temperaturerhöhung, wenn der Wärmespeicher 300 l Wasser fasst

15.21 Laser – ein thermisches Werkzeug zum Schmelzschneiden von Stahl

($\varrho = 7{,}9$ g/cm³)

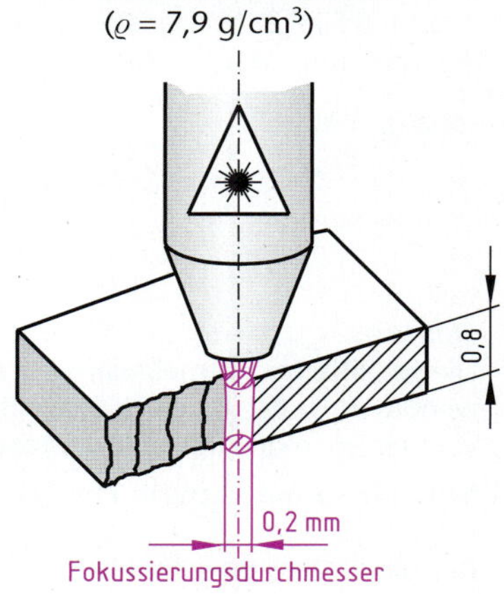

die Laserleistung: 50 Watt
die spezifische Wärmekapazität (Stahl):
$c = 0{,}49\ \frac{\text{kJ}}{\text{kg}\cdot\text{K}}$
die spezifische Schmelzwärme:
$q = 205\ \frac{\text{kJ}}{\text{kg}}$

Gesucht:
a) das Volumen des Schmelzwerkstoffes im Laserstrahl
b) die Wärmemenge zur Erwärmung um 1500 K und Schmelzen von 1 cm³ Stahl
c) die erforderliche Erwärmungszeit in Millisekunden unter Vernachlässigung von Abstrahlung und Wärmeleitung.

15.22 Laserbeschriftung mit Masken

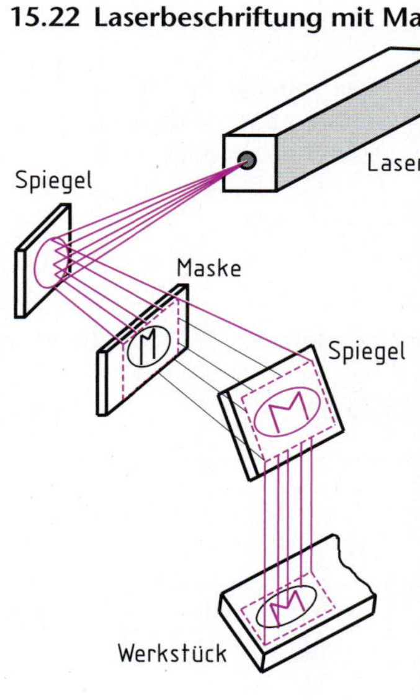

der Werkstoff: Aluminium
$\varrho = 2{,}7\ \frac{\text{g}}{\text{cm}^3}$
die spez. Wärmekapazität
$c = 0{,}94\ \frac{\text{kJ}}{\text{kg}\cdot\text{K}}$
die spez. Schmelzwärme
$q = 356\ \frac{\text{kJ}}{\text{kg}}$
die Verdampfungswärme
$r = 11721\ \frac{\text{kJ}}{\text{kg}}$

Gesucht:
a) das Volumen des Maskenfeldes auf dem Werkstück bei 10 mm × 20 mm und 0,01 mm Tiefe
b) die Wärmemenge pro cm³ für:
   1. die Erwärmung um 2400 K (Siedepunkt Al: 2270 °C)
   2. das Schmelzen
   3. das Verdampfen
c) die erforderliche theoretische Laserleistung bei 100 ms Belichtungszeit

16 Bewegungslehre

Im Maschinenbau sind sehr viele Bewegungsvorgänge zu berechnen. Man unterscheidet **geradlinige** Bewegungen, z. B. beim Hobeln, Stoßen, Sägen usw., und **kreisförmige** Bewegungen, z. B. beim Drehen, Fräsen, Schleifen usw. Ein Maß dieser Bewegungen ist die **Geschwindigkeit**. Man versteht darunter den in der Zeiteinheit zurückgelegten Weg.

Gleichförmige geradlinige Bewegung

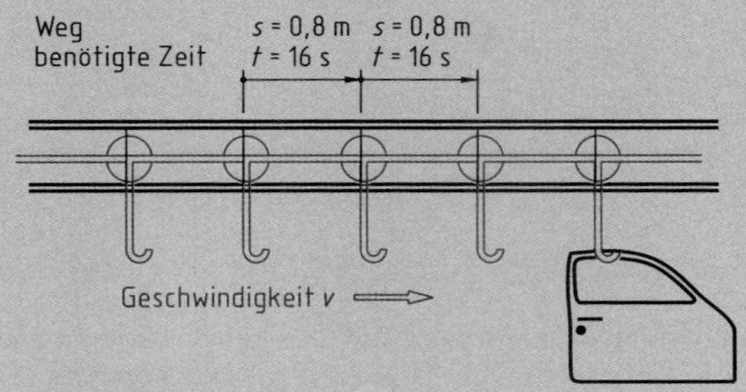

Auf einer Förderstrecke werden Werkstücke einer Lackieranlage zugeführt. In gleichen Zeiten legen die Werkstücke jeweils den gleichen Weg zurück. Es handelt sich um eine gleichförmig geradlinige Bewegung.

Bezeichnungen:

s der Weg
t die Zeit
v die Geschwindigkeit

$$\text{Geschwindigkeit} = \frac{\text{Weg}}{\text{Zeit}} \qquad v = \frac{s}{t}$$

Beispiel: Förderstrecke

Es ist die Geschwindigkeit der oben abgebildeten Transportanlage zu berechnen.

Lösung: $v = \frac{s}{t} = \frac{800\ \text{mm}}{16\ \text{s}} = 50\ \frac{\text{mm}}{\text{s}} = 3\ \frac{\text{m}}{\text{min}}$

Gleichförmige kreisförmige Bewegung

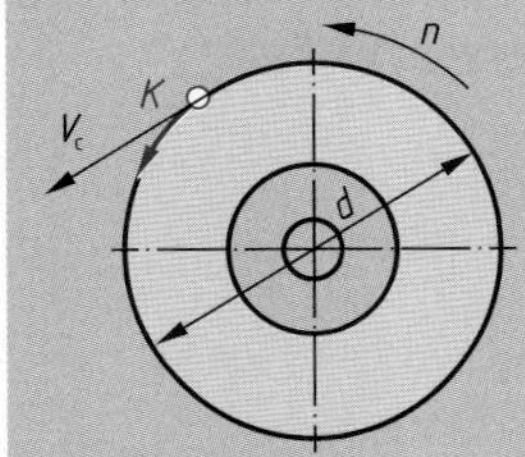

Bezeichnungen:

v die Umfangsgeschwindigkeit
v_c die Schnittgeschwindigkeit (v für Geschwindigkeit und c für cut (engl. schneiden))
d der Durchmesser
n die Umdrehungsfrequenz (Drehzahl je Zeiteinheit)

Jedes Korn der Schleifscheibe bewegt sich auf dem Umfang eines Kreises.
Die Geschwindigkeit des Korns K heißt deshalb **Umfangsgeschwindigkeit**.

Weg des Korns K bei einer Umdrehung $= \pi \cdot d$
Weg des Korns K bei zwei Umdrehungen $= \pi \cdot d \cdot 2$
Weg des Korns K bei n Umdrehungen $= \pi \cdot d \cdot n$
Wenn n die Zahl der Umdrehungen je Zeiteinheit ($\frac{1}{\text{min}}$ oder $\frac{1}{\text{s}}$) ist, so gilt für die Umfangsgeschwindigkeit:

$$v = \pi \cdot d \cdot n$$

Werden bei kreisförmigen Bewegungen Späne abgehoben, spricht man von **Schnittgeschwindigkeit**. Beim Drehen, Fräsen und Bohren wird die Schnittgeschwindigkeit in $\frac{\text{m}}{\text{min}}$, beim Schleifen in $\frac{\text{m}}{\text{s}}$ angegeben.

Beispiel: Schleifen

Eine Schleifscheibe mit dem Durchmesser d = 300 mm dreht sich mit der Drehzahl (Umdrehungsfrequenz) von $n = 1400\ \frac{1}{\text{min}}$. Welche Schnittgeschwindigkeit v_c in $\frac{\text{m}}{\text{s}}$ ergibt sich?

Lösung: $v_c = \pi \cdot d \cdot n = \frac{300\ \text{mm} \cdot \pi \cdot 1400}{\text{min}} = \frac{300\ \text{mm} \cdot \pi \cdot 1400}{1000 \cdot 60\ \text{s}} = \frac{42 \cdot \pi \cdot \text{m}}{1 \cdot 6\ \text{s}} = 7 \cdot \pi \frac{\text{m}}{\text{s}} = 21{,}99\ \frac{\text{m}}{\text{s}}$

Vorschubgeschwindigkeit

Drehen | **Fräsen** | **Spindelantrieb**

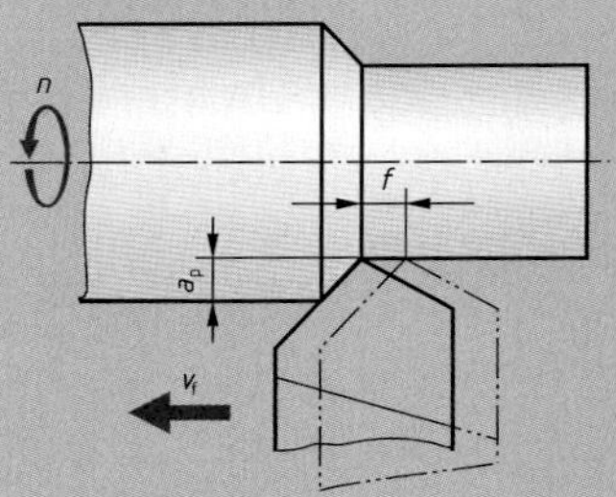

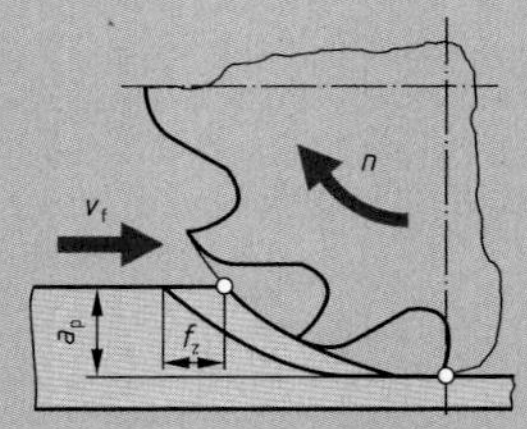

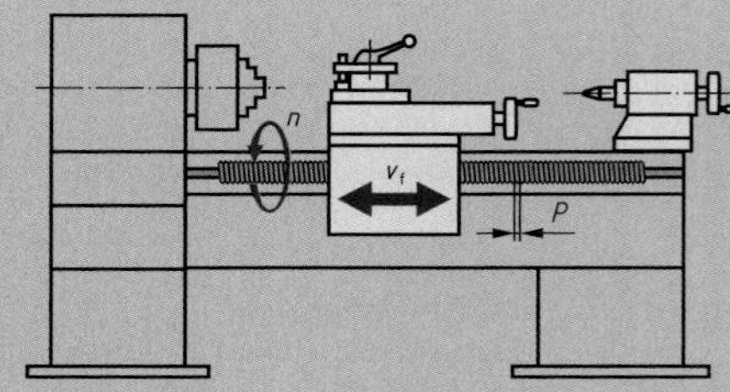

Bezeichnungen:

v_f	die Vorschubgeschwindigkeit	f_z	der Vorschub je Schneide	n	die Drehfrequenz
f	der Vorschub je Umdrehung	z	die Anzahl der Schneiden	P	die Steigung

$v_f = n \cdot f$ $\qquad$ $v_f = n \cdot f_z \cdot z$ $\qquad$ $v_f = n \cdot P$

Die wenigsten geradlinigen Bewegungen verlaufen gleichförmig. So ist z. B. die Bewegung eines Personenaufzuges ungleichförmig. Die aus (dem Quotienten) Weg : Zeit errechnete Geschwindigkeit bezeichnet man deshalb als **Durchschnittsgeschwindigkeit**.

Mittlere Geschwindigkeit beim Kurbeltrieb

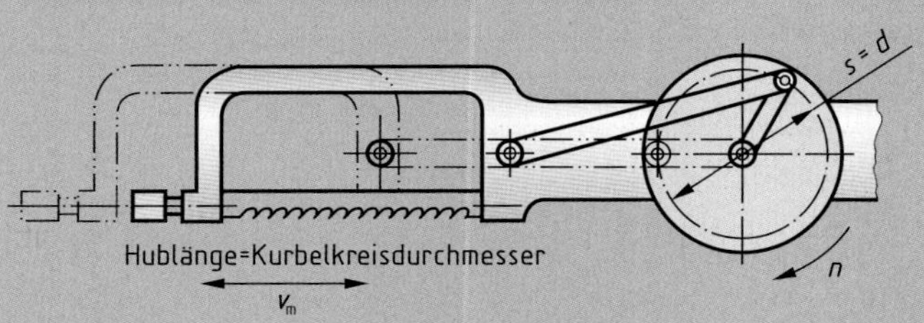

Bezeichnungen:

v_m	die mittlere Geschwindigkeit
$s = d$	die Hublänge = der Kurbelkreisdurchmesser
n	die Umdrehungen je Einheit = die Zahl der Doppelhübe je Zeiteinheit

Beim Kurbeltrieb werden kreisförmige Bewegungen in geradlinige verwandelt, z. B. Kolbenmotor, Hubsäge, Exzenterpresse. Die geradlinige Bewegung ist ungleichförmig, weil nach jedem Hub die Geschwindigkeit auf Null gebracht wird. Deshalb rechnet man mit der **mittleren Geschwindigkeit**.

Bei einer Umdrehung der Kurbel führt das Sägeblatt 2 Hübe durch, einen Arbeitshub und einen Rückhub. Bei n Umdrehungen je Zeiteinheit ergibt sich:

mittlere Geschwindigkeit $v_m = 2 \cdot s \cdot n$

Beispiel: Hubsäge

Die Hublänge einer Hubsäge beträgt $s = 150$ mm. Wie groß ist die mittlere Geschwindigkeit in $\frac{m}{min}$, wenn die Säge 60 Doppelhübe je Minute macht?

Lösung: $v_m = 2 \cdot s \cdot n = \frac{2 \cdot 150\,m \cdot 60}{1\,000\,min} = \frac{2 \cdot 15 \cdot 6\,m}{10\,min} = 18\,\frac{m}{min}$

► Gleichmäßig beschleunigte (oder verzögerte) Bewegung

Beim Anfahren eines Autos nimmt die Geschwindigkeit in jeder Sekunde zu. Ist die Zunahme in jeder Sekunde gleich groß, spricht man von gleichmäßig beschleunigter Bewegung. Bei Abnahme der Geschwindigkeit spricht man von verzögerter Bewegung (Bremsen).

Bezeichnungen:

v_1	die Anfangsgeschwindigkeit
v_2	die Endgeschwindigkeit
v_m	die mittlere Geschwindigkeit
Δv	die Geschwindigkeitsänderung
a	die Beschleunigung
t	die Zeit
s	der Weg

$$\text{Beschleunigung} = \frac{\text{Geschwindigkeitsänderung}}{\text{Zeit}}$$

$$a = \frac{\Delta v}{t} \qquad \text{in } \frac{\frac{m}{s}}{s} \quad \text{in } \frac{m}{s^2}$$

$$\Delta v = v_2 - v_1$$

Bei einer Anfangsgeschwindigkeit $v_1 = 0$ ist: $\quad v_2 = a \cdot t$

Erfolgt die Beschleunigung aus der Bewegung heraus, so ist: $\quad v_2 = v_1 + a \cdot t$

Die mittlere Geschwindigkeit ist dann $v_m = \frac{v_1 + v_2}{2} = \frac{v_1 + v_1 + a \cdot t}{2}$: $\quad v_m = v_1 + \frac{a \cdot t}{2}$

Bei mittlerer Geschwindigkeit gilt $v_m = \frac{s}{t}$ also $s = v_m \cdot t$: $\quad s = v_1 \cdot t + \frac{a \cdot t^2}{2}$

Bei einer Anfangsgeschwindigkeit $v_1 = 0$ ist der Weg: $\quad s = \frac{a \cdot t^2}{2}$ oder $s = \frac{v_2 \cdot t}{2}$

und die Endgeschwindigkeit: $\quad v_2 = \sqrt{2 \cdot a \cdot s}$

16.1 ICE Stuttgart – Mannheim

Ein ICE-Zug startet in Stuttgart um 10:51 Uhr und kommt in Mannheim um 11:30 Uhr an. Die Strecke ist 132 km lang.

a) Wie viele Minuten ist der Zug unterwegs?
b) Welche rechnerische Durchschnittsgeschwindigkeit in $\frac{km}{h}$ ergibt sich?

16.2 Weg in der Schrecksekunde

Welchen Weg in m legt ein Autofahrer in der so genannten Schrecksekunde zurück, wenn er mit folgenden Geschwindigkeiten fährt?

a) im Stadtverkehr: $50\ \frac{km}{h}$
b) auf der Landstraße: $90\ \frac{km}{h}$
c) auf der Autobahn: $130\ \frac{km}{h}$

16.3 Aufzug im Fernsehturm

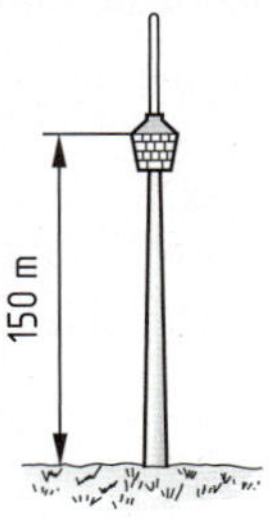

Die Durchschnittsgeschwindigkeit des Aufzuges im Fernsehturm beträgt $v = 7\ \frac{m}{s}$.

Berechnen Sie die Fahrzeit in s.

16.4 Motorschiff

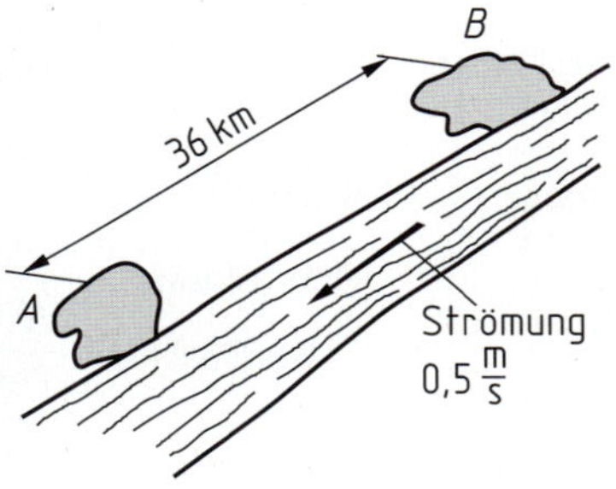

Die Eigengeschwindigkeit eines Motorschiffes beträgt $v = 9\ \frac{km}{h}$.

Berechnen Sie.

a) die Geschwindigkeit flussauf- und flussabwärts in $\frac{km}{h}$
b) die Fahrzeiten von *A* nach *B* und von *B* nach *A* in h

16.5 Genauigkeit des Tachometers

Für einen Autobahnkilometer braucht ein Pkw 34 Sekunden. Der Tachometer zeigt dabei $110\ \frac{km}{h}$ an.

Berechnen Sie.

a) die tatsächliche Geschwindigkeit in $\frac{km}{h}$
b) die Abweichung der Tachometerangabe von der tatsächlichen Geschwindigkeit in %

16.6 Videocassette

Ein Videoband läuft mit einer Geschwindigkeit von $v = 3\ \frac{cm}{s}$.

a) Wie viele Minuten Spieldauer hat ein 108 m langes Band?
b) Welche Bandlänge in m wird bei der Aufnahme einer Szene mit 210 s bespielt?

16.7 Portalkran

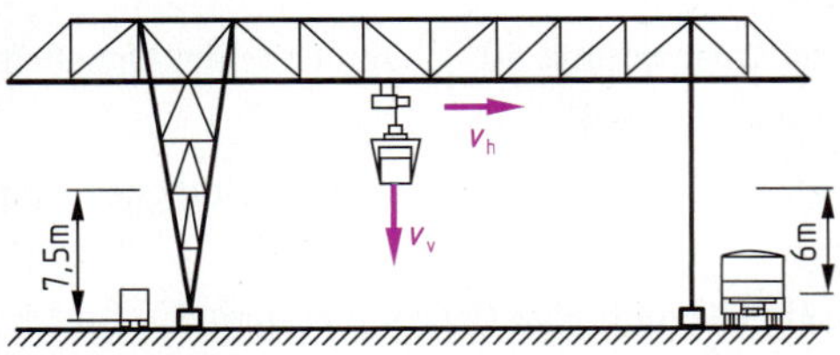

Ein Portalkran bewegt eine Last gleichzeitig mit einer horizontalen Geschwindigkeit $v_h = 20\ \frac{m}{min}$ und einer vertikalen Geschwindigkeit $v_v = 8\ \frac{m}{min}$.

a) Mit welcher Geschwindigkeit bewegt sich die Last?
b) Welchen Weg legt die Last in 20 s zurück?

16.8 Förderband

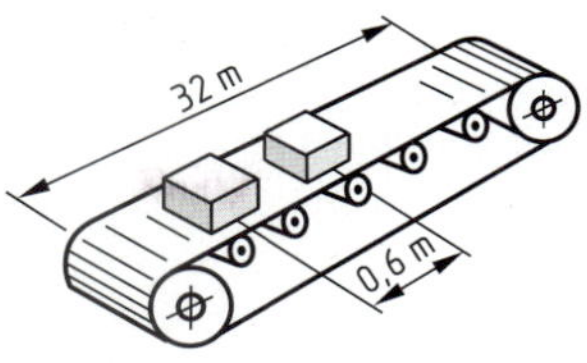

Eine Kiste wird auf dem Förderband in 40 s transportiert.

Berechnen Sie.

a) die Geschwindigkeit in $\frac{m}{min}$
b) die Zahl der Kisten pro Stunde, wenn im Abstand von 0,6 m eine Kiste ankommt

16.9 Mischanlage mit Förderband

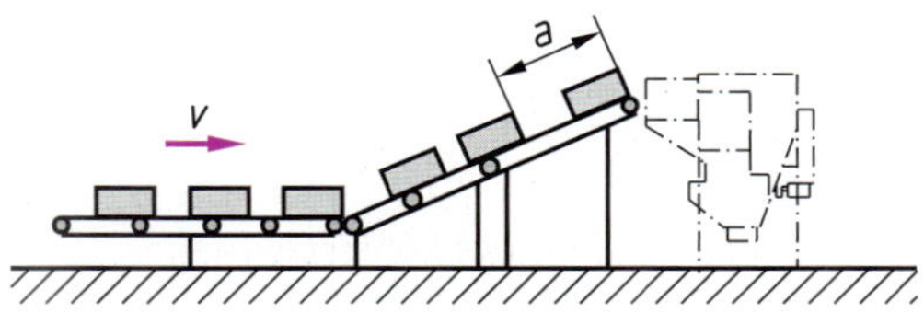

Einer Mischanlage soll im Abstand von 6 s ein Sack Mischgut zugeführt werden.

Berechnen Sie.

a) den Abstand *a* von Sack zu Sack, wenn die Bandgeschwindigkeit $v = 18\ \frac{m}{min}$ ist
b) die Zeit, die ein Sack unterwegs ist, wenn das Band eine Nutzlänge von 123 m hat

16.10 Vorschub beim Drehen

Bei einer Längsdreharbeit sind ein Vorschub von $f = 0{,}35$ mm und eine Drehzahl von $n = 795\ min^{-1}$ eingestellt.
Wie groß ist die Vorschubgeschwindigkeit des Drehmeißels?

16.11 Fräsvorgang

Der Tisch einer Fräsmaschine bewegt sich mit $140\ \frac{mm}{min}$.

a) Wie lange dauert der Fräsvorgang, wenn ein Fräsweg von 88 mm zurückzulegen ist?
b) Welche Drehzahl ist einzustellen, wenn mit einem Zweischneider (Langlochfräser) und einem Vorschub je Schneide von 0,1 mm gearbeitet werden soll?

16.12 Frästischvorschub

Der Tisch einer Universalfräsmaschine wird über eine Spindel mit dem Gewinde Tr 32 × 6 angetrieben. Welche Spindeldrehfrequenz ist notwendig, wenn eine Vorschubgeschwindigkeit $v_f = 220\ \frac{mm}{min}$ erreicht werden soll?

16.13 Sessellift

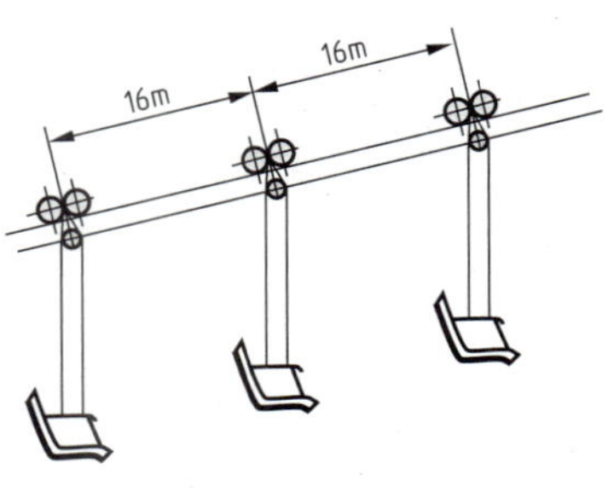

Die Fahrt von der Talstation bis zum Gipfel eines 1 800 m langen Sesselliftes dauert 12 Minuten.

a) Mit welcher Geschwindigkeit in $\frac{km}{h}$ bewegt sich das Zugseil?
b) Wie viele Personen können in einer Stunde befördert werden, wenn jeder Sessel mit 2 Personen besetzt ist?

16.14 Hochofenbeschickung

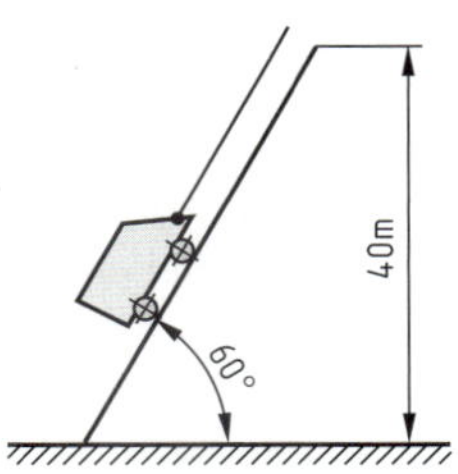

Gesucht:

a) der Weg des Aufzughundes von der Füllstation bis zur Gicht
b) die Fahrzeit in min und s, wenn das Seil mit einer Geschwindigkeit von $28\ \frac{m}{min}$ zieht

16.15 Riementrieb

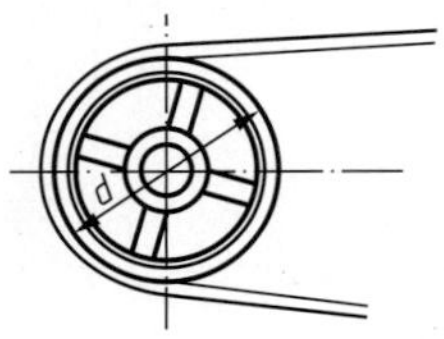

Um das Schlagen von Riemen zu vermeiden, soll die Geschwindigkeit höchstens 15 $\frac{m}{s}$ betragen.

Untersuchen Sie folgende Riementriebe hinsichtlich der Einhaltung der Maximalgeschwindigkeit:

	I	II
n	$1500\ \frac{1}{min}$	$800\ \frac{1}{min}$
d	150 mm	400 mm

16.16 Tieflochbohrung

Eine 350 mm tiefe Bohrung wird mit einem Tieflochbohrer ø 12 mm bei einer Schnittgeschwindigkeit von $v_c = 20\ \frac{m}{min}$ und einem Vorschub von $f = 0{,}15$ mm hergestellt.

Gesucht:

a) die Umdrehungsfrequenz des Bohrers in $\frac{1}{min}$

b) die Vorschubgeschwindigkeit in $\frac{mm}{min}$

c) die Zeit für den Bohrvorgang in min und s

16.17 Radialdichtringe

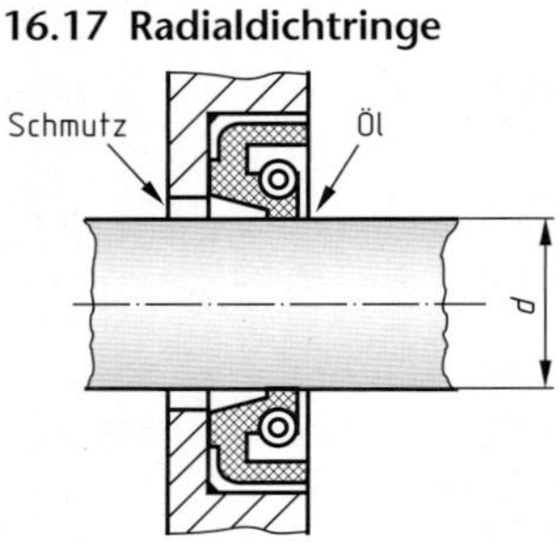

Für Wellendichtringe gilt: max. Umfangsgeschwindigkeit 4 $\frac{m}{s}$.

Berechnen Sie die höchste Umdrehungsfrequenz (Höchstdrehzahl) in $\frac{1}{min}$ für eine Welle von $d = 65$ mm.

16.18 Spanabhebende Werkzeuge

a) Spiralbohrer

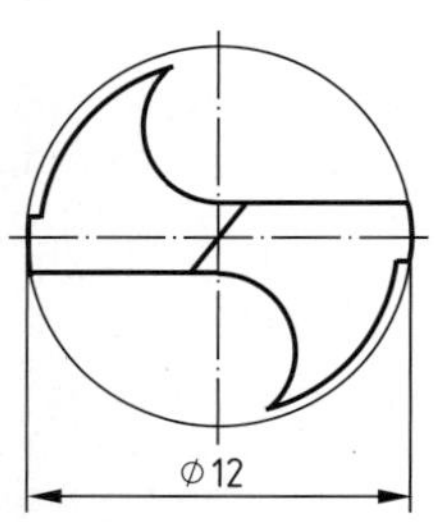

die Umdrehungsfrequenz (Drehzahl): $n = 800\ \frac{1}{min}$

Berechnen Sie die Schnittgeschwindigkeit in $\frac{m}{min}$.

b) Walzenfräser

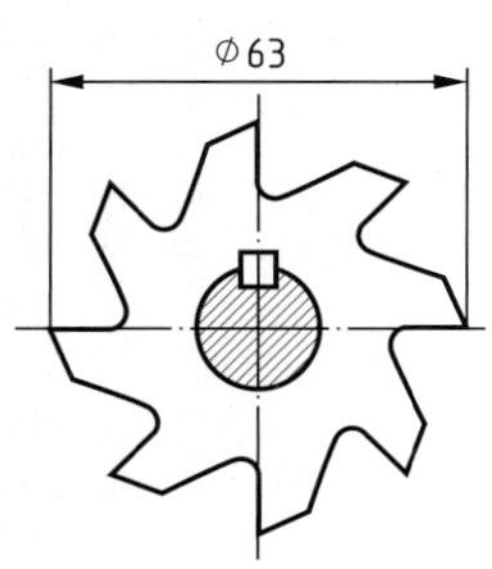

die Schnittgeschwindigkeit: $v_c = 30\ \frac{m}{min}$

Berechnen Sie die Umdrehungsfrequenz (Drehzahl) in $\frac{1}{min}$.

16.19 Umfangsgeschwindigkeit

Eine Schleifscheibe hat 240 mm Durchmesser. Die Schleifspindel läuft mit $n = 2800\ \frac{1}{min}$.

a) Wie groß ist die Umfangsgeschwindigkeit in $\frac{m}{s}$?

b) Wie ist die Umdrehungsfrequenz zu verändern, wenn die zulässige Umfangsgeschwindigkeit von 30 $\frac{m}{s}$ nicht überschritten werden darf?

16.20 Förderband

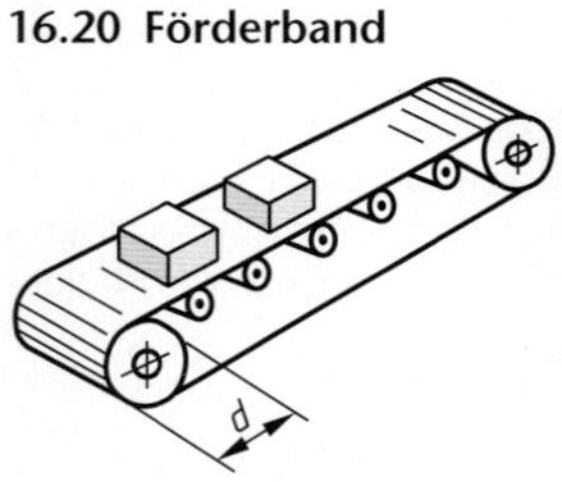

Wie groß muss der Walzendurchmesser des Förderbandes sein, wenn die Walze mit einer Umdrehungsfrequenz von 46,3 $\frac{1}{min}$ angetrieben wird und eine Fördergeschwindigkeit von $v = 0{,}4\ \frac{m}{s}$ erreicht werden soll?

16.21 Tellerschleifer

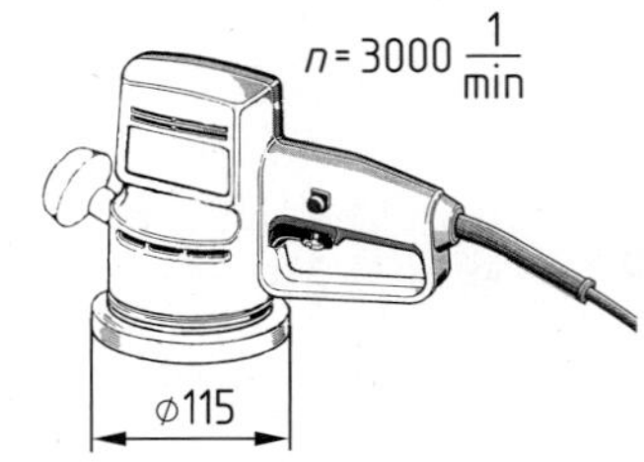

Berechnen Sie.

a) die Umfangsgeschwindigkeit der Schleifscheibe in $\frac{m}{s}$

b) die Höchstdrehzahl des Motors in $\frac{1}{min}$, wenn eine Schleifscheibe für $v_c = 80\ \frac{m}{s}$ verwendet wird

16.22 Seiltrommel

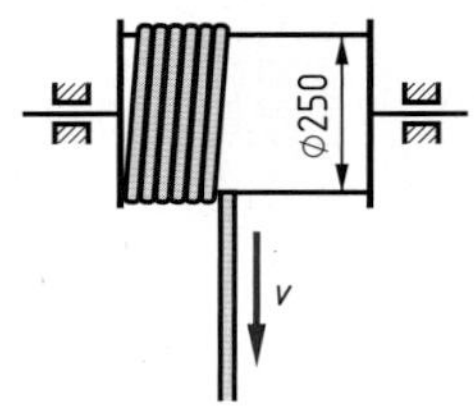

Eine Seiltrommel hat einen Durchmesser von 250 mm.

a) Wie groß muss die Umdrehungsfrequenz sein, wenn das Seil mit einer Geschwindigkeit von $v = 12\ \frac{m}{min}$ abgewickelt werden soll?

b) Mit welcher Geschwindigkeit in $\frac{m}{min}$ wird eine Last gehoben, wenn sich die Trommel mit $n = 18\ \frac{1}{min}$ dreht?

16.23 Hubsäge

Der Antrieb einer Hubsäge dreht mit $n = 80\ \frac{1}{min}$. Die Schnittgeschwindigkeit beträgt $v_m = 18\ \frac{m}{min}$.
Berechnen Sie den Sägenhub s in mm.

16.24 Verbrennungsmotoren

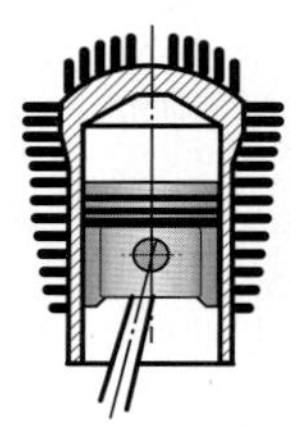

Die mittlere Kolbengeschwindigkeit ist eine wichtige Größe für die Abnutzung.

a) Sportwagen
Hub: 66 mm
Drehzahl: $7800\ \frac{1}{min}$

b) Moped
Sportmaschine
Hub: 40 mm
Drehzahl: $15000\ \frac{1}{min}$

Berechnen Sie jeweils die mittleren Kolbengeschwindigkeiten in $\frac{m}{s}$.

16.25 Ottomotor

Bei einem Ottomotor ist die höchste Kolbengeschwindigkeit $v_{max} \approx 1{,}6 \cdot v_m$. Wie groß darf die Drehzahl des Motors in $\frac{1}{min}$ höchstens werden, wenn $v_{max} = 1300\ \frac{m}{min}$ und der Hub s = 70 mm betragen?

16.26 E-Lokomotive

Eine E-Lokomotive beschleunigt beim Anfahren gleichmäßig mit $a = 0{,}65\ \frac{m}{s^2}$.

a) Wie lange dauert es, bis der Zug die Geschwindigkeit 90 $\frac{km}{h}$ erreicht hat?

b) Wie weit ist der Zug dann vom Anfahrort entfernt?

16.27 Pkw-Beschleunigung

Ein Auto fährt in der Ortschaft mit 50 $\frac{km}{h}$. Am Ende der Ortschaft beschleunigt der Fahrer mit 2 $\frac{m}{s^2}$.

a) Nach welcher Zeit hat das Auto eine Geschwindigkeit von 100 $\frac{km}{h}$?

b) Wie weit ist dann das Auto vom Ortsrand entfernt?

16.28 Hobelmaschine

Eine Hobelmaschine arbeitet mit einer Schnittgeschwindigkeit $v_2 = 40\ \frac{m}{min}$.

a) Welchen Überlaufweg braucht die Maschine, wenn der Tisch mit $a = 0{,}6\ \frac{m}{s^2}$ abgebremst wird?

b) Wie lange dauert der Bremsvorgang?

17 Riementrieb

Mithilfe von Riementrieben lassen sich Umdrehungsfrequenzen (Drehzahlen) und Drehmomente auch bei großen Achsabständen verändern. Man verwendet Flach-, Keil-, Rund- oder Zahnriemen.

Einfache Übersetzungen

Flachriementrieb

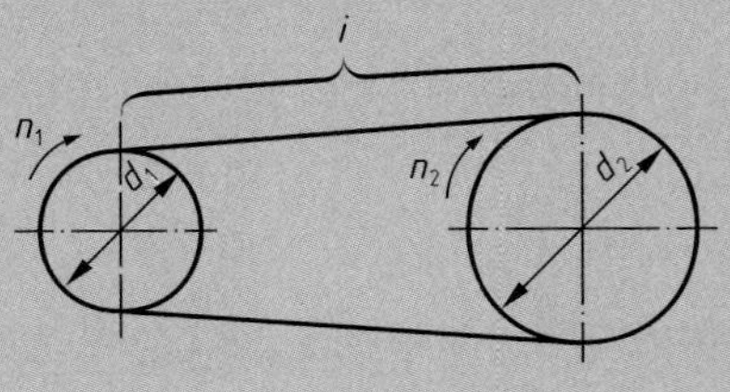

Bezeichnungen:

- d_1 der Durchmesser der treibenden Scheibe
- d_2 der Durchmesser der getriebenen Scheibe
- n_1 die Umdrehungsfrequenz (Drehzahl) der treibenden Scheibe
- n_2 die Umdrehungsfrequenz (Drehzahl) der getriebenen Scheibe
- i das Übersetzungsverhältnis

Die Riemengeschwindigkeit ist an beiden Scheiben gleich groß, also gilt:

$$v_1 = v_2$$

$$d_1 \cdot \not{\pi} \cdot n_1 = d_2 \cdot \not{\pi} \cdot n_2$$

$$d_1 \cdot n_1 = d_2 \cdot n_2$$

Durch Umstellen der Formel erhält man die Verhältnisgleichung:

$$\frac{n_1}{n_2} = \frac{d_1}{d_2}$$

Die Durchmesser verhalten sich umgekehrt wie die Umdrehungsfrequenzen (Drehzahlen).

Das Verhältnis aus Umdrehungsfrequenz (Drehzahl) der treibenden Scheibe zu Umdrehungsfrequenz (Drehzahl) der getriebenen Scheibe heißt Übersetzungsverhältnis i.

$$i = \frac{n_1}{n_2} \quad \text{oder} \quad i = \frac{d_2}{d_1}$$

Das Übersetzungsverhältnis i wird so vereinfacht, dass als Ergebnis eine ganze Zahl oder ein Dezimalbruch steht.

z. B. $\frac{n_1}{n_2} = \frac{12 : 4}{4 : 4} = \frac{3}{1} = \mathbf{3}$

z. B. $\frac{n_1}{n_2} = \frac{4 : 5}{5 : 5} = \frac{0{,}8}{1} = \mathbf{0{,}8}$

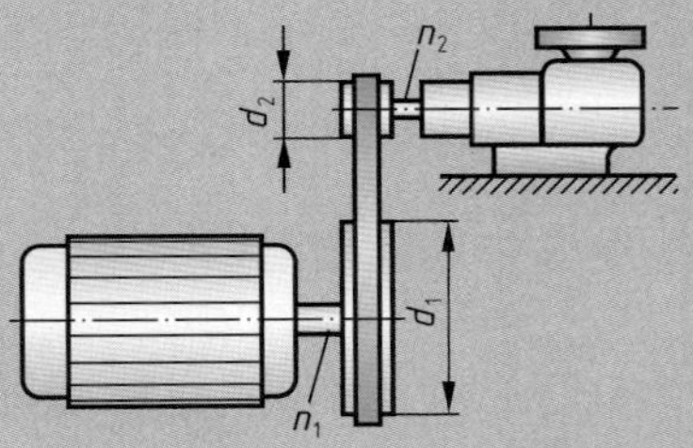

Beispiel: Umwälzpumpenantrieb

Ein Elektromotor treibt eine Umwälzpumpe über einen Riemen an. Die treibende Scheibe des Motors hat einen Durchmesser von d_1 = 150 mm und eine Umdrehungsfrequenz (Drehzahl) $n_1 = 1\,500\ \frac{1}{\text{min}}$.

a) Mit welcher Umdrehungsfrequenz n_2 arbeitet die Pumpe, wenn ihre Riemenscheibe d_2 = 90 mm groß ist?

b) Wie groß ist das Übersetzungsverhältnis i?

Lösung: a) $n_1 \cdot d_1 = n_2 \cdot d_2$

$$n_2 = \frac{n_1 \cdot d_1}{d_2} = \frac{1500 \cdot 150\ \text{mm}}{\text{min} \cdot 90\ \text{mm}} = \mathbf{2\,500\ \frac{1}{min}}$$

b) $i = \frac{n_1}{n_2} = \frac{1500\ \not{\text{min}}}{\not{\text{min}} \cdot 2\,500} = \frac{15}{25} = \frac{3}{5} = \frac{0{,}6}{1} = \mathbf{0{,}6}$ oder $i = \frac{d_2}{d_1} = \frac{90\ \not{\text{mm}}}{150\ \not{\text{mm}}} = \frac{3}{5} = \frac{0{,}6}{1} = \mathbf{0{,}6}$

Keilriementrieb

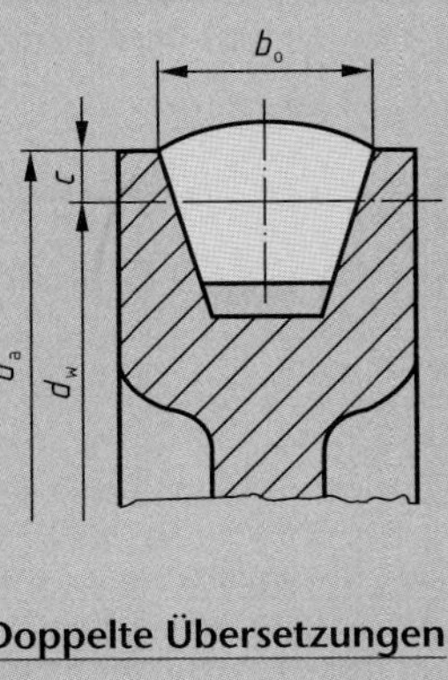

Für Keilriemen errechnet sich der für die Übersetzung wirksame Durchmesser d_w aus dem Außendurchmesser d_a und dem Korrekturmaß c, das von der Riemenbreite b_0 abhängt.

$$d_w = d_a - 2\,c$$

Die Riemenbreite b_0 und das Korrekturmaß c entnimmt man dem Tabellenbuch.
Für Keilriementriebe gelten die Formeln der Flachriementriebe.

Doppelte Übersetzungen

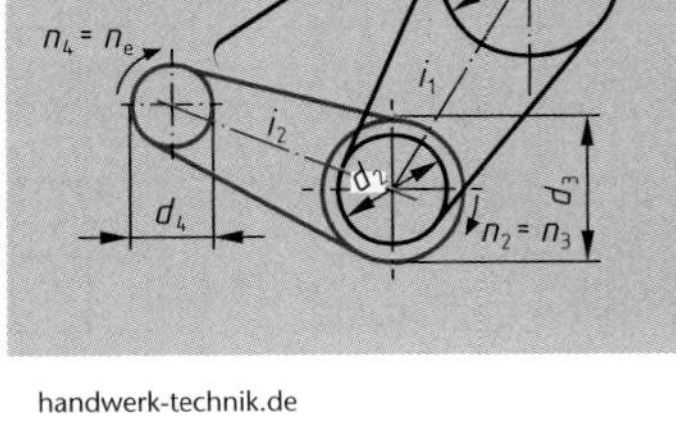

Das Gesamtübersetzungsverhältnis i ist das Verhältnis aus Anfangsdrehzahl n_a und Enddrehzahl n_e. Es ergibt sich auch aus dem Produkt der Einzelübersetzungsverhältnisse.

$$i = i_1 \cdot i_2$$

$$i = \frac{n_1 \cdot \not{n_3}}{\not{n_2} \cdot n_4} = \frac{n_1}{n_4} \qquad i = \frac{n_a}{n_e} \quad \text{oder} \quad i = \frac{d_2 \cdot d_4}{d_1 \cdot d_3}$$

Bezeichnungen:

- n_a die Anfangsdrehzahl
- n_e die Enddrehzahl
- i_1, i_2 das Einzelübersetzungsverhältnis
- i das Gesamtübersetzungsverhältnis

Die Durchmesser verhalten sich umgekehrt wie die Drehzahlen.

17.1 Einfacher Riementrieb

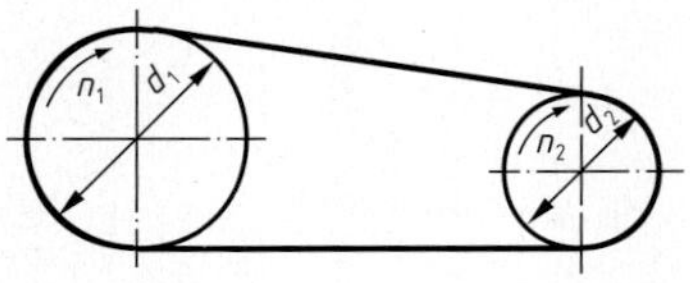

a) Von einem Riementrieb sind bekannt:
$n_1 = 1\,400 \frac{1}{\text{min}}$, $d_1 = 245$ mm, $d_2 = 70$ mm.
Berechnen Sie die Umdrehungsfrequenz (Drehzahl) n_2 und das Übersetzungsverhältnis i.

b) Von einem Riementrieb sind bekannt:
$i = 3$, $n_2 = 250 \frac{1}{\text{min}}$, $d_1 = 180$ mm.
Berechnen Sie den Durchmesser d_2 und die Anfangsdrehzahl.

17.2 Antrieb eines Wellenstranges

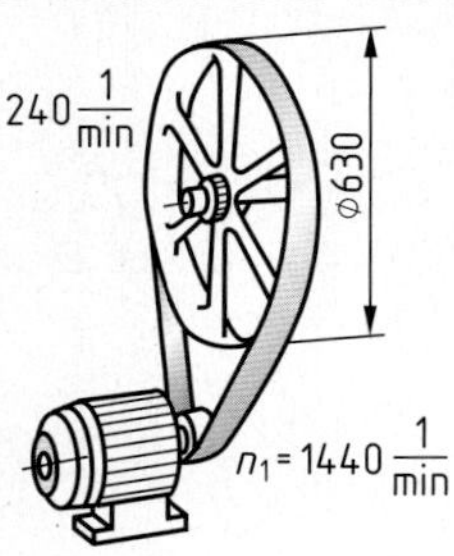

Berechnen Sie.
a) den Durchmesser der Motorriemenscheibe
b) das Übersetzungsverhältnis

17.3 Stufenscheibe

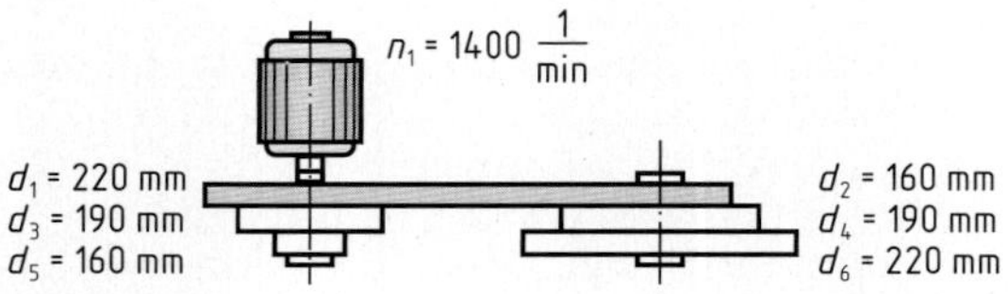

Berechnen Sie.
a) die Drehzahlen der getriebenen Welle
b) die Übersetzungsverhältnisse

17.4 Abnutzung einer Schleifscheibe

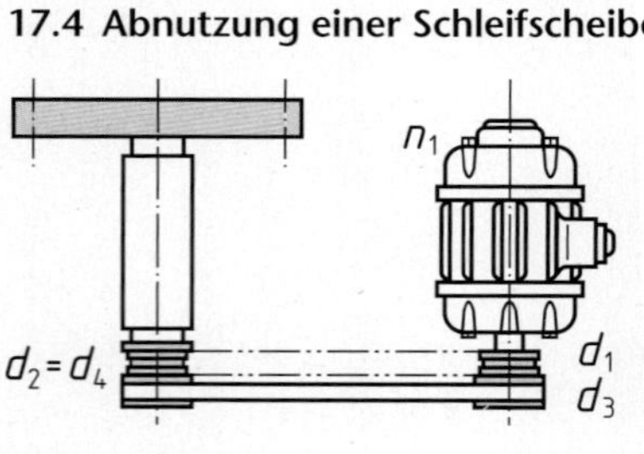

Ein Elektromotor mit $n_1 = 2\,880 \frac{1}{\text{min}}$ treibt über einen Riemen eine Schleifscheibe mit $d = 300$ mm an.
Die Riemenscheibe des Motors misst $d_1 = 55$ mm, die der Schleifspindel $d_2 = 76$ mm.

a) Wie groß ist die Schnittgeschwindigkeit in $\frac{\text{m}}{\text{s}}$?

b) Welchen Durchmesser d_3 muss eine Stufenscheibe auf der Motorwelle haben, wenn der Riemen umgelegt werden soll, sobald die Schleifscheibe sich auf $d = 250$ mm abgenutzt hat und die Schnittgeschwindigkeit wieder so groß wie bei einer Scheibe mit $d = 300$ mm sein soll?

17.5 Doppelter Riementrieb

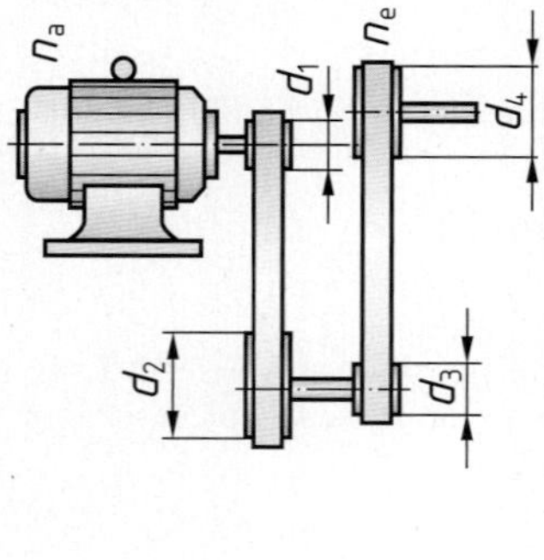

Von einem Riementrieb sind bekannt:
$d_1 = 112$ mm,
$n_a = 2\,880 \frac{1}{\text{min}}$,
$d_2 = 448$ mm,
$d_4 = 360$ mm und
$n_e = 240 \frac{1}{\text{min}}$.
Berechnen Sie.
a) die Gesamtübersetzung
b) die Drehfrequenz der Zwischenwelle
c) den Durchmesser d_3

17.6 Schleifscheibenantrieb

Eine Schleifscheibe mit $d = 200$ mm Durchmesser soll höchstens $v = 25 \frac{\text{m}}{\text{s}}$ Schnittgeschwindigkeit erreichen. Sie wird über einen doppelten Riementrieb mit $d_1 = 600$ mm, $d_2 = 240$ mm, $d_3 = 250$ mm und der Anfangsdrehzahl $n_a = 160 \frac{1}{\text{min}}$ angetrieben.
Berechnen Sie.
a) den Durchmesser d_4 der Riemenscheibe auf der Schleifscheibenspindel
b) die Gesamtübersetzung i

17.7 Wäscheschleuder

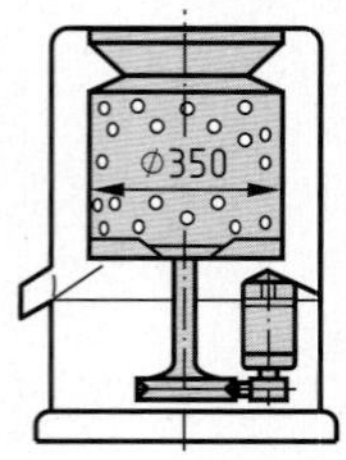

Motordrehzahl: $n_1 = 3\,500 \frac{1}{\text{min}}$
Motorriemenscheibe: $d_1 = 50$ mm
Übersetzungsverhältnis: $i = 2{,}5$
Gesucht:
a) der Durchmesser der getriebenen Riemenscheibe
b) die Drehfrequenz der Schleuder in $\frac{1}{\text{min}}$
c) die höchste Umfangsgeschwindigkeit der Schleuder in $\frac{\text{m}}{\text{s}}$

17.8 Haupt- und Nebenantrieb

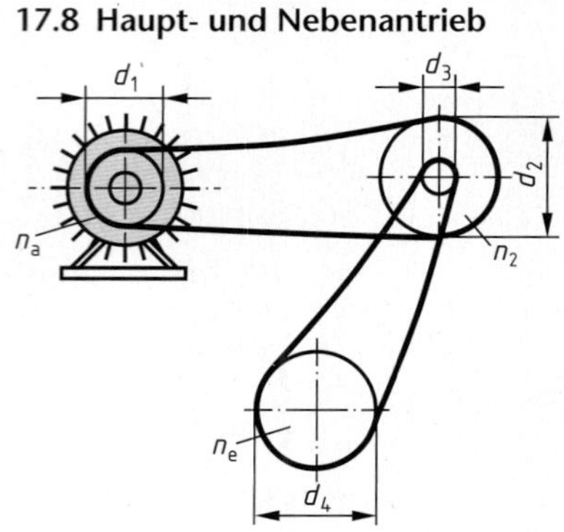

Von einem Haupt- und Nebenantrieb mit Riemen ist bekannt:
$d_1 = 80$ mm
$n_a = 1\,440 \frac{1}{\text{min}}$
$n_2 = 640 \frac{1}{\text{min}}$
$d_4 = 360$ mm und
$i_2 = 4 : 1$

Berechnen Sie.
a) die Durchmesser d_2 und d_3 der Riemenscheiben
b) die Enddrehfrequenz n_e
c) die Gesamtübersetzung i

17.9 Stufenloses Getriebe

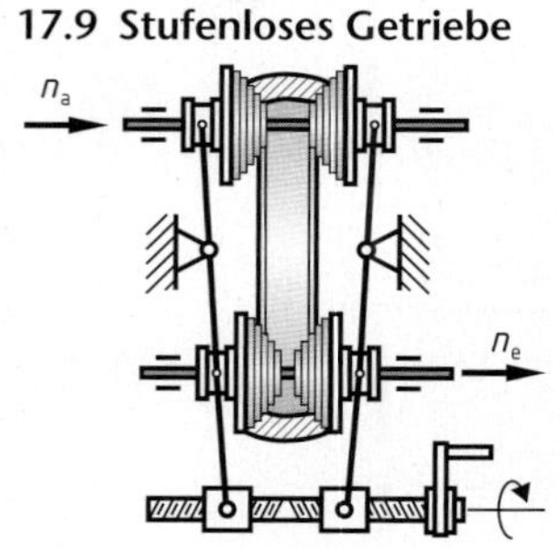

Ein stufenloses Getriebe mit Breitkeilriemen hat als kleinsten wirksamen Durchmesser $d_w = 75$ mm, als größten $d_w = 250$ mm. Der Antriebsmotor hat eine Drehfrequenz von $n_a = 1\,500 \frac{1}{\text{min}}$.

Berechnen Sie.
a) das Übersetzungsverhältnis im gezeichneten Zustand
b) die höchste und niedrigste Enddrehfrequenz

17.10 Kompressor

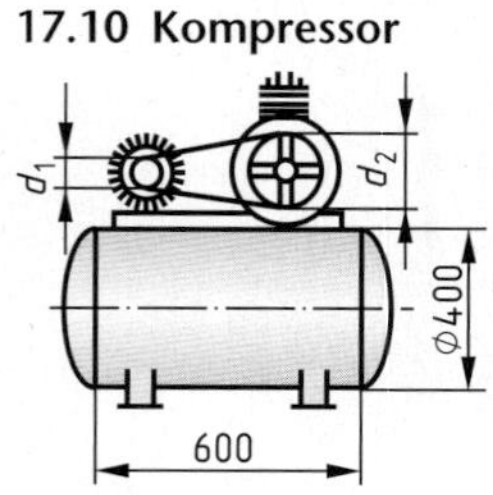

die Motordrehfrequenz:
$n = 1\,400 \frac{1}{\text{min}}$
der Hub: 80 mm
der Kolbendurchmesser: 90 mm
der Riementrieb:
$d_1 = 150$ mm
$d_2 = 450$ mm

Berechnen Sie.
a) die Zahl der Doppelhübe des Kompressors je min
b) den Rauminhalt des Behälters in cm^3
c) die Luftmenge im Behälter in l bei 6 bar Druck
d) die Betriebsdauer, bis der Motor abschaltet in s

18 Zahntrieb

Umdrehungsfrequenzen (Drehzahlen) und Drehmomente lassen sich bei kleinen Achsabständen durch Zahnräder verändern.

Zahnradabmessungen

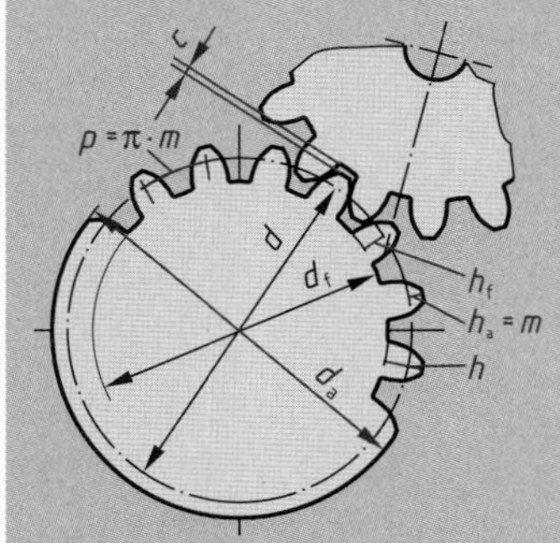

Bezeichnungen:

d	der Teilkreisdurchmesser
d_a	der Kopfkreisdurchmesser
d_f	der Fußkreisdurchmesser
p	die Teilung
m	der Modul
h	die Zahnhöhe bzw. die Frästiefe
h_a	die Zahnkopfhöhe
h_f	die Zahnfußhöhe
z	die Zähnezahl
c	das Kopfspiel
a	der Achsabstand (siehe Skizze unten)

Der Teilkreisumfang lässt sich in so viele gleich lange Teile teilen, wie das Zahnrad Zähne hat. Ein solches Teilstück heißt Teilung p. Daraus ergibt sich für den Teilkreisumfang $U = p \cdot z$. Der Teilkreisumfang ist aber auch $U = d \cdot \pi$. Es folgt daraus:

$d \cdot \pi = p \cdot z$ und $d = \frac{p \cdot z}{\pi}$.

Da z immer eine ganze Zahl ist, muss p ein Vielfaches von π sein. Man nennt die Zahl, die mit π multipliziert p ergibt, **Modul *m***.

$p = m \cdot \pi$

Für den Teilkreisdurchmesser gilt: $d = \frac{p \cdot z}{\pi} = \frac{m \cdot \not{\pi} \cdot z}{\not{\pi}}$

$d = m \cdot z$

Nach DIN 780 sind die Modulmaße so festgelegt, dass sich bei Teilkreisdurchmessern höchstens zwei Dezimalstellen ergeben können. (Vergleichen Sie die Angaben im Tabellenbuch.)

Die Zahnkopfhöhe h_a ist rechnerisch immer gleich dem Modul m.

$h_a = m$

Zwischen dem Kopfkreis des einen und dem Fußkreis des anderen Zahnrades muss Spiel entstehen, das Kopfspiel c. Nach DIN 867 soll $c = 0{,}1 \cdot m$ bis $c = 0{,}3 \cdot m$ betragen. Somit ist die Zahnfußhöhe:

$h_f = m + c$

Aus der Zähnezahl z und dem Modul m lassen sich alle Zahnradabmessungen errechnen:

Teilung	$p = m \cdot \pi$
Modul	$m = \frac{p}{\pi} = \frac{d_a}{z+2}$
Teilkreisdurchmesser	$d = m \cdot z = d_a - 2m$
Zahnkopfhöhe	$h_a = m$
Zahnhöhe = Frästiefe	$h = m + m + c = 2m + c$
Zahnfußhöhe	$h_f = m + c$
Kopfkreisdurchmesser	$d_a = d + 2m = m(z+2)$
Zähnezahl	$z = \frac{d}{m} = \frac{d_a - 2m}{m}$

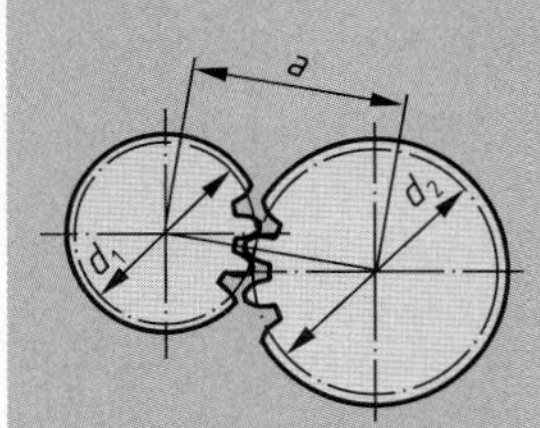

Zwei Zahnräder, die zusammenarbeiten, müssen denselben Modul haben. Aus Modul und Kopfspiel ergibt sich, dass sich die Teilkreise berühren. Daraus lässt sich der Achsabstand a bestimmen:

$a = \frac{d_1 + d_2}{2}$ **oder** $a = \frac{m(z_1 + z_2)}{2}$

Einfache Übersetzungen

Stirnradtrieb

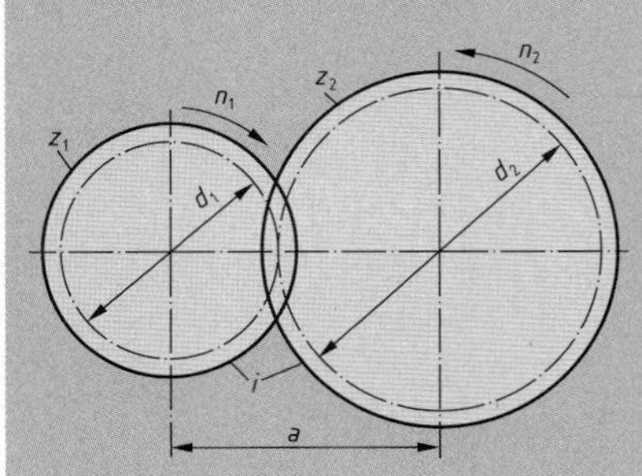

Beim Abwälzen von zwei Stirnrädern berühren sich die Teilkreise. Die Zahnräder haben also die gleiche Umfangsgeschwindigkeit.

$v_1 = v_2$

$d_1 \cdot \pi \cdot n_1 = d_2 \cdot \pi \cdot n_2$

Setzt man für $d = m \cdot z$, so ergibt sich $m \cdot z_1 \cdot n_1 = m \cdot z_2 \cdot n_2$

Grundformel für den Zahntrieb: $z_1 \cdot n_1 = z_2 \cdot n_2$

Übersetzung: $i = \frac{n_1}{n_2}$ **oder** $i = \frac{z_2}{z_1}$

Die Zähnezahlen verhalten sich umgekehrt wie die Umdrehungsfrequenzen (Drehzahlen).

Zahntrieb mit Zwischenrad

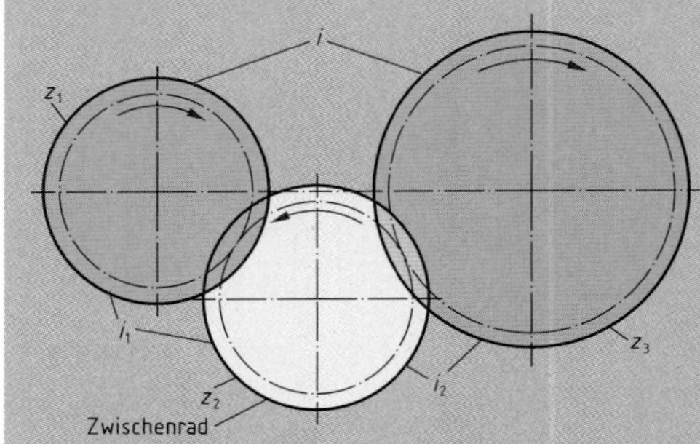

Ein Zwischenrad ändert nur die Drehrichtung, nicht das Übersetzungsverhältnis.

$i_1 = \frac{z_2}{z_1}$ $i_2 = \frac{z_3}{z_2}$

$i = i_1 \cdot i_2$ $i = \frac{\cancel{z_2}}{z_1} \cdot \frac{z_3}{\cancel{z_2}}$

$$i = \frac{z_3}{z_1}$$

Doppelte und mehrfache Übersetzungen

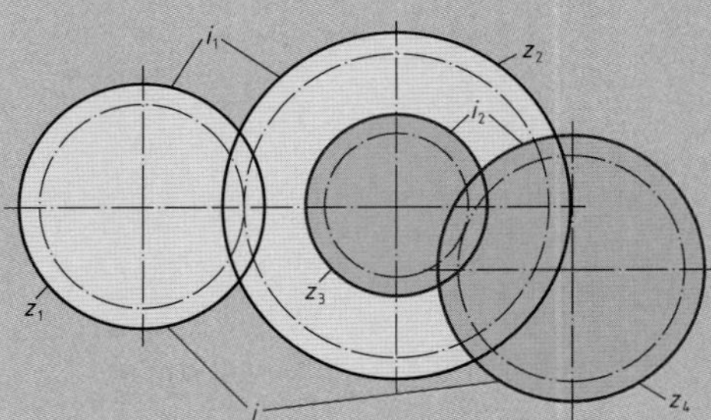

Zahnrad 2 und Zahnrad 3 haben die gleiche Umdrehungsfrequenz (Drehzahl).

Das Gesamtübersetzungsverhältnis *i* wird wie beim doppelten Riementrieb ermittelt.

$i = i_1 \cdot i_2$

$i_1 = \frac{n_1}{n_2}$ oder $i_1 = \frac{z_2}{z_1}$

$i_2 = \frac{n_3}{n_4}$ oder $i_2 = \frac{z_4}{z_3}$

$n_2 = n_3$

$i = \frac{n_1}{\cancel{n_2}} \cdot \frac{\cancel{n_2}}{n_4} = \frac{n_1}{n_4}$

Doppelter Zahntrieb: $i = \frac{n_a}{n_e}$ oder $i = \frac{z_2 \cdot z_4}{z_1 \cdot z_3}$

n_a die Anfangsdrehzahl
n_e die Enddrehzahl

Mehrfacher Zahntrieb: $i = \frac{z_2 \cdot z_4 \cdot z_6 \cdots}{z_1 \cdot z_3 \cdot z_5 \cdots}$

$$\text{Gesamtübersetzung} = \frac{\text{Produkt der getriebenen Zähnezahlen}}{\text{Produkt der treibenden Zähnezahlen}}$$

oder $i = \frac{n_1 \cdot \cancel{n_3} \cdot \cancel{n_5} \cdots}{\cancel{n_2} \cdot \cancel{n_4} \cdot n_6 \cdots} = \frac{n_1}{n_6}$

$n_2 = n_3 \quad n_4 = n_5$

$$i = \frac{n_a}{n_e}$$

Übersetzung mit Schnecke und Schneckenrad

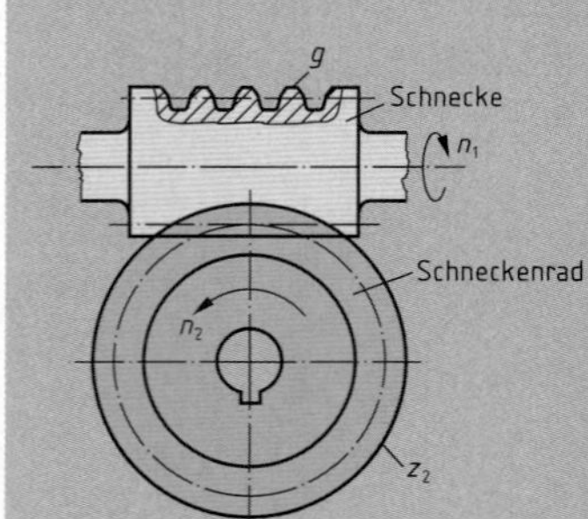

Bei einer Umdrehung einer eingängigen Schnecke dreht sich das Schneckenrad um einen Zahn weiter. **Die Anzahl der Schneckengänge gibt also die Zähnezahl der Schnecke an.**

$g = 1$ heißt $z_1 = 1$

$g = 3$ heißt $z_1 = 3$

Somit gilt für den Schneckentrieb wie beim Stirnradtrieb:

$n_1 \cdot g = n_2 \cdot z_2$ oder $n_1 \cdot z_1 = n_2 \cdot z_2$ $g =$ die Gangzahl

Beispiel: Schneckentrieb

Eine zweigängige Schnecke treibt ein Schneckenrad mit 40 Zähnen. Das Schneckenrad dreht sich mit $n_2 = 12 \frac{1}{\text{min}}$.
Berechnen Sie. a) die Umdrehungsfrequenz (Drehzahl) der Schnecke
b) das Übersetzungsverhältnis

Lösung: a) $n_1 \cdot g = n_2 \cdot z_2$

$n_1 = \frac{n_2 \cdot z_2}{g} = \frac{12 \cdot 40}{\text{min} \cdot 2} = \frac{480}{2 \cdot \text{min}} = \mathbf{240/min}$

b) $i = \frac{n_1}{n_2} = \frac{240 \frac{1}{\text{min}}}{12 \frac{1}{\text{min}}} = \frac{20}{1}$ oder $i = \frac{z_2}{z_1} = \frac{40}{2} = \frac{20}{1}$

18.1 Zahnrad

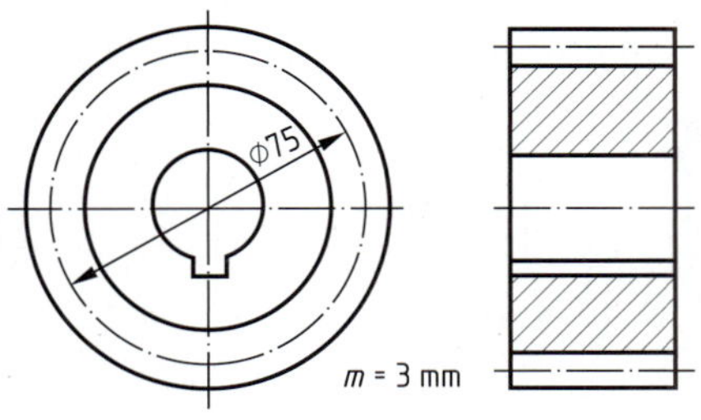

Eine unvollständig bemaßte Zahnradzeichnung ist zu ergänzen.

Berechnen Sie.
a) die Zähnezahl z
b) den Kopfkreisdurchmesser d_a
c) die Frästiefe h bei einem Kopfspiel von $c = \frac{1}{5}\,m$

18.2 Zahnrad

An einem schadhaften Zahnrad lassen sich folgende Maße ermitteln: $z = 27$, $d_a = 72{,}5$ mm.

Berechnen Sie.
a) den Modul m b) den Teilkreis-ø d c) die Frästiefe h bei $c = \frac{1}{6}\,m$
d) den Achsabstand zu einem Zahnrad mit $z_2 = 48$

18.3 Zahnradpumpe

Von einer innenverzahnten Zahnradpumpe sind der Modul $m = 4$ mm und der Kopfkreisdurchmesser des Antriebsritzels mit $d_a = 60$ mm bekannt.

Berechnen Sie.
a) die Zähnezahl des Ritzels
b) den Teilkreisdurchmesser d des Ritzels
c) den Achsabstand, wenn der Innenzahnkranz $z_2 = 24$ Zähne hat

18.4 Zahnrad

Ein Zahnrad wurde zerstört. Am Bruchstück wurden 18 Zähne auf einem Teilumfang von 135° gezählt. Der Modul ist $m = 5$ mm.

Berechnen Sie.
a) die Zähnezahl des ganzen Zahnrades
b) den Kopfkreisdurchmesser
c) die Frästiefe bei einem Kopfspiel von $c = \frac{1}{5}\,m$

18.5 Zahntrieb mit Abdeckhaube

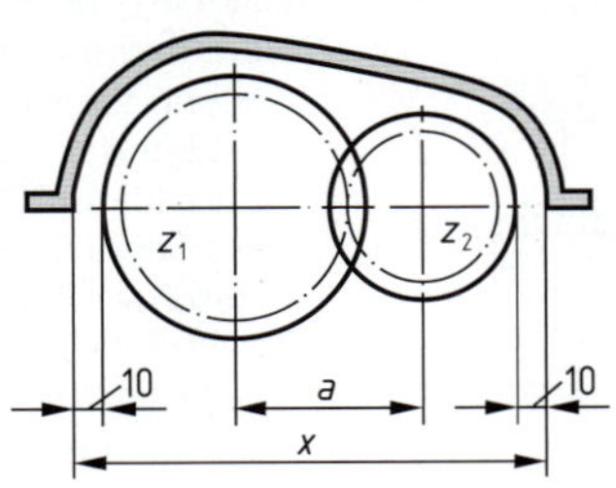

Zwei Zahnräder sind im Abstand von $a = 82{,}5$ mm im Eingriff. Der Modul ist $m = 2{,}5$ mm. Das getriebene Rad hat $z_2 = 24$ Zähne.

Berechnen Sie.
a) die Zähnezahl z_1
b) die Teilkreisdurchmesser d_1 und d_2
c) die lichte Weite x der Abdeckhaube, wenn der Abstand zu den Rädern je 10 mm betragen soll

18.6 Zahnradpaar

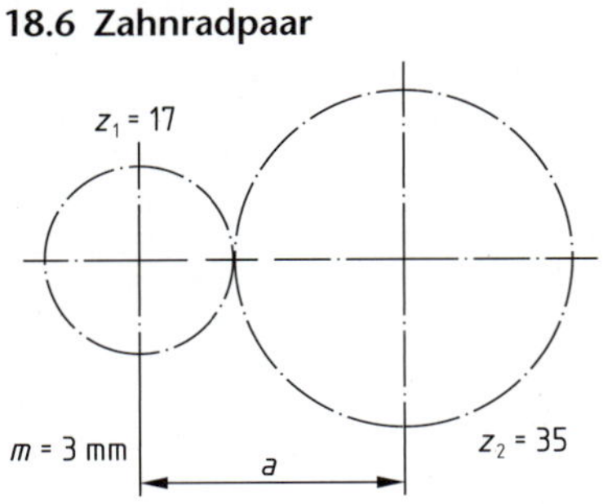

Berechnen Sie.
a) den Teilkreisdurchmesser beider Zahnräder
b) den Kopfkreisdurchmesser beider Räder
c) den Achsabstand a

18.7 Zahnradtrieb

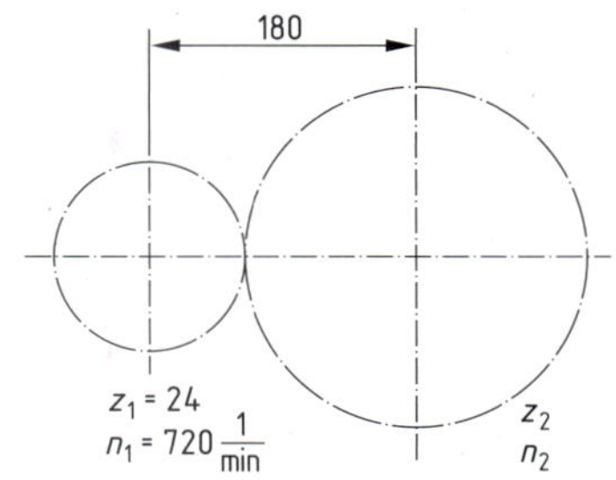

Übersetzungsverhältnis 3 : 2

Berechnen Sie.
a) die Umdrehungsfrequenz (Drehzahl) n_2
b) die Zähnezahl z_2
c) den Modul m
d) die Teilkreisdurchmesser

18.8 Kupplungsrädergetriebe

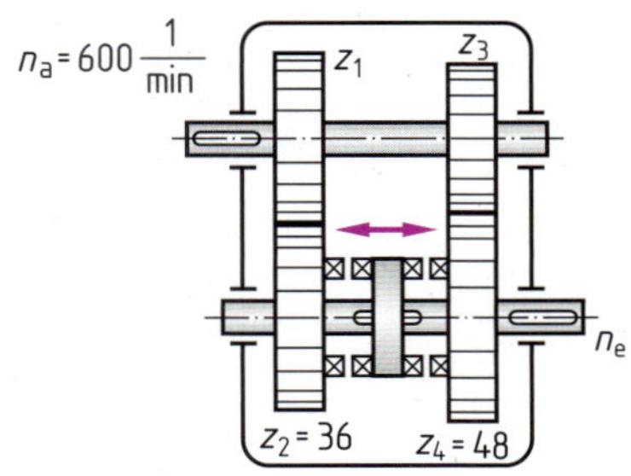

Enddrehzahlen:
700 $\frac{1}{\text{min}}$ und 375 $\frac{1}{\text{min}}$

Berechnen Sie.
a) die Übersetzungsverhältnisse
b) die Zähnezahlen z_1 und z_3
c) den Achsabstand, wenn der Modul $m = 3$ mm ist

18.9 Fahrrad

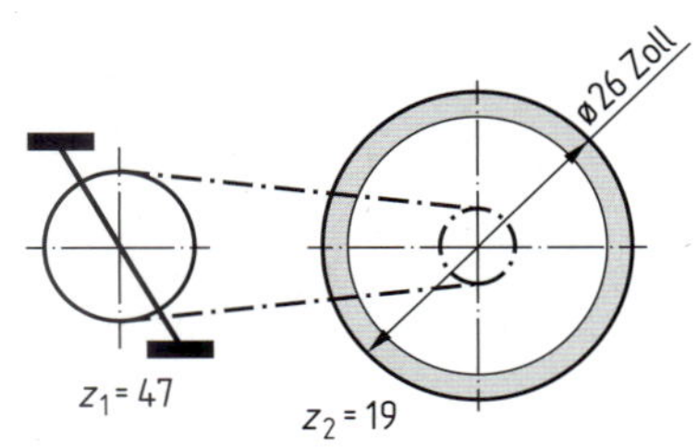

Berechnen Sie.
a) das Übersetzungsverhältnis
b) die Drehzahl des Hinterrades, wenn eine Geschwindigkeit von 24 $\frac{\text{km}}{\text{h}}$ gefahren wird
c) die aus b) folgende Drehzahl der Pedalachse in $\frac{1}{\text{min}}$

18.10 Zwischenrad

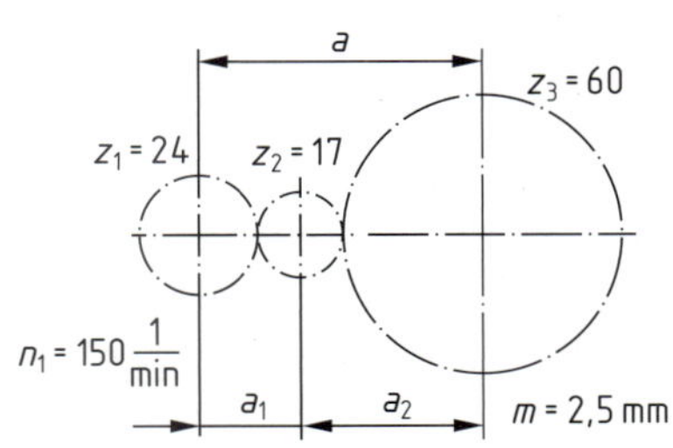

Berechnen Sie.
a) die Drehzahl n_3
b) die Achsabstände a_1, a_2 und a

18.11 Tischverstellung

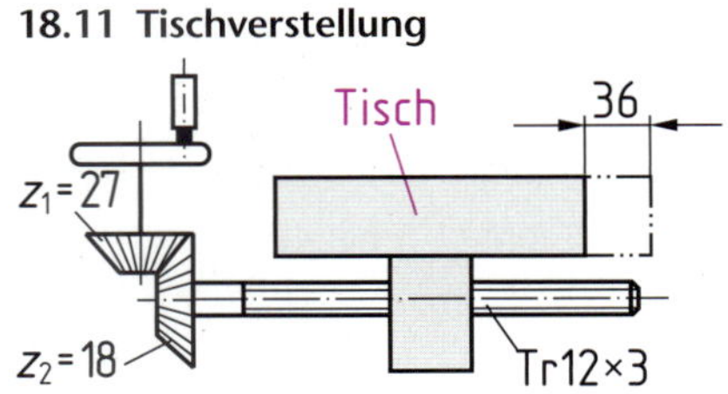

Berechnen Sie.
a) die Zahl der Kurbelumdrehungen für einen Weg von 36 mm
b) den Weg des Tisches bei einer Umdrehung der Kurbel

18.12 Nockenwellenantrieb

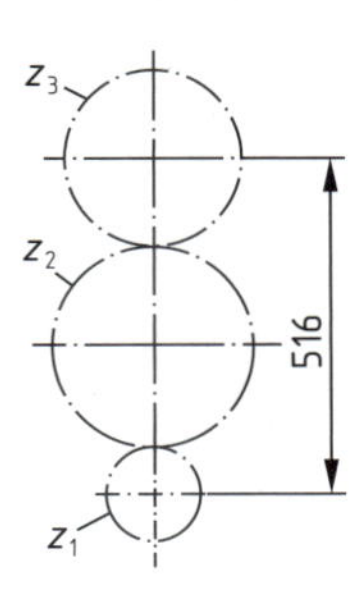

Die Nockenwelle eines Viertaktmotors dreht sich halb so schnell wie die Kurbelwelle. Sie wird durch einen Zahntrieb von der Kurbelwelle aus angetrieben. Das Zahnrad z_1 auf der Kurbelwelle besitzt 24 Zähne und einen Modul $m = 6$ mm.
a) Wie groß muss die Zähnezahl z_3 des Zahnrades auf der Nockenwelle sein?
b) Wie groß muss die Zähnezahl des Zwischenrades sein, damit der Achsabstand 516 mm zwischen Kurbelwelle und Nockenwelle überbrückt wird?

18.13 Zahnstangenantrieb

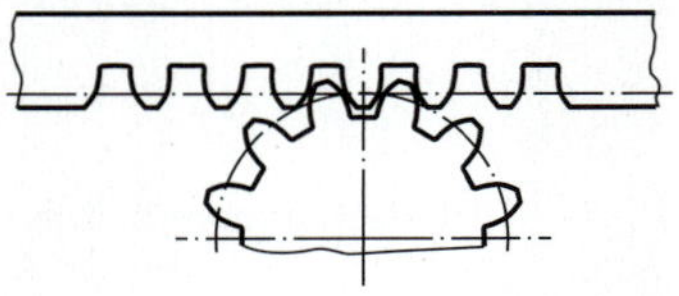

Eine Zahnstange wird durch ein Zahnrad mit $z = 32$ angetrieben.
Modul: $m = 4$ mm
Wie groß ist der Hub der Zahnstange bei einer Zahnradumdrehung?

18.14 Zahnstange und Zahnrad

Ein Zahnrad mit 24 Zähnen mit einem Modul $m = 5$ mm treibt eine Zahnstange.
Wie viele Zahnradumdrehungen sind nötig, wenn die Zahnstange um 1 884 mm bewegt werden soll?

18.15 Antrieb einer Hobelmaschine

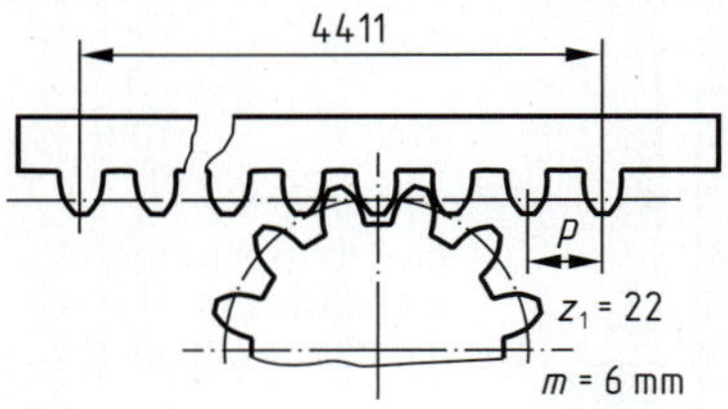

Berechnen Sie.
a) die Teilung p der Zahnstange
b) die Zähnezahl der Zahnstange
c) die Zahl der Umdrehungen des Zahnrades je Hub

18.16 Getriebemotor

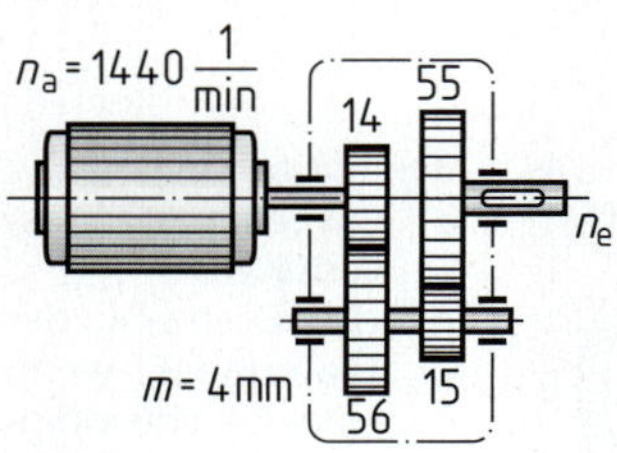

Berechnen Sie.
a) die Drehzahl n_e
b) die Gesamtübersetzung i
c) den Achsabstand

18.17 Zweigang-Bohrmaschine

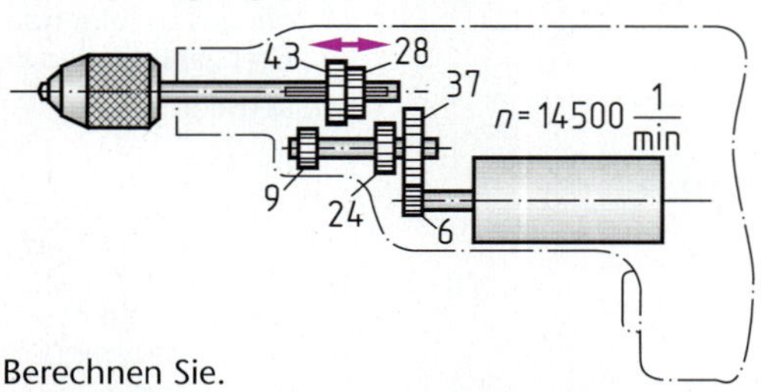

Berechnen Sie.
a) die zwei möglichen Drehzahlen der Bohrspindel
b) die Schnittgeschwindigkeit in $\frac{m}{min}$ bei einem Bohrerdurchmesser von 10 mm bei niedrigster Drehzahl

18.18 Übersetzung

Ein Elektromotor treibt über ein zweistufiges Zahnradgetriebe eine Säge an. Die Motordrehzahl ist 1 440 $\frac{1}{min}$, die Säge hat eine Drehzahl von 192 $\frac{1}{min}$. Die Zahnräder der ersten Stufe haben $z_1 = 18$ und $z_2 = 45$ Zähne. Das Zahnrad z_4 hat 42 Zähne.
Berechnen Sie.
a) die Gesamtübersetzung
b) die Einzelübersetzungen
c) die Zähnezahl des Zahnrades z_3

18.19 Spindelantrieb

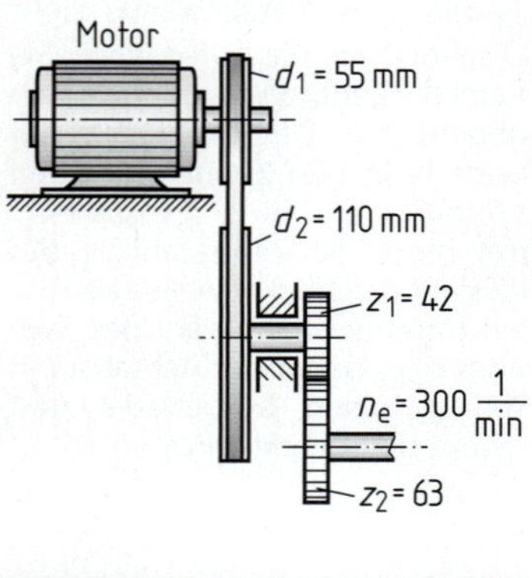

Berechnen Sie.
a) die Übersetzung des Riementriebes i_1
b) die Übersetzung des Zahntriebes i_2
c) die Gesamtübersetzung
d) die Motordrehzahl n_a

18.20 Schneckentrieb

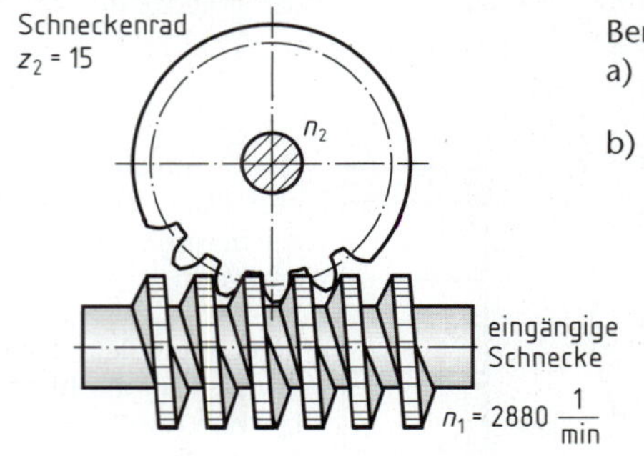

Berechnen Sie.
a) das Übersetzungsverhältnis
b) die Drehzahl des Schneckenrades

18.21 Aufzugsmaschine

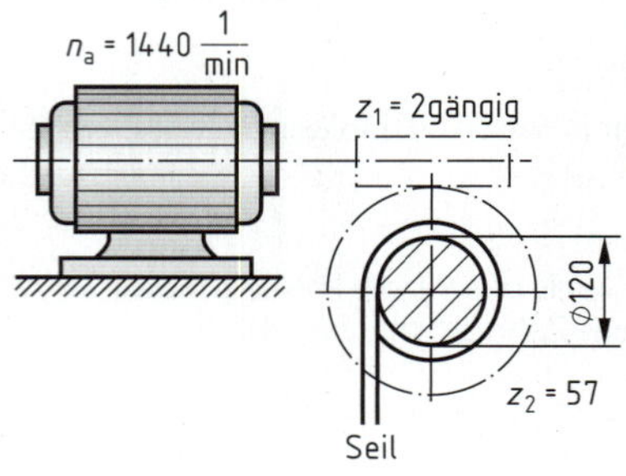

Berechnen Sie.
a) die Drehzahl der Seiltrommel
b) die Seilgeschwindigkeit in $\frac{m}{s}$

18.22 Seiltrommelantrieb

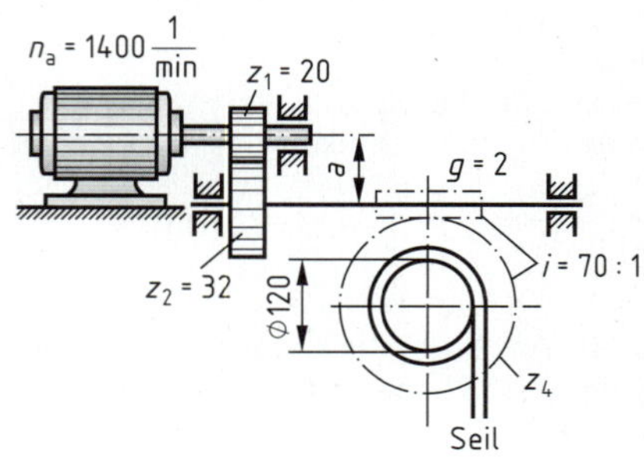

Berechnen Sie.
a) die Drehzahl der Schnecke
b) die Drehzahl der Seiltrommel
c) die Geschwindigkeit des Seiles in $\frac{m}{min}$
d) den Achsabstand a bei Modul $m = 4$ mm
e) die Zähnezahl des Schneckenrades z_4

18.23 Bohrmaschine

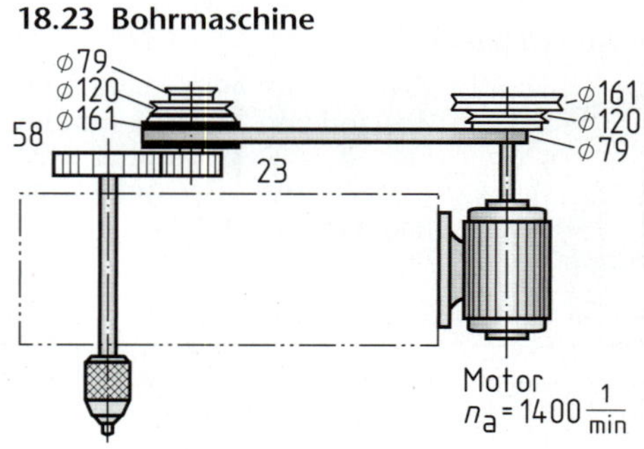

Berechnen Sie.
a) die drei möglichen Drehzahlen der Bohrspindel
b) die Schnittgeschwindigkeit eines Bohrers mit $d = 16$ mm bei gezeichneter Riemenlage in $\frac{m}{min}$

18.24 Schieberadgetriebe

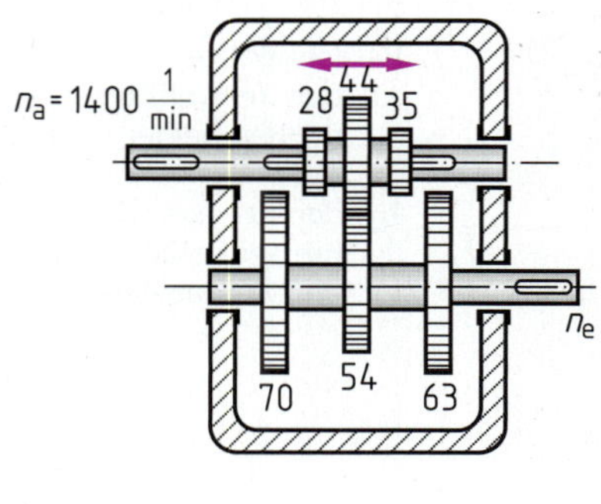

Berechnen Sie.
a) die drei möglichen Enddrehzahlen
b) den Achsabstand bei Modul $m = 4$ mm
c) den Kopfkreisdurchmesser d_a für das Zahnrad $z_2 = 70$

19 Kegelabmessungen und Kegelherstellung

Kegel mit Kegelverjüngung 1 : *x*

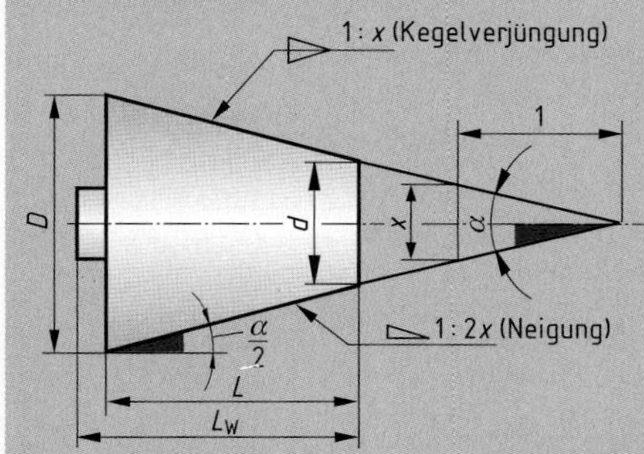

Der abgebildete Kegel hat eine Kegelverjüngung von 1 : 2.
Auf einer Länge von 2 mm verändert sich der Kegeldurchmesser um 1 mm.
Die Normbezeichnung hierfür ist:

C = 1 : *x* = 1 : 2

Bei der Bemaßung eines Kegels werden folgende Symbole verwendet:

- Kegelverjüngung 1 : *x*
- Kegelneigung

Bezeichnungen:

α	der Kegelwinkel
$\frac{\alpha}{2}$	der Kegel-Erzeugungswinkel (Einstellwinkel)
C	die Kegelverjüngung (1 : *x*)
$\frac{C}{2}$	die Kegelneigung
d	der kleine Kegeldurchmesser
D	der große Kegeldurchmesser
L	die Kegellänge
L_w	die Werkstücklänge

Für eine bestimmte Kegellänge *L* gilt:

Kegelverjüngung:

$$C = \frac{D-d}{L}$$

Die Neigung ist:

$$\frac{C}{2} = \frac{D-d}{2 \cdot L}$$

Beispiel: Berechnung eines Durchmessers

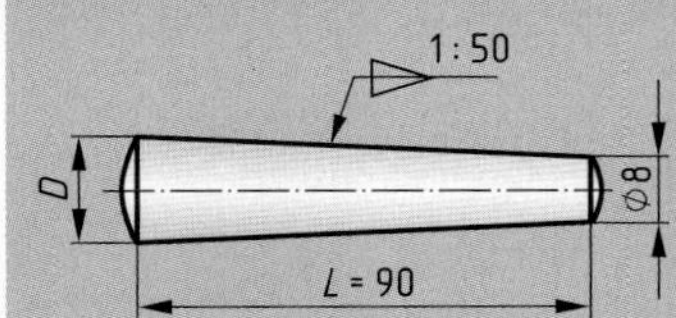

Gesucht: *D*

Lösung:

$$C = \frac{D-d}{L} \rightarrow \qquad C \cdot L = D - d \rightarrow \qquad D = C \cdot L + d$$

$$D = C \cdot L + d = \frac{1}{50} \cdot 90\ \text{mm} + 8\ \text{mm} = \underline{\underline{\mathbf{9{,}8\ mm}}}$$

Kegeldrehen durch Oberschlittenverstellung

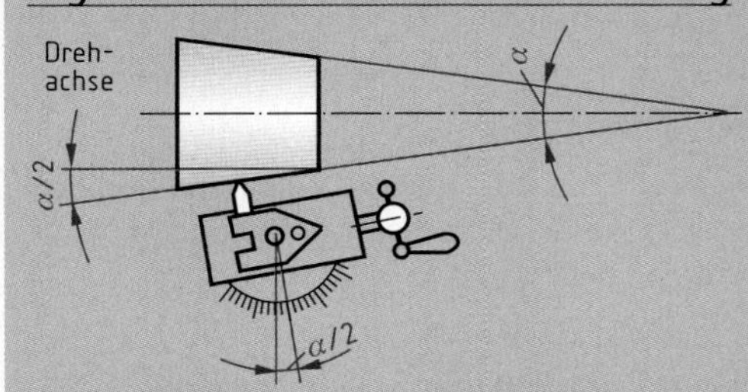

Der Kegel-Erzeugungswinkel $\alpha/2$ lässt sich aus der Beziehung am rechtwinkligen Dreieck ermitteln:

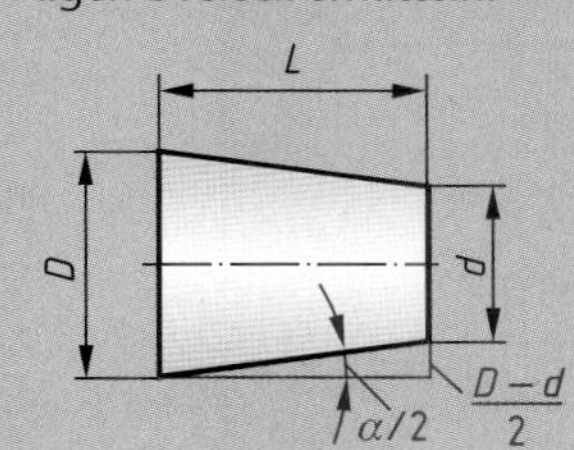

$$\tan\frac{\alpha}{2} = \frac{D-d}{2 \cdot L}$$

oder (bei gegebenem Kegelverhältnis):

$$\tan\frac{\alpha}{2} = \frac{C}{2}$$

Kegeldrehen durch Reitstockverstellung

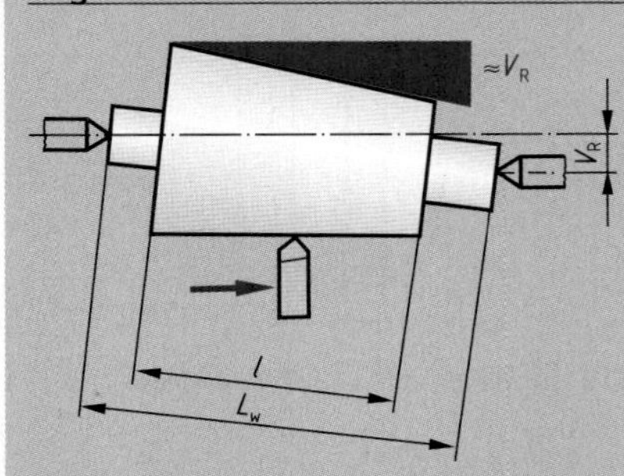

Bei Kegeln mit Ansätzen gilt:

$$V_R = \frac{D-d}{2\,L} \cdot L_w \qquad \text{oder} \qquad V_R = \frac{C}{2} \cdot L_w$$

Die maximal zulässige Reitstockverstellung beträgt:

$$V_{Rmax} = \frac{L_w}{50}$$

Beispiel: Kegel mit Ansätzen

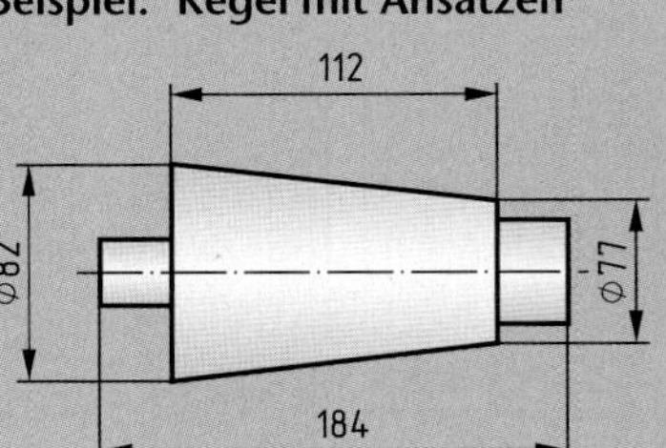

Gesucht:
a) die Reitstockverstellung V_R
b) die größte zulässige Reitstockverstellung

Lösung:

a) $V_R = \frac{D-d}{2\,L} \cdot L_w = \frac{82\ \text{mm} - 77\ \text{mm}}{2 \cdot 112\ \text{mm}} \cdot 184\ \text{mm} = \underline{\underline{\mathbf{4{,}1\ mm}}}$

b) $V_{Rmax} = \frac{1}{50} \cdot L_w = \frac{1}{50} \cdot 184\ \text{mm} = \underline{\underline{\mathbf{3{,}68\ mm}}}$

Die Reitstockverstellung von 4,1 mm ist mehr als $\frac{1}{50}$ der Werkstücklänge.

Der Kegel kann durch Reitstockverstellung nicht sicher hergestellt werden. Evtl. sind Kugelspitzen zu verwenden:

Kegelherstellung auf CNC-Drehmaschinen

Einer NC-Maschine können die Weginformationen auf 2 Arten vorgegeben werden:

a) Angabe des Endpunktes der Bewegung

(Wegbedingung G01: Geradeninterpolation)

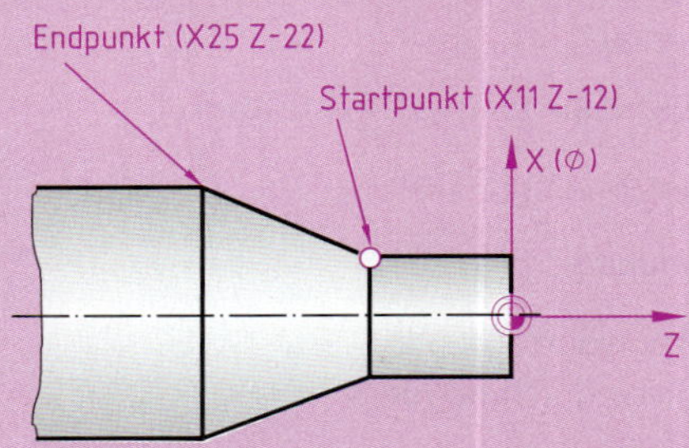

b) Konturzugprogrammierung mit Winkelangaben

Beispiel: Kegel mit Ansätzen

Gesucht: a) der Kegel-Erzeugungswinkel $\frac{\alpha}{2}$
b) die Angabe der Richtung (als Winkel zur Z-Achse)

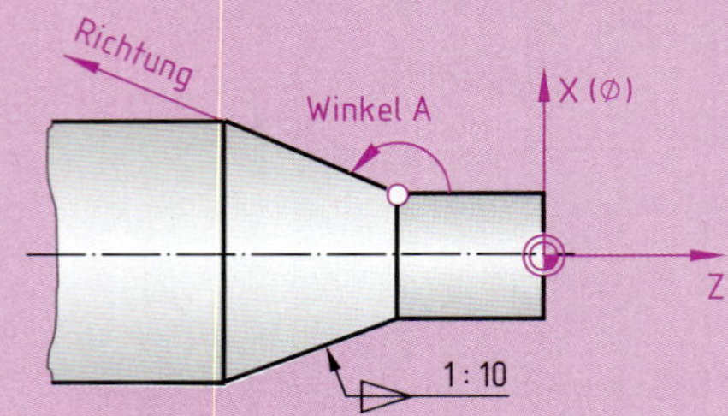

Lösung:

a) $\tan\frac{\alpha}{2} = \frac{C}{2} \quad = \frac{1}{10 \cdot 2} \quad = 0{,}05$

$\frac{\alpha}{2} = \underline{2{,}862°} = 2°\,51{,}74' = 2°\,51'\,45'' \quad \approx \underline{2°\,52'}$

b) Richtung zur Z-Achse: 180° – 2,862° $= \underline{\underline{177{,}138°}}$
NC-Satz (als Konturzugprogrammierung): AS 177.138

Aufgaben zum Kegeldrehen

19.1 Bezeichnungen am Kegel

a)

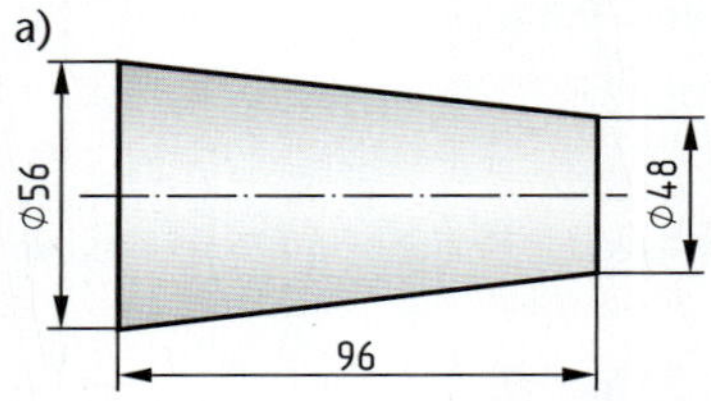

b)

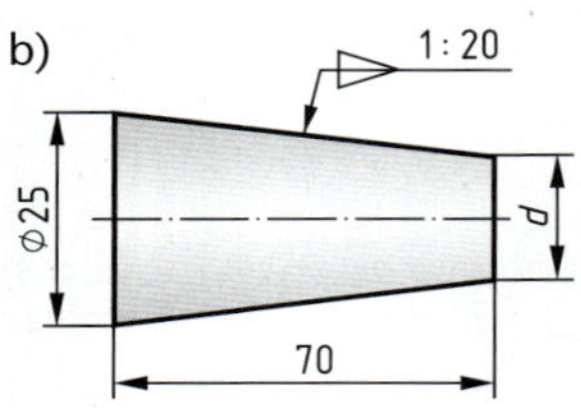

Gesucht:
a) die Kegelverjüngung, die Neigung
b) der kleine Durchmesser, die Neigung

19.2 Kegelstifte nach DIN EN 22 339-A

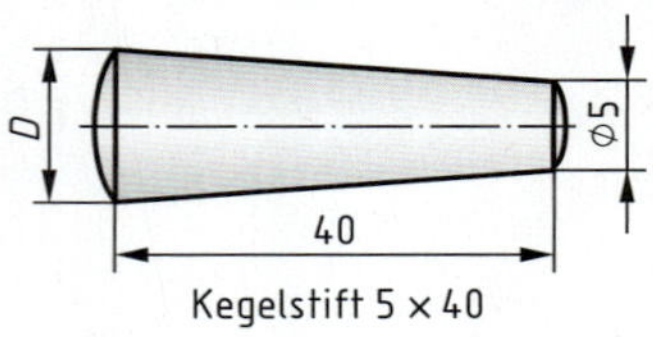

Gesucht:
der große Durchmesser D für folgende Kegelstifte:

a) 5 × 40
b) 8 × 60
c) 14 × 80

19.3 Kegelbohrung stufenweise vorbohren

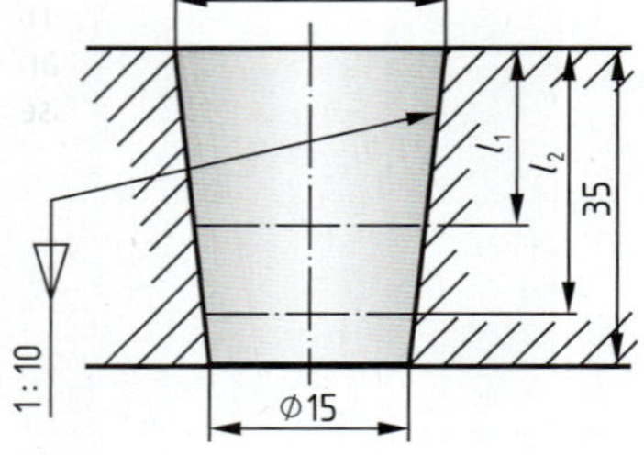

Gesucht:

a) der große Durchmesser D
b) l_1 für 17-mm-Bohrer
c) l_2 für 16-mm-Bohrer

19.4 Kegeldrehen durch Drehen des Oberschlittens

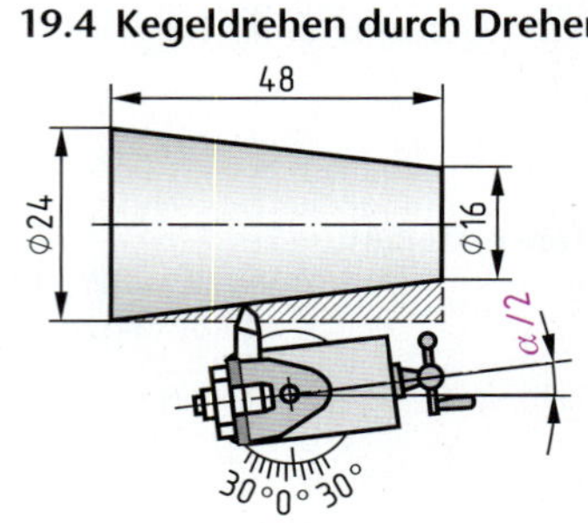

	a)	b)	c)
D	25	76	33,5
d	23,5	64	31
L	24	28	37,5

Ermitteln Sie jeweils die Kegelverjüngung und den Kegel-Erzeugungswinkel.

19.5 a) Reibungskegel für Kupplung b) Innenkegel

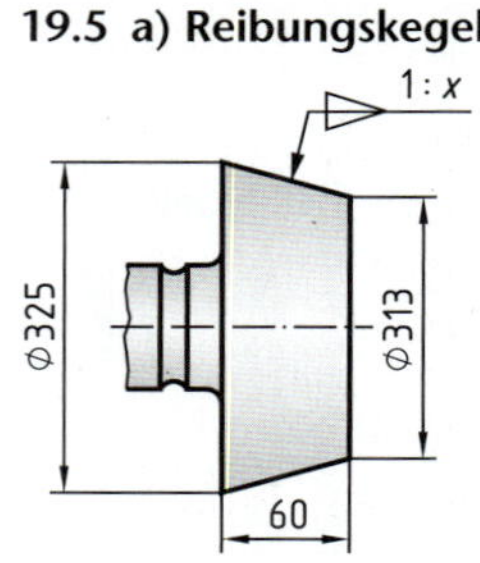

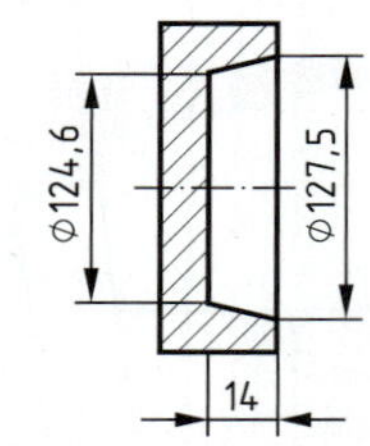

Gesucht für beide Kegel sind die Kegelverjüngung und der Kegel-Erzeugungswinkel.

19.6 Fräsdorn mit Steilkegel nach DIN 2080

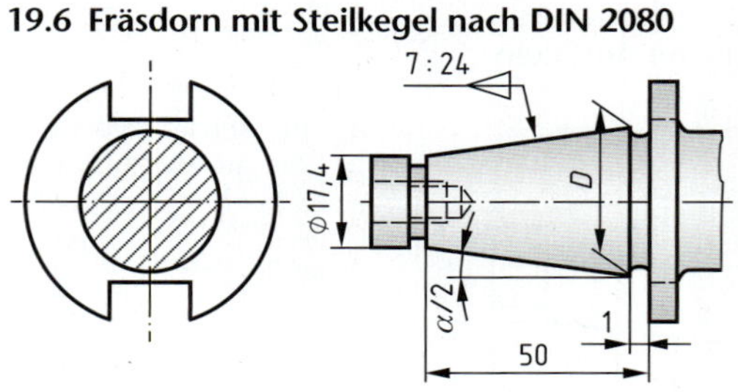

Gesucht:

a) die Neigung
b) der Kegel-Erzeugungswinkel $\frac{\alpha}{2}$
c) das Maß D

19.7 Reitstockverstellung

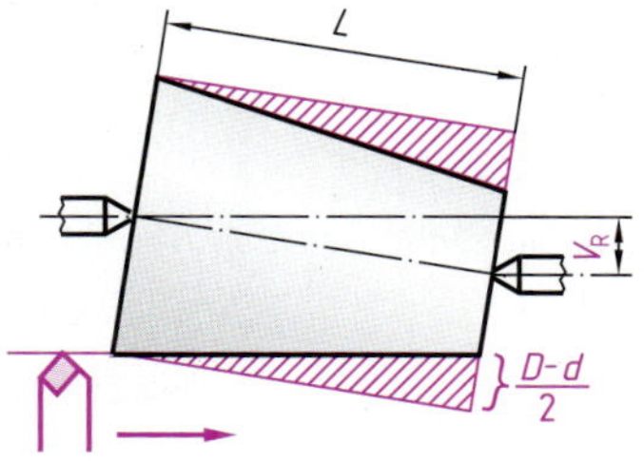

sollte höchstens $\frac{1}{50}$ der Werkstücklänge L betragen.

	D	d	L
a)	56	52	124
b)	67,1	54,5	720

Gesucht:
die Reitstockverstellung

19.8 Kegel mit Ansätzen

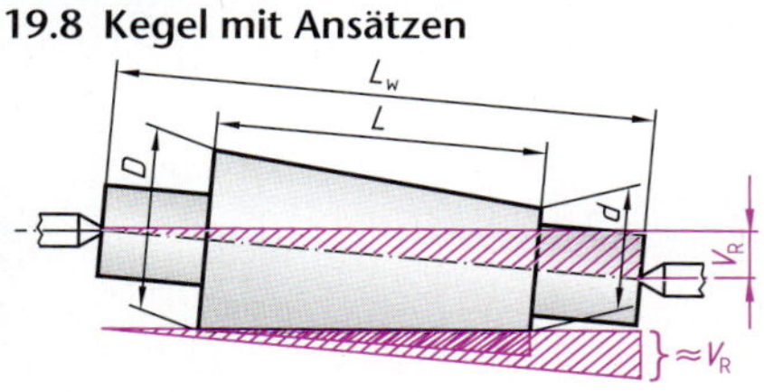

	a)	b)	c)
D	71	36	54
d	69	34,2	51
L	56	48	90
L_w	244	108	189

Gesucht: die Reitstockverstellung

19.9 Morsekegel für Werkzeuge

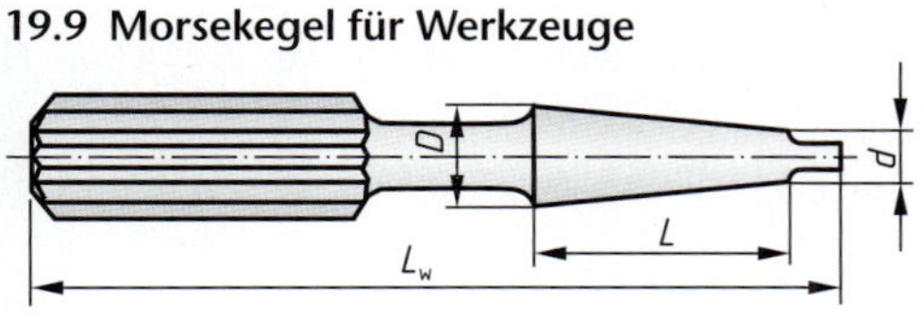

Gesucht:
a) die Reitstockverstellung
b) der kleine Durchmesser d

Morsekegel	C	L_w	D	L
Mk1	1 : 20,047	150	12,415	65,5
Mk2	1 : 20,02	245	18,181	78,5

19.10 **Aufsteckreibahlen** haben konische Aufnahmen.

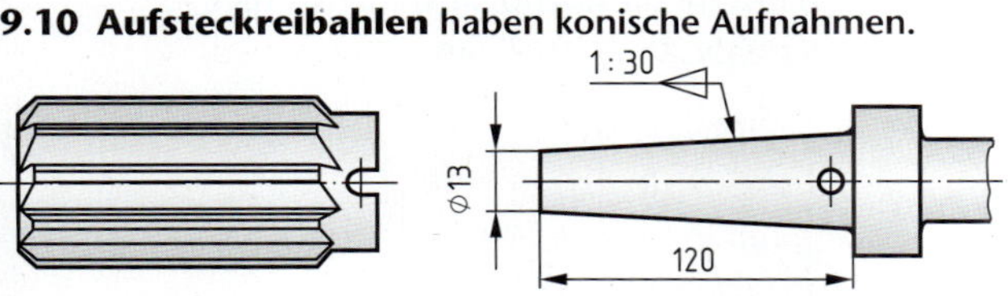

Gesucht:
a) der große Durchmesser
b) der Kegel-Erzeugungswinkel $\frac{\alpha}{2}$
c) die Reitstockverstellung, wenn der Aufsteckhalter 250 mm lang ist

19.11 Prüfen des Kegeldurchmessers mit Kegel-Lehrdorn

Liegt der Durchmesser des Kegels innerhalb des Toleranzfeldes, so muss die Vorderkante des Werkstückes innerhalb der Ringmarken des Lehrdornes liegen.

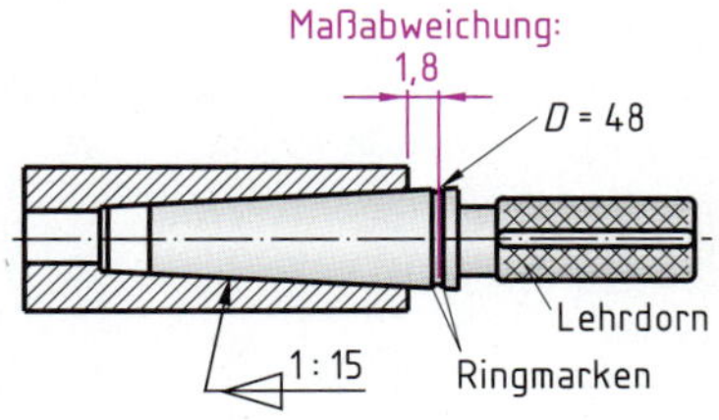

Gesucht:
a) der große Durchmesser D des Innenkegels
b) der Kegel-Erzeugungswinkel $\frac{\alpha}{2}$

19.12 Kegeldrehen auf CNC-Drehmaschine

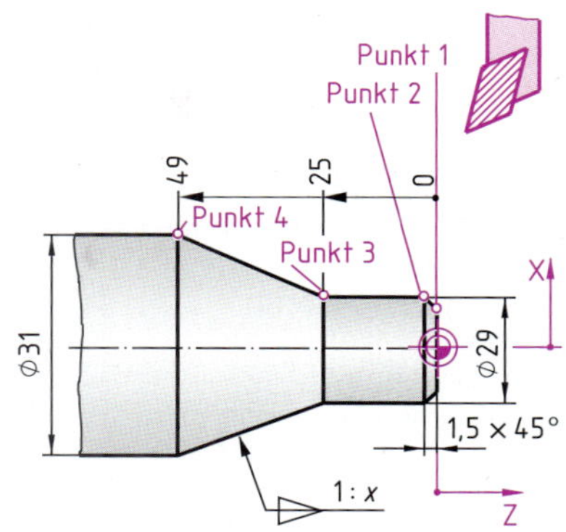

Gesucht:
a) die X- und Z-Koordinatenwerte von Punkt 1 bis Punkt 4
Beachte: Die X-Werte sind Durchmesserangaben!
b) die Kegelverjüngung C
c) der Kegel-Erzeugungswinkel $\frac{\alpha}{2}$ als Dezimalwert
d) die Winkelangabe zur Z-Achse beim Konturdrehen im Punkt 1 bis Punkt 4

19.13 Welle mit kegeliger Zentrierung

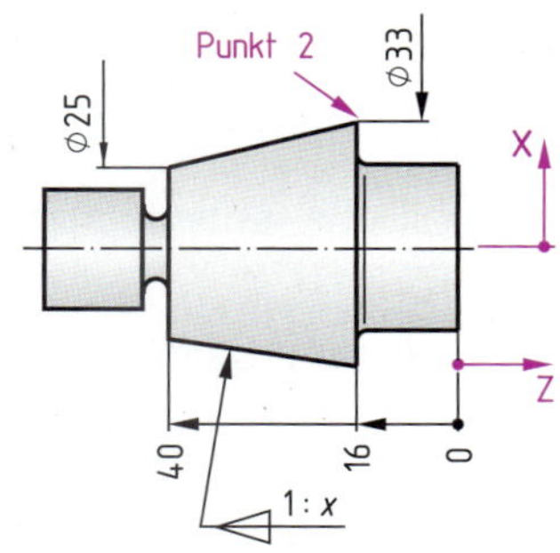

Gesucht:
a) die Kegelverjüngung C
b) der Kegel-Erzeugungswinkel $\frac{\alpha}{2}$ (in Dezimalgraden mit 3 Stellen nach dem Komma, sowie in Grad, Minuten und Sekunden)
c) die Winkelangabe im Punkt 2 als Winkel zur Z-Achse

19.14 Kegelerzeugungslinie wegen Rohmaßtoleranzen verlängern

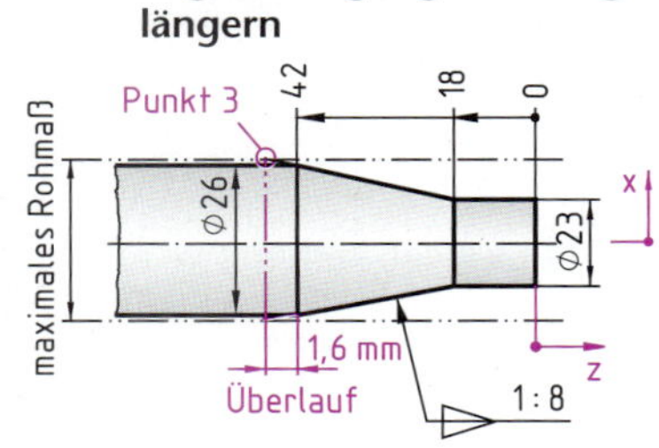

Gesucht:
a) der Kegel-Erzeugungswinkel $\frac{\alpha}{2}$
b) die Koordinatenwerte von Punkt 3 (Verlängerung in Z-Richtung um 1,6 mm)
c) die Koordinaten von Punkt 3, wenn das Rohmaß maximal 26,4 mm ist

19.15 Innenkegel auf CNC-Drehmaschine

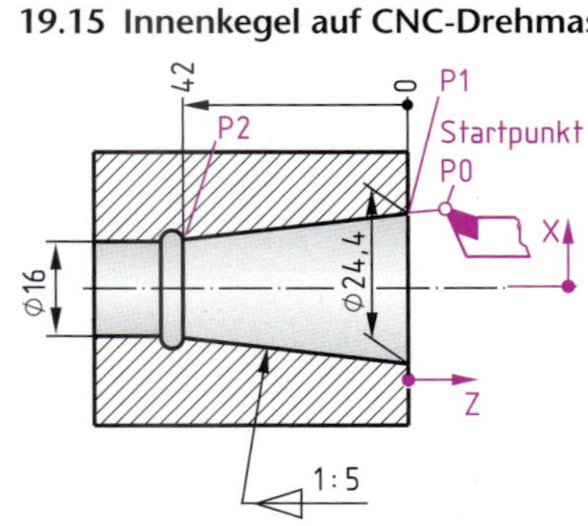

Gesucht:
a) der Kegel-Erzeugungswinkel $\frac{\alpha}{2}$ in Dezimalgraden (auf 3 Stellen nach dem Komma)
b) die Koordinaten des Startpunktes P0 (bei Z = 1,2 mm)
c) die Winkelangabe für den Startpunkt bei Konturzugprogrammierung
d) die Koordinatenwerte des Innenkegels am kleinen Durchmesser (P2)

19.16 CNC-Programmierung als Konturzug

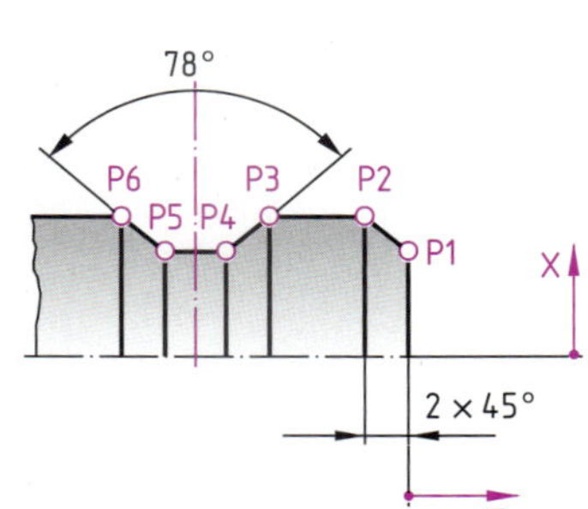

Gesucht:
die Winkelangaben zur (positiven) Z-Achse in den Punkten P1 bis P6

20 Festigkeitsberechnungen

Zugspannung

Konstrukteure/-innen berechnen Maschinenteile sehr genau und tragen eine große Verantwortung für die Sicherheit von Menschen und Produktionsmitteln. Für vereinfachte Berechnungen sind die folgenden Schritte notwendig.

1. Ermittlung der auf die Bauteile wirkenden Kräfte
2. Bestimmung des gefährdeten Querschnittes
3. Festlegung der Sicherheitszahl
4. Berechnung der zulässigen Spannung
5. Vergleich der tatsächlich wirksamen Spannung mit der berechneten zulässigen Spannung

Wird ein Stab mit dem Querschnitt *S* durch die Kraft *F* auf Zug belastet, so bildet sich im Werkstoff eine Gegenkraft. Dieser Widerstand bezogen auf die Flächeneinheit mm^2 oder cm^2 heißt Zugspannung σ_z.

$$\text{Zugspannung} = \frac{\text{Kraft}}{\text{Querschnittsfläche}} \qquad \sigma_z = \frac{F}{S}$$

Bezeichnungen:

σ_z die Zugspannung (sprich: sigma z)
F die Kraft (Zugkraft)
S die Querschnittsfläche, die beansprucht wird

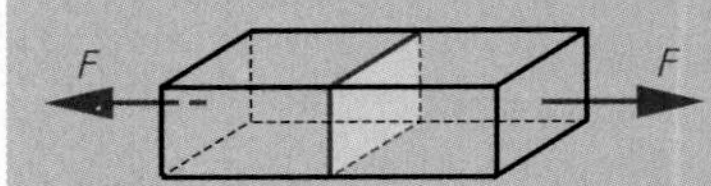

Beispiel: Zugspannung

Ein Quadratstahl 5 mm × 5 mm Querschnitt wird mit einer Zugkraft von $F = 4000$ N belastet. Wie groß ist die Zugspannung σ_z?

Lösung: $S = l \cdot b = 5\ \text{mm} \cdot 5\ \text{mm} = \underline{25\ \text{mm}^2}$

$$\sigma_z = \frac{F}{S} = \frac{4\,000\ \text{N}}{25\ \text{mm}^2} = \underline{\underline{160\ \frac{\text{N}}{\text{mm}^2}}}$$

Werkstoffkennwerte

Ein Bauteil darf bei Belastung nicht bleibend verformt werden.

Bei Werkstoffen **mit ausgeprägter Streckgrenze** (R_e) ist dies die Obergrenze der Belastung.

Beispiel: S235JR (*Stahlbaustahl*)
$R_e = 235\ \frac{\text{N}}{\text{mm}^2}$

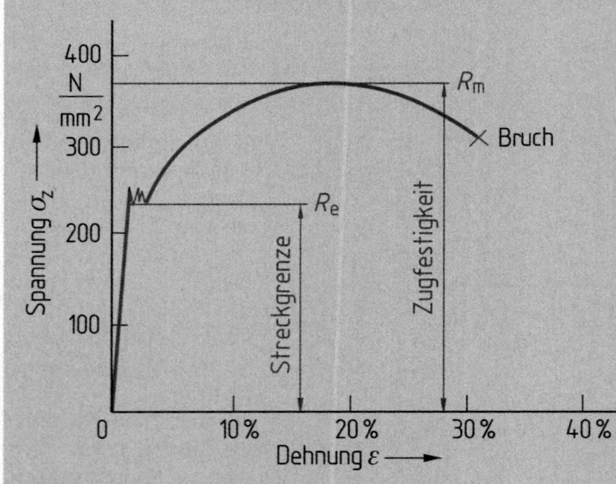

Bereits bei einer Spannung von 235 $\frac{\text{N}}{\text{mm}^2}$ verformt sich der Werkstoff – Er fließt!

Bei Werkstoffen ohne **ausgeprägte Streckgrenze** wird die 0,2%-Dehnungsgrenze ($R_{p\ 02}$) als Obergrenze der maximalen Spannung angegeben.

Beispiel: Baustahl für hochbeanspruchte Teile
S355J2G3 $R_{p\ 02} = 540\ \frac{\text{N}}{\text{mm}^2}$

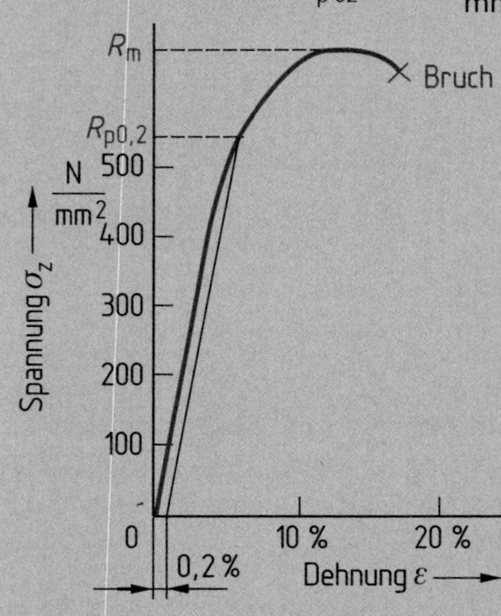

Die 0,2%-Grenze wird durch eine Parallele im Abstand von 0,2% zur Geraden am Kurvenanstieg ermittelt.

Änderung der Bezeichnung von Stählen

früher: St 60 2 — *Gütegruppe 2*
St 60 — *Stahl mit einer Zugfestigkeit von 600* $\frac{\text{N}}{\text{mm}^2}$

heute: nach DIN EN 10027 E335 — *Streckgrenze* $R_e = 335\ \frac{\text{N}}{\text{mm}^2}$
E — *Maschinenbaustahl*

Die aktuelle Europa-Norm hat entscheidende Vorteile:
– Sie gibt direkt die Obergrenze der maximalen Spannung an.
– Als Einheit wird für die Kraft die gesetzliche Einheit Newton verwendet.

Werkstoffkennwerte und Spannungsquerschnitte bei Schrauben

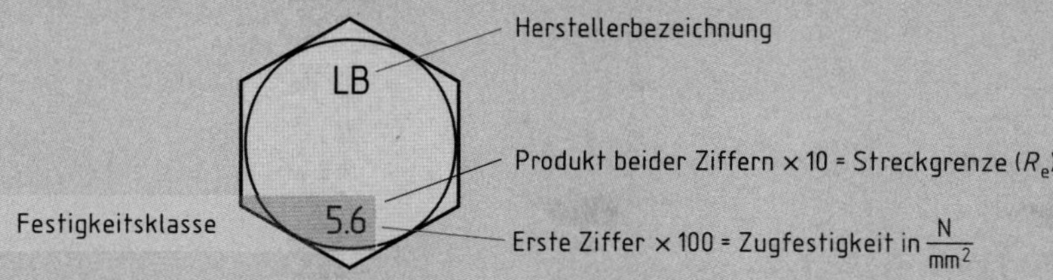

Der Spannungsquerschnitt (*S*) entspricht etwa dem Gewindekernquerschnitt. Er kann dem Tabellenbuch entnommen werden.

Beispiel: Sechskantschraube M12 × 80–10.9

Gesucht:
a) die Zugfestigkeit des Schraubenwerkstoffes
b) die Streckgrenze

Lösung:
a) $R_m = 10 \cdot 100 \frac{N}{mm^2} = \mathbf{1\,000 \frac{N}{mm^2}}$

b) $R_e = 10 \cdot 9 \cdot 10 \frac{N}{mm^2} = \mathbf{900 \frac{N}{mm^2}}$

Die **zulässige Zugspannung** $\sigma_{z\,zul}$ muss deutlich unter der Streckgrenze liegen. Dies wird mit der Sicherheitszahl ν erreicht:

$$\text{Zulässige Spannung} = \frac{\text{Streckgrenze}}{\text{Sicherheitszahl}} \qquad \sigma_{z\,zul} = \frac{R_e}{\nu} \quad \text{bzw.} \quad \sigma_{z\,zul} = \frac{R_{p0,2}}{\nu}$$

Je nach Belastungsart und Gefahrenrisiko gelten unterschiedliche Sicherheitszahlen.

Sicherheitszahl (ν):	
bei ruhender Last:	1,5 … 4
bei schwellender Last:	2 … 5
bei wechselnder Belastung:	3 … 20

Bezeichnungen:

- $\sigma_{z\,zul}$ die zulässige Spannung (sprich: sigma zet zulässig)
- ν die Sicherheitszahl (sprich: nü)
- ε die Dehnung in % (sprich: epsilon)
- R_e die Streckgrenze (*R* von französisch resistance = Widerstand, e = elastischer Bereich)
- R_m die Zugfestigkeit (R von französisch resistance = Widerstand, m = maximal)
- $R_{p\,0,2}$ die 0,2%-Dehngrenze

Beispiel: Zulässige Spannung

Die im Beispiel Zugspannung errechnete Spannung von 160 $\frac{N}{mm^2}$ soll von einem Baustahl S235JR aufgenommen werden. Es ist von einer Sicherheitszahl $\nu = 2{,}5$ auszugehen.
a) Wie groß ist die zulässige Spannung?
b) Darf der Quadratstahl einem Zug von $F = 4000$ N ausgesetzt werden?

Lösung:
a) $\sigma_{z\,zul} = \frac{R_e}{\nu} = \frac{235 \frac{N}{mm^2}}{2{,}5} = 94 \frac{N}{mm^2}$

b) tatsächliche Zugspannung: 160 $\frac{N}{mm^2}$ (laut Berechnung im Beispiel Zugspannung)
zulässige Spannung: 94 $\frac{N}{mm^2}$
Ergebnis: Die zulässige Spannung ist überschritten. Der Quadratstahl darf nicht mit $F = 4000$ N belastet werden!

■ Aufgaben zur Zugfestigkeit

20.1 Belastung eines Flachstahles auf Zug

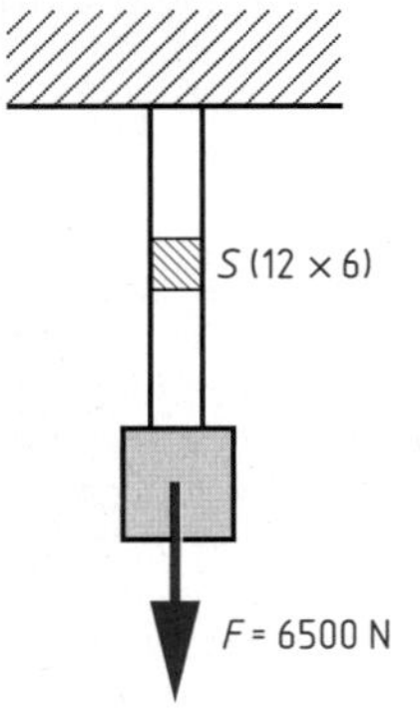

Werkstoff:
S235JRG1

Gesucht:
a) die vorhandene Zugspannung im Flachstahl
b) die zulässige Zugspannung bei einer Sicherheitszahl $\nu = 2{,}5$

20.2 Zuganker aus Rundstahl

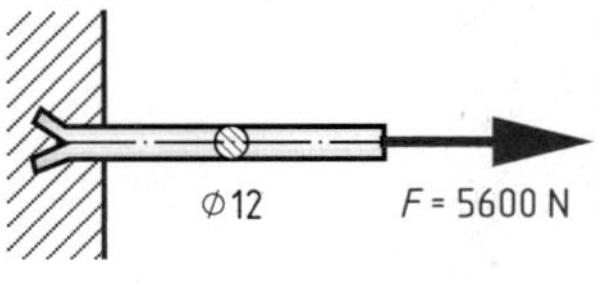

Gesucht:
a) Welche Zugspannung tritt in dem Rundstahl auf?
b) Genügt ein Baustahl S235JRG1 für diese Belastung, wenn eine Sicherheitszahl $\nu = 2{,}5$ gewählt wird?

20.3 Flachstahl auf Zug belastet

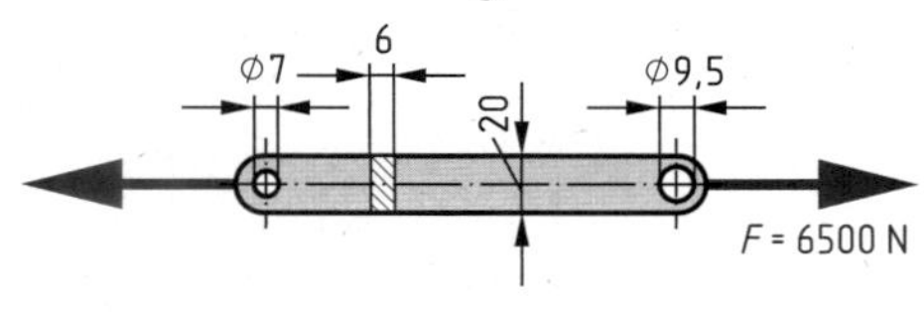

Gesucht:
a) der gefährdete Querschnitt in mm^2
b) die höchste Zugspannung, die dabei auftritt, in $\frac{N}{mm^2}$

20.4 Flachprobestab

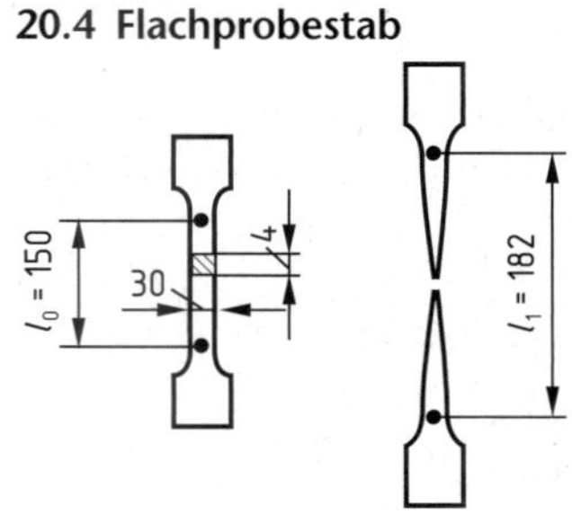

unbelastet   nach dem Bruch

Der Probestab ging bei einer Zugkraft von 43 kN zu Bruch.

Gesucht:
a) die Zugfestigkeit R_m in $\frac{N}{mm^2}$
b) die Dehnung ε in %

20.5 Drahtseil für Personenaufzug

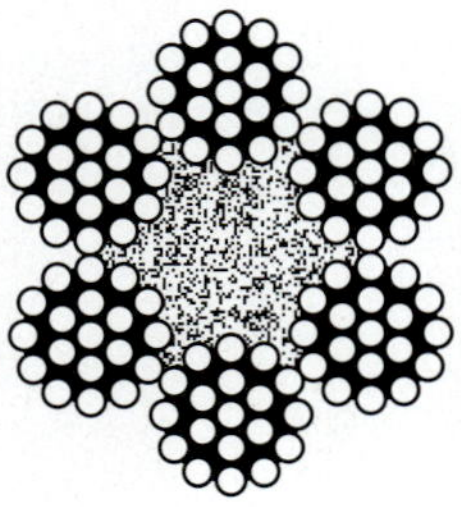

6 Litzen mit je 19 Drähten von ø 0,8 mm;

$R_e = 1\,600\ \frac{N}{mm^2}$

eine erhöhte Festigkeit durch Kaltverformung

Gesucht:
a) der Querschnitt sämtlicher Drähte
b) die zulässige Zugkraft bei 20-facher Sicherheit

20.6 Schrauben für Schubstangenkopf

Die Vorspannung der Schrauben und die schwellende Belastung wird hier nicht berücksichtigt.

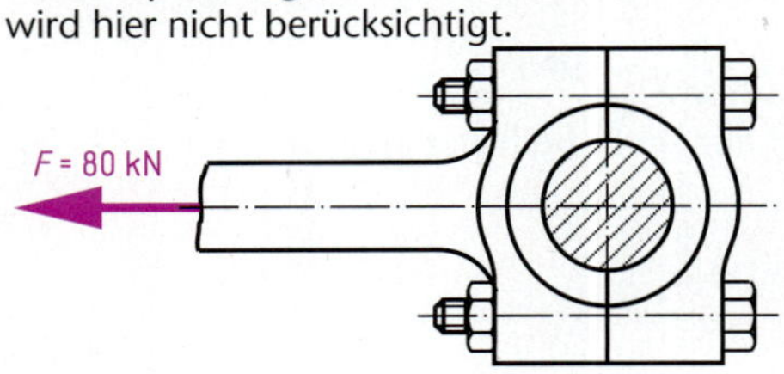

$\sigma_{z\ zul} = 60\ \frac{N}{mm^2}$ (der Schrauben)

Gesucht:
a) der erforderliche Querschnitt der Schrauben
b) der erforderliche Außendurchmesser der Schrauben

20.7 Lasthaken

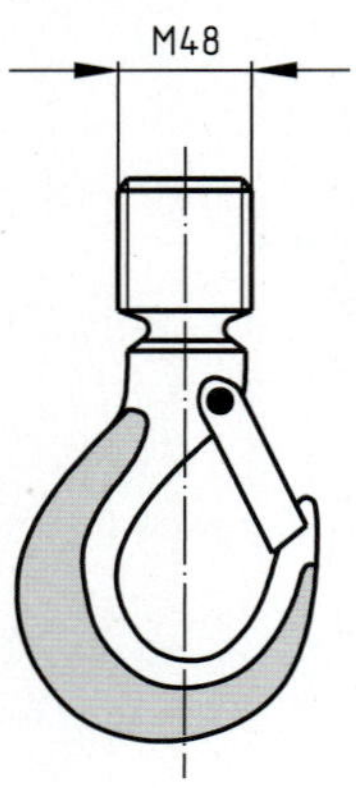

$\sigma_{z\ zul} = 5000\ \frac{N}{cm^2}$

Entnehmen Sie bitte den Spannungsquerschnitt dem Tabellenbuch!

Gesucht:
a) die Tragkraft in N
b) die Sicherheitszahl, wenn ein Stahl mit einer Streckgrenze von $330\ \frac{N}{mm^2}$ verwendet wurde

20.8 Gliederkette

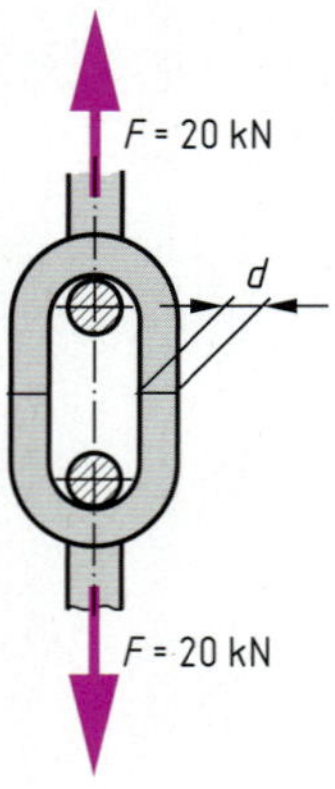

Gesucht:
a) die Zahl der tragenden Querschnitte
b) die erforderliche Fläche bei $\sigma_{z\ zul} = 90\ \frac{N}{mm^2}$
c) der Durchmesser des Kettenstahles in mm

20.9 Ringschraube im Gesenk geschmiedet

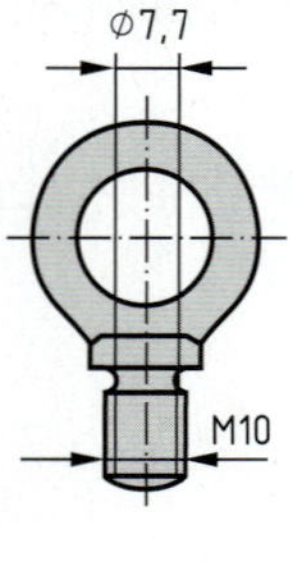

$R_e = 360\ \frac{N}{mm^2}$

Sicherheitszahl $\nu = 7$

(hoch; wegen der Vorspannung der Schraube beim Anziehen)

Gesucht:
a) die zulässige Zugspannung des Werkstoffes
b) die zulässige Last (Masse)

20.10 Ein Zuganker aus E335

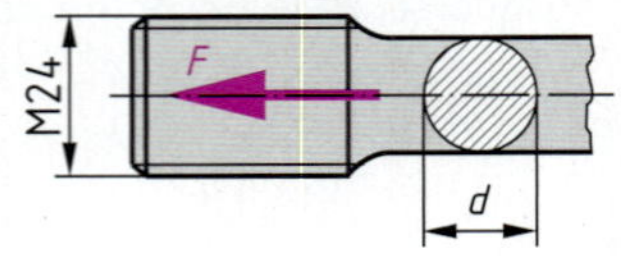

hat eine Kraft von $F = 32$ kN zu übertragen.
Die Sicherheitszahl ist $\nu = 3$.

a) Wie groß ist $\sigma_{z\ zul}$?
b) Welcher Durchmesser d (in ganzen Millimetern) ist zu verwenden?

20.11 Aufhängung aus Kunststoff

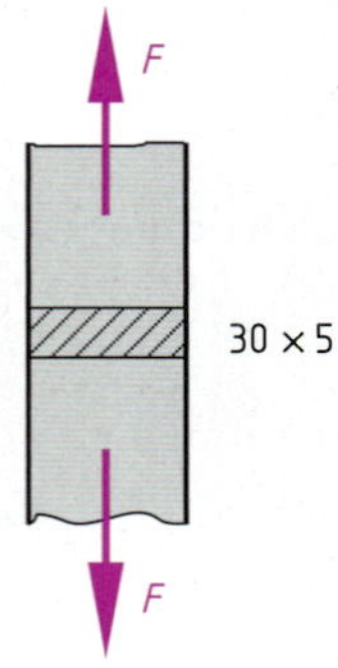

Ein Profil aus Polyamid wird mit der Kraft F belastet.

Die Zugfestigkeit beträgt $R_m = 43\ \frac{N}{mm^2}$.

Es soll mit einer Sicherheitszahl von $\nu_r = 4{,}5$ gerechnet werden.

Gesucht:
a) die erforderliche Kraft beim Bruch
b) die zulässige Belastung F

20.12 Befestigung eines Verschlussdeckels

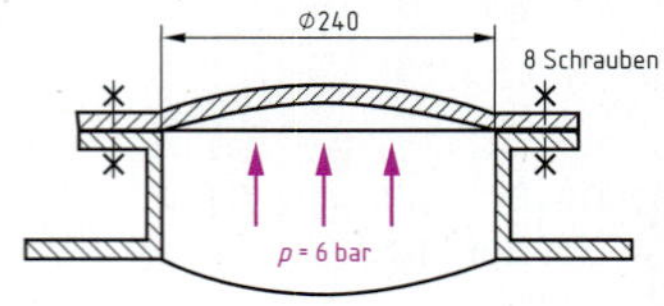

Sind M 10-Schrauben der Festigkeitsklasse 5.6 ausreichend?
Die Vorspannung durch den Anzug der Schrauben wird nicht berücksichtigt.

Gesucht:
a) die Kraft auf den Deckel
b) die vorhandene Zugspannung in den Schrauben
c) die vorhandene Sicherheitszahl

20.13 Leitwerk eines Airbus

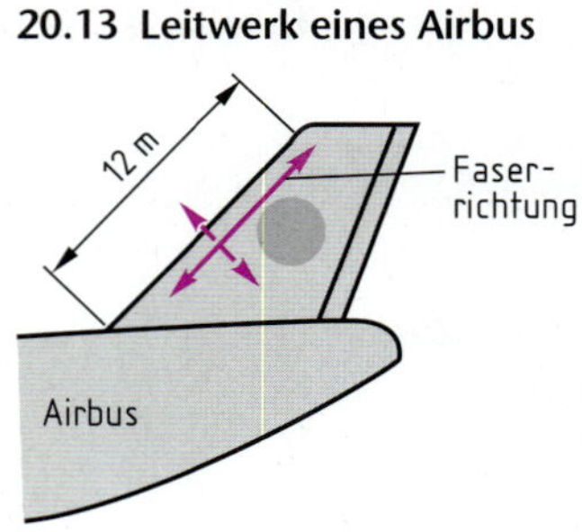

Glasfaserverstärkte Verbundwerkstoffe erreichen sehr hohe Zugfestigkeiten:

$R_m = 4\,000\ \frac{N}{mm^2}$.

Quer zur Faserrichtung sinkt die Zugfestigkeit stark ab:

$R_m = 100\ \frac{N}{mm^2}$.

Gesucht:
a) die theoretische zulässige Zugbelastung in einem Bauteil des Seitenleitwerkes mit einem Querschnitt von 125 mm × 1,8 mm
b) die theoretische zulässige Zugbelastung, wenn das Bauteil quer zur Faserrichtung belastet wird

Beanspruchung auf Druck

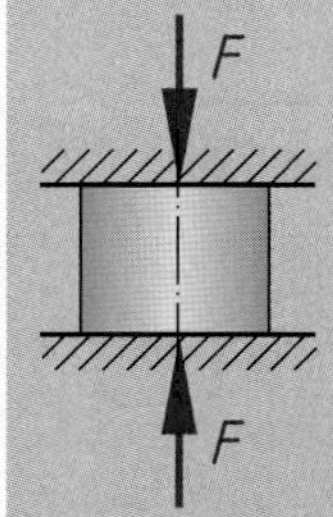

Die Druckspannung σ_d (sprich: Sigma-Druck) berechnet sich ähnlich wie die Zugspannung:

$$\text{Druckspannung} = \frac{\text{Druckkraft}}{\text{Querschnittsfläche}} \qquad \sigma_d = \frac{F}{S}$$

Diese Spannung entsteht **in einem** Werkstück bei Druck.

$$\text{Zulässige Druckspannung} = \frac{\text{Quetschgrenze}}{\text{Sicherheitszahl}} \qquad \sigma_{d\,zul} = \frac{\sigma_{dF}}{\nu}$$

Anstelle der Quetschgrenze σ_{dF} können auch die Streckgrenze $\sigma_{d\,02}$, die Druckfestigkeit σ_{dB} oder die Dauerfestigkeit σ_D treten.
Bei Stahlguss und Stahl wird die Quetschgrenze σ_{dF} eingesetzt.

Bezeichnungen:

σ_d die Druckspannung
σ_{dB} die Druckfestigkeit (sprich: sigma dB)
σ_{dF} die Quetschgrenze
$\sigma_{d\,zul}$ die zulässige Spannung (sprich: sigma d zulässig)
F die Druckkraft
S die Querschnittsfläche

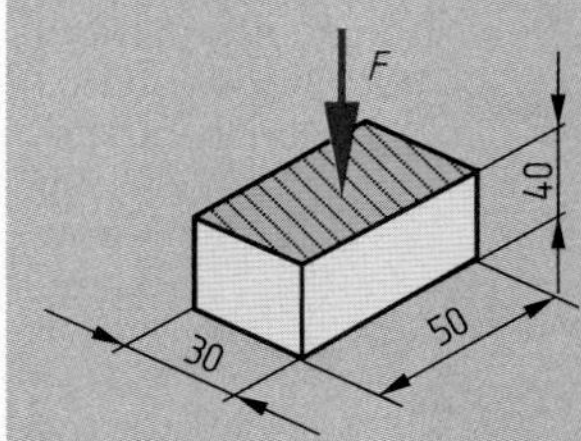

Beispiel: Druckspannung

Ein Maschinenfuß wird durch einen Distanzblock aus EN-GJL-150 abgestützt (Maße siehe Skizze). EN-GJL-150 hat eine Quetschgrenze σ_{dF} von 600 $\frac{N}{mm^2}$. Die Kraft F ist 150 kN.
a) Wie groß ist die belastete Fläche?
b) Wie groß ist die entstehende Druckspannung σ_d?
c) Darf der Block bei einer Sicherheitszahl von $\nu = 4$ mit dieser Druckkraft belastet werden?

Lösung: a) $S = l \cdot b = 5\text{ cm} \cdot 3\text{ cm} = \mathbf{15\ cm^2}$

b) $\sigma_d = \frac{F}{S} = \frac{150\text{ kN}}{15\text{ cm}^2} = \frac{150 \cdot 1000\text{ N}}{15 \cdot 100\text{ mm}^2} = 100\ \frac{N}{mm^2}$

c) $\sigma_{d\,zul} = \frac{\sigma_{dF}}{\nu} = \frac{600\text{ N}}{4\text{ mm}^2} = 150\ \frac{N}{mm^2} < \sigma_d = 100\ \frac{N}{mm^2} \Rightarrow$ Der EN-GJL-150-Block darf mit 150 kN belastet werden.

Die Flächenpressung wird ähnlich wie die Druckspannung berechnet:

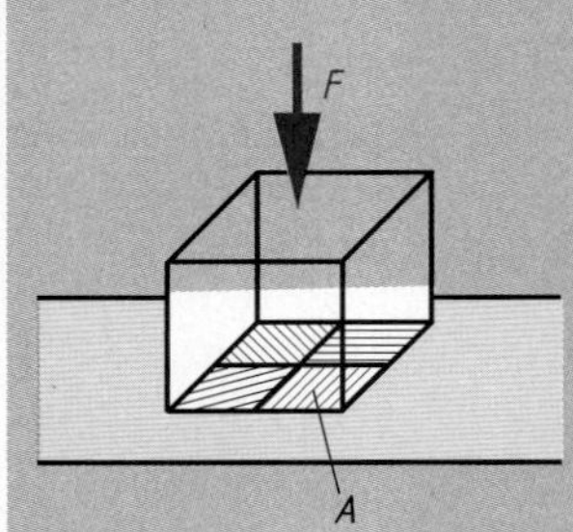

$$\text{Flächenpressung} = \frac{\text{Kraft}}{\text{Berührungsfläche}} \qquad p = \frac{F}{A}$$

Diese Spannung entsteht **zwischen zwei** Werkstücken bei Druck.

Bezeichnungen:

p die Flächenpressung
p_{zul} die zulässige Flächenpressung (sprich: p zulässig)
F die Kraft
A die Berührungsfläche

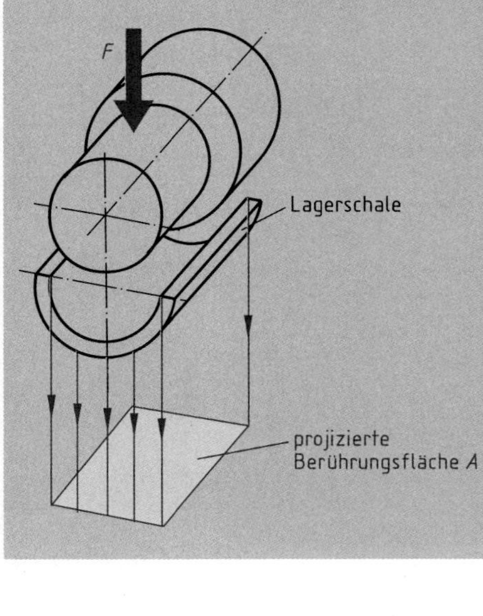

Beispiel Lagerschale

Anmerkung: Bei zylindrischen Lagerstellen ist die projizierte Berührungsfläche der Rechnung zu Grunde zu legen.

die Länge des Lagerzapfens: 50 mm
der Innendurchmesser des Lagers: 70 mm
die zulässige Flächenpressung: 15 $\frac{N}{mm^2}$

Gesucht: die zulässige Kraft F

Lösung: $A = l \cdot b = 70\text{ mm} \cdot 50\text{ mm} = 3500\text{ mm}^2$

$F = A \cdot p_{zul} = 3500\text{ mm}^2 \cdot 15\ \frac{N}{mm^2} = \mathbf{52\,500\ N}$

Beanspruchung auf Abscheren

Scherspannung berechnen

Der Werkstoff soll nicht getrennt werden.

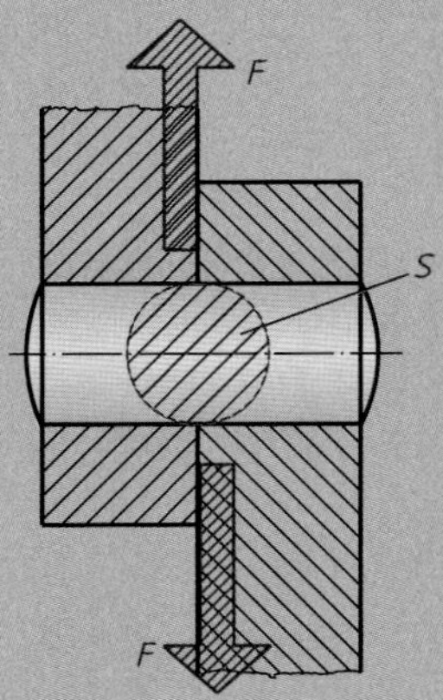

Die nebenstehende Stiftverbindung wird auf Schub beansprucht:

$$\text{Scherspannung} = \frac{\text{Scherkraft}}{\text{Scherfläche}} \qquad \tau_a = \frac{F}{S}$$

Da der Werkstoff **nicht** getrennt werden soll, gilt:

$$\text{Zulässige Scherspannung} = \frac{\text{Scherfestigkeit}}{\text{Sicherheitszahl}} \qquad \tau_{a\,zul} = \frac{\tau_{aF}}{\nu}$$

Bei Metallen gilt überschlagsweise:

$$\text{Scherfließgrenze} \approx 0{,}6 \cdot \text{Streckgrenze} \qquad \tau_{aF} \approx 0{,}6 \cdot R_e$$

Bezeichnungen:

- τ_a die Scherspannung sprich: tau a
- $\tau_{a\,zul}$ die zulässige Scherspannung sprich: tau a zul
- τ_{aF} die Scherfließgrenze
- F die Scherkraft
- S die Scherfläche, die Querschnittsfläche
- R_e die Streckgrenze des Werkstoffes
- ν die Sicherheitszahl

Hinweis: Es gibt ein- und mehrschnittige Verbindungen.

Beispiel: Stiftverbindung

Der oben skizzierte Zylinderstift hat einen Durchmesser von 5 mm. Er ist aus E295 hergestellt. Die Sicherheitszahl soll $\nu = 2{,}5$ betragen.

Gesucht: a) die Scherfließgrenze des E295
b) die zulässige Scherspannung $\tau_{a\,zul}$
c) die zulässige Kraft F

Lösung: a) $\tau_{aF} \approx 0{,}6 \cdot R_e = 0{,}6 \cdot 295 \frac{\text{N}}{\text{mm}^2} = \underline{\underline{177 \frac{\text{N}}{\text{mm}^2}}}$

b) $\tau_{a\,zul} = \frac{\tau_{aF}}{\nu} = \frac{177 \frac{\text{N}}{\text{mm}^2}}{2{,}5} = \underline{\underline{70{,}8 \frac{\text{N}}{\text{mm}^2}}}$

c) $S = \frac{\pi}{4} \cdot d^2 = \frac{\pi}{4} \cdot (5\ \text{mm})^2 = \underline{19{,}63\ \text{mm}^2}$

$F = S \cdot \tau_{a\,zul} = 19{,}63\ \text{mm}^2 \cdot 70{,}8 \frac{\text{N}}{\text{mm}^2} \approx \underline{\underline{\mathbf{1\,390\ N}}}$

Abscheren (Trennen)

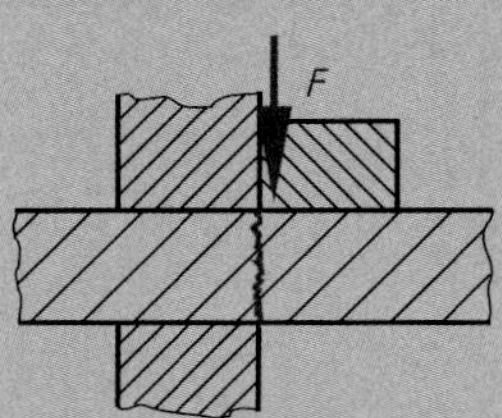

Der Werkstoff **soll durchgetrennt** werden.

$$\text{Scherkraft} = \text{Scherfläche} \times \text{Scherfestigkeit}$$

$$F = S \cdot \tau_{aB}$$

$$\tau_{aB} \approx 0{,}8 \cdot R_m$$

Bezeichnungen:

R_m Zugfestigkeit des Werkstoffes

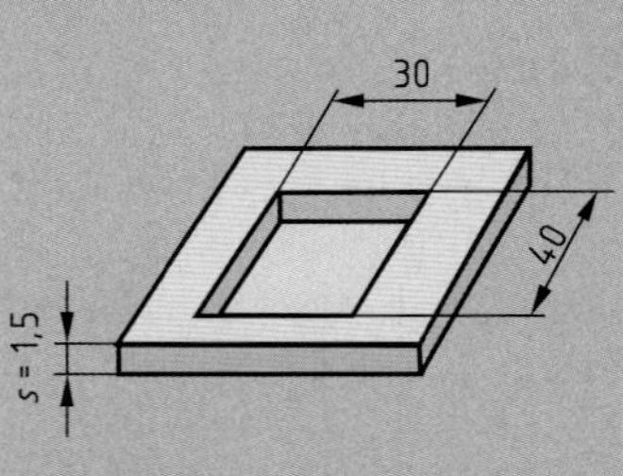

Beispiel: Trennen eines Werkstückes aus S235J2G3

Gesucht: a) die Größe der Scherfläche
b) die Scherkraft bei einer Scherfestigkeit lt. Tabelle von $R_m = 340 - 470 \frac{\text{N}}{\text{mm}^2}$

Lösung: die Größe der Trennfläche

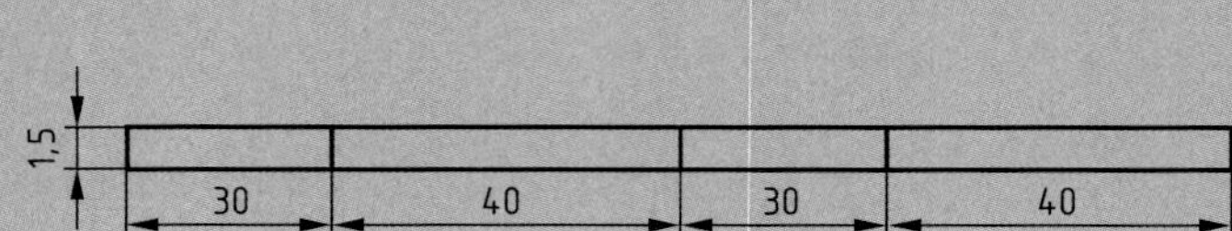

a) $l = 2\,(l + b) = 2\,(30\ \text{mm} + 40\ \text{mm}) = \underline{140\ \text{mm}}$

$S = l \cdot b = 140\ \text{mm} \cdot 1{,}5\ \text{mm} = \underline{\underline{\mathbf{210\ mm^2}}}$

b) $\tau_{aB} \approx 0{,}8 \cdot R_m = 0{,}8 \cdot 470 \frac{\text{N}}{\text{mm}^2} = \underline{376 \frac{\text{N}}{\text{mm}^2}}$

Für die Berechnung der Abscherkraft ist der größte Wert von R_m zu berücksichtigen.

$F = S \cdot \tau_{aB} = 210\ \text{mm}^2 \cdot 376 \frac{\text{N}}{\text{mm}^2} = \underline{78\,960\ \text{N}} = \underline{\underline{\mathbf{78{,}96\ kN}}}$

20.14 Druckspannung

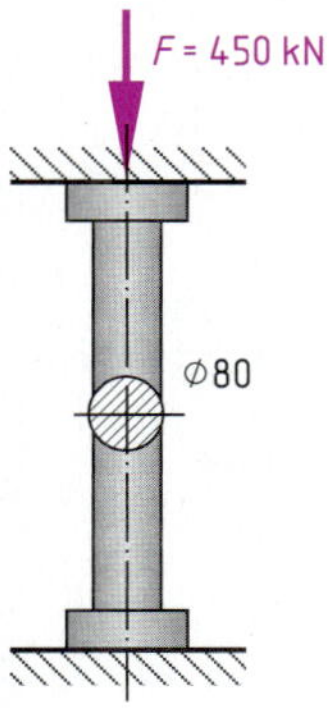

Eine kurze massive, zylindrische Säule aus EN-GJL-150 mit einem Durchmesser von 80 mm wird mit einer Druckkraft $F = 450$ kN belastet. EN-GJL-150 hat eine Quetschgrenze $\sigma_{dF} = 600 \frac{N}{mm^2}$.

a) Wie groß ist die belastete Fläche?
b) Wie groß ist die Druckspannung σ_d?
c) Darf die Säule bei einer Sicherheitszahl $v = 4$ mit dieser Druckkraft belastet werden?

20.15 Schwingmetall-Puffer

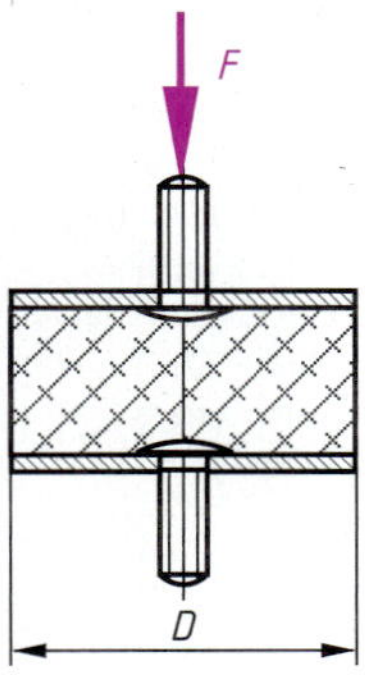

können stoßartige Druckspannungen von 5 bis 40 $\frac{N}{cm^2}$ aufnehmen.

Gesucht:
die Kraft F in N bei:

$\sigma_{d\,zul} = (\frac{N}{cm^2})$	40	20	15
D (mm)	40	75	100

20.16 Ist eine gehärtete Druckplatte notwendig?

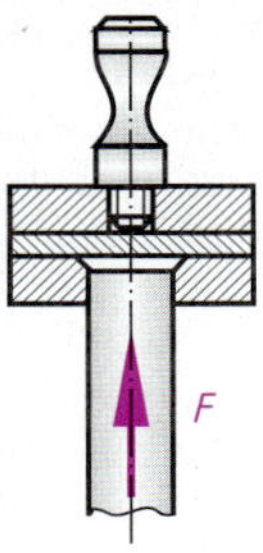

Die Flächenpressung darf ohne gehärtete Druckplatte 250 $\frac{N}{mm^2}$ nicht übersteigen:

	Schnittkraft F	Durchmesser
Stempel I	5000 N	6 mm
Stempel II	40000 N	15 mm
Stempel III	14000 N	8 mm

Gesucht:

die jeweilige Flächenpressung in $\frac{N}{mm^2}$

Anmerkung: Die Stauchung des Stempels bleibt unberücksichtigt.

20.17 Fließpressen einer Filmbüchse

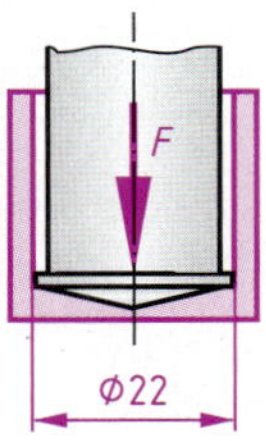

Das weiche Reinaluminium erfordert einen Druck von $p = 480 \frac{N}{mm^2}$, damit es zum Fließen kommt.

Wie groß ist die zum Pressen notwendige Kraft F in kN?

Die Stempelschräge ist überhöht gezeichnet.

20.18 Belastung einer Lagerschale

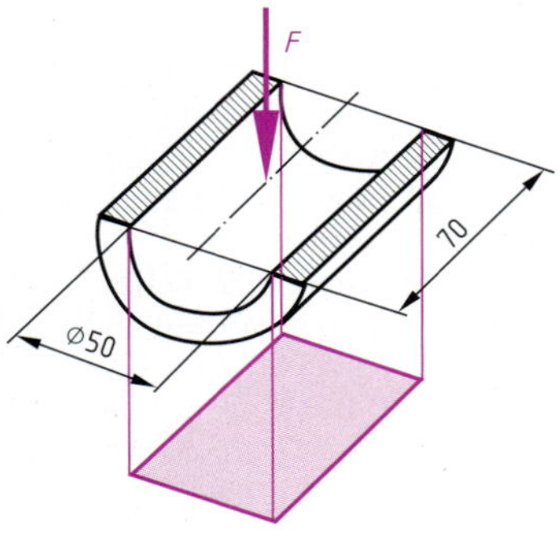

Es ist eine maximale Pressung von

$p = 8 \frac{N}{mm^2}$ zugelassen.

Wie groß darf die Belastung F maximal werden?

20.19 Nietverbindungen sind auf Abscherung zu berechnen.

Bei vollständiger Berechnung müsste auch die Reibung und der Lochleibungsdruck berücksichtigt werden.

Nietwerkstoff: S235JR

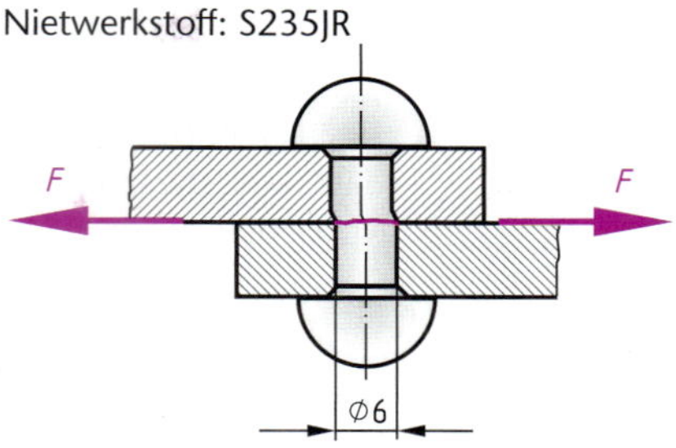

Gesucht:
a) die Kraft, die den Niet durch Abscheren zerstören würde
b) die zulässige Beanspruchung bei 5-facher Sicherheit

20.20 Bolzen einer Seilrolle aus E335

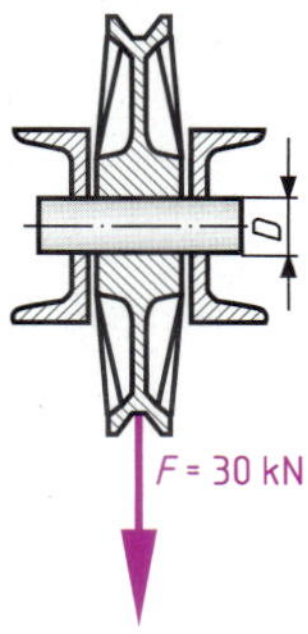

5-fache Sicherheit

Gesucht:

a) $\tau_{a\,zul}$ in $\frac{N}{mm^2}$
b) der erforderliche Scherquerschnitt in mm²
c) der erforderliche Bolzendurchmesser in mm
d) die Scherspannung in $\frac{N}{mm^2}$, wenn wegen der Durchbiegung ein Bolzen von Ø 55 mm gewählt wurde

20.21 Zweireihige Laschennietung

Reibung und Lochleibungsdruck werden nicht berücksichtigt.

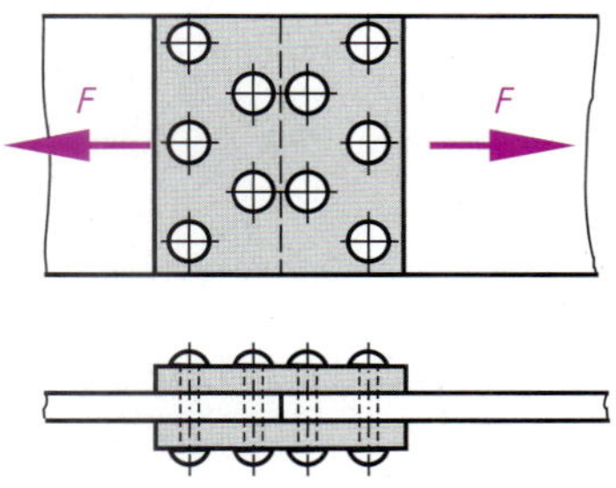

Die Niete haben einen Schaftdurchmesser von 5 mm. Sie sind aus E295 und erlauben eine zulässige Scherspannung von $\tau_{a\,zul} = 80 \frac{N}{mm^2}$.

Gesucht:
die zulässige Höchstkraft F in N

20.22 Kerbstift (Festigkeitsklasse 6.8)

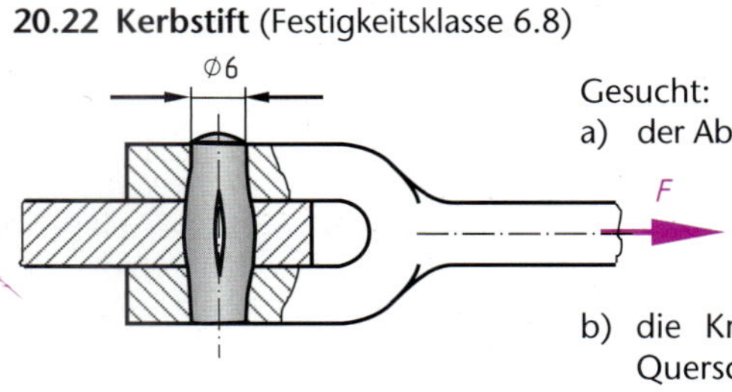

Gesucht:
a) der Abscherquerschnitt
b) die Kraft F, um den Querschnitt abzuscheren

20.23 Geklebtes Rohr

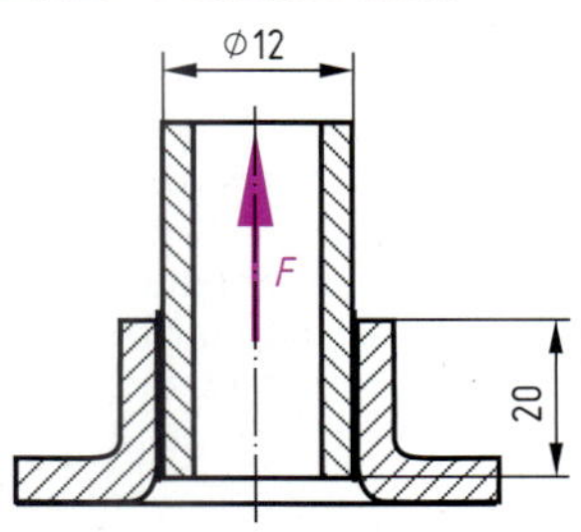

einwandfrei vorbehandelt, warm ausgehärtet,

$\tau_{aB} = 40 \frac{N}{mm^2}$ in der Klebenaht

Gesucht:
a) die Bruchlast F in N
b) die zulässige Belastung in N, wenn die Sicherheitszahl $v = 6$ ist

20.24 Überlappte Klebung

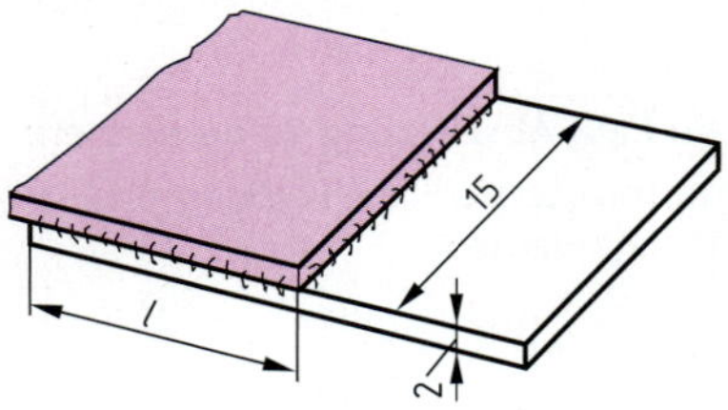

Aluminium:

$R_m = 100 \frac{N}{mm^2}$

die Scherfestigkeit der Klebenaht:

$15 \frac{N}{mm^2}$

Gesucht:
die Klebelänge *l*, um die gleiche Festigkeit wie im Aluminium zu erzielen

20.25 Scherkraft

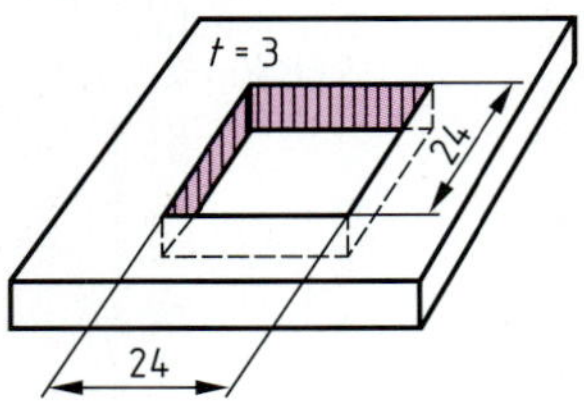

Gesucht:
a) die Länge der Trennlinie
b) Wie groß ist die erforderliche Schneidkraft bei $\tau_{aB} = 320 \frac{N}{mm^2}$?

20.26 Schneidkraft bei stumpfem bzw. scharfem Werkzeug

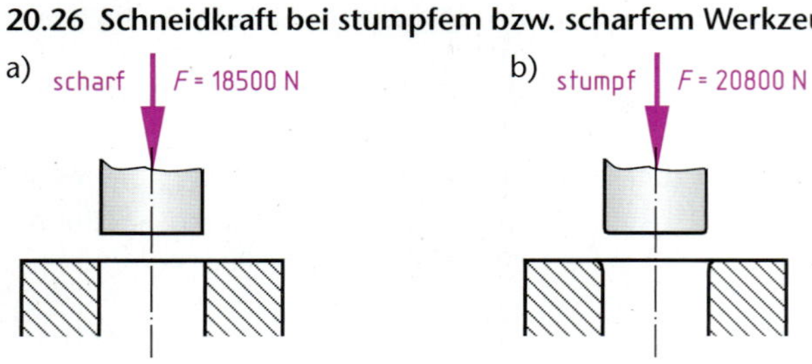

Stempeldurchmesser jeweils 20 mm, Werkstoffdicke jeweils 1 mm

Gesucht: die jeweilige Scherspannung beim Lochen in $\frac{N}{mm^2}$

20.27 Scherkraft

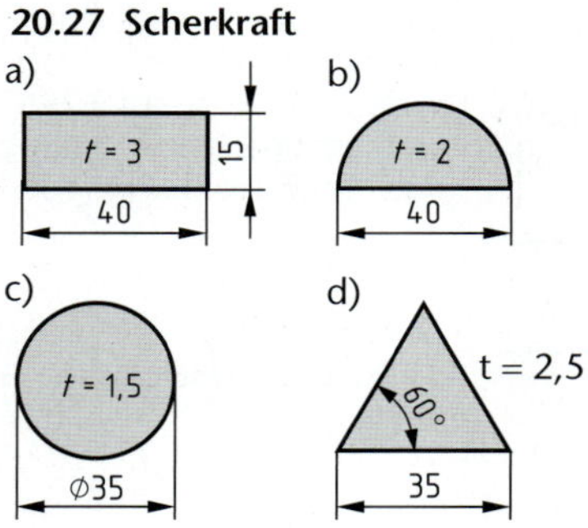

der Werkstoff: E295
die Zugfestigkeit R_m: siehe TB

Gesucht:
die jeweilige Scherkraft, wenn die Scherfestigkeit $\frac{4}{5}$ der Zugfestigkeit beträgt

▶ 20.28 Kupplung mit 2 Stiften aus E335

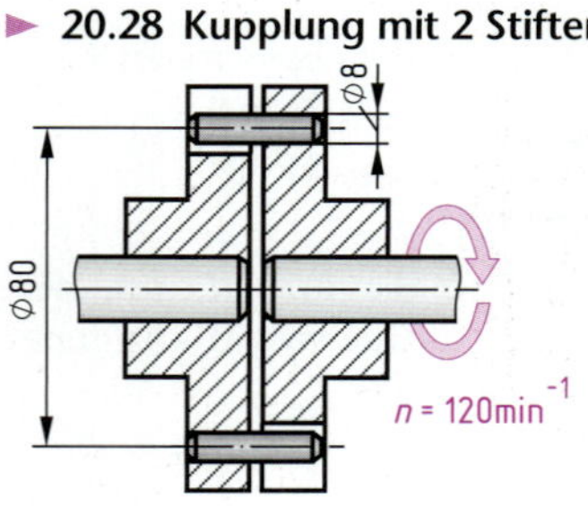

Gesucht:
a) Welche Kraft kann die beiden Stifte abscheren?
b) die übertragbare Leistung in kW bei 8-facher Sicherheit, wenn nur auf Abscherung gerechnet wird

20.29 Griff, befestigt mit Passstift aus E335

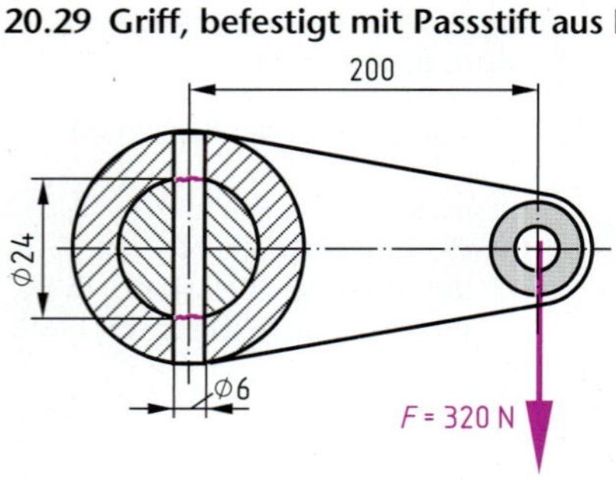

Gesucht:
a) die Scherspannung in den belasteten Querschnitten
b) die vorhandene Sicherheitszahl

20.30 Armband einer Uhr

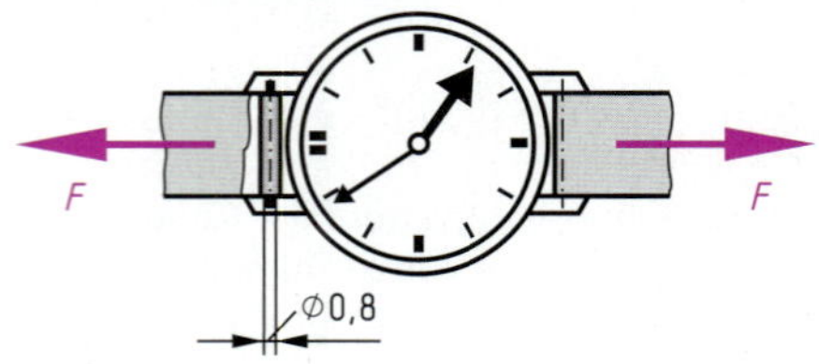

Die Steckstifte zur Verbindung von Gehäuse und Armband einer Uhr sind aus E335.

a) Wie viel schnittig ist die Verbindung an den Steckstiften?
b) Wie hoch kann die Zugkraft *F* werden, wenn ein Sicherheitsfaktor *v* von 2,5 angesetzt werden soll?
c) Wie groß ist die Kraft *F* beim Bruch des Steckstiftes?

20.31 Klebeverbindung: Welle – Nabe

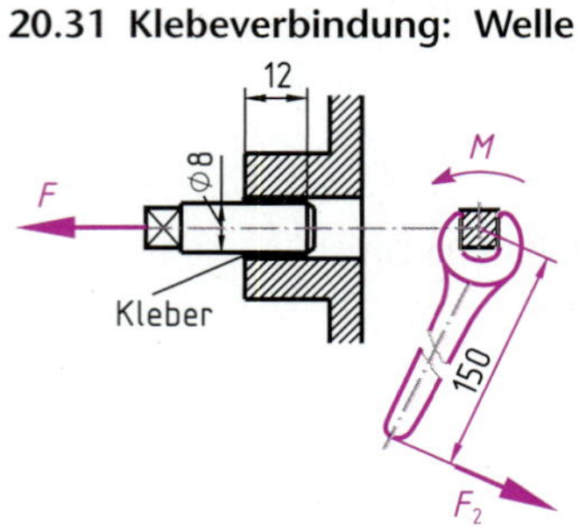

die Scherfestigkeit der Klebestelle $\tau_{aB} = 40 \frac{N}{mm^2}$

Gesucht:
a) die Kraft *F* in Achsrichtung, um die geklebte Naht zu zerstören
b) das maximal übertragbare Drehmoment *M* am Klebebolzen in Ncm
c) die maximale Kraft F_2 bei Verwendung eines Gabelschlüssels

20.32 Geklebte Frontscheibe eines Pkw

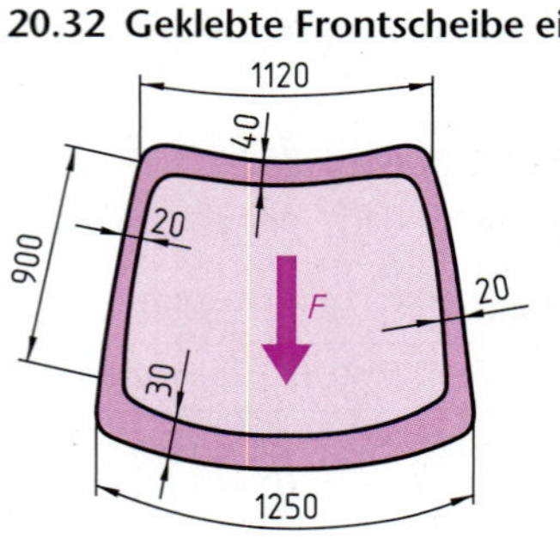

Gesucht:
a) die Größe der Klebefläche; zu berechnen als Näherung aus Länge × Breite (im Bild rot) in dm^2
b) die Kraft *F*, welche die Klebefläche auf Schub aushält; die Scherfestigkeit $\tau_{aB} = 30 \frac{N}{mm^2}$

20.33 Eingeklebter Kugelgriff

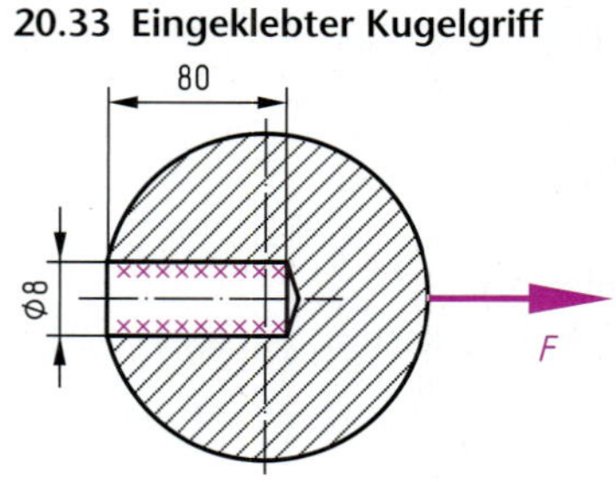

Die geklebte Fläche ist in der Schnittzeichnung durch xxxxxx gekennzeichnet. Die Scherfestigkeit der Klebenaht wird mit $\tau_{aB} = 20 \frac{N}{mm^2}$ angenommen.

Gesucht:
a) die Kraft *F*, mit der der Griff abgezogen werden kann
b) die zulässige Zugkraft *F*, wenn eine 8-fache Sicherheit gewählt wird

20.34 Abdeckblech aus S275J2G3

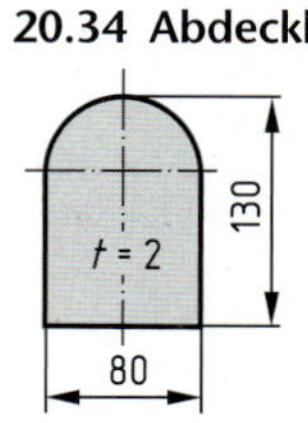

$R_m = 410 \ldots 560 \frac{N}{mm^2}$

Gesucht:
a) die Scherfläche *S* in mm^2
b) die erforderliche Scherkraft *F* in kN

Beanspruchung auf Biegung

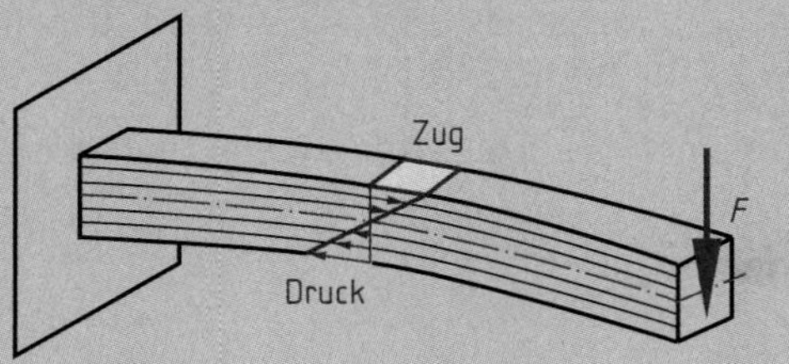

Ein einseitig eingespannter Träger (siehe Skizze) wird bei Belastung durch die Kraft F gebogen. Die Biegebeanspruchung bewirkt im oberen Teil des Trägers Dehnungen (Zugspannungen) und im unteren Teil Stauchungen (Druckspannungen). In der Mitte liegt die neutrale Faser. Sie unterliegt keiner Spannung.

Bei der Berechnung auf Biegebeanspruchung wird die größte Spannung am gefährdeten Querschnitt berechnet:

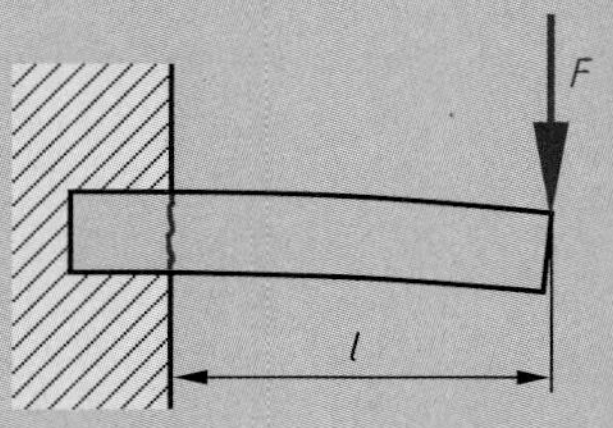

$$\text{Biegespannung} = \frac{\text{Biegemoment}}{\text{Widerstandsmoment gegen Biegung}} \qquad \sigma_b = \frac{M_b}{W_b}$$

Bezeichnungen:

- F die Kraft
- σ_b die Biegespannung
- σ_{bzul} die zulässige Biegespannung
- M_b das Biegemoment
- W_b das Widerstandsmoment
- l der Abstand der Kraft vom Unterstützungspunkt oder evtl. der Abstand der zwei Stützen

Es ist für die Rechnung zweckmäßig, alle Maße in cm einzusetzen.

Berechnung von Biegemomenten

Einseitig eingespannter Träger (obiges Beispiel):

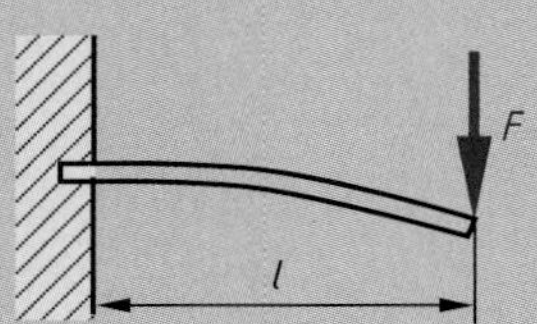

$$M_b = F \cdot l$$

Träger auf zwei Stützen:

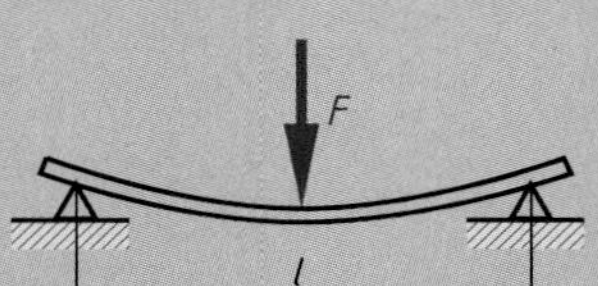

$$M_b = \frac{F \cdot l}{4}$$

Berechnung von Widerstandsmomenten

mit verschiedenen Querschnitten

Rechteck (flach)

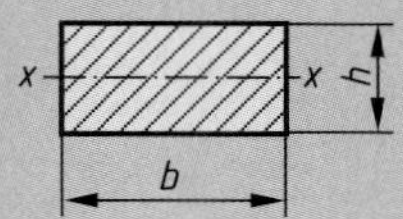

$$W_b = \frac{b \cdot h^2}{6}$$

Kreis

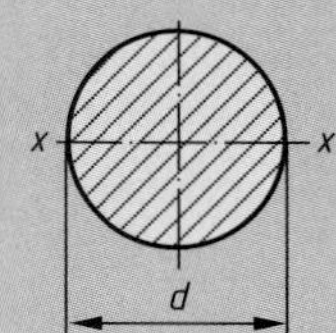

$$W_b = \frac{\pi \cdot d^3}{32} \approx 0{,}1 \cdot d^3$$

I-Träger

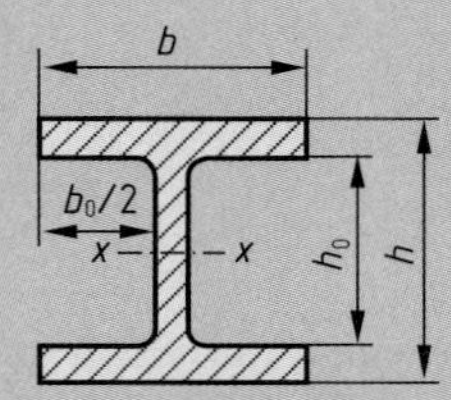

$$W_b = \frac{b \cdot h^3 - b_0 \cdot h_0^3}{6\,h}$$

20.35 Einseitig eingespannter Träger

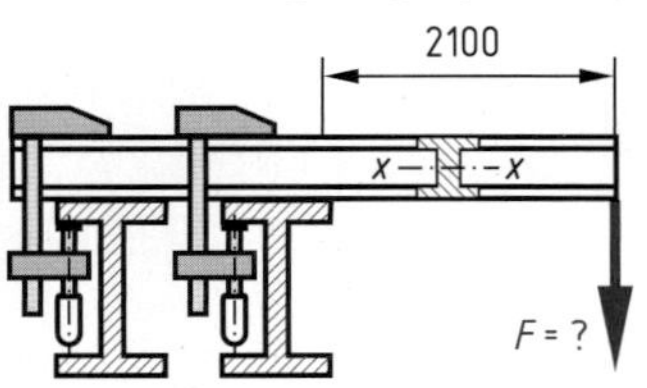

Ein breit- und parallelflanschiger Träger nach DIN 1025 hat eine Höhe von 160 mm und lt. Tabelle ein Widerstandsmoment von $W_b = 311\ \text{cm}^3$ in der x–x-Achse.

$\sigma_{b\,zul} = 8\,000\ \frac{\text{N}}{\text{cm}^2}$.

Wie groß darf die Kraft F werden?

Die Belastung der Schraubzwingen muss getrennt untersucht werden – Dies ist nicht Bestandteil der Aufgabe.

20.36 Gewinde lösen

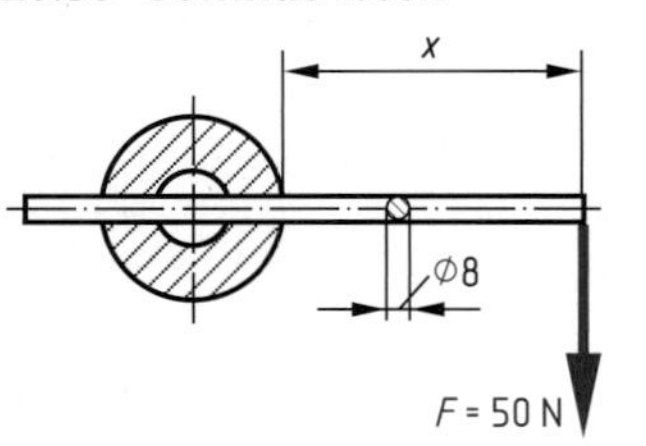

Eine eingeschraubte Hülse hat zum Anziehen und Lösen eine Durchgangsbohrung gemäß Skizze. Es wird ein Präzisionsrundstahl von ø 8 mm durchgesteckt. Die Streckgrenze ist $R_e = 650\ \frac{\text{N}}{\text{mm}^2}$.

Welche Länge x in cm darf gewählt werden, wenn mit einer Sicherheitszahl $\nu = 2$ gerechnet wird?

20.37 Kraft an einer Stahlwelle

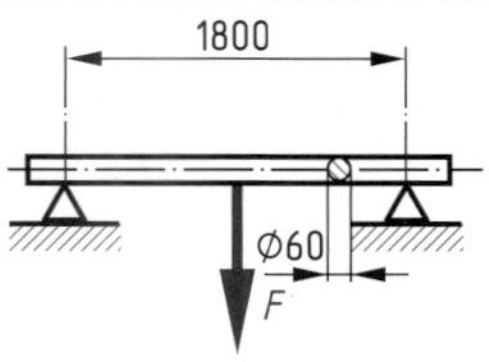

Eine Welle mit 60 mm Durchmesser soll mittig eine Kraft F aufnehmen. Sie wird aus E295 gefertigt.

Sicherheitszahl: $\nu = 5$

Welche Kraft F darf aufgebracht werden?

20.38 Rundstahl von 8 mm Durchmesser in der Betonwand

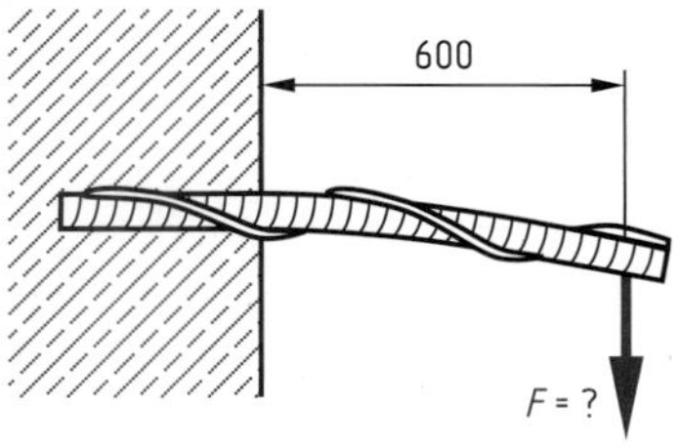

Betonstahl I hat nach DIN 1045 eine Streckgrenze $R_e = 220\ \frac{\text{N}}{\text{mm}^2}$.
Bei 3-facher Sicherheit ist:

$$\sigma_{b\,zul} = 73{,}33\ \frac{\text{N}}{\text{mm}^2} = 7\,333\ \frac{\text{N}}{\text{cm}^2}$$

Welche Kraft F in N darf in 600 mm Entfernung von der Betonwand aufgebracht werden, ohne dass der Rundstahl verbogen wird?

Beanspruchung auf Torsion

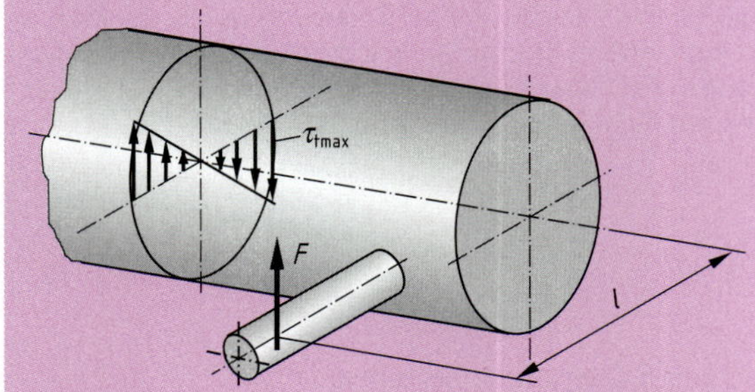

Wirkt eine Kraft F im Abstand l vom Mittelpunkt einer Welle, so ergibt sich hieraus ein Drehmoment M_t auf die Welle, und dadurch wird diese auf Torsion, d. h. auf Verdrehung beansprucht.
Die Torsionsbeanspruchung τ_t ist am Umfang der Welle am größten und hat dort den Wert $\tau_{t\,max}$.
Auf der Wellenachse ist keine Torsionsspannung vorhanden (vgl. nebenstehende Abbildung).

Bei der Berechnung auf Torsionsbeanspruchung wird die größte Torsionsbeanspruchung wie folgt berechnet:

Torsionsmoment = Kraft · senkrechter Hebelarm

$$M_t = F \cdot l_\perp$$

$$\text{Torsionsspannung} = \frac{\text{Torsionsmoment}}{\text{Widerstandsmoment gegen Torsion}}$$

$$\tau_t = \frac{M_t}{W_t}$$

Wie bei allen anderen Beanspruchungen müssen die Konstrukteure/-innen darauf achten, dass die **maximale vorhandene Torsionsspannung τ_t unbedingt kleiner als die zulässige Torsionsspannung** $\tau_{t\,zul}$ ist. Diese berechnet sich gemäß:

$$\text{zulässige Torsionsspannung} = \frac{\text{Streckgrenze}}{\text{Sicherheitszahl}}$$

$$\tau_{t\,zul} = \frac{R_e}{v}$$

Bezeichnungen:
- F die Kraft (in N oder kN)
- $l_\perp$ der zur Kraft F senkrechte Hebelarm (in mm oder cm oder dm oder m)
- τ_t die maximale Torsionsspannung ($\tau_t = \tau_{t\,max}$) $\left(\text{in } \frac{N}{mm^2}\right)$
- M_t das vorhandene Torsionsmoment (in N · m oder N · cm)
- W_t das Widerstandsmoment gegen Torsion des vorhandenen Querschnitts (in mm^3 oder cm^3)
- $\tau_{t\,zul}$ die zulässige Torsionsspannung $\left(\text{in } \frac{N}{mm^2}\right)$

Berechnung der Widerstandsmomente gegen Torsion für häufig vorkommende Querschnitte			
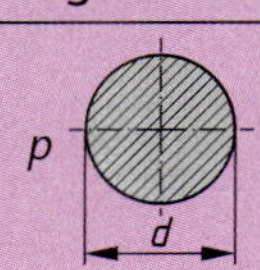	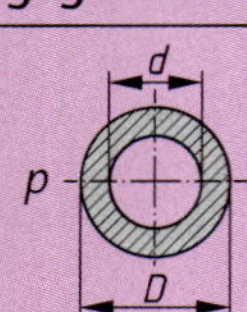	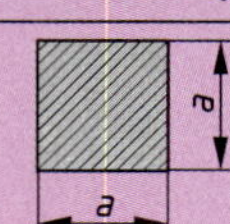	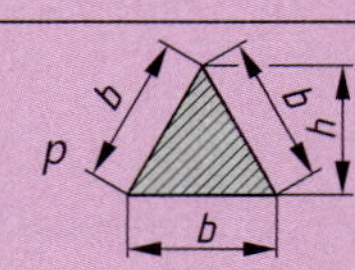
$W_t = \frac{d^3 \cdot \pi}{16}$	$W_t = \frac{\pi}{16} \cdot \frac{D^4 \cdot D^4}{D}$	$W_t = 0{,}208 \cdot a^3$	$W_t = 0{,}05 \cdot b^3 = \frac{h^3}{13}$

Aufgaben zur Beanspruchung auf Torsion

20.39 Torsionsmoment beim Bohren

Beim Bohren in Stahl wirkt ein maximales Torsionsmoment von 35 N · m. Der Bohrer hat einen Durchmesser von 12 mm. Welche Torsionsspannung tritt somit im Bohrerschaft auf?

20.40 Auf Torsion belastete Welle

Eine Welle aus E335 überträgt eine Leistung von 10 kW bei einer Drehzahl von 800 $\frac{1}{min}$. Es soll eine 4-fache Sicherheit gegen Verformung eingehalten werden. Berechnen Sie.
a) das wirkende Drehmoment M_t in N · m
b) den erforderlichen Wellendurchmesser d in mm

20.41 Torsionsbelastete Hohlwelle

Eine Hohlwelle mit d = ? mm und D = 40 mm wird durch ein Torsionsmoment von 850 N · m belastet. Die maximal zulässige Torsionsspannung beträgt 100 $\frac{N}{mm^2}$. Berechnen Sie den somit erforderlichen Innendurchmesser d der Hohlwelle in mm.

20.42 Getriebewelle

Bei einem Zahnrad von z = 50 Zähnen und einem Modul von 6 mm wirkt eine Umfangskraft von 8 kN am Teilkreisdurchmesser. Berechnen Sie.
a) das sich somit ergebende Torsionsmoment in N · m
b) den somit erforderlichen Wellendurchmesser d in mm, wenn die Welle aus 16MnCr5 hergestellt ist und eine Sicherheit gegen plastische Verformung von 4 eingehalten werden soll.

20.43 Zweistufiges Getriebe

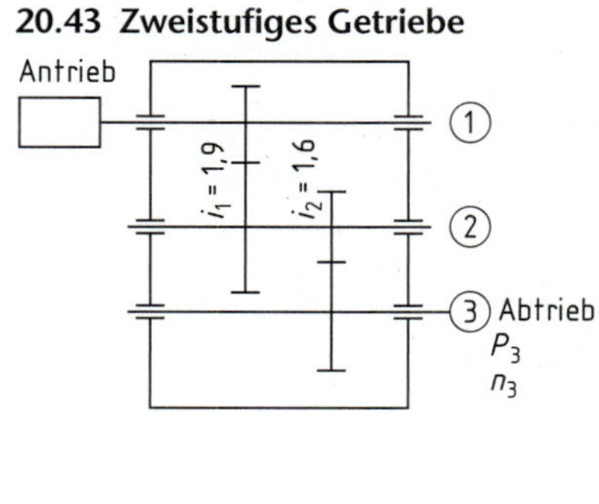

Das abgebildete Getriebe hat eine Abtriebsleistung von P_3 = 5 kW bei einer Drehzahl von n_3 = 450 min^{-1}. Berechnen Sie die erforderlichen Wellendurchmesser für alle drei Wellen aus E295 bei einer geforderten 5-fachen Sicherheit gegen plastische Verformung.

21 Mechanische Arbeit, Leistung und Wirkungsgrad

Mechanische Arbeit

Beim Heben eines Fahrzeuges mit einer Hebebühne wird mechanische Arbeit verrichtet. Auf das Fahrzeug wirkt eine Hubkraft *F*, wobei es einen Weg *s* zurücklegt. Die Arbeit ist umso größer, je größer die Kraft und je größer der Weg sind.

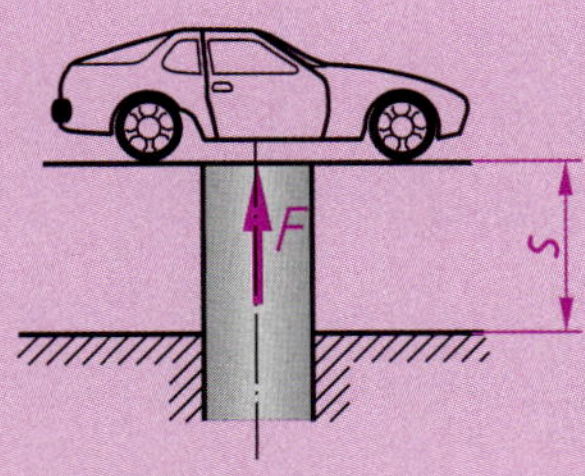

Mechanische Arbeit = Kraft × Kraftweg $W = F \cdot s$

Beispiel: Hebebühne

Ein Fahrzeug mit der Gewichtskraft F = 9,6 kN wird mit einer Hebebühne auf eine Höhe von 1,8 m gehoben. Welche Arbeit ist zu verrichten?

Lösung: $W = F \cdot s$ $W = 9600\,\text{N} \cdot 1{,}8\,\text{m} = \underline{17280\,\text{N} \cdot \text{m}}$

Einheiten: Aus dem Beispiel ergibt sich als Einheit für die Arbeit: Newton × Meter = **N · m**

Bezeichnungen:
- W die Arbeit
- F die Kraft
- s der Kraftweg

1 J = 1 W · s 1 N · m = 1 J (Joule, sprich: dschul) Joule, englischer Physiker (1818–1889)

Aufgaben zur mechanischen Arbeit

21.1 Kran

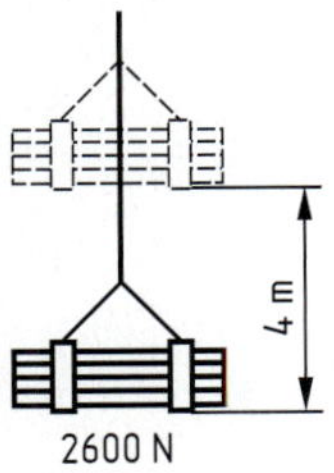

Ein Kran hebt Werkstoffe auf eine gewünschte Arbeitshöhe. Welche Hubarbeit ist aufzuwenden?

21.2 Sägen

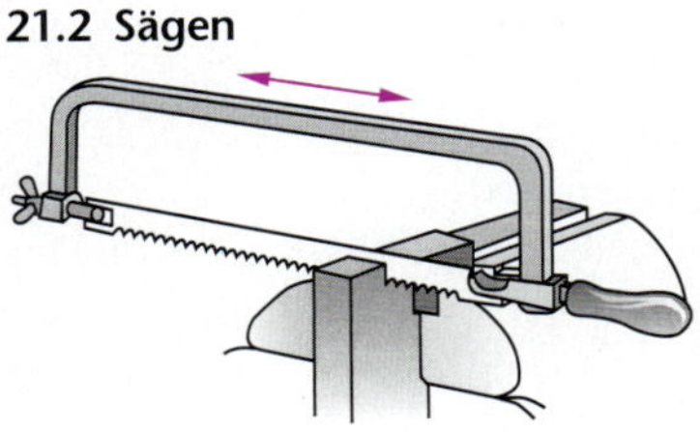

Beim Handsägen eines Werkstückes aus Stahl wurde in Arbeitsrichtung eine mittlere Kraft $F_1 = 100$ N und für den Rückhub der Säge eine mittlere Kraft $F_2 = 20$ N gemessen.
Berechnen Sie die Arbeit, wenn zum Durchsägen des Werkstückes 330 Doppelhübe notwendig sind und der Sägenhub $s = 300$ mm beträgt.

21.3 Aufzug für den Fernsehturm

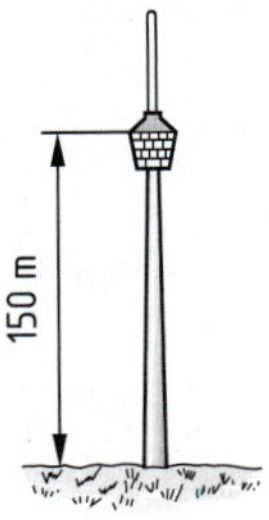

Der Aufzug ist ausgelegt für eine mechanische Arbeit von 2,4 MJ bei einer Aufzugsfahrt.
Wie viele Personen dürfen zusteigen, wenn die Kabine mit 1,5 kN und eine Person mit 750 N Gewichtskraft angesetzt werden?

21.4 Hubarbeit im Walzwerk

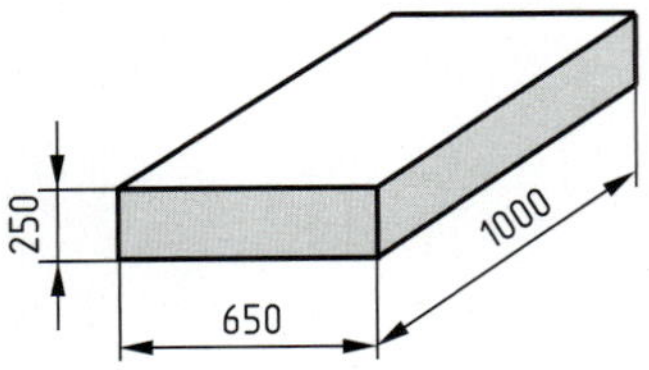

Die Stahlbramme aus E 335 wird aus einem Ofen mit einem Kran 6,8 m hoch gehoben.
Welche Hubarbeit in kN · m ist notwendig?

21.5 Kranarbeit mit U-Stahl

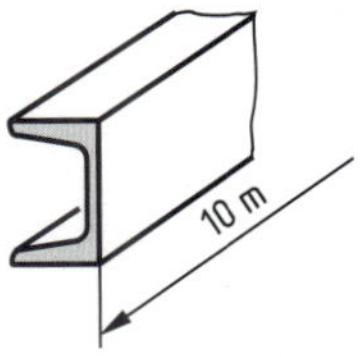

U-Profil DIN 1026–U300–S235JR wird von einem Kran angehoben.
Wie hoch wird der Träger gehoben, wenn eine Arbeit von W = 16,17 kJ verrichtet wird?

21.6 Pumpspeicherwerk

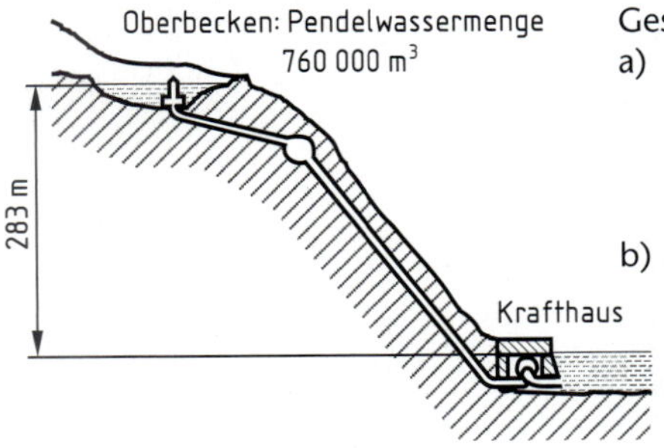

Gesucht:
a) Berechnen Sie die gespeicherte mechanische Arbeit (potenzielle Energie).
b) Welcher gespeicherten elektrischen Arbeit in kW · h entspricht dies?

21.7 Arbeit an einem Kurbeltrieb

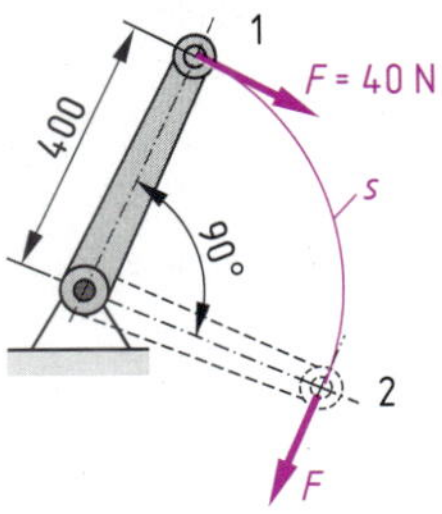

Die Kurbel wird um 90° verdreht.
Wie groß ist die dazu nötige Arbeit W in N · m?

Mechanische Leistung

Kann ein Fahrzeug auf einer Hebebühne in 15 Sekunden, auf einer anderen Hebebühne jedoch in 10 Sekunden auf die gleiche Höhe gehoben werden, ist die verrichtete Arbeit $W = F \cdot s$ an beiden Hebebühnen gleich. Die Leistungen aber sind unterschiedlich. Je kürzer die Zeit für eine Arbeit ist, desto größer ist die Leistung. Daraus folgt: **Leistung ist Arbeit in der Zeiteinheit.**

$$\text{Leistung} = \frac{\text{Arbeit}}{\text{Zeit}} \qquad P = \frac{W}{t}$$

$$W = F \cdot s$$

$$\text{Leistung} = \frac{\text{Kraft} \times \text{Weg}}{\text{Zeit}} \qquad P = \frac{F \cdot s}{t}$$

$$\frac{s}{t} = v$$

$$\text{Leistung} = \text{Kraft} \times \text{Geschwindigkeit} \qquad P = F \cdot v$$

$$\text{Leistung} = \text{Drehmoment} \times 2 \times \pi \times \text{Drehzahl} \qquad P = M \cdot 2 \cdot \pi \cdot n$$

Bezeichnungen:

P die Leistung
W die Arbeit
F die Kraft
s der Weg
t die Zeit
v die Geschwindigkeit
n die Drehzahl
M das Drehmoment

Beispiel: Hebebühne

Wie groß ist die Leistung einer Hebebühne, wenn ein Fahrzeug mit der Gewichtskraft $F = 9{,}6$ kN in 10 Sekunden 1,8 m hoch gehoben wird?

Lösung: $P = \frac{W}{t} = \frac{F \cdot s}{t}$ $\qquad P = \frac{9600\ \text{N} \cdot 1{,}8\ \text{m}}{10\ \text{s}} = \mathbf{1728\ \frac{N \cdot m}{s}}$

Einheiten: Aus dem Beispiel ergibt sich als Einheit für die Leistung: $\frac{\text{Newton} \times \text{Meter}}{\text{Sekunde}} = \frac{\text{N} \cdot \text{m}}{\text{s}}$

$$1\ \frac{\text{N} \cdot \text{m}}{\text{s}} = 1\ \frac{\text{J}}{\text{s}} = 1\ \text{W (Watt)} \qquad 1\ \frac{\text{kN} \cdot \text{m}}{\text{s}} = 1\ \frac{\text{kJ}}{\text{s}} = 1\ \text{kW (Kliowatt)}$$

Wirkungsgrad

Einer Maschine muss immer mehr Leistung zugeführt werden als sie abgibt. Die Verluste entstehen u. a. durch Reibung und Wärmeverluste. Das Verhältnis aus abgegebener Leistung zu zugeführter Leistung heißt Wirkungsgrad η (sprich: eta).

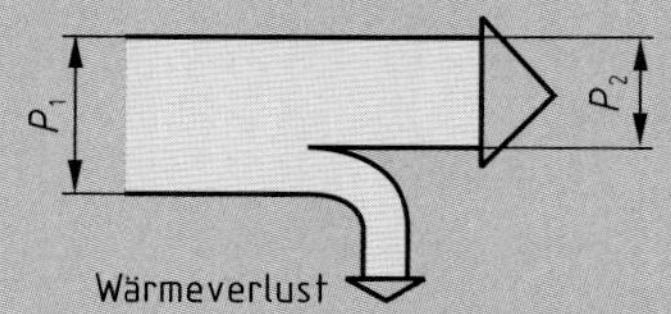

Verluste

$$\text{Wirkungsgrad} = \frac{\text{abgegebene Leistung}}{\text{zugeführte Leistung}} \qquad \eta = \frac{P_2}{P_1}$$

Bezeichnungen:

η der Wirkungsgrad
P_2 die abgegebene Leistung
P_1 die zugeführte Leistung

Die abgegebene Leistung ist immer kleiner als die zugeführte Leistung, somit ist der Wirkungsgrad η immer kleiner als 1 ($\eta < 1$).
η wird auch in Prozent angegeben: $\eta = 0{,}8$ oder $\eta = 80\,\%$.

Beispiel: Motor und Getriebe

Berechnen Sie.
a) die abgegebene Leistung des Motors
b) die abgegebene Leistung des Getriebes
c) den Gesamtwirkungsgrad η

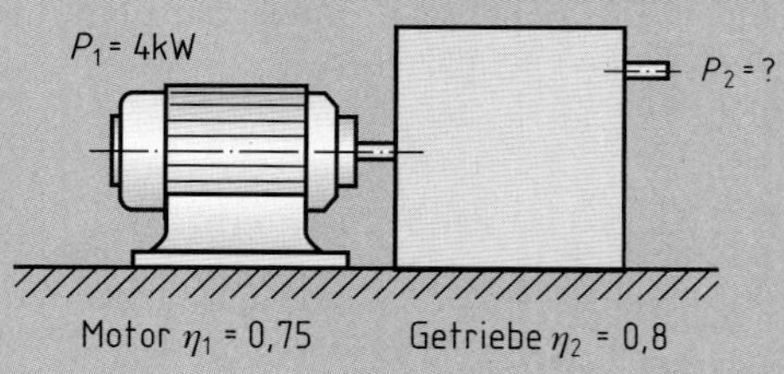

Lösung:
a) $P_{2\,M} = \eta_1 \cdot P_{1\,M} = 0{,}75 \cdot 4\ \text{kW} = \mathbf{3\ kW}$
b) $P_{2\,M} = P_{1\,G}$ $\qquad P_{2\,G} = \eta_2 \cdot P_{1\,G} = 0{,}8 \cdot 3\ \text{kW} = \mathbf{2{,}4\ kW}$
c) $\eta = \frac{P_{2\,G}}{P_{1\,M}} = \frac{2{,}4\ \text{kW}}{4\ \text{kW}} = \mathbf{0{,}6}$

Der Gesamtwirkungsgrad η in diesem Beispiel ergibt sich auch als Produkt der Teilwirkungsgrade von Motor und Getriebe: $\eta = 0{,}7 \cdot 0{,}8 = 0{,}6$

$$\text{Gesamtwirkungsgrad} \qquad \eta = \eta_1 \cdot \eta_2 \cdot \eta_3 \cdot \ldots$$

21.8 Aufzug

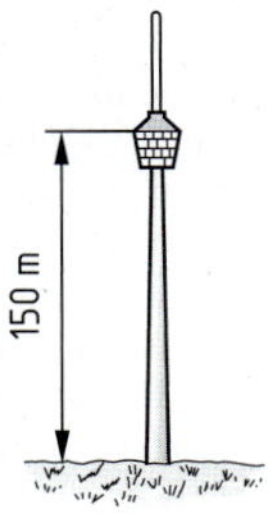

Berechnen Sie den Leistungsbedarf P des Aufzuges im Turm in kW, wenn die besetzte Kabine 1200 kg Maximallast haben darf und in 37,5 s oben angekommen sein soll.

21.9 Transportkran

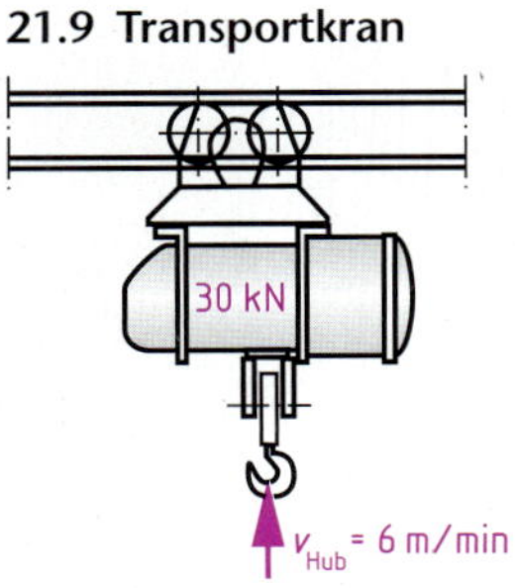

Welche Antriebsleistung P in kW ist erforderlich, um die volle Tragkraft des Krans von 30 kN zu nutzen?

21.10 Übertragbare Leistung eines Zahnriemens

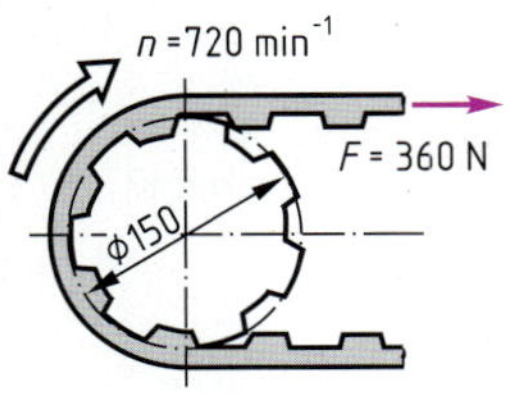

a) Wie groß ist das Drehmoment M an der Zahnwelle?
b) Welche Leistung P wird über den Riemen übertragen?

21.11 Leistungsbedarf beim Drehen

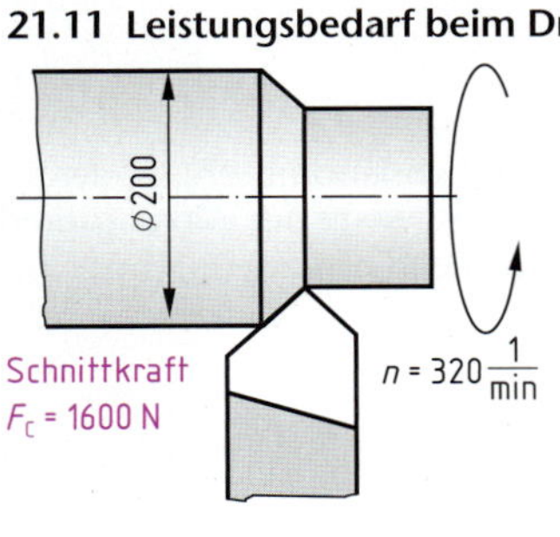

Welche Schnittleistung P_C wird von der Drehmaschine an der Schneide abverlangt?

21.12 Sägen

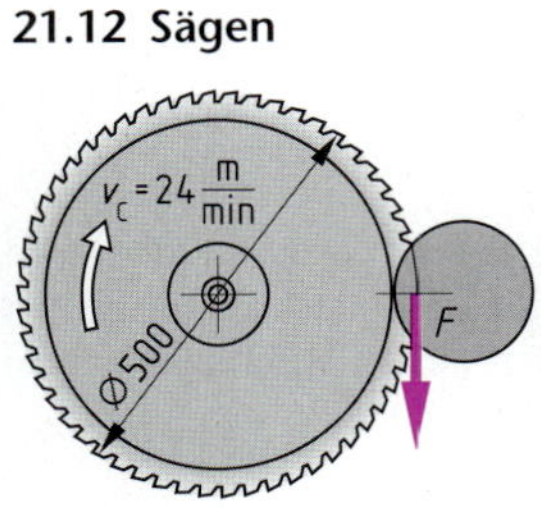

Es sollen Rundscheiben aus E295 und einem Durchmesser von 180 mm auf einer Kreissäge mit einer Maschinenleistung von 11 kW zugeschnitten werden. Die Schnittgeschwindigkeit beträgt $24 \frac{\text{m}}{\text{min}}$.

a) Berechnen Sie die Drehzahl n des Sägeblattes.
b) Wie groß ist die Schnittleistung P_C des Sägeblattes, wenn der Gesamtwirkungsgrad $\eta = 0,8$ ist?
c) Welches Moment M wirkt am Kreissägeblatt?
d) Welche Schnittkraft F_C tritt an den Sägezähnen auf?

21.13 Hebebühne

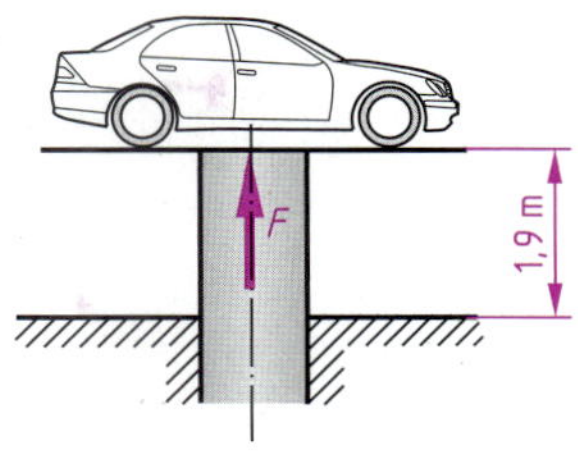

In welcher Zeit t kann ein Pkw mit einer Masse m = 1260 kg auf einer Hebebühne, die eine Leistung von 2,4 kW abgibt, auf eine Höhe von 1,9 m angehoben werden?

21.14 Förderband

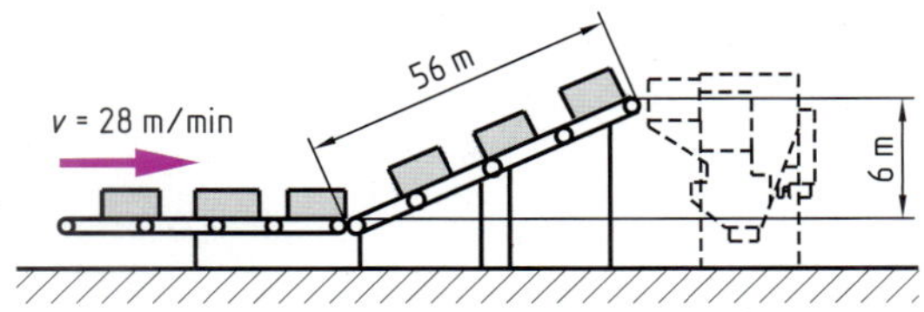

Berechnen Sie folgende Daten.

a) die Zeit t, die eine Kiste auf dem 56 m langen Förderband liegt
b) die Gewichtskraft F_G, die auf dem Schrägband liegen darf, wenn der Antriebsmotor höchstens 1,8 kW hat

21.15 Wirkungsgrad eines Elektromotors

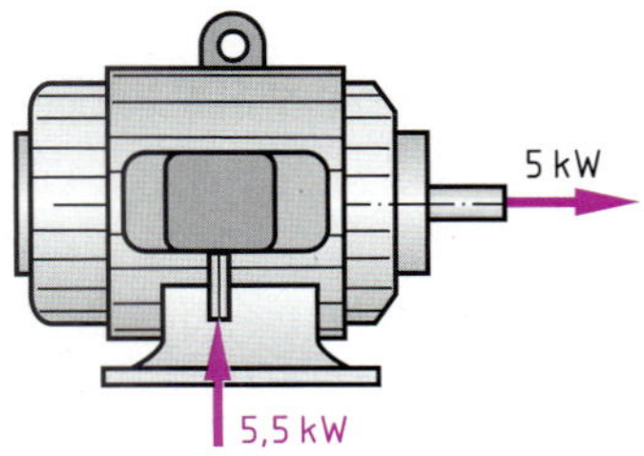

Wie groß ist der Wirkungsgrad η_M des Motors?

21.16 Wirkungsgrad einer Untersetzung

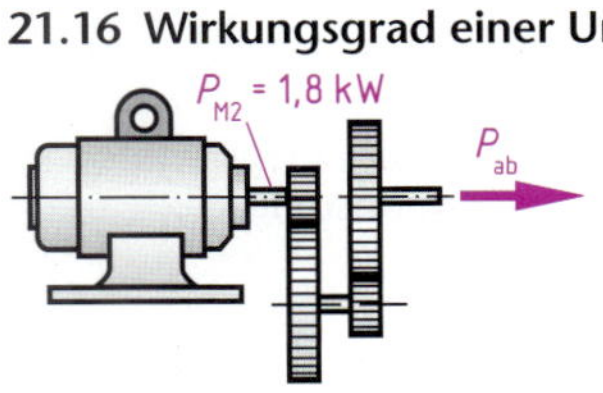

Wie groß ist die abgegebene Leistung P_{ab}, wenn der Wirkungsgrad für eine Stirnradpaarung $\eta = 0,95$ ist?

21.17 Pumpenantrieb

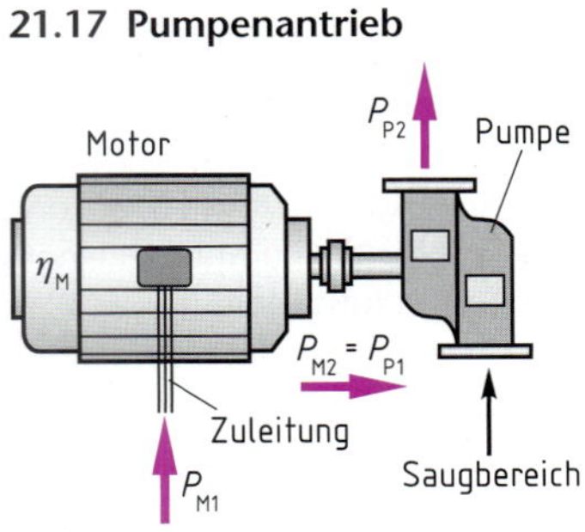

Eine Wasserpumpe fördert eine Wassermenge von 50 m^3 in 8 min auf eine Höhe von 7 m. Dabei nimmt der Antriebsmotor eine Leistung von 11,5 kW aus dem elektrischen Netz auf. Der Wirkungsgrad des Antriebsmotors beträgt 0,88.

a) Wie groß ist die Leistungsabgabe P_{P2} der Pumpe?
b) Welche Leistung P_{P1} wird der Pumpe zugeführt?
c) Welchen Wirkungsgrad η_P hat die Pumpe?
d) Welchen Gesamtwirkungsgrad η_{ges} hat die Anlage?

21.18 Fließpressen von Hülsen

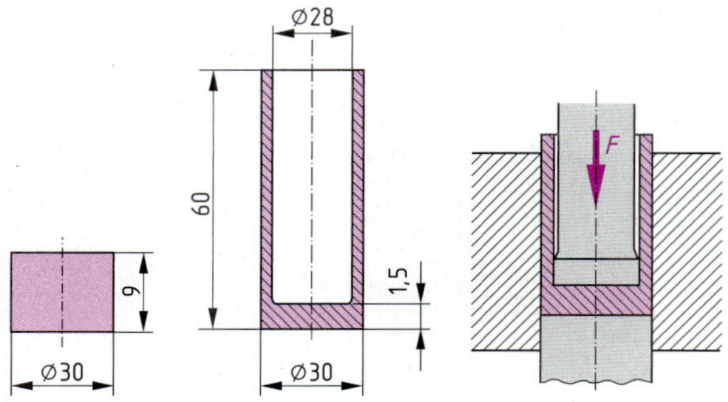

Zum Fließpressen von Hülsen aus Al wird eine Fließpresskraft von 455 kN benötigt.

a) Berechnen Sie den Umformweg *s*.
b) Wie groß ist die Fließpressarbeit *W*?
c) Welche theoretische Fließpressleistung P_1 muss eine Presse haben, wenn eine Hülse in 1,8 s gefertigt ist und der Pressenwirkungsgrad $\eta = 0{,}6$ ist?

21.19 Laufkran

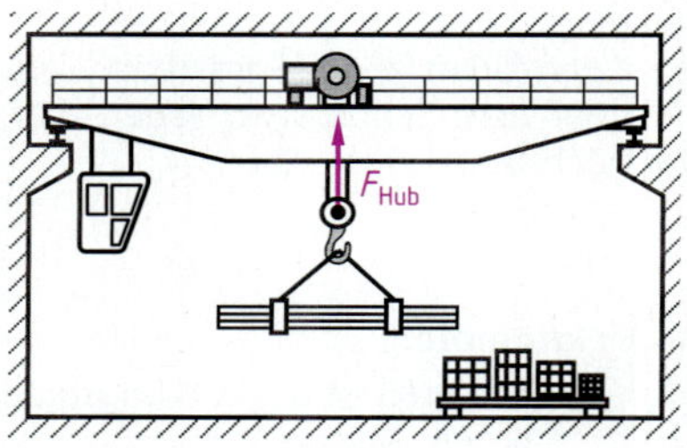

Ein Laufkran hat eine maximale Hubkraft von 0,5 MN.

Wie groß ist der Leistungsbedarf P_1 in kW bei einer Hubgeschwindigkeit $v = 3{,}3\,\frac{\text{m}}{\text{min}}$ und einem Wirkungsgrad $\eta = 0{,}8$?

21.20 Getriebemotor für niedere Drehzahlen

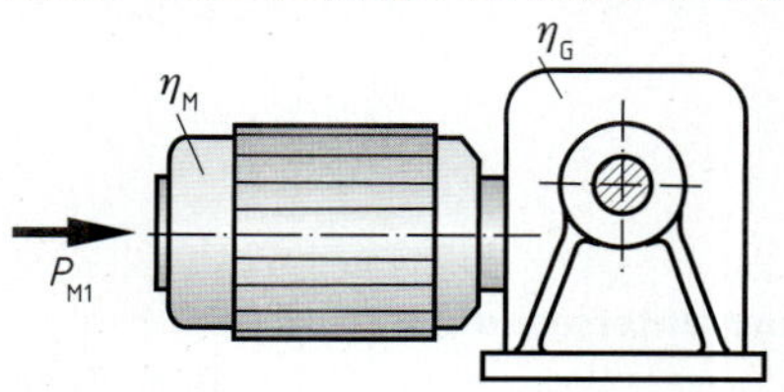

Die Drehzahl eines Elektromotors soll stark untersetzt werden. Die Leistungsabgabe am Schne-ckengetriebe beträgt noch 0,9 kW bei einem Getriebewirkungsgrad $\eta_G = 0{,}8$ und einem Motorwirkungsgrad $\eta_M = 0{,}9$.

a) Wie groß ist der Gesamtwirkungsgrad η_{ges}?
b) Welche Leistungsaufnahme P_{M1} in kW liegt am Motoreingang an?

21.21 Kreiselpumpe

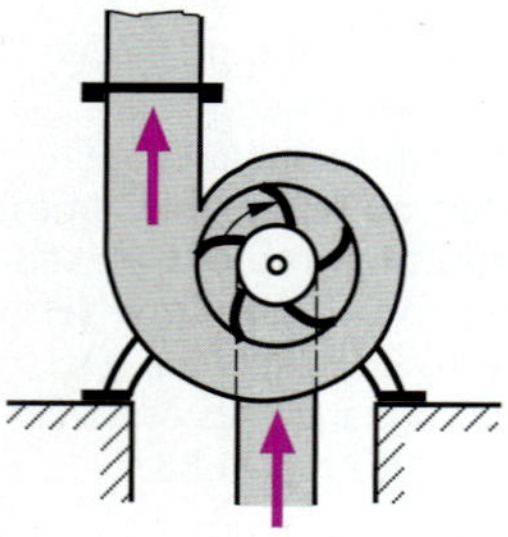

Eine Kreiselpumpe fördert 45 m^3 Wasser pro Stunde auf einen 30 m hohen Wasserturm.

Wie groß ist die Antriebsleistung P_1 in kW für die Pumpe bei einem Pumpenwirkungsgrad $\eta_P = 0{,}8$?

21.22 Kraftwerk

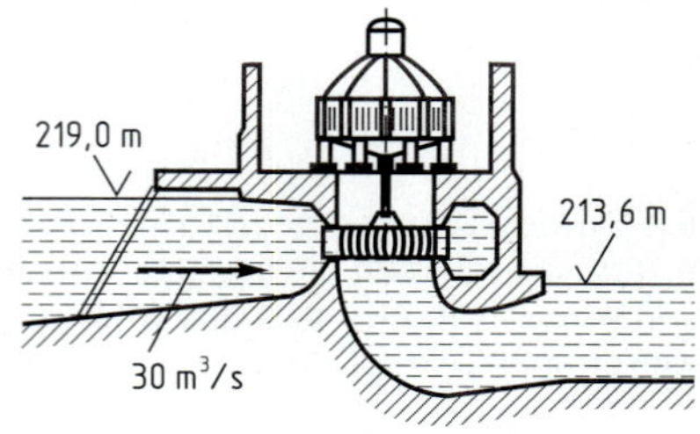

Folgende Daten sind zu bestimmen.

a) der Höhenunterschied *h*
b) die Leistung P_1, die der Turbine als Wasser zugeführt wird
c) der Wirkungsgrad η, mit dem das Kraftwerk arbeitet, wenn eine Leistung $P_2 = 1300$ kW abgegeben wird

21.23 Motor mit Seiltrommel

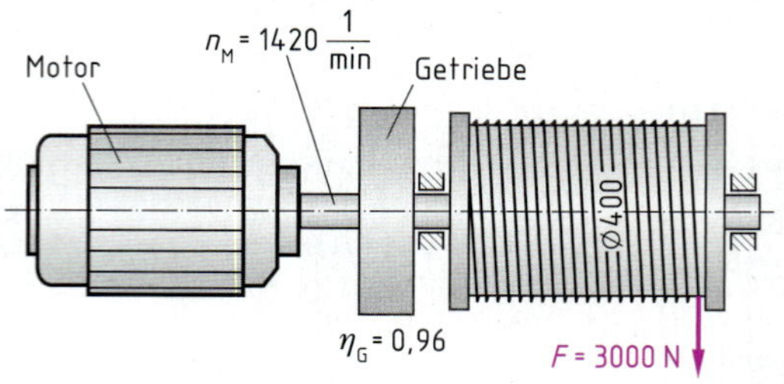

Ein Elektromotor hat eine Abgabeleistung von 2,6 kW bei einer Drehfrequenz von 1420 $\frac{1}{\text{min}}$. Er soll eine Seiltrommel mit 400 mm Durchmesser antreiben. Dazu wird ein Getriebe zwischengeschaltet.

a) Wie groß ist das Motormoment M_{Motor}?
b) Welche Leistung P_{Tr1} liegt am Eingang der Seiltrommel (= Ausgang des Getriebes) an?
c) Wie groß ist das Trommelmoment *M*, wenn die Seilzugkraft $F = 3000$ N beträgt?
d) Welche Drehfrequenz n_{Tr} hat die Seiltrommel?
e) Mit welcher Geschwindigkeit v_{Tr} wird das Seil bewegt?
f) Wie groß ist das Übersetzungsverhältnis *i*?

21.24 Hochgeschwindigkeitsbearbeitung beim Fräsen

Auf einer HSC (High Speed Cutting)-Fräsmaschine sollen Flugzeugflügel aus Al bearbeitet werden. Die Schnittleistung an der Hauptspindel beträgt 33 kW bei einer Schnittgeschwindigkeit $v_c = 2500\,\frac{\text{m}}{\text{min}}$.

a) Wie groß ist die Schnittkraft F_C?
b) Bestimmen Sie den Anteil der Antriebsleistung $P_{Antrieb}$, der für diese Schnittleistung erforderlich ist, wenn der Wirkungsgrad der Maschine mit $\eta = 0{,}87$ angegeben wird.

21.25 Seilwindenantrieb

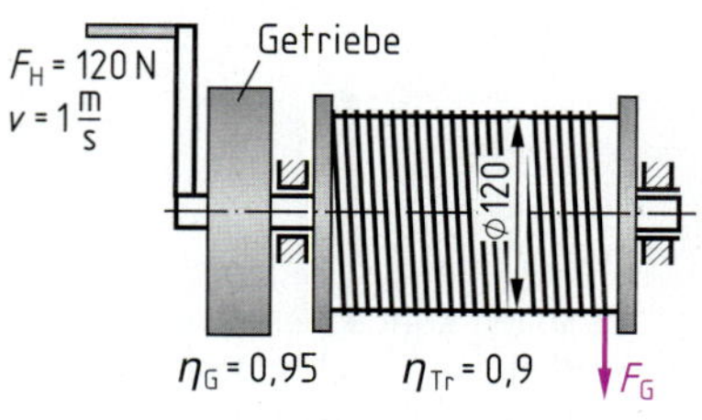

An einer Seilwinde, die vorzugsweise für Bergrettungsfälle zum Einsatz kommt, arbeiten zwei Personen an der Handkurbel von 200 mm Radius. Die Seiltrommel besitzt einen Durchmesser von 120 mm.

Zu bestimmen sind:

a) die Gewichtskraft F_G einer zu hebenden Masse von 200 kg,
b) die Leistung P_H an der Handkurbel,
c) die Leistung P_{Tr} am Seiltrommelausgang,
d) die Kurbeldrehzahl n_H und die Seilwindendrehzahl n_{Tr},
e) die Übersetzung *i* im Seilwindengetriebe,
f) die Hubzeit *t* für eine Höhe von 50 m.

Kräfte beim Zerspanen

Die Schnittkraft F_c (senkrecht zum Spanungsquerschnitt) wirkt in Schnittrichtung. Sie ist die wichtigste Komponente der Zerspankraft, da der Leistungsbedarf für das Zerspanen fast ausschließlich von ihr abhängt. Der Buchstabe $_c$ kommt vom englischen Wort cut (= schneiden).

Die spezifische Schnittkraft ist vom Werkstoff des Werkstückes abhängig. Sie ist der Teil der Schnittkraft, der auf die Fläche von 1 mm² des Spanungsquerschnittes wirkt. Richtwerte sind in Tabellenbüchern enthalten.

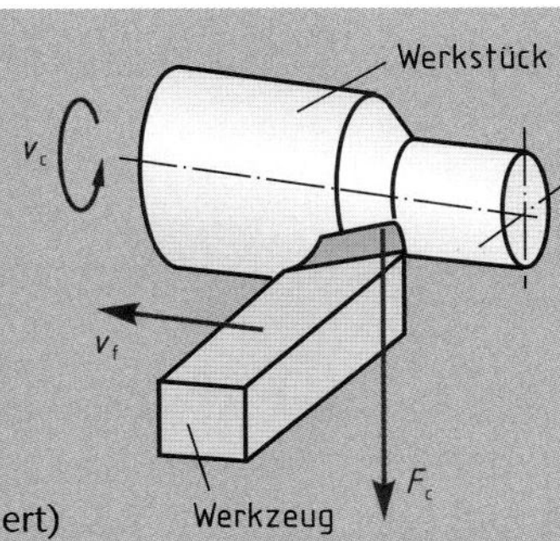

Die gesamte Schnittkraft ist: $F_c = A \cdot k_c$

Mit Korrekturfaktoren ergibt sich: $k_c = \dfrac{k_{c1.1}}{h^{m_c}} \cdot C_1 \cdot C_2$

Bezeichnungen:

- A der Spanungsquerschnitt
- k_c die spezifische Schnittkraft (korrigiert)
- F_c die Schnittkraft
- m_C die Werkstoffkonstante
- $k_{C1.1}$ der Basiswert der spezifischen Schnittkraft
- C_1 der Korrekturfaktor für die Schnittgeschwindigkeit und den Schneidstoff
- C_2 der Korrekturfaktor für den Verschleiß

(m_C, $k_{C1.1}$, C_1, C_2: siehe S.78 bzw. im Tabellenbuch)

Drehen

Der Spanungsquerschnitt ist: $A = b \cdot h = a_p \cdot f$

Der Einstellwinkel κ beeinflusst die Spanungsdicke und Spanungsbreite: $h = f \cdot \sin \kappa$

$b = \dfrac{a_p}{\sin \kappa}$

Bezeichnungen:

- A der Spanungsquerschnitt
- a_p die Schnitttiefe
- f der Vorschub
- κ der Einstellwinkel
- h die Spanungsdicke
- b die Spanungsbreite

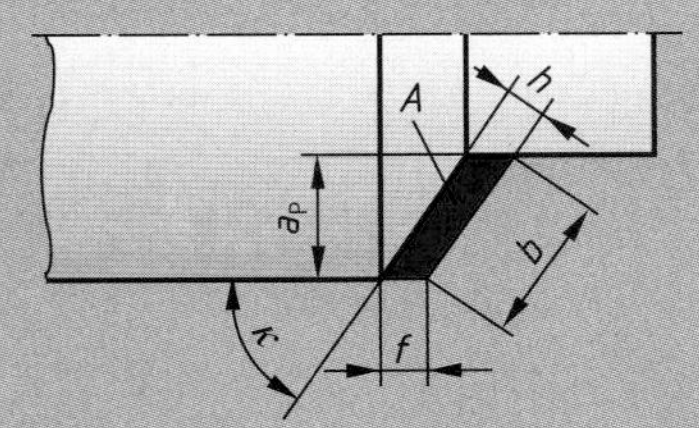

Beipiel: Welle aus C60

Sie soll in zwei Schnitten mit einem arbeitsscharfen Hartmetallwerkzeug ($\gamma = 4°$, $\kappa = 50°$) bei $v_c = 90\ \dfrac{\text{m}}{\text{min}}$ vom Durchmesser 80 mm auf den Durchmesser 64 mm längsgedreht werden.
Der Vorschub wird auf 0,4 mm eingestellt.

Wie groß sind:
a) die Schnitttiefe a_p
b) die spezifische Schnittkraft k_c
c) die Schnittkraft F_c

a) $a_p = \dfrac{1}{2} \cdot \dfrac{D-d}{2} = \dfrac{1}{2} \cdot \dfrac{80\text{ mm} - 64\text{ mm}}{2} = 4\text{ mm}$

b) $k_c = \dfrac{k_{c1.1}}{h^{m_c}} \cdot C_1 \cdot C_2$ aus TB: $k_{c1.1} = 2130\ \dfrac{\text{N}}{\text{mm}^2}$; $C_1 = 1{,}0$; $C_2 = 1{,}0$;

$m_c = 0{,}18$; $h = f \cdot \sin \kappa = 0{,}4\text{ mm} \cdot \sin 50° = 0{,}31\text{ mm}$

$k_c = \dfrac{2130\text{ N}}{0{,}31^{0{,}18}\text{ mm}^2} \cdot 1{,}0 \cdot 1{,}0 = 2630\ \dfrac{\text{N}}{\text{mm}^2}$

c) $F_c = k_c \cdot A$ $A = a_p \cdot f = 4\text{ mm} \cdot 0{,}4\text{ mm} = 1{,}6\text{ mm}^2$

$F_c = 1{,}6\text{ mm}^2 \cdot 2630\ \dfrac{\text{N}}{\text{mm}^2} = 4208\text{ N}$

Bohren

Der Spanungsquerschnitt A_z wird für jede Schneide getrennt angegeben.

Es ist: $A_z = b \cdot h = f_z \cdot a_p$

Bei einer Umdrehung wirken beide Schneiden.

Der Vorschub ist also: $f = 2 \cdot f_z$

Die Spanungsdicke ergibt sich zu: $h = \dfrac{f}{2} \cdot \sin \dfrac{\gamma}{2}$

Beim Bohren ist der gesamte Spanungsquerschnitt: $A = \dfrac{d \cdot f}{2}$

Der Bohrer greift mit folgendem Moment an: $M_c = \dfrac{F_c}{2} \cdot \dfrac{d}{2} \cdot 2$ $M_c = \dfrac{F_c \cdot d}{4}$

Bezeichnungen:

- d der Bohrerdurchmesser
- f_z der Vorschub je Schneide
- f der Vorschub je Umdrehung
- A_z der Spanungsquerschnitt je Schneide
- A der Spanungsquerschnitt
- M_c das Schnittmoment
- F_c Schnittkraft für beide Schneiden
- σ Spitzenwinkel
- h Spanungsdicke

Beispiel: Platte aus 16MnCr5 bohren

Die 25 mm dicke Platte soll mit einem neuen HSS-Spiralbohrer (v_c = 18 m/min; Spitzenwinkel σ = 118°) mit d = 10 mm ins Volle gebohrt werden. Wie groß sind bei einem Vorschub f = 0,1 mm
a) die Spanungsdicke h,
b) die Schnittkraft F_c,
c) das Schnittmoment M_c?

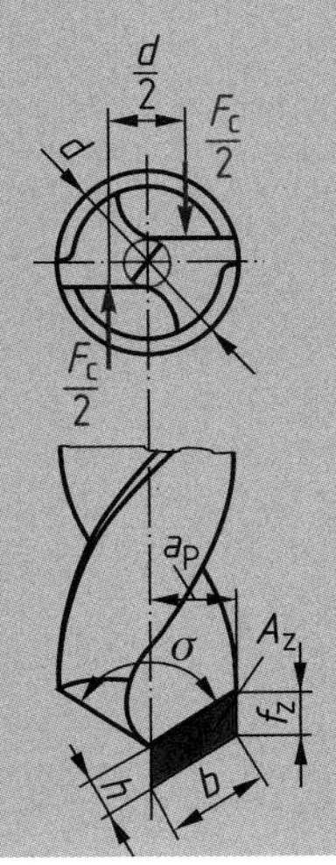

Lösung: a) $h = \dfrac{f}{2} \cdot \sin \dfrac{\sigma}{2} = \dfrac{0{,}1\text{ mm}}{2} \cdot \sin \dfrac{118°}{2} = 0{,}04\text{ mm}$

b) $F_c = k_c \cdot A$ $A = \dfrac{d \cdot f}{2} = \dfrac{10 \cdot 0{,}1}{2}\text{mm}^2 = 0{,}5\text{ mm}^2$

$k_c = \dfrac{k_{c1.1}}{h^{m_c}} \cdot C_1 \cdot C_2$ aus TB: $C_1 = 1{,}2$; $C_2 = 1{,}0$; $k_{c1.1} = 2100\ \dfrac{\text{N}}{\text{mm}^2}$; $m_c = 0{,}26$

$k_c = \dfrac{2100\text{ N}}{0{,}04^{0{,}26}\text{ mm}^2} \cdot 1{,}2 \cdot 1{,}0 = 5819\ \dfrac{\text{N}}{\text{mm}^2}$; $F_c = 0{,}5\text{ mm}^2 \cdot 5819\ \dfrac{\text{N}}{\text{mm}^2} = 2909{,}5\text{ N}$

c) $M_c = \dfrac{F_c \cdot d}{4} = 2909{,}5\text{ N} \cdot \dfrac{10\text{ mm}}{4} = 7{,}3\text{ N} \cdot \text{m}$

Stirnfräsen

Beim Fräsen stehen mehrere Schneiden gleichzeitig mit dem Werkstück im Eingriff.

Die Spanungsdicke wird nach außen etwas geringer. Ein brauchbarer Mittelwert ist:

$$h \approx 0{,}9 \cdot f_z$$

Der Winkel φ_S zwischen Fräserein- und Fräseraustritt lässt sich berechnen aus:

$$\sin\frac{\varphi_s}{2} = \frac{a_e}{D}$$

Im Eingriff befinden sich z_e Schneiden:

$$z_e = \frac{\varphi_s \cdot z}{360°}$$

Der Spanungsquerschnitt aller im Eingriff befindlichen Schneiden ist:

$$A = a_p \cdot h \cdot z_e$$

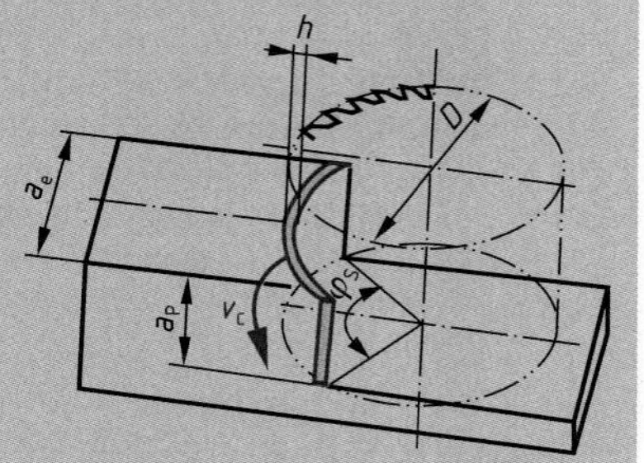

Bezeichnungen:

- A der Spanungsquerschnitt
- a_p die Schnitttiefe
- a_e die Eingriffsbreite
- D der Fräserdurchmesser
- f_z der Vorschub pro Zahn
- h die Spanungsdicke
- z die Anzahl der Schneiden
- z_e die Anzahl der Schneiden im Eingriff
- φ_S der Eingriffswinkel (= Winkel zwischen Fräserein- und Fräseraustritt)

Beispiel: Konsole aus C35 fräsen

Die Montagefläche der vorstehend dargestellten Konsole soll mit einem Walzenstirnfräser (D = 200 mm, z = 12, $v_c = 50\,\frac{\text{m}}{\text{min}}$, f_z = 0,1 mm, γ = 8°) überfräst werden. Die Konsolenbreite beträgt 140 mm.

Zu bestimmen sind:
a) der Winkel φ_S,
b) die Zahl der im Eingriff befindlichen Schneiden z_e,
c) der Spanungsquerschnitt A, wenn a_p = 4 mm,
d) die spezifische Schnittkraft k_c,
e) die Schnittkraft F_c.

Lösung:

a) $\sin\frac{\varphi_s}{2} = \frac{a_e}{D} = \frac{140\ \text{mm}}{200\ \text{mm}} = \underline{0{,}7}$

$\varphi_S = \mathbf{88{,}85°}$

b) $z_e = \frac{\varphi_s \cdot z}{360°} = \frac{88{,}85° \cdot 12}{360°} = \mathbf{2{,}96}$ Zähne im Eingriff

c) $h \approx 0{,}9 \cdot f_z = 0{,}9 \cdot 0{,}1\ \text{mm} = \underline{0{,}09\ \text{mm}}$

$A = a_p \cdot h \cdot z_e = 4\ \text{mm} \cdot 0{,}09\ \text{mm} \cdot 2{,}96 = \mathbf{1{,}06\ mm^2}$

d) $k_c = \frac{k_{c1.1}}{h^{m_c}} \cdot C_1 \cdot C_2$ aus TB: $k_{c1.1} = 1516\,\frac{\text{N}}{\text{mm}^2}$; $m_c = 0{,}27$;

$C_1 = 1{,}2$; $C_2 = 1{,}0$;

$k_c = \frac{1516\ \text{N}}{0{,}09^{0{,}27}\ \text{mm}^2} \cdot 1{,}2 \cdot 1{,}0 = 3485\,\frac{\text{N}}{\text{mm}^2}$

e) $F_c = A \cdot k_c = 1{,}06\ \text{mm}^2 \cdot 3485\,\frac{\text{N}}{\text{mm}^2} = 3694\ \text{N}$

Zeitspanungsvolumen

Das Zeitspanungsvolumen Q ist das pro Zeiteinheit abzuspanende Werkstoffvolumen:

$$Q = A \cdot v_c$$

Bezeichnungen:

- Q das Zeitspanungsvolumen
- A der Spanungsquerschnitt
- v_c die Schnittgeschwindigkeit

Schnittleistung

Die Schnittleistung P_c errechnet sich beim Drehen und Fräsen aus der Schnittgeschwindigkeit v_c und der in gleicher Richtung wirkenden Schnittkraft F_c als:

$$P_c = F_c \cdot v_c \quad \text{oder} \quad P_c = A \cdot k_c \cdot v_c = Q \cdot k_c$$

Bezeichnungen:

- P_c die Schnittleistung
- η der Wirkungsgrad
- P_1 die Antriebsleistung
- n die Drehzahl

Beim Bohren greift die gesamte Schnittkraft in der Mitte der Hauptschneide an, d. h. v_c ist deshalb nur halb so groß wie am Bohrerumfang. Und es gilt:

$$P_c = \frac{F_c \cdot v_c}{2} \qquad P_c = M_c \cdot 2 \cdot \pi \cdot n$$

Für die notwendige Antriebsleistung P_1 der Werkzeugmaschine muss der Wirkungsgrad berücksichtigt werden:

$$P_1 = \frac{P_c}{\eta}$$

Korrekturfaktor C_1 für den Schneidstoff und v_c	
Schneidstoff	C_1
Schnellarbeitsstahl	1,2
Hartmetall	1,0
Schneidkeramik	0,9

Korrekturfaktor C_2 für den Schneidenverschleiß	
Schneide	C_2
mit Abstumpfung	1,3
scharf	1,0

Tabellenwert für die Basiswerte der spez. Schnittkraft $k_{c1.1}$ und m_c		
	$k_{c1.1}$ in $\frac{\text{N}}{\text{mm}^2}$	m_c
E295	1990	0,26
C35	1516	0,27
C45	1680	0,26
C60	2130	0,18
16MnCr5	2100	0,26
42CrMo4	2500	0,26
50CrV4	2220	0,26
EN-GJL-200	1020	0,25
EN-GJL-400	1470	0,26

22.1 Außendrehen

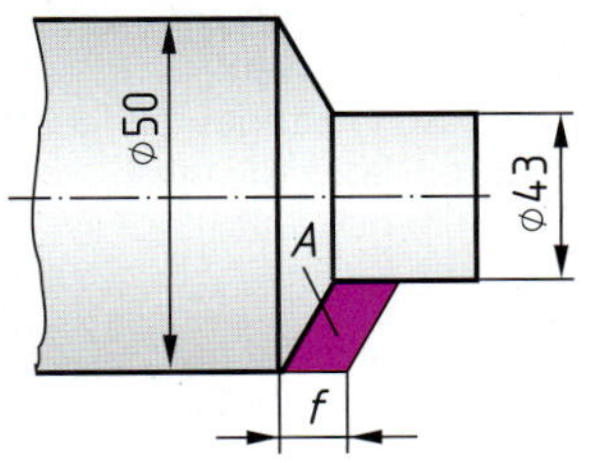

Wie groß kann bei der skizzierten Dreharbeit der Vorschub je Umdrehung sein, wenn der Spanungsquerschnitt A nicht größer als 3,8 mm² sein darf?

22.2 Innendrehen

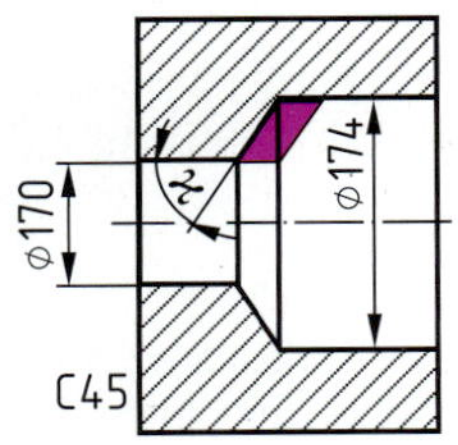

Für die abgebildete Innendreharbeit mit einem hartmetallbestückten Drehmeißel (mit mittlerem Verschleiß, $\gamma = 4°$) wird ein Vorschub f von 1 mm und eine Schnitttiefe von 2 mm gewählt.
($v_c = 100\ \frac{m}{min}$)

Zu bestimmen sind:

a) der Spanungsquerschnitt A,
b) der Einstellwinkel κ, wenn die Spanungsdicke 0,8 mm beträgt,
c) die spezifische Schnittkraft k_c,
d) die Schnittkraft F_c.

22.3 Drehen einer Außenkontur

Welche maximale Schnitttiefe a_p kann einer Drehmaschine mit 18,9 kW Antriebsleistung zugemutet werden, wenn die folgenden Daten bekannt sind?

Spanwinkel	$\gamma = 10°$
der Einstellwinkel der neuen HM-Wendeplatte:	$\kappa = 90°$
der Wirkungsgrad der Maschine:	$\eta = 0{,}7$
der Werkstoff:	E295
der Vorschub:	$f = 0{,}5$ mm
die Schnittgeschwindigkeit:	$v_c = 190\ \frac{m}{min}$

Zu bestimmen sind:

a) die Schnittleistung P_c, die am Werkzeug wirken darf,
b) die spezifische Schnittkraft k_c,
c) die Schnittkraft F_c,
d) der Spanungsquerschnitt A,
e) die Schnitttiefe a_p.

22.4 Aufnahmebolzen – Längsrunddrehen

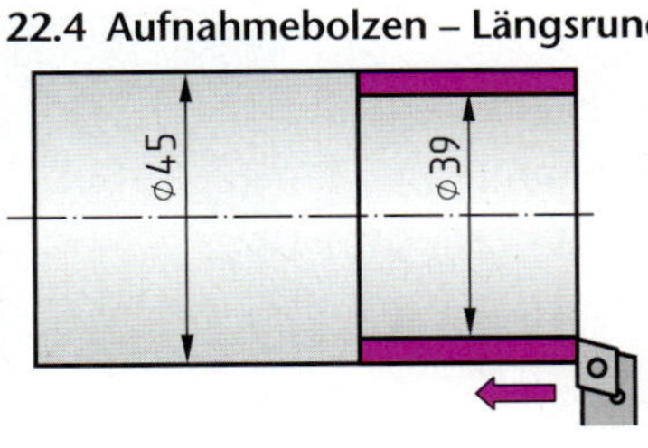

Der Aufnahmebolzen aus 16MnCr5 wird in einem Schnitt gedreht. Der Vorschub beträgt 0,5 mm. Die Werkzeugschneide ist aus Hartmetall (P10 mit $\gamma = 6°$) und hat das Standzeitende fast erreicht. Der Einstellwinkel beträgt $\kappa = 90°$.

a) Welche Schnittgeschwindigkeit v_C ist zu wählen?
b) Berechnen Sie die Spanungsdicke h und die Schnittkraft F_C.
c) Wie groß ist das Zeitspanungsvolumen Q?

22.5 Steckwelle – Längsrunddrehen

Eine Steckwelle aus C45 wird vom Durchmesser 25 mm auf den Durchmesser 19 mm gedreht. Dabei wird ein Vorschub von 0,4 mm und eine Schnittgeschwindigkeit von 160 $\frac{m}{min}$ eingestellt.

a) Wie groß ist der Spanungsquerschnitt A?
b) Welche Schnittkraft F_C ist erforderlich, wenn der Einstellwinkel der HM-Wendeplatte $\kappa = 50°$ und der Spanwinkel $\gamma = 6°$ betragen?
c) Wie groß ist die erforderliche Antriebsleistung des Motors bei einem Wirkungsgrad von 0,7?

22.6 Abgesetzte Welle

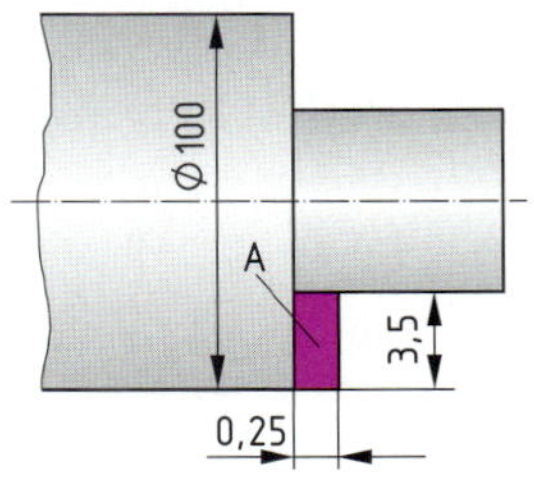

Die abgebildete Welle aus C35 soll mit einer HM-Schneidplatte CCGH 11 03 04 F – P10 ($\gamma = 0°$, $\kappa = 90°$) bei einer Schnittgeschwindigkeit $v_c = 180\ \frac{m}{min}$ abgedreht werden.

Zu bestimmen sind:

a) die Spanungsdicke h,
b) der Tabellenwert $k_{C1.1}$ für die spezifische Schnittkraft und Exponent m_C,
c) die Schnittkraft F_C, wenn das halbe Standzeitende erreicht ist,
d) der Vorschub f zum Schlichten, wenn R_Z = 12,5 µm erreicht werden soll.

22.7 Schnittkraftbestimmung

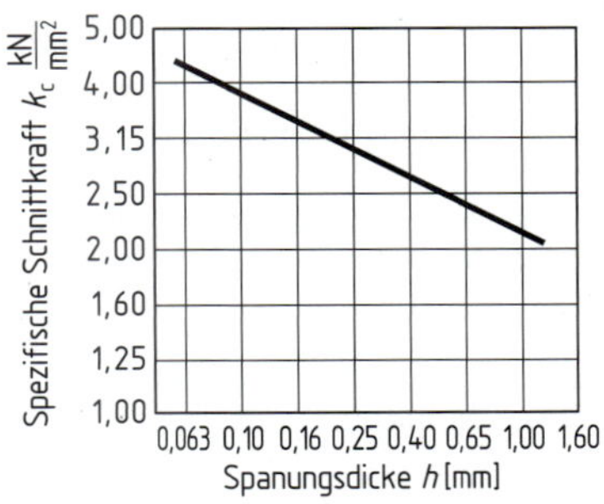

Eine Welle aus Stahl mit einem Durchmesser von 72 mm soll in einem Schnitt mit Hartmetall P20 (neu) mit $\gamma = 6°$ auf einen Durchmesser von 70 mm abgedreht werden. Wie groß ist die Schnittkraft F_c bei $\kappa = 60°$ und $f = 0{,}15$ mm?

22.8 Schaubild spez. Schnittkraft

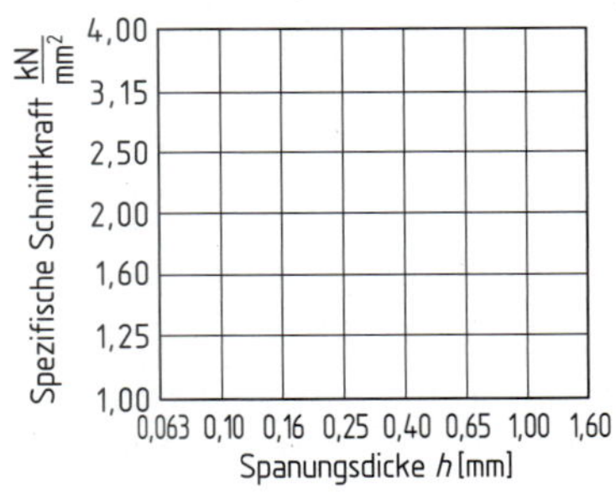

Zeichnen Sie das Schaubild für die spezifische Schnittkraft (Tabellenwert, d. h. ohne Berücksichtigung der Korrekturfaktoren) für den Werkstoff E295. Verwenden Sie als Schaubildgrundlage die vorgegebene Skalierung.

■ Aufgaben zur Zerspantechnik – Bohren

22.9 Bohrung und Senkung

Bohren ins Volle

Die abgebildete Bohrung d = 8 mm soll mit einem Spiralbohrer aus Hartmetall mit geringer Abstumpfung gebohrt werden. Zu bestimmen sind:

a) die Schnittgeschwindigkeit v_c,
b) den Vorschub f,
c) die Spanungsdicke h,
d) die spezifische Schnittkraft k_C,
e) die Schnittkraft F_C,
f) das Schnittmoment M_C,
g) die Schnittleistung P_C,
h) die Antriebsleistung des Motors bei einem Wirkungsgrad $\eta = 0{,}75$.

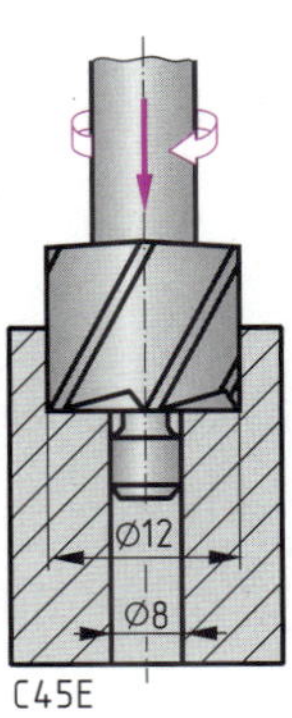

Senken

Für die nebenstehende Senkung soll ein Flachsenker aus HSS ($z = 4$) bei einer Schnittgeschwindigkeit $v_c = 15\ \frac{m}{min}$ und einem Vorschub f = 0,1 mm verwendet werden. Die spezifische Schnittkraft mit eingerechneten Korrekturfaktoren beträgt $k_C = 2197\ \frac{N}{mm^2}$.

Gesucht sind:

i) die Spanungsdicke h,
j) die Schnittkraft F_C.

22.10 Bohrmaschinenauslastung

Eine Bohrmaschine weist eine Antriebsleistung von 10 kW und einen Gesamtwirkungsgrad von 72 % auf. Auf dieser Maschine wird mit einem zweischneidigen Vollhartmetallbohrer (20 % der Standzeit sind erreicht) eine Bohrung mit 16 mm Durchmesser in 50CrV4 hergestellt. Weitere Daten sind der Spitzenwinkel mit 140°, der Vorschub = 0,15 mm und die Schnittgeschwindigkeit = 65 $\frac{\text{m}}{\text{min}}$.

Berechnen Sie.
a) die spezifische Schnittkraft k_C
b) die Schnittkraft F_C
c) die Schnittleistung P_C
d) die prozentuale Auslastung dieses Antriebes

22.11 Deckelbohrungen

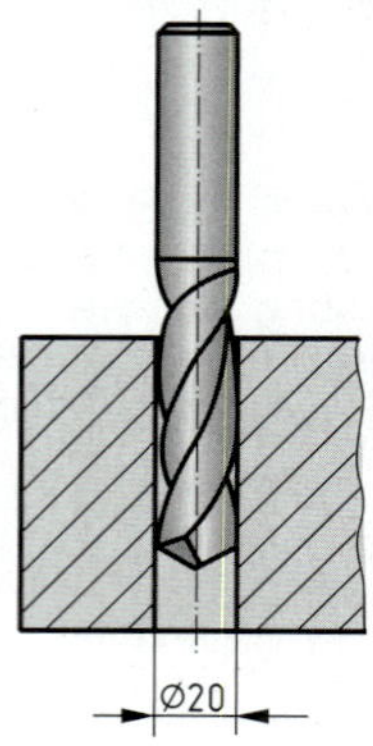

In einen Deckel aus 42CrMo4 sind Bohrungen mit dem Durchmesser d = 20 mm zu bohren. Der Vorschub beträgt f = 0,22 mm. Als Bohrwerkzeug wird ein frisch nachgeschliffener HSS-Spiralbohrer (Spitzenwinkel $\sigma = 118°$, $\gamma = 10°$) gewählt.

Berechnen Sie.
a) die Spanungsdicke h
b) der Spanungsquerschnitt A
c) die spezifische Schnittkraft k_c
d) die Schnittkraft F_c
e) das Schnittmoment M_c

■ Aufgaben zur Zerspantechnik – Fräsen

22.12 Leiste

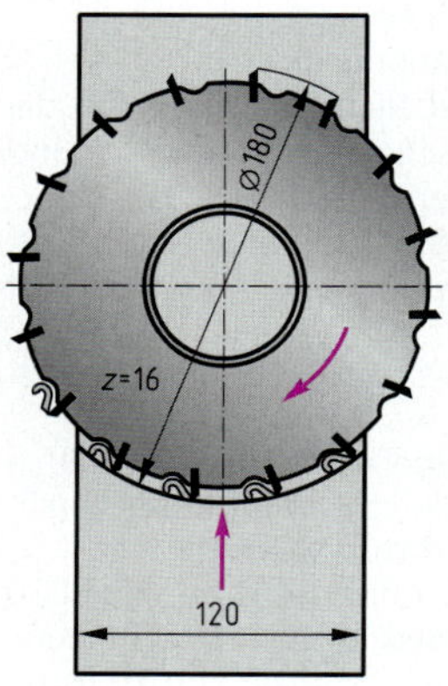

Die skizzierte Leiste aus EN-GJL-200 soll über die gesamte Werkstücklänge von 3 000 mm durch Stirnfräsen in der Dicke um 6 mm verringert werden. Der arbeitsscharfe hartmetallbestückte Fräser ($\gamma = 5°$) hat einen Durchmesser von 180 mm und eine Zähnezahl von 16 bei einer Vorschubgeschwindigkeit von 600 $\frac{\text{mm}}{\text{min}}$.

Zu berechnen sind:
a) der Winkel zwischen Fräsereinund Fräseraustritt.
b) die im Eingriff befindliche Zähnezahl z_e,
c) der Vorschub pro Zahn bei einer Schnittgeschwindigkeit von 160 $\frac{\text{m}}{\text{min}}$,
d) die spezifische Schnittkraft k_c,
e) die Schnittkraft F_c.

22.13 Grundplatte

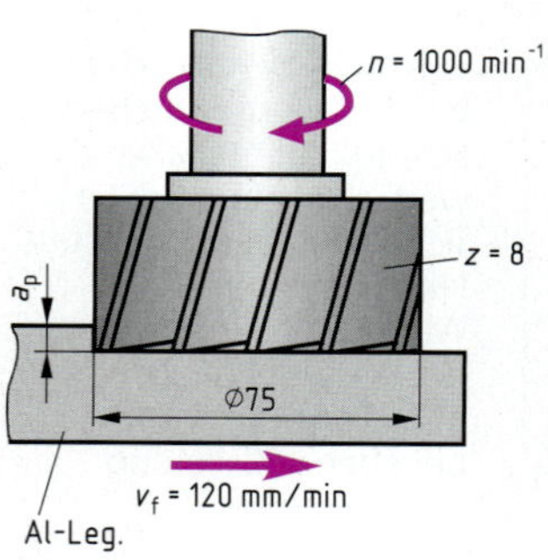

Das 55 mm breite Werkstück soll mit einer Schnitttiefe von a_p = 5 mm bearbeitet werden.

Zu berechnen sind:
a) den Winkel φ_S zwischen Fräserein- und Fäseraustritt,
b) die Zähnezahl z_e,
c) den Vorschub je Zahn f_z,
d) die Spanungsdicke h,
e) den Spanungsquerschnitt A,
f) das Zeitspanungsvolumen Q.

22.14 Walzenfräsen

Mit einem HSS-Walzenfräser wird ein blockförmiges Werkstück aus EN GJL-250 mit der Breite 80 mm bearbeitet. In einem Schnitt werden 10 mm bearbeitet.
Weitere Daten sind:

die Schnittgeschwindigkei:	60 $\frac{\text{m}}{\text{min}}$
der Vorschub/Zahn:	0,1 mm
der Durchmesser des Fräsers:	80 mm
die Zähnezahl des Fräsers:	10
der Spanwinkel:	2°

Berechnen Sie.
a) die Drehzahl des Fräsers
b) die Vorschubgeschwindigkeit
c) das Zeitspanungsvolumen

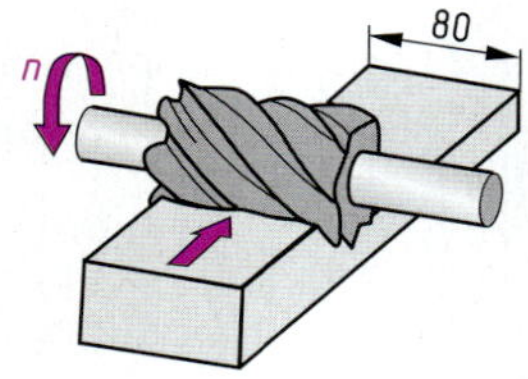

22.15 Tasche fräsen

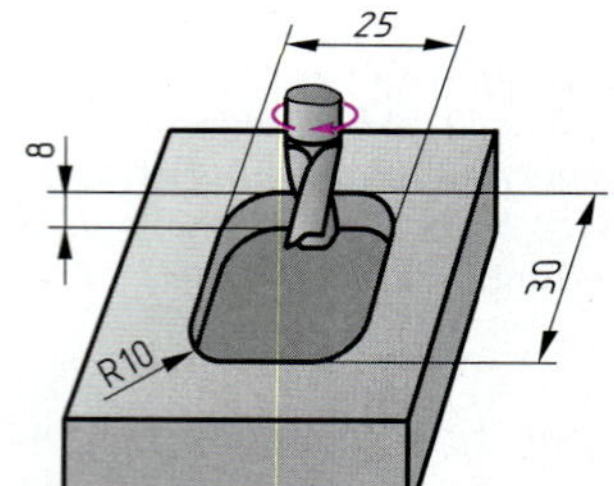

In einem Werkstück aus C45 soll eine Tasche mit einem beschichteten Schaftfräser (z = 3) bei einer Schnittgeschwindigkeit $v_c = 150\,\frac{\text{m}}{\text{min}}$, f_z = 0,08 mm und einem Fräserdurchmesser von 16 mm gefräst werden. Die Schnitttiefe soll der Taschentiefe entsprechen.

Ermitteln Sie:
a) die Drehfrequenz n
b) den Winkel φ_S
c) die Zahl der Schneiden z_e, die im Eingriff sind
d) die Spanungsdicke h
e) den Spanungsquerschnitt A
f) die Schnittkraft F_C
g) die Schnittleistung P_C

22.16 Konsolenplatte

Die Auflagefläche einer Konsole mit der Breite b = 150 mm aus E295 soll mit einem hartmetallbestückten Fräserkopf von d = 250 mm (z = 16, $v_c = 150\,\frac{\text{m}}{\text{min}}$, f_z = 0,25 mm) in einem Schnitt um 5 mm gespant werden.

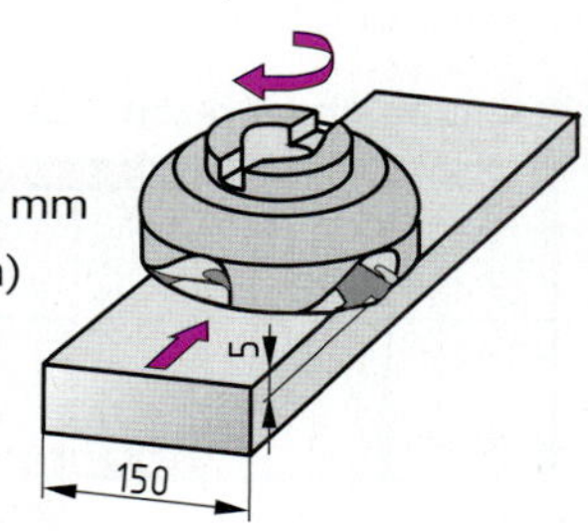

Berechnen Sie.
a) die Drehzahl n
b) die Vorschubgeschwindigkeit v_f
c) das Zeitspanungsvolumen Q

22.17 Turbinengehäuse

Die Stoßfläche eines Turbinengehäuses (Breite = 370 mm, Länge = 1200 mm) soll mit einem hartmetall-bestückten Planmesserkopf (D = 500 mm, z = 26 Zähne, f_z = 0,3 mm) in einem Schruppschnitt plangefräst werden ($k_{C,\text{korrigiert}} = 2430\,\frac{\text{N}}{\text{mm}^2}$, $v_c = 100\,\frac{\text{m}}{\text{min}}$).

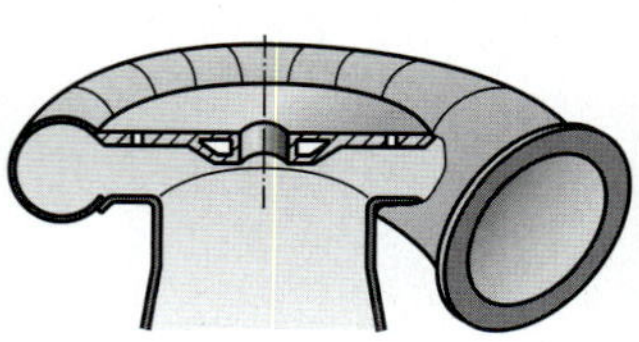

Die Fräsmaschine nimmt bei einem Wirkungsgrad von $\eta = 0{,}7$ eine Leistung von 106 kW auf.
Welche Schnitttiefe a_p kann gefräst werden?

23 Feinbearbeitung

Rundschleifen

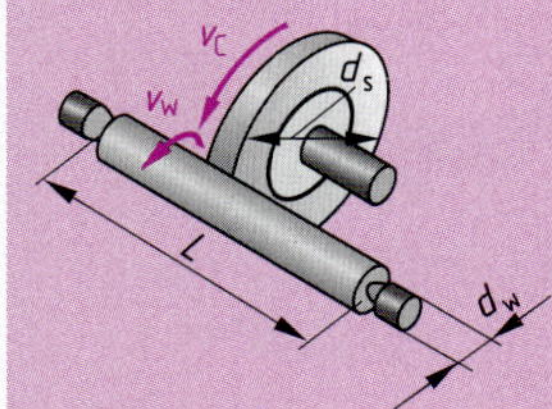

$$v_c = \pi \cdot d_S \cdot n_S$$

$$v_W = \pi \cdot d_W \cdot n_W$$

$$v_W = L \cdot n_H$$

$$q = \frac{v_c}{v_W}$$

Bezeichnungen:

- v_c die Schnittgeschwindigkeit
- d_S der Durchmesser der Schleifscheibe
- n_S die Drehzahl der Schleifscheibe
- v_W die Werkstückgeschwindigkeit
- L der Vorschubweg
- n_H die Hubzahl
- n_W die Drehfrequenz des Werkstückes
- q das Geschwindigkeitsverhältnis
- d_W der Durchmesser des Werkstückes

Planschleifen

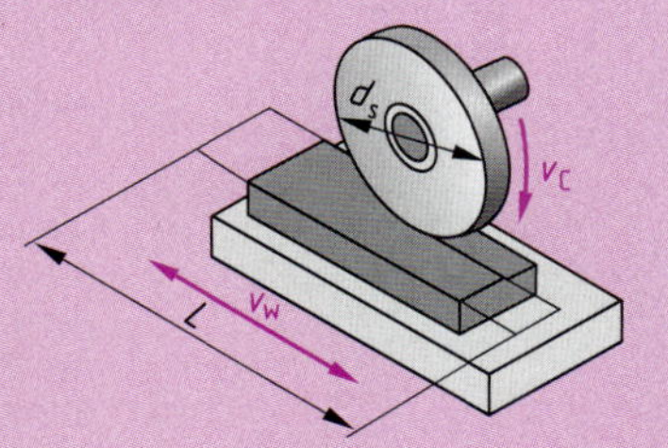

Das Geschwindigkeitsverhältnis q kann dem Tabellenbuch entnommen werden. Es ermöglicht, günstige Vorschub- bzw. Schnittgeschwindigkeiten für den Schleifvorgang zu ermitteln.

Aufgaben zum Schleifen

23.1 Außenrundschleifen

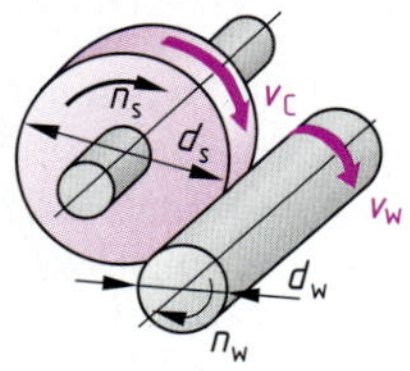

Eine Welle mit 60 mm Durchmesser aus 16 MnCr5 soll mit einer Schleifscheibe 380 × 40 × 127 – A 80 L 6 – 35 mit maximaler Schnittgeschwindigkeit geschliffen werden.

Ermitteln Sie.

a) die maximale Schleifgeschwindigkeit v_c
b) das Geschwindigkeitsverhältnis q nach Tabellenbuch
c) die sinnvolle Vorschubgeschwindigkeit v_w
d) die Schleifscheibendrehzahl n_s
e) die Werkstückdrehzahl n_W

23.2 Innenrundschleifen

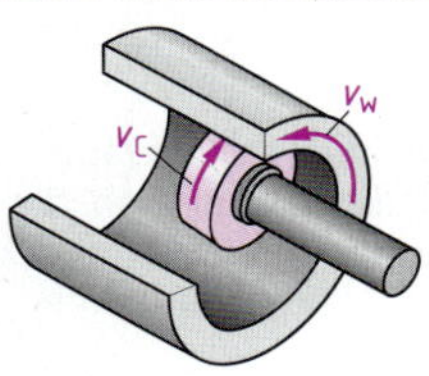

Eine Hohlwelle aus Stahl mit einem Bohrungsdurchmesser von 100 mm wird mit einer Schleifscheibe 60 × 50 × 20 – A 60 J 7 V – 25 innenrundgeschliffen.

a) Entnehmen Sie dem Tabellenbuch den mittleren Wert der Werkstückgeschwindigkeit v_w in $\frac{\text{m}}{\text{min}}$.
b) Welches Geschwindigkeitsverhältnis q empfiehlt das Tabellenbuch?
c) Welche Schnittgeschwindigkeit v_c errechnet sich daraus?
d) Ist die Schleifscheibe dafür noch geeignet?
e) Welche Drehfrequenz n_S in $\frac{1}{\text{min}}$ hat die Schleifspindel?

23.3 Einstechschleifen

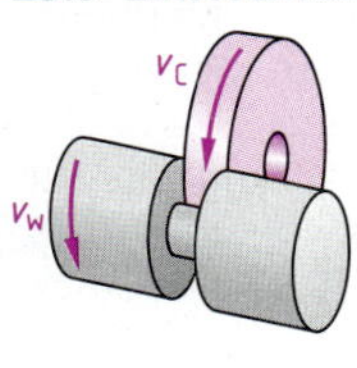

In Werkstücken aus Gusseisen sollen Umdrehungsflächen (d = 33 mm) im Einstechverfahren geschliffen werden.

a) Welches Geschwindigkeitsverhältnis q gibt der Schleifscheibenhersteller (Tabellenbuch) vor?
b) Welche Werkstückgeschwindigkeit v_W in $\frac{\text{m}}{\text{min}}$ liegt vor, wenn bei einer Schnittgeschwindigkeit $v_c = 30\,\frac{\text{m}}{\text{s}}$ 80 % vom Geschwindigkeitsverhältnis q genutzt werden?
c) Welche Drehfrequenz hat das Werkstück?

23.4 Schleifen eines Anschlagwinkels

Ein Anschlagwinkel aus E360 soll flachgeschliffen werden. Die Spindel der Schleifmaschine hat eine Drehfrequenz von 2800 $\frac{1}{\text{min}}$. Die höchste Schleifgeschwindigkeit soll 30 $\frac{\text{m}}{\text{s}}$ und die geringste 20 $\frac{\text{m}}{\text{s}}$ betragen.

a) Berechnen Sie den größten und den kleinsten zulässigen einzusetzenden Schleifscheibendurchmesser d_{max} und d_{min}.
b) Wie groß ist der Vorschubweg L bei 30 mm Anlauf und 30 mm Überlauf?

23.5 Außenrund-Querschleifen

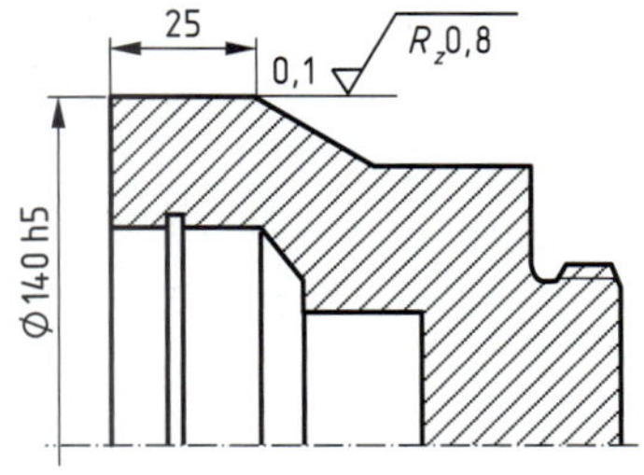

Das abgebildete Werkstück aus 16 MnCr5 soll an der bemaßten Stelle mit einer Schleifscheibe DIN 69120-1-A 350 x 32 x 76,2-A 60 M 6 V-40 auf die geforderte Oberfläche geschliffen werden.

Ermitteln Sie.

a) die Schnittgeschwindigkeit, wenn 75 % der maximal möglichen Schleifgeschwindigkeit genutzt werden
b) das Geschwindigkeitsverhältnis q nach Tabellenbuch
c) die Werkstückgeschwindigkeit v_w
d) die Werkstückdrehzahl n_w
e) die Schnittleistung P_c, wenn die mittlere Schnittkraft F_c = 14 N beträgt
f) die Motorantriebsleistung bei einem Wirkungsgrad von 75 %

23.6 Eingriffsverhältnisse – Kontaktlänge

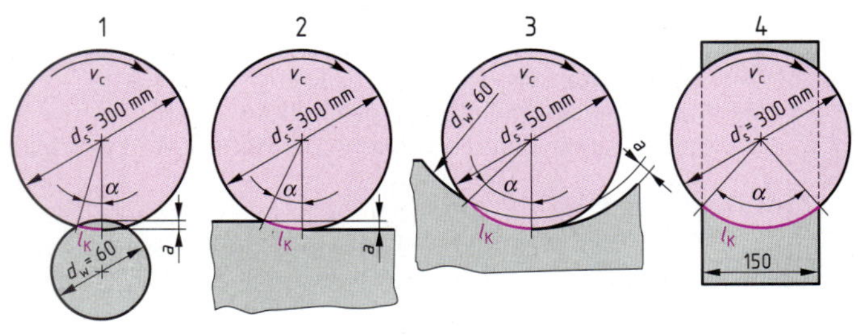

$$l_k = \sqrt{a \cdot \frac{d_w \cdot d_s}{d_w + d_s}} \text{ (Fall 1)} \qquad l_k = \sqrt{a \cdot \frac{d_w \cdot d_s}{d_w - d_s}} \text{ (Fall 3)}$$

a) Berechnen Sie die Kontaktlänge l_k für die verschiedenen Schleifverfahren, wenn die Zustellung a = 0,02 mm ist. Für Fall 1 und Fall 3 ist die Formel gegeben.
b) Bestimmen Sie für jedes Schleifverfahren das Geschwindigkeitsverhältnis q nach Tabellenbuch, wenn Stahl bearbeitet wird.
c) Welcher Zusammenhang besteht zwischen Kontaktlänge l_k und Geschwindigkeitsverhältnis q?

Langhubhonen

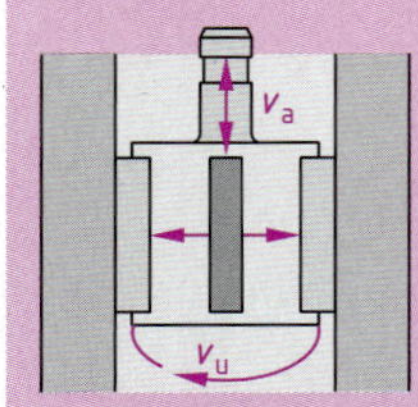

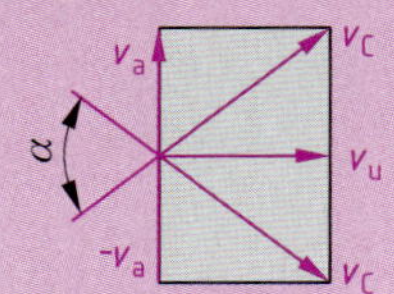

Honen

$$v_C = \sqrt{v_a^2 + v_u^2}$$

$$Q = \frac{V}{t}$$

$$\tan\frac{\alpha}{2} = \frac{v_a}{v_u}$$

$$n_H = \frac{v_a}{2 \cdot A_0}$$

Bezeichnungen:

- v_c die Schnittgeschwindigkeit
- v_a die Axialgeschwindigkeit
- v_u die Umfangsgeschwindigkeit
- α der Überschneidungswinkel der Bearbeitungsspuren
- A_0 der Hub
- f die Schwingfrequenz
- n_H die Anzahl der Doppelhübe
- V das zerspante Volumen
- t die Honzeit
- Q das Zeitspanungsvolumen

Kurzhubhonen

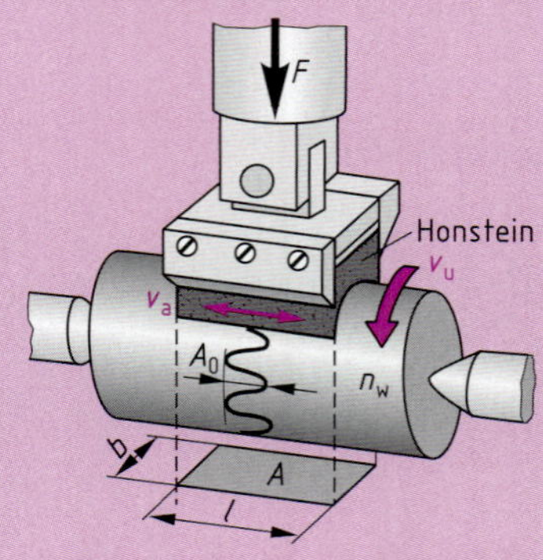

$$v_{a\,max} = \pi \cdot A_0 \cdot f$$

Aufgaben zur Zerspantechnik – Honen

23.7 Honen einer Ventilbohrung

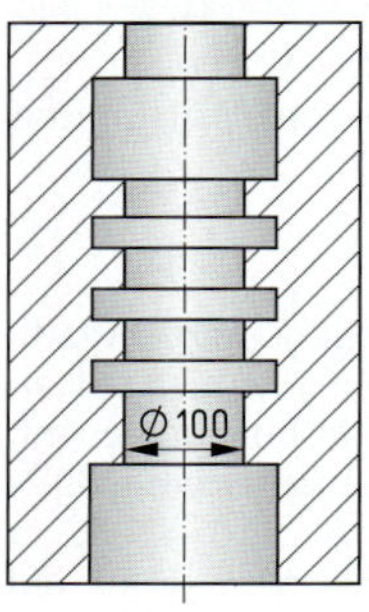

Die Steuerbohrung eines Hydraulikventils mit $d = 100$ mm soll durch Langhubhonen mit einer Schnittgeschwindigkeit $v_c = 60\ \frac{\text{m}}{\text{min}}$ fertiggehont werden. Das Verhältnis $\frac{v_a}{v_u}$ soll 0,8 betragen.

Folgende Kenngrößen sind zu berechnen.

a) die Umfangsgeschwindigkeit v_u
b) die Axialgeschwindigkeit v_a
c) die Spindeldrehzahl n_s
d) der Überschneidungswinkel α

23.8 Zylinderhonen

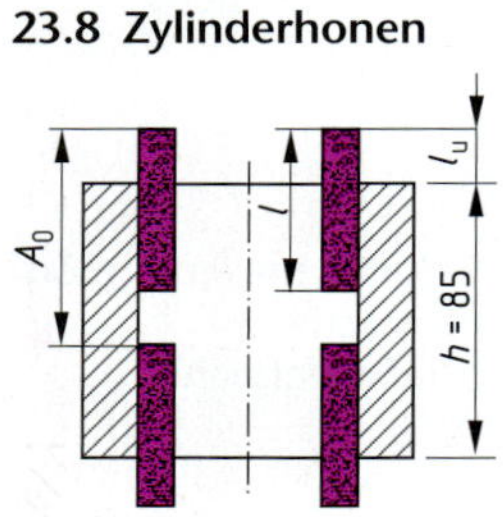

Der Zylinder eines Druckluftverdichters wird mit einem Vierleistenhonwerkzeug mit einer Drehzahl von $200\ \frac{1}{\text{min}}$ und einer Hubgeschwindigkeit von $v_a = 22\ \frac{\text{m}}{\text{min}}$ bearbeitet. Der Werkstückdurchmesser vor dem Honen beträgt $d = 74{,}94$ mm und nach dem Honen $D = 75$ mm.

Ermitteln Sie.

a) die Umfangsgeschwindigkeit v_u
b) die Schnittgeschwindigkeit v_c
c) den Überschneidungswinkel der Bearbeitungsspuren
d) den Hub, den die Honleiste ausübt, wenn die Honleistenlänge 2/3 der Zylinderhöhe h ist und der Honleistenüberlauf l_u=1/3-Honleistenlänge ist
e) die Anzahl der Doppelhübe n_H pro Minute
f) das Zeitspanungsvolumen Q, wenn die Honzeit 45 s beträgt

23.9 Honspuren

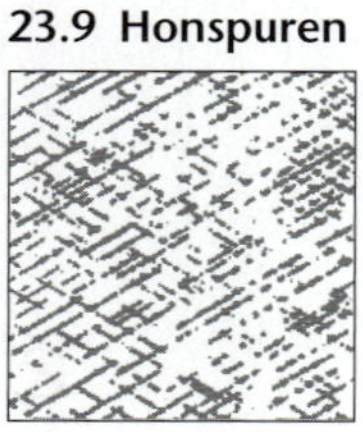

Nach dem Vorhonen eines Zylinders aus Gusseisen ergaben sich die abgebildeten Honspuren auf dem Werkstück.

Ermitteln Sie.

a) den Überschneidungswinkel α aus den Honspuren
b) das Verhältnis v_a/v_u
c) eine sinnvolle Umfangsgeschwindigkeit v_u (Mittelwert aus dem Tabellenbuch), wenn für den Honstein Korund verwendet wird
d) die (maximale) Schnittgeschwindigkeit v_c, die sich bei der abgelesenen Umfangsgeschwindigkeit ergibt
e) die sich ergebende Axialgeschwindigkeit v_a für die genannte Honarbeit
f) Ist diese errechnete Axialgeschwindigkeit nach Tabellenbuch sinnvoll?

23.10 Kurzhubhonen eines Wellenzapfens

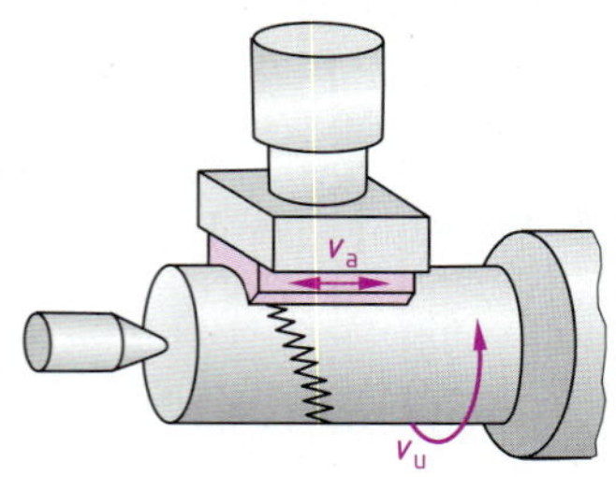

Der Lagerzapfen einer Welle mit dem Durchmesser d = 20 mm soll durch Kurzhubhonen feinbearbeitet werden. Der Schwinghub A_0 beträgt 4 mm bei einer Wellendrehzahl $n_W = 800\ \frac{1}{\text{min}}$.

a) Wie groß ist die Umfangsgeschwindigkeit v_u?
b) Berechnen Sie die maximale Axialgeschwindigkeit v_a bei f = 1500 $\frac{1}{\text{min}}$.
c) Wie groß ist die maximale Schnittgeschwindigkeit v_c?

23.11 Wellenlagerzapfen

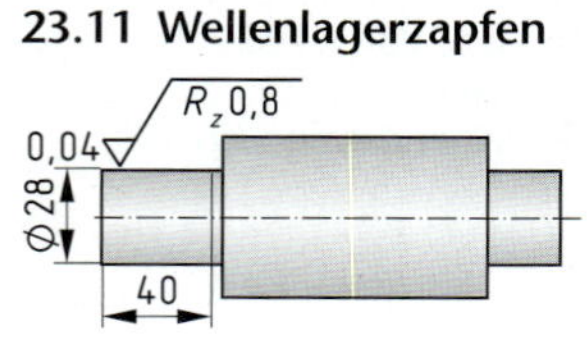

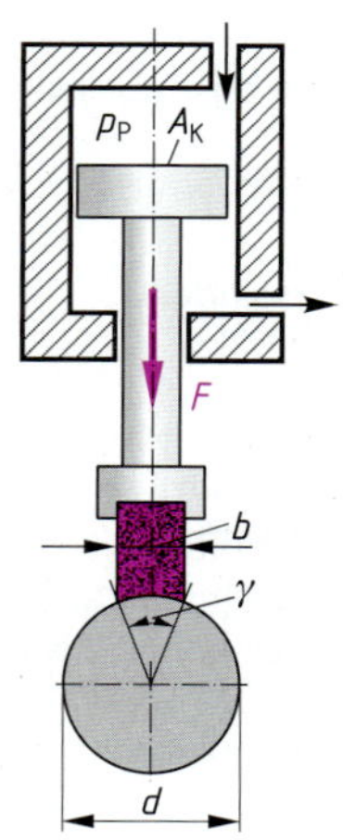

Der linke Wellenlagerzapfen soll durch Kurzhubhonen die gewünschten Eigenschaften aufweisen. Die Schwingfrequenz beträgt $f = 35\ \frac{1}{\text{s}}$ und der komplette Hub A_0 = 2 mm.

Der Lagerzapfen der Welle wird mit einem Honstein mit den Abmessungen $l = 30$ mm und $b = 15$ mm 40 Sekunden lang bei einer Wellendrehzahl von $500\ \frac{1}{\text{min}}$ bearbeitet. Das pneumatische Kurzhubhongerät hat einen Anpresskolben mit einer Kolbenfläche $A_K = 10\ \text{cm}^2$ und wird mit einem Druck von p_p = 4 bar beaufschlagt. Der Werkstückdurchmesser verkleinert sich bei der Bearbeitung um 40 μm.

Ermitteln Sie.

a) die Umfangsgeschwindigkeit v_u des Werkstückes
b) die maximale axiale Geschwindigkeit $v_{a\,max}$ in der Mitte des Hubes in $\frac{\text{mm}}{\text{min}}$
c) die axiale Geschwindigkeit $v_{a\,min}$ in den Umkehrpunkten (Totpunkten)
d) die kleinste Schnittgeschwindigkeit $v_{c\,min}$
e) die größte Schnittgeschwindigkeit $v_{c\,max}$
f) den Winkel α, den die Bearbeitungsspuren bilden
g) die Kraft F, mit der der Honstein auf die Welle gepresst wird
h) den Steinanpressdruck p_{Stein}
i) das abgespante Werkstückvolumen V
j) das Zeitspanungsvolumen Q

24 Reibung

Reibung ist eine Kraft, die der Bewegung eines Körpers auf einer Unterlage Widerstand entgegensetzt. Die Größe der Reibungskraft F_R ist abhängig von:

1. der Normalkraft F_N des zu bewegenden Körpers,
2. der Oberflächenqualität der Berührungsflächen,
3. der Werkstoffpaarung an den Berührungsflächen,
4. der Schmiermittelzugabe an den Berührungsflächen.

Die Größe der Reibungskraft hängt **nicht** von der Größe der Berührungsfläche ab.

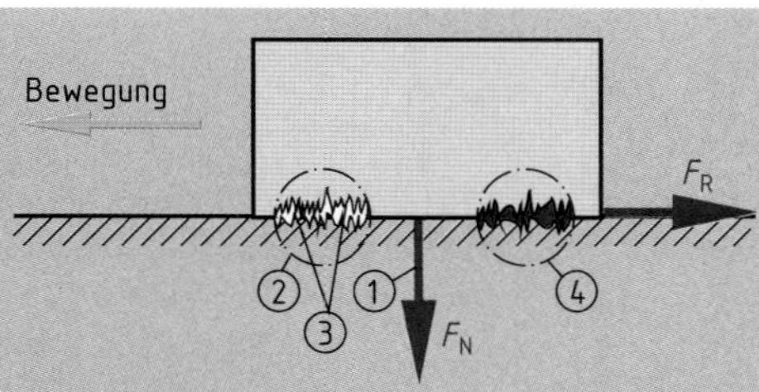

Der Einfluss von Oberflächenqualität, Werkstoffpaarung und Schmiermittelzugabe auf die Reibungskraft wurde durch Versuche ermittelt und in der Reibungszahl μ zusammengefasst.

Bezeichnungen:

- F_R die Reibungskraft
- μ die Reibungszahl (gesprochen: mü)
- F_N die Normalkraft (Kraft senkrecht zur Reibfläche)
- F_G die Gewichtskraft
- M_R das Reibungsmoment
- F_H die Hangabtriebskraft
- f die Rollreibzahl

$$F_R = \mu \cdot F_N$$

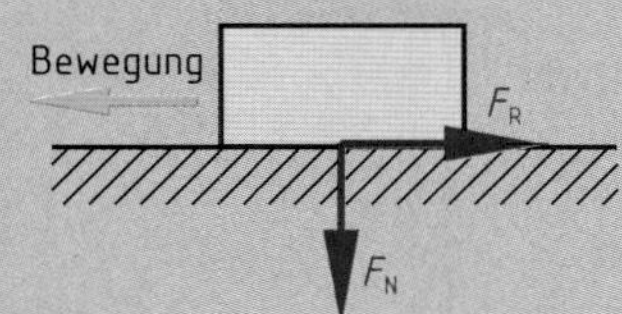

Ebene Fläche

Reibungszahlen entnimmt man dem Tabellenbuch.

$$M_R = F_R \cdot \frac{d}{2}$$

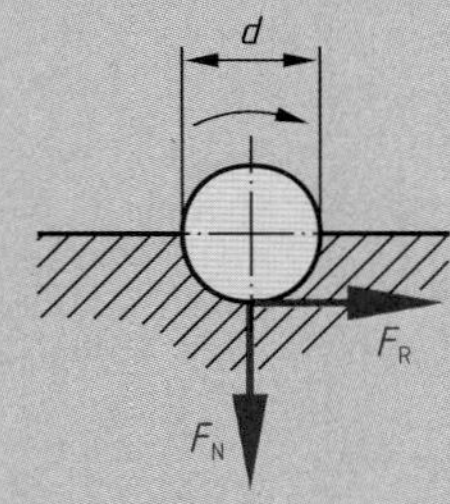

Lager

Hinweis zur Rollreibung

Bei der Bewegung von Körpern auf Rollen ist eine Rollreibkraft zu überwinden. Sie ist abhängig vom Verformungsgrad der Unterlage oder des Rollkörpers. Daraus ergibt sich der Hebelarm f.

Aus dem Verhältnis f/r wird die Rollreibzahl μ ermittelt. Sie muss kleiner sein als die Haftreibungszahl, da sonst der Rollkörper rutscht.

$$\mu = \frac{f}{r}$$

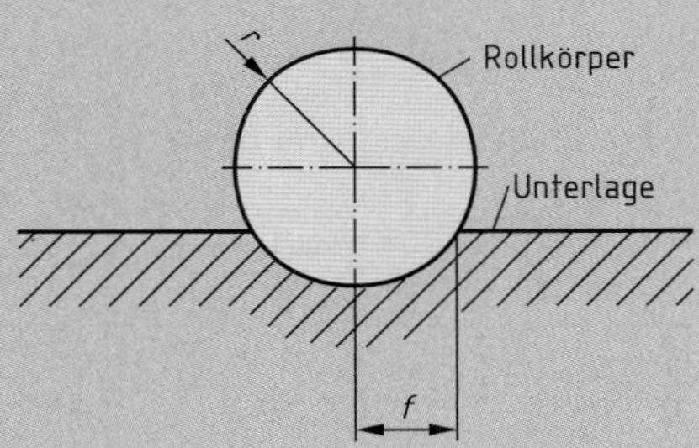

Beispiel 1: Gusseisen-Block auf Stahl

Ein Gusseisen-Block soll auf einem Fräsmaschinentisch verschoben werden. Wie groß ist die Haftreibungskraft, wenn die Gewichtskraft des Gusseisen-Werkstücks 120 N und die Haftreibungszahl $\mu = 0{,}2$ betragen?

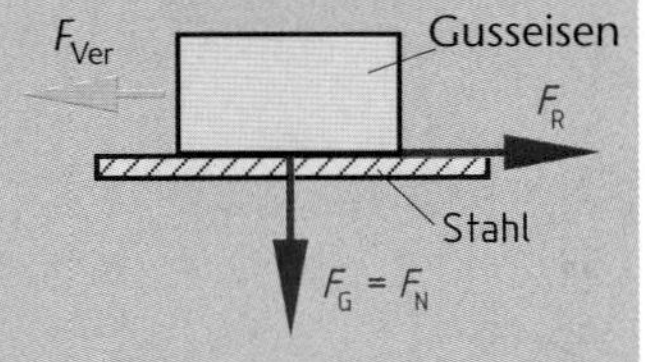

Lösung: Die Gewichtskraft wirkt senkrecht auf die Reibfläche, somit gilt: $F_G = F_N$

$F_R = \mu \cdot F_N = 0{,}2 \cdot 120\ \text{N} = \underline{\underline{24\ \text{N}}}$

Beispiel 2: Werkstücktransport

Gusswerkstücke mit einer Gewichtskraft von F_G = 125 N werden auf einem Transportband mit 30° Neigungswinkel befördert.

Berechnen Sie.
a) die Normalkraft F_N
b) die maximal mögliche Reibungskraft F_R bei einer Reibungszahl von $\mu = 0{,}7$

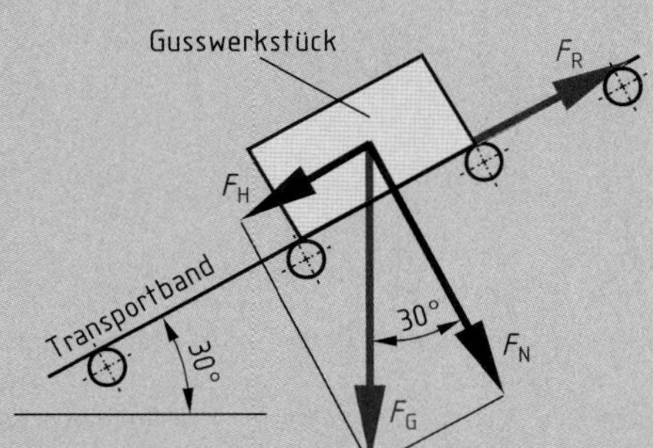

Lösung: Die Gewichtskraft wird zerlegt. Eine Teilkraft wirkt senkrecht auf die Reibfläche. Sie ist die Normalkraft F_N.
Aus dem Kräfteparallelogramm erhält man:

a) $\cos \alpha = \frac{F_N}{F_G} \rightarrow F_N = F_G \cdot \cos \alpha = 125\ \text{N} \cdot \cos 30° = \underline{\underline{108{,}25\ \text{N}}}$

b) $F_R = \mu \cdot F_N = 0{,}7 \cdot 108{,}25\ \text{N} = \underline{\underline{75{,}8\ \text{N}}}$
Die maximal mögliche Reibungskraft muss größer sein als die Hangabtriebskraft.
Probe: $F_H = F_G \cdot \sin \alpha = 125\ \text{N} \cdot \sin 30° = \underline{62{,}5\ \text{N}} \rightarrow F_R > F_H$

24.1 Reitstock verschieben

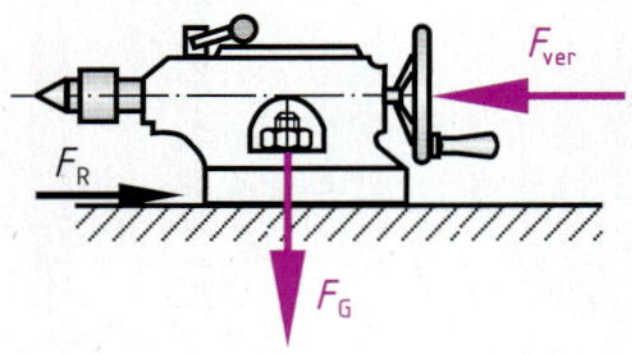

Berechnen Sie die erforderliche Kraft F_{ver} zum Anschieben des Reitstockes, wenn dieser eine Gewichtskraft $F_G = 200$ N hat und die Reibpartner aus Stahl geschmiert sind.

24.2 Verschraubung

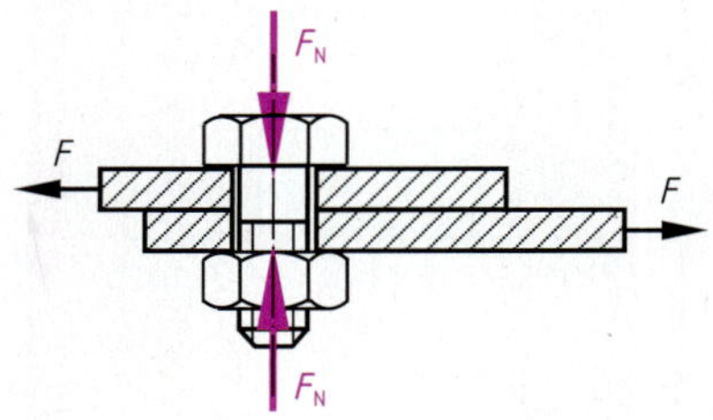

Welche Spannkraft F_N muss durch die Schraube erzeugt werden, wenn eine Zugkraft von 0,8 kN nur durch die Reibungskraft übertragen werden soll? Die Platten sind aus Stahl in trockenem Zustand.

24.3 Quader im Schraubstock

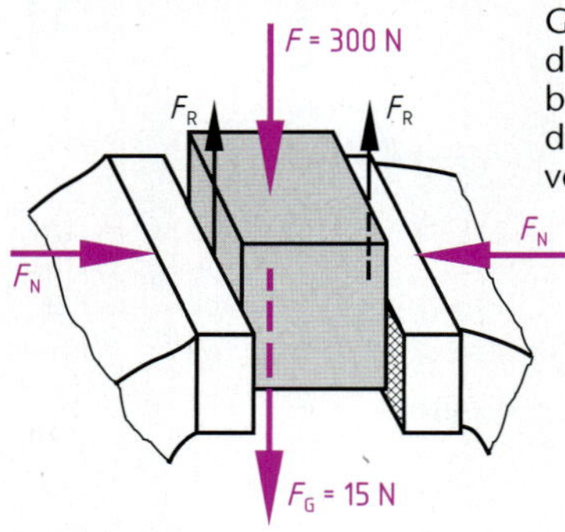

Gesucht:
die Kraft der Spannbacken F_N bei einer Reibzahl $\mu = 0,25$, damit das Werkstück nicht verrutscht

24.4 Gleitlagerung einer Welle

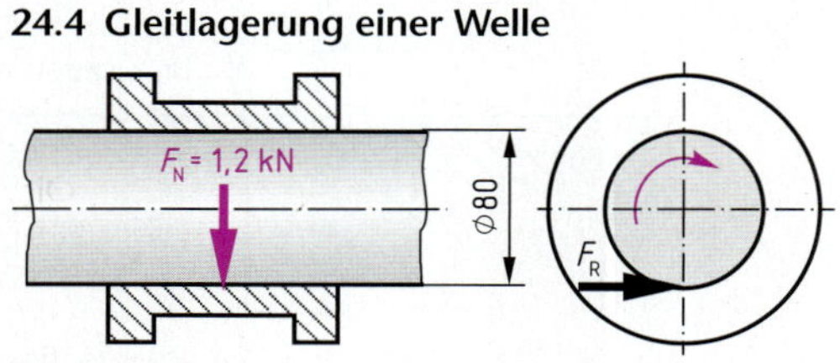

Folgende Daten sind zu ermitteln:
a) Reibungskraft F_R bei $\mu = 0,065$
b) Reibungsmoment M_R in N · m

24.5 Backenbremse

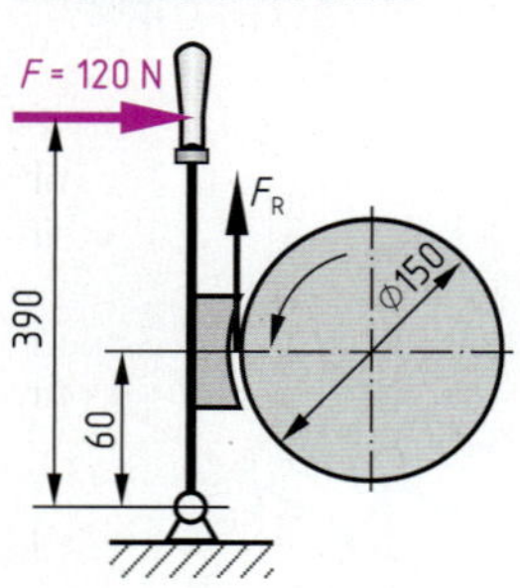

Für die abgebildete Bremse mit einer Reibzahl $\mu = 0,15$ sind folgende Größen zu berechnen.
a) die Anpresskraft F_N
b) die Reibungskraft F_R
c) das Reibungsmoment M_R

24.6 Förderband

Ein 14 m langes Förderband überwindet einen Höhenunterschied von 4,5 m. Es werden Werkstücke mit einer Gewichtskraft von $F_G = 150$ N transportiert. Die Reibungszahl ist $\mu = 0,6$.

Wie groß ist:
a) der Steigungswinkel α,
b) die Normalkraft F_N,
c) die max. mögliche Reibungskraft F_R,
d) die Reibungszahl, bei der die Gefahr des Abrutschens besteht?

24.7 Transportband

Ein Transportband befördert unter einem Winkel $\alpha = 35°$ Werkstücke mit einer Masse von $m = 28,5$ kg.

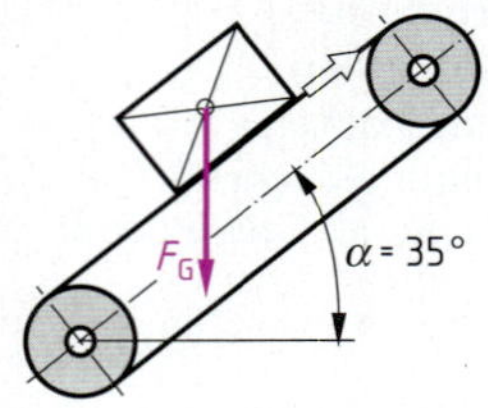

Berechnen Sie.
a) die Gewichtskraft F_G
b) die Normalkraft F_N
c) die Hangabtriebskraft F_H
d) die Mindesthaftreibzahl μ

24.8 Welle mit Gleitlager

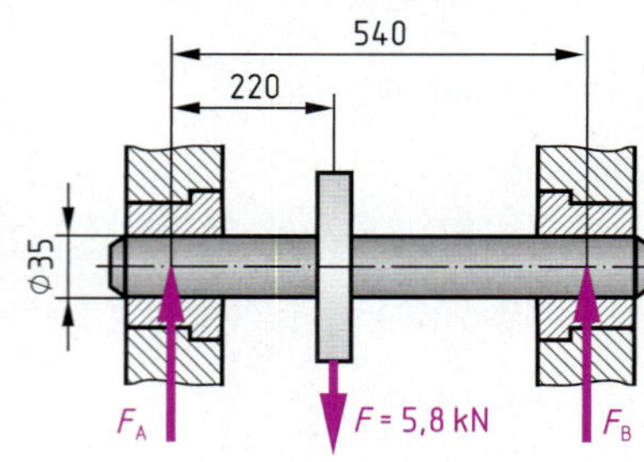

Die Gewichtskraft der Welle beträgt 50 N.
a) Wie groß sind die Lagerkräfte F_A und F_B?
b) Welches Reibungsmoment entsteht in den Lagern A und B bei einer Reibungszahl $\mu = 0,02$?

24.9 Werkzeugmaschinenführung

Die Führung einer Werkzeugmaschine wird durch die schräg wirkende Kraft $F = 4$ kN belastet. Es soll festgestellt werden, welche der beiden Führungen die bessere Leichtgängigkeit beim Verschieben hat. Die Reibzahl ist $\mu = 0,12$.

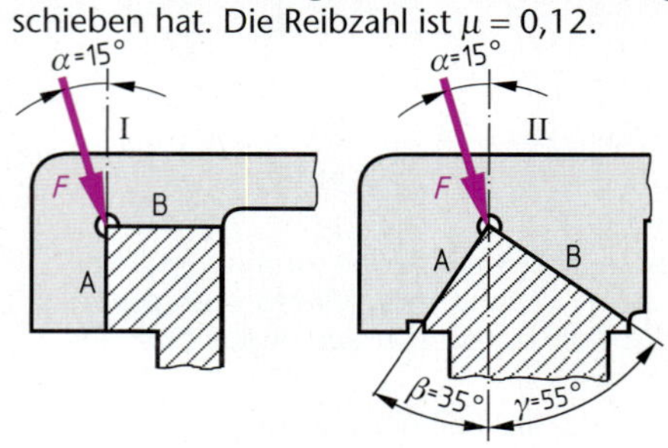

Gesucht:
a) die Normalkräfte der Variante I $F_{NA\,I}$ und $F_{NB\,I}$
b) die Normalkräfte der Variante II $F_{NA\,II}$ und $F_{NB\,II}$ (zeichnerisch)
c) die Reibkräfte beim Längsverschieben für Variante I
d) die Reibkräfte für Variante II
e) die erforderlichen Verschiebekräfte $F_{V\,I}$ und $F_{V\,II}$

24.10 Hobelmaschine

Der Tisch einer Langhobelmaschine hat eine Gewichtskraft $F_G = 15$ kN. Auf diesem Tisch ist ein Werkstück mit einer Masse $m = 2243$ kg aufgespannt. Beim Arbeitshub wirkt durch den Hobelmeißel eine waagerechte Schnittkraft $F_c = 18$ kN. Der Tisch läuft in zwei waagerechten Führungen mit der Schnittgeschwindigkeit $v_c = 50\ \frac{\text{m}}{\text{min}}$. Die Reibzahl beträgt $\mu = 0,1$.

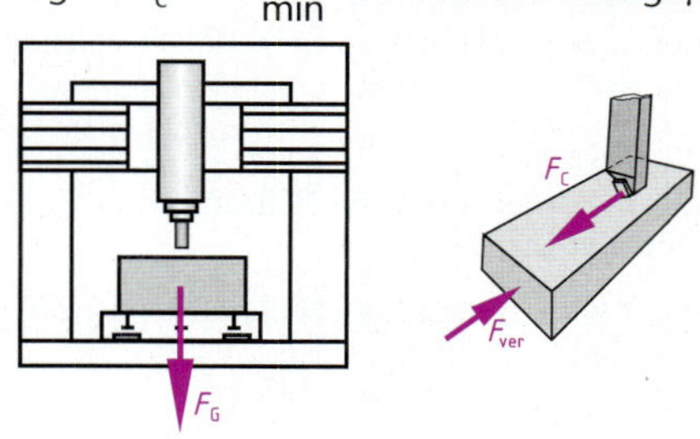

Gesucht ist:
a) eine Skizze der Kräfte, die auf Tisch und Werkstück wirken,
b) die Normalkraft F_N,
c) die Reibkraft F_R,
d) die Verschiebekraft beim Arbeitshub F_{ver},
e) der prozentuale Anteil p der Reibung an der Verschiebekraft,
f) die erforderliche Antriebsleistung des Motors beim Arbeitshub ($\eta_M = 1$).

25 Schiefe Ebene und Schraube

Schiefe Ebene

Mithilfe einer schiefen Ebene kann Kraft gespart werden, jedoch ist ein größerer Weg zurückzulegen. Vernachlässigt man die Reibung, dann gilt:

Arbeit auf der schiefen Ebene = Hubarbeit

Zugkraft × Kraftweg = Gewichtskraft der Last × Hubhöhe

$$F \cdot l = F_G \cdot h$$

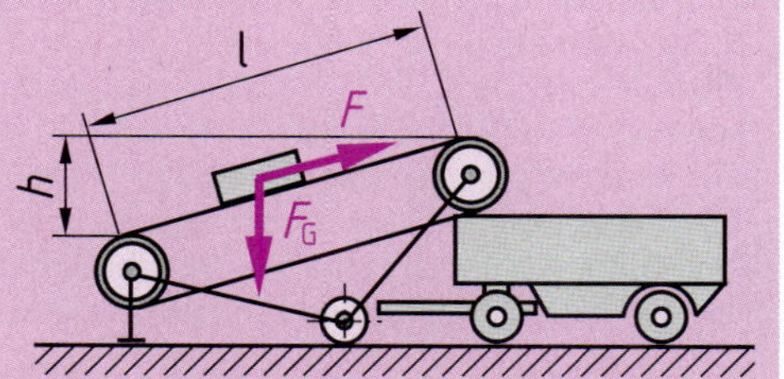

Schraube – Beispiel Schraubstock

Beispiel: Schraubstock

Auch bei einer Schraube gilt:

Aufgebrachte Arbeit = Gewonnene Arbeit

Handkraft × Handweg = Spannkraft × Steigung

$$F_1 \cdot 2 \cdot r \cdot \pi = F_2 \cdot P$$

$$F_1 \cdot d \cdot \pi = F_2 \cdot P$$

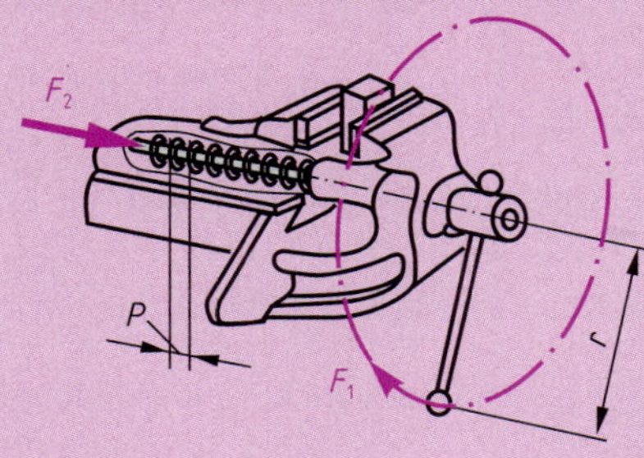

Aufgaben zur schiefen Ebene und Schraube

25.1 Keilwirkung

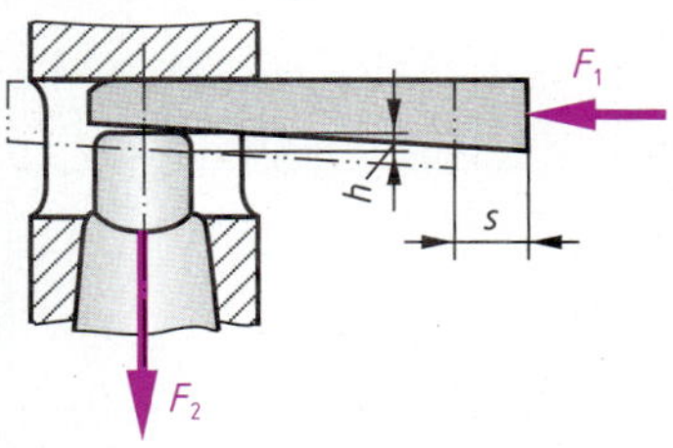

Zum Austreiben eines Werkzeugkegels wird eine Kraft $F_1 = 30$ N aufgebracht. Der Austreiber legt den Weg $s = 5$ mm zurück, wobei die Höhe um $h = 1{,}5$ mm zunimmt. Wie groß ist die Austreibkraft F_2 in der Richtung der Kegelachse?

25.2 Auswerfer

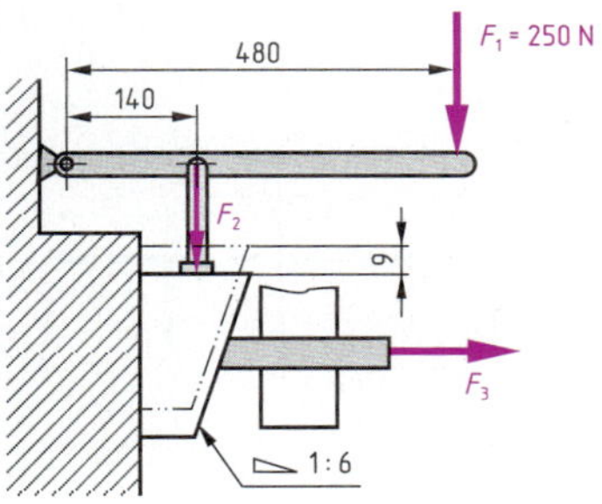

a) Wie groß ist die Kraft F_2 auf den Keil?

b) Welche Kraft F_3 wirkt am Auswerfer?

25.3 Spindelpresse

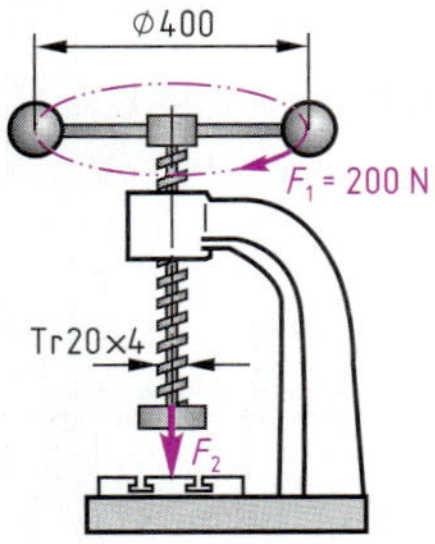

Welche Presskraft F_2 wirkt bei der vorgegebenen Handkraft?

25.4 Nasenkeil nach DIN 6887

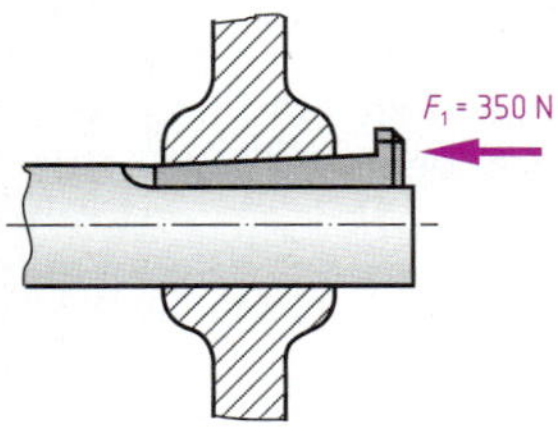

Ermitteln Sie die Kraft F_2, mit der der Keil die Nabe auseinanderdrückt.

25.5 Schraubverbindung M 10 × 1

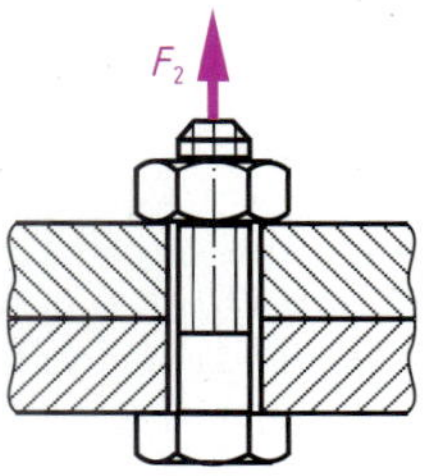

a) Wie groß ist die Kraft F_2, wenn die Schraube mit einem Schlüssel mit der Länge 210 mm mit einer Handkraft $F_1 = 100$ N angezogen wird?

b) Welche Kraft F_2 stellt sich mit dem Regelgewinde ein?

25.6 Scherkraft

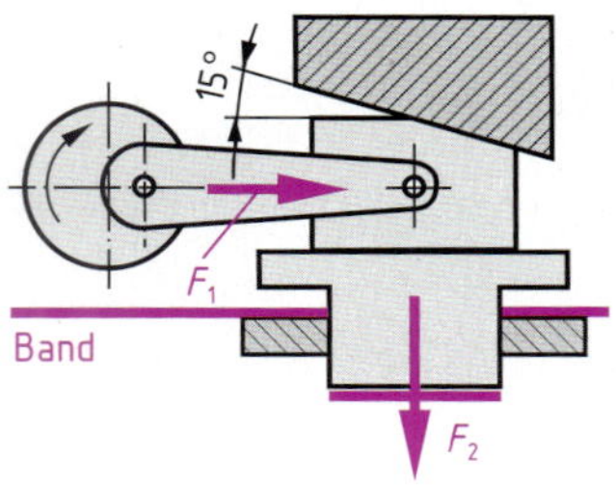

Ein Schnittteil soll vom Band abgeschnitten werden. Die Teile werden mit einer Keiltriebpresse hergestellt.

a) Bestimmen Sie die erforderliche Kraft F_1, wenn die gesamte Trennkraft $F_2 = 70{,}5$ kN beträgt.

b) Berechnen Sie die erforderliche Stößelkraft F_1, wenn der Wirkungsgrad 70 % beträgt.

25.7 Spannvorrichtung

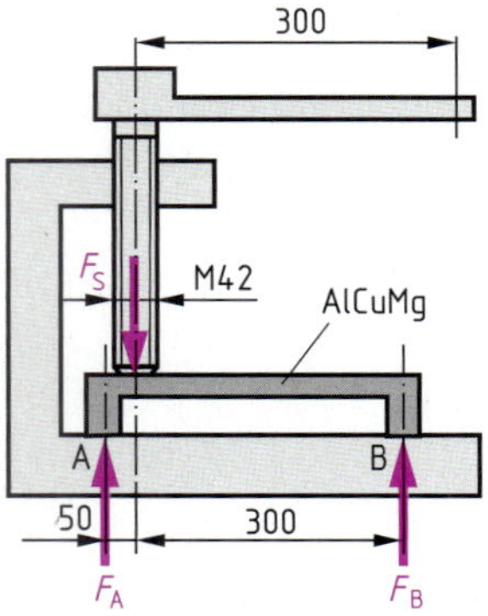

Eine Spannvorrichtung soll mit einer Handkraft $F_H = 180$ N ein Werkstück AlCuMg spannen.

a) Berechnen Sie die Spannkraft F_S der Schraube, wenn der Wirkungsgrad $\eta = 0{,}3$ beträgt.

b) Bestimmen Sie die Einzelspannkräfte F_A und F_B.

c) Überprüfen Sie, ob die gewählte Schraube Selbsthemmung ($\alpha < 6°$) besitzt.

d) Ist die Flächenpressung zwischen Spannschraube und Werkstück zulässig, wenn mit dem Kerndurchmesser gerechnet wird?

26 Auflagerkräfte

Greifen Lasten nicht in die Mitte zwischen den Auflagern an, so werden unterschiedliche Kräfte wirksam.
Zum Beispiel zeigt die nebenstehende Skizze den Transport einer Last mit einer Gewichtskraft von $F = 600$ N. Die Person A trägt den größeren Teil der Last.
Zur Berechnung der Auflagerkräfte in A und B wird folgender Ansatz gemacht:
Man nimmt ein Auflager als Drehpunkt. In der folgenden Lösung wird die Lage von Punkt A hierfür gewählt. Man erhält einen einseitigen Hebel. Soll er im Gleichgewicht bleiben, so müssen die linksdrehenden Momente $\overset{\frown}{M}$ gleich den rechtsdrehenden Momenten $\overset{\frown}{M}$ sein:

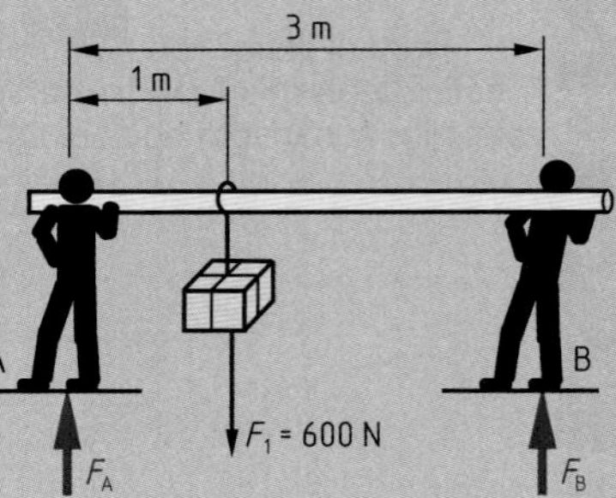

$$\overset{\frown}{M} = \overset{\frown}{M}$$

$$\mathbf{F_B} \cdot l_2 = \mathbf{F_1} \cdot l_1$$

Daraus ergibt sich: $F_B = \dfrac{F_1 \cdot l_1}{l_2} = \dfrac{600 \text{ N} \cdot 1 \text{ m}}{3 \text{ m}} = \underline{\mathbf{200\ N}}$

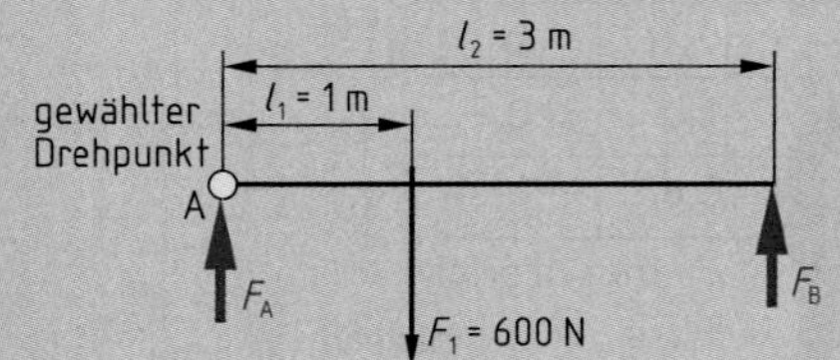

In einem zweiten Ansatz werden alle Kräfte zusammengefasst:

Kräfte nach oben = Kräfte nach unten $\quad F_1 = F_A + F_B$

Daraus kann jetzt auch die Kraft F_A berechnet werden:

$F_A = F_1 - F_B = 600 \text{ N} - 200 \text{ N} = \underline{\mathbf{400\ N}}$

Bezeichnungen:

A, B	die Lagerstellen, die Punkte	l_1, l_2, l_3	die Hebellängen
F_A, F_B	die Lagerkräfte	F_1, F_2, F_3	die Kräfte, die am gelagerten Maschinenteil angreifen
M	das Drehmoment		
Σ	ein mathematisches Zeichen (die Summe) (griechischer Buchstabe: Sigma)		

Beispiel: Lagerregal mit mehreren Kräften

Auf einem Regalboden liegt ein Schneidwerkzeug mit einer Gewichtskraft von $F_1 = 800$ N.
Für das Regalbrett ist in der Mitte eine Gewichtskraft von $F_2 = 30$ N zu berücksichtigen.
Wie groß sind die Auflagerkräfte, die auf die beiden Leisten wirken?
Angenommen: Drehpunkt in B

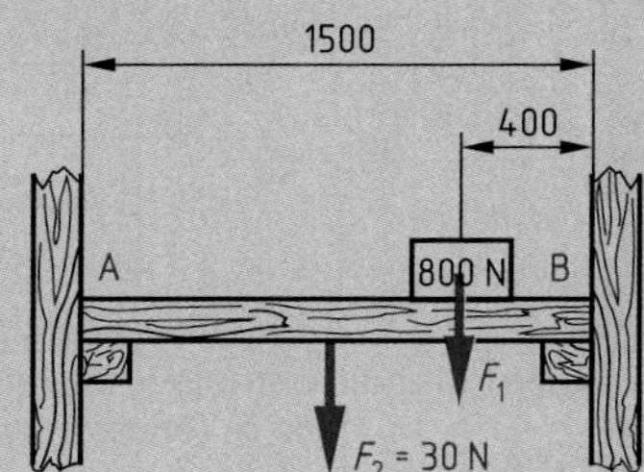

$$\Sigma \overset{\frown}{M} = \Sigma \overset{\frown}{M}$$

$$F_2 \cdot l_2 + F_1 \cdot l_1 = F_A \cdot l_3$$

$$F_A = \frac{F_2 \cdot l_2 + F_1 \cdot l_1}{l_3} = \frac{30 \text{ N} \cdot 750 \text{ m} + 800 \text{ N} \cdot 400 \text{ mm}}{1\,500 \text{ mm}} = \underline{\mathbf{228{,}3\ N}}$$

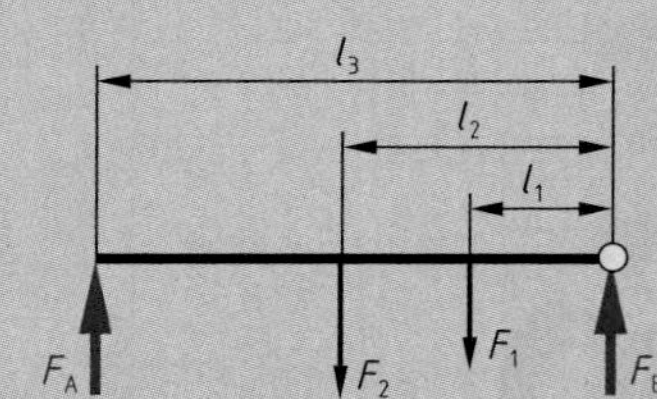

Die abwärts gerichteten Kräfte müssen so groß wie die nach oben gerichteten Kräfte sein:

$$F_2 + F_1 = F_A + F_B$$

$$F_B = F_1 + F_2 - F_A = 30 \text{ N} + 800 \text{ N} - 228{,}3 \text{ N} = \underline{\mathbf{601{,}7\ N}}$$

■ Aufgaben zu Auflagerkräften

26.1 Fräsdorn

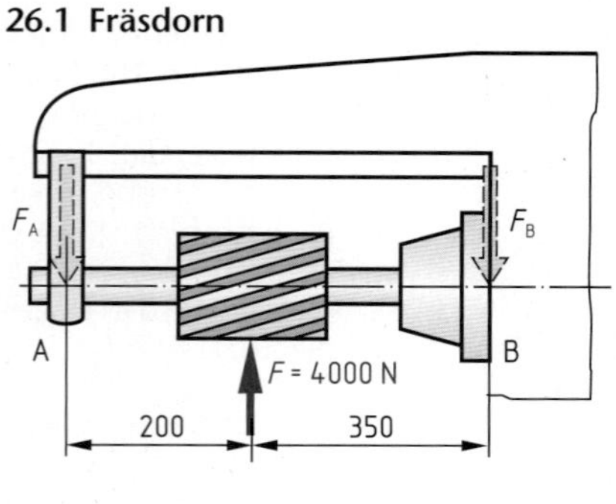

Gesucht:
die Lagerkräfte in A und B in N

26.2 Berechnen Sie jeweils die Auflagerkräfte in A und B in N.

a) Welle

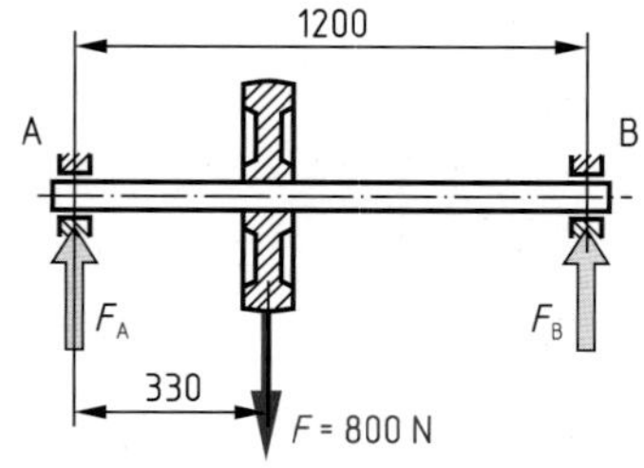

b) Träger

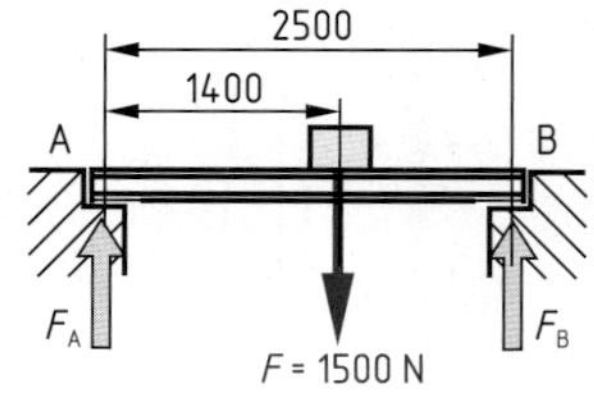

Die Gewichtskraft des Trägers wird nicht berücksichtigt!

26.3 Schlittenführung

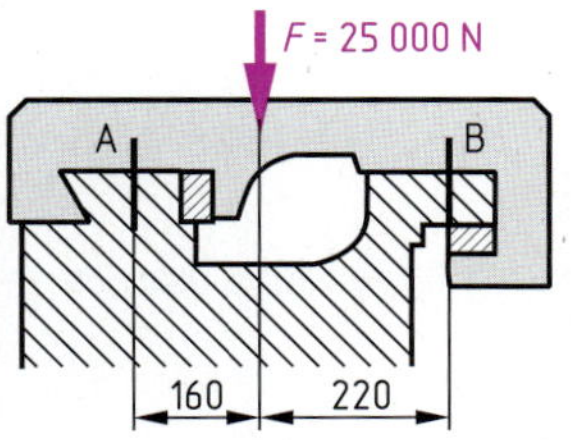

Gesucht:
die Kraft auf die Flachführung in A und B in kN

26.4 Last, von 2 Männern getragen

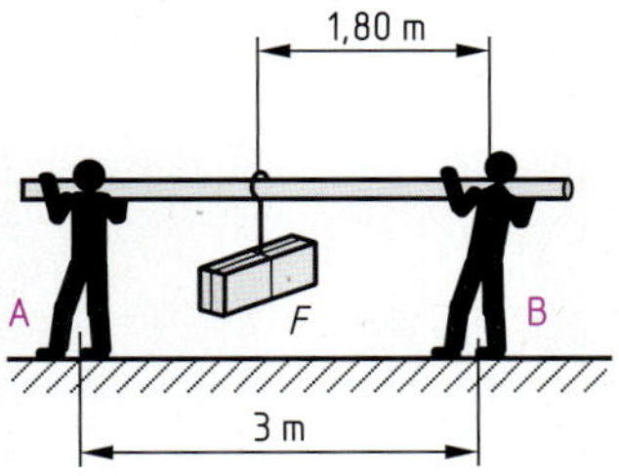

Die Gewichtskraft von $F = 800$ N wird von 2 Männern gemäß nebenstehender Abbildung aufgenommen.

Gesucht:
a) Wie groß ist die Belastung der Männer A und B (ohne Gewichtskraft)?
b) Wie groß ist die Belastung der Männer A und B, wenn zusätzlich die Gewichtskraft des Balkens $F = 150$ N zu berücksichtigen ist?

26.5 a) Vorgelege

b) Elektromotor
die Gewichtskraft: $F = 120$ N

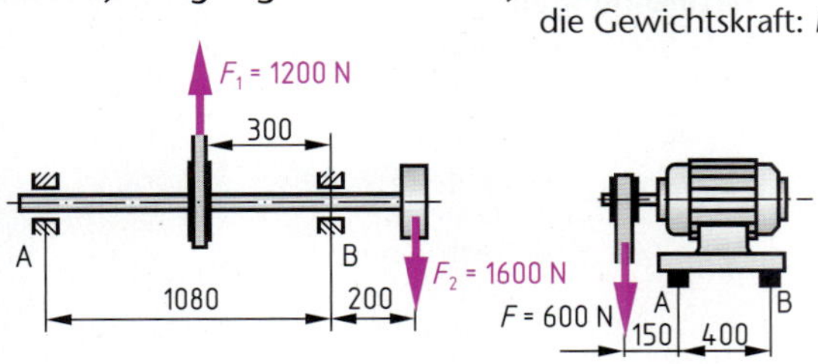

Gesucht:
die Auflagerkräfte in A und B in N

26.6 Aufzugswinde mit Schwingmetallisolierung

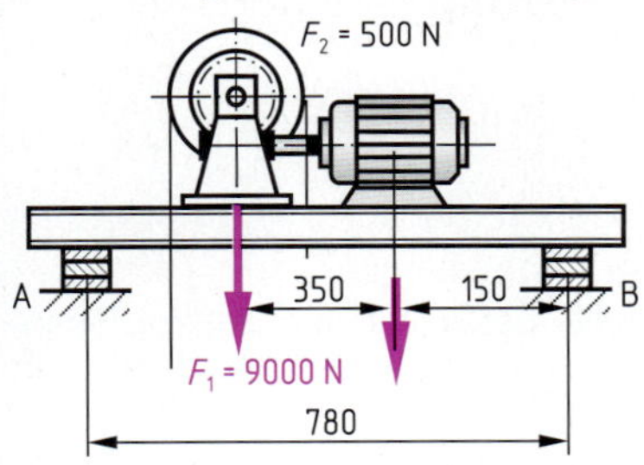

der Stahlprofilrahmen:
$F_3 = 300$ N

Gesucht:
die Kraft auf jeden der Schwingmetallpuffer in A und B (je 2 Stück)

26.7 Fachwerk mit Zusatzkraft

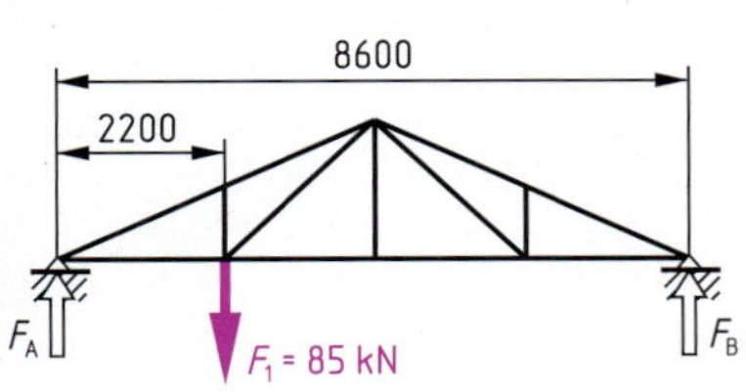

die Gewichtskraft des Fachwerkes: $F = 4$ kN
Gesucht:
die Auflagerkräfte F_A und F_B in kN

26.8 Gabelstapler (Beispiel für überkragende Last)

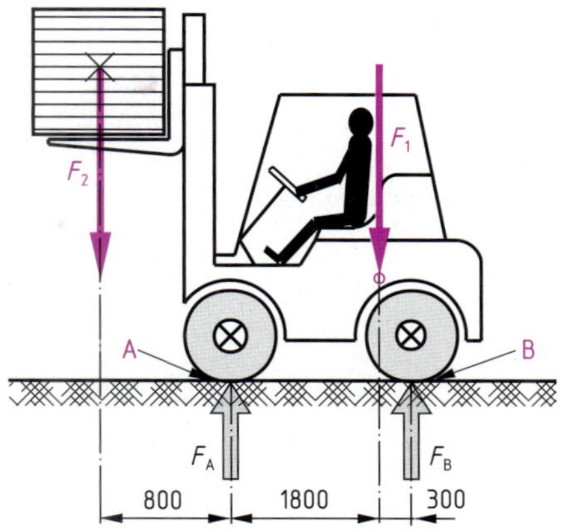

die Gewichtskraft des Fahrzeuges:
$F_1 = 15$ kN

Gesucht:
a) die zulässige Kraft F_2, wenn die Hinterachse des Gabelstaplers noch mit 400 N belastet bleiben soll
b) Wie groß ist in diesem Fall die Kraft F_A auf die Vorderachse?

26.9 Hebekraft eines Autokranes

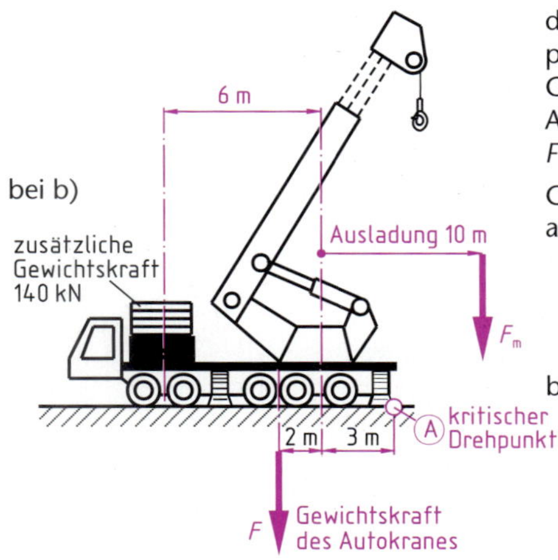

der kritische Drehpunkt in Ⓐ; die Gewichtskraft des Autokranes:
$F = 400$ kN

Gesucht:
a) die maximale Hebekraft F_m bei einer Ausladung von 10 m bzw. 20 m
b) die maximale Hebekraft F_m durch Auflegen einer zusätzlichen Gewichtskraft von 140 kN im Abstand 6 m

26.10 Muldenkipper ohne und mit Stützen

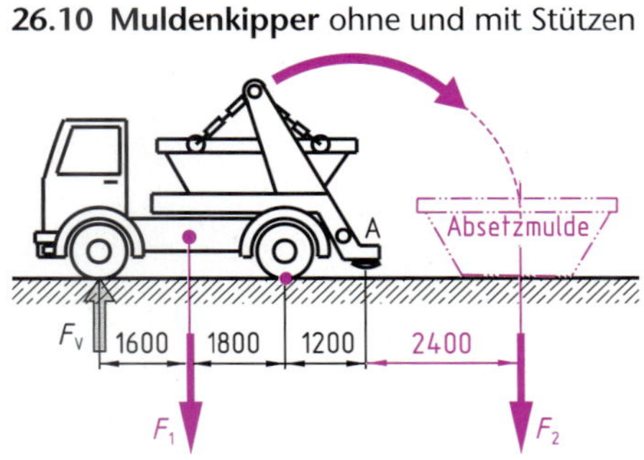

die Gewichtskräfte:
- leeres Fahrzeug $F_1 = 83$ kN
- leere Mulde 8 kN
- Zuladung 60 kN

Gesucht:
a) die Auflagerkraft F_v auf der Vorderachse beim Absetzen der beladenen Mulde ohne Stützen in kN
b) F_v bei ausgefahrenen Stützen bei A in kN (unter Vernachlässigung der Kraft auf die Hinterachse)

26.11 Lage der Spannschrauben

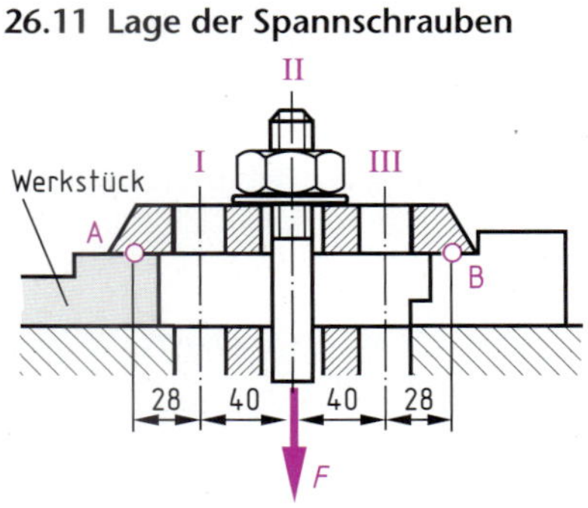

Bestimmen Sie die jeweilige Anpresskraft in A, wenn die Spannschraube in Stellung I, II oder III mit $F = 6{,}5$ kN angezogen wird. Stellen Sie ein allgemeines Gesetz auf, z. B.: Die Anpresskraft ist umso größer je …

Ohmsches Gesetz

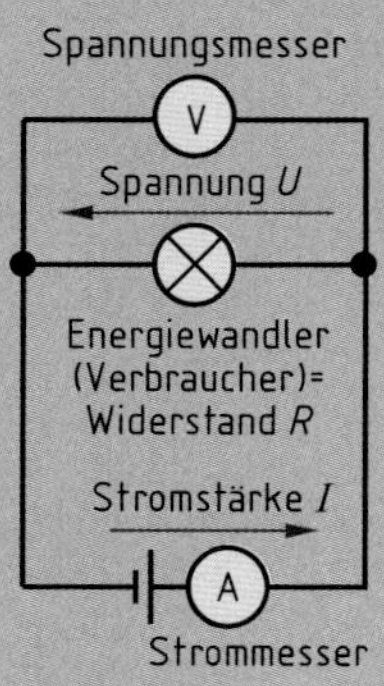

In einem Stromkreis besteht zwischen Spannung, Stromstärke und Widerstand folgender Zusammenhang:

$$\text{Stromstärke} = \frac{\text{Spannung}}{\text{Widerstand}} \qquad I = \frac{U}{R}$$

Umrechnung der Einheiten: $1\,\text{A} = \frac{1\,\text{V}}{1\,\Omega}$ $\quad 1\,\text{V} = 1\,\Omega \cdot 1\,\text{A}$ $\quad 1\,\Omega = \frac{1\,\text{V}}{1\,\text{A}}$

Bezeichnungen und Einheiten:

U die Spannung in V (Volt)
R der Widerstand in Ω (Ohm)
I die Stromstärke in A (Ampère)

Volta, Alessandro, 1745–1827, ital. Physiker
Ohm, Georg Simon, 1789–1854, deutsch. Physiker
Ampère, André Marie, 1775–1836, frz. Physiker

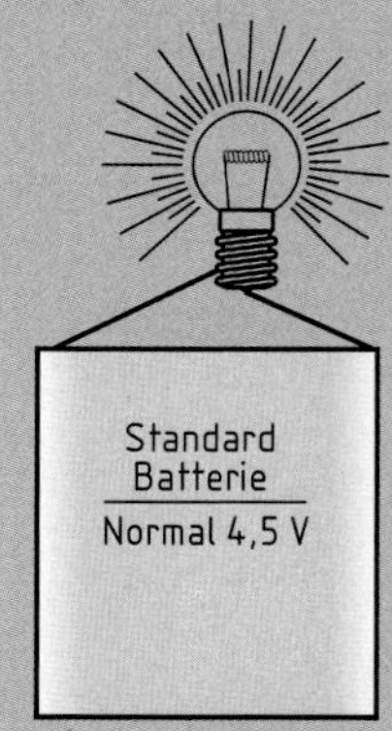

Beispiel: Taschenlampe

Eine Taschenlampe wird mit einer Batteriespannung von $U = 4{,}5$ V betrieben.
Die Glühlampe nimmt einen Strom von $I = 0{,}2$ A auf.
Wie groß ist der Widerstand R in Ohm?

Lösung: $R = \frac{U}{I} = \frac{4{,}5\,\text{V}}{0{,}2\,\text{A}} = \underline{\underline{22{,}5\,\Omega}}$

Reihenschaltung von Widerständen

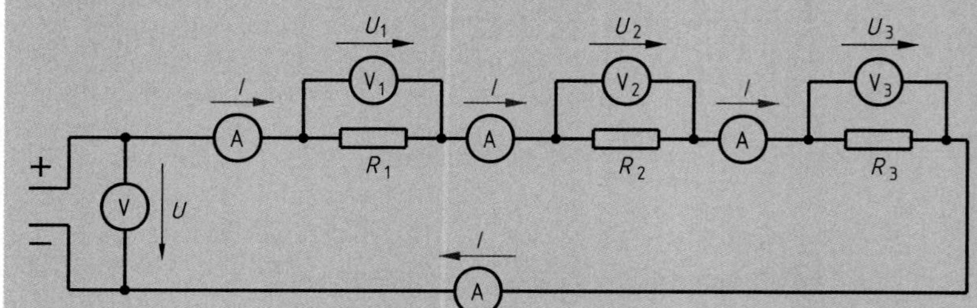

Bezeichnungen:

U die Gesamtspannung
I der Gesamtstrom
R der Gesamtwiderstand
$U_1, U_2, \ldots$ die Teilspannungen
$I_1, I_2, \ldots$ die Teilströme
$R_1, R_2, \ldots$ die Einzelwiderstände

Sind in einem Stromkreis mehrere Einzelwiderstände in Reihe geschaltet, fließt durch jeden Einzelwiderstand derselbe Gesamtstrom I.

$$I = I_1 = I_2 = \ldots$$

Die Gesamtspannung U ist gleich der Summe der Teilspannungen: $\quad U = U_1 + U_2 + \ldots$

Der Gesamtwiderstand R ist gleich der Summe der Einzelwiderstände: $\quad R = R_1 + R_2 + \ldots$

Parallelschaltung von Widerständen

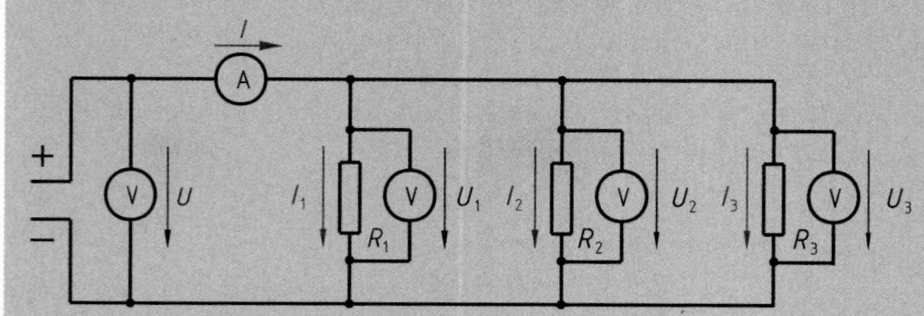

Werden Widerstände parallel geschaltet und an eine Spannungsquelle angeschlossen, liegt an allen Einzelwiderständen die gleiche Gesamtspannung U an:

$$U = U_1 = U_2 = \ldots$$

Der Gesamtstrom I ist gleich der Summe der Teilströme: $\quad I = I_1 + I_2 + \ldots$

Daraus folgt: $I = \frac{U}{R} = \frac{U}{R_1} + \frac{U}{R_2} + \ldots$

Dividiert man durch U, so ergibt sich, dass der Kehrwert des Gesamtwiderstands R gleich der Summe der Kehrwerte der Einzelwiderstände ist: $\quad \frac{1}{R} = \frac{1}{R_1} + \frac{1}{R_2} + \ldots$

Bei zwei Widerständen ergibt sich durch Formelumstellung: $\quad R = \frac{R_1 \cdot R_2}{R_1 + R_2}$

27.1 Scheinwerferlampe

Der Widerstand der Lampe beträgt 1,2 Ohm. Gesucht ist der Stromdurchgang bei einer Spannung von 6 Volt.

27.2 Gleichstromkreis

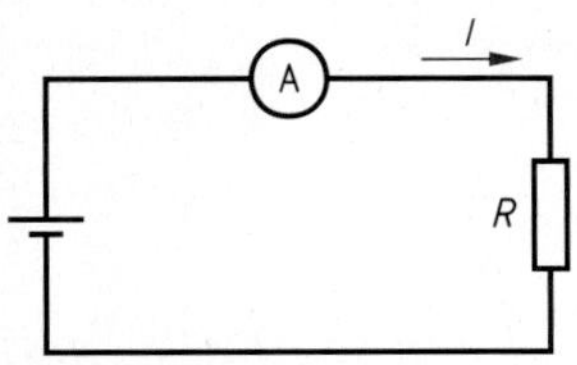

In einem Stromkreis mit einem Widerstand von $R = 32\ \Omega$ werden nacheinander die Ströme $I_1 = 0{,}19$ A, $I_2 = 0{,}75$ A, $I_3 = 1{,}25$ A gemessen.

Berechnen Sie die jeweils angelegte Spannung U.

27.3 Kochplatte

für 220 V, besitzt 3 Schaltstufen

Stufe	Widerstand
1	60 Ω
2	34,4 Ω
3	24,2 Ω

Welcher Strom fließt bei den jeweiligen Schaltstufen?

27.4 Reihenschaltung mit 3 Widerständen

In einem Stromkreis sind die Widerstände $R_1 = 160\ \Omega$, $R_2 = 200\ \Omega$ und $R_3 = 300\ \Omega$ in Reihe geschaltet und an 230 V Spannung angeschlossen.

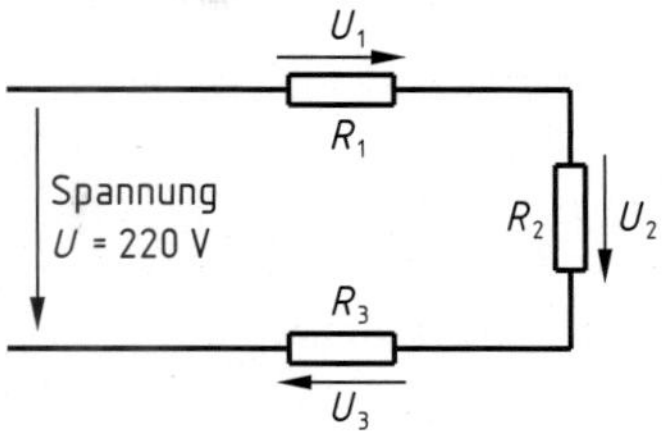

Gesucht:
a) die Stromstärke I
b) die Teilspannungen an den 3 Widerständen

27.5 Gesamtwiderstand bei Reihenschaltung

Die Widerstände $R_1 = 180\ \Omega$, $R_2 = 120\ \Omega$ und $R_3 = 300\ \Omega$ sind in Reihe geschaltet. Es fließt ein Strom von $I = 60$ mA.

Gesucht:
a) der Gesamtwiderstand
b) die Teilspannungen
c) die Gesamtspannung

27.6 Parallelschaltung von 3 Widerständen

Berechnen Sie den Gesamtwiderstand R der parallelgeschalteten Einzelwiderstände $R_1 = 100\ \Omega$, $R_2 = 120\ \Omega$ und $R_3 = 300\ \Omega$.

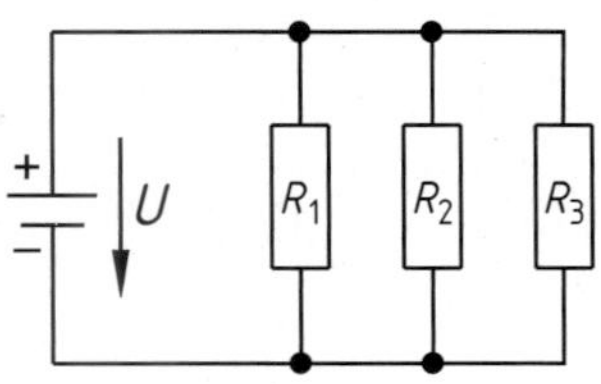

27.7 Gesamtwiderstand bei Parallelschaltung

Zwei Widerstände $R_1 = 30\ \Omega$ und $R_2 = 24\ \Omega$ sind parallelgeschaltet und an eine Spannung $U = 230$ V gelegt.

Gesucht:
a) der Gesamtwiderstand R
b) die Gesamtstromstärke I

27.8 Parallelschaltung mit 4 Widerständen

Vier Widerstände $R_1 = 800\ \Omega$, $R_2 = 1200\ \Omega$, $R_3 = 1600\ \Omega$ und $R_4 = 2400\ \Omega$ sind parallelgeschaltet. Die Gesamtstromstärke beträgt 0,719 A.

Gesucht:
a) der Gesamtwiderstand R
b) die Spannung U
c) der Teilstrom I_1

Elektrische Leistung

Im Gleichstromkreis und im Wechselstromkreis ohne Phasenverschiebung (ohne Spulen und Kondensatoren) errechnet man die elektrische Leistung wie folgt:

Elektrische Leistung = Spannung × Stromstärke

$P = U \cdot I$ mit $U = I \cdot R$ ergibt sich $P = I^2 \cdot R$

mit $I = \frac{U}{R}$ ergibt sich $P = \frac{U^2}{R}$

Die Einheit ist Watt. $1\ W = 1\ V \cdot 1\ A$

Bezeichnungen und Einheiten:

P	die Leistung in W (Watt)
U	die Spannung in V
I	die Stromstärke in A
$\cos \varphi$	der Leistungsfaktor (sprich: phi)

Im Wechselstromkreis mit Spulen oder Kondensatoren ist die Leistung kleiner als im Stromkreis mit ohmscher Belastung. Es ist der Leistungsfaktor cos φ mit Werten zwischen 0,5 und 0,9 zu berücksichtigen.

Elektrische Wirkleistung = Spannung × Strom × Leistungsfaktor

$P = U \cdot I \cdot \cos \varphi$

Im Dreiphasenwechselstromkreis (Drehstrom) muss bei der Leistungsberechnung die Verkettung des Stromes aus drei Wechselströmen mit dem Wert $\sqrt{3}$ berücksichtigt werden.

Elektrische Wirkleistung = Verkettungsfaktor × Spannung × Stromstärke × Leistungsfaktor

$P = \sqrt{3} \cdot U \cdot I \cdot \cos \varphi$

Abgegebene Leistung

Die abgegebene Leistung eines elektrischen Gerätes ist um den Wirkungsgrad kleiner.

$P_{ab} = \eta \cdot P_{zu}$

Bezeichnungen:

P_{ab}	abgegebene Leistung
η	Wirkungsgrad
P_{zu}	zugeführte Leistung

Elektrische Arbeit

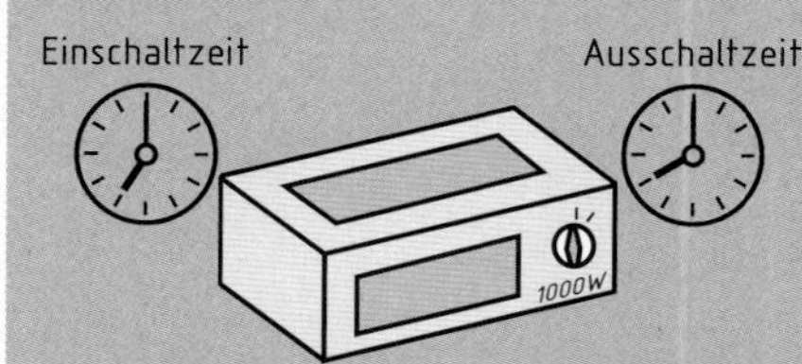

Die Umwandlung (der Verbrauch) elektrischer Energie hängt von der Leistungsaufnahme des angeschlossenen Geräts und der Einschaltzeit ab. Je größer die elektrische Leistung und die Zeit, desto größer ist die elektrische Arbeit.

Elektrische Arbeit = Elektrische Leistung × Zeit

$W = P \cdot t$ $P = U \cdot I$ $W = U \cdot I \cdot t$

Bezeichnungen und Einheiten:

W	die elektrische Arbeit in kW · h
P	die elektrische Leistung in kW
t	die Zeit in h (Stunden)

$1\,000\ W \cdot 1\ h = 1\ kW \cdot h$

■ Aufgaben zu Leistung und Arbeit

27.9 Sicherungs-Automaten

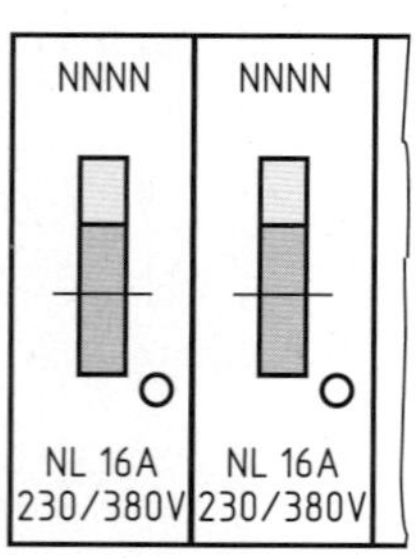

Gesucht:
a) die Leistung in Watt, die in einem Stromkreis bei 220 V entnommen werden kann
b) Es ist bereits ein Heizlüfter mit 1,8 kW angeschlossen. Kann noch eine Heizplatte mit 2000 Watt angeschlossen werden?

27.10 Glühlampe

Eine KFZ-Glühlampe mit 21 Watt nimmt einen Strom von 1,75 A auf.

Gesucht:
a) die Spannung
b) der Widerstand

27.11 Trockenofen

Die Heizdrähte eines elektrischen Heizgebläses für einen Trockenofen wandeln 4,71 kW in Wärme um und nehmen dabei einen Strom von 12,4 A auf.
Berechnen Sie den Widerstand der Heizdrähte.

27.12 Heizlüfter zur Raumheizung

die Heizleistung: $P = 2000$ W
die tägliche Betriebsdauer:
$t = 8$ Stunden
1 kW · h kostet 0,31 €

Gesucht:
a) die elektrische Arbeit in kWh pro Tag
b) die Stromkosten im Monat (bei 30 Tagen)
c) Wie lange kann der Heizlüfter für 0,80 € betrieben werden?

27.13 Ein Elektromotor von 5 kW Nennleistung

hat folgenden Verbrauch.

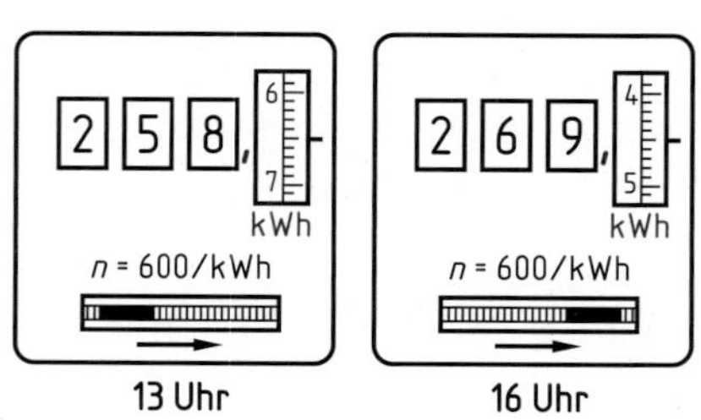

Gesucht:
a) die elektrische Arbeit
b) die mittlere Leistungsaufnahme
c) die Stromkosten pro Stunde, wenn 1 kW · h 0,31 € kostet

27.14 Leistungsmessung eines Geschirrspülers

Während des Betriebes eines Geschirrspülers werden am Elektrizitätszähler 96 Umdrehungen in 2 Minuten gezählt.
Die Anzahl der Zählerscheibenumdrehungen je Kilowattstunde (Zählerkonstante) ist 1200.

Welche Leistung nimmt das Gerät auf?

27.15 Warmwassergerät

Auf dem Typschild eines Warmwassergerätes sind folgende Angaben: 230 V; 18,2 A.

a) Welche elektrische Leistung entnimmt das Gerät dem Netz?
b) Wie hoch sind die Energiekosten, wenn das Gerät 1,5 h eingeschaltet ist und der Preis 0,31 $\frac{€}{\text{kW} \cdot \text{h}}$ beträgt?
c) Der Stromkreis ist mit 20 A abgesichert. Kann noch ein Heizstrahler mit 1200 W angeschlossen werden?

27.16 Tauchsieder

Ein Tauchsieder mit 1000 Watt Leistungsaufnahme soll einen Liter Wasser von 14 °C zum Sieden bringen. Der Wirkungsgrad beträgt $\eta = 80$ %.

Gesucht:
die Zeit zum Aufwärmen in Minuten (die spezifische Wärmekapazität für Wasser siehe Tabellenbuch)

27.17 Haushalt

Folgende Geräte sind an einen Stromkreis angeschlossen, der mit 16 A abgesichert ist:
1 Waschmaschine mit 2,4 kW Anschlusswert,
3 Glühlampen mit je 100 Watt,
1 Bügeleisen mit 800 Watt.
Die Netzspannung beträgt 230 Volt.

Berechnen Sie:
a) ob zusätzlich eine Filmleuchte mit 800 Watt angeschlossen werden kann,
b) die Stromkosten der oben genannten Geräte im Monat (30 Tage) bei einer täglichen Betriebsdauer von 1 Stunde.
1 Kilowattstunde kostet 0,31 €.

27.18 Vorwiderstand für eine Glühlampe

Eine Glühlampe 110 V, 60 W soll an 230 V angeschlossen werden. Wie groß muss der erforderliche Vorwiderstand sein?

27.19 Wäscheschleuder

Der Wechselstrommotor einer Wäscheschleuder nimmt bei einem Leistungsfaktor von $\cos \varphi = 0{,}75$ eine Leistung von 240 W auf. Wie groß ist die Stromaufnahme bei einer Spannung von 230 V?

27.20 Wechselstrommotor

Ein Wechselstrommotor nimmt einen Strom von 2,2 A bei 230 V Spannung auf. Wie groß ist die Leistungsabgabe bei einem Leistungsfaktor von $\cos \varphi = 0{,}9$ und einem Wirkungsgrad $\eta = 0{,}85$?

27.21 Wirkungsgrad

Berechnen Sie den Wirkungsgrad eines Wechselstrommotors mit folgenden Nenndaten.

$P = 1{,}5$ kW; $U = 230$ V; $I = 13{,}5$ A; $\cos \varphi = 0{,}68$

27.22 Drehstrommotor

Bei einer Spannung von 400 V nimmt ein Drehstrommotor einen Strom von 4,4 A auf. Der Leistungsfaktor ist 0,84, der Wirkungsgrad 0,83.

Berechnen Sie.
a) die aufgenommene Leistung
b) die abgegebene Leistung

27.23 Schweißgerät

Ein Schweißgerät mit Drehstrommotor soll bei 400 V eine Leistung von 18 kW abgeben. Der Leistungsfaktor ist 0,9, der Wirkungsgrad 0,8.

Wie groß ist die Stromaufnahme?

27.24 Anschlussspannung

Ein Drehstrommotor nimmt einen Strom von 42 A auf. Der Leistungsfaktor ist 0,69. Der Wirkungsgrad ist 0,6 bei einer abgegebenen Leistung von 15 kW.
Berechnen Sie die Spannung U.

27.25 Kochplatte

für 230 V mit dem Leistungsfaktor $\cos \varphi = 0{,}9$, besitzt 3 Schaltstufen

Stufe	Widerstand
1	60 Ω
2	34,4 Ω
3	24,2 Ω

a) Welche Leistung wird in der jeweiligen Schaltstufe verbraucht?
b) Wie groß ist die elektrische Arbeit, wenn die Kochplatte in Stufe 2 eine halbe Stunde betrieben wird?

Transformator

Ein Transformator besteht aus einem Eisenkern mit zwei Spulen unterschiedlicher Windungszahlen. Transformatoren ändern Spannungen und Stromstärken. Bleiben die Verluste in Spulen unberücksichtigt, so gilt:

Die Spannungen verhalten sich wie die Windungszahlen.

Die Stromstärken verhalten sich umgekehrt wie die Windungszahlen.

$$\ddot{u} = \frac{N_1}{N_2} = \frac{U_1}{U_2}$$

$$\ddot{u} = \frac{N_1}{N_2} = \frac{I_2}{I_1}$$

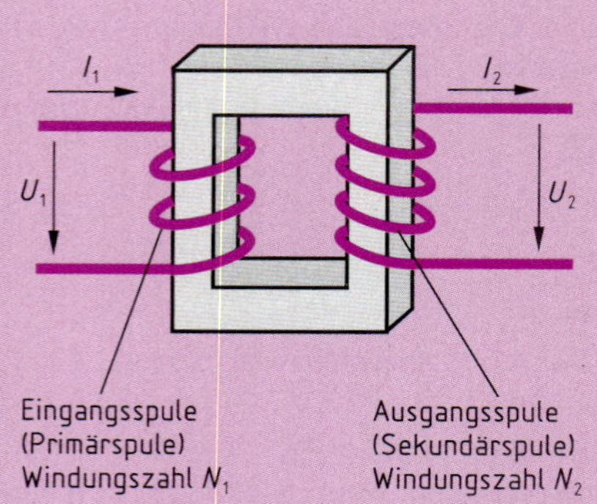

Bezeichnungen und Einheiten:

- $\ddot{u}$ das Übersetzungsverhältnis
- U_1 die Eingangsspannung in V
- U_2 die Ausgangsspannung in V
- I_1 die Eingangsstromstärke in A
- I_2 die Ausgangsstromstärke in A
- N_1 die Windungszahl der Eingangsspule
- N_2 die Windungszahl der Ausgangsspule

Aufgaben zum Transformator

27.26 Schweißtransformator

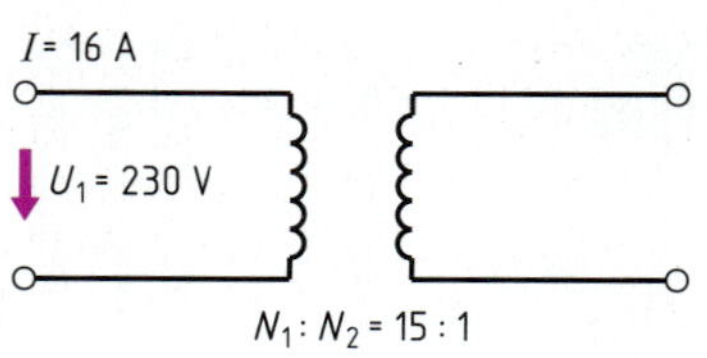

Gesucht:
a) die Spannung an der Ausgangsseite
b) die Stromstärke auf der Ausgangsseite

27.27 Einfacher Transformator

Die Netzspannung von 230 V soll auf 24 V gesenkt werden. Die Primärspule hat 800 Windungen.

a) Wie viele Windungen muss die Ausgangsspule haben?
b) Mit welcher Stromstärke kann die Ausgangsseite belastet werden, wenn der Transformator 0,45 A aufnimmt und angenommen wird, dass er verlustfrei arbeitet?

27.28 Spannungsänderung

Ein Schweißtransformator soll eine Übersetzung von $\ddot{u} = 8 : 1$ erreichen. Die Eingangsspannung ist $U_1 = 400$ V. Die Ausgangsspule hat 84 Windungen.

Berechnen Sie.
a) die Windungszahl N_1
b) die Ausgangsspannung U_2

27.29 Klingeltrafo

Ein Klingeltrafo soll die Netzspannung von 230 V auf 10 V transformieren. Die Primärspule hat 920 Windungen. Die Klingelleistung beträgt 20 W.

Berechnen Sie.
a) die Windungszahl der Sekundärspule
b) die Ausgangsstromstärke
c) die Eingangsstromstärke
d) das Übersetzungsverhältnis $\ddot{u}$

28 Berechnungen zur Hydraulik und Pneumatik

Kolbenkräfte

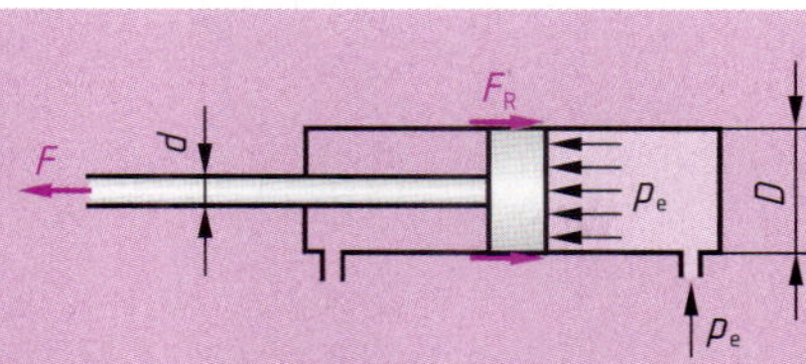

Theoretische Kolbenkraft:

$F_{th} = p_e \cdot A$

Unter Berücksichtigung der Reibungsverluste erhält man die **wirksame Kolbenkraft:**

$F = F_{th} - F_R$ oder $F = p_e \cdot A \cdot \eta$

$F = p_e \cdot A - F_R$

Wirksame Kolbenfläche bei Vorhub:

$$A = \frac{\pi \cdot D^2}{4}$$

Rückhub:

$$A = \frac{\pi \, (D^2 - d^2)}{4}$$

Bezeichnungen:

- F die wirksame Kolbenkraft
- F_{th} die theoretische Kolbenkraft
- F_R die Reibungskraft *
- D der Zylinderdurchmesser
- d der Kolbenstangendurchmesser
- A die wirksame Kolbenfläche
- p_e der Flüssigkeitsdruck
- η der Wirkungsgrad

* F_R berücksichtigt die Reibungsverluste (etwa 10–15 % von F_{th})

Aufgaben zu Kolbenkräfte

28.1 Hydraulikzylinder

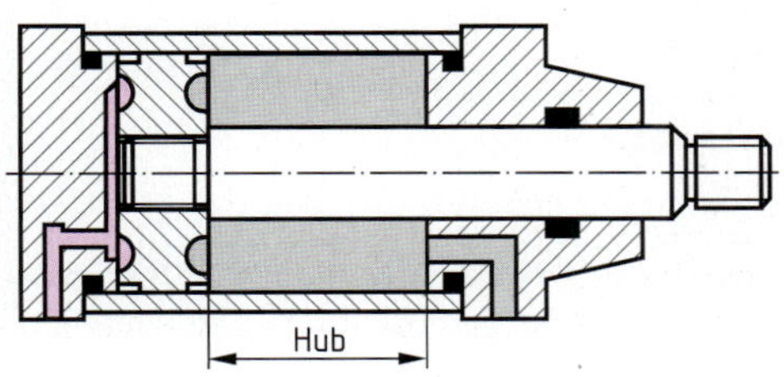

Wie groß sind die Kolbenkräfte im Vorlauf und im Rücklauf, wenn der Kolbendurchmesser D = 80 mm, der Durchmesser der Kolbenstange d = 30 mm und der Betriebsdruck p_e = 30 bar betragen? Aufgrund der Reibung beträgt der Wirkungsgrad η = 90 %.

28.2 Scheibenbremse

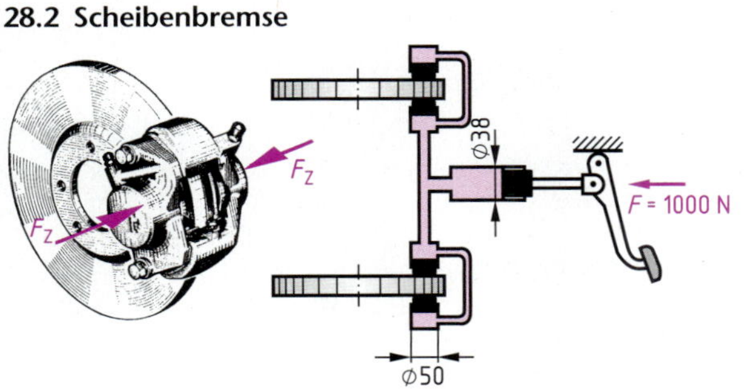

Berechnen Sie.

a) den Druck p im Hydrauliköl

b) die Kraft F_Z eines Bremszylinders

28.3 Werkstückspannung mit Druckluft

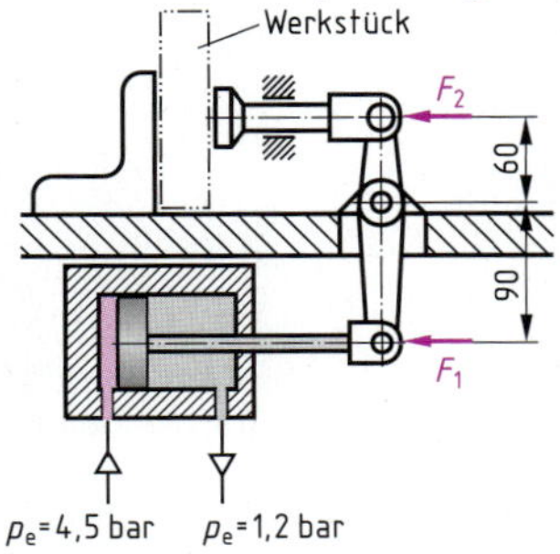

Für die abgebildete Werkstückspannung wird ein Pneumatikzylinder mit einem Kolbendurchmesser D = 80 mm eingesetzt. Der Kolbenstangendurchmesser ist gegenüber dem Kolbendurchmesser vernachlässigbar klein.

a) Berechnen Sie die Kolbenkraft F_1 am Hebel.

b) Welche Kraft F_2 wird auf das Werkstück ausgeübt?

28.4 Hydraulischer Teleskop-Zylinder

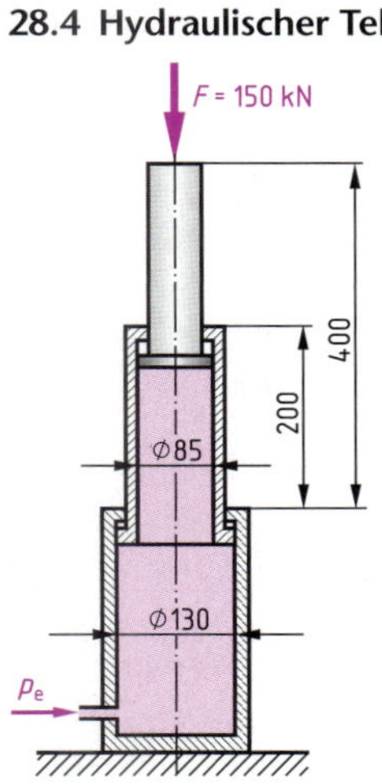

Bei Teleskopzylindern fahren zuerst beide Kolben gemeinsam aus. Danach folgt dann der Kolben mit der nächstkleineren Fläche. Für einen Anwendungsfall soll die Kraft F = 150 kN konstant bleiben, der Wirkungsgrad beträgt jeweils η = 0,87.

a) Berechnen Sie den Druck p_{e1} (in bar) für den Hub bis 200 mm.

b) Bestimmen Sie durch Rechnung den Druck p_{e2} für den Hub von 200 mm bis 400 mm.

28.5 Pneumatisch betätigtes Spannfutter

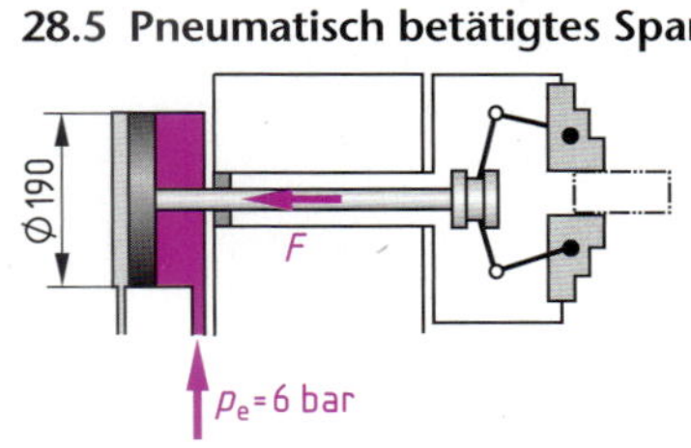

Berechnen Sie die Kraft F an der Kolbenstange.

28.6 Pneumatisch-hydraulischer Druckübersetzer

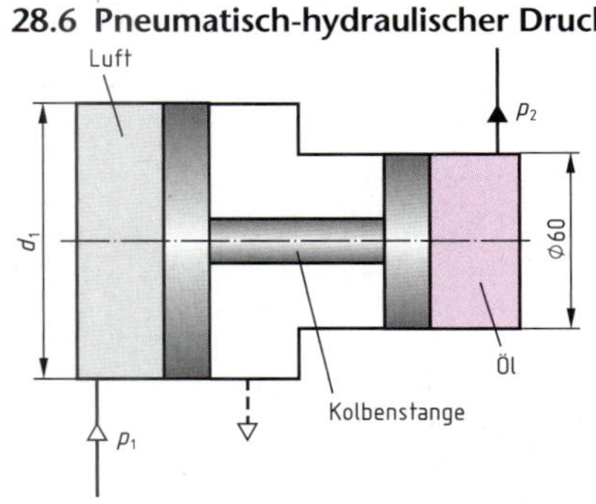

Der Druckübersetzer vervielfacht den Luftdruck im Verhältnis der Kolbenflächen.

Für eine Spannvorrichtung benötigt man einen Öldruck von p_2 = 48 bar. Im Druckluftnetz steht ein Druck von p_1 = 6 bar zur Verfügung. Der Öldruckzylinder ist mit d_2 = 60 mm angegeben.

a) Berechnen Sie die Kraft F_2, welche die Kolbenstange übertragen muss.

b) Berechnen Sie den erforderlichen Durchmesser d_1 des Druckluftzylinders.

Hydraulische Presse

Grundlage der Hydraulik ist das Gesetz von Pascal (1659):

Ein durch äußere Kräfte hervorgerufener Druck pflanzt sich in einer Flüssigkeit allseitig und in gleicher Stärke fort.

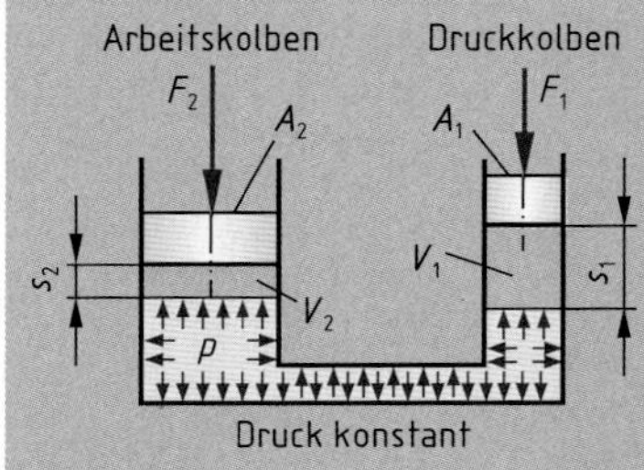

$$p = \frac{F_1}{A_1}; \quad p = \frac{F_2}{A_2}$$

$$\frac{F_1}{A_1} = \frac{F_2}{A_2} \quad \Rightarrow \quad \frac{F_1}{F_2} = \frac{A_1}{A_2} = \frac{d_1^2}{d_2^2}$$

Die Kräfte verhalten sich wie die Kolbenflächen.

Daraus ergibt sich:

$$F_1 \cdot A_2 = F_2 \cdot A_1$$

Bezeichnungen:

- F_1 die Kraft auf den Druckkolben
- A_1 die Fläche des Druckkolbens
- s_1 der Hub des Druckkolbens
- F_2 die Kraft auf den Arbeitskolben
- A_2 die Fläche des Arbeitskolbens
- s_2 der Hub des Arbeitskolbens
- V_1 das verdrängte Flüssigkeitsvolumen unter dem Druckkolben
- V_2 das verdrängte Flüssigkeitsvolumen unter dem Arbeitskolben
- p der Druck in der Hydraulikflüssigkeit, allgemein
- p_e der Überdruck (e – excedens – überschreitend)
- n die Hubzahl
- i das Übersetzungsverhältnis

Das verdrängte Flüssigkeitsvolumen V_1 im Druckzylinder ist gleich dem Flüssigkeitsvolumen V_2 im Arbeitszylinder:

$$V_1 = V_2$$
$$s_1 \cdot A_1 = s_2 \cdot A_2 \quad \text{oder} \quad \frac{s_1}{s_2} = \frac{A_2}{A_1}$$

Die Kolbenhübe verhalten sich umgekehrt wie die Kolbenflächen.

Das Übersetzungsverhältnis i der Kräfte ist: $i = \frac{F_1}{F_2}$

> Anmerkung:
> In der Hydraulik wird der Überdruck p_e häufig mit p abgekürzt.

Beispiel:

Eine hydraulische Hubvorrichtung hat einen Druckkolben mit einem Durchmesser von 20 mm. Der Arbeitskolben hat einen Durchmesser von 180 mm. Die durch einen Handhebel ausgeübte Kraft F_1 beträgt 1 200 N. Der Hub des Druckkolbens ist auf 25 mm begrenzt.

a) Berechnen Sie die Kraft F_2 am Arbeitskolben.
b) Wie oft muss man den Hebel am Druckkolben betätigen, um den Arbeitskolben um 12 cm zu bewegen?

Lösung: Druckkolben: $A_1 = \frac{\pi \cdot d^2}{4} = \frac{\pi \cdot (2\ \text{cm})^2}{4} = \underline{3{,}14\ \text{cm}^2}$ Arbeitskolben: $A_2 = \frac{\pi \cdot d^2}{4} = \frac{\pi \cdot (18\ \text{cm})^2}{4} = \underline{254{,}47\ \text{cm}^2}$

a) $F_2 = \frac{F_1 \cdot A_2}{A_1} = \frac{1\,200\ \text{N} \cdot 254{,}47\ \text{cm}^2}{3{,}14\ \text{cm}^2} = 97\,249{,}7\ \text{N} = \mathbf{97{,}2497\ kN}$

b) Hubzahl: $n = \frac{s_2 \cdot A_2}{s_1 \cdot A_1} = \frac{12\ \text{cm} \cdot 254{,}47\ \text{cm}^2}{2{,}5\ \text{cm} \cdot 3{,}14\ \text{cm}^2} = \mathbf{389\text{-mal}}$

■ Aufgaben zu Hydraulische Presse

28.7 Hydraulische Presse

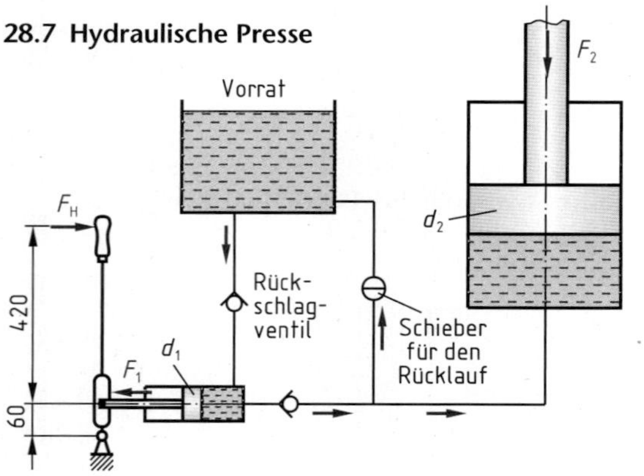

Gegeben:

der Pumpenkolbendurchmesser:	d_1	= 25 mm
der Hub des Druckkolbens:	s_1	= 30 mm
der Arbeitskolben-ø:	d_2	= 300 mm
die Kraft am Arbeitskolben:	F_2	= 250 kN

Gesucht:

a) die Kraft im Druckkolben F_1
b) die Handkraft F_H am Handhebel
c) der Weg des Arbeitskolbens s_2 bei einem Hub des Druckkolbens von 30 mm

28.8 Hydraulische Presse

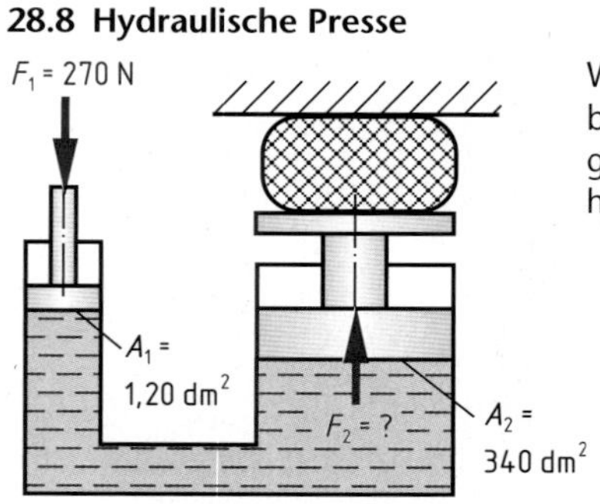

Welche Kraft F_2 (in kN) übt bei den in der Skizze angegebenen Werten die hydraulische Presse aus?

28.9 Hydraulische Presse

Der Druckkolben einer hydraulischen Presse mit einem Durchmesser von 25 mm wird mit einer Kraft von 1200 N beaufschlagt.

a) Welche Kraft kann am Arbeitskolben wirken, wenn dessen Durchmesser 250 mm beträgt?
b) Wie groß ist die Übersetzung?

Kolben- und Strömungsgeschwindigkeit

Kolbengeschwindigkeit

Die Geschwindigkeit des Kolbens hängt vom Volumenstrom Q ab, d. h. von der Flüssigkeitsmenge, die die Pumpe pro Zeiteinheit liefert.

$$\text{Volumenstrom} = \frac{\text{Volumen}}{\text{Zeiteinheit}}$$

$$Q = \frac{V}{t}$$

$$\text{Hubvolumen} = \text{Fläche} \times \text{Hub}$$

$$V = A \cdot s$$

$$Q = \frac{A \cdot s}{t} = A \cdot \frac{s}{t} = A \cdot v$$

$$\text{Geschwindigkeit: } v = \frac{s}{t}$$

umgestellt: $v = \frac{Q}{A}$

Bezeichnungen:

- Q der Volumenstrom
- A die wirksame Kolbenfläche
- s der Hub, der Kolbenweg
- V das Hubvolumen
- v die Kolbengeschwindigkeit
- t die Zeit

Bei doppelt wirkenden Zylindern ist die Rücklaufgeschwindigkeit wegen der i. Allg. kleineren Kolbenringfläche größer.

Beispiel: Kolbengeschwindigkeit

Ein doppelt wirkender Hydraulikzylinder wird von einer Pumpe mit einem Volumenstrom von 120 $\frac{l}{min}$ beschickt.
der Zylinderdurchmesser: 100 mm; der Kolbenstangendurchmesser: 40 mm; der Hub: 300 mm

Gesucht: die Kolbengeschwindigkeiten und die Zeiten für Vor- und Rücklauf

Lösung: Vorlauf

$$v = \frac{Q}{A} = \frac{120\,\not{l}\ (1\,000\,cm^3)}{78{,}5\,cm^2 \cdot \not{min}\ (60\,s)} = \mathbf{25{,}5\,\frac{cm}{s}} = \mathbf{0{,}255\,\frac{m}{s}}$$

$$t = \frac{s}{v} = \frac{0{,}3\,m \cdot s}{0{,}255\,m} = \mathbf{1{,}18\,s}$$

Rücklauf

$$A = \frac{\pi\,(D^2 - d^2)}{4} = \frac{\pi\,[(10\,cm)^2 - (4\,cm)^2]}{4} = 65{,}97\,cm^2$$

$$v = \frac{Q}{A} = \frac{120\,000\,cm^3}{65{,}97\,cm^2 \cdot \not{min}\ (60\,s)} = \mathbf{30{,}32\,\frac{cm}{s}}$$

$$t = \frac{s}{v} = \frac{0{,}3\,m \cdot s}{0{,}303\,m} = \mathbf{0{,}99\,s}$$

Durchflussgesetz

In einem Rohrsystem fließt durch jeden Querschnitt in der Zeiteinheit die gleiche Flüssigkeitsmenge.

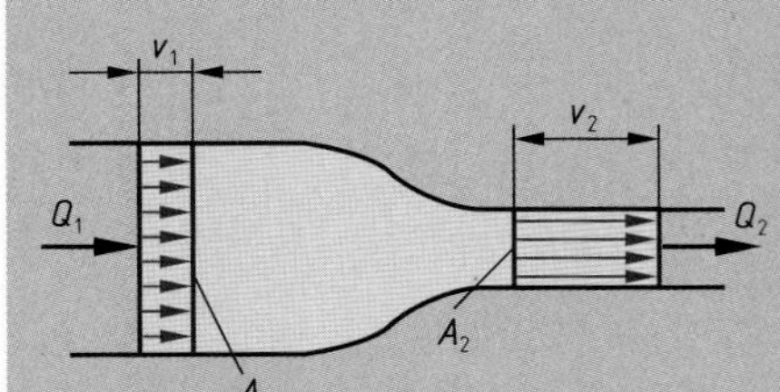

$$Q = A \cdot v$$

Q = const:

$$A_1 \cdot v_1 = A_2 \cdot v_2$$

$$v_2 = \frac{A_1 \cdot v_1}{A_2}$$

Bezeichnungen:

- Q der Volumenstrom
- v die Strömungsgeschwindigkeit
- A der Rohrquerschnitt
- const. gleichbleibend, konstant

Zur Vermeidung größerer Druckverluste und von Geräuschen sollten folgende Strömungsgeschwindigkeiten nicht überschritten werden:

- bei Druckleitungen: 3…6 $\frac{m}{s}$
- bei Rücklaufleitungen: 2 $\frac{m}{s}$
- bei Saugleitungen: 1,5 $\frac{m}{s}$

Beispiel: Strömungsgeschwindigkeit

Eine Pumpe liefert einen Volumenstrom von 63 $\frac{dm^3}{min}$. Die Rohrleitungen haben einen lichten Durchmesser von 16 mm. Berechnen Sie die Strömungsgeschwindigkeit in $\frac{m}{s}$.

Lösung:

$$A = \frac{\pi \cdot d^2}{4} = \frac{\pi \cdot (1{,}6\,cm)^2}{4} = 2{,}01\,cm^2$$

$$Q = A \cdot v$$

$$v = \frac{Q}{A} = \frac{63\,000\,cm^3}{2{,}01\,cm^2 \cdot \frac{\not{min}}{60\,s}} = 522{,}39\,cm/s = \mathbf{5{,}22\,\frac{m}{s}}$$

28.10 Mindestrohrdurchmesser

Eine Anlage soll mit einer Hydraulikpumpe mit einer Fördermenge $Q = 16\ \frac{l}{\text{min}}$ ausgerüstet werden. Berechnen Sie die Mindestrohrdurchmesser *d* für die Druck-, die Rücklauf- und die Saugleitungen, wenn folgende Strömungsgeschwindigkeiten nicht überschritten werden sollen.

die Druckleitungen: $v_{max} = 5\ \frac{\text{m}}{\text{s}}$

die Rücklaufleitungen: $v_{max} = 2\ \frac{\text{m}}{\text{s}}$

die Saugleitungen: $v_{max} = 1{,}5\ \frac{\text{m}}{\text{s}}$

28.11 Ölhydraulische Presse

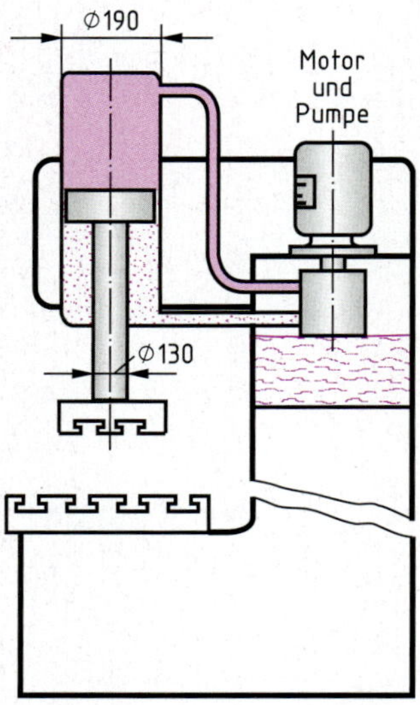

Für eine hydraulische Presse mit einer Presskraft $F = 400$ kN und einer maximalen Stößelgeschwindigkeit $v = 7{,}2\ \frac{\text{m}}{\text{min}}$ sollen folgende Berechnungen durchgeführt werden.

a) Ermitteln Sie den erforderlichen Druck *p* des Hydrauliköles in bar.

b) Welche Fördermenge *Q* in $\frac{l}{\text{s}}$ hat die Pumpe?

c) Wie groß ist die max. Rücklaufgeschwindigkeit $v_{Rück}$, wenn die Pumpe $150\ \frac{l}{\text{min}}$ liefert?

28.12 Strömungsgeschwindigkeit

Eine Anlage hatte bisher eine Pumpe mit einem Volumenstrom (= Förderstrom) von $Q = 40\ \frac{l}{\text{min}}$. Man ersetzt die alte Pumpe durch eine neue mit $Q = 100\ \frac{l}{\text{min}}$.

a) Wie groß ist die Strömungsgeschwindigkeit in der neuen Anlage bei einem Rohrdurchmesser von $d = 12$ mm?

b) Welcher Rohrdurchmesser *d* müsste für die neue Pumpe verwendet werden, wenn die Strömungsgeschwindigkeit unverändert bleiben soll?

28.13 Hydraulikanlage zum Fließpressen

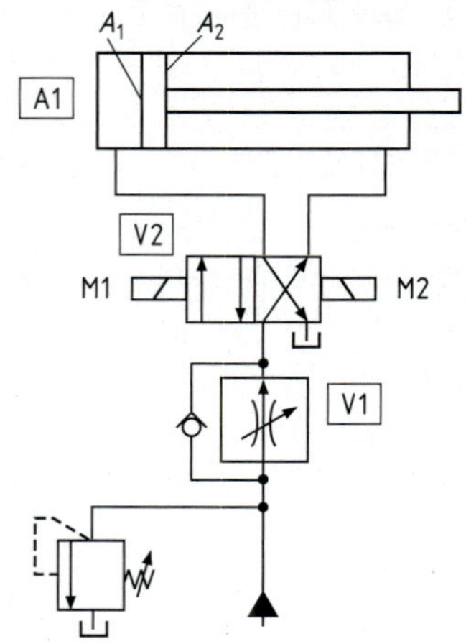

Mithilfe eines Hydraulikzylinders sollen Teile durch Fließpressen hergestellt werden. Von der Hydraulikanlage sind folgende Daten bekannt.

der Kolbendurchmesser: $D = 50$ mm

das Flächenverhältnis: $A_1 / A_2 = 1{,}6$

a) Wie groß ist die Kolbeneinfahrgeschwindigkeit v_2, wenn das Stromregelventil V1 auf einen Durchflusswert von $8\ \frac{l}{\text{min}}$ eingestellt ist?

b) In den Druckleitungen soll eine Geschwindigkeit des Öles von $5\ \frac{\text{m}}{\text{s}}$ nicht überschritten werden. Ist ein Rohrdurchmesser von 10 mm erlaubt, wenn die Fördermenge der Pumpe $10\ \frac{l}{\text{min}}$ beträgt und das Ventil V1 seine Einstellung nicht ändert?

c) Welcher Volumenstrom fließt über das Druckbegrenzungsventil?

Leistung und Wirkungsgrad

Die wirkliche Leistung einer Pumpe (abgegebene Leistung) P_2 ist vom Volumenstrom *Q* und vom Überdruck p_e abhängig:

$$P_2 = Q \cdot p_e$$

Da hier umfangreiche Umrechnungen der Einheiten notwendig sind, rechnet es sich viel leichter mit Zahlenwertgleichungen. D.h. für jede Größe werden in Form einer Tabelle die Einheiten zusätzlich angegeben. Die abgegebene Pumpenleistung ist dann:

$$P_2 = \frac{Q \cdot p_e}{600}$$

P_2	Q	p_e
kW	$\frac{l}{\text{min}}$	bar

Die erforderliche Antriebsleistung P_1 muss den Wirkungsgrad η berücksichtigen:

$$P_1 = \frac{P_2}{\eta}$$

Der Wirkungsgrad η berücksichtigt sowohl die Reibungs- als auch die Leckverluste.

Bei hintereinander geschalteten Systemen ist der Gesamtwirkungsgrad:

$$\eta_{ges} = \eta_1 \cdot \eta_2 \cdot \eta_3 \cdots$$

Beispiel: Wirkleistung und erforderliche Antriebsleistung einer Hydraulikpumpe

Eine Pumpe erzeugt bei einem Volumenstrom von $63\ \frac{l}{\text{min}}$ einen Arbeitsdruck von 30 bar (Überdruck). Die Pumpe hat einen Wirkungsgrad von $\eta = 0{,}8$.

Gesucht: a) die abgegebene Wirkleistung
b) die erforderliche Antriebsleistung

Lösung: a) als Zahlenwertgleichung:

$$P_2 = \frac{Q \cdot p_e}{600} = \frac{63 \cdot 30}{600}\ \text{kW} = \underline{\underline{\mathbf{3{,}15\ kW}}}$$

b) $$P_1 = \frac{P_2}{\eta} = \frac{3{,}15\ \text{kW}}{0{,}8} = \underline{\underline{\mathbf{3{,}94\ kW}}}$$

P_2	Q	p_e
kW	$\frac{l}{\text{min}}$	bar

Aufgaben zu Leistung und Wirkungsgrad

28.14 Gabelstapler

Ein Gabelstapler mit elektrohydraulischem Antrieb hat eine maximale Traglast von 1 250 kg und unter dieser Last eine Hubgeschwindigkeit von 0,09 $\frac{\text{m}}{\text{s}}$. Der Hubkolbendurchmesser beträgt 120 mm.

a) Berechnen Sie die Gewichtskraft der Traglast.
b) Berechnen Sie die erforderliche Antriebsleistung für den Pumpenmotor bei einem Gesamtwirkungsgrad von $\eta = 0{,}8$.

28.15 Hydraulikpumpe-Motor

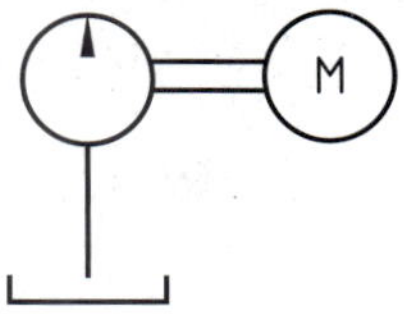

Der Druck an der Pumpe, verursacht durch den Arbeitswiderstand am Zylinder, ist $p = 160$ bar.
Der Förderstrom, um die notwendige Kolbengeschwindigkeit zu erreichen, beträgt $Q = 36\ \frac{l}{\text{min}}$.

a) Bestimmen Sie die Antriebsleistung, wenn der Pumpenwirkungsgrad $\eta_P = 0{,}8$ beträgt.
b) Welche elektrische Leistung muss dem Motor zugeführt werden, wenn dieser einen Wirkungsgrad von 95 % hat?

Luftverbrauch pneumatischer Zylinder

Der Luftverbrauch wird bezogen auf den unverdichteten Normalzustand der Luft und in $\frac{l}{\text{min}}$ gemessen.
Er ist abhängig von der Kolbenfläche A, dem Kolbenhub s, der Hubzahl n und dem Verhältnis von absolutem Druck p_{abs} zum Normaldruck p_{amb}. (Dieses Verhältnis wird auch Verdichtungsverhältnis genannt.)
Somit errechnet sich der Luftverbrauch für den **einfach wirkenden Zylinder:**

$$Q = A \cdot s \cdot n \cdot \frac{p_{abs}}{p_{amb}}$$

Führt man für $\frac{p_{abs}}{p_{amb}} = \frac{p_{amb} + p_e}{p_{amb}} \approx \frac{1\ \text{bar} + p_e}{1\ \text{bar}}$ ein, so erhält man vereinfacht:

$$Q = A \cdot s \cdot n \left(\frac{1\ \text{bar} + p_e}{1\ \text{bar}}\right)$$

Bezeichnungen:

- Q der Luftverbrauch $\frac{l}{\text{min}}$
- A die Kolbenfläche
- s der Kolbenhub
- n die Hubzahl
- p_{abs} der absolute Druck
- p_{amb} der Normaldruck (amb von ambiens = umgebend)
- p_e der Überdruck

Beispiel: Ein einfach wirkender Zylinder
mit einem Durchmesser von 50 mm und einem Hub von 80 mm wird mit einem Überdruck von $p_e = 6$ bar 120-mal in der Minute betätigt.
Berechnen Sie den Luftverbrauch pro Minute.

Lösung: $A = \frac{\pi \cdot d^2}{4} = \frac{\pi \cdot 5\ \text{cm} \cdot 5\ \text{cm}}{4} = \underline{19{,}635\ \text{cm}^2}$

$Q = A \cdot s \cdot n \left(\frac{1\ \text{bar} + p_e}{1\ \text{bar}}\right) = 19{,}635\ \text{cm}^2 \cdot 8\ \text{cm} \cdot 120\ \frac{l}{\text{min}} \left(\frac{1\ \text{bar} + 6\ \text{bar}}{1\ \text{bar}}\right) = \underline{131\,947\ \frac{\text{cm}^3}{\text{min}}} = \underline{\underline{\mathbf{131{,}9\ \frac{l}{min}}}}$

Aufgaben zu Luftverbrauch

28.16 Spannzylinder

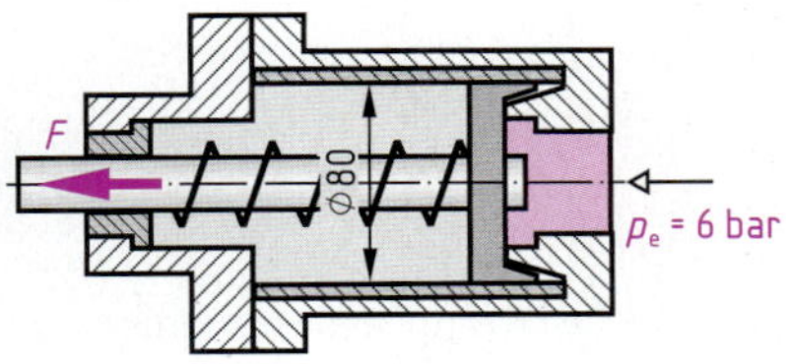

Gegeben sind:
der Hub $s = 70$ mm,
die Hubzahl $n = 30\ \frac{1}{\text{min}}$, die Kosten für 1 m³ unverdichteter Luft = 0,06 €,
der Reibungswirkungsgrad $\eta_s = 0{,}8$.

a) Berechnen Sie die Spannkraft F in N.
b) Welcher Luftverbrauch Q in $\frac{l}{\text{min}}$ ergibt sich?
c) Wie viel kostet die Druckluft bei einem täglichen Betrieb von 8 Stunden, wenn die Leckverluste $\eta_{Leck} = 0{,}8$ sind?

28.17 Drehzylinder

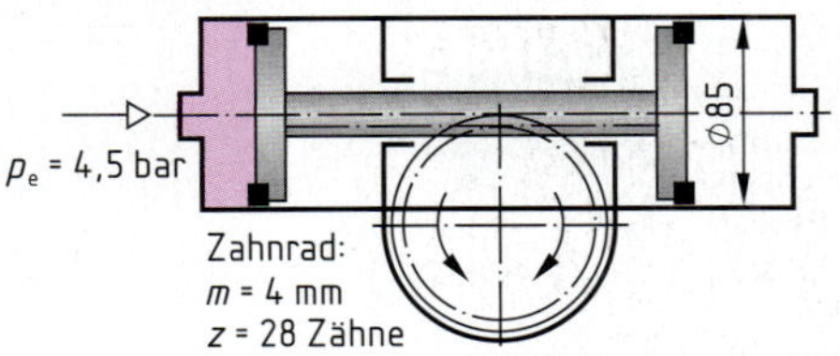

Der doppelt wirkende Zylinder erzeugt durch das Zahnstangengetriebe eine Drehbewegung.

a) Wie groß ist die Kraft in der Zahnstange bei einem Wirkungsgrad des Zylinders von $\eta = 0{,}85$?
b) Welches Drehmoment steht an der Zahnradwelle zur Verfügung?
c) Wie groß ist der Luftverbrauch Q in 8 Stunden bei einer Hubzahl von 30 $\frac{\text{Hüben}}{\text{min}}$ und einem Hub $s = 30$ mm?

28.18 Doppelt wirkender Zylinder

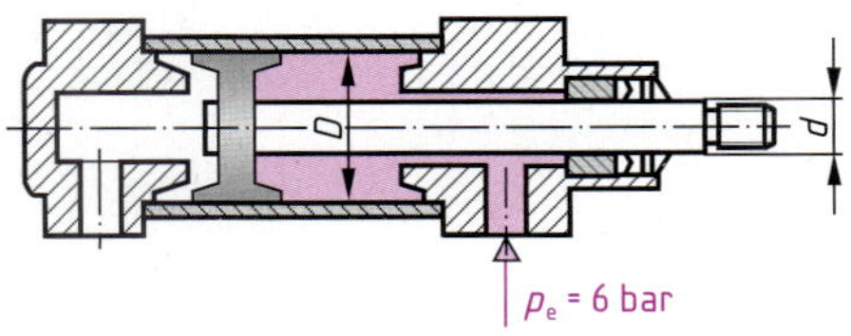

Der doppelt wirkende Zylinder soll beim Rückhub eine Kraft $F = 5986$ N ausüben. Der Kolbenstangendurchmesser ist mit $d = 32$ mm vorgegeben.

a) Berechnen Sie den Zylinderdurchmesser D.
b) Ermitteln Sie die Kraft F beim Ausfahren des Kolbens.
c) Wie hoch sind die Druckluftkosten bei 10 Hüben pro Minute, einem 8-Stunden-Tag und einem Hub $s = 125$ mm, wenn 1 m³ unverdichtete Druckluft 0,06 € kostet?

28.19 Pneumatikzylinder

Ein doppelt wirkender Pneumatikzylinder mit einem Durchmesser $D = 63$ mm und einem Hub $s = 250$ mm arbeitet mit 6 bar Betriebsdruck und 50 Schaltspielen je Minute.

Wie groß ist der Luftbedarf Q in $\frac{l}{\text{min}}$, wenn 20 % Leckverluste auftreten?

Mathematische Steuerungslogik

Steuerungen lösen Schaltaufgaben durch Verknüpfung von Schaltgliedern. Sie benutzen dabei meist eine digitale* Darstellung, bei der nur zwei Zustände erlaubt sind:

0 kein Signal
1 Signal vorhanden

Die Grundfunktionen der Schaltalgebra und deren Schaltglieder sind im Tabellenbuch ausführlich erläutert.
Ein Querstrich über der Eingangsvariablen bedeutet eine Verneinung.

Funktionstabelle (Wahrheitstabelle)

Eingänge ↓ E1	↓ E2	↓ E3	Ausgang ↓ A	
0	0	0	0	
1	0	0	0	
0	1	0	0	
1	1	0	0	
0	0	1	0	
1	0	1	1	wahr
0	1	1	0	
1	1	1	1	wahr

Darin wird jeder Schaltzustand in einer waagerechten Zeile dargestellt. Die Funktionstabelle enthält senkrechte Spalten für jede der Eingangsvariablen (z. B. E1, E2 und E3) sowie für die Ausgangsvariable (nachfolgend mit A bezeichnet).
Das nachfolgende Einführungsbeispiel wird z. B. durch folgenden vollständigen Funktionsplan dargestellt:

Die Schaltbedingung ist erfüllt, wenn in der A-Spalte eine 1 steht.
Man bezeichnet dies auch als wahr – daher die Bezeichnung Wahrheitstabelle.
Nebenstehend sind diese Zeilen rot unterlegt.

Einführungsbeispiel: Bohren von Stangenenden*

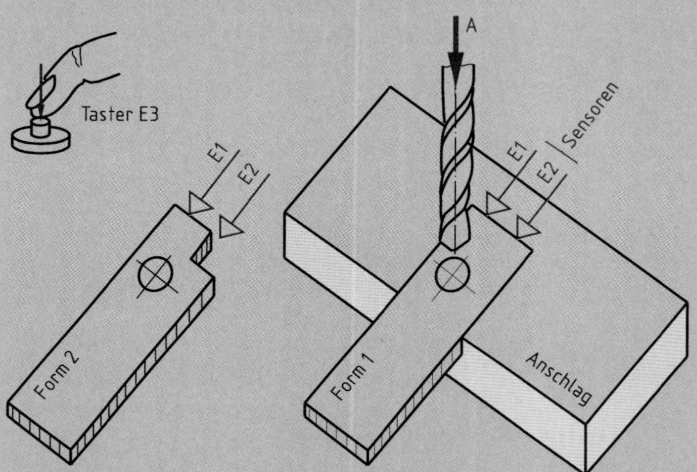

Die Stangen werden ohne (= Form 1) und mit Ausklinkung (Form 2) angeliefert.
Die Bohrung muss bei der Form 2 auf der Seite des Ausschnittes liegen.
Schaltbedingung:
Der Bohrvorschub A soll eingeschaltet werden, wenn:
- Sensor E1 Signal 1 gibt
  ODER
- Sensor E1 und E2 Signale geben
  UND
- die Einschalttaste E3 gedrückt wurde.

Mathematische Gleichung

Alle waagerechten Zeilen der Funktionstabelle, die wahr sind, werden niedergeschrieben und mit dem Zeichen ODER verbunden:

$$A = (E1 \wedge \overline{E2} \wedge E3) \vee (E1 \wedge E2 \wedge E3)$$

A	=	$(E1 \wedge \overline{E2} \wedge E3)$	V	$(E1 \wedge E2 \wedge E3)$
A erhält ein 1-Signal	wenn	E1 = 1 UND E2 = 0 UND E3 = 1	ODER	E1 = 1 UND E2 = 1 UND E3 = 1

Diese Gleichung wird als ODER-Form bezeichnet.

* Die Beispiele sind aus methodischen Gründen einfach; man kann die Lösung manchmal auch durch Überlegen finden.

Vereinfachung von Schaltungen durch zeichnerische Darstellung

Nicht selten enthalten Schaltungen überflüssige Elemente. Solche unnützen Bauteile kosten Geld und erhöhen die Störanfälligkeit. Es gibt mathematische Methoden der Schaltalgebra, um hierfür Vereinfachungen zu finden.
Nachfolgend ist ein zeichnerisches Verfahren, das Karnaugh-Veitch-Diagramm* (KV-Diagramm) dargestellt. Es ermöglicht, überflüssige Schaltelemente zu erkennen. Dabei werden alle wahren Zeilen der ODER-Form in ein rechteckiges Gitter eingetragen.

Vorgehensweise für 3 Eingangsvariable (E1, E2 und E3) und eine Ausgangsvariable (A)

1. *Anzahl der Felder festlegen:*
   2^n hier: $2^3 = 8$

2. *Den Eingangsvariablen werden eindeutig definierte Streifen zugeordnet:*

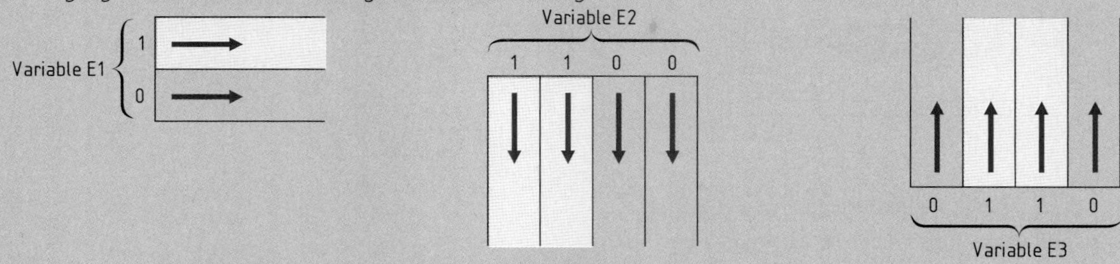

3. *Kennzeichnung der Felder, die die Schaltbedingungen erfüllen:*
   (dargestellt am Einführungsbeispiel „Bohren von Stangenenden")
   Die Bedingungen werden mithilfe der Streifen eingetragen:

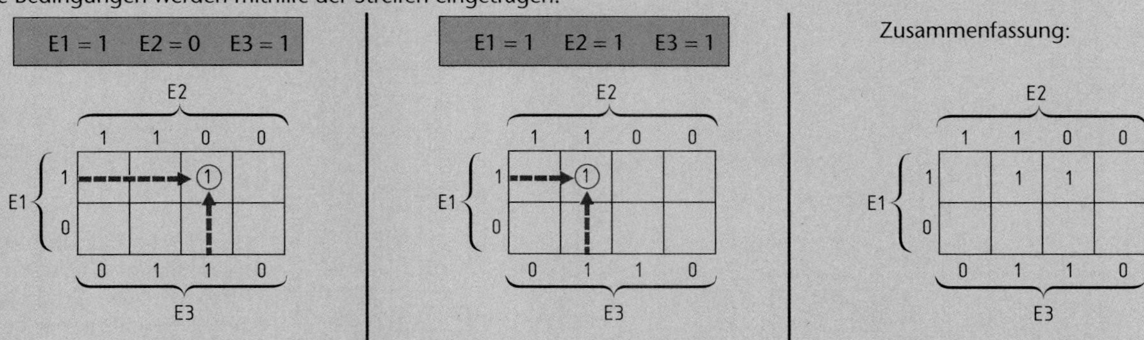

4. *Zusammenfassung in waagerechte oder senkrechte 2er- oder 4er-Blöcke:*

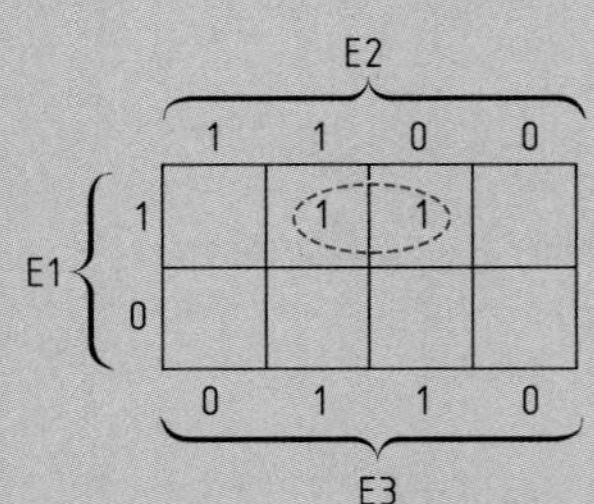

Vereinfachung:
In den umrandeten Feldern wechselt die Variable zwischen den Werten 0 und 1 (oder umgekehrt). Sie braucht also in der Gleichung nicht berücksichtigt zu werden.

5. *Weglassen der Variablen, die sich von 0 auf 1 ändern* (hier Variable E2) und Zusammenfassung der Einser-Felder mit UND:
   $A = E1 \wedge E3$ Sprechweise A gleich E1 UND E3

Damit erhält man eine recht einfache Schaltung für das Bohren von Stangenenden:

Logikplan | Elektrische Schaltung | Pneumatische Schaltung

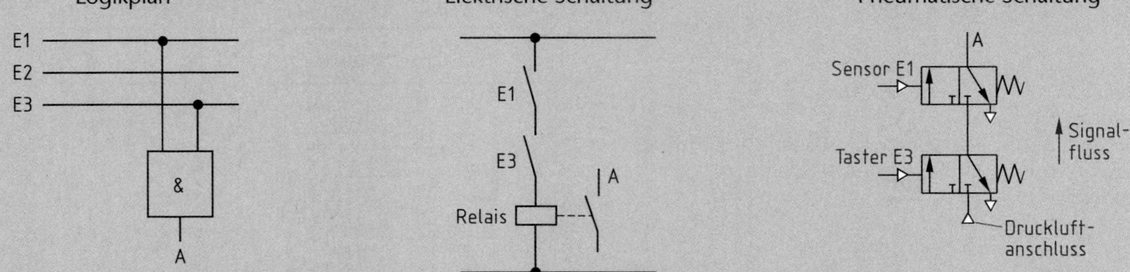

Treten mehrere 2er-Gruppen auf, so werden diese zusammengefasst und in der mathematischen Gleichung mit ODER verknüpft:

Weiteres Beispiel:

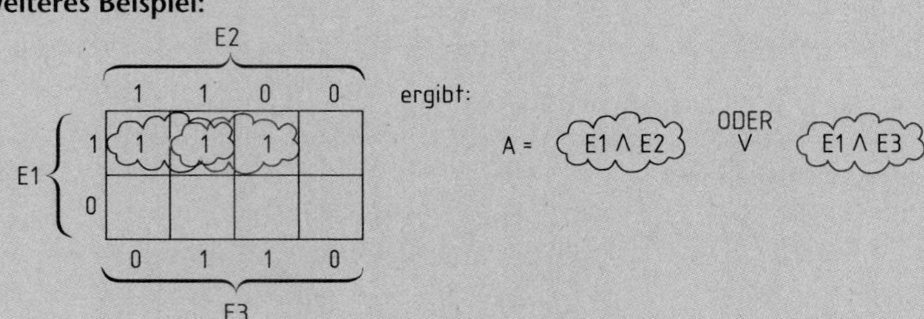

* Karnaugh und Veitch, engl. Mathematiker

29.1 Spritzgießmaschine

Der Hydraulikkolben (A) einer Spritzgießmaschine darf nur dann ausfahren, wenn die Form geschlossen (E1), die Presstemperatur (Sensor E2) erreicht und die Spritzeinheit (E3) an das Werkzeug herangefahren ist.
Erstellen Sie die Wertetabelle und zeichnen Sie den Logikplan.

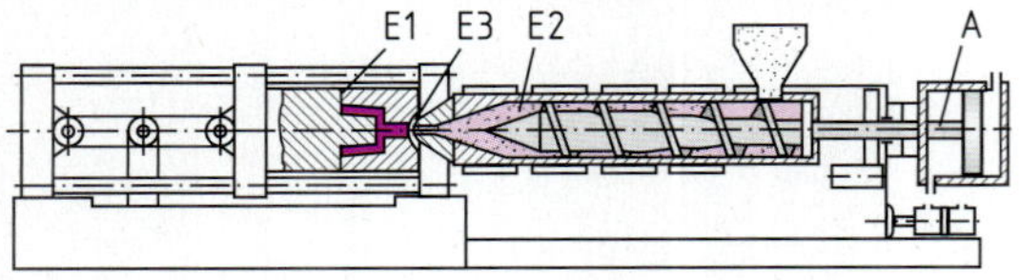

29.2 Stanzpresse

Eine Stanzpresse kann von drei Seiten bedient werden. Die zu stanzenden Kunststofftafeln werden über Führungen eingeschoben. Damit das Werkzeug nicht zu einseitig belastet wird, soll der Kolben des Pneumatikzylinders (A) nur ausfahren, wenn zwei Sensoren betätigt werden. Der Kolben mit dem Stanzwerkzeug soll nicht ausfahren, wenn nur ein Sensor anspricht bzw. alle drei Sensoren ansprechen.

Zu bestimmen sind:
a) die Wertetabelle,
b) die mathematische Gleichung,
c) der Logikplan.

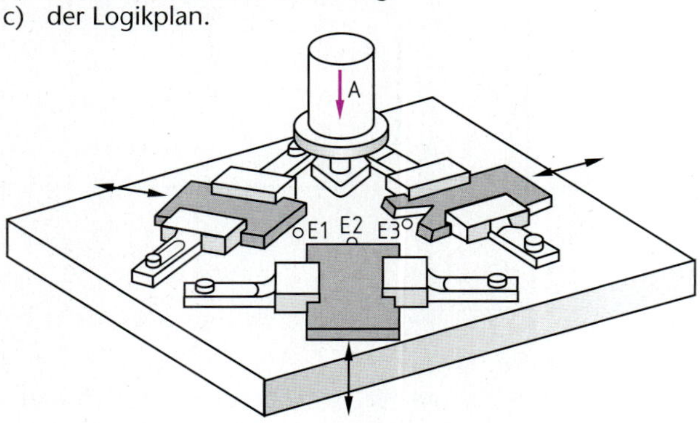

29.3 Bohrautomat

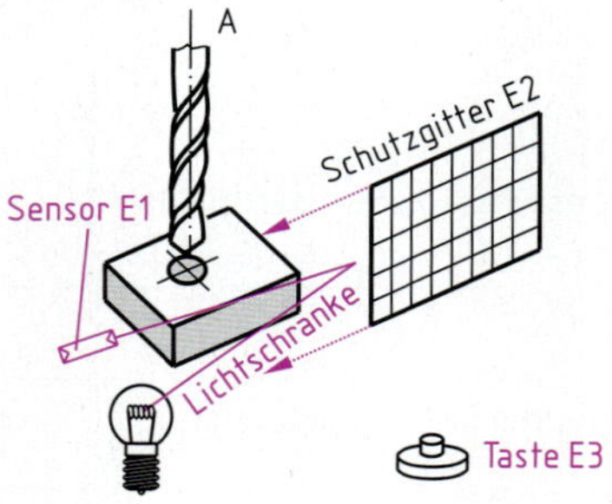

Der Bohrvorschub (A) soll nur dann ausgeführt werden, wenn keine Unterbrechung der Lichtschranke (E1) vorhanden ist und die Starttaste (E3) gedrückt wird oder wenn das Schutzgitter (E2) geschlossen ist und die Starttaste gedrückt wird.

Bestimmen Sie.
a) die Wahrheitstabelle
b) die mathematische Darstellung der Funktionsgleichung
c) die Vereinfachung mithilfe des KV-Diagramms
d) den Logikplan
e) die pneumatische Schaltung

29.4 Vereinfachen einer Schaltung

Ermitteln Sie für die gegebene Wahrheitstabelle:

a) die Funktionsgleichung,
b) die Vereinfachung mithilfe des KV-Diagramms,
c) den Logikplan,
d) die pneumatische Schaltung.

E1	E2	E3	A
0	0	0	0
0	0	1	0
0	1	0	0
0	1	1	0
1	0	0	0
1	0	1	1
1	1	0	0
1	1	1	1

29.5 Pneumatik-Schaltung mit 3 Eingängen

Gegeben ist folgende Schaltung.

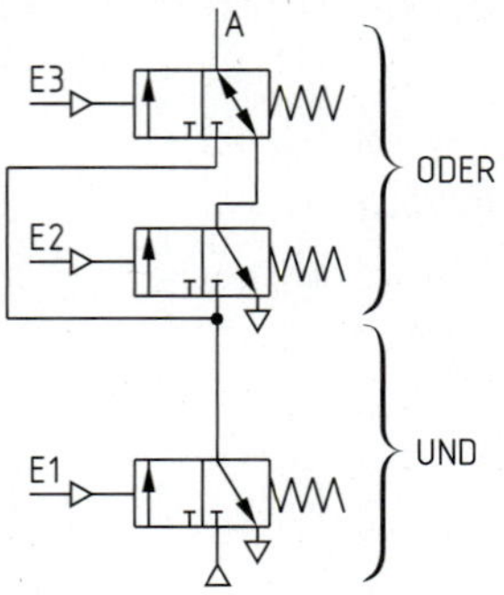

Ermitteln Sie.
a) die Wahrheitstabelle
b) die Funktionsgleichung
c) die Vereinfachung mit dem KV-Diagramm
d) den Logikplan

29.6 Bedienung einer Spindelpresse

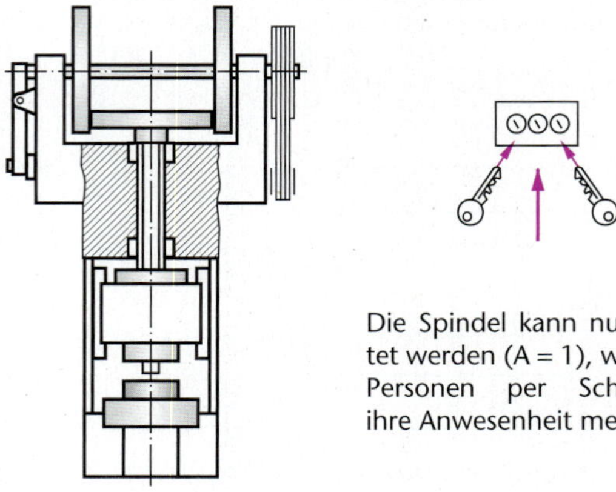

Die Spindel kann nur eingeschaltet werden (A = 1), wenn 2 oder 3 Personen per Schlüsselschalter ihre Anwesenheit melden.

Gesucht:
a) die Wahrheitstabelle
b) die Funktionsgleichung
c) die Vereinfachung mithilfe des KV-Diagramms
d) der Logikplan

29.7 Schaltung einer Sortieranlage

Auf einem Transportband werden Werkstücke in beliebiger Reihenfolge bewegt und mittels einer Bandweiche sortiert. Die Bandweiche soll so gesteuert werden, dass nur die Werkstücke I und II gerade durchlaufen und alle anderen Werkstücke abgezweigt werden.

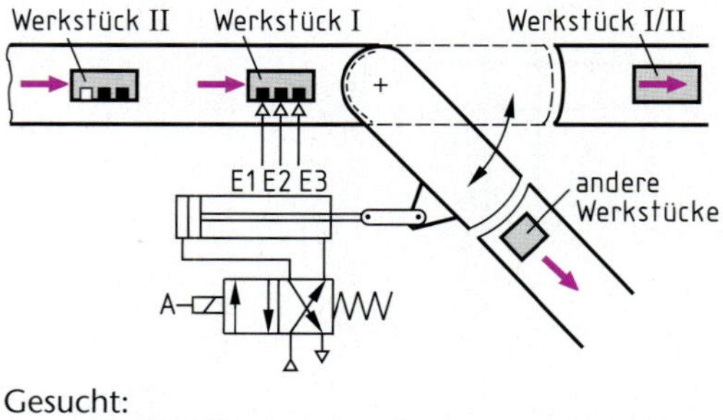

Gesucht:
a) die Wahrheitstabelle für die Werkstücke I und II
b) die Funktionsgleichung
c) die Vereinfachung mithilfe des KV-Diagramms
d) der Logikplan

30 Qualitätsmanagement

<u>**Grundlagen der statistischen Auswertung**</u>

früher: Prüfung durch Endkontrolle: Der **Ausschuss** wurde **weggeworfen**.

heute: *Fehlervermeidung* durch vorbeugende Qualitätskontrolle, u. a. durch Ermittlung von statistischen Kennzahlen aufgrund einer kleinen Stichprobe zu **Beginn** des Prozesses und **laufender Kontrolle**.

Hierzu helfen die Methoden der Statistik. D.h. Massenerscheinungen werden durch Zählen und Auswerten nach Art und Menge zusammengefasst.

Je nach den Qualitätsanforderungen, der Stückzahl und dem für die Auswertung erforderlichen Zeitaufwand werden unterschiedliche Kennzahlen für die **Lage der Mitte** und die **Streuung der Messwerte** berechnet.

Beispiel 1: Messreihe für den Durchmesser von gedrehten Wellenzapfen $\phi\, 16^{+12}_{+1}$

Abweichungen vom Nennmaß in µm:									
+6	+8	+7	+5	+6	+9	+7	+6	+7	+6
+10	+4	+9	+6	+7	+11	+8	+9	+5	

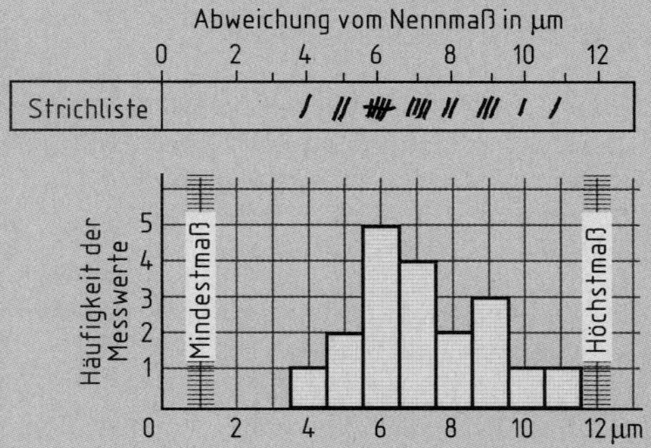

Eine einfache, erste Auswertung ist nebenstehend mit einer Strichliste und einem Säulendiagramm (Histogramm) dargestellt.

Weitere Verfahren sind:

a) **Mittelwert** $\bar{x}$ (sprich: x quer; auch als Durchschnitt oder arithmetisches Mittel bezeichnet)

$$\bar{x} = \frac{\text{Summe aller Werte}}{\text{Zahl der Werte}} \quad \text{oder} \quad \bar{x} = \frac{x_1 + x_2 + \ldots + x_n}{n}$$

wobei: x_1 der 1. Beobachtungswert, x_2 der 2. Beobachtungswert ist...

Die Zahlenwerte eingesetzt ergibt:

$$\bar{x} = \frac{(6+8+7+5+6+9+7+\ldots+5)\,\mu\text{m}}{19} = \mathbf{7{,}16\ \mu m}$$

b) **Spannweite** der Streuung *R* (von englisch range = Spannweite)
Spannweite = größter Messwert – kleinster Messwert

$R = x_{max} - x_{min}$ = 11 µm – 4 µm = 7 µm

c) **Standardabweichung** *s*

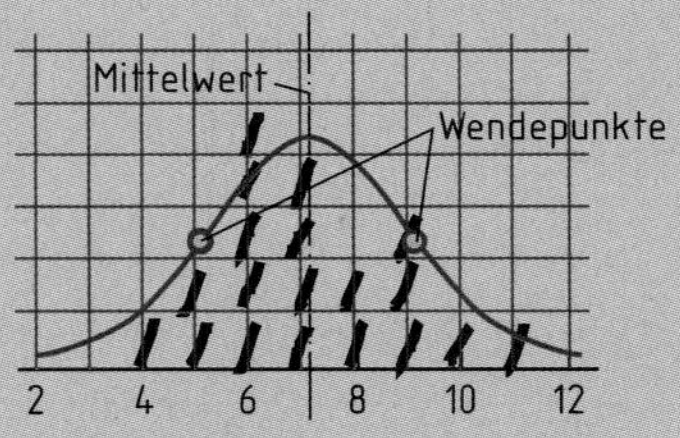

Nebenstehend ist die Häufigkeit der Istmaße von Beispiel 1 mit handschriftlichen Strichen dargestellt. Bei sehr vielen Messwerten ergibt sich dann – im Idealfall – die rot eingezeichnete Kurve. Sie wird als **Gaußsche** Fehlerkurve oder als Normalverteilung bezeichnet.

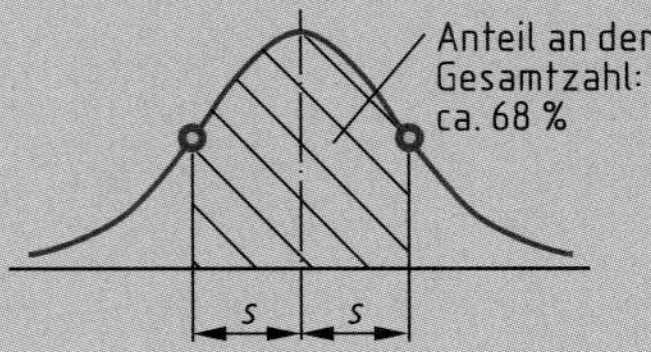

Die Wendepunkte der Kurve sind eine wichtige Kenngröße für die **Breite der Streuung**. Der Abstand vom Mittelwert zum Wendepunkt wird als **Standardabweichung** *s* bezeichnet. Zwischen beiden Wendepunkten liegen ca. 68 % der Werte.

Die Standardabweichung kann auch über den Mittelwert der Spannweiten berechnet werden:

$$\bar{R} = \frac{R_1 + R_2 + \ldots}{\text{Anzahl}}$$

Im Beispiel 1 (obere Zeile: $R = 9 - 5 = 4$; untere Zeile: $R = 11 - 5 = 6$) ist der Mittelwert der Spannweite:

$$\bar{R} = \frac{4+6}{2} = \frac{10}{2} = \mathbf{5\ (\mu m)}$$

Bei jeweils 5 Einzelwerten ist eine grobe Schätzung möglich mit:

$s \approx 0{,}43 \cdot \bar{R}$ = 0,43 · 5 = **2,15 (µm)**

Bezeichnungen:

x	der jeweilige Beobachtungswert, z. B das Ist-Maß ...
$\overline{x}$	der arithmetische Mittelwert (sprich x quer), umgangssprachlich als Durchschnitt bezeichnet
n	die Anzahl der Beobachtungswerte
x_i	für x_1, x_2, x_3 ... die einzelnen Beobachtungswerte der Stichprobe
x_n	der n-te Wert der Beobachtungsreihe
x_{max}	der größte Beobachtungswert
x_{min}	der kleinste Beobachtungswert
R	engl. range = die Spannweite (= größter Beobachtungswert – kleinster Beobachtungswert)
$\overline{R}$	der Mittelwert der Spannweiten (sprich: R quer)
s	die Standardabweichung; das kennzeichnende Maß für den Verlauf der Fehlerkurve: 68 % aller Beobachtungswerte liegen zwischen – s und + s. Die Punkte – s und + s bezeichnen die Wendepunkte der Kurve.
G_o	das Höchstmaß (oberes Grenzmaß)
G_u	das Mindestmaß (unteres Grenzmaß)

d) **Medianwert** (der Zentralwert = der auf die Mitte bezogene Wert). Es ist bei einer größenmäßig geordneten Messreihe der in der Mitte stehende Wert, im Beispiel 1 also:
4, 5, 5, 6, 6, 6, 6, 6, 7, 7, 7, 7, 8, 8, 9, 9, 9, 10, 11
Mitte: ▲ (Median = 7 µm)

e) **Modalwert** (auch der Modus = der dichteste Wert)
Er ist der am häufigsten vorkommende Wert.
Im Beispiel 1: Der Wert 6 µm kommt 5-mal vor.

Beispiel 2: Aufbereiten von Messwerten und Ermittlung von statistischen Kennzahlen

das Ist-Maß von 27 Wellen (Prüfmaß $\phi\, 26^{+14}_{+6}$):

26,013	26,014	... 010	... 015	... 013	... 014	... 017	... 009	... 016
... 012	... 014	... 011	... 013	... 015	... 011	... 010	... 012	... 013
... 013	... 012	... 015	... 012	... 014	... 011	... 016	... 012	... 013

Gesucht:
a) die Strichliste mit Häufigkeiten
b) das Säulendiagramm (1 Werkstück ≙ 1 dicker Strich von 5 mm Höhe; vorteilhaft auf kariertem Papier)
c) der Mittelwert $\overline{x}$ (sprich x quer) und die Spannweite R
d) die Standardabweichung durch Schätzung aus der grafischen Darstellung (68 % der Messwerte liegen zwischen – s und + s)
e) Ist ein Eingreifen in den Prozess erforderlich?

Lösung: a)

	Strich-liste	Häufig-keit
009	/	1
26,010	//	2
011	///	3
012	~~////~~	5
013	~~////~~ /	6
014	////	4
26,015	///	3
016	//	2
017	/	1

b)

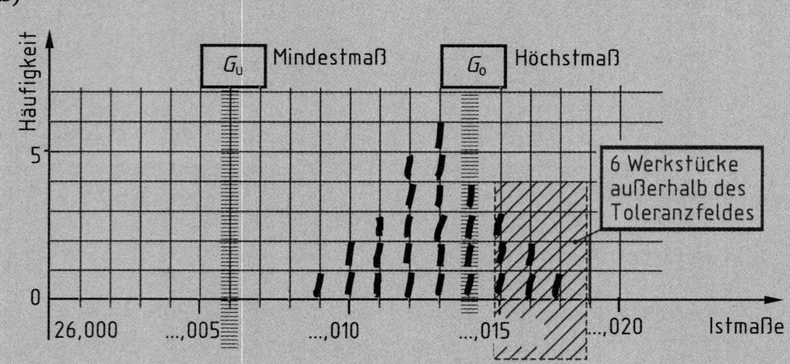

c) Berechnung des Mittelwertes:

$$\overline{x} = \frac{x_1 + x_2 + x_3 + \ldots + x_n}{n} = \frac{26{,}013 + 26{,}014 + \ldots + 26{,}013}{27} = \mathbf{26{,}013\ mm}$$

evtl. Berechnung über die Abmaße in µm von 26,000: also 13, 14...

Spannweite:

$$R = x_{max} - x_{min} = 26{,}017\ \text{mm} - 26{,}009\text{mm} = \mathbf{0{,}008\ mm}$$

d) Schätzung der Standardabweichung mithilfe einer grafischen Darstellung:

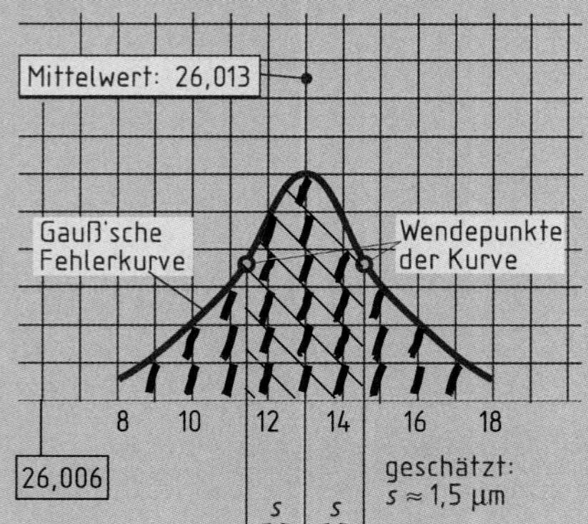

Die schraffierte Fläche zwischen den Wendepunkten entspricht ca. 68 % der Gesamtzahl. Das wären 18 Messwerte. In der Zeichnung liegen aber nur 15 Werte zwischen den Grenzen. Auf einem Taschenrechner mit Statistikprogramm erhält man daher einen etwas größeren Wert:
s = 1,97 µm.

e) Maßnahme:

Das Werkzeug ist um ca. 3 µm ins Negative zu verstellen.

30.1 Lieferung von Blechen mit 0,8 mm Dicke

Prüfanweisung: Von jeder Blechtafel ist jeweils an 4 verschiedenen Punkten die Blechdicke zu messen. Dabei muss jeder Messpunkt mindestens 50 mm vom Rand entfernt sein.

Prüfmittel: eine Messuhr mit 1/100 mm Anzeige
Es ergeben sich folgende Messwerte in mm.

0,77	0,78	0,79	0,77	0,79	0,81	0,80	0,79	0,77	0,76	0,78	0,77

Gesucht:
a) die Strichliste mit den Häufigkeiten der Messwerte
b) der Modalwert
c) der Median
d) der Mittelwert
e) die Spannweite R der Streuung

30.2 Einfache Prüfung einer Lieferung von Passschrauben

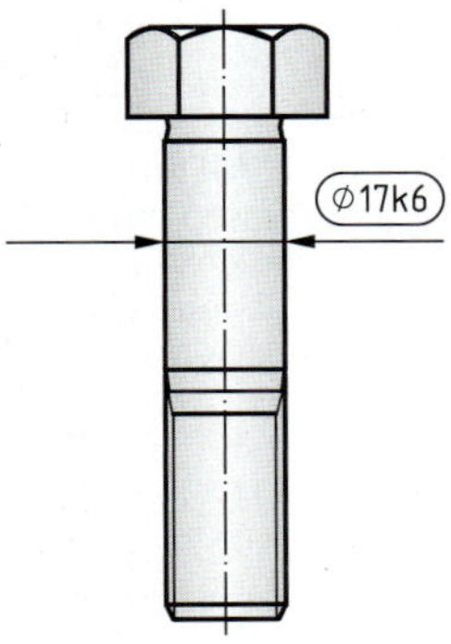

Der Durchmesser in der Mitte der Klemmlänge ist für den Wareneingang zu prüfen.
Aus der Lieferung wurden an verschiedenen Positionen 9 Prüflinge für eine Zufallsstichprobe entnommen.
Mit einem Feinzeiger mit µm-Anzeige wurden folgende Werte gemessen.

9	8	7	7	8	8	6	5	6

Gesucht:
a) Modalwert und Median
b) Mittelwert $\bar{x}$
c) Spannweite R der Streuung
d) die Strichliste für die Abmaße von 0 bis 12 µm
Zeichnen Sie das Mindest- und Höchstmaß ein.

30.3 Stichprobe zur Qualitätskontrolle

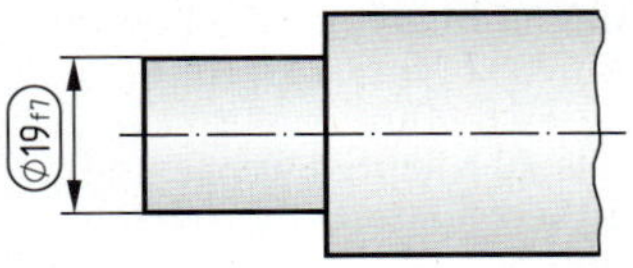

die Ist-Werte des Wellendurchmessers:

18,968	18,976
18,961	18,964
18,966	18,974
18,970	18,971 [mm]

Gesucht:
die statistischen Kenngrößen der Stichprobe
a) Mittelwert $\bar{x}$
b) Spannweite R der Streuung
c) die Fehlerkurve und die Standardabweichung als Schätzung, wobei 68 % der Werte innerhalb $-s$ bis $+s$ liegen
Es ist eine Klassenbreite von 5 µm zu wählen. Ein Werkstück ist als dicker Strich von 5 mm Höhe zu zeichnen.
das Symbol: **|**

Die Mittelwerte der Klassen sind:
18,960; 18,965; 18,970; …
In die Fehlerkurve sind die Grenzmaße einzuzeichnen.

30.4 Stichprobe: gebogener Winkel

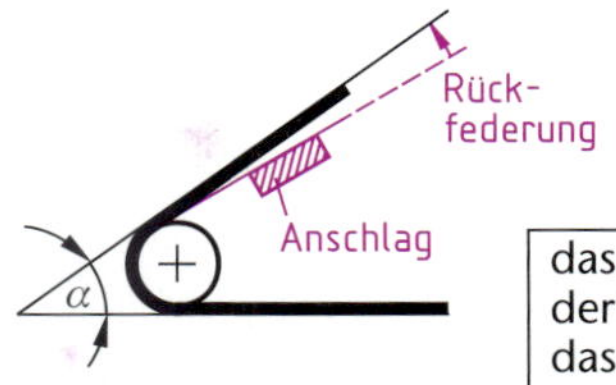

Prüfplan: Jeweils die ersten 9 Werkstücke sind zu entnehmen und statistisch auszuwerten.

das Prüfmerkmal: der Winkel: $\alpha = 35°$ das Abmaß: ±1,5°	das Prüfmittel: ein Anschlag-Winkelmesser mit Nonius

Winkel-Ist-Maße einer Stichprobe:

36° 30′	35° 15′	37° 12′	36° 30′	36° 12′
36°	35° 54′	35° 30′	35° 54′	

Gesucht:
a) Mittelwert nach Umwandlung in Dezimalgrade
b) Streuungsmaß R (range)
c) die Fehlerkurve, die Klasse mit den Mittelwerten 34,5°, 35°, 35,5°… die Schätzung der Standardabweichung s aus: 68 % der Werte liegen zwischen $+s$ und $-s$ …
d) Sind weitere Maßnahmen erforderlich?

30.5 Qualitätssicherung nach dem Einsatzhärten

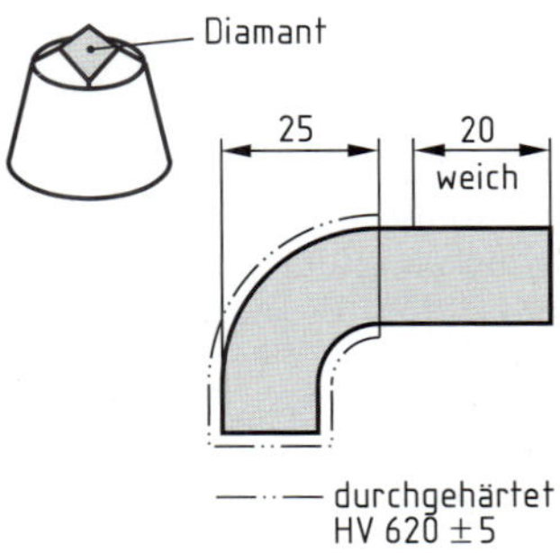

der Prüfplan: Nach dem Einsatzhärten ist eine Stichprobe von mindestens 7 Werkstücken zu entnehmen.

das Prüfmerkmal:	Vickershärte
der Nennwert:	620
die Toleranz:	±5

die Ist-Werte der Vickershärte:
620,8; 619,5; 618; 620,5; 615,9; 616; 623 [HV]

Gesucht:
die statistischen Kenngrößen
a) Mittelwert $\bar{x}$ der Stichprobe
b) Spannweite der Ist-Werte R
c) die Fehlerkurve, wenn jeweils 5 Einheiten zu einer Klasse zusammengefasst werden, die Mittelwerte: 615, 620 …
die Schätzung der Standardabweichung, wenn 68 % der Werte zwischen $-s$ und $+s$ liegen

30.6 Rechtwinkligkeit einer Flanschbohrung

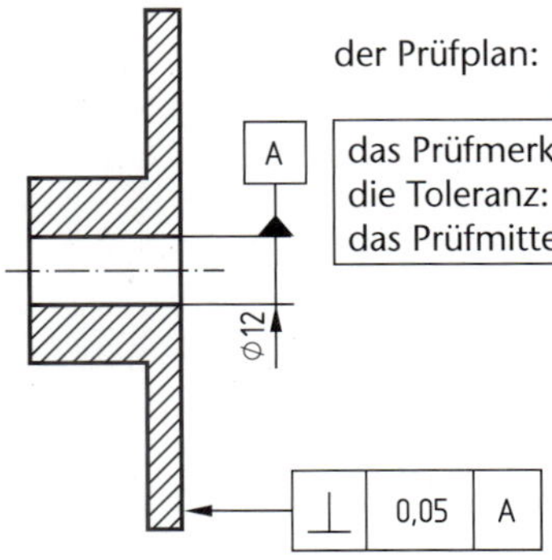

der Prüfplan: eine Stichprobe mit mindestens 7 Werkstücken

das Prüfmerkmal:	die Rechtwinkligkeit
die Toleranz:	= 0,05
das Prüfmittel:	eine Messuhr (1/100 mm)

die Ist-Maße:

0,03	0,04	0,05
0,02	0,01	0,02
0,03	0,04	0,03 [mm]

Gesucht:
a) der Mittelwert $\bar{x}$
b) die Spannweite (R = range)
c) die Fehlerverteilung:
– die Häufigkeit je 1/100 mm Abweichung
– die Schätzung der Standardabweichung unter der Annahme: der Bereich von $-s$ bis $+s$ umfasst 68 % der Werte

30.7 Warum begnügt sich die Wareneingangsprüfung mit dieser Stichprobe für eine Bohrung?

das Nennmaß:	ø 25 H7	$\boxed{G_o}$ = 25,021 mm		$\boxed{G_u}$ = 25,000 mm	
die Ist-Maße:	25,008	25,012	25,014	25,011	25,009
	25,010	25,010	25,008	25,006 [mm]	

Gesucht:

a) der Mittelwert der Abweichungen vom Nennmaß ($\overline{x}$)
b) die Spannweite R (range)
c) die Fehlerkurve für Klassen von 2 µm Breite, z. B. 25,000 und 25,001

30.8 Warum verlangt die Wareneingangskontrolle eine 100%-ige Prüfung?

das Prüfmerkmal: die Bohrung ø 32 H6 $\left(\text{Toleranz: } \begin{matrix} +16 \\ +0 \end{matrix}\right)$

die Ist-Maße der Stichprobe:	32,003	32,001	32,004	32,005
	32,002	32,002	32,000 [mm]	

Gesucht:

a) Statistische Kennwerte der Stichprobe $\overline{x}$, Spannweite der Stichprobe R, Schätzung der Standardabweichung s aus der Fehlerkurve, wenn ca. 68 % im Feld von $-s$ bis $+s$ liegen.
b) die Lage der Fehlerkurve im Toleranzfeld
Es ist eine Klassenbreite von 2 µm zu wählen, z. B. Klasse 32,000 und 32,001.

30.9 Qualitätssicherung einer Zahnradbohrung

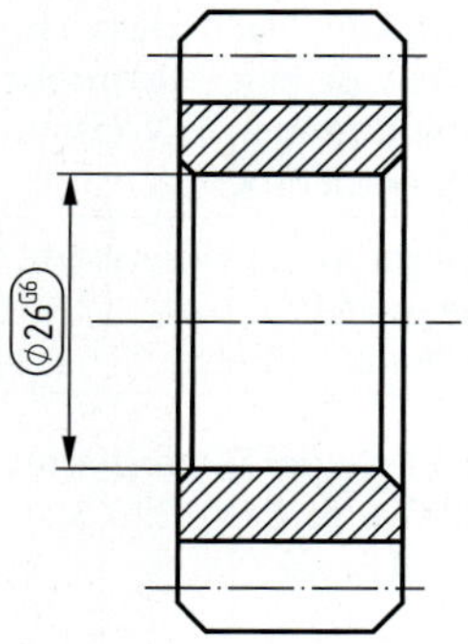

der Prüfplan: 7 Werkstücke (alle 2 Stunden)

das Prüfmerkmal:
der Bohrungsdurchmesser
der Nennwert: ø 26
die Toleranz: $G_o = 26{,}007$
$G_u = 26{,}020$

die Ist-Maße:
26,010 ... 014 ... 012
... 013 ... 012 ... 014
... 016 [mm]

Gesucht:

a) die statistischen Kennwerte: $\overline{x}$, R
b) die Häufigkeitsverteilung bei Klassen mit 2 µm Breite 7 + 8; 9 + 10 ...
c) die Schätzung der Standardabweichung, wenn 68 % zwischen $-s$ und $+s$ liegen
d) Ist ein Eingreifen erforderlich?

30.10 Trendanalyse: Bundbolzen geschliffen

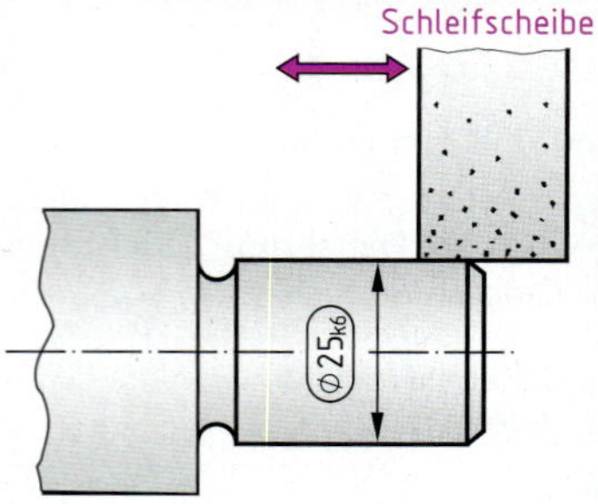

$G_o = 25{,}015$ mm
$G_u = 25{,}002$ mm
die Istmaße (es wird jeweils nur 1 Werkstück geprüft): [mm]

Beginn:	25,008
15′:	25,010
30′:	25,009
45′:	25,010
1 h:	25,011
1 h 15′:	25,012
1 h 30′:	25,011
1 h 45′:	25,013
2 h:	25,014
2 h 15′:	25,015

Gesucht:

a) die zeichnerische Darstellung der Istmaße vom Beginn der Fertigung bis 2 h 15′; x: Zeit; y: Istmaß
b) die erforderliche Maßnahmen

30.11 Abnutzung eines Maschinen-Sägeblattes

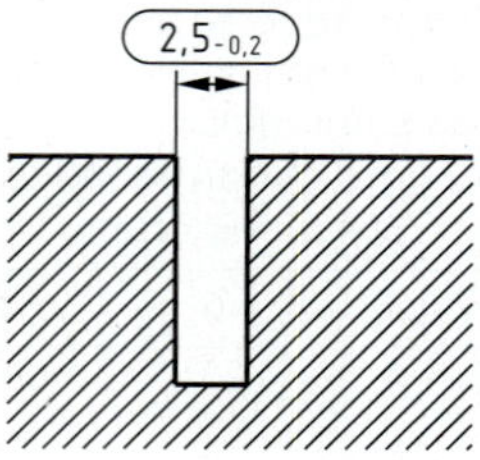

das Prüfmaß: die Schlitzbreite gemessen mit einer Fühlerlehre
die Ist-Maße der Stichproben (jeweils 3 Werkstücke)

Beginn:	2,46	2,49	2,47
0,5 h:	2,48	2,47	2,47
1 h:	2,45	2,46	2,44
1,5 h:	2,46	2,44	2,42
2 h:	2,40	2,38	2,37
2,5 h:	2,33	2,31	2,35
3 h:	2,30	2,32	2,35

Gesucht:

a) der Mittelwert und die Spannweite pro halbstündigem Intervall
b) die zeichnerische Darstellung von $\overline{x}$ und R pro halbstündigem Intervall

30.12 Führungshülse

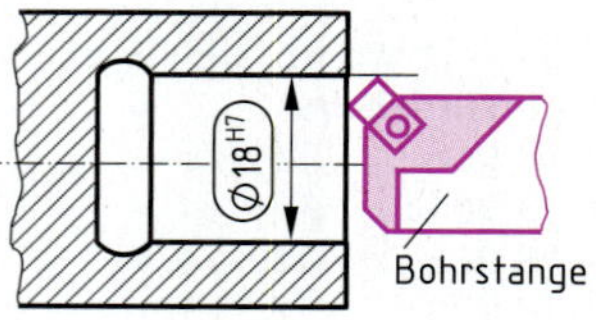

das Prüfmerkmal: die Bohrung Ø 18H7 ($G_0 = 18{,}018$
$G_u = 18{,}000$)
Alle 20 Minuten werden 5 Werkstücke entnommen und geprüft.

1. Stichprobe:
18,005 18,006 18,007
18,004 18,008 [mm]

2. Stichprobe
18,010 18,011 18,007
18,009 18,008 [mm]

3. Stichprobe
18,013 18,009 18,008
18,012 18,012 [mm]

4. Stichprobe
18,011 18,013 18,012
18,016 18,012 [mm]

5. Stichprobe
18,015 18,012 18,015
18,016 18,018 [mm]

Gesucht:

a) der Mittelwert und die Spannweite jeder Stichprobe
b) die zeichnerische Darstellung von $\overline{x}$ und R

Qualitätsmanagement nach DIN EN ISO 9000 ff.

Es muss nicht jedes Maß an jedem Werkstück geprüft werden. Die Kontrolle und Steuerung der Fertigung erfolgt durch die Auswertung von definierten Stichproben. Mithilfe von statistischen Methoden wird dem Kunden ein vereinbarter hoher Qualitätsstandard garantiert.

Bestandteile dieses Systems sind u. a.:

- Prüfanweisungen
- Qualitätsregelkarten
- Statistische Prozesskontrolle
- Fehleranalyse
- Stichprobenprüfung
- Paretoanalyse
- Audit

Die Überprüfung der Niederschriften wird als **Audit** bezeichnet.

Stichprobenprüfung (z. B. Annahmestichprobenprüfung)

Attributive Prüfung
= zählende Prüfung der fehlerhaften Werkstücke,
z. B.: Ausschuss geprüft mit Grenzrachenlehre

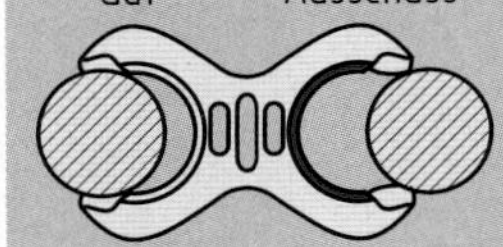

Prüfung einer Variablen
= messende Prüfung,
z. B.: Durchmesser mit Messuhr

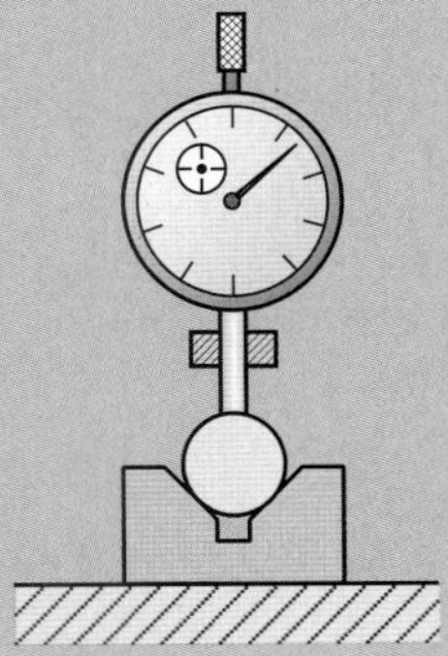

Bezeichnungen
- Q Qualitätszahl
- Δkrit der kleinste Abstand zwischen dem Mittelwert und der Toleranzgrenze
- $\hat{\sigma}$ die Schätzung der Standardabweichung

Beispiel einer attributiven Prüfung

Lieferung von Zahnrädern

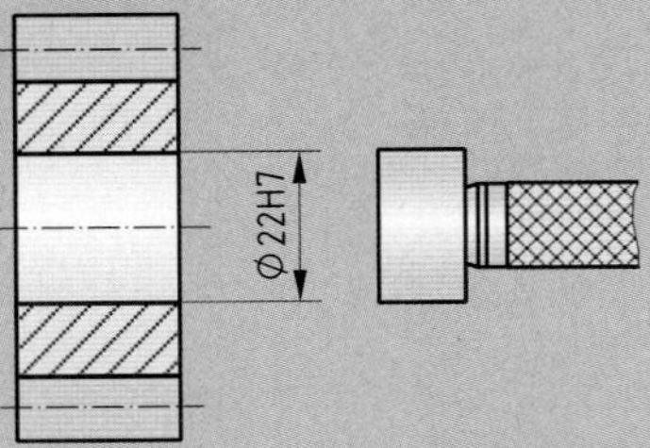

In der Warenanahme liegt eine Sendung von Zahnrädern. Eine Stichprobe von 200 Werkstücken wird mit einem Grenzlehrdorn geprüft. Es wird nur eine fehlerhafte Bohrung festgestellt. Nach DIN ISO 2859 dürfen in einem Los von $n = 315$ Werkstücken maximal 2 Einheiten fehlerhaft sein.

Aufgabe:
a) Wie viele fehlerhafte Werkstücke sind vermutlich in einer Stichprobe von 400 Werkstücken zu erwarten?
b) Kann die Lieferung angenommen werden?

Lösung:
a) Rechnerisch wären bei 400 Werkstücken 2 Fehlstücke zu erwarten. Ein Schluss von einer kleinen Losgröße (hier 200) auf eine größere Anzahl (hier: 400) **ist nicht erlaubt**.
b) Die zu prüfende Stichprobe muss mindestens 315 Werkstücke umfassen, sonst enspricht sie nicht den Anforderungen des Qualitätsmanagements. *Ergebnis:* Die Prüfung ist unvollständig, eventuell ist eine 100%-Prüfung durchzuführen.

Variablenprüfung

Die Lage der Istmaße im Toleranzfeld wird durch die Berechnung der Qualitätszahl geprüft:

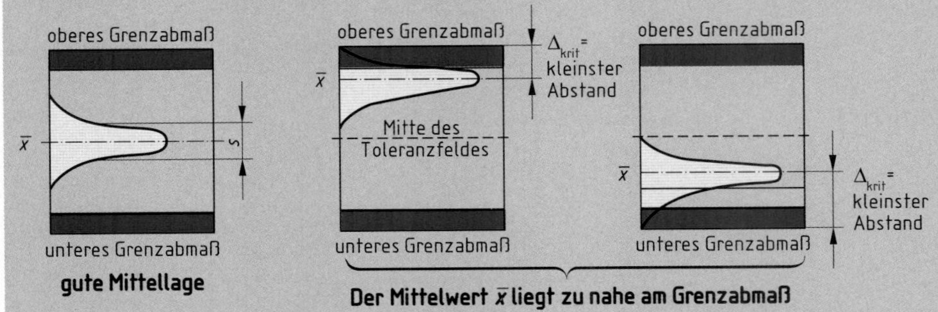

$$\text{Qualitätszahl} = \frac{\text{kleinster Abstand vom Mittelwert} \times \text{zum Ganzabmß}}{\text{Standardabweichung}} \qquad Q = \frac{\Delta\text{krit}}{s}$$

Die Qualitätszahl wird zwischen Lieferer und Abnehmer gemäß DIN ISO 3951 vereinbart.

Kugellagersitz – Beispiel einer Variablenprüfung auf eine annehmbare Qualitätslage

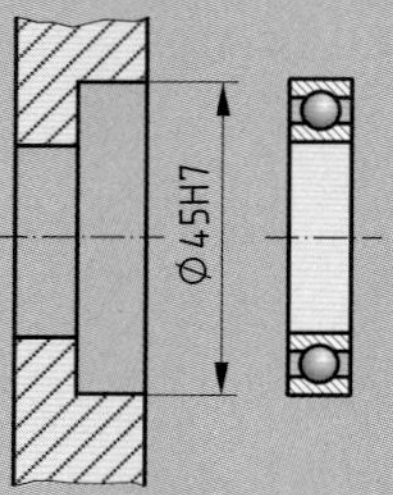

Von einem Zulieferer wurden 100 Gehäuse mit einer Bohrung von ø 45 H7 bearbeitet. Die Eingangskontrolle prüfte $n = 10$ Bohrungen.
Es ist eine Qualitätszahl $Q > 1{,}72$ vereinbart.
Kann die Lieferung angenommen werden?
Es wurden 2 Stichproben mit je 5 Werkstücken geprüft (alle Abmaße in µm).
die erste Untergruppe: 10; 14; 17; 13; 8
die zweite Untergruppe: 13; 16; 11; 15; 9

Statistische Auswertung (*Methode: Standardabweichung mit Schätzung aus der Spannweite*)

a) Berechnen Sie die Spannweiten der Gruppen und den Mittelwert der Spannweiten.
b) Bestimmen Sie den Mittelwert aller Istmaße.
c) Schätzen Sie die Standardabweichung s.
Bei Stichproben mit jeweils 5 Werten kann die Standardabweichung angenähert mit $s \approx \hat{\sigma} = 0{,}43 \cdot$ mittlere Spannweite abgeschätzt werden.
d) Die Mittellage der Istmaße ist durch die Berechnung der Qualitätszahl zu überprüfen.

Lösung: a) die Spannweite – Erste Gruppe: $R = 17 - 8 = \underline{\underline{9}}$ – Zweite Gruppe: $R = 16 - 9 = \underline{\underline{7}}$
der Mittelwert: $\bar{R} = (9 + 7)/2 = \mathbf{8}$

b) der Mittelwert der Istmaße: $\bar{x} = \dfrac{10 + 14 + \ldots + 15 + 9}{10} = \underline{\underline{\mathbf{12{,}6}}}$

c) die Schätzung der Standardabweichung:
$\hat{\sigma} = 0{,}43 \cdot$ mittlere Spannweite $= 0{,}43 \cdot \bar{R} = 0{,}43 \cdot 8 = \underline{\underline{\mathbf{3{,}44}}}$

d) die Lage der Mittelwerte im Toleranzfeld (von 25 µm, vgl. TB),
die Qualitätszahl:

$$Q = \frac{\Delta krit}{\hat{\sigma}} = \frac{25 - 12{,}6}{3{,}44} = \frac{12{,}4}{3{,}44} = \underline{\underline{\mathbf{3{,}6}}}$$

$Q = 3{,}6$ ist größer als 1,72.

Die Lieferung kann angenommen werden, sofern bei einer größeren Stichprobe sich ähnliche Verhältnisse ergeben. Der Mittelwert liegt recht gut.

Maschinenfähigkeitsindex (Mehrzahl …indices)

Bezeichnungen:
- T das Toleranzfeld
- C_m der Maschinenfähigkeitsindex (C = Kennzahl, $_m$ = Maschine)
- C_{mk} die Kennzahl der Maschinenfähigkeit ($_k$ = kritischer Wert)
- $\Delta krit$ der kleinste Abstand zwischen Mittelwert und Toleranzgrenze

Der Maschinenfähigkeitsindex erfordert zwei Nachweise:

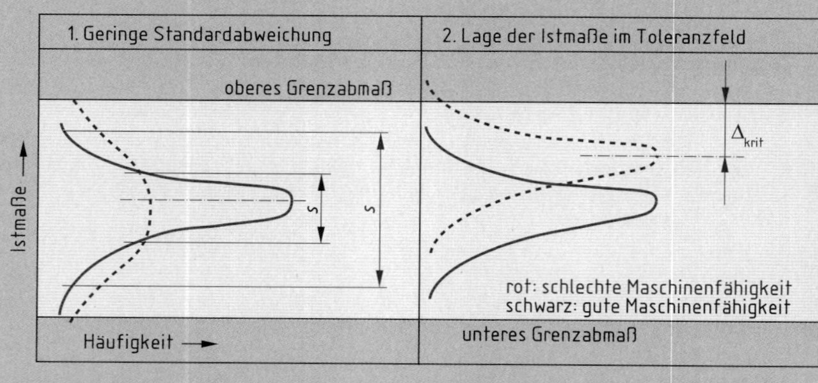

der Maschinenfähigkeitsindex:

$$C_m = \frac{\text{Toleranz}}{6 \cdot \text{Standardabweichung}}$$

$$C_m = \frac{T}{6 \cdot \hat{\sigma}}$$

die kritische Lage des Maschinenfähigkeitsindex:

$$C_{mk} = \frac{\text{kritischer Abstand}}{3 \cdot \text{Standardabweichung}}$$

$$C_{mk} = \frac{\Delta krit}{3 \cdot \hat{\sigma}}$$

die Kennzahlen von C_m und C_{mk}:

normale Fertigung	> 1,33
anspruchsvolle Fertigung	> 1,67

Drehen eines zylindrischen Ansatzes (Beispiel mit Zahlenwerten)

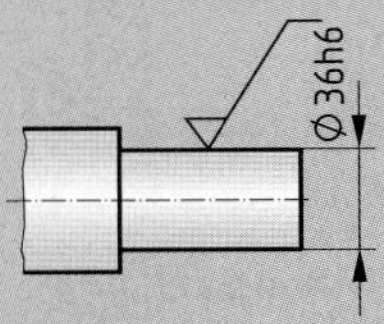

Bleiben bei dieser Drehmaschine und dieser Einstellung die Schwankungen des Durchmessers (ø 35h6) mit großer Wahrscheinlichkeit innerhalb des Toleranzfeldes?

Aufgabe: a) Aus der nachfolgend dargestellten Strichliste einer Qualitätsregelkarte sind die Istwerte der Abmaße der 10 Stichproben mit je 5 Werten eingetragen. Es ist der Mittelwert der Spannweiten und die Standardabweichung zu berechnen.
Für die Auswertung ist ferner der Mittelwert aller Istwerte erforderlich.

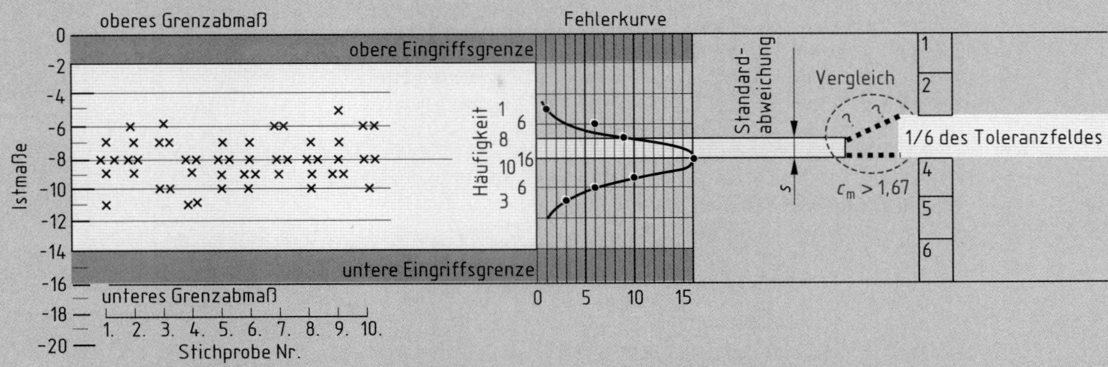

b) Die Maschinenfähigkeit ist durch den Vergleich der Standardabweichungen mit 1/6 des Toleranzfeldes zu bestimmen. Die Kennzahlen C_m und C_{mk} sollten größer als 1,67 sein.

c) Die Mittellage der Istwerte ist mithilfe des kleinsten Abstandes des Mittelwertes vom Grenzabmaß (Δkrit) zu überprüfen.

Lösung a) die Spannweite von *R*:
z. B.: die Stichprobe Nr. 1: 7 bis 11 = 4
der Mittelwert aller *R* bilden:

$$\overline{R} = \frac{4+3+4+3+3+3+3+3+4+4}{10} = \underline{\underline{3{,}4}}$$

die Schätzung der Standardabweichung:
$s \approx \hat{\sigma} = 0{,}43 \cdot \overline{R} = 0{,}43 \cdot 3{,}4 = \mathbf{1{,}46}$
(0,43 = *Schätzungsfaktor für Stichproben mit 5 Werten*)

die Berechnung des Mittelwertes:

$$\overline{x} = \frac{1\text{mal}5 + 6\text{mal}6 + 8\text{mal}7 \ldots + 3\text{mal}11}{50} = \frac{408}{50} = \underline{\underline{8{,}16}}$$

b) die Kennzahlen der Maschinenfähigkeit:

$$c_m = \frac{T}{6 \cdot \hat{\sigma}} = = \frac{16}{6 \cdot 1{,}46} = \underline{\underline{1{,}83}}$$

$$c_{mk} = \frac{\Delta\text{krit}}{3 \cdot \hat{\sigma}} = = \frac{16 - 8{,}16}{3 \cdot 1{,}46} = \underline{\underline{1{,}79}}$$

(die Maschinenfähigkeit ist gegeben, weil c_m und c_{mk} größer als 1,67.)

Qualitätsregelkarte – ein Hilfsmittel zur Qualitätslenkung und statistischen Prozesskontrolle

Für die Prozesslenkung werden in regelmäßigen Abständen Werkstücke aus der laufenden Fertigung entnommen, geprüft und die Qualitätsmerkmale eingetragen. In Mittelwertkarten ($\overline{x}$) wird der Verlauf der Mittelwerte besonders deutlich. Die Streuung ist aber nicht erkennbar.

Beispiel einer Qualitätsregelkarte:
das Prüfmerkmal: die Bohrung ø 25H7
der Prüfintervall: alle 10 Minuten
der Stichprobenumfang: der Mittelwert ($\overline{x}$) aus jeweils 5 Messwerten

Die Eingriffsgrenzen umfassen oft 1/8 des Toleranzfeldes. Bei Überschreiten einer der Eingriffsgrenzen müssen alle nach der letzten Stichprobe gefertigten Werkstücke 100 %-ig geprüft werden.

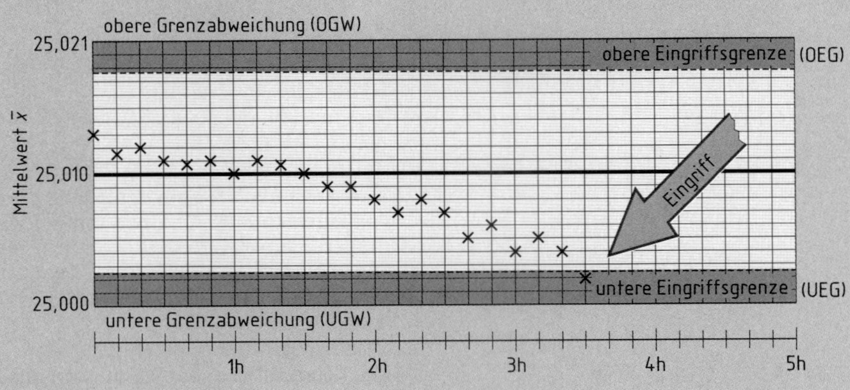

Prozessfähigkeitsindex

Es handelt sich um eine Untersuchung über einen längeren Zeitraum mit Material- und Werkzeugwechsel etc. Die Berechnung der Kennzahlen erfolgt in ähnlicher Weise wie bei der Maschinenfähigkeit:

$$c_p = \frac{T}{6 \cdot \hat{\sigma}} \qquad c_{pk} = \frac{\Delta krit}{3 \cdot \hat{\sigma}}$$

Allerdings wird eine niedere Kennzahl mit $c > 1{,}33$ verwendet. Es müssen mindestens 25 Stichproben mit je zwei Messwerten erfasst werden. In dem vorliegenden Beispiel sind nur wenige Stichproben verwendet, um den Rechengang deutlicher zu zeigen.

Beispiel: die Zylinderstifte eines Zulieferers (ø 12m6; Grenzabmaße: + 7…18 µm)
Zur Ermittlung der Prozessfähigkeit werden in regelmäßigen Abständen über einen längeren Zeitraum Stichproben entnommen. Insgesamt werden hier 2 · 5 = 10 Zylinderstifte ausgewertet.
Das ist zwar viel zu wenig! Es erleichtert aber das Verständnis.

Es ergaben sich folgende Abmaße (in µm):
1. Stichprobe: 15; 12; 15; 5; 13 2. Stichprobe: 13; 4; 15; 12; 15

Gesucht:
a) der Mittelwert der Spannweiten
b) die Abschätzung der Standardabweichung
c) der Mittelwert aller Istmaße
d) der Prozessfähigkeitsindex und die kritische Kennzahl für die Lage der Istwerte
e) Sind die verwendeten Maschinen für Zylinderstifte von ø 12m6 prozessfähig?

Lösung:
a) $R_1 = 15 - 5 = \underline{10}$ $R_2 = 15 - 4 = \underline{11}$ $\overline{R} = (10 + 11)/2 = \underline{\underline{\mathbf{10{,}5}}}$
b) $s \approx \hat{\sigma} = 0{,}43 \cdot \overline{R} = 0{,}43 \cdot 10{,}5 = \underline{\underline{\mathbf{4{,}52}}}$
c) der Mittelwert: $\overline{x} = (15 + 12 + \ldots + 15)/10 = \underline{\underline{\mathbf{11{,}9}}}$
d) $\Delta krit = 11{,}9 - 7 = \underline{4{,}9}$ $(< 18 - 11{,}9 = 6{,}1)$

die Prozessfähigkeit: $$c_p = \frac{\text{Toleranzfeld}}{6 \cdot \text{Standardabweichung}} = \frac{T}{6 \cdot \hat{\sigma}} = \frac{11}{6 \cdot 4{,}52} = \underline{\underline{\mathbf{0{,}41}}}$$

die kritische Lage: $$c_{pk} = \frac{\text{kleinster Abstand vom Grenzmaß zum Mittelwert}}{3 \cdot \text{Standardabweichung}} = \frac{\Delta krit}{3 \cdot \hat{\sigma}} = \frac{4{,}9}{3 \cdot 4{,}52} = \underline{\underline{\mathbf{0{,}36}}}$$

e) Die Kennzahlen für die Streuung c_p und die kritische Lage c_{mk} sind beide kleiner als die geforderten Werte von $c = 1{,}33$. Es ist zu vermuten, dass der Zulieferer nur auf Gut und Ausschuss geprüft hat.
Nach dieser (zu kleinen) Stichprobe ist die Lieferung vermutlich nicht prozessfähig. Die Qualität ist zweifelhaft, obwohl alle Werkstücke die Toleranzgrenzen einhalten. Der Lieferer ist vermutlich nicht zuverlässig. Daher wird eine 100%-Prüfung verlangt.

Aufgaben zum Qualitätsmanagement

30.13 Nietbolzen – Beispiel einer variablen Prüfung

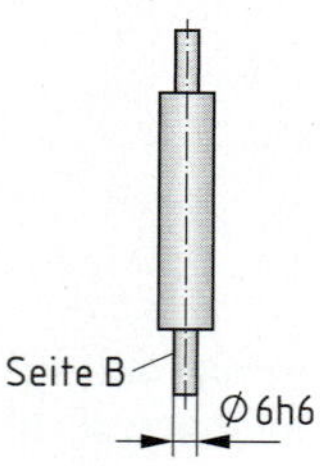

2000 Nietbolzen mit einem Ansatz von ø 6h6 (die Grenzmaße aus dem TB) sollen auf Seite B auf eine „annehmbare Qualitätslage" geprüft werden.
Es wurde eine Qualitätszahl von 1,87 festgelegt.
Kann das Los in die Montage gegeben werden?

Es wurden 3 repräsentativ ausgewählte Gruppen mit je 5 Werkstücken geprüft (alle Abmaße in µm):
die erste Untergruppe: 4; 6; 3; 2; 4
die zweite Untergruppe: 5; 7; 3; 4; 5
die dritte Untergruppe: 4: 1: 4: 3; 4

a) Berechnen Sie den Mittelwert und die Standardabweichung (evtl. mit $s \approx \hat{\sigma} = 0{,}43 \cdot \overline{R}$)
b) Überprüfen Sie die Lage der Mittelwerte durch die Qualitätszahl.

30.14 Schlitz in Lagergabel fräsen – Qualitätsregelkarte anfertigen

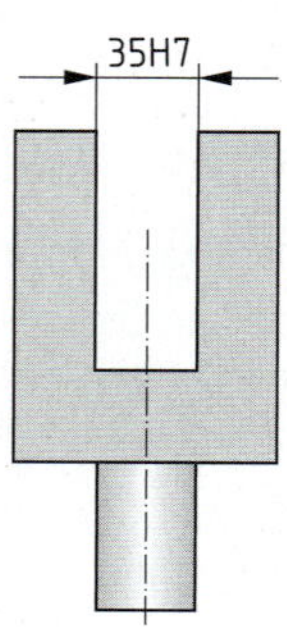

Mit einem Schaftfräser wird vorgeschruppt und dann die beiden Seitenflächen geschlichtet.
In einer Nullserie sind die Istwerte von 35H7 (siehe TB) auf Maschinenfähigkeit zu untersuchen. Die ersten 50 Werkstücke werden in der Reihenfolge der Fertigung in 5er-Gruppen eingeteilt.
Die Abmaße betragen (µm):

die Gruppe 1:	11	17	13	15	13
die Gruppe 2:	13	15	14	16	14
die Gruppe 3:	12	13	14	11	15
die Gruppe 4:	13	12	15	10	14
die Gruppe 5:	11	13	10	14	11
die Gruppe 6:	10	13	9	10	14
die Gruppe 7:	12	14	19	13	11
die Gruppe 8:	15	16	12	13	16
die Gruppe 9:	11	6	7	8	12
die Gruppe 10:	17	15	14	16	18

a) Berechnen Sie den Mittelwert aller Istwerte und die Spannweiten aller 10 Gruppen.
b) Ermitteln Sie die Standardabweichung (mit $s \approx \hat{\sigma} = 0{,}43 \cdot \overline{R}$).
c) Zeichnen Sie auf kariertem Papier eine Qualitätsregelkarte.
– senkrecht: 1 Karo entspricht 2 µm
– waagerecht: 10 Gruppen mit je 1 Karo
Tragen Sie die Mitte des Toleranzfeldes und die untere und obere Eingriffsgrenze (1/8 des Toleranzfeldes) ein.
Vermerken Sie den Schichtwechsel nach der 6. Stichprobe durch einen Pfeil.
d) Ist der Fräsvorgang maschinenfähig?
Die Kennzahlen c_m und c_{mk} müssen größer als 1,67 sein.

30.15 Distanzhülse

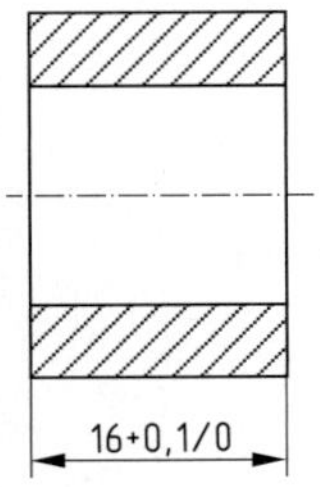

das Absägen auf dem Sägeautomaten mit hartmetallbestücktem Kreissägeblatt (Stichprobenumfang zur einfacheren Berechnung reduziert)
Zur Überprüfung der Maschinen- und Prozessfähigkeit werden zwei Stichproben untersucht (alle Abmaße in µm).

A) die Kurzzeitaufnahme:
die erste Untergruppe: 44; 72; 14; 86; 62
die zweite Untergruppe: 45; 35; 46; 62; 84
die dritte Untergruppe: 52; 35; 78; 67; 23

B) die Langzeitaufnahme:
An jedem Arbeitstag werden um 10 Uhr jeweils 5 Werkstücke geprüft.
am 1. Tag: 44; 72; 14; 86; 62
am 2. Tag: 54; 35; 65; 76; 89
am 3. Tag: 82, 47; 85; 77; 48
am 4. Tag: 87; 51; 92; 88; 64
am 5. Tag: 93; 68; 62; 94; 84

a) Berechnen Sie für die Kurzzeitaufnahme und für die Langzeitaufnahme die vorhandenen Mittelwerte und die Standardabweichung (als geschätzte Standardabweichung $\hat{\sigma}$).
b) Überprüfen Sie anhand der Langzeitaufnahme die Eignung der Fertigung, wenn der Maschinenfähigkeitsindex (c_m und c_{mk}) größer als 1,3 und der Prozessfähigkeitsindex (c_p und c_{pk}) größer als 1,1 sein sollen.

30.16 Standzeit von Drehmeißeln

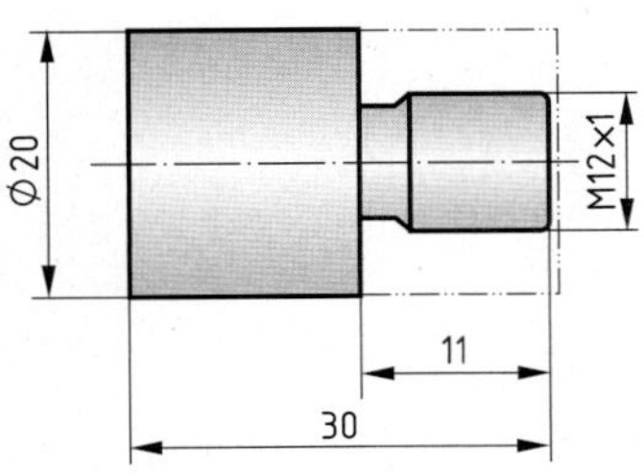

Arbeitsgänge	Hauptnutzungszeit t_n	Standzeit
Schruppen	0,15 min	40 min
Schlichten	0,2 min	80 min
Gewinde	0,3 min	40 min
Abstechen	0,25 min	60 min

a) Nennen Sie 3 Merkmale, die auf das Ende der Standzeit hinweisen.
b) Nach welcher Stückzahl sind die einzelnen Drehmeißel zu wechseln?
c) Die Lösung der Aufgabe b) ergibt zum Teil Dezimalbrüche. Sollten diese auf- oder abgerundet werden (Begründung)?
d) Wie kann die Standzeit für das Gewindeschneiden erhöht werden? Welche Nachteile sind dabei in Kauf zu nehmen? Mögliche Abhilfe?

30.17 Paretoanalyse, Endkontrolle bei der Produktion von Waschmaschinen

Pareto (ein italienischer Soziologe) hat festgestellt, dass oft einzelne Fehler besonders große Kosten verursachen. Es ist daher wirtschaftlich, vor allem die kostenintensiven Fehler zu untersuchen. Hierbei hilft eine zeichnerische Darstellung der Kosten, die durch die einzelnen Fehler verursacht werden.

Bei der Endkontrolle der Waschmaschinen waren innerhalb eines Monats folgende Produktionsfehler zu beheben. Die Buchhaltung ermittelte hierfür die durchschnittlichen Kosten.

Fehler an:	Anzahl	Fehlerkosten €/Stück
Wasserstandsregulierung	41	12,50
Bedienungsblende	6	40,70
Schleudergang	79	50,20
Dichtung an der Fülltüre	152	11,50
Lackschaden	220	16,00

Ermitteln Sie mit einer Paretoanalyse die Fehler, die die größten Kosten verursachen.

die Vorgehensweise:
a) Berechnen Sie die Kosten für jede Fehlerart und die insgesamt anfallenden Kosten. Erstellen Sie eine Kostenanalyse nach folgendem Muster und vermerken sie die prozentualen Anteile:

Fehler an:	Anzahl	Fehlerkosten €/Stück	Fehlerkosten insgesamt	Prozent
Wasser-stands-reg.	41	12,50	512,50	…
…	…	…	…	
		Summe	… €	100 %

b) Ordnen Sie die Fehlerkosten nach fallenden Anteilen und stellen Sie diese in einer Paretoanalyse grafisch dar.

das Beispiel:

1. Fehler	34,6 %			
2. Fehler		28,5 %		
3. Fehler			28,5 %	
4. Fehler			8,4 %	

der günstigste Maßstab: 10 cm entsprechen 100 %

c) Welcher Fehler verursacht die größten Kosten?
d) Welchen Vorteil hat ein Paretodiagramm?

31 Hauptnutzungszeit

Unter Hauptnutzungszeit versteht man bei spanender Formgebung die Zeiten, in denen Werkstoff zerspant wird.

Längsdrehen

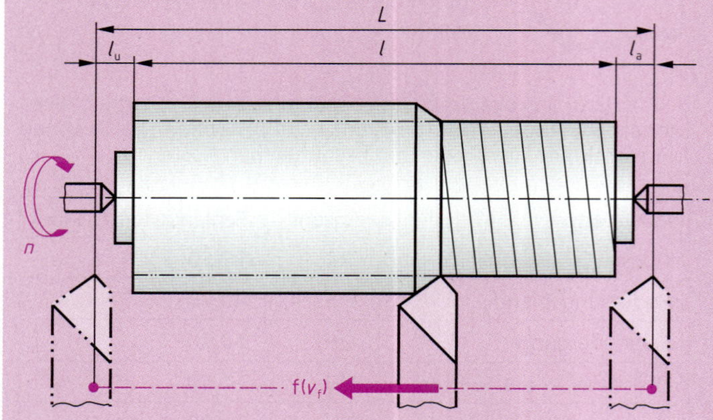

Bezeichnungen:

- l die Werkstücklänge
- L der Vorschubweg
- l_a der Anlauf
- l_u der Überlauf
- n die Drehzahl in $\frac{1}{\text{min}}$
- i die Zahl der Schnitte
- t_h die Hauptnutzungszeit in Minuten
- f der Vorschub je Umdrehung
- v_f die Vorschubgeschwindigkeit
- v_c die Schnittgeschwindigkeit
- d_m der mittlere Durchmesser
- D der große Durchmesser
- d der kleine Durchmesser
- a die Spanungstiefe

Ausgehend von der Gleichung für gleichförmige Bewegungen erhält man:

$$\text{Zeit} = \frac{\text{Weg}}{\text{Geschwindigkeit}} \qquad t_h = \frac{s}{v}$$

$$t_h = \frac{L \cdot i}{n \cdot f} \qquad \text{Hauptnutzungszeit} = \frac{\text{Vorschubweg} \times \text{Zahl der Schnitte}}{\text{Drehzahl} \times \text{Vorschub/Umdrehung}}$$

Der Vorschubweg L muss die Werkstücklänge l, den Anlauf l_a und den Überlauf l_u berücksichtigen:

$$L = l + l_a + l_u$$

Die Zahl der Schnitte i ergibt sich aus dem Durchmesserunterschied und der Spanungstiefe a:

$$i = \frac{(D - d)}{2 \cdot a}$$

Ermittlung der Drehzahl mithilfe eines Schaubildes (Diagramm)

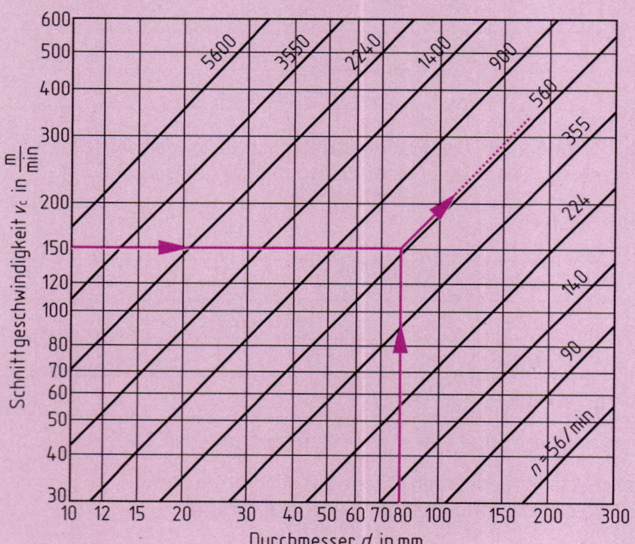

Bei Drehbewegungen wie z. B. beim Bohren, Drehen und Fräsen kann man die erforderliche Drehzahl der Arbeitsspindel vorteilhaft aus einer zeichnerischen Darstellung ablesen.

Beispiel: Längsdrehen

Ein Rohling von 200 mm Länge und einem Durchmesser von 80 mm soll mit 3 Schnitten überdreht werden. Die Schnittgeschwindigkeit beträgt 150 $\frac{\text{m}}{\text{min}}$, und es ist ein Überlauf von $l_u = l_a = 2$ mm vorzusehen. Der Vorschub beträgt 0,4 mm.

Gesucht: a) die Drehzahl n b) der Vorschubweg L c) die Hauptnutzungszeit

Lösung:

a) $n = \frac{v_c}{\pi \cdot d} = \frac{150 \frac{\text{m}}{\text{min}}}{\pi \cdot 80 \text{ mm}} = \mathbf{596 \frac{1}{min}}$

oder die Drehzahl wie im Schaubild rot eingezeichnet ermitteln.

Dann wird für die Drehzahl der nächstkleinere Wert gewählt.

b) $L = l + l_a + l_u = 200 \text{ mm} + 2 \text{ mm} + 2 \text{ mm} = \mathbf{204 \text{ mm}}$

c) $t_h = \frac{L \cdot i}{n \cdot f} = \frac{204 \text{ mm} \cdot 3 \text{ min}}{560 \cdot 0{,}4 \text{ mm}} = \mathbf{2{,}73 \text{ min}}$

Quer-Plandrehen

Beim Plandrehen mit konstanter Drehzahl n wird die Hauptnutzungszeit wie beim Längsdrehen berechnet, wobei die Länge L aus dem Durchmesser ermittelt wird.

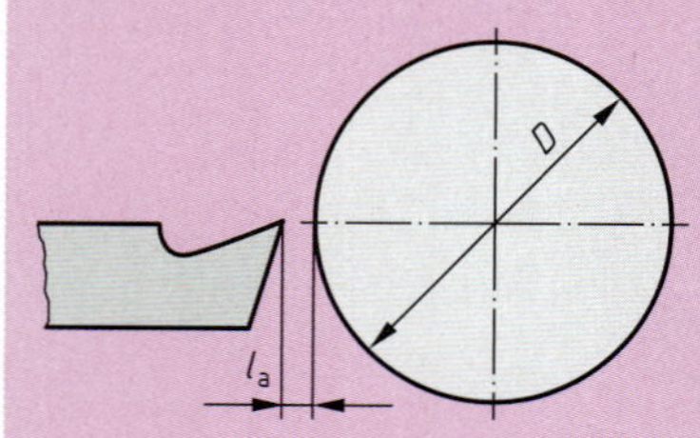

Vollscheibe: $L = \frac{D}{2} + l_a + l_u$

Ringfläche: $L = \frac{D - d}{2} + l_a + l_u$

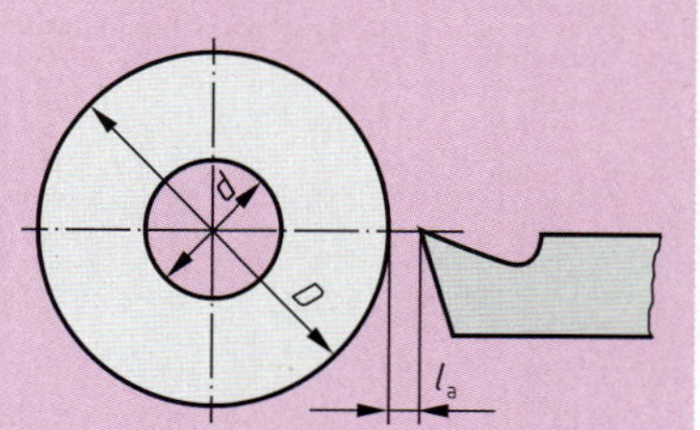

Bohren

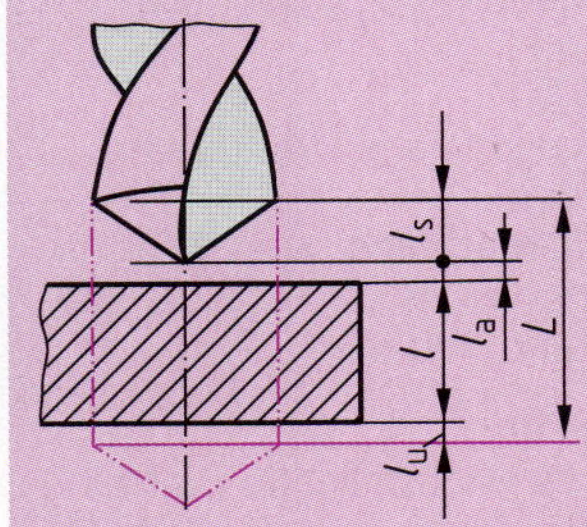

Bevor der Bohrer mit vollem Durchmesser arbeitet, ist der Anlauf l_a und der Anschnitt l_s zurückzulegen. Nach vollständigem Durchbruch des Bohrers ist noch der Überlauf l_u zu berücksichtigen.

$$L = l + l_s + l_a + l_u$$

$$t_{th} = \frac{L \cdot i}{n \cdot f}$$

Bezeichnungen:

- l die Bohrungstiefe
- l_a der Anlauf
- l_s der Anschnitt
- l_u der Überlauf
- i die Zahl der Schnitte (die Bohrungen)
- L der Vorschubweg
- f der Vorschub je Umdrehung
- n die Drehfrequenz

Die Größe des Anschnittes l_s hängt vom Durchmesser und dem Spitzenwinkel γ des Bohrers ab:

Stahl ($\gamma = 118°$): $l_s \approx 0{,}3 \cdot d$ Leichtmetall ($\gamma = 130°$): $l_s \approx 0{,}2 \cdot d$ Kunststoff ($\gamma = 80°$): $l_s \approx 0{,}6 \cdot d$

Aufgaben zur Hauptnutzungszeit beim Drehen und Bohren

31.1 Längsdrehen

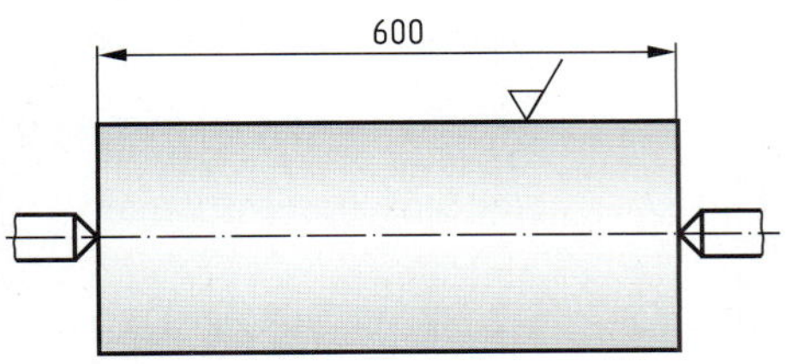

die Drehzahl: $n = 70 \frac{1}{\text{min}}$

der Vorschub: $f = 0{,}3$ mm

die Zahl der Schnitte: $i = 1$

Gesucht:

a) der Vorschubweg, wenn der Anlauf $l_a = 1$ mm und der Überlauf $l_u = 2$ mm ist

b) die Hauptnutzungszeit

31.2 Welle aus E335

An der Maschine einstellbare Drehzahlen:

$24 - 33{,}5 - 48 - 67 - 95 - 132 \left(\frac{1}{\text{min}}\right)$, $v_c = 14 \frac{\text{m}}{\text{min}}$,

der Vorschub: $f = 1{,}5$ mm, 2 Schnitte, Anlauf 1 mm, Überlauf 2 mm

Gesucht: a) die einzustellende Drehzahl

b) die Hauptnutzungszeit in min

31.3 Welle schruppen

Eine 400 mm lange Welle mit ø 100 aus S235JR wird mit 2 Schnitten geschruppt. An der Drehmaschine sind folgende Drehzahlen einstellbar: 31,5; 45; 63; 90; 125; 180; 250; 355; 500; 710; 1000; 1400 min^{-1}.

a) Berechnen Sie die höchstzulässige Drehzahl für einen Hartmetall-Drehmeißel bei 110 $\frac{\text{m}}{\text{min}}$ Schnittgeschwindigkeit.

b) Welche Drehzahl ist einzustellen?

c) Berechnen Sie die Hauptnutzungszeit, wenn der Vorschub je Umdrehung 0,6 mm beträgt und der Anlauf l_a sowie der Überlauf $l_u = 2$ mm ist.

31.4 Abstechen

11SMn30

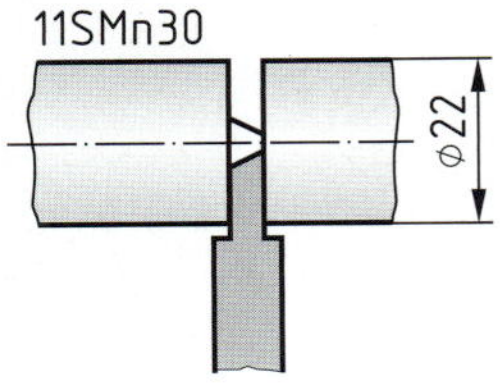

der Vorschub je Umdrehung: $f = 0{,}3$ mm

die Drehzahl: $n = 875 \frac{1}{\text{min}}$

der Anlauf: $l_a = 2$ mm

Überlauf: $l_u = 0{,}5$ mm

Gesucht:
die Hauptnutzungszeit für 450 Abstechvorgänge

31.5 Deckel

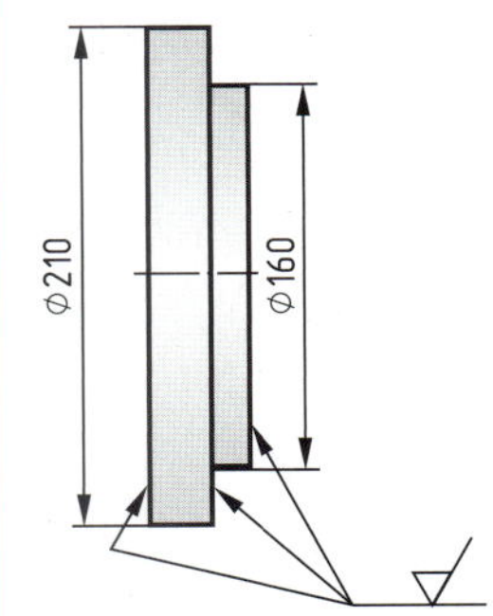

der Vorschub je Umdrehung: $f = 0{,}4$ mm
die Drehzahl: $n = 112\ \text{min}^{-1}$

Gesucht:
die Hauptnutzungszeit zum Plandrehen, wenn jede Fläche zweimal plangedreht wird
Der Anlauf und der Überlauf ist – soweit notwendig – jeweils mit 2 mm anzusetzen.

31.6 Plandrehen mit konstanter Drehzahl

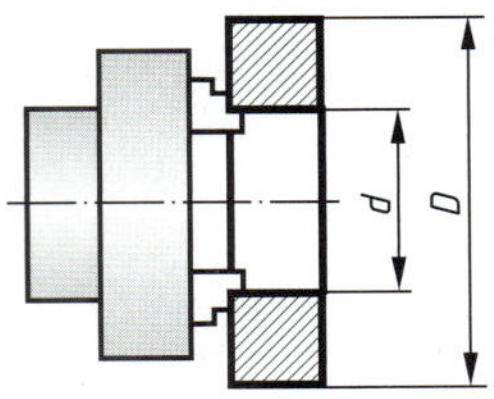

$n = 50\ \text{min}^{-1}$
$D = 180$ mm
$d = 110$ mm
der Vorschub: $f = 0{,}2$ mm

Gesucht:

a) die größte Schnittgeschwindigkeit $v_{c\ max}$

b) die kleinste Schnittgeschwindigkeit $v_{c\ min}$

c) die Hauptnutzungszeit, wenn $l_a = 2{,}5$ mm und $l_u = 1{,}5$ mm

31.7 Plandrehen auf CNC-Drehmaschine

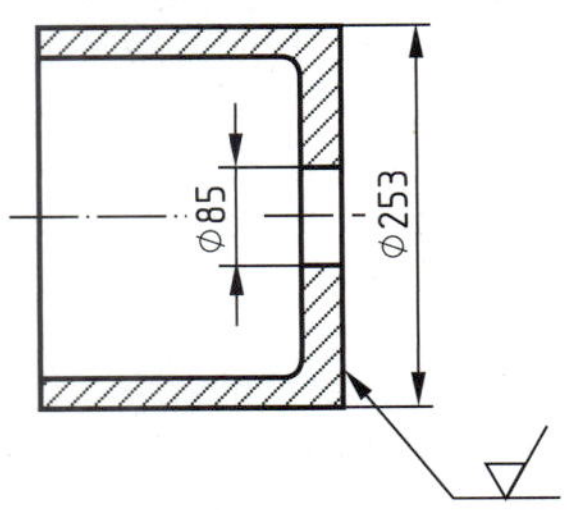

Die dargestellte Abdeckkappe ist mit 2 Schnitten bei einem Vorschub von 0,3 mm planzudrehen. Die Schnittgeschwindigkeit wird rechnergestützt auf $v_c = 135 \frac{\text{m}}{\text{min}}$ eingestellt.

Die Drehzahl ist auf 1200 min^{-1} begrenzt.
$l_a = l_u = 0{,}5$ mm

Gesucht:

a) der Grenzdurchmesser

b) der Vorschubweg

c) der mittlere Durchmesser

d) die Hauptnutzungszeit

31.8 Hauptnutzungszeit beim Bohren

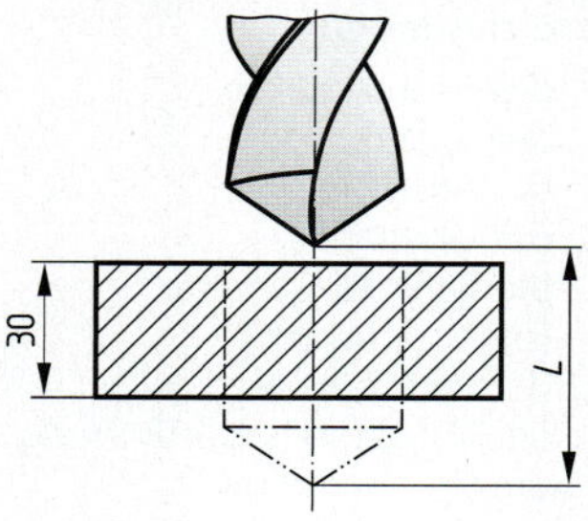

der Werkstoff: S235JR
d = 25 mm
f = 0,15 mm
$v_c = 25 \frac{m}{min}$ (HSS)
l_a = 3 mm
l_u = 0,5 mm

Gesucht:
a) der Anschnitt
b) der Vorschubweg L
c) die Hauptnutzungszeit

31.9 Bohrplatte

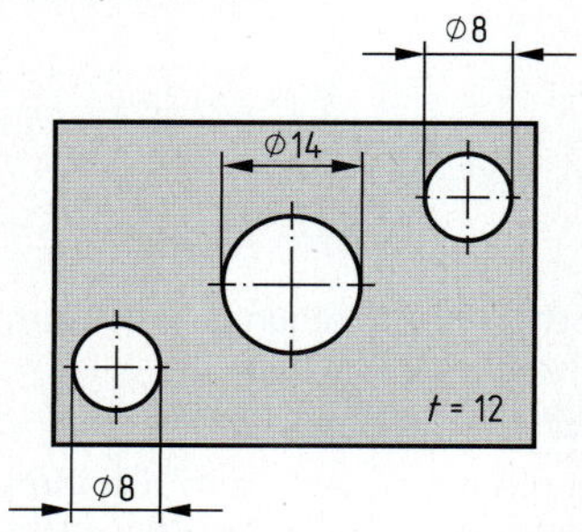

der Werkstoff: E335
die Schnittgeschwindigkeit:
$v_c = 28 \frac{m}{min}$
der Vorschub: f = 0,15 mm

Gesucht:
die Hauptnutzungszeit für die 3 Bohrungen, wenn l_a = 2 mm und l_u = 1mm gewählt wird

31.10 Flanschlöcher bohren

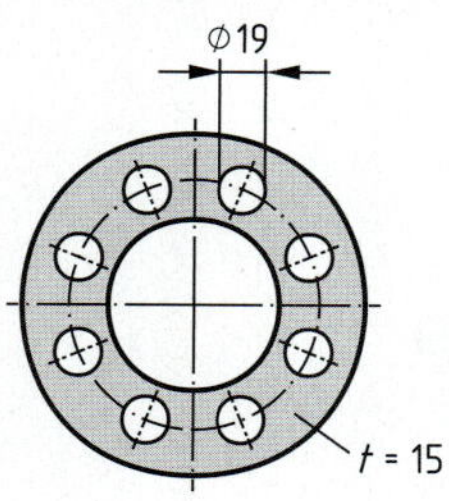

die Drehzahlen der Bohrmaschine:
30 – 47 – 74 – 117 – 183 – 286 – 426 – 675 – 1075 min^{-1}
$v_c = 26 \frac{m}{min}$
f = 0,1 mm

Gesucht:
a) die einzustellende Drehzahl
b) der Anschnitt für Stahl
c) die Hauptnutzungszeit, wenn der Anlauf l_a = 2 mm und der Überlauf l_u = 1 mm ist

31.11 Gehäusedeckel EN-GJL-200

Bohren auf einer Maschine mit stufenlos einstellbaren Drehzahlen

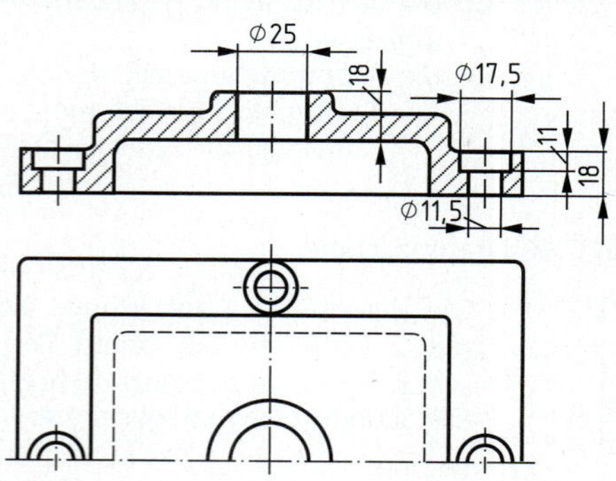

das Bohren:
$v_c = 30 \frac{m}{min}$
f = 0,3 mm
l_a = 2,5 mm
l_u = 1,5 mm
die Arbeitsgänge:
1. ø 25 vorbohren mit ø 9
2. ø 11,5 bohren
3. ø 25 bohren

a) Berechnen Sie für die 3 Arbeitsgänge die Drehzahlen, die Vorschubwege und die Hauptnutzungszeit.
b) Wie groß ist die erforderliche gesamte Hauptnutzungszeit?

31.12 Reiben einer Bohrung ø18H8

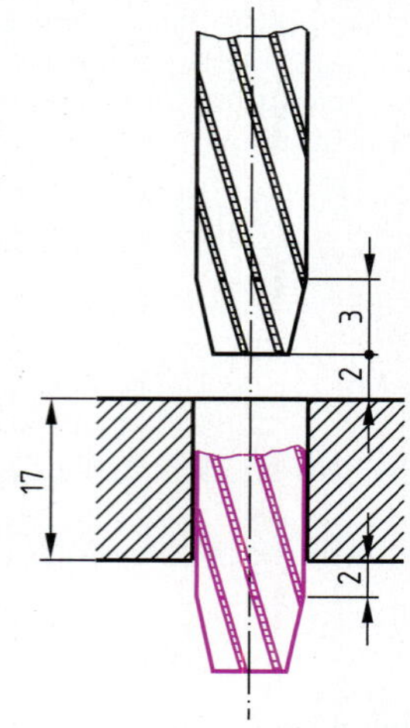

die Schnittgeschwindigkeit:
$12 \frac{m}{min}$
der Vorschub je Umdrehung:
0,3 mm
die Drehzahlen der Bohrmaschine: 56, 90, 140, 224, 355, 560 und 900 min^{-1}

Gesucht:
a) die einzustellende Drehzahl
b) der Arbeitsweg der Reibahle
c) die Hauptnutzungszeit

31.13 Senkung für Zylinderschraube mit Innensechskant

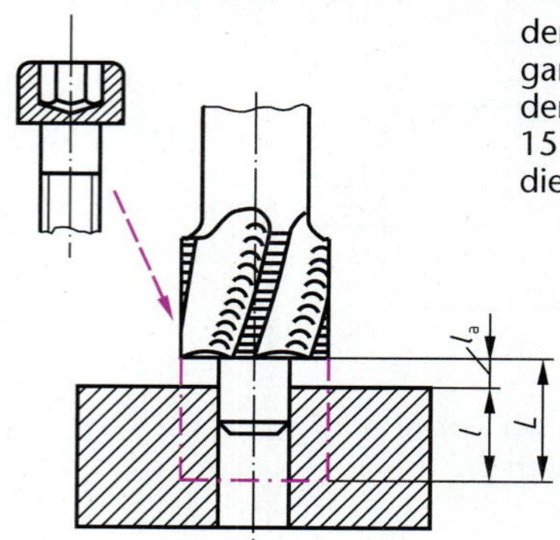

der Durchmesser des Durchgangsloches: 9 mm
der Durchmesser der Senkung: 15 mm
die Senkungstiefe: 9 mm

Gesucht:
a) die Drehzahl bei $v_c = 11 \frac{m}{min}$
b) der Vorschubweg L bei l_a = 1 mm
c) die Hauptnutzungszeit bei einem Vorschub von f = 0,05 mm bei einer Drehzahl von n = 180 min^{-1}

31.14 Standzeit von Drehmeißeln

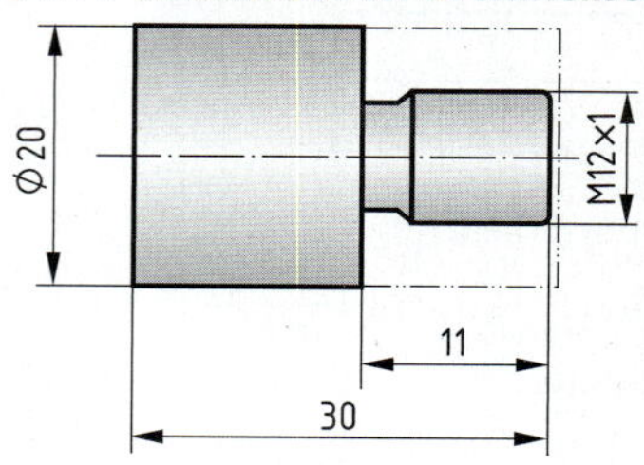

Arbeitsgänge	Hauptnutzungszeit t_h	Standzeit
Schruppen	0,15 min	40 min
Schlichten	0,2 min	80 min
Gewinde	0,3 min	40 min
Abstechen	0,25 min	60 min

a) Nennen Sie 3 Merkmale, die auf das Ende der Standzeit hinweisen.
b) Nach welcher Stückzahl sind die einzelnen Drehmeißel zu wechseln?
c) Die Lösung der Aufgabe b) ergibt zum Teil Dezimalbrüche. Sollten diese auf- oder abgerundet werden?
d) Wie kann die Standzeit für das Gewindeschneiden erhöht werden? Welche Nachteile sind dabei in Kauf zu nehmen? Mögliche Abhilfe?

Fräsen

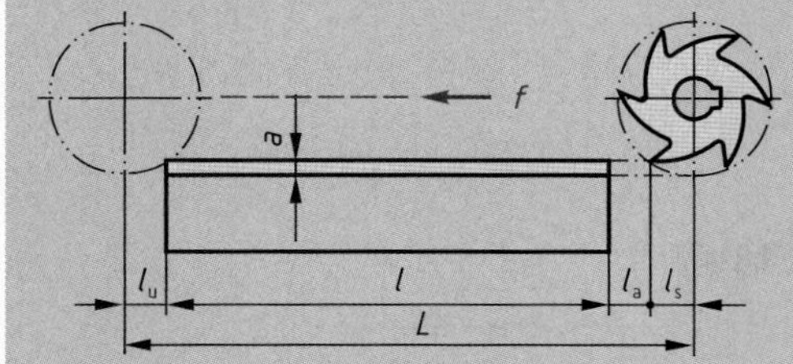

Bezeichnungen:

f	der Vorschub je Umdrehung	l	die Werkstücklänge
n	die Drehzahl der Frässpindel	l_a	der Anlaufweg
v_f	die Vorschubgeschwindigkeit in mm/min	l_s	der Anschnitt
L	der Vorschubweg	l_u	der Überlauf
a	die Spanungstiefe (die Zustellung)	z	die Zähnezahl des Fräsers
		d	der Fräserdurchmesser

Für das Fräsen berechnet man die Hauptnutzungszeit ebenfalls mit:

$$t_h = \frac{L \cdot i}{n \cdot f}$$

Durch Einsetzen von: $n \cdot f = v_f$

erhält man:

$$t_h = \frac{L \cdot i}{v_f}$$

der Vorschubweg: $L = l + l_s + l_a + l_u$

Beim Schlichten mit Scheibenfräsern muss der Fräser voll über das Werkstück bewegt werden; deshalb:

$$L = l + 2 \cdot l_s + l_a + l_u$$

Anschnitt l_s (vor dem Eingriff des Fräsers)

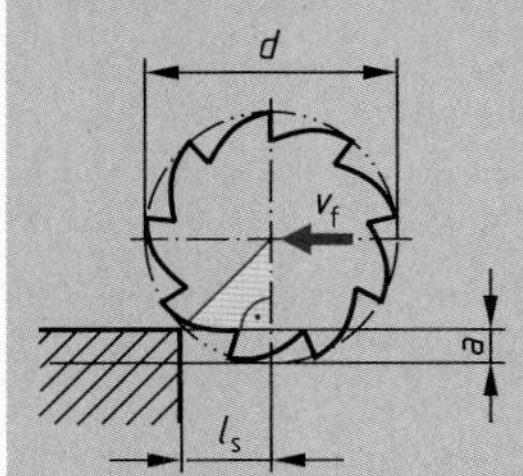

Mithilfe des Satzes des Pythagoras erhält man im rot eingezeichneten Dreieck:

$$l_s^2 + \left(\frac{d}{2} - a\right)^2 = \left(\frac{d}{2}\right)^2$$

$$l_s^2 + \frac{d^2}{4} + \left(\frac{d^2}{4} - 2 \cdot \frac{d}{2} \cdot a + a^2\right)$$

$$l_s = \sqrt{d \cdot a - a^2}$$

Stirnplanfräsen

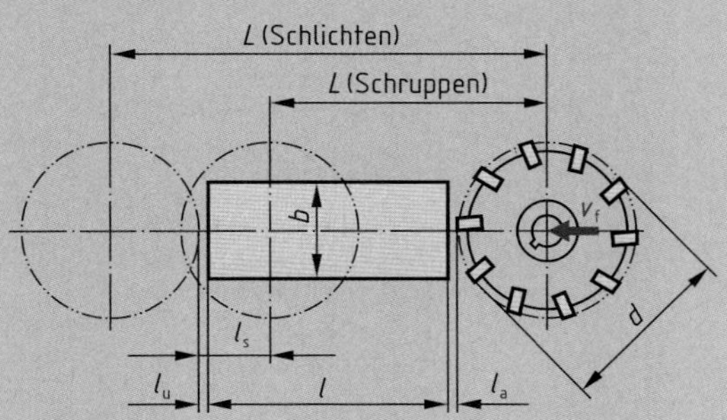

Beim Schruppen ist der Vorschubweg:

$$L = l + \frac{d}{2} - l_s + l_a + l_u$$

Beim Schlichtvorgang muss der Fräser **vollständig** über das Werkstück bewegt werden, also:

$$L = l + d + l_a + l_u$$

Rundschleifen

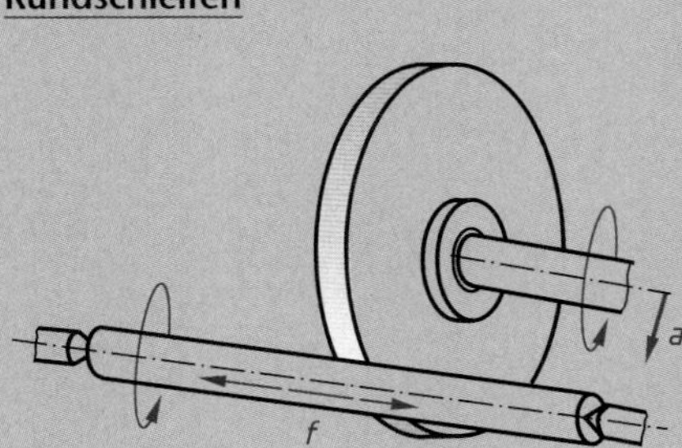

Bezeichnungen:

a	die Zustellungen (die Spanungstiefe)	l	die Werkstücklänge
t	die Schleifzugabe in mm am Durchmesser	L	der Vorschubweg
f	der Vorschub je Werkstückumdrehung	b_s	die Schleifscheibenbreite
n	die Drehzahl des Werkstückes	d_1	der Ausgangsdurchmesser des Werkstückes
i	die Zahl der Schnitte	d	der Fertigungsdurchmesser des Werkstückes
l_a	der Anlauf, der Überlauf		
t_h	die Hauptnutzungszeit		

Auch beim Rundschleifen berechnet man die Hauptnutzungszeit, ähnlich wie beim Drehen.

$$\text{Hauptnutzungszeit} = \frac{\text{Schleiflänge} \times \text{Anzahl der Schnitte}}{\text{Werkstückdrehzahl} \times \text{Vorschub je Werkstückumdrehung}}$$

$$\text{Anzahl der Schnitte} = \frac{\text{Schleifzugabe}}{2 \times \text{Zustellung je Schnitt}}$$

$$t_h = \frac{L \cdot i}{n \cdot f}$$

$$i = \frac{t}{2 \cdot a}$$

wobei: $t = d_1 - d$

Zur Verbesserung der Oberflächengüte und der geometrischen Form wird meist noch ein „Ausfeuern“ mit 2 Schnitten ohne Zustellung ausgeführt. Dadurch erhält man:

$$i = \frac{t}{2 \cdot a} + 2$$

Die Schleifscheibe braucht das Werkstück nur zu $\frac{2}{3}$ überstreichen. Dann ist:

Vorschubweg = Werkstücklänge − $\frac{1}{3}$ Schleifscheibenbreite	
bei Wellen ohne Ansatz:	$L = l - \frac{b_s}{3}$
bei Wellen mit Ansatz:	$L = l - \frac{2}{3} \cdot b_s$

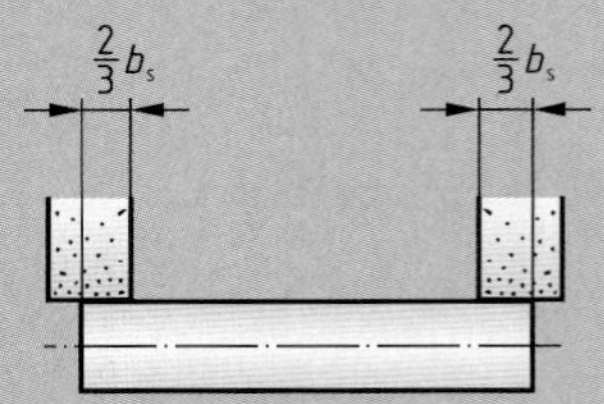

Beispiel: Welle

Eine 450 mm lange Welle hat eine Schleifzugabe von $t = 0{,}4$ mm. Die Zustellung je Hub beträgt $a = 0{,}04$ mm. Das Werkstück dreht sich mit $n = 75\ \text{min}^{-1}$, und der Vorschub je Werkstückumdrehung ist $f = 7$ mm. Die Schleifscheibe ist 40 mm breit.
Zum Ausfeuern sind 8 Schnitte ohne Zustellung vorzusehen.

Gesucht: a) der Vorschubweg b) die Zahl der Schnitte c) die Hauptnutzungszeit

Lösung: a) $L = l - \frac{b_s}{3} = 450\ \text{mm} - \frac{40\ \text{mm}}{3} = \underline{\underline{\mathbf{436{,}7\ mm}}}$

b) $i = \frac{t}{2 \cdot a} + 8 = \frac{0{,}4\ \text{mm}}{2 \cdot 0{,}04\ \text{mm}} + 8 = \underline{\underline{\mathbf{13\ Schnitte}}}$

c) $t_h = \frac{L \cdot i}{n \cdot f} = \frac{436{,}7\ \text{mm} \cdot 13}{75\ \text{min}^{-1} \cdot 7\ \text{mm}} = \underline{\underline{\mathbf{10{,}8\ min}}}$

Umfangs-Planschleifen

Das Werkstück wird bei jedem Hub um die Hublänge L bewegt und danach um den Quervorschub f versetzt.

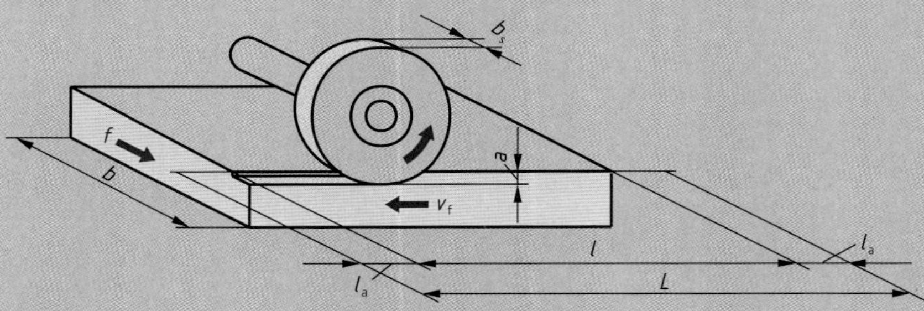

Beim Vorschubweg ist der Anlauf l_a jeweils am Anfang und am Ende zu berücksichtigen:

$$L = l + 2 \cdot l_a$$

Bezeichnungen:

- L der Vorschubweg
- l die Werkstücklänge
- a die Spanungstiefe, die Zustellung
- i die Anzahl der Schnitte
- l_a der Anlauf gleich Überlauf
- b die Werkstückbreite
- b_s die Schleifscheibenbreite
- f der Quervorschub je Hub, etwa: $(0{,}6 \ldots 0{,}8) \cdot b_s$
- n die Hubzahl pro Minute
- t die Schleifzugabe (die Tiefe)
- v_f die Vorschubgeschwindigkeit
- B die Schleifbreite
- t_n die Hauptnutzungszeit

An der Schleifmaschine ist die Hubzahl pro Minute einzustellen:

$$\text{Hubzahl} = \frac{\text{Vorschubgeschwindigkeit}}{\text{Vorschubweg}} \qquad n = \frac{v_f}{L}$$

Die Schleifscheibe wird beim Anstellen und beim Überlauf in der Regel auf $\frac{2}{3}$ der Schleifscheibenbreite b_s über das Werkstück eingestellt.

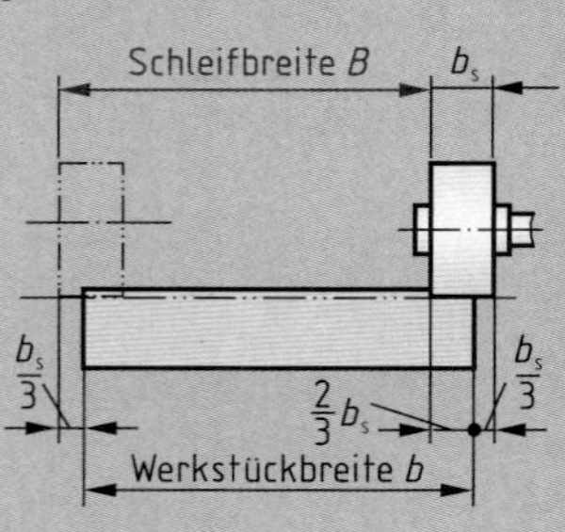

Daraus ergibt sich eine Schleifbreite von:

$$B = b - \frac{b_s}{3}$$

Üblicherweise wird noch ein weiterer Hub vorgesehen. Dann gilt für die Anzahl der notwendigen Quervorschübe:

$$\text{Anzahl Quervorschub} = \left(\frac{B}{f} + 1\right)$$

Die Hauptnutzungszeit ist dann:

$$\text{Hauptnutzungszeit} = \frac{\text{Anzahl der Schnitte}}{\text{Hubzahl}} \cdot \left(\frac{\text{Schleifbreite}}{\text{Vorschub}} + 1\right) \quad \text{also:} \quad t_h = \frac{i}{n} \cdot \left(\frac{B}{f} + 1\right)$$

Die Anzahl der Schnitte beträgt:

$$\text{Anzahl der Schnitte} = \frac{\text{Schleifzugabe}}{\text{Zustellung}}$$

Meist werden zum „Ausfeuern" noch zusätzlich ca. 2 Schnitte ohne Zustellung vorgenommen. Dadurch wird die Oberflächengüte und die geometrische Form verbessert.

$$i = \frac{t}{a} + 2$$

31.15 Schlichten mit Messerkopf

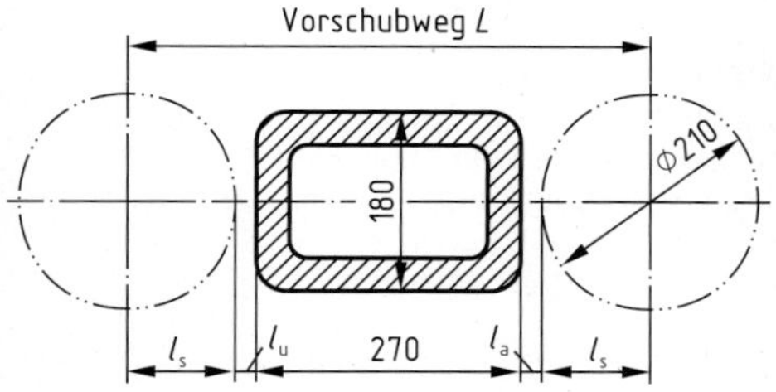

der Anlauf:
$l_a = 1{,}5$ mm
der Überlauf:
$l_u = 1{,}5$ mm
die Vorschubgeschwindigkeit:
$v_f = 45 \frac{\text{mm}}{\text{min}}$

Gesucht:
a) der Vorschubweg
b) die Hauptnutzungszeit

31.16 Walzenfräsen

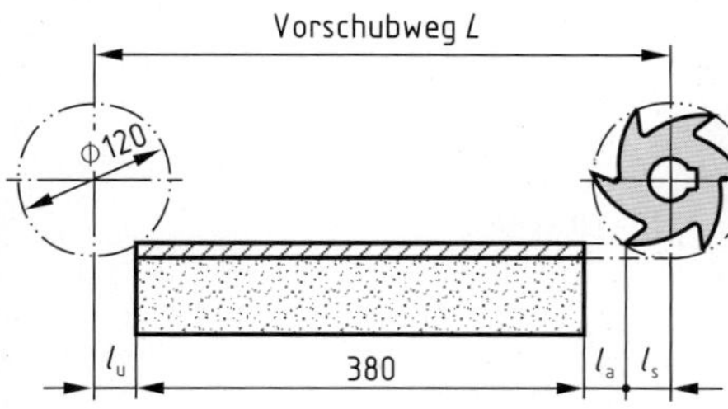

die Drehzahl:
$70 \frac{1}{\text{min}}$
der Zahnvorschub: 0,2 mm
die Zustellung: 2 mm
$l_a = 2$ mm
$l_u = 0{,}5$ mm

Gesucht: a) der Anschnitt
b) der Vorschubweg L
c) die Hauptnutzungszeit für 1 Schnitt

31.17 Passfedernut im Schaftritzel

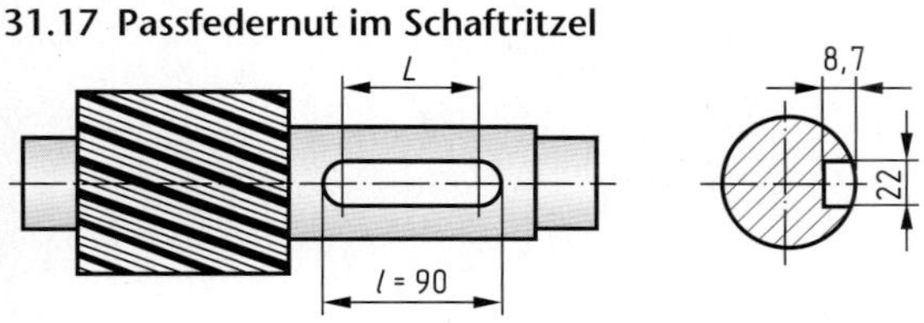

Gesucht:
a) der Vorschubweg L
b) die Anzahl der Schnitte i bei einer Zustellung von $a = 0{,}15$ mm je Hub und einem Anlaufweg von 0,2 mm in Zustellrichtung
c) die Hauptnutzungszeit bei einer Vorschubgeschwindigkeit von $420 \frac{\text{mm}}{\text{min}}$ ohne Betrachtung der Zustellung

31.18 Schwalbenschwanzführung

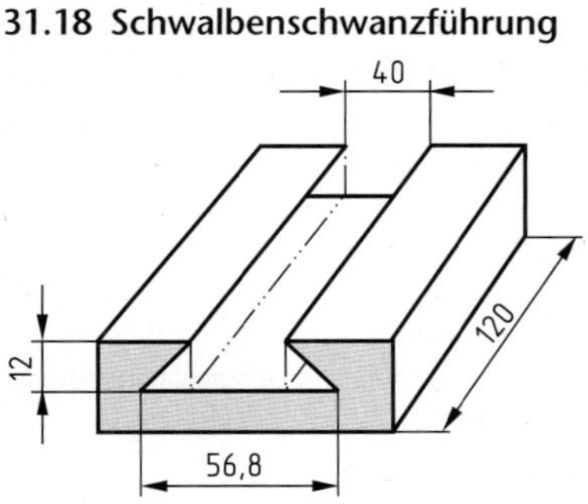

die Arbeitsgänge:
1. die Deckfläche mit einem Walzenfräser von 40 mm Durchmesser mit einem Schnitt schlichten:
die Schnitttiefe 0,5 mm,
die Vorschubgeschwindigkeit $50 \frac{\text{m}}{\text{min}}$
2. die Trapeznut mit Winkelfräser in einem Schnitt fräsen:
$v_f = 30 \frac{\text{mm}}{\text{min}}$

Der Anlaufweg und der Überlauf betragen jeweils 2 mm.

Gesucht: a) der Anschnitt
b) die Vorschubwege
c) die Hauptnutzungszeit

31.19 Rundschleifen

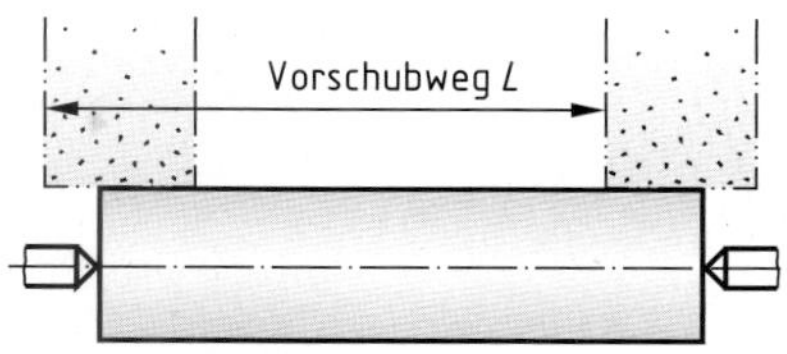

die Werkstücklänge: 90 mm
die Schleifzugabe: 0,4 mm
der Vorschub: 20 mm je Umdrehung
die Zustellung: 0,025 mm je Hub
die Werkstückdrehzahl: 75 min^{-1}

Gesucht:
a) die Zahl der Schnitte i, wenn 6 Schnitte ohne Zustellung vorzusehen sind
b) der Vorschubweg bei einer Schleifscheibenbreite von 50 mm
c) die Hauptnutzungszeit

31.20 Antriebswelle für Laufkatze

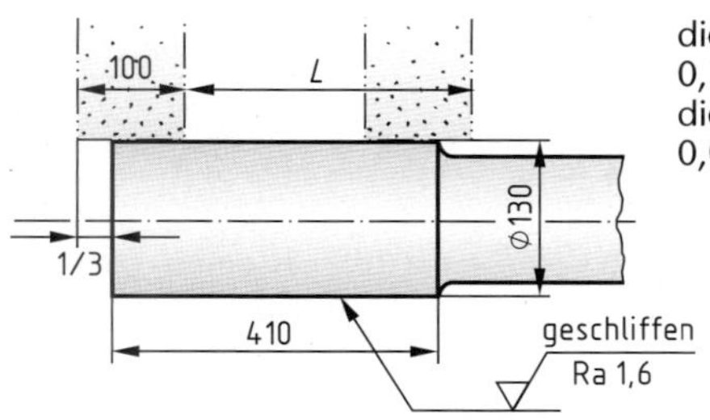

die Schleifzugabe: 0,35 mm
die Zustellung: 0,015 mm pro Hub

Gesucht:
a) der Vorschubweg
b) die Zahl der Schnitte bei 6 Schnitten zum Ausfeuern
c) die Hauptnutzungszeit bei einer Vorschubgeschwindigkeit von $1\,140 \frac{\text{mm}}{\text{min}}$

31.21 Schneidplatte planschleifen

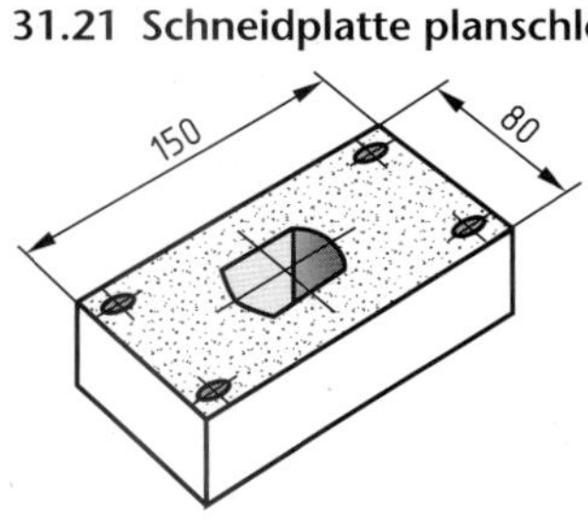

die Schleifzugabe: 0,3 mm
die Zustellung: 0,02 mm je Schnitt
die Breite der Schleifscheibe: 30 mm
die Hubzahl: 24 min^{-1}
der Vorschub: 18 mm
der Anlauf: 20 mm

Gesucht:
a) die Schleifbreite und der Vorschubweg
b) die Zahl der Schnitte i, wenn 6 Schnitte zum Ausfeuern vorgesehen sind
c) die Hauptnutzungszeit

Abtragen:

Funkenerosives Senken

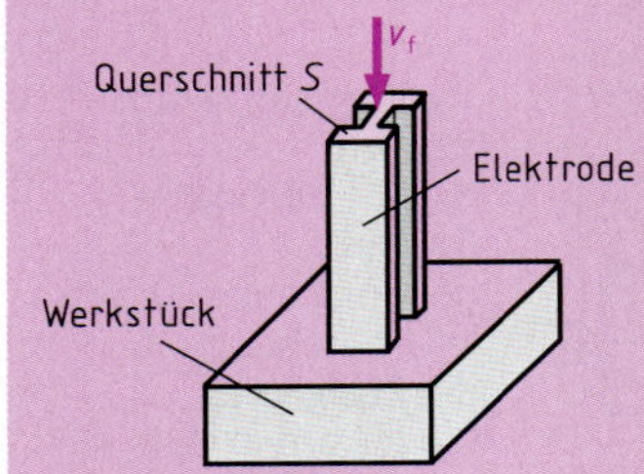

Komplizierte Formen lassen sich vorteilhaft elektroerosiv bearbeiten. Die Abtragrate V_W liegt im Bereich von einigen Hundert mm³ pro Minute.
Die Hauptnutzungszeit (Erodierzeit) beträgt:

$$\text{Hauptnutzungszeit} = \frac{\text{abzutragendes Volumen}}{\text{Abtragrate}}$$

$$t_h = \frac{V}{V_W}$$

Bezeichnungen:

- t_h die Hauptnutzungszeit (die Erodierzeit)
- V das abzutragende Volumen
- S der abtragende Querschnitt der Elektrode
- L der Vorschubweg
- V_W die Abtragrate (das spezifische Abtragvolumen)
- v_f die Vorschubgeschwindigkeit

Funkenerosives Schneiden

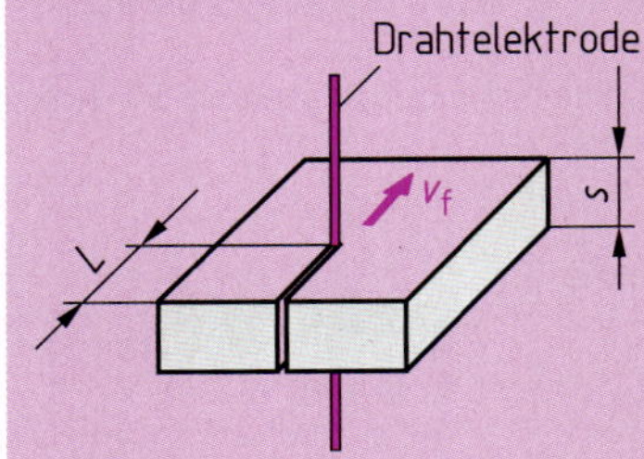

oder bei einem Vorschubweg L:

$$t_h = \frac{L}{v_f}$$

Laserschneiden und Wasserstrahlschneiden

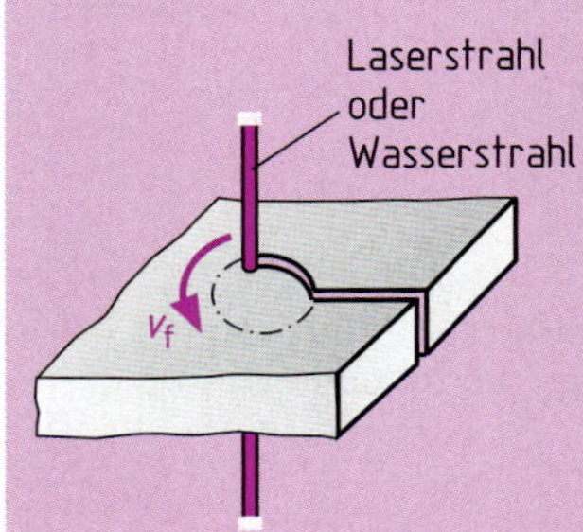

Laser erzeugen ein außerordentlich energiereiches Licht, das ausreicht, um Stahl in einem dünnen Spalt zu schmelzen.
Es lassen sich damit Durchbrüche mit hoher Oberflächengüte und hoher Qualität herstellen.
Wasserstrahlscheiden mit Drücken bis ca. 2 000 bar unter Beimengungen von feinkörnigem Sand schneidet alle Werkstoffe (Metalle, Hartmetall, evtl. auch Diamant) mit einem gratfreien, hochwertigen Schnitt.

Die erforderlichen Hauptnutzungszeiten hängen vom Vorschubweg L und der Vorschubgeschwindigkeit v_f ab:

$$t_h = \frac{L}{v_f}$$

Aufgaben zur Hauptnutzungszeit beim Erodieren und Wasserstrahlschneiden

31.22 Senkerodierung einer Innenverzahnung

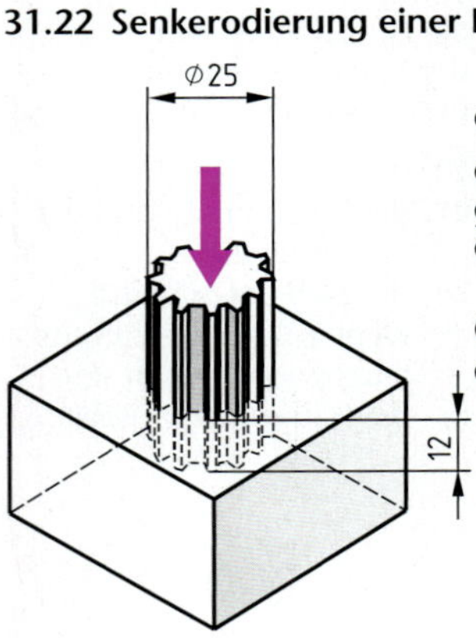

die Abtragrate: $150\ \frac{\text{mm}^3}{\text{min}}$
die Anleitung: Für eine überschlägige Berechnung kann der Außendurchmesser verwendet werden.

Gesucht:
die Hauptnutzungszeit

31.23 Bohrung durch Drahterodieren herstellen

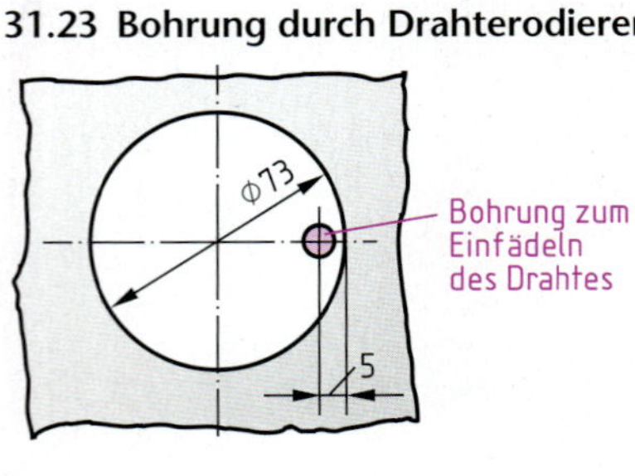

Der Erodierdraht wird in der Mitte der kleinen Bohrung eingefädelt.
die Vorschubgeschwindigkeit: $75\ \frac{\text{mm}}{\text{min}}$

Gesucht:
a) der Vorschubweg
b) die Hauptnutzungszeit

31.24 Kreisscheibe mit Schlitz

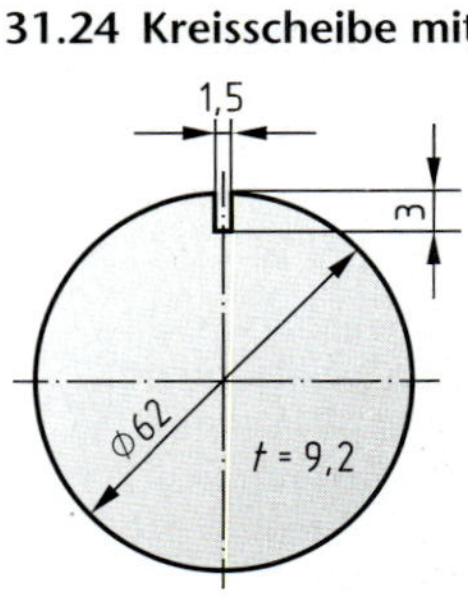

Die kreisförmige Scheibe wird durch Drahterodieren aus einem großen Blech ausgeschnitten.
Die maximale Abtragrate der Maschine beträgt $135\ \frac{\text{mm}^3}{\text{min}}$ bei einem Schneidspalt von 0,25 mm (Drahtdicke + Funkenspalt).

Gesucht:
a) der Vorschubweg und das abzutragende Volumen
b) die erforderliche Hauptnutzungszeit

31.25 Rechteckiger Durchbruch

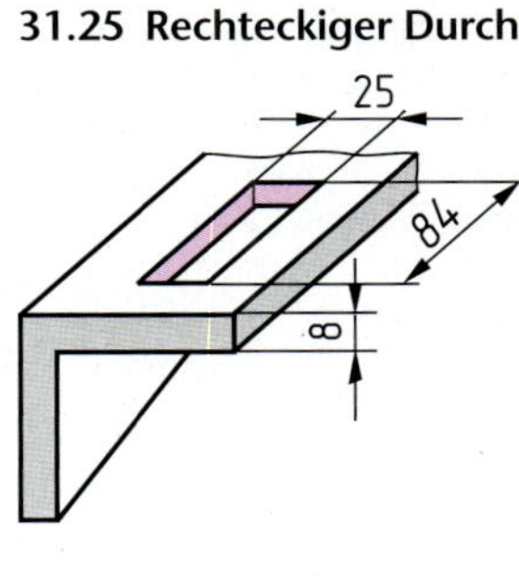

Die Wasserstrahl-Schneidanlage erlaubt bei einem E335J0 von 8 mm Dicke eine Vorschubgeschwindigkeit von $0{,}15\ \frac{\text{m}}{\text{min}}$.

Gesucht:
a) die Hauptnutzungszeit
b) die Fertigungskosten ohne Rüstzeiten, wenn eine Maschinenstunde 90,00 € kostet

32 Berechnungen zur Wirtschaftlichkeit

Zeitgliederung für einen Auftrag nach REFA (= Verband für Arbeitsstudien und Betriebsorganisation e. V.)
Wenn keine Erholungszeiten für schwere Beanspruchungen auftreten, setzt sich die für einen Auftrag vorzugebende Zeit T folgendermaßen zusammen:

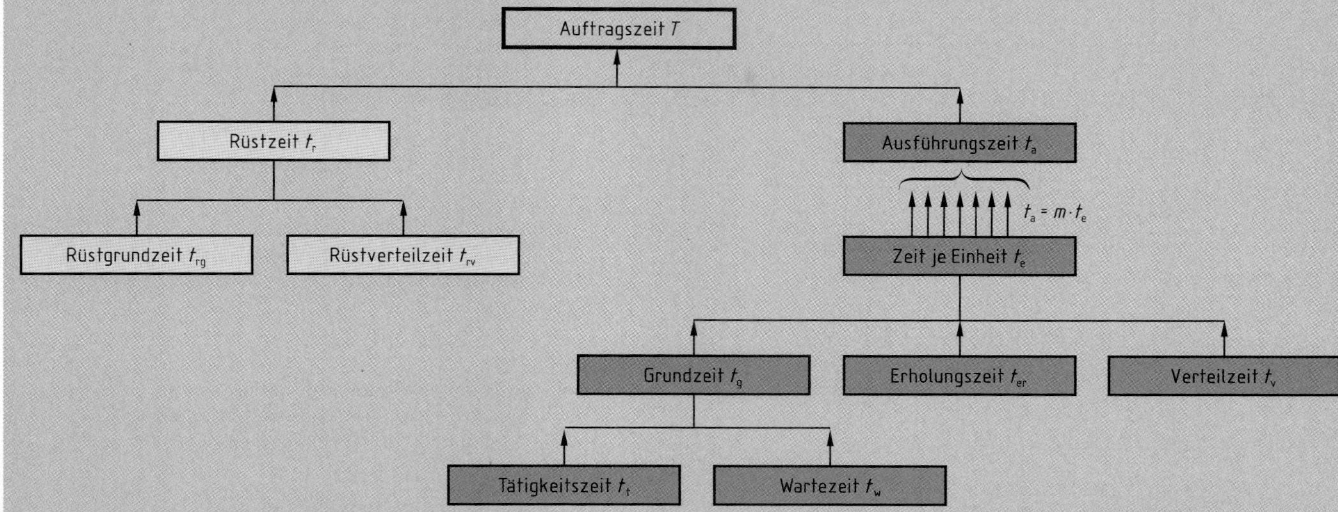

Bezeichnungen:

T Die **Auftragszeit:** Sie umfasst die gesamte für einen Auftrag für den Arbeiter/die Arbeiterin vorgegebene Zeit und setzt sich aus Rüstzeit und Ausführungszeit zusammen. *Der Endwert wird jeweils auf volle Minuten aufgerundet.*

t_r die **Rüstzeit,** die Zeit, die zur Vorbereitung des Arbeitsplatzes und später zum Aufräumen erforderlich ist
Beispiele: den Auftrag mit dem Meister/der Meisterin besprechen, die Zeichnung lesen, die Planscheibe aufspannen und später die Drehmaschine in den alten Zustand setzen
Da während der Rüstzeit auch Verteilzeiten wie persönliche Bedürfnisse, Gespräche mit dem Meister/der Arbeiterin, Werkzeugaustausch etc. anfallen, wird in Rüstgrundzeit t_{rg} und Rüstverteilzeit t_{rv} aufgegliedert.

t_{rg} die **Rüstgrundzeit,** die Zeit, in der Arbeitsplatz, Maschine und Werkzeuge für die Arbeit vorbereitet (gerüstet) werden

t_{rv} Die **Rüstverteilzeit:** Sie umfasst unregelmäßig anfallende Zeiten, die während der Vorbereitung der Arbeit (dem Rüsten) aus persönlichen oder sachlichen Gründen auftreten.

t_a Die **Ausführungszeit:** Sie umfasst die Vorgabezeit für m Werkstücke ohne die Rüstzeiten.

m die **Zahl der gefertigten Werkstücke**

t_e Die **Zeit je Einheit:** Dabei wird die Vorgabezeit für die Anfertigung eines Werkstücks erfasst. Sie wird in Grundzeit t_g, Erholungszeit t_{er} und Verteilzeit t_v untergliedert.

t_v Die **Verteilzeit:** In ihr werden aus persönlichen und sachlichen Gründen unregelmäßig anfallende Arbeiten erfasst.
Beispiele: die persönlichen Bedürfnisse, die Werkzeuge schärfen, die Bohrer umtauschen

t_g Die **Grundzeit** besteht aus der Tätigkeitszeit t_t und der Wartezeit t_w.

t_{er} die **Erholungszeit,** zum Abbau von Arbeitsermüdungen

t_t Die **Tätigkeitszeiten** können beeinflussbar bzw. unbeeinflussbar sein. Sie werden nach der *Haupttätigkeitszeit* und der *Nebentätigkeitszeit* unterschieden.

t_w die **Wartezeit,** zum Beispiel beim Warten auf das Ende eines nicht zu kontrollierenden Fertigungsablaufes

Beispiel: Auftragszeit für 3 Lagerzapfen

die Rüstgrundzeit: 8,5 min; die Tätigkeitszeit: 24 min; die Wartezeit: 2,5 min
Die Rüstverteilzeit beträgt 8 % der Rüstgrundzeit t_{rg}, während als Verteilzeit 6 % der Grundzeit t_g anzusetzen sind.

Gesucht:
a) die Rüstzeit
b) die Zeit je Einheit
c) die Auftragszeit T für 3 Lagerzapfen

Lösung:

a) $t_r = t_{rg} + t_{rv} =$ 8,5 min + 0,088,5 min = **9,18 min**

b) $t_g = t_t + t_w =$ 24,0 min + 2,5 min = **26,5 min**
$t_e = t_g + t_r =$ 26,5 min + 0,06 · 26,5 min = **28,09 min**

c) $t_a = m \cdot t_e = 3 \cdot$ 28,09 min = 84,27 min
$T = t_r + t_a =$ 9,18 min + 84,27 min = **93,45 min**
aufgerundet: T = 94 min

Belegungszeit von Betriebsmitteln nach REFA

Bei modernen CNC-Maschinen muss mit Maschinenkosten über 50,00 € pro Stunde gerechnet werden. Deshalb ist es notwendig, die Belegungszeit genau zu planen, damit Leerlaufzeiten (Brachzeiten) vermieden werden.

Die maschinenbezogenen Belegungszeiten T_{bB} werden ebenfalls nach Rüst- und Ausführungszeiten gegliedert:

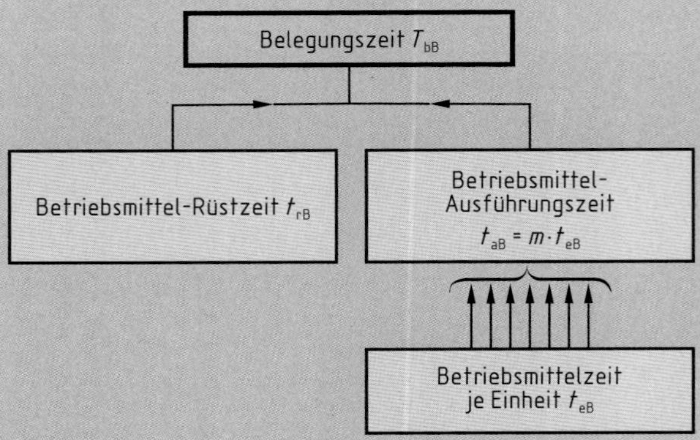

Bezeichnungen:

T_{bB} die Belegungszeit
Das Betriebsmittel ist durch den Auftrag belegt.

Erklärung: $_b$ die Belegung
$_B$ das Betriebsmittel

t_{rB} die Betriebsmittel-Rüstgrundzeit
t_{aB} die Betriebsmittel-Ausführungszeit
t_{eB} die Betriebsmittelzeit je Einheit
t_h die Hauptnutzungszeit
Das Werkstück wird planmäßig verändert.
m die Anzahl der Einheiten

Beispiel: Belegungszeit einer Bohrmaschine für die Fertigung von 13 Werkstücken

Rüstzeiten:

den Auftrag und die Zeichnung lesen: = 3,5 min
den Bohrer und -vorrichtung bereitstellen: = 4,9 min
den Bohrer einspannen: = 0,8 min
Drehfrequenz einstellen = 2,2 min

die Verteilzeiten bezogen auf die Grundzeiten: 8%

Ausführungszeiten:

die Hauptnutzungszeit t_h
(Bohren je 5 Löcher): = 1,2 min

Gesucht: a) die Betriebsmittel-Rüstzeit
b) die Betriebsmittel-Ausführungszeit
c) die Belegungszeit der Bohrmaschine

Lösung:	a)	die Betriebsmittel-Rüstgrundzeit: t_{rgB}	= (3,5 + 4,9 + 0,8 + 2,2) min	= 11,4 min
		die Betriebsmittel-Rüstverteilzeit: t_{rvB}	= 8% von 11,4 min	= 0,9 min
		die Betriebsmittel-Rüstzeit: t_{rB}		= **12,3 min**
	b)	die Betriebsmittel-Grundzeit: t_{gB}		= 1,2 min
		die Betriebsmittel-Verteilzeit: t_{vB}	= 8 % von 1,2 min	= 0,1 min
		die Betriebsmittelzeit je Einheit: t_{eB}	$= t_{gB} + t_{vB}$	= 1,3 min
		die Betriebsmittel-Ausführungszeit: t_{aB}	$= m \cdot t_{eB}$ = 13 · 1,3 min	= **16,9 min**
	c)	die Belegungszeit: $T_{bB} = t_{rB} + t_{aB}$	= 12,3 min + 16,9 min	= **29,2 min**

Leistungsgrad nach REFA

Die unterschiedliche Arbeitsintensität und Wirksamkeit wird bei Zeitstudien, die z. B. durch Stoppuhren die Vorgabezeiten ermitteln, durch den Leistungsgrad berücksichtigt.

$$\text{Leistungsgrad} = \frac{\text{beobachtete Istleistung}}{\text{vorgestellte Normalleistung}}$$

Er wird in Prozent (z. B. 115 %) oder als Faktor (z. B. 1,15) angegeben.

Auf die Zeiten bezogen ergibt sich für den Leistungsgrad folgendes Verhältnis:

$$\text{Leistungsgrad} = \frac{\text{Normalzeit}}{\text{beobachtete Zeit}}$$

Beispiel: Berechnung der Normalzeit

Ein Arbeitsstudienmann ermittelt aus mehreren Messungen für das Aufnieten eines Bremsbelages 12,4 Minuten. Den Leistungsgrad schätzt er dabei auf 110 %.

Gesucht: die vorzugebende Normalzeit

Lösung: $\text{Leistungsgrad} = \frac{\text{Normalzeit}}{\text{Istzeit}}$ Durch die Formelumstellung ergibt sich:

Normalzeit = Leistungsgrad × Istzeit = 110 % · 12,4 min = **13,64 min**

Akkordlohn

Der Akkord ist abgeleitet vom französischen Word „accord" und bedeutet der Gleichklang oder die Übereinstimmung. Der Akkord bezieht sich auf die Übereinstimmung zwischen der erbrachten Leistung und der Entlohnung. Der Arbeitslohn ist abhängig von der vorgegebenen Auftragszeit *T*.

$$\text{Bruttolohn} = \text{Auftragszeit} \times \text{Akkordrichtsatz} \left(\frac{€}{h}\right)$$

Wobei sich der Akkordrichtsatz aufgrund des Tarifvertrages aus dem Stundenlohn (Zeitlohn) und einem Akkordzuschlag in Höhe von 10 bis 20 % zusammensetzt.

$$\text{Akkordrichtsatz} = \text{Zeitlohn} \times \text{Faktor}$$

Faktor:
1,2 bei einem Akkordzuschlag von 20 %

Beispiel: 20 Gewinde fräsen

die Zeit je Einheit: $t_e = 13$ min; die Rüstzeit: $t_r = 43$ min

der Akkordrichtsatz: $9{,}00\ \frac{€}{h} \cdot 1{,}2 = 10{,}80\ \frac{€}{h}$

Gesucht:
a) die Auftragszeit
b) der Bruttolohn für diese Arbeit

Lösung:
a) $T = t_r + m \cdot t_e = 43\text{ min} + 20 \cdot 13\text{ min} = \underline{303\text{ min}} = \underline{\underline{\mathbf{5{,}05\ h}}}$
b) der Bruttolohn: $5{,}05\text{ h} \cdot 10{,}80\ \frac{€}{h} = \underline{\underline{\mathbf{54{,}54\ €}}}$

Lohngruppen

Gemäß Tarifvertrag werden je nach Tätigkeit, der erforderlichen beruflichen Qualifikation und der Arbeitsschwere unterschiedliche Stundenlöhne bezahlt. Nachstehend hierfür einige Beispiele aus einem regionalen Tarifvertrag:

	Lohngruppe 1	Lohngruppe 5	Lohngruppe 7	Lohngruppe 12
Kennzeichen u. a.:	Arbeiten mit geringer Belastung	Anlernzeiten von 7–12 Wochen	ausgebildete Facharbeiter/-innen	anspruchsvolles Können …, Verantwortungsbewusstsein
Lohnschlüssel	85 %	90 %	Ecklohn = 100 %	135 %

Beispiel: Stundenlohn eines Facharbeiters/einer Facharbeiterin

Im Tarifvertrag wurde ein Ecklohn von $10{,}34\ \frac{€}{h}$ vereinbart. Welchen Stundenlohn erhalten Facharbeiter/-innen in Lohngruppe 10 (Lohnschlüssel: 120 % vom Ecklohn) bei einer Leistungszulage von 16 %?

Lösung:
Stundenlohn = Ecklohn · Lohnschlüssel · (1 + Leistungszuschlag)
$= 10{,}34\ \frac{€}{h} \cdot 1{,}2 \cdot 1{,}16 = \underline{\underline{\mathbf{14{,}39\ \frac{€}{h}}}}$

Aufgaben zur Auftragszeit und zum Akkordlohn

32.1 Lagerzapfen zum Schleifen vordrehen

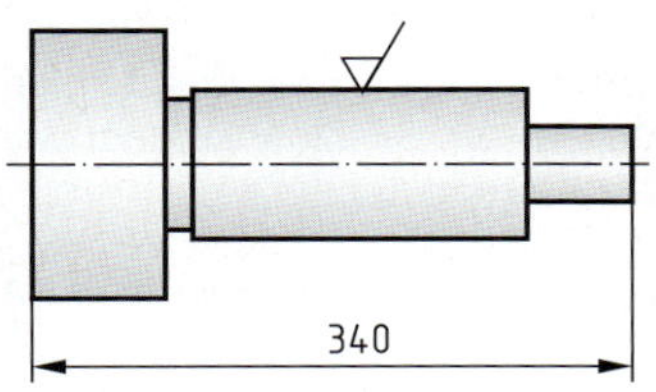

die Rüstzeit: $t_r = 36$ min
die Tätigkeitszeit: $t_t = 24$ min
die Wartezeit: $t_w = 6$ min
die Verteilzeit: 12 % von t_g

Gesucht:
a) die Zeit je Einheit t_e in min
b) die Auftragszeit T für 50 Lagerzapfen in h

32.2 Blöcke fräsen

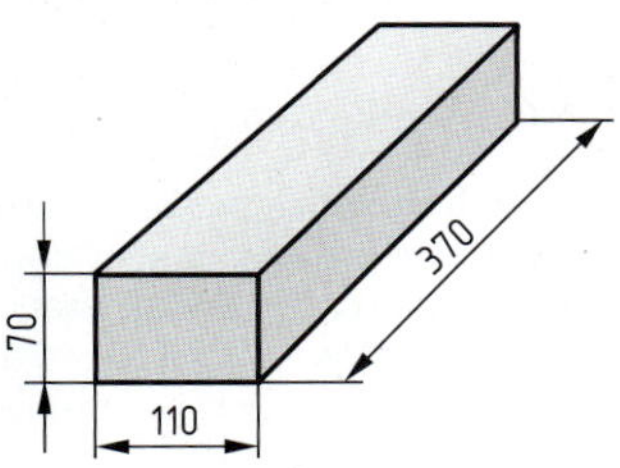

die Rüstzeit: $t_r = 28$ min
die Tätigkeitszeit für 4 Seiten: $t_t = 28{,}1$ min
die Wartezeit: $t_w = 12{,}4$ min
die Verteilzeit: 10 % von t_g

Gesucht:
die Auftragszeit T für 8 Blöcke in min

32.3 Auftragszeit für 12 Zahnrad-Rohlinge

die Rüstgrundzeit: 15,2 min, die Tätigkeitszeit: 32 min, die Wartezeit: 3,2 min
Die Rüstverteilzeit beträgt 10 % der Rüstgrundzeit t_{rg}, die Verteilzeit 10 % der Grundzeit t_g.

Gesucht:
a) die Zeit je Einheit t_e in min
b) die Auftragszeit für 12 Zahnrad-Rohlinge in min

32.4 Vier Zahnräder fräsen

die Rüstgrundzeit: 85 min, die Tätigkeitszeit: 75 min, die Wartezeit: 12,4 min
Die Verteilzeit soll sowohl beim Rüsten als auch bei der Grundzeit mit 8 % angesetzt werden.

Gesucht:
a) die Zeit je Einheit t_e in min
b) die Auftragszeit für 4 Zahnräder in Stunden und Minuten

32.5 Werkstück-Doppelaufspannung bei einer Fräsmaschine

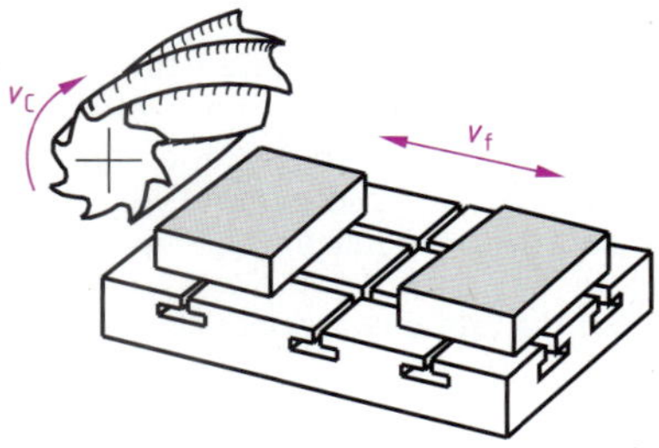

der Fertigungsauftrag: 24 Werkstücke,
die Nebennutzungszeiten: 1,5 min (das Werkstück spannen, die Späne abkehren…),
die Hauptnutzungszeit: 4,5 min

Die Rüstzeiten werden nicht berücksichtigt.
Die Verteilzeit beträgt 12 %.

Gesucht:
a) die Betriebsmittel-Ausführungszeit in min, wenn jeweils nur 1 Werkstück aufgespannt und bearbeitet wird
b) die Betriebsmittel-Ausführungszeit in min, wenn während der Bearbeitung eines Werkstückes das andere gespannt wird

32.6 Belegungszeit einer Bohrmaschine

	Anreißen, ankörnen, bohren	Mit Bohrvorrichtung
Die Hauptnutzungszeit	8,5 min	6,3 min
Die Nebennutzungszeit	4,3 min	0,2 min
Die Betriebsmittel-Rüstgrundzeit	12 min	8 min

die Rüstverteilzeit: 15 % der Rüstgrundzeit
der Verteilzeit-Prozentsatz: 6 % der Grundzeit

Gesucht:
a) die jeweilige Betriebsmittelgrundzeit
b) die Belegungszeit des Betriebsmittels für 240 Werkstücke bei beiden Fertigungsverfahren

32.7 Leistungsgrad

a) Bei einer Zeitaufnahme wird der Leistungsgrad auf 120 % geschätzt. Der Arbeiter benötigt für ein Werkstück 5,6 Minuten.

Gesucht:
die Normalzeit in min

b) Eine Auszubildende fertigt 8 Werkstücke in 64 Minuten. Einem Arbeiter/einer Arbeiterin werden 3,2 Minuten für ein Werkstück vorgegeben.

Gesucht:
der Leistungsgrad der Auszubildenden in %

32.8 Lohnberechnung

Ein Dreher braucht für 18 Bolzen 6 Stunden. Die Vorgabezeit für einen Bolzen beträgt 24 Minuten.
Zum Stundenlohn von 12,50 € wird tarifmäßig ein Akkordzuschlag von 10 % bezahlt.

Gesucht:
a) der Leistungsgrad des Arbeiters in %
b) der Verdienst für diesen Auftrag in €

32.9 Akkordverdienst

Im Abrechnungszeitraum wurden 25 Getriebe montiert.
Der Akkordrichtsatz beträgt 12,65 $\frac{€}{h}$.
Die Auftragskarte enthält: t_r = 58 min, t_e = 75 min.

Gesucht:
a) die Auftragszeit in h
b) der Bruttolohn im Abrechnungszeitraum in €

32.10 Wochenlohn einer Akkordarbeiterin

In einer Woche wurden folgende Aufträge ausgeführt.

A) **32 Drehteile**
die Zeit je Einheit: 35 min
die Rüstzeit: 42 min

B) **19 Flansche bohren**
die Zeit je Einheit: 45 min
die Rüstzeit: 28 min

der Zeitlohn lt. Tarifvertrag: 11,57 €

Gesucht:
a) der Akkordrichtsatz in € bei 20 % Akkordzuschlag
b) die Auftragszeit für beide Aufträge in h
c) der Verdienst im Abrechnungszeitraum in €

32.11 Entlohnung eines angelernten Arbeiters

Er ist in Lohngruppe 3 (Lohnschlüssel 86 %) eingestuft.
Der Tarifvertrag schreibt einen Ecklohn von 10,34 $\frac{€}{h}$ vor.
Es wird eine Leistungszulage von 15 % bezahlt.

Gesucht:
a) der Stundenlohn in € pro Stunde
b) der Wochenlohn bei einer Arbeitszeit von 35 Stunden in €

Kostenrechnung

Industrie- und Handwerksbetriebe müssen die Kosten eines jeden Auftrages genau ermitteln. Es gibt zahlreiche Beispiele, dass Firmen wegen ungenauer Kalkulation in Konkurs gingen. Oft werden Erzeugnisse mit hohem Lohnkostenanteil in sog. Billiglohnländern wie Korea und Singapur viel billiger produziert. Hier betragen die Stundenlöhne u. U. nur 1/10 bis 1/20 der unseren.
Man unterscheidet zwischen einer Vorberechnung (Vorkalkulation) und einer **Nachberechnung** (Nachkalkulation).
Die **Vorberechnung** dient dazu, den Verkaufspreis vor der Herstellung zu ermitteln, damit dem Kunden/der Kundin ein Preisangebot gemacht werden kann.
Die **Nachberechnung** ermittelt die tatsächlich angefallenen Kosten und dient der Nachprüfung, ob richtig kalkuliert wurde.

A. Einfache Zuschlagskalkulation

Ein Handwerksbetrieb kann aufgrund folgender Kostengliederung den Verkaufspreis berechnen:

Werkstoffkosten + **Fertigungslöhne** + **Gemeinkosten**

Die **Werkstoffkosten** umfassen alle Einstandskosten der im Lager liegenden Werkstoffe, verursacht durch den Rechnungspreis, die Fracht, die Zufuhr, evtl. den Zuschlag für den Verschnitt usw.

Die **Fertigungslöhne** erfassen alle Lohnkosten, die beim Produktionsprozess direkt am Werkstück entstehen.

In den **Gemeinkosten** werden alle nicht direkt auf einen speziellen Auftrag zu verrechnenden Kosten zusammengefasst. Solche Kosten sind z. B. die Unfallversicherung, die Gebäudereinigung, das Telefon, die Raummiete etc.

Beispiel:
Einfache Zuschlagskalkulation

Als Beispiel für eine einfache Zuschlagskalkulation ist die Preisberechnung für die nebenstehende abgesetzte Welle dargestellt.

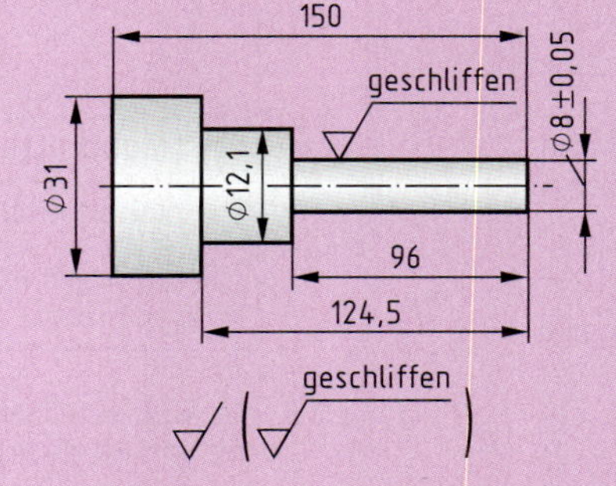

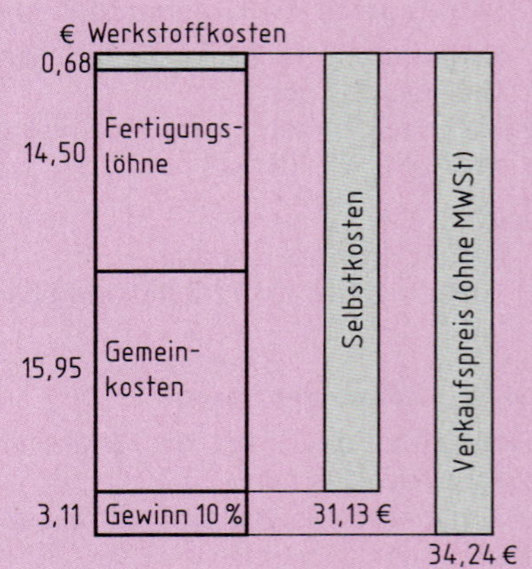

Werkstoffkosten:	0,9 kg je 0,75 €/kg	= 0,68 €
+ **Fertigungslöhne:**	$1\frac{1}{4}$ Std. je 11,60 €	= 14,50 €
+ Gemeinkosten:	110 % der Fertigungslöhne	= 15,95 €
= Selbstkosten		= 31,13 €
Gewinn 10 %		= 3,11 €
Verkaufspreis (ohne Mehrwertsteuer)		= 34,24 €

B. Differenzierte Zuschlagskalkulation (mit den Gemeinkostensätzen für die Werkstoff- und die Lohngemeinkosten)
die Kostengliederung:

Werkstoffkosten	+	Werkstoffgemeinkosten	+	Fertigungslöhne	+	Fertigungsgemeinkosten
Sie ergeben sich aus den Einstandskosten.		Sie enthalten anteilig die Kosten, die durch den Einkauf, die Lagerung und die Verwaltung der Werkstoffe anfallen, z. B. die Raumkosten des Lagers, den Lagerverwalter, die Heizung usw.		Sie umfassen alle Lohnkosten, die direkt am Werkstück entstehen, z. B. die aufgewendete Zeit für den Auftrag laut Lohnnachweis.		Sie sind alle Kosten, die nicht direkt auf einen speziellen Auftrag verrechnet werden, so z. B. die Energie der Maschinen.

Beispiel: Selbstkostenberechnung mit differenzierter Zuschlagskalkulation

die Werkstoffkosten: 42 kg S235 je 0,49 €,
die Werkstoffgemeinkosten: 15 %

die Fertigungslöhne: nach Lohnnachweis 5,2 Std. zu je 12,60 €,
die Fertigungsgemeinkosten: 130 %

Gesucht: die Selbstkosten der Kupplungsscheibe

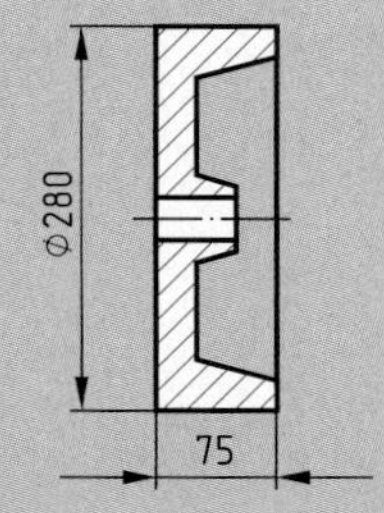

Lösung:

1. die Werkstoffkosten:	42 kg zu je 0,49 €	=	20,58 €
	die Werkstoffgemeinkosten: 0,15 · 20,58 €	=	3,09 €
2. die Fertigungslöhne:	5,2 Std. zu je 12,60 €	=	65,52 €
	die Fertigungsgemeinkosten: 1,3 · 65,52 €	=	85,18 €
die Selbstkosten		=	174,37 €

C. Kostenstellenrechnung

In Industriebetrieben mit teuren Maschinen und unterschiedlich hohen Kosten werden die Gemeinkosten der verschiedenen Kostenstellen (z. B. verschiedene Werkstätten) besonders erfasst und für jeden Auftrag gesondert verrechnet.

Beispiel: Selbstkostenberechnung für ein Antriebsritzel

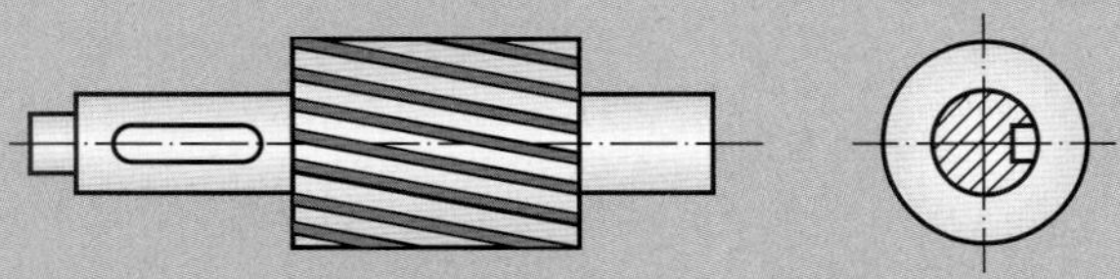

die Kostenstelle		das Lager	die Konstruktion	die Dreherei	die Fräserei	die Härterei	die Schleiferei
	Nr.	03	07	11	14	21	17
die direkten Kosten	die Einzelkosten	0,83 $\frac{€}{kg}$	17,50 $\frac{€}{Std.}$	13,00 $\frac{€}{Std.}$	13,50 $\frac{€}{Std.}$	11,00 $\frac{€}{Std.}$	14,00 $\frac{€}{Std.}$
	die Menge	12 kg	1,5 Std.	2,5 Std.	0,6 Std.	0,1 Std.	2 Std.
der Gemeinkostensatz in %		8 %	90 %	160 %	170 %	210 %	160 %

Gesucht: a) die Herstellkosten
b) die Selbstkosten, wenn für Verwaltung und Vertrieb 12 % zu rechnen sind
c) der Verkaufspreis, wenn ein Gewinn von 10 % der Selbstkosten und ein Wagniszuschlag von 5 % des Verkaufspreises zu rechnen ist

Lösung:

die Kostenstelle	die direkten Kosten €	die Gemeinkosten €	die Fertigungskosten insgesamt €
03 das Lager	12 · 0,83 = 9,96	0,08 · 9,96 = 0,80	10,76
07 die Konstruktion	1,5 · 17,50 = 26,25	0,9 · 26,25 = 23,63	49,88
11 die Dreherei	2,5 · 13,00 = 32,50	1,6 · 32,50 = 52,00	84,50
14 die Fräserei	0,6 · 13,50 = 8,10	1,7 · 8,10 = 13,77	21,87
21 die Härterei	0,1 · 11,00 = 1,10	2,1 · 1,10 = 2,31	3,41
17 die Schleiferei	2 · 14,00 = 28,00	1,6 · 28,00 = 44,80	72,80
a) **die Herstellungskosten:** die Verwaltung: 12 % von 243,22 €			**243,22** **29,19**
b) **die Selbstkosten:** der Gewinn: 10 % von 272,41 €			**272,41** **27,24**
die rohen Kosten: das Wagnis: 5 % aus dem Verkaufspreis 95 % sind also 299,65 € c) 100 % ergeben den **Verkaufspreis** (ohne Mehrwertsteuer):			**299,65** **315,42**

Arbeitsplatzkosten (Maschinenstundensatz)

Moderne NC-Werkzeugmaschinen sind sehr leistungsfähig, aber auch recht teuer. Deshalb werden für genaue Berechnungen alle anfallenden Kosten auf die Maschinenstunde umgelegt.

Beispiel: CNC-Drehmaschine

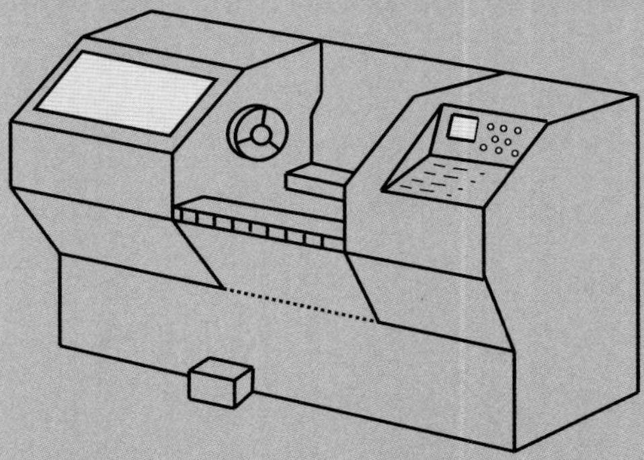

- **der Wiederbeschaffungswert:** 125000,00 €
  einschließlich der Werkzeuge, des Werkzeugträgers usw.
  die Lebensdauer: 8 Jahre
  also eine jährliche Abschreibung: $\frac{100\,\%}{8} = 12{,}5\,\%$
- **die kalkulatorische Verzinsung:** 4%
- **die Instandhaltung, die Raumkosten und die Energie:**
  7 % des Wiederbeschaffungswertes, bei 2 Schichten 9%
- **die Fertigungslöhne:** 13,00€/h und 50% Restgemeinkosten auf die Fertigungslöhne
- **die Auslastung:** $1\,500\ \frac{h}{Jahr}$ bei 1 Schicht
  $2\,800\ \frac{h}{Jahr}$ bei 2 Schichten

Gesucht: a) der Maschinenstundensatz bei einer Schicht
b) der Maschinenstundensatz bei 2 Schichten

Lösung:

	bei 1 Schicht	bei 2 Schichten
die Abschreibung: 12,5 % von 125000,00 €	15625,00 €	15625,00 €
die Verzinsung: 4 % von 125000,00 €	5000,00 €	5000,00 €
die Instandhaltung, die Raumkosten und die Energie: 7 (9) % von 125000,00 €	8750,00 €	11250,00 €
die jährlichen Sachkosten:	29375,00 €	31875,00 €
die Fertigungslöhne: 1 500 (2800) h · 13,00 $\frac{€}{h}$ · 1,5	29250,00 €	54600,00 €
die gesamten Kosten einschließlich der Fertigungslöhne:	58625,00 €	86475,00 €
der Maschinenstundensatz: $\frac{58\,625{,}00}{1\,500\ h}$ $\left(\frac{86\,475{,}00}{2800\ h}\right)$	**39,08 $\frac{€}{h}$**	**30,88 $\frac{€}{h}$**

Wirtschaftliche Losgröße (Grenzstückzahl)

Beim Einsatz von Werkzeugen und Fertigungshilfsmitteln werden meist qualitativ hochwertigere Produkte erzeugt und Lohnkosten eingespart. Die zusätzlichen einmaligen Beschaffungskosten lohnen sich aber erst ab einer gewissen Stückzahl. Diese wird als wirtschaftliche Losgröße oder als Grenzstückzahl (n_{gr}) bezeichnet:

$$\text{Wirtschaftliche Losgröße} = \frac{\text{Mehrkosten des neuen Verfahrens}}{\frac{\text{Kosteneinsparung}}{\text{Stück}}}$$

Beispiel: 8 Flanschlöcher bohren

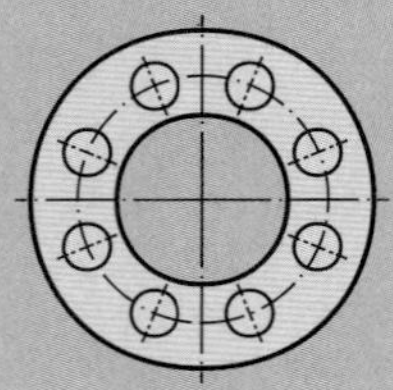

die Arbeitsplatzkosten: die Bohrmaschine 36,00 $\frac{€}{h}$ (einschließlich des Fertigungslohnes)
die Kosten der Bohrvorrichtung (die Bohrschablone mit 8 Bohrbuchsen): 425,00 €
die Zeit je Einheit für 8 Bohrungen:
ohne die Vorrichtung: $t_e = 24$ min mit der Bohrvorrichtung: $t_e = 9$ min

Gesucht: a) die Fertigungskosten je Stück für jedes Verfahren
b) die wirtschaftliche Losgröße, ab der sich die Vorrichtung lohnt

Lösung: a) die Stückkosten: ohne die Vorrichtung: $\frac{24\ \frac{min}{Stück}}{60\ \frac{min}{h}} \cdot 36{,}00\ \frac{€}{h} =$ $14{,}40\ \frac{€}{Stück}$

mit der Vorrichtung: $\frac{9\ \frac{min}{Stück}}{60\ \frac{min}{h}} \cdot 36{,}00\ \frac{€}{h} =$ $5{,}40\ \frac{€}{Stück}$

Kosteneinsparung: $9{,}00\ \frac{€}{Stück}$

b) $n_{gr} = \frac{\text{Mehrkosten des neuen Verfahrens}}{\frac{\text{Kosteneinsparung}}{\text{Stück}}} = \frac{425{,}00\ €}{9\ \frac{€}{Stück}} = \mathbf{47{,}2\ Stück}$

Die Bohrvorrichtung ist erst ab **48 Flanschen** wirtschaftlich.

32.12 Gemeinkosten eines Handwerksbetriebes

Im vergangenen Jahr gab eine mechanische Werkstatt für Löhne 25.000 € und für Gemeinkosten 40.000 € aus.

Gesucht:
a) die Selbstkosten in € für folgenden Auftrag:
die Werkstoffe: 60,00 €
die Löhne: 16 Stunden zu 11,90 €
b) Ermitteln Sie den Gewinn, wenn das Werkstück um 600,00 € verkauft wird. Die Mehrwertsteuer wird nicht berücksichtigt.

32.13 Verkaufspreis von Bolzen

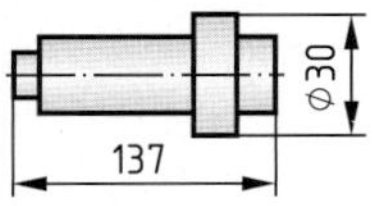

die Werkstoffkosten:
$0{,}52\ \frac{€}{\text{Stück}}$
die Löhne:
die Rüstzeit: 20 min,
die Zeit je Einheit: 5,2 min,
1 Stunde kostet 12,60 €
die Gemeinkosten:
160 % der Löhne
der Gewinn: 12 %
(ohne Mehrwertsteuer)

Gesucht:
a) der Verkaufspreis in $\frac{€}{\text{Stück}}$ bei 3 Stück
b) der Verkaufspreis in $\frac{€}{\text{Stück}}$ bei 100 Stück

32.14 Plattenführungsschneidwerkzeug

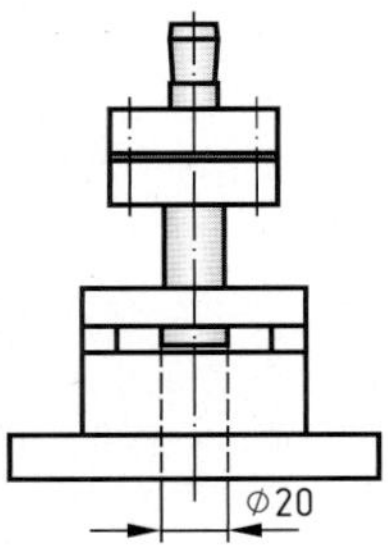

die Werkstoffe:
6 kg Baustahl zu $0{,}83\ \frac{€}{\text{kg}}$
2,4 kg legierter Werkzeugstahl zu $4{,}50\ \frac{€}{\text{kg}}$
die Normteile: 7,75 €
die Werkstoffgemeinkosten: 5 %
die Fertigung: 18 Stunden zu je 11,75 €
die Gemeinkosten: 100 % der Löhne
der Entwurf: 4 Stunden zu je 14,00 €

Gesucht:
die Herstellkosten für das Schneidwerkzeug in €

32.15 Werkstoffkosten

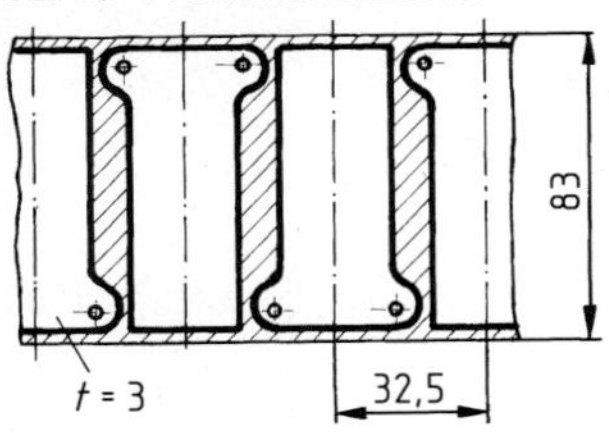

Gesucht:
die Werkstoffkosten für 100 Stück in €
1 kg Stahlblech kostet 0,80 €.

32.16 Verkadmeter Befestigungsbügel

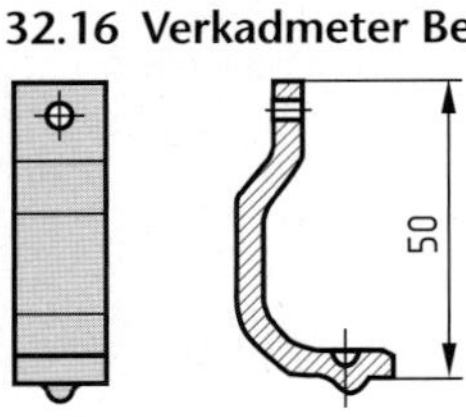

die Werkstoffkosten:
21 g Bandstahl je Stück
1 kg kostet 0,80 €
die Werkstoffgemeinkosten: 5 %

Die Arbeitsgänge		Die Auftragszeit für 100 St. / Der Lohnfaktor in $\frac{\text{ct}}{\text{min}}$		Der Gemeinkostensatz
Nr.	Beschreibung	20*	18*	
10	Die Platine vom Band stanzen	5 min		180 %
20	scheuern, auswaschen		2 min	120 %
30	biegen, stanzen, Die Warze prägen	9 min		180 %
40	prüfen (Sicht)	3 min		110 %
50	Die Oberfläche verkadmen	0,4 min		350 %

* Der Lohnfaktor
20 ct/min entspricht einem Stundenlohn von 12,00 €.
18 ct/min entspricht einem Stundenlohn von 10,50 €.

Gesucht:
a) die Herstellkosten für 100 Stück in €
b) die Selbstkosten in € für 100 Stück bei 12 % Verwaltungsgemeinkosten

32.17 1 000 verzinkte Unterlegscheiben

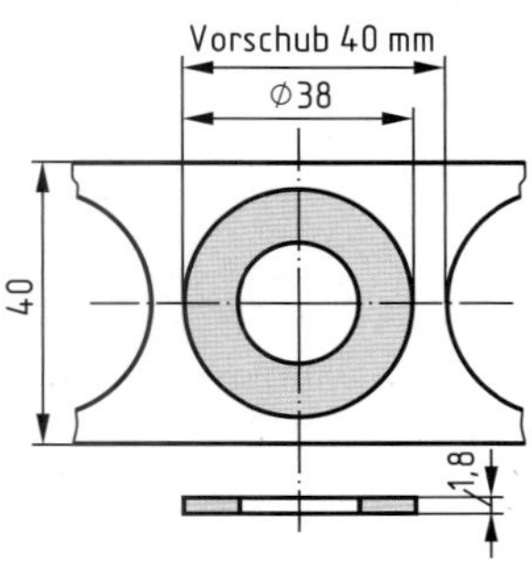

in Mengenfertigung
der Werkstoff:
1 kg Bandstahl kostet 0,80 EUR,
je Stück sind 0,2 g Zink notwendig,
1 kg Zink kostet 1,60 €
die Werkstoffgemeinkosten: 5 %

der Lohn: der Stundensatz $11{,}75\ \frac{€}{\text{h}}$
die Stanzerei: 0,12 Stunden pro 1 000 Stück
der Gemeinkostensatz: 180 %
die Verzinkung: 0,08 Stunden pro 1 000 Stück
der Gemeinkostensatz: 200 %
die Verwaltungsgemeinkosten: 10 %

Gesucht:
a) die Herstellkosten in €
b) die Selbstkosten für 1 000 Unterlegscheiben in €

32.18 NC-Bohr-/Fräsmaschine mit Werkzeugwechsler

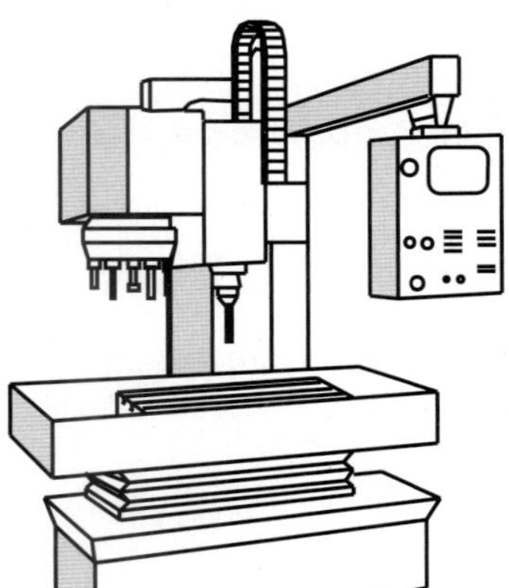

der Wiederbeschaffungswert einschließlich Werkzeugwechsler: 90.000,00 €
die Lebensdauer: 10 Jahre
die kalkulatorischen Zinsen: 5 %
die Instandhaltung: jährlich 6 % des Wiederbeschaffungswertes
die Raumkosten: 5 m^2 à 210,00 €
die Energie: 3 kW · h à $0{,}19\ \frac{€}{\text{kW} \cdot \text{h}}$

Gesucht:
die Arbeitsplatzkosten pro Stunde für 1 500 h $\frac{\text{Arbeitszeit}}{\text{Jahr}}$ bei $28{,}00\ \frac{€}{\text{h}}$ Lohnkosten (einschl. der Lohn-, der Gemeinkosten)

32.19 Exzenterpresse

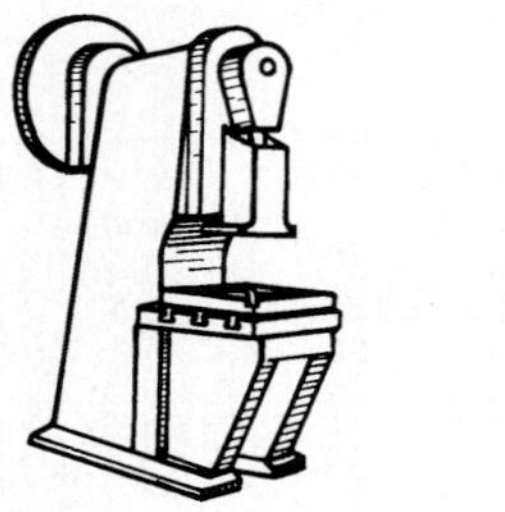

die Kraft: 200 kN
die Wiederbeschaffungskosten: 11.500,00 €
die Abschreibung: 10%
der Zins: 4%
die Wartung und die Raumkosten: 800,00 €
der Lohn: 11,80 $\frac{€}{\text{Stunde}}$
die Lohngemeinkosten: 120%
die aufgenommene Leistung: 3 kW
(1 kW · h kostet 0,19 €)

Gesucht:
die Kosten einer Maschinenstunde, wenn 1500 Stunden im Jahr gearbeitet wird

32.20 Maschinenstundensatz bei verschiedener Auslastung

die CNC-Drehmaschine: 115.000,00 €
der Programmierplatz und die Werkzeuge: 25.000,00 €
die Abschreibung: 10 %
die kalkulatorischen Zinsen: 5 %
die Instandhaltung und die Energiekosten: 2 300,00 € je 1 000 h Nutzungsdauer
die Raumkosten: 1 200,00 €
die Lohnkosten: 13,00 $\frac{€}{h}$ und 80 % Lohngemeinkosten

Gesucht:
die Kosten einer Maschinenstunde bei einer jährlichen Nutzungsdauer von a) 500 h, b) 2000 h

32.21 Flansch mit Laser schneiden

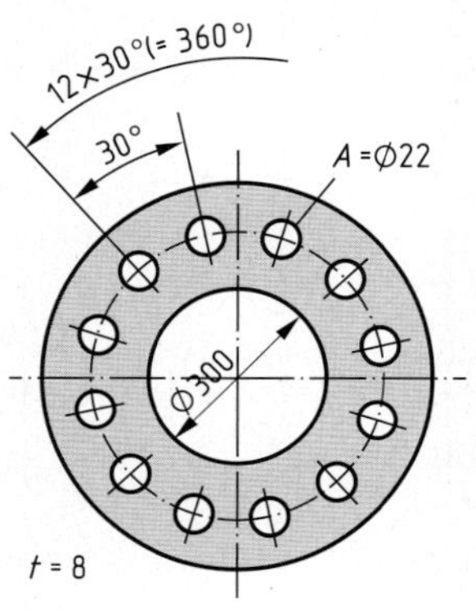

die Flanschmaße:
der Außendurchmesser: 440 mm
Das Werkstück wird durch Laserschneiden mit Sauerstoff als Schneidgas mit v = 0,4 $\frac{m}{min}$ geschnitten.
Als Anlaufweg für den Werkstückanschnitt und die 12 Bohrungen sind 52 mm anzusetzen. Der Maschinenstundensatz (einschließlich der Lohnkosten und des Sauerstoffverbrauchs) ist 130,00 $\frac{€}{h}$.

Gesucht:
a) Länge der Schnittlinien in m
b) die Fertigungskosten pro Stück – ohne die Rüstzeiten und ohne die Programmierkosten

32.22 Wasserstrahlschneiden eines Verbundwerkstoffes

Schnitt (vergrößert):

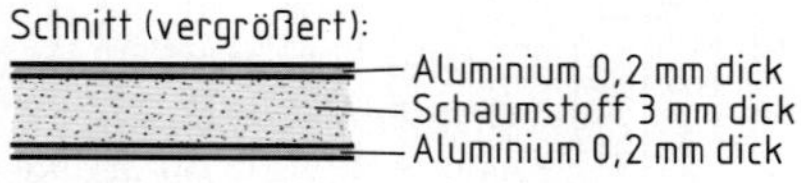

Werkstück:

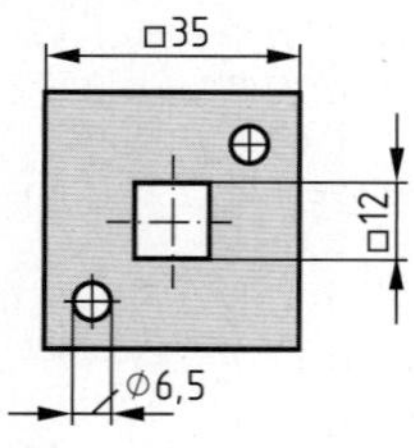

Dem Wasserstrahl wird als Abrasiv-Zusatz Sand beigemischt und damit eine Schnittgeschwindigkeit von 0,3 $\frac{m}{min}$ erreicht.
Für die Anlaufwege sind 68 mm zu berücksichtigen. Eine Maschinenstunde kostet (einschließlich Lohnkosten) 90,00 €.

Gesucht:
a) die Schnittlinienlänge in mm
b) die Fertigungskosten für ein Werkstück ohne die Rüstzeiten und den Programmieraufwand

32.23 Vierfachstahlhalter

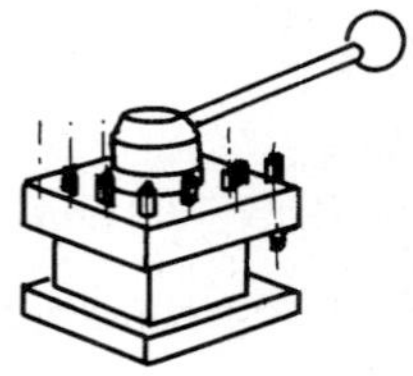

Er spart Nebentätigkeitszeiten für das Umspannen.
die Kosten des Vierfachstahlhalters: 233,50 €
die Zeit je Einheit t_e:
der normale Stahlhalter: 8,6 min
mit dem Vierfachstahlhalter: 3,5 min
die Kosten der Drehmaschinenstunde: 31,50 €

Gesucht:
die Grenzstückzahl, ab der sich die Beschaffung des Vierfachstahlhalters lohnt

32.24 Kosteneinsparung durch bessere Arbeitsgestaltung mit Griffbehältern

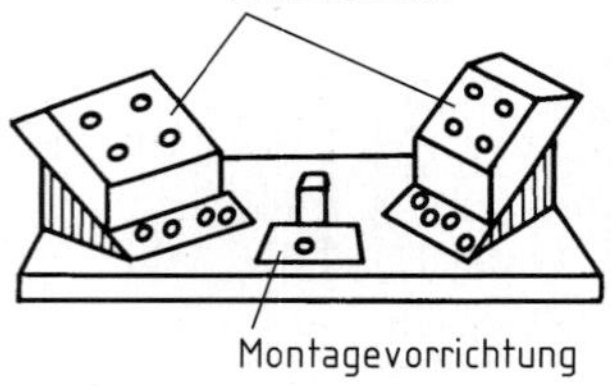

die Kosten der Greifbehälter und der Montagevorrichtung: 750,00 €
der Stundenlohn: 12,00 €
die Fertigungsgemeinkosten: 120 %
die Montagezeit – alt: 8 $\frac{s}{\text{Stück}}$
die Montagezeit – mit Greifbehälter etc.: 4,5 $\frac{s}{\text{Stück}}$

Gesucht:
a) der Minutenfaktor
b) die Fertigungskosten je Stück in ct.
c) die Grenzstückzahl

32.25 Mehrspindelbohrkopf für Bohrmaschine

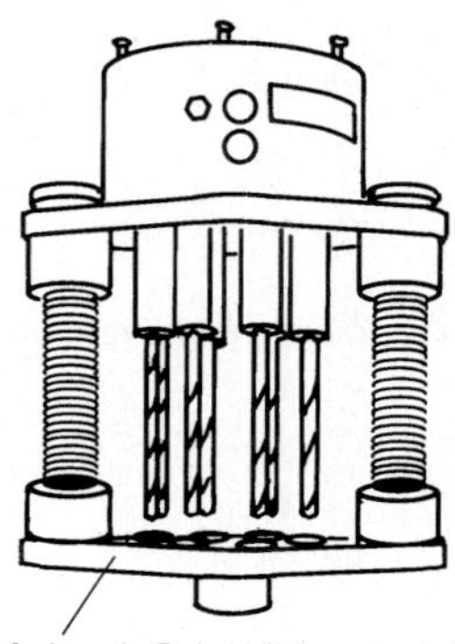

die Beschaffungskosten: 1.600,00 €
die Fertigungszeit bei 6-maligem Bohren: 16,4 min
die Fertigungszeit mit Mehrspindelbohrkopf: 1,8 min
die Kosten einer Maschinenstunde: 22,50 €

Gesucht:
Ab welcher Stückzahl lohnt sich die Beschaffung des Mehrspindelbohrkopfes?

32.26 Lohnt sich eine Bohrvorrichtung?

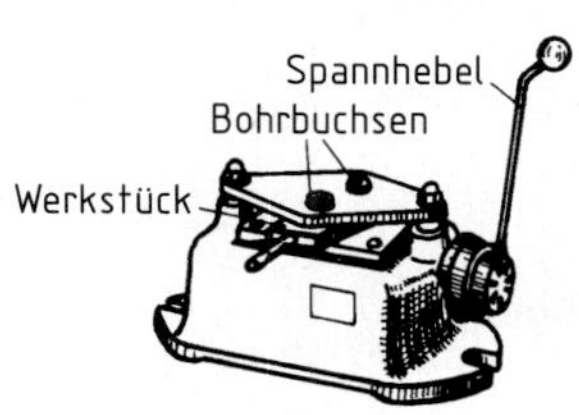

Seither:
Anreißen und Körnen: 0,6 min je Stück
der Lohn: 12,90 $\frac{€}{\text{Stunde}}$ und 125 % Gemeinkosten
Die nebenstehende Bohrvorrichtung kostet einschließlich der Aufnahmen und der Bohrbuchsen 410,40 €.

Gesucht:
Ab welcher Stückzahl lohnt sich die Bohrvorrichtung (Grenzstückzahl)?

33 Federn im Werkzeugbau

Zylindrische Schraubendruckfedern

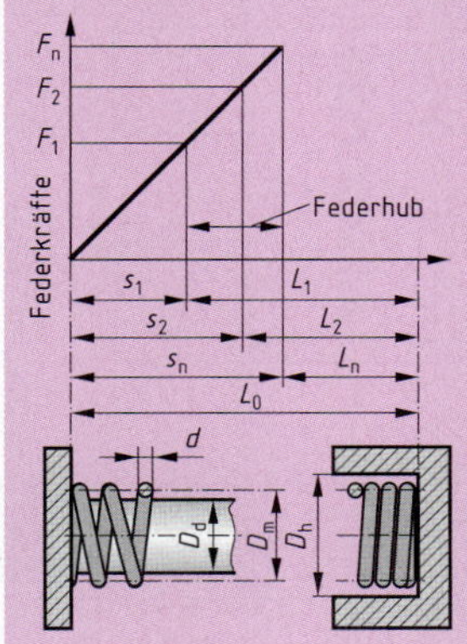

- d der Drahtdurchmesser
- D_m der mittlere Windungsdurchmesser
- D_d der Dorndurchmesser
- D_h der Hülsendurchmesser
- L_o die Länge der unbelasteten Feder
- L_1, L_2 die Länge der belasteten Feder bei F_1, F_2
- L_n die kleinste Federlänge
- F_1, F_2 die Federkräfte bei L_1, L_2
- F_n die größte zulässige Federkraft bei s_n
- s_1, s_2 die Federwege bei F_1, F_2
- s_n der größte zulässige Federweg
- Δs der Hub $= s_2 - s_1$
- R die Federrate

Tellerfedern

der Einzelteller

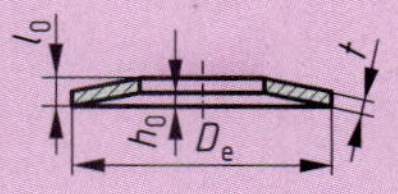

$R = \frac{F}{s}$

Federpakete

gleichsinnig geschichtet

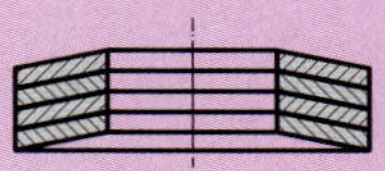

$F_{ges} = n \cdot F$
$s_{ges} = s$
$L_0 = l_0 + (n-1)t$

wechselsinnig geschichtet

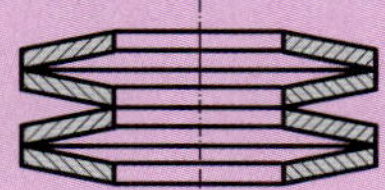

$F_{ges} = i \cdot F$
$s_{ges} = i \cdot s$
$L_0 = i \cdot l_0$

- h_0 die Tellerfederhöhe
- t die Dicke des Einzeltellers
- l_0 die Bauhöhe des Einzeltellers
- n die Anzahl der gleichsinnig geschichteten Elemente
- i die Anzahl der wechselsinnig geschichteten Elemente
- D_e der Außendurchmesser

Die Abmessungen der gängigen Schraubendruckfedern und Tellerfedern sind größtenteils genormt und können dem TB entnommen werden.

Berechnung zu Druckfedern

33.1 Federnde Führungsplatte

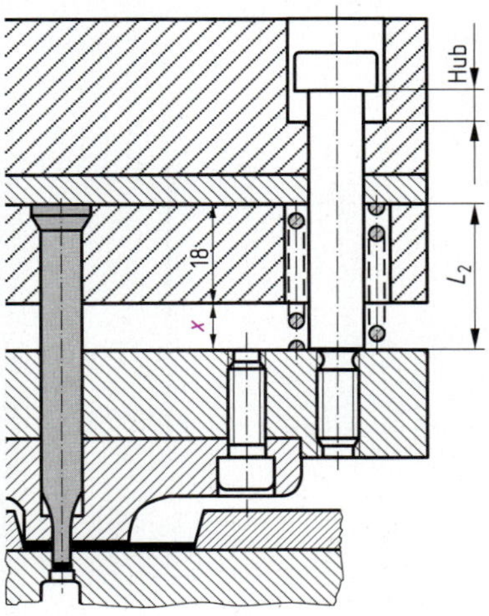

Für die abgebildete Federung einer Führungsplatte sollen Druckfedern DIN 2098* – 2,5 × 16 × 41 verwendet werden. Der Federhub ist $\Delta s = 11$ mm. Die folgenden Fragen sind für eine Einzelfeder zu beantworten.

a) Bestimmen Sie die größte zulässige Federkraft F_n und den dazugehörigen Federweg s_n.
b) Zeichnen Sie das Federdiagramm.
c) Wie groß ist der Federweg s_2, wenn $F_2 = 300$ N ist?
d) Bestimmen sie die Kraft der vorgespannten Feder F_1.
e) Wie groß ist die Länge der vorgespannten Feder L_1?
f) Berechnen Sie die Länge L_2 der belasteten Feder bei F_2.
g) Wie groß ist der maximale Abstand x zwischen der Führungsplatte und der Stempelhalteplatte im auseinandergefahrenen Zustand?

*zurückgezogen

33.2 Feder in einem Kraftpaket

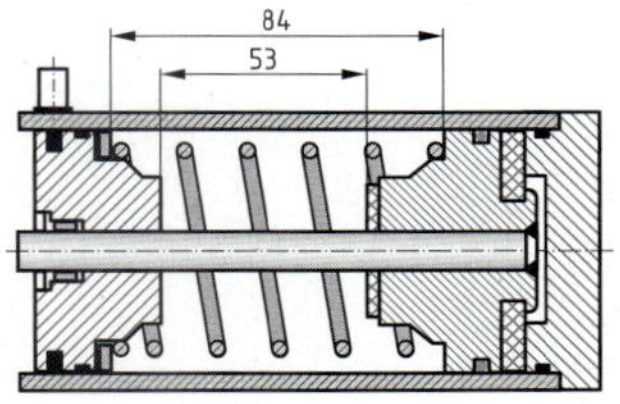

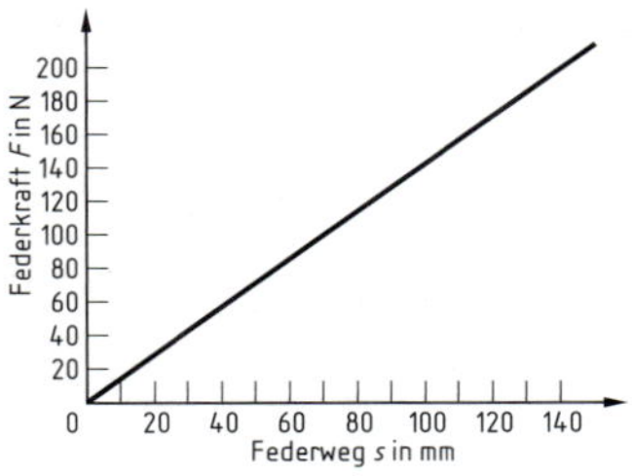

Druckfeder
DIN 2098* – 3,2 × 51,8 × 180

a) Erläutern Sie ausführlich die Normkurzbezeichnung.
b) Bestimmen Sie anhand des Federdiagramms die Federrate in N/mm.
c) Die Länge L_1 der Feder beträgt in der gezeigten Stellung 84 mm. Welchen Federweg s_1 macht sie dabei?
d) Welche Vorspannkraft F_1 hat die Druckfeder bei dieser Vorspannung?
e) Welche Länge L_2 hat die Feder, wenn die Kolben sich berühren? Wie groß ist dabei der Federweg s_2? Welche Federkraft F_2 tritt dabei auf?

*zurückgezogen

Berechnungen zu Tellerfedern

33.3 Abstreifer eines Gesamtschneidwerkzeuges

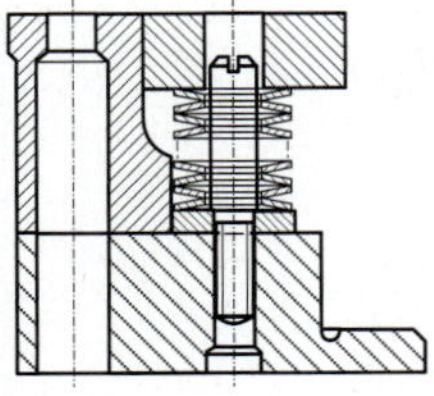

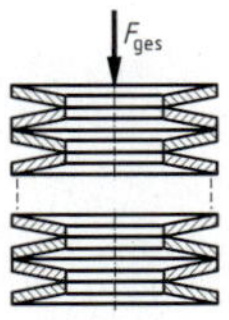

Federsäule

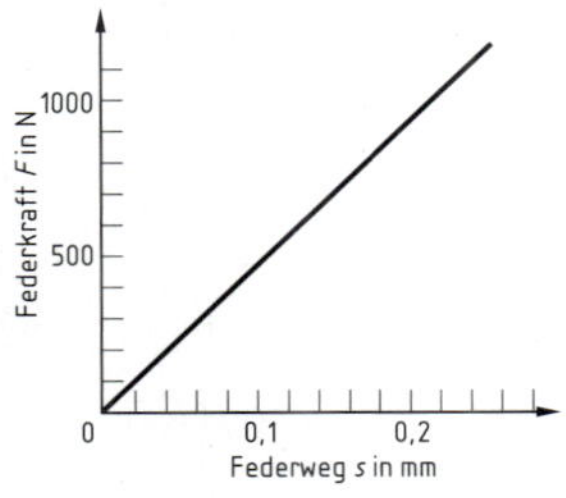

In einem Gesamtschneidwerkzeug sollen für das Abstreifen des Schnittstreifens Tellerfedern eingesetzt werden. Es wird eine Abstreifkraft $F_{2\,ges}$ von 3300 N gefordert. Es werden 3 Federsäulen mit wechselsinnig geschichteten Tellerfedern DIN 2093*-A 20 eingesetzt.

a) Welche Federkraft F_2 muss eine Federsäule ausüben?
b) Im Schaubild ist die Federkennlinie eines Einzeltellers abgebildet. Welchen Federweg hat ein Einzelteller bei der Kraft F_2?
c) Jeder Teller der Federsäule ist mit einem Federweg von $s_1 = 0{,}25 \cdot h_0$ vorgespannt. Bestimmen Sie s_1 und $F_{1\,Teller}$.
d) Wie groß ist der Federhub Δs je Teller?
e) Wie viele Teller i sind für den Gesamthub $\Delta s_{ges} = 1{,}6$ mm notwendig?
f) Wie groß ist die Länge der ungespannten Federsäule L_0?
g) Wie groß ist der gesamte Federweg $s_{2\,Federsäule}$ der Federsäule?
h) Berechnen Sie die Einbauhöhe der Federsäule L_2 im gespannten Zustand.
i) Welche Höhe L_1 hat die vorgespannte Federsäule?

* zurückgezogen

Mit dem abgebildeten Folgeschneidwerkzeug soll eine Scheibe aus S235JR gestanzt werden. Dazu sind folgende Berechnungsschritte erforderlich.

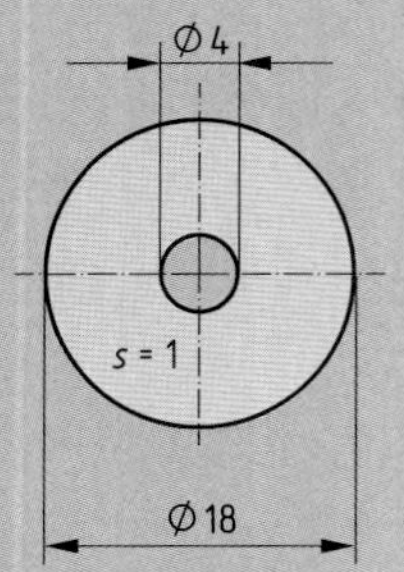

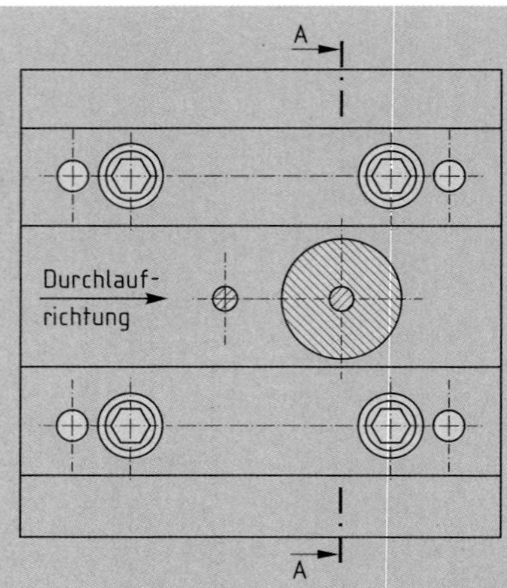

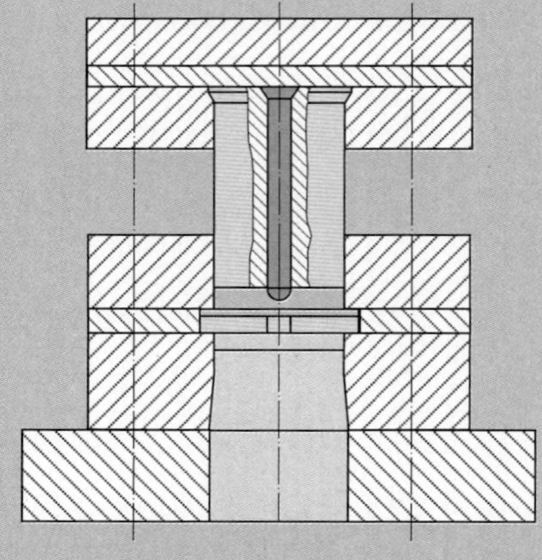

Schnitt A-A

Stegbreite, Randbreite, Vorschub, Streifenbreite

Zur Berechnung einer optimalen Ausnutzung des Vorschubes ist die Steg- und Randbreite festzulegen.

Gemäß VDI-3367 (siehe TB) sind:
die Stegbreite: $e = 1$ mm
die Randbreite: $a = 1$ mm
die Streifenbreite: B = Schnittbreite $+2 \cdot a$
$B = 18 \text{ mm} + 2 \cdot 1 \text{ mm} = \mathbf{20 \text{ mm}}$

der Vorschub: V = Schnittteilbreite $+ e$
$V = 18 \text{ mm} + 1 \text{ mm} = \mathbf{19 \text{ mm}}$

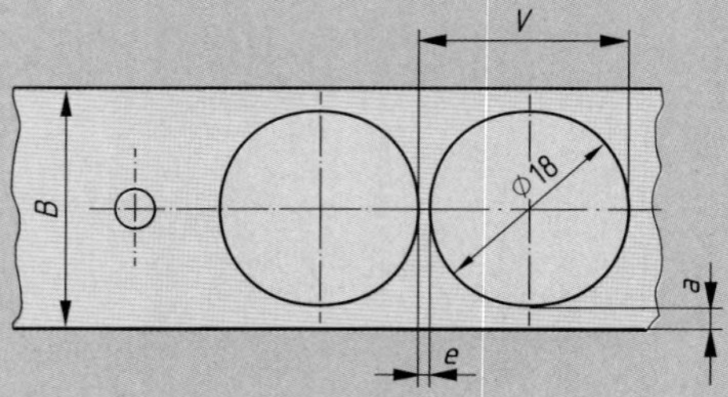

Bezeichnungen:

- B die Streifenbreite
- V der Vorschub
- a die Randbreite
- e die Stegbreite
- s die Blechdicke

Werkstoffausnutzungsgrad

bei der Verarbeitung von Blechband (dem Coil): $\eta = \frac{R \cdot A}{V \cdot B}$

bei der Verarbeitung von Reststreifen: $\eta = \frac{z \cdot A}{L \cdot B}$

Bezeichnungen:

- η der Werkstoffausnutzungsgrad
- R die Anzahl der Ausschnitte je Vorschub
- A der Flächeninhalt eines Ausschnittes
- z die Anzahl der Werkstücke je Streifen
- L die Streifenlänge

Für das obige Beispiel gilt bei der Verarbeitung vom Coil:

$A = \frac{\pi}{4} \cdot d^2 = \frac{\pi}{4} \cdot 18^2 \text{ mm}^2 = \underline{254{,}47 \text{ mm}^2}$

$\eta = \frac{R \cdot A}{V \cdot B} = \frac{1 \cdot 254{,}47 \text{ mm}^2}{19 \text{ mm} \cdot 20 \text{ mm}} = \underline{\underline{0{,}67}}$

Schneidspalt

Bei Schneidwerkzeugen ist ein Schneidspalt u vorzusehen. Er beträgt ungefähr 2 bis 6 % der Blechdicke. Der genaue Wert kann dem TB entnommen werden.

Lochen

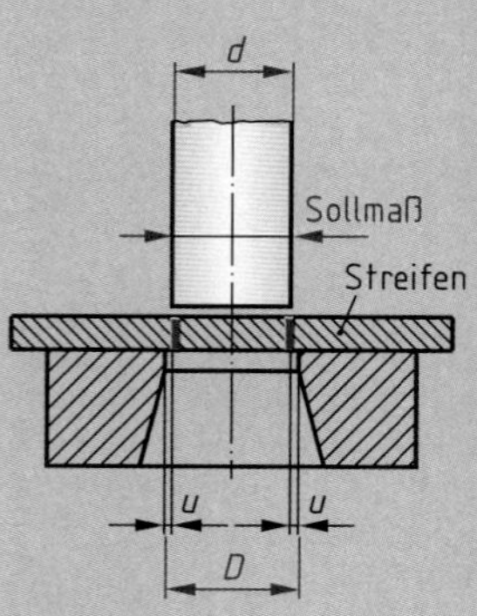

das Werkstück:

Beim Lochen erhält der **Stempel** das **Sollmaß**. Das Schneidplattenmaß ergibt sich zu:

$D = d + 2 \cdot u$

Ausschneiden

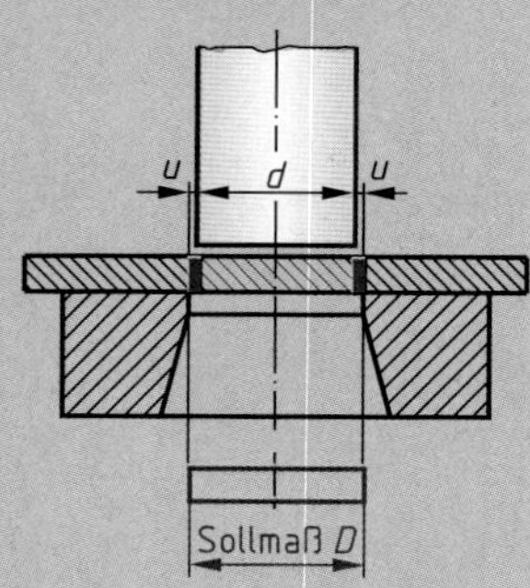

das Werkstück:

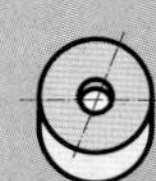

Beim Ausschneiden erhält die **Schneidplatte das Sollmaß.** Das Stempelmaß ergibt sich zu:

$d = D - 2 \cdot u$

$\tau_{aB\,max} = 0{,}8 \cdot R_m = 0{,}8 \cdot 470 \frac{N}{mm^2} = 376 \frac{\mathbf{N}}{\mathbf{mm^2}}$

$u = 0{,}4$ mm (aus TB)

die Werkzeugmaße für das Lochen der Bohrung ø 4 mm:
der Lochstempel: $d = \mathbf{4 \text{ mm}}$
das Schneidplattenmaß: $D = d + 2 \cdot u = 4 \text{ mm} + 2 \cdot 0{,}04 \text{ mm} = \mathbf{4{,}08 \text{ mm}}$

Bezeichnungen:

- $\tau_{aB\,max}$ die Scherfestigkeit
- u der Schneidspalt

Schneidkraft und Schneidarbeit

Schneidkraft = Schnittlinienlänge × Blechdicke × Scherfestigkeit: $F = l \cdot s \cdot \tau_{aB\,max}$

$\tau_{aB\,max} \approx 0{,}8 \cdot R_{m\,max}$

die Scherarbeit:

$W = F_m \cdot s$ $\quad$ $W \approx x \cdot F \cdot s$

Bezeichnungen:

- l die Schnittlinienlänge
- F die Schneidkraft
- W die Schneidarbeit
- x der Werkstofffaktor ($x \approx 0{,}65$)
- F_m die mittlere Kraft

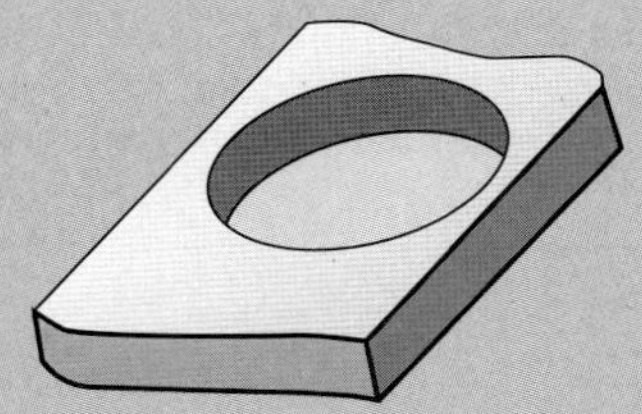

die Schnittlinienlänge: $l = \pi \cdot d_i + \pi d_a = \pi \cdot 4\text{ mm} + \pi \cdot 18\text{ mm} = \underline{\mathbf{69{,}12\text{ mm}}}$

die Scherkraft: $F = l \cdot s \cdot \tau_{aB\,max} = 69{,}12\text{ mm} \cdot 1\text{ mm} \cdot 376\dfrac{\text{N}}{\text{mm}^2} = \underline{\mathbf{25989\text{ N}}}$

die Scherarbeit: $W \approx 0{,}65 \cdot F \cdot s = 0{,}65 \cdot 25989\text{ N} \cdot 1\text{ mm} = \underline{\mathbf{16{,}9\text{ J}}}$

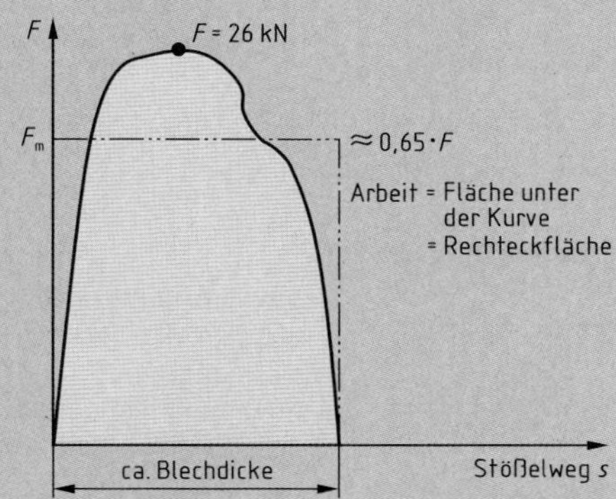

Lage des Einspannzapfens

$$x = \frac{U_1 \cdot a_1 + U_2 \cdot a_2 + \ldots}{U_1 + U_2 + \ldots}$$

$$x = \frac{\pi \cdot d_1 \cdot a_1 + \pi \cdot d_2 \cdot a_2}{\pi \cdot d_1 + \pi \cdot d_2}$$

$$= \frac{\pi \cdot 18\text{ mm} \cdot 0\text{ mm} + \pi \cdot 4\text{ mm} \cdot 19\text{ mm}}{\pi \cdot 18\text{ mm} + \pi \cdot 4\text{ mm}} = \underline{\mathbf{3{,}45\text{ mm}}}$$

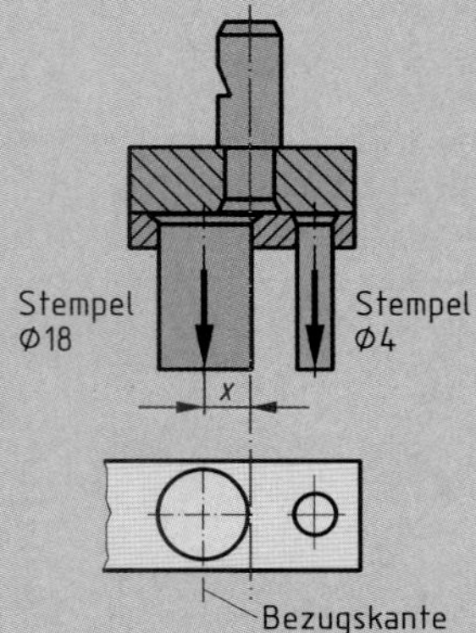

Bezeichnungen:

- U_1, U_2 die Umfänge der einzelnen Stempel
- a_1, a_2 die Abstände der Linienschwerpunkte von der Bezugskante

Flächenpressung

Bei dünnen Stempeln und großer Schneidkraft besteht die Gefahr, dass sich der Stempelkopf in die Kopfplatte eindrückt. Deshalb ist die Berechnung der Flächenpressung für die Verwendung einer gehärteten Druckplatte notwendig.

$$p = \frac{F}{A}$$

$$F = l \cdot s \cdot \tau_{aB\,max} = \pi \cdot d_1 \cdot s \cdot \tau_{aB\,max} = \pi \cdot 4\text{ mm} \cdot 1\text{ mm} \cdot 376\frac{\text{N}}{\text{mm}^2} = \underline{\mathbf{4725\text{ N}}}$$

$$A = \frac{\pi}{4} \cdot d^2 = \frac{\pi}{4} 4^2\text{ mm}^2 = \underline{\mathbf{12{,}57\text{ mm}^2}}$$

$$p = \frac{4725\text{ N}}{12{,}57\text{ mm}^2} = \underline{\mathbf{376\frac{N}{mm^2}}}$$

Da die Flächenpressung größer als 250 N/mm² ist, muss eine gehärtete Druckplatte verwendet werden.

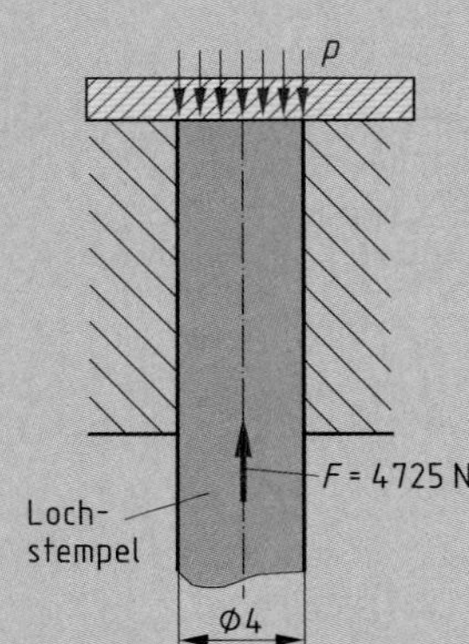

Bezeichnungen:

- p die Flächenpressung
- A die Berührungsfläche
- F die Schneidkraft

■ Aufgaben zur Berechnung von Schneidwerkzeugen

34.1 Platinen aus Stahl in zweireihiger Form angeordnet

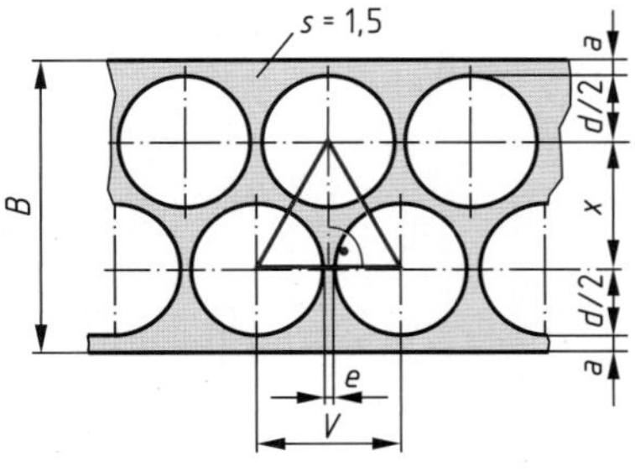

Es sollen Platinen mit d = 8 mm hergestellt werden.

Bestimmen Sie.

a) die Stegbreite e und die Randbreite a
b) den Vorschub V
c) das Maß x
d) die Streifenbreite B
e) den Ausnutzungsgrad η

34.2 Scheibe DIN EN ISO 7090-8

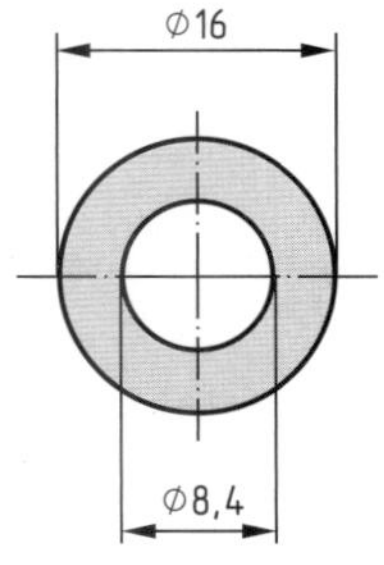

Die abgebildete Scheibe ist wegen Lieferschwierigkeiten nicht zu beziehen. Sie soll aus nichtrostendem Stahl mit einem Gesamtschneidwerkzeug hergestellt werden.

a) Bestimmen Sie die Blechdicke s.
b) Ermitteln Sie die Stegbreite e und die Randbreite a.

34.3 Streifeneinteilung für Winkel

Für den abgebildeten Winkel mit der Dicke s = 2 mm soll der Ausnutzungsgrad für die nebenstehenden Anordnungen berechnet werden.

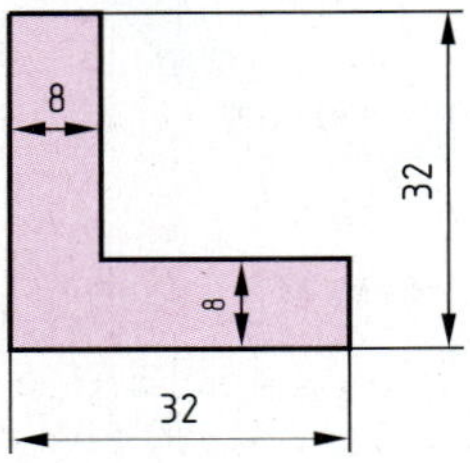

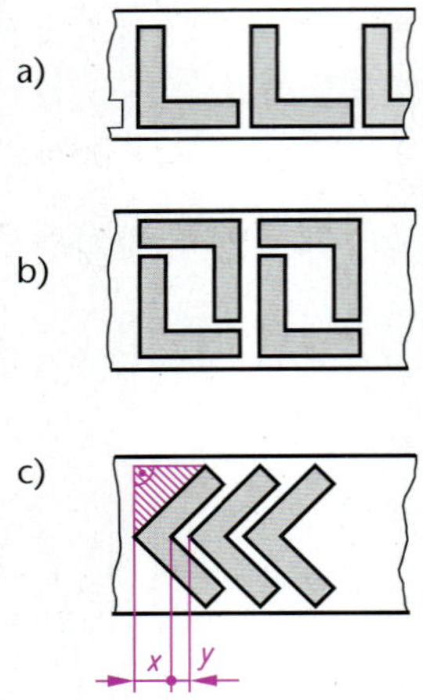

34.4 Abdeckung aus E360

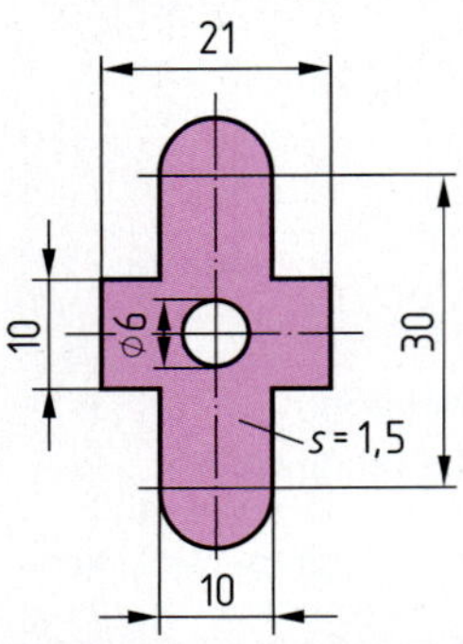

Bestimmen Sie.

a) die Stegbreite e und die Randbreite a
b) die Streifenbreite B für die gerade und die geneigte Schnittteilanordnung
c) den Vorschub V für beide Schnittteilanordnungen
d) die gesamte Scherkraft
e) den Ausnutzungsgrad für gerade Schnittteilanordnung
f) den Ausnutzungsgrad für geneigte Schnittteilanordnung

34.5 Wendeschneiden

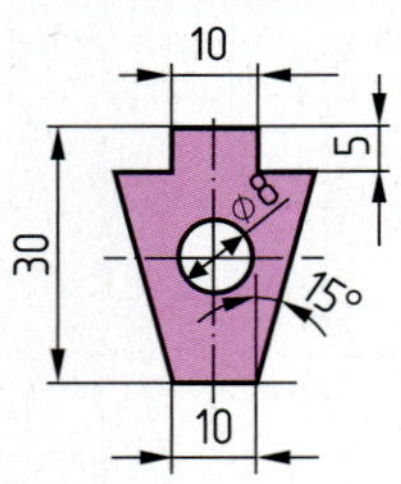

Das dargestellte Stützblech mit einer Blechdicke von s = 1,75 mm soll durch Wendeschneiden mit einem Folgeschneidwerkzeug hergestellt werden.

Berechnen Sie.

a) die Randbreite a und die Stegbreite e
b) die Streifenbreite B
c) den Vorschub V

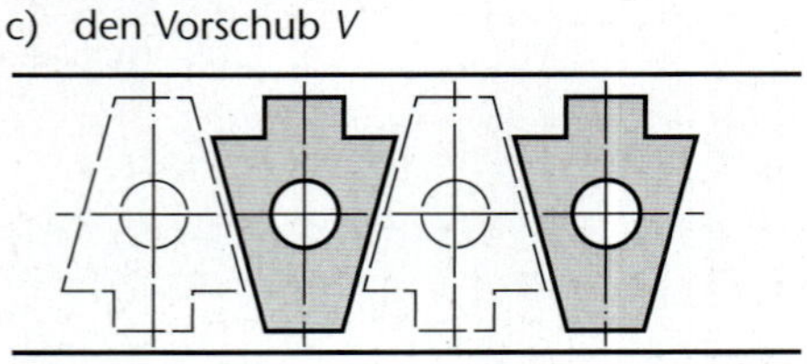

34.6 Distanzstück aus E295

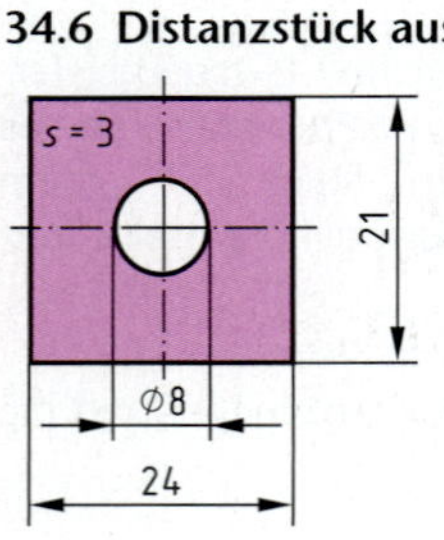

Das Distanzstück soll mit einem Folgeschneidwerkzeug (mit einem Freiwinkel im Schneidplattendurchbruch) gefertigt werden.

a) Bestimmen Sie den Schneidspalt zum Lochen und zum Ausschneiden.
b) Welche Maße müssen die zu verwendenden Stempel und Schneidplattendurchbrüche aufweisen?

34.7 Schneidkraftverlauf

Ein Stanzversuch ergab folgenden Kraft-Stößelverlauf:

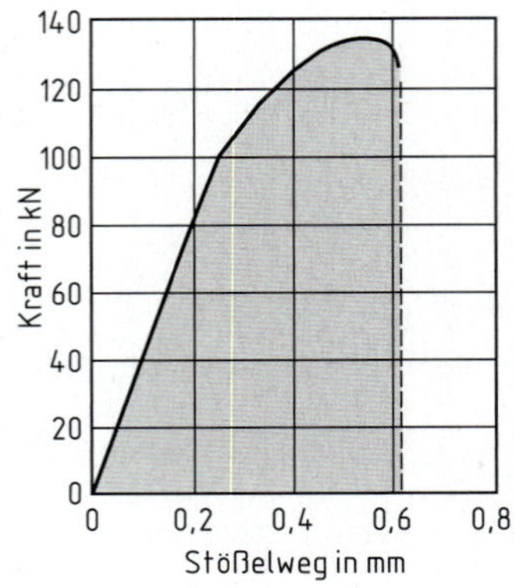

a) Wie groß ist die maximale Stanzkraft F?
b) Bestimmen Sie die Scherarbeit W auf grafischem Weg, indem Sie die mittlere Scherkraft bestimmen.
c) Wie groß ist der Durchmesser einer Ronde, wenn die Scherfestigkeit des Werkstoffes τ_{aB} = 430 N/mm² beträgt?

34.8 Abdeckung

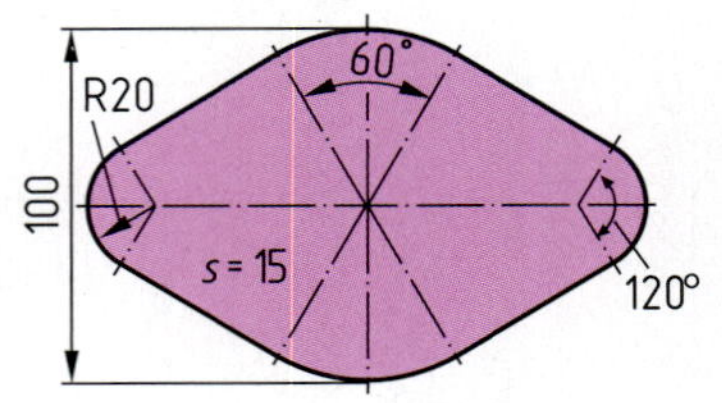

Die skizzierte Abdeckung soll von Streifen ausgestanzt werden. Als Werkstoff ist E295 vorgesehen.

Ermitteln Sie.

a) die Schnittlinienlänge
b) die Schneidkraft zum Ausschneiden
c) die erforderliche Schneidarbeit, wenn der Werkstofffaktor x = 0,6 ist

34.9 Eckplatte

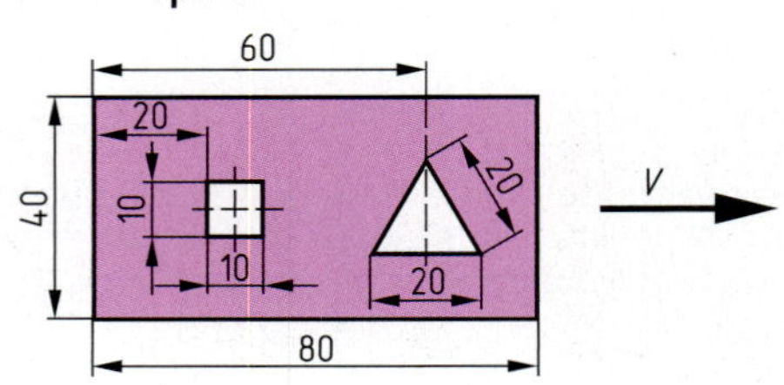

Das abgebildete Werkstück wird in einem Gesamtschneidwerkzeug gefertigt. Bestimmen Sie den Kräftemittelpunkt in der Vorschubrichtung ab der linken Kante.

34.10 Blende

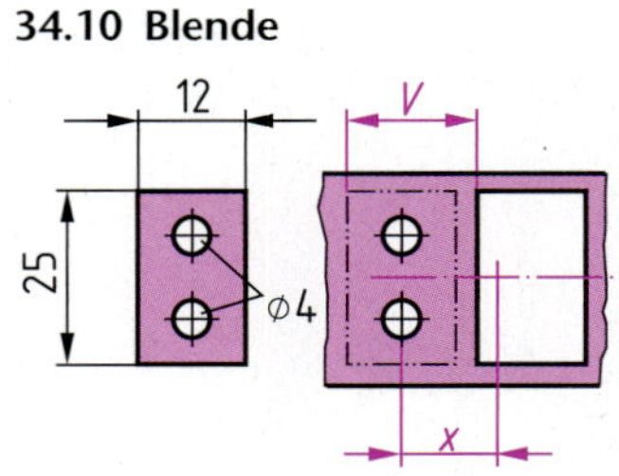

Die abgebildete Blende soll mit einem Folgeschneidwerkzeug hergestellt werden, wobei die Stegbreite e = 1,8 mm betragen soll.

Berechnen Sie.

a) den Vorschub V
b) das Maß x für die Einspannzapfenmitte

34.11 Blechkreuz

Das unten stehende Blechkreuz wird mit einem Vorschub V = 48,2 mm in einem Folgeschneidwerkzeug geschnitten. Bestimmen Sie das Maß x für die Einspannzapfenmitte.

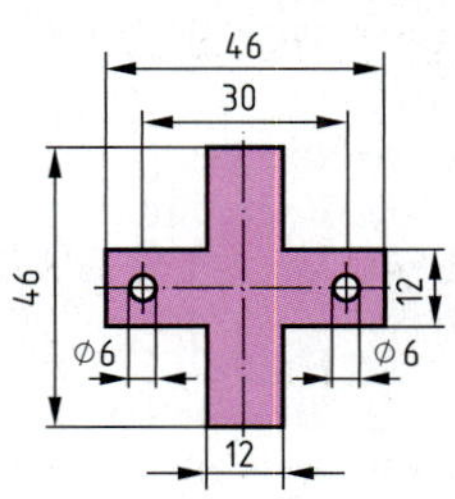

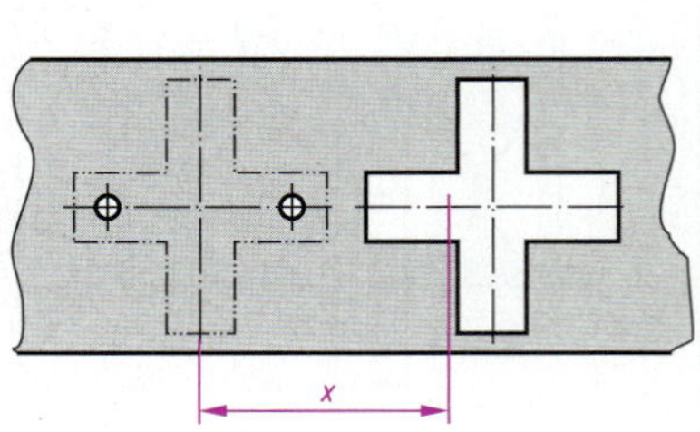

35 Berechnungen zum Biegen

1. die gestreckte Länge bei 90°-Biegeteilen:

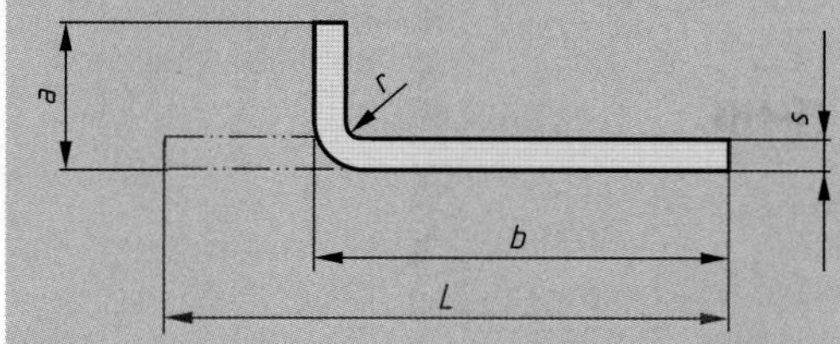

$$L = a + b + \ldots - n \cdot v$$

Bezeichnungen:

L die gestreckte Länge
$a, b, \ldots$ die Schenkellänge
s die Blechdicke
r der Biegeradius (innen)
n die Anzahl der Biegestellen
v die Ausgleichswerte nach dem Tabellenbuch

2. die gestreckte Länge bei beliebigem Biegewinkel

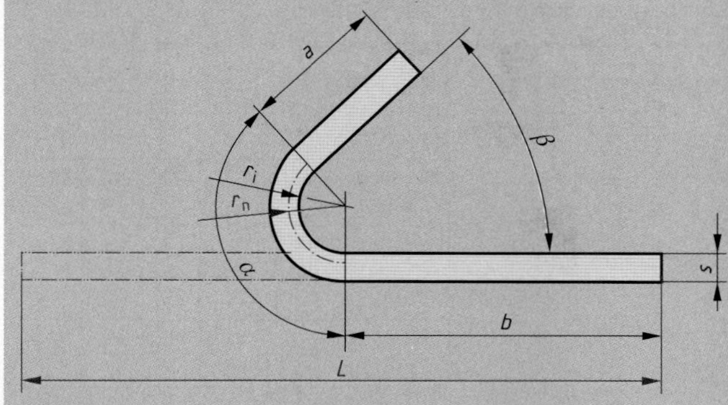

$$L = a + b + \frac{\pi \cdot r_n \cdot \alpha}{180°}$$

α der Biegewinkel
r_i der Biegeradius innen
r_n der Radius der neutralen Faser
k der Korrekturfaktor
β der Öffnungswinkel

Die Lage der neutralen Faser hängt ab vom Biegeverhältnis $\frac{r_i}{s}$.

$$r_n = r_i + \frac{s}{2} \cdot k$$

Die Werte des Korrekturfaktors k zur Verschiebung der neutralen Faser entnimmt man dem Tabellenbuch.

3. Rückfederung beim Biegen

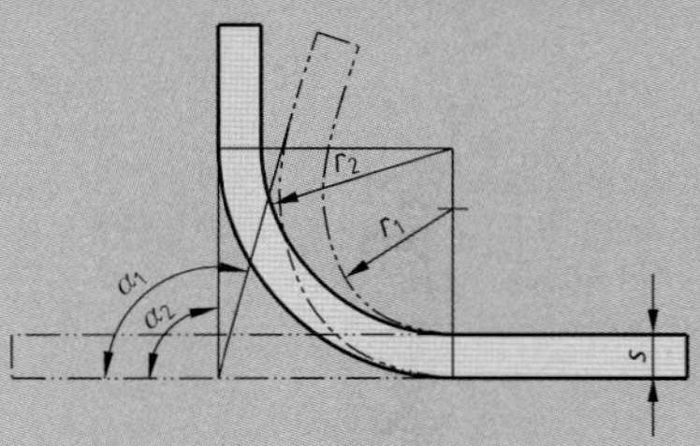

$$k_R = \frac{\alpha_2}{\alpha_1}$$

$$k_R = \frac{r_1 + \frac{s}{2}}{r_2 + \frac{s}{2}}$$

k_R der Rückfederungsfaktor
r_1 der Radius am Biegewerkzeug
r_2 der Radius am Werkstück
α_1 der Winkel am Werkzeug
α_2 der Biegewinkel (der Winkel am Werkstück)
s die Blechdicke

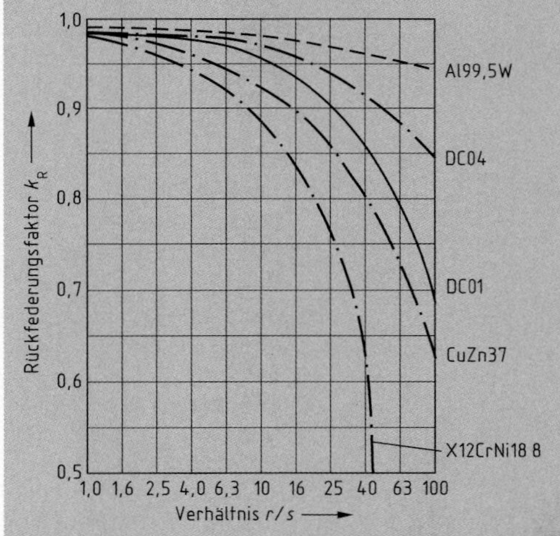

In der Biegezone entstehen Spannungen, die nach dem Biegevorgang frei werden und zu einer geringen Rückfederung führen. Diese Rückfederung muss durch die Vergrößerung des Biegewinkels berücksichtigt werden. Der Rückfederungsfaktor k_R hängt vom Werkstoff des Biegeteils und vom Verhältnis r_2/s ab. Die k_R-Werte entnimmt man dem Tabellenbuch oder dem nebenstehenden Diagramm.

■ Aufgaben zur Berechnung von Biegewerkzeugen

35.1 Anschlagblech

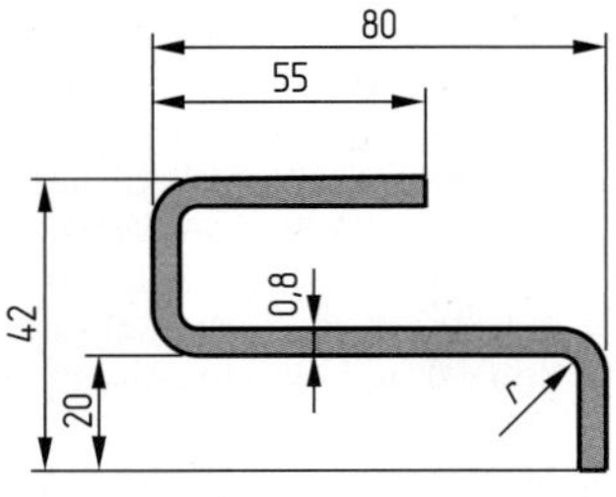

Bestimmen Sie folgende Kenndaten.

a) den kleinsten zulässigen Biegeradius r für Stahlblech S335 nach dem Tabellenbuch
b) den Ausgleichswert v je Biegestelle
c) die gestreckte Länge L

35.2 Lasche

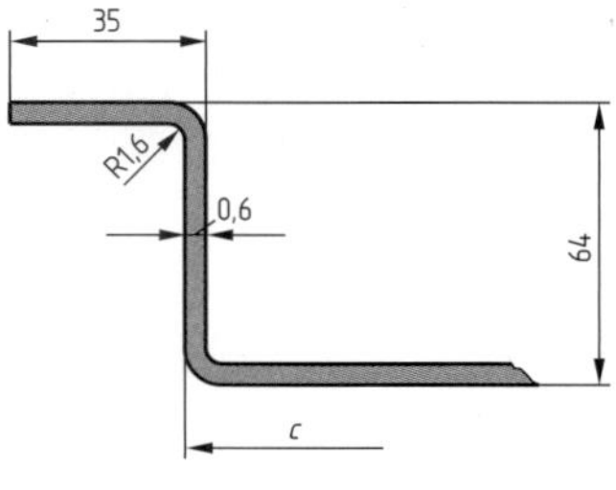

300 mm lange Abfallstücke aus Al 99,5 erhalten zwei 90°-Biegekanten.

Bestimmen Sie die Länge c des freien Schenkels.

35.3 Wickeldorn für Schraubenfeder

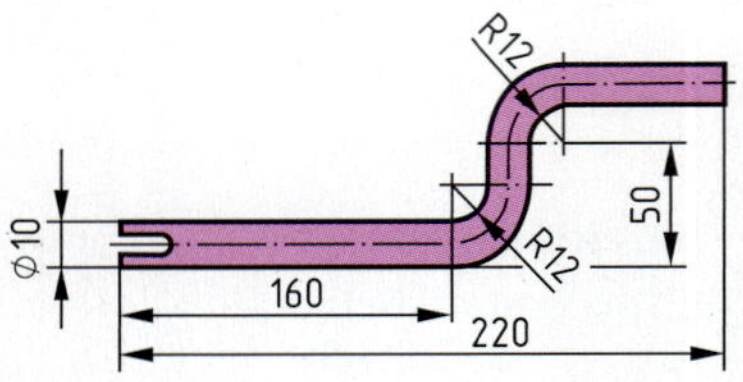

Ermitteln Sie.

a) das Verhältnis $\frac{r_i}{s}$
b) den Korrekturfaktor k gemäß Tabellenbuch
c) die gestreckte Länge L des Rundmaterials

35.4 Klammer aus Flachstab Flach DIN EN 10278 – 20 × 2

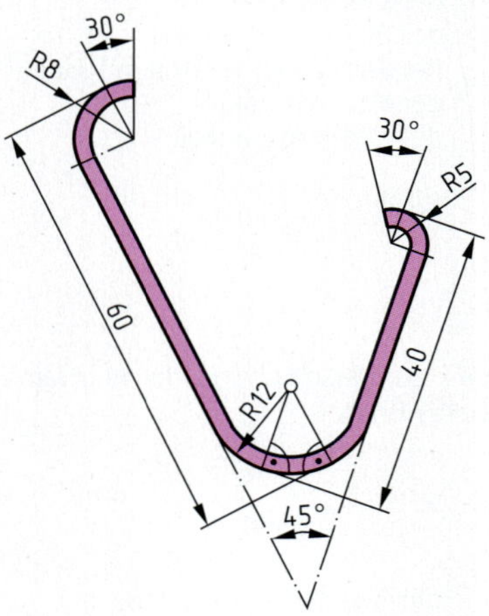

Bestimmen Sie die gestreckte Länge L unter Berücksichtigung der Korrekturfaktoren.

35.5 Kleiderhaken

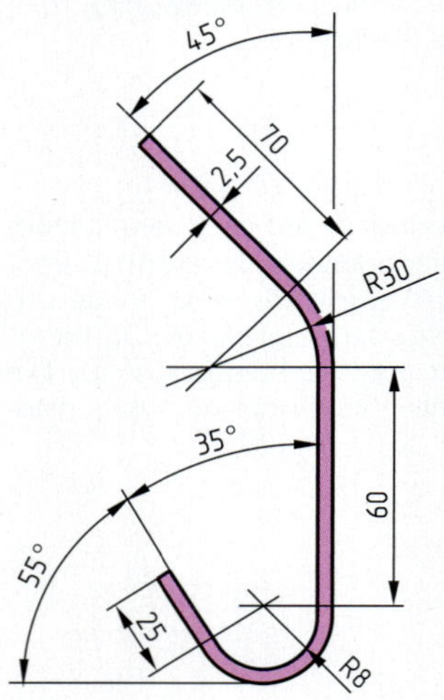

Ermitteln Sie.

a) das Verhältnis $\frac{r}{s}$ an beiden Biegestellen gemäß Tabellenbuch und die entsprechenden Korrekturfaktoren
b) die Radien der neutralen Faser r_n an beiden Biegestellen
c) die gestreckte Länge L

35.6 Sensorblech

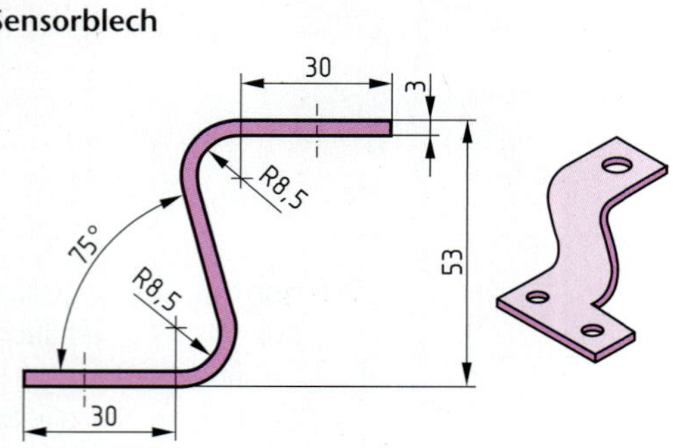

Bestimmen Sie die gestreckte Länge L des Sensorbleches unter Berücksichtigung der Korrekturfaktoren.

35.7 Bogen

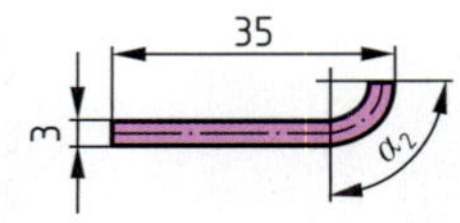

Der dargestellte Bogen aus Baustahl S275 mit einer Zugfestigkeit von 470 $\frac{N}{mm^2}$ wurde mit einem Biegewerkzeug mit einem Werkzeugradius von 5 mm und einem Winkel am Werkzeug α_1 von 90° hergestellt.

Ermitteln Sie.

a) den Rückfederungswinkel ε
b) den Innenradius r_2 am Werkstück nach der Rückfederung
c) den Mindestbiegeradius gemäß Tabellenbuch
d) die gestreckte Länge L

35.8 Biegeversuche

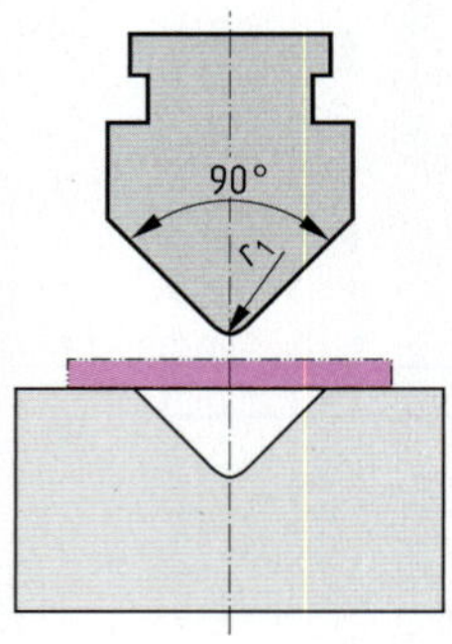

Biegeversuche mit einem 3 mm dicken Blech aus S235JR und verschiedenen Biegestempelradien ergaben folgende Ergebnisse.

Der Biegeradius r_1 in mm	5	12	18	30
Der gemessene Biegeradius r_2 in mm	5,5	12,5	18,5	31,5
Das Winkelistmaß α_2 in °	89,5	88,5	86,5	84,5

a) Ergänzen Sie die Tabelle um folgende Zeilen:
das Biegeverhältnis $\frac{r_2}{s}$
die Rückfederung in °
den Rückfederungsfaktor k_R aus dem Versuch
b) Stellen Sie die Rückfederung in ° in einem Diagramm in Abhängigkeit vom Biegeverhältnis $\frac{r}{s}$ dar.
c) Wie hängt die Rückfederung vom Biegeverhältnis ab?

35.9 Winkel

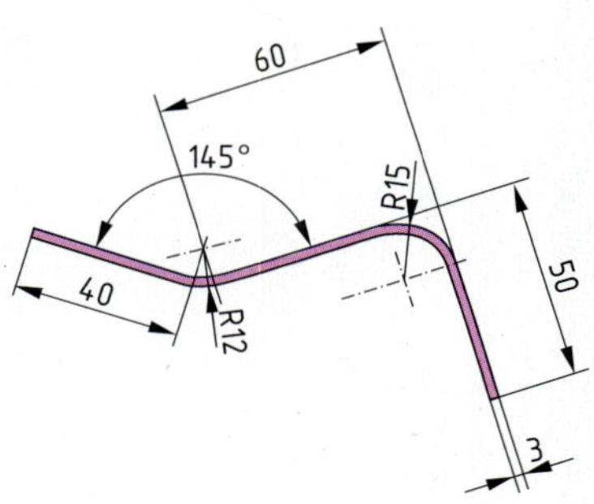

Der abgebildete Winkel aus X12CrNi18-8 soll durch Biegen hergestellt werden.

Berechnen Sie.

a) den Winkel $\beta_{Stempel}$ am Biegestempel zur Erzeugung der 145°-Biegung
b) den Radius r_1 am Biegestempel für die 145°-Biegung
c) den Winkel am Biegegesenk β_{Gesenk} für die 90°-Biegung
d) den Radius am Gesenk für die 90°-Biegung

35.10 Einschneiden und Abbiegen

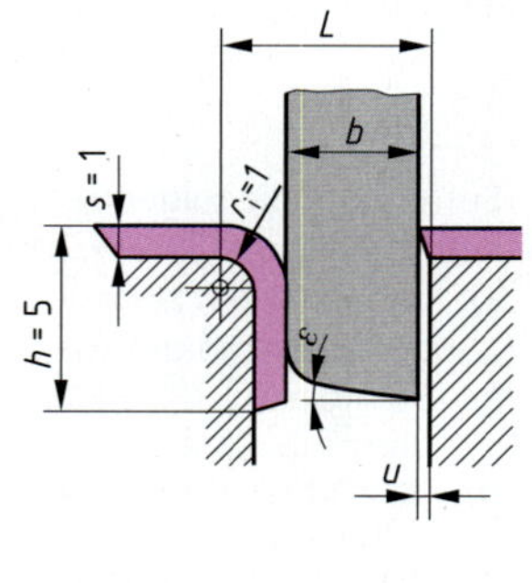

In ein Stahlblech mit einer Scherfestigkeit von 528 $\frac{N}{mm^2}$ werden Einschnitte gestanzt und abgebogen.

a) Bestimmen Sie L.
b) Berechnen Sie das Stempelmaß b, wenn der Biegespalt unberücksichtigt bleibt. Da die Schnittkante am Werkstück um den Schneidspalt u schräg ist, muss der Schneidspalt u berücksichtigt werden.
c) Wozu dient der Winkel ε am Biegestempel?

36 Berechnungen zum Tiefziehen

1. Durchmesser der Zuschnitte

Die Blechdicke s bleibt annähernd unverändert.
Die Oberfläche des Zuschnittes A_{vorher} ist gleich der Oberfläche des Ziehteiles $A_{nachher}$.

$$A_{vorher} = A_{nachher}$$

$$D = \sqrt{d^2 + 4 \cdot d \cdot h}$$

Die Zuschnittdurchmesser für einfache Tiefziehteile können dem Tabellenbuch entnommen werden.

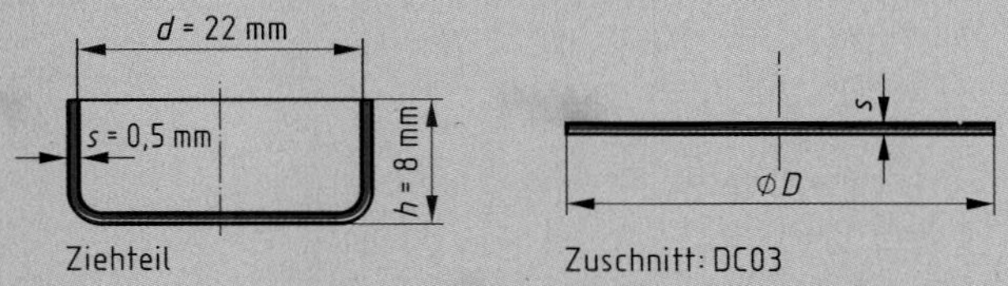

Für das abgebildete Beispiel gilt: $D = \sqrt{22^2 + 4 \cdot 22 \cdot 8}$ mm = **34,5 mm**

2. Tiefziehverhältnis

Der Grad der möglichen Umformung hängt vom Werkstoff ab. Er wird durch das Tiefziehverhältnis β ausgedrückt.

$$\beta = \frac{D}{d} \qquad \beta_{ges} = \beta_1 \cdot \beta_2 \cdot \beta_3 \ldots \qquad \text{Tiefziehverhältnis} = \frac{\text{Durchmesser des Zuschnittes}}{\text{Durchmesser des Ziehstempels}}$$

Für das Beispiel gilt: $\beta = \frac{D}{d} = \frac{34{,}5\ \text{mm}}{22\ \text{mm}} = \mathbf{1{,}57}$

Die Werte höchstmöglicher Ziehverhältnisse β_{max} können dem Tabellenbuch entnommen werden.

3. Abmessungen am Tiefziehwerkzeug

Die Weite zwischen Stempel und Ziehring wird als Ziehspaltweite w bezeichnet. Sie ergibt sich in Abhängigkeit vom Werkstoff zu:

$$w = s + k \cdot \sqrt{s \cdot 10\ \text{mm}}$$

der Werkstofffaktor k	
der Stahl	0,07
das Aluminium	0,02
die sonstigen NE-Metalle	0,04

Bezeichnungen:

- w die Ziehspaltweite
- s die Blechdicke
- k der Werkstofffaktor
- D der Zuschnittdurchmesser
- d der Stempeldurchmesser
- d_r der Ziehringdurchmesser
- r_r der Radius am Ziehring
- β das Ziehverhältnis

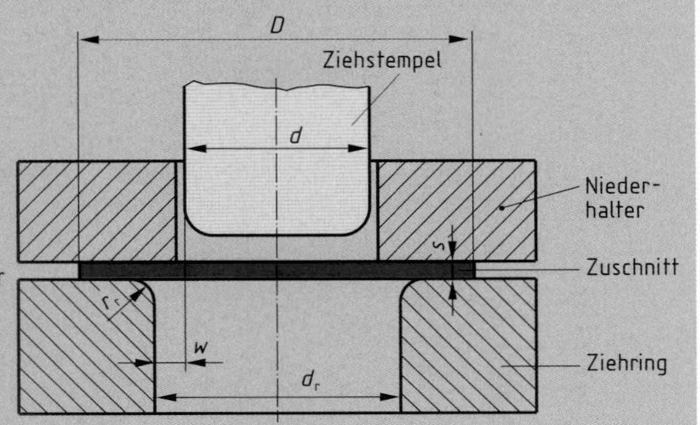

Der Ziehringradius r_r errechnet sich aus der Formel:

$$r_r = \frac{0{,}035}{\sqrt{\text{mm}}} \cdot [50\ \text{mm} + (D - d)] \cdot \sqrt{s}$$

Für das obige Rechenbeispiel gilt somit:

$w = 0{,}5\ \text{mm} + 0{,}07 \cdot \sqrt{0{,}5\ \text{mm} \cdot 10\ \text{mm}} = \mathbf{0{,}66\ mm}$

$r_1 = \frac{0{,}035}{\sqrt{\text{mm}}} \cdot [50\ \text{mm} + (34{,}5\ \text{mm} - 22\ \text{mm})] \cdot \sqrt{0{,}5\ \text{mm}} = \mathbf{1{,}55\ mm}$

4. Tiefziehkraft

Die Tiefziehkraft ist geringer als die Scherkraft. Sie berechnet sich zu:

$$F_Z = \pi \cdot (d_1 + s) \cdot s \cdot R_m \cdot 1{,}2 \cdot \frac{\beta - 1}{\beta_{max} - 1}$$

Bezeichnungen:

- F_Z die Tiefziehkraft
- d_1 der Stempeldurchmesser
- R_m die Zugfestigkeit
- β das vorhandene Ziehverhältnis
- β_{max} das max. Ziehverhältnis gemäß Tabellenbuch

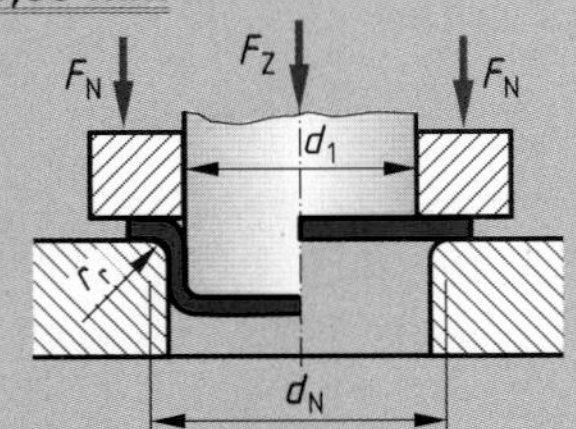

In das Beispiel eingesetzt ergibt sich: $F_Z = \pi \cdot (22\ \text{mm} + 0{,}5\ \text{mm}) \cdot 0{,}5\ \text{mm} \cdot 370\ \frac{\text{N}}{\text{mm}^2} \cdot 1{,}2 \cdot \frac{1{,}57 - 1}{1{,}9 - 1} = \mathbf{9938\ N}$

5. Niederhalterkraft

Die Niederhalterkraft muss dem Werkstoff des Ziehteiles angepasst werden. Es ist sowohl Faltenbildung als auch Reißen im Bodenbereich zu vermeiden.

$$F_N = A \cdot p$$

Bezeichnungen:

- A die Fläche unter dem Niederhalter
- p der Niederhalterdruck gemäß Tabellenbuch
- F_N die Niederhalterkraft

Häufig verwendete Werte für den Niederhalterdruck liegen zwischen 12 und 30 bar (siehe Tabellenbuch). Während des Tiefziehens vergrößert sich i. A. der Niederhalterdruck, weil die eingespannte Fläche abnimmt.

Für das Rechenbeispiel gilt somit weiterhin: $A_{Niederhalter} = \frac{\pi}{4} \cdot (D^2 - d_N^2)$

$d_N = d_1 + 2(r_r + w) = 22\ \text{mm} + 2 \cdot (1{,}55\ \text{mm} + 0{,}66\ \text{mm}) = 26{,}4\ \text{mm}$

$A_{Niederhalter} = \frac{\pi}{4} \cdot (34{,}5^2 - 26{,}4^2)\ \text{mm}^2 = 387\ \text{mm}^2$

$F_N = A \cdot p = 387{,}4\ \text{mm}^2 \cdot 2{,}5 \frac{\text{N}}{\text{mm}^2} = \mathbf{968{,}6\ N}$

36.1 Reflektorabdeckung

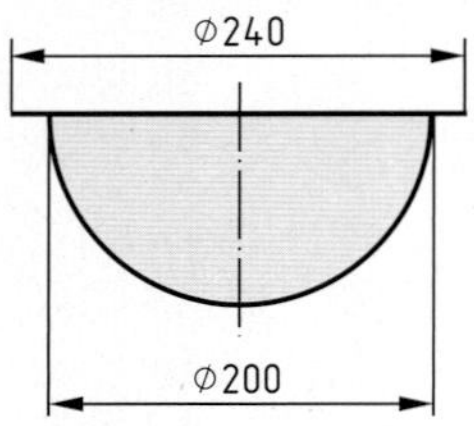

Die skizzierte Reflektorabdeckung aus DC04 soll durch hydrodynamisches Tiefziehen hergestellt werden.

Berechnen Sie den Blechzuschnittdurchmesser *D*.

36.2 Abdeckung

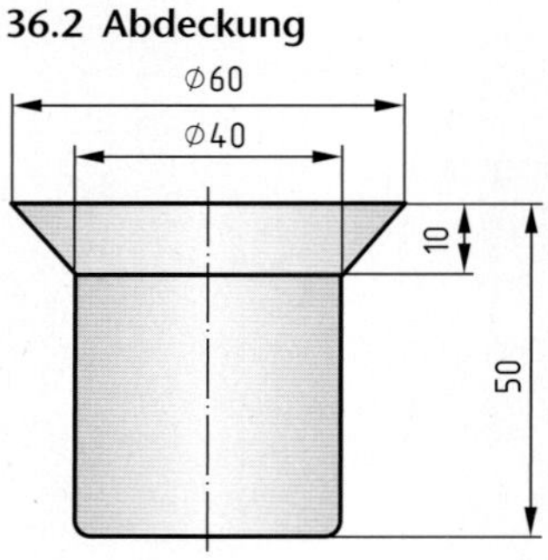

Für das skizzierte Ziehteil ist der Zuschnittdurchmesser *D* der Ausgangsronde zu ermitteln.

36.3 Haube

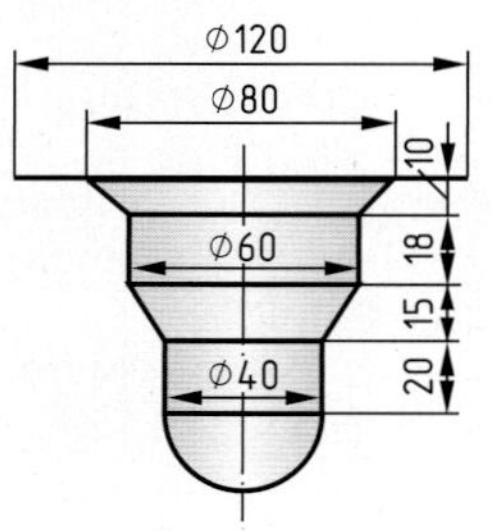

Bestimmen Sie den Durchmesser *D* der Zuschnittronde.

36.4 Deckel

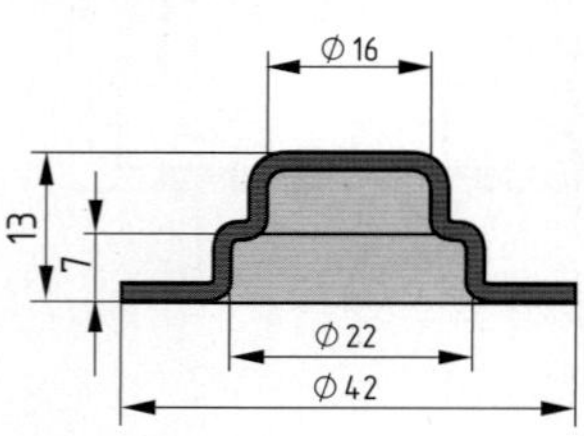

Für den abgebildeten Deckel ist der Rondendurchmesser *D* zu berechnen. Dabei können die Radien vernachlässigt werden.

36.5 Napf

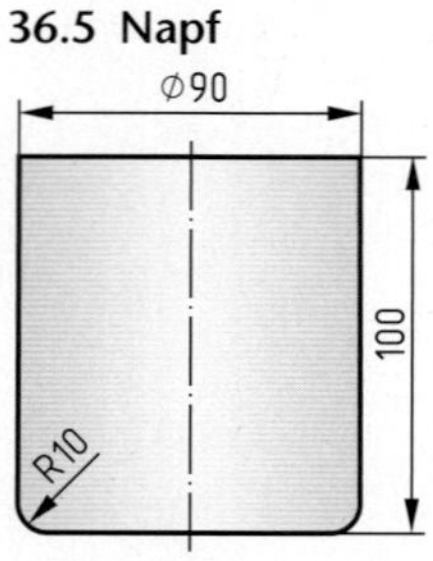

Es sind Näpfe aus Cu Zn 37-R460 zu fertigen.

Berechnen Sie.

a) den Rondendurchmesser *D*
b) das vorhandene Gesamtziehverhältnis β_{ges}
c) die Zugabstufung
d) die Napfhöhe h_1 nach dem ersten Zug, wenn der Übergang von der Napfwand zum Napfboden vereinfacht als Ecke angenommen wird

36.6 Ölfiltergehäuse

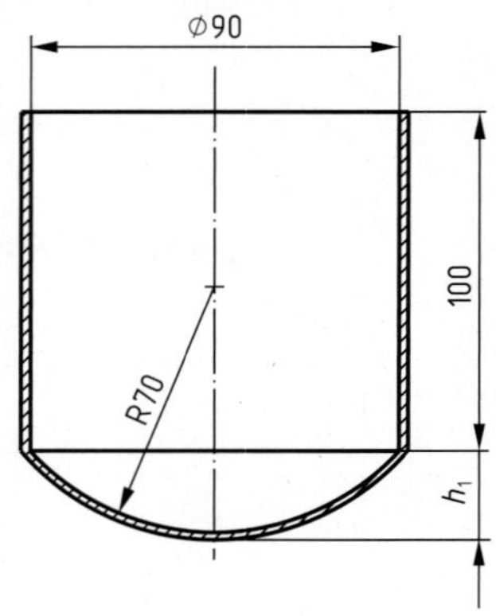

Das Gehäuse wird durch Tiefziehen eines Stahlblechs aus DC03 hergestellt.

Folgende Daten sind zu ermitteln.

a) die Höhe h_1
b) der Zuschnittdurchmesser *D*
c) das Ziehverhältnis β_{max} gemäß Tabellenbuch
d) Kann das Gehäuse in einem Zug hergestellt werden?

36.7 Zugabstufungen

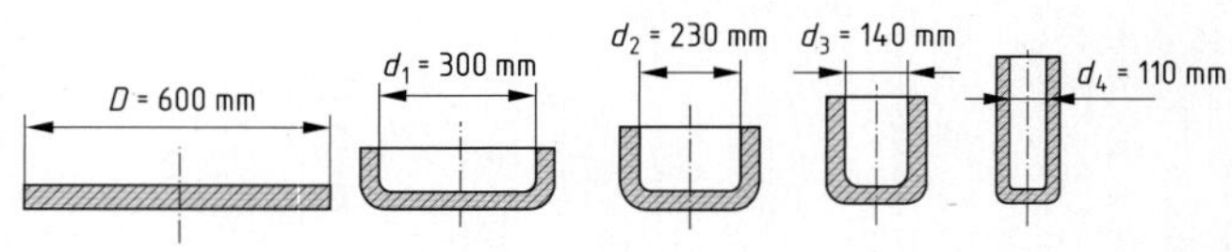

Für die abgebildeten Zugabstufungen aus DC04 sind folgende Aufgaben auszuführen.

a) Berechnen Sie das gesamte Ziehverhältnis β_{ges}.
b) Ermitteln Sie die Ziehverhältnisse β_1, β_2, β_3 und β_4.
c) Wann müsste zwischengeglüht werden?

36.8 Tiefziehwerkzeug

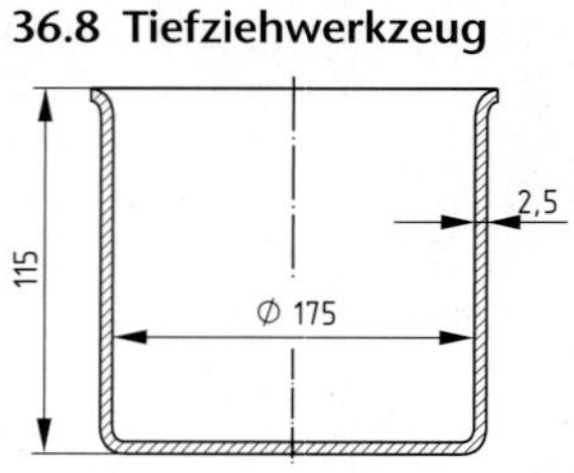

Für ein Tiefziehwerkzeug zur Herstellung eines Kochtopfes aus DC04 sollen einige Berechnungen durchgeführt werden.

a) der Ziehspalt *w*
b) der Zuschnittdurchmesser *D*
c) der Ziehringradius r_r
d) der Ziehringdurchmesser d_r
e) die Ziehkraft F_Z
f) die Fläche unter dem Niederhalter A_N
g) die Niederhalterkraft F_N

36.9 Reflektor

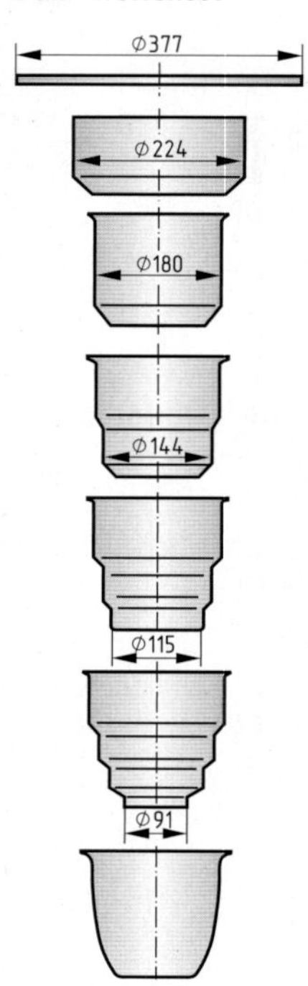

Die Bilder zeigen die einzelnen Stufen des konventionellen Tiefziehens eines Reflektors aus EN AW-Al99,5 H111 mit seinen Zugabstufungen. Die Blechdicke *s* beträgt 1 mm bei einer Zugfestigkeit $R_m = 70\ \frac{N}{mm^2}$.

a) Berechnen Sie die einzelnen Ziehverhältnisse.
b) Welche Ziehkraft F_Z ist für den Erstzug erforderlich?
c) Weshalb ist die maximale Ziehkraft im Allgemeinen im Erstzug vorhanden?
d) Welcher Ziehspalt *w* ist beim Erstzug zu empfehlen (gerundet auf Zehntel)?
e) Welchen kleinsten Niederhalterdruck p_N empfiehlt das Tabellenbuch?
f) Wie groß ist die Niederhalterfläche A_N beim Erstzug bei einem Ziehringradius r_r = 7 mm?
g) Welche Niederhalterkraft F_N wirkt auf den Rondenzuschnitt beim Erstzug?

37 Massivumformen

Beim Umformen durch Walzen, Schmieden und Pressen ändert sich nur die Form eines Werkstückes. Das Volumen bleibt gleich.

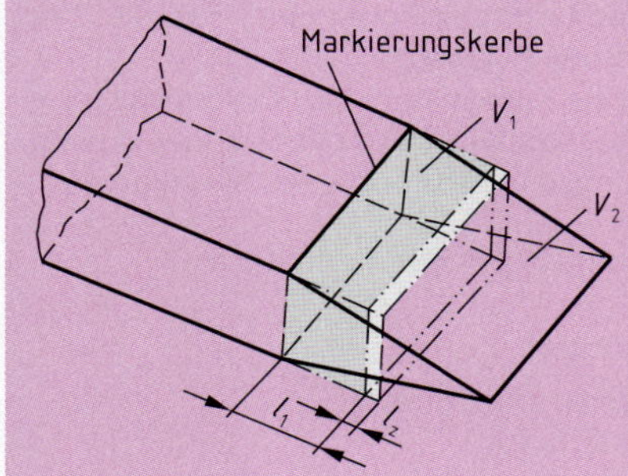

Volumen des Rohteiles = Volumen des Fertigteiles

$$V_1 = V_2$$

Bezeichnungen:

- V_1 das Volumen des Rohteiles
- V_2 das Volumen des Fertigteiles
- l_1 die Ausgangslänge
- l_z der Zuschlag für den Abbrand
- L die Länge des Rohteiles

Beim Umformen kann ein Werkstoffverlust durch den Abbrand, die Gratbildung oder die Werkstoffverdichtung entstehen. Er wird mit einem Zuschlag (l_z) zur Ausgangslänge ausgeglichen. Der Zuschlag wird meist in Prozent von l_1 angegeben.

Aufgaben zum Schmieden

37.1 Bolzen mit Vierkant

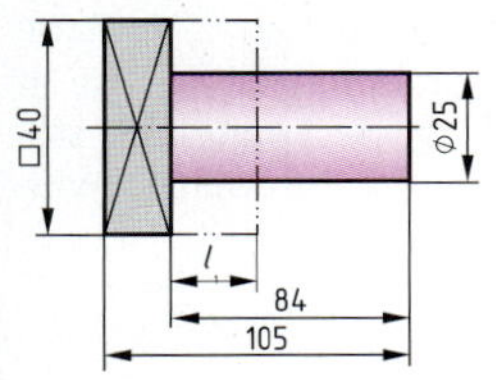

Der quadratische Zuschnitt soll auf einer Seite zu einem runden Bolzen umgeformt werden.

a) Wie groß ist die Ausgangslänge l_1?
b) Welche Gesamtlänge L hat der Rohling?

37.2 Bolzen mit Sechskant

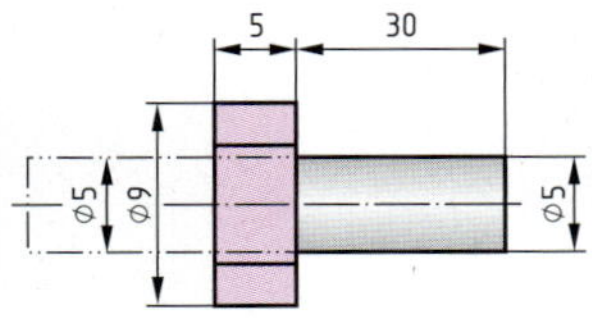

An einem runden Rohling wird ein Sechskantkopf kalt angestaucht. Welche gesamte Länge L hat der Rohling?

37.3 Vierkantzapfen

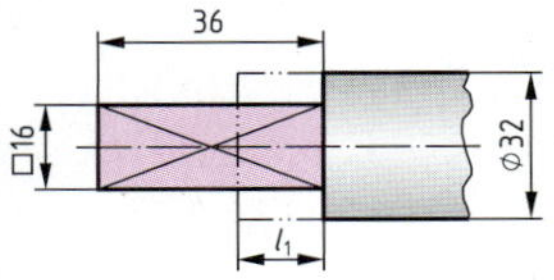

Ein runder Rohling soll einen Vierkantzapfen angeformt bekommen. Wie groß ist die Rohlinglänge l für den Vierkantansatz, wenn der Abbrand 4 % beträgt?

Aufgaben zum Strangpressen

37.4 Vierkantzapfen

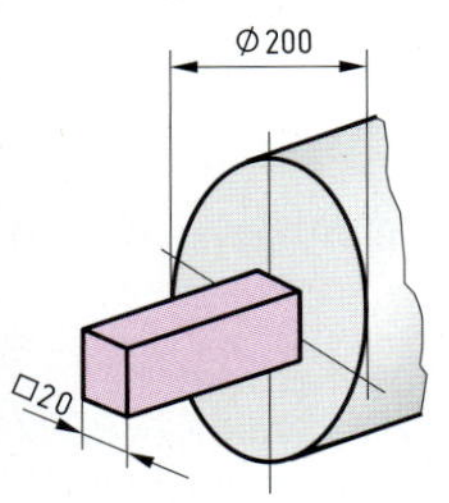

Aus Al99,5 sollen massive Vierkantprofile □20 hergestellt werden. Der Rohlingsblock hat eine Länge von 700 mm. Er wird mit einer Presskraft von 6600 kN durch die Matrize gedrückt.

Ermitteln Sie.

a) die Länge des Vierkantprofils l
b) die Austrittgeschwindigkeit v_A des Pressstranges, wenn die Pressstempelgeschwindigkeit $v_P = 1{,}6\ \frac{\text{mm}}{\text{s}}$ beträgt
c) die Umformarbeit W

37.5 Strangpressprofil

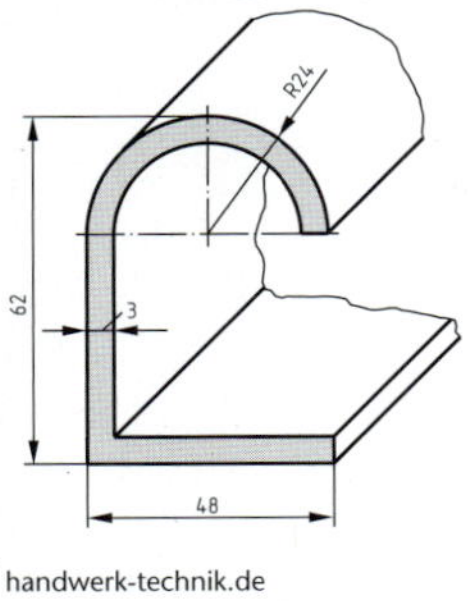

Das Spezialprofil wird aus einer Al-Legierung stranggepresst. Wie viele Meter Profilmaterial entstehen, wenn der zylindrische Rohling mit d_1 = 200 mm Durchmesser und einer Länge von l_1 = 60 cm zu 90 % verpresst wird?

Aufgaben zum Fließpressen

37.6 Fließpressteil

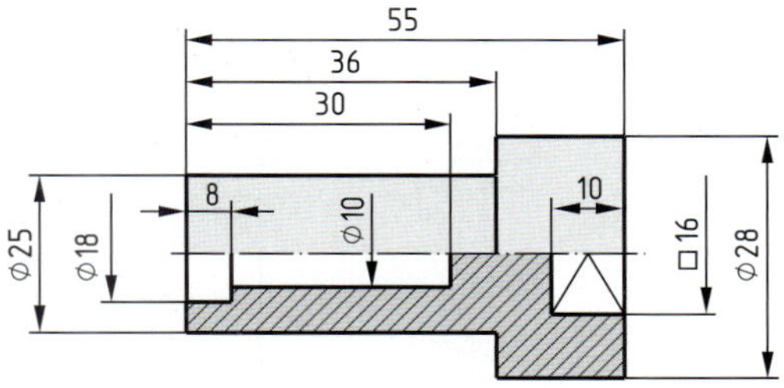

Welche Länge l hat der Rohling bei einem Rohlingdurchmesser von d = 25 mm?

37.7 Verschlussschraube aus Al fließgepresst

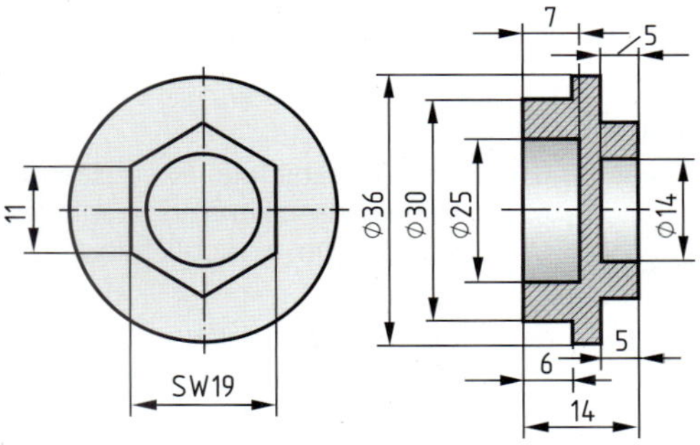

Die Verschlussschraube soll aus einem Rohling mit d = 35 mm durch Fließpressen hergestellt werden.

a) Wie groß ist das Volumen V_2 des Werkstückes in mm³?
b) Welche Ausgangslänge l hat der Rohling?

37.8 Kugelbolzen

Es sind Kugelbolzen gemäß dem Stadienplan herzustellen.

a) Berechnen Sie die Rohlingslänge h_1.
b) Ermitteln Sie die Fließpressarbeit für das Vorwärtsfließpressen bei einer Fließpresskraft von 819 kN.

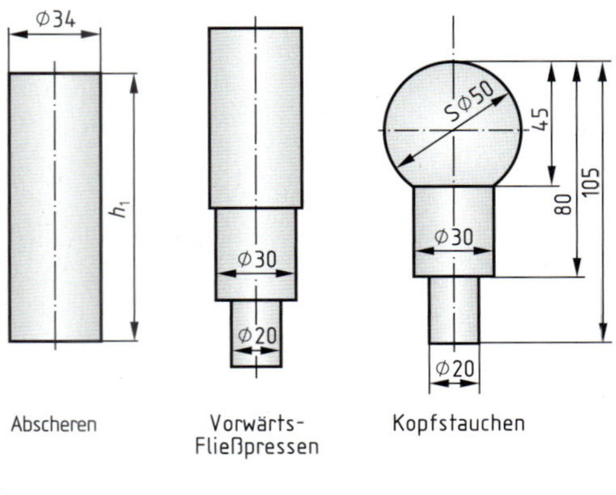

38 Vorrichtungen

Kreisexzenter

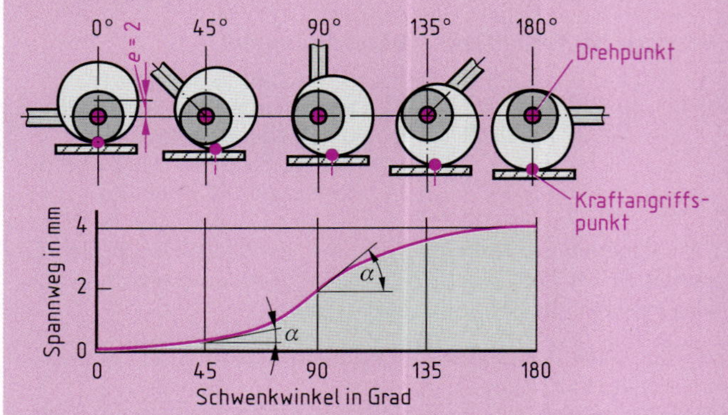

Der Kreisexzenter hat die geometrische Form eines Kreises. Der Drehpunkt ist um die Exzentrizität *e* versetzt.
Durch die Drehung entsteht eine Keilwirkung. Der Steigungswinkel verändert sich bei der Drehung. Deshalb steigt der Spannweg nicht gleichmäßig an, sondern er nimmt in der Form einer Sinuskurve zu.

Die Forderung nach Selbsthemmung ist dann erfüllt, wenn:

$$\frac{D}{e} \geq 20$$

Bezeichnungen:

D der Exzenterdurchmesser
e die Exzentrizität
α der Steigungswinkel

Spannspirale

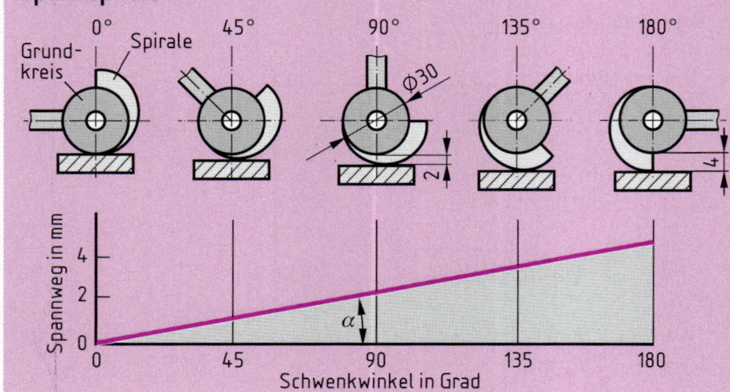

Die Spannspirale unterscheidet sich vom Spannexzenter durch den Verlauf der Spannkurve. Die Spannkurve hat als Grundlage eine archimedische Spirale, d. h. der Steigungswinkel ist in jeder Stellung gleich groß. Dadurch steigt die Spannkraft stetig an. Die Selbsthemmung liegt dann vor, wenn der Keilwinkel α unter 6° ist.

Für das Beispiel gilt:

$$\tan \alpha = \frac{\text{Spannweg}}{\text{Spann-Umfang}} = \frac{4\ \text{mm}}{\frac{\pi \cdot d}{2}} = \frac{4\ \text{mm}}{\frac{\pi \cdot 30\ \text{mm}}{2}}$$

$\alpha = \mathbf{4{,}85°}$

Aufgaben zu Vorrichtungen

38.1 Kreisexzenter

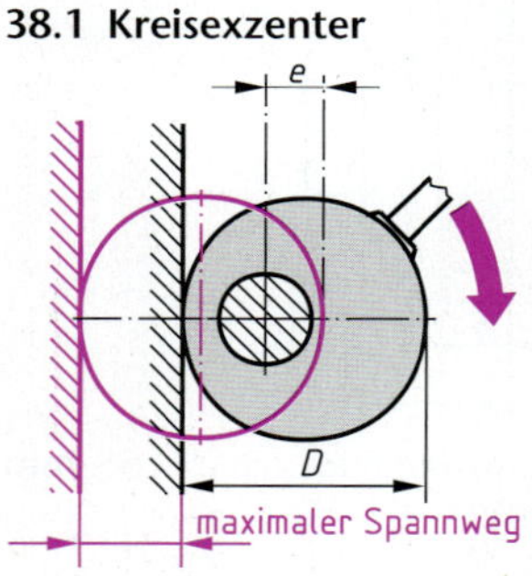

Der abgebildete Kreisexzenter soll einen maximalen Spannweg von 3,2 mm ermöglichen.

Ermitteln Sie.

a) die Exzentrizität *e*
b) den kleinsten Kreisdurchmesser *D*, damit die Selbsthemmung erhalten bleibt

38.2 Spannelement

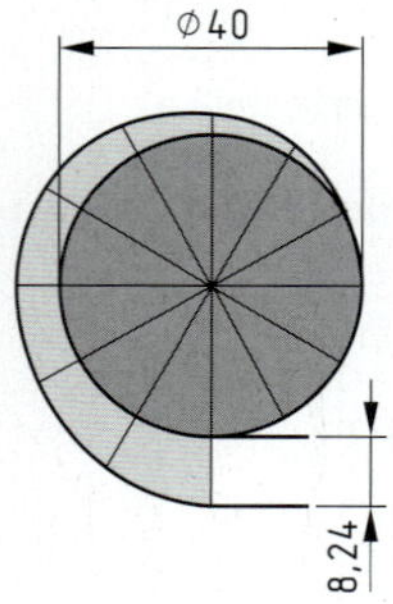

a) Welches Spannsystem liegt vor?
b) Wie groß ist die Steigung des Spannelementes?

38.3 Spannspirale (archimedische Spirale)

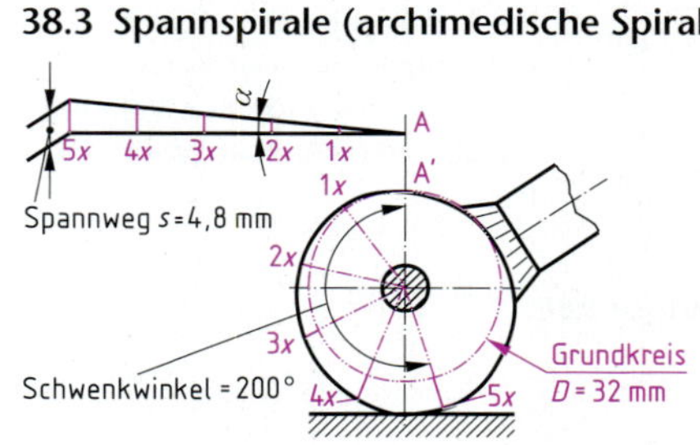

Bestimmen Sie.

a) den Anstieg *x* des Spiralkeiles
b) den Radius für die Punkte 1 bis 6
c) die Bogenlänge des Grundkreises
d) den Steigungswinkel α (unter 6° tritt die Selbsthemmung ein)

38.4 Spiralspanner

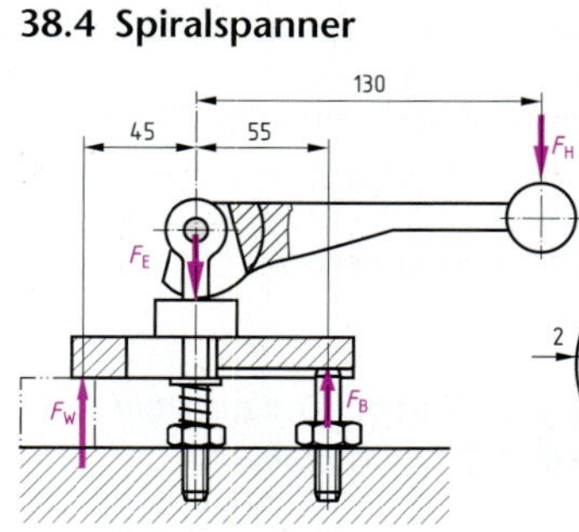

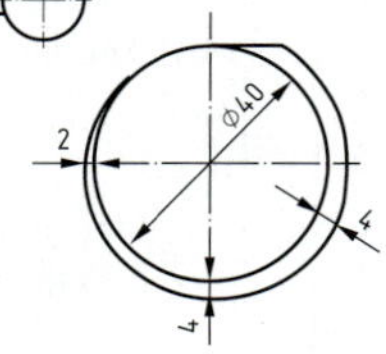

Der Spanner wird mit einer Handkraft F_H = 30 N und einem Spannwinkel von 90° betätigt.

Berechnen Sie.

a) den Steigungswinkel der Spannspirale
b) die Spannkraft am Exzenter F_E (ohne die Berücksichtigung der Reibung)
c) die Spannkraft am Werkstück F_W
d) die Kraft am Auflagebolzen F_B

39 Berechnungen zum Formenbau für Kunststoffe

1. Maßtoleranzen für Kunststoffartikel

Je nach der Formmasse, der Schwindung, den Prozesskenngrößen und der Art der Maße sind die erreichbaren Toleranzen unterschiedlich. Nach DIN ISO 20457 unterscheidet man bei den Maßen die werkzeuggebundenen Maße und die nicht werkzeuggebundenen Maße.
Die werkzeuggebundenen Maße sind die Maße, die durch die Kontur an **einem** Werkzeugteil gegeben sind.
Die nicht werkzeuggebundenen Maße sind solche, die durch das Zusammenwirken **gegeneinander beweglicher Werkzeugteile** entstehen.
Die werkzeuggebundenen Maße lassen sich genauer herstellen als die nicht werkzeuggebundenen Maße.

Werkzeuggebundene Maße

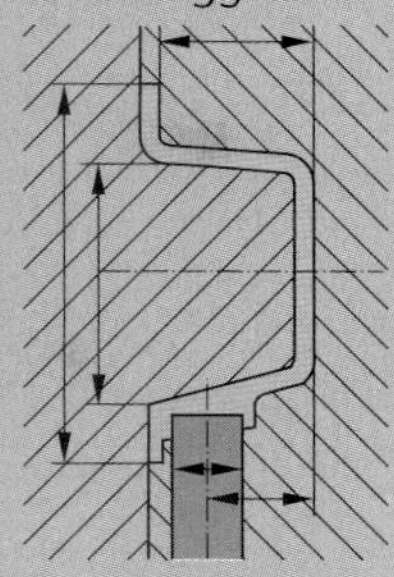

Nicht werkzeuggebundene Maße

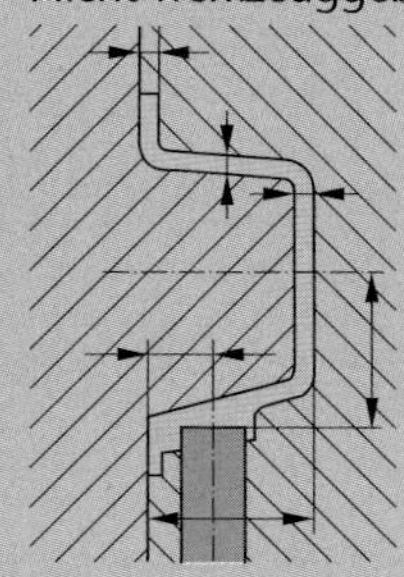

Die Toleranzen werden materialabhängig in die verschiedenen **Toleranzgruppen für Allgemeintoleranzen** und für **die direkt eingetragenen Abmaße** festgelegt. Innerhalb der Toleranzgruppen für die direkt eingetragenen Abmaße werden zwei Reihen mit unterschiedlicher Genauigkeitsstufe unterschieden.

das Kurzzeichen	die Toleranzgruppen für:		
	die Allgemeintoleranzen	die Maße mit den direkt eingetragenen Abmaßen	
		die Reihe 1	die Reihe 2
PE	150	140	130
PP	150	140	130
PVC, hart	130	120	110
PS	130	120	110
SB	130	120	110
SAN	130	120	110
ABS	130	120	110
PMMA	130	120	110
PA	130	120	110
POM	140	130	120
PC	130	120	110

die Toleranzen für Kunststoff-Artikel:														
die Toleranzgruppe aus nebenstehender Tabelle	der Kennbuchstabe¹⁾	der Nennmaßbereich über … bis in mm												
		0…1	1…3	3…6	6…10	10…15	15…22	22…30	30…40	40…53	53…70	70…90	90…120	120…160
die Allgemeintoleranzen (das obere und das untere Abmaß)														
150	A	±0,23	±0,25	±0,27	±0,30	±0,34	±0,38	±0,43	±0,49	±0,57	±0,68	±0,81	±0,97	±1,20
	B	±0,13	±0,15	±0,17	±0,20	±0,24	±0,28	±0,33	±0,39	±0,47	±0,58	±0,71	±0,87	±1,10
140	A	±0,20	±0,21	±0,22	±0,24	±0,27	±0,30	±0,34	±0,38	±0,43	±0,50	±0,60	±0,70	±0,85
	B	±0,10	±0,11	±0,12	±0,14	±0,17	±0,20	±0,24	±0,28	±0,33	±0,40	±0,50	±0,60	±0,75
130	A	±0,18	±0,19	±0,20	±0,21	±0,23	±0,25	±0,27	±0,30	±0,34	±0,38	±0,44	±0,51	±0,60
	B	±0,08	±0,09	±0,10	±0,11	±0,13	±0,15	±0,17	±0,20	±0,24	±0,28	±0,34	±0,41	±0,50
die Toleranzen für die Maße mit den direkt eingetragenen Abmaßen														
140	A	0,40	0,42	0,44	0,48	0,54	0,60	0,68	0,76	0,86	1,00	1,20	1,40	1,70
	B	0,20	0,22	0,24	0,28	0,34	0,40	0,48	0,56	0,66	0,80	1,00	1,20	1,50
130	A	0,36	0,38	0,40	0,42	0,46	0,50	0,54	0,60	0,68	0,76	0,88	1,02	1,20
	B	0,16	0,18	0,20	0,22	0,26	0,30	0,34	0,40	0,48	0,56	0,68	0,82	1,00
120	A	0,32	0,34	0,36	0,38	0,40	0,42	0,46	0,50	0,54	0,60	0,68	0,78	0,90
	B	0,12	0,14	0,16	0,18	0,20	0,22	0,26	0,30	0,34	0,40	0,48	0,58	0,70

¹⁾ A für die nicht werkzeuggebundenen Maße; B für die werkzeuggebundenen Maße

Beispiel:
Für den abgebildeten Gleitring aus PE darf der Durchmesser 65 nicht überschritten werden. Für die anderen Maße sind die Allgemeintoleranzen zulässig.

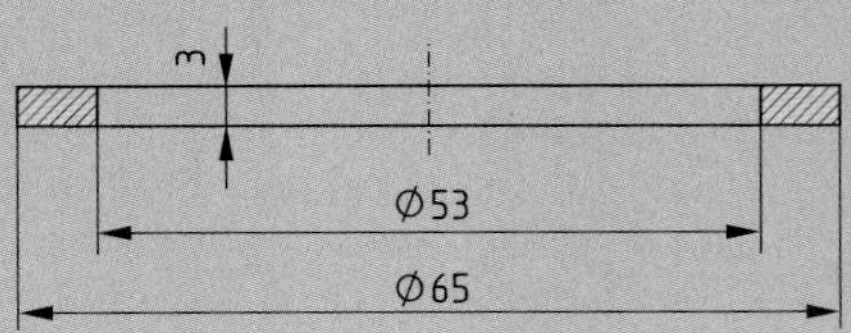

die Nennmaße	die Kennbuchstaben für die Maßart	die Toleranzgruppen für PE:		das Artikelmaß mit dem Abmaß	das Ausgangsmaß für die Berechnung
		allgemein	die Reihe I		
65	B		140	$65^{0}_{-0,8}$	64,6
53	B	150		53 ± 0,47	53,0
3	A	150		3 ± 0,25	3,0

■ Aufgaben zur Berechnung der Maßtoleranzen von Kunststoffartikeln

39.1 Allgemeintoleranzen

Übernehmen Sie die vorgegebene Tabelle und ergänzen Sie diese unter Zuhilfenahme des Tabellenbuches.

das Nennmaß in mm	die Toleranzgruppe (die Allgemeintoleranz)	der Kunststoff	das werkzeuggebundene Maß mit der Toleranzangabe	das nicht werkzeuggebundene Maß mit der Toleranzangabe
3		PA		
14		PE		
		POM	45 ± 0,33	
80	150	PE		
		PVC		12 ± 0,23

39.2 Deckel aus PA

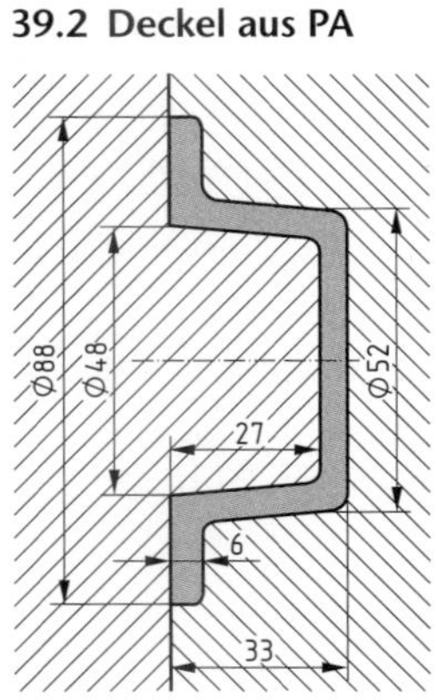

In einem Spritzgießwerkzeug sollen Deckel aus PA hergestellt werden. Der Deckel hat einen größten Durchmesser von 88 mm, der nicht überschritten werden darf. Das Mindestmaß für die Höhe des Deckels beträgt 33 mm. Für die anderen Maße sind die Allgemeintoleranzen zulässig. Bestimmen Sie die Artikelmaße nach DIN ISO 20457. Erstellen Sie eine Tabelle mit den folgenden Spalten.

- das Nennmaß am Artikel
- die Maßart (A, B)
- die Toleranzgruppe (allgemein, die Reihe 1)
- das Artikelmaß mit dem Abmaß
- das Ausgangsmaß für die Berechnung

2. Zuhaltekraft – Auftriebskraft

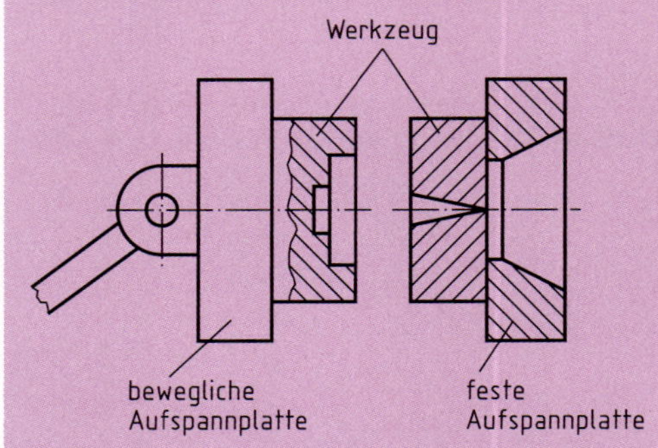

Beim Gießvorgang müssen die beiden Werkzeughälften geschlossen sein und dem hohen Gieß- bzw. Spritzdruck standhalten.
Die Zuhaltekraft F_Z muss größer als die Auftriebskraft F_A sein. Oft wird mit einem Sicherheitsfaktor von 1,25 gerechnet.
Die erforderliche Zuhaltekraft ergibt sich aus:

$$F_z = 1{,}25 \cdot F_A$$

$$F_A = A \cdot p$$

Bezeichnungen:

- F_z die Zuhaltekraft
- A die projizierte Oberfläche von dem Werkzeughohlraum und dem Anguss
- p der max. auftretende Druck im Werkzeughohlraum
- F_A die Auftriebskraft

Aufgaben zur Schließkraft

39.3 Hülse eines Faserschreibers

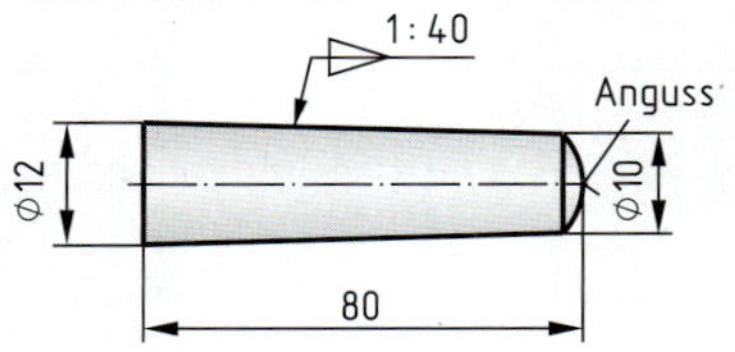

Die Kunststoffhülse wird in einem Spritzgießwerkzeug hergestellt.

a) Berechnen Sie die projizierte Oberfläche A_{proj} in mm^2.
b) Welche Zuhaltekraft F_Z wird benötigt, wenn die Hülse in einem Werkzeug mit 12 Formnestern gespritzt wird und der Spritzdruck $p = 450$ bar beträgt? Die projizierte Fläche des Angusssystems soll unberücksichtigt bleiben.

39.4 Gehäusedeckel aus schlagfestem Polystyrol

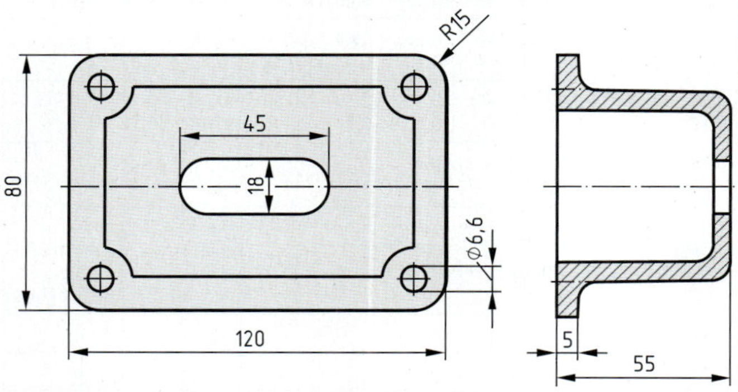

Der Gehäusedeckel wird aus schlagfestem Polystyrol hergestellt.

a) Berechnen Sie die projizierte Oberfläche A_{proj} des Deckels.
b) Ermitteln Sie den maximal möglichen Spritzdruck p_{max} in bar, wenn die Auftriebskraft von 770 kN nicht überschritten werden darf und der Werkzeuginnendruck mit 90% des Spritzdrucks angenommen wird.

39.5 Sechskantmutter

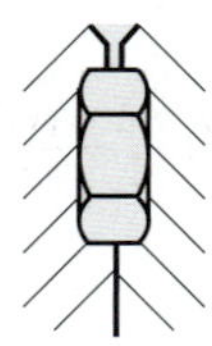

In einem 16fach-Werkzeug sollen Sechskantmuttern M10 aus PA hergestellt werden. Berechnen Sie die Auftriebskraft F_A, wenn der Werkzeuginnendruck die Hälfte des maximalen Spritzdrucks beträgt. Die Anguss- und die Verteilerkanäle sind 470 mm lang und 4 mm breit.

39.6 Ring aus Polypropylen

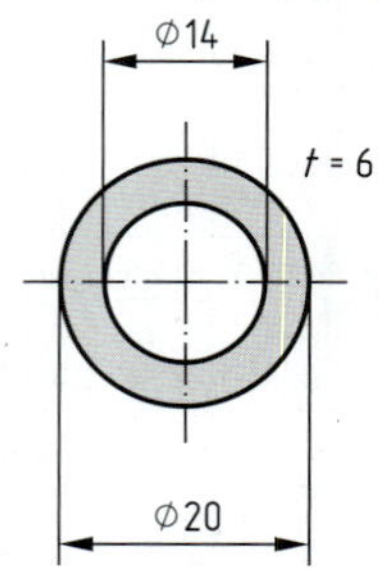

Für den dargestellten Ring ist die Auftriebskraft zu berechnen, wenn es sich um ein Einfachwerkzeug handelt. Der Werkzeuginnendruck (≈ Spritzdruck) soll entsprechend dem Tabellenbuch gewählt werden. Die projizierte Fläche des Angusssystems ist vernachlässigbar.

39.7 Haube aus PVC-hart

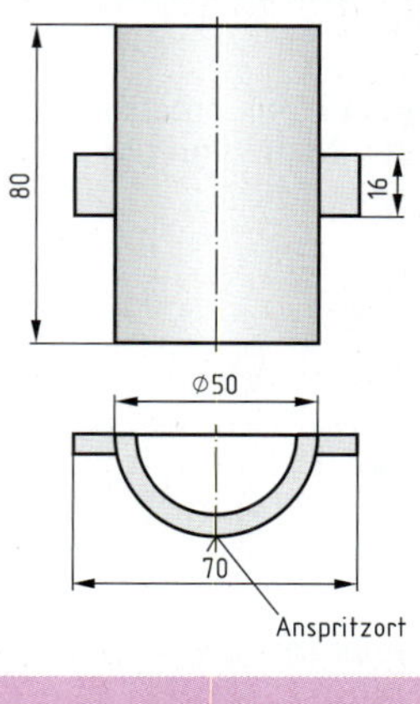

a) Bestimmen Sie den erforderlichen Spritzdruck (≈ Werkzeuginnendruck), wenn es sich um eine Zweifachform handelt und das Angusssystem mit 1 cm^2 berücksichtigt wird. Die Zuhaltekraft darf 1550 kN nicht überschreiten.
b) Ist der errechnete Spritzdruck gemäß Tabellenbuch zulässig?

3. Schwindung beim Spritzgießen

Die Schwindung eines Spritzlings ist die Verkleinerung gegenüber dem Werkzeughohlraum. Sie ist abhängig von dem Druck, der Temperatur, der Einspritzgeschwindigkeit, der Wanddicke, der Formmasse u. a.

Man unterscheidet je nach dem Zeitpunkt und der Bedingung:

- die Verarbeitungsschwindung
- die Nachschwindung
- die Gesamtschwindung

die Gesamtschwindung = die Verarbeitungsschwindung + der Nachschwindung

Die **Schwindung** eines Werkstückvolumens bei der freien, unbehinderten Schwindung wird in Prozent ausgedrückt.

$$S = \frac{V_1 - V_w}{V_1} \cdot 100\ \%$$

$$S = \frac{l_1 - l}{l_1} \cdot 100\ \%$$

Bezeichnungen:

- S das Gesamtschwindmaß in %
- V_1 das Werkzeugvolumen
- V_w das Volumen des Werkstückes
- l die Länge des Werkstückes
- l_1 die Länge des Formnestes

39.8 Lagerbüchse

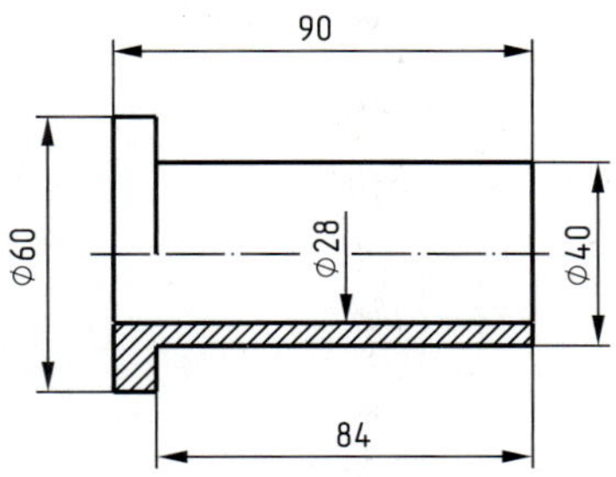

Beim Spritzgießen einer Lagerbüchse aus PA wird der Werkzeughohlraum beim Einspritzen einschließlich Nachdrücken mit 68,05 cm^3 plastifizierter Masse gefüllt.

a) Wie groß ist das Werkstückvolumen V_W?
b) Berechnen Sie die Volumenschwindung S in %.

39.9 Abdeckglas aus PMMA

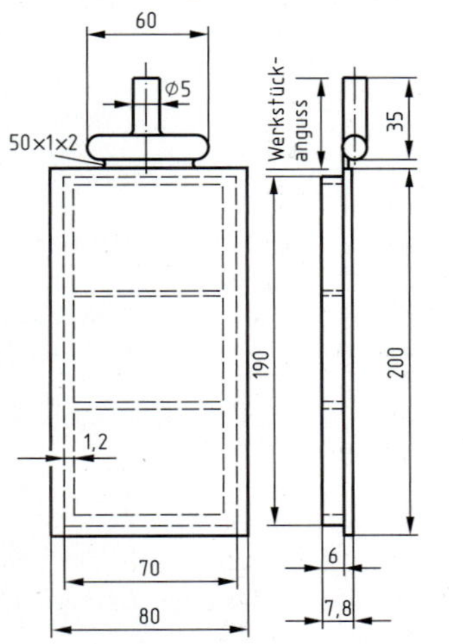

Die folgenden Daten sind zu berechnen.

a) das Volumen eines Werkstücks V_W
b) das Volumen eines Werkstückangussbereichs V_{A1}
c) das Volumen zum Ausgleich der Schwindung $V_{Ausgleich}$ für das Werkstück und den Anguss bei einem Schwindmaß nach dem TB (den Mittelwert)
d) Gesamteinspritzvolumen V bei einer Formnestzahl von $n = 6$, wenn für den Zentralanguss noch 26 cm^3 Formmasse benötigt werden

39.10 Gesamtschwindung

An einem Kunststoffartikel wurde 28 Stunden nach der Entformung das Maß 64,1 mm gemessen. Drei Wochen später wurde nachgemessen und man stellte den Wert 63,85 mm fest. Das entsprechende Werkzeugmaß betrug 65 mm.

Zu bestimmen sind:
a) die Verarbeitungsschwindung S_V,
b) die Nachschwindung S_N,
c) die Gesamtschwindung S_{ges}.

39.11 Armbanduhrenglas aus PMMA

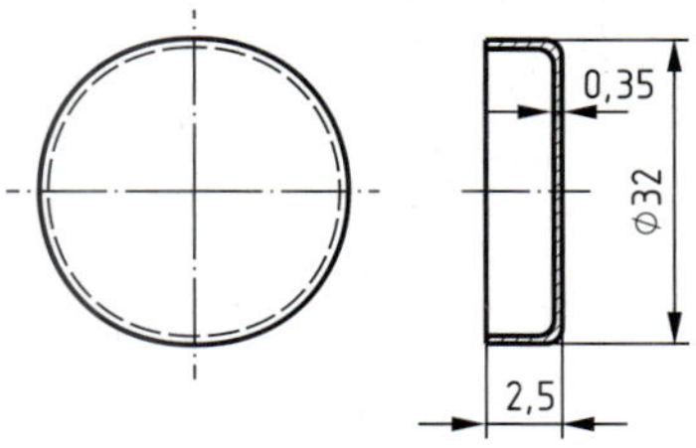

Formnestanordnung

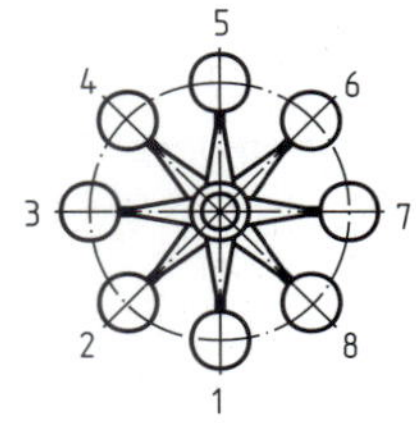

Berechnen Sie.
a) das Volumen eines Werkstücks V_w (die Radien vernachlässigen)
b) das Volumen zum Schwindungsausgleich V_N bei einem Schwindmaß von $S = 0{,}6\,\%$
c) das Füllraumvolumen V, wenn das gesamte Angusssystem 1,72 g wiegt

4. Füllraum für Kunststoff- und Sinterpresswerkzeuge

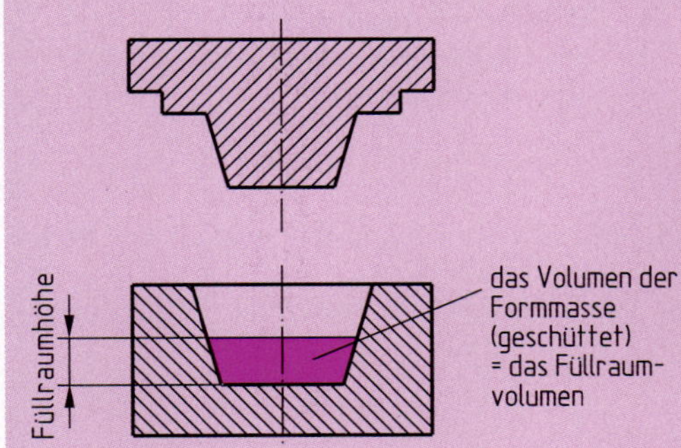

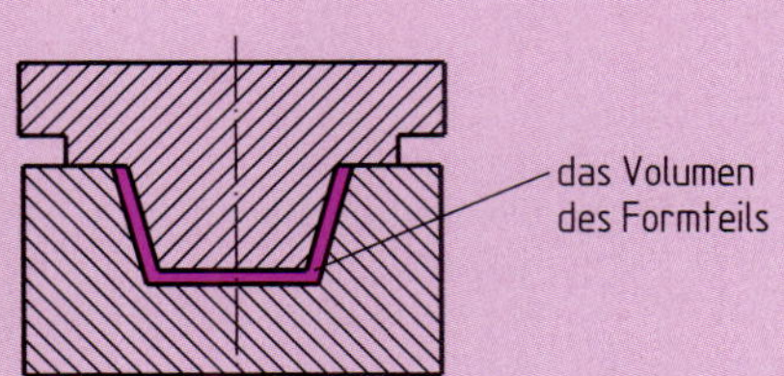

Bezeichnungen:

f	der Füllfaktor
V_1	das Volumen der Formmasse vor dem Pressen
V_2	das Volumen des Formteils nach dem Pressen und dem Aushärten
ϱ_1	die Schüttdichte = die Dichte des ungepressten Formstoffs
ϱ_2	die Dichte des Formstoffs/des Presslings

$$f = \frac{V_1}{V_2} \qquad f = \frac{\varrho_2}{\varrho_1} \qquad f = \frac{h_1}{h_2}$$

Aufgaben zur Berechnung von Füllfaktor und Füllraum

39.12 Stoßstange aus verstärktem Polyesterharz

Die Stoßstange eines Pkw wiegt 1,2 kg. Die Dichte von Polyesterharz ist ϱ = 1,35 g/cm^3. Das Volumen der Formmasse (vor dem Pressen) war V_1 = 2178 cm^3.

a) Wie groß ist das Volumen V_2 der fertigen Stoßstange?
b) Welcher Füllfaktor f liegt vor?
c) Welchen Wert hat die Schüttdichte ϱ_1?

39.13 Zündverteilerkappe aus Melaminharz

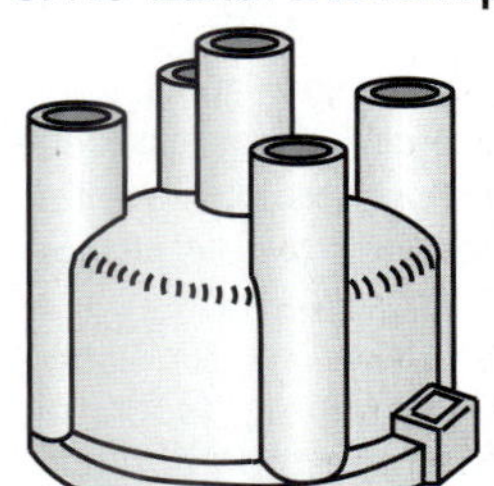

Eine Zündverteilerkappe (ϱ_2 = 1,5 g/cm^3) wird aus Melaminharz mit Füllstoff gepresst. Es werden 155,2 cm^3 Formmasse in das Werkzeug gefüllt. Der Füllfaktor ist f = 1,94.

a) Wie groß ist die Schüttdichte ϱ_1?
b) Welche Masse m hat das fertige Werkstück in g?

39.14 Wanne aus Duromer gepresst

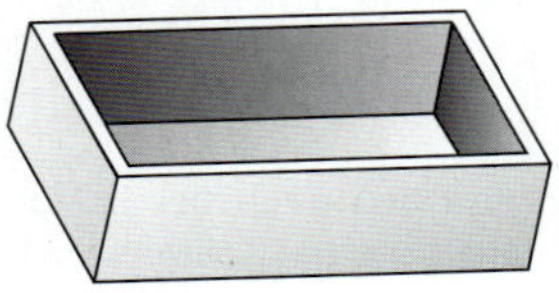

Eine Wanne mit den Außenmaßen 450 × 300 × 150 mm und einer einheitlichen Wandstärke von 3,5 mm soll aus einem Formstoff mit der Dichte $\varrho_2 = 1{,}26\ \text{g/cm}^3$ gepresst werden. Die Füllraumhöhe im Werkzeug beträgt 2 cm.

a) Wie groß ist das Volumen V_2 des Formteils?
b) Welches Volumen V_1 hat die Formmasse?
c) Welcher Füllfaktor f ergibt sich daraus?
d) Welchen Wert hat die Schüttdichte ϱ_1?

39.15 Bedienknopf

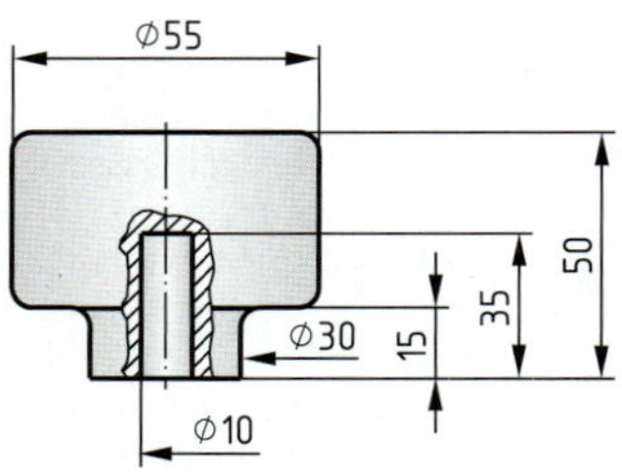

Die Formschrägen und die Radien sind zu vernachlässigen.

Ein Bedienknopf aus Phenolharz mit einer Dichte $\varrho = 1{,}6\ \text{g/cm}^3$ und einem Füllfaktor $f = 5{,}2$ soll durch das Pressen hergestellt werden.

a) Berechnen Sie das Volumen V_2 des Formteils.
b) Welches Volumen V_1 hat die dazu notwendige Formmasse?
c) Wie groß sind die einzelnen Füllraumhöhen?

39.16 Sinterteil

Ein Sinterteil von 10 mm Höhe ist zu pressen. Die Dichte soll im gepressten Zustand 6,5 g/cm³ betragen. 100 g des zu verpressenden Eisenpulvers nehmen ein Volumen von 35 cm³ ein.

a) Wie groß ist der Füllraumfaktor f?
b) Welche Füllraumhöhe h_1 ist erforderlich?
c) Welcher Pressdruck p ist dazu erforderlich?

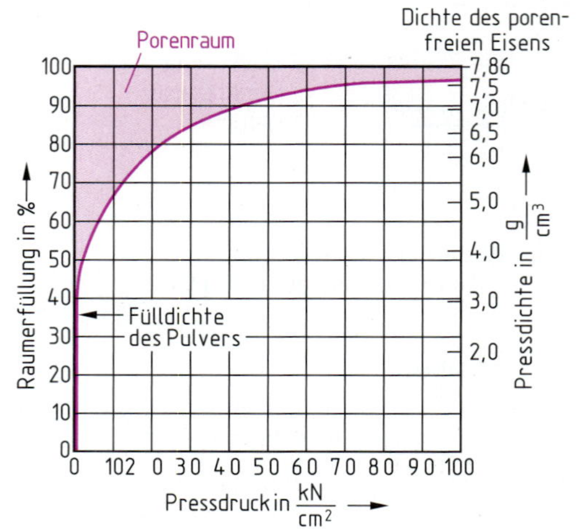

39.17 Griff

Der Trichter einer Spritzgießmaschine ist mit 100 dm³ eines rieselfähigen Granulats gefüllt.

a) Wie viele Spritzteile mit einer Masse von 75 g lassen sich aus dem Trichterinhalt herstellen, wenn das Granulat eine Schüttdichte von 0,55 g/ cm³ hat?
b) Wie groß ist das Volumen für ein fertiges Spritzteil, wenn sich die Dichte um den Faktor 1,8 erhöht?

5. Entformungskraft

Zum Öffnen eines Werkzeugs und zum Entformen des Werkstücks wird Kraft benötigt, weil das Werkstück auf den Kern des Werkzeugs aufschrumpft. Diese Kräfte dürfen nicht zu groß bemessen werden, damit das Werkstück beim Entformen nicht beschädigt wird.

$$F_E = \mu \cdot p \cdot A$$

Bezeichnungen:

- F_E die Entformungskraft
- μ der Reibungskoeffizient
- p die Flächenpressung
- A die Fläche des Kernmantels (die Abschiebefläche)

der Reibungskoeffizient μ (eine Auswahl):			
der Werkstoff:	die Rautiefe in μm:		
	1	6	20
PE	0,38	0,52	0,70
PP	0,47	0,50	0,84
PS	0,37	0,52	1,82
ABS	0,35	0,46	1,33
PC	0,47	0,68	1,6

die Hinweise:
Der Reibungskoeffizient hängt stark von der Oberflächenqualität des Kernmantels ab.
Eine konische Gestaltung der Werkstückform verringert die Entformungskraft.

Aufgaben zur Berechnung der Entformungskraft

39.18 Becher entformen

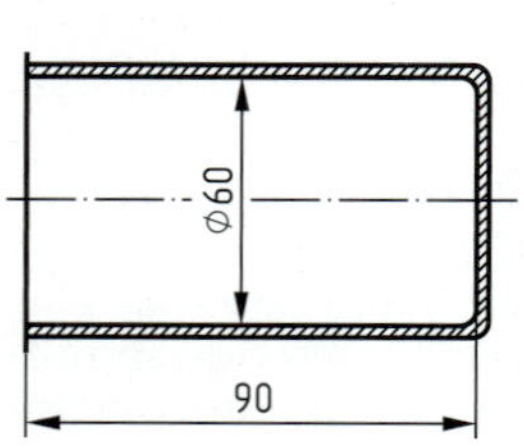

Ein zylindrischer Becher aus PC (Polycarbonat) wird durch das Spritzgießen hergestellt. Der Kern des Werkzeugs hat eine Rautiefe von 1 μm.

a) Welcher Reibungskoeffizient gilt laut der Tabelle?
b) Berechnen Sie die Mantelfläche des Kerns.
c) Berechnen Sie die Entformungskraft F_E, wenn die Flächenpressung durch die Schwindung auf $p = 25\ \text{N/cm}^2$ angestiegen ist.

39.19 Hülse aus PP (Polypropylen)

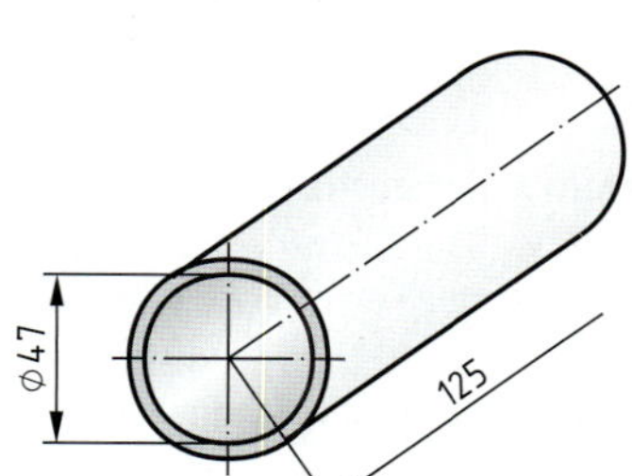

Ein hülsenförmiger Spritzling benötigt zum Entformen eine Kraft von $F_E = 1{,}78$ kN. Die Kernmantelfläche ist rundgeschliffen auf eine Rautiefe von 6 μm.

a) Bestimmen Sie den Reibungskoeffizienten laut der Tabelle.
b) Berechnen Sie die Flächenpressung in $\frac{\text{N}}{\text{cm}^2}$, die durch die Schwindung entstanden ist.

6. Heizleistung

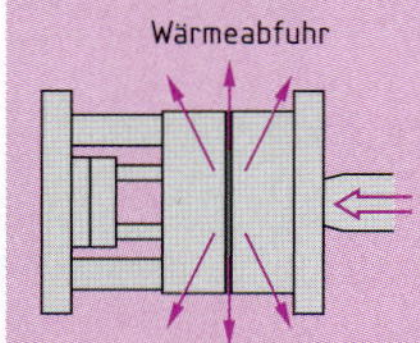

Verarbeitung von den Plastomeren

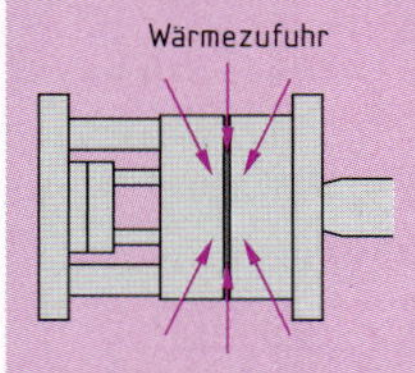

Verarbeitung von den Duromeren bzw. den Elastomeren

Bei der Temperierung von den Spritzgusswerkzeugen muss zwischen den Werkzeugen für die Plastomer- und die Duromer- bzw. die Elastomerverarbeitung unterschieden werden. Während bei den Plastomerwerkzeugen nur der Heißkanalblock bzw. in der Aufheizphase das Werkzeug beheizt werden, ist die Aufgabe der Temperierung bei den Werkzeugen für die vernetzenden Formmassen eine andere. Hier wird die Formmasse nach dem Einspritzen in die Werkzeugform durch die Wärmezufuhr zur Vernetzung gebracht.

Die Leistungsaufnahme wird berechnet nach der Formel:

$$P = \frac{m \cdot c \cdot \Delta T}{t_A \cdot \eta_{ges}}$$

$$\Delta T = T_1 - T_0$$

In der Praxis hat sich ergeben, dass der Gesamtwirkungsgrad zwischen 0,4 und 0,7 liegt.

Bezeichnungen:

P	die Leistung in kW
m	die Masse in kg
c	die spezifische Wärmekapazität in $\frac{\text{kJ}}{\text{kg K}}$ nach dem TB
ΔT	die Temperaturänderung in K
t_A	die Aufheizzeit in s
η_{ges}	der thermische und der elektrische Gesamtwirkungsgrad
T_0	die Anfangstemperatur des Werkzeugs
T_1	die Betriebstemperatur des Werkzeugs

Aufgaben zur Heizleistung

39.20 Heizleistung

Der Heißkanalblock eines Spritzgießwerkzeugs hat eine Masse von 63 kg und besteht aus einem warmfesten, hochlegierten Stahl. Beim Betriebsbeginn muss das Werkzeug von der Raumtemperatur 20 °C auf die Betriebstemperatur aufgeheizt werden.

a) Welche Leistung in kW nimmt die Heizung auf, wenn der Gesamtwirkungsgrad $\eta = 0{,}5$ beträgt und die Betriebstemperatur von 80 °C nach 16 Minuten erreicht ist?
b) Welche Temperatur hat der Heißkanalblock, wenn die Aufheizzeit nach 9 Minuten abgebrochen wird?

39.21 Heizpatronenauslegung

Bestimmen Sie die zu installierende Heizleistung für ein Spritzgießwerkzeug aus Stahl zur Verarbeitung einer Formmasse. Die Masse des Werkzeuges beträgt 55 kg. Das Werkzeug soll in 35 Minuten von 20 °C auf 220 °C aufgeheizt werden. Der Wirkungsgrad kann mit 70 % angenommen werden. Weiterhin ist die Anzahl der Heizpatronen zu bestimmen, wenn diese eine Leistung von 400 W aufweisen.

39.22 Aufheizzeit

Ein Heißkanalblock eines Spritzgießwerkzeuges für Polycarbonat aus einem hochlegierten Stahl mit einer Masse von 38 kg hat eine Leistungsaufnahme von 2 000 W. Er soll von 20 °C auf 110 °C in 23 Minuten aufgeheizt werden.

a) Mit welchem Gesamtwirkungsgrad η arbeitet die Anlage?
b) Um wie viele Minuten kann die Aufheizzeit verkürzt werden, wenn die Heizelemente gegen leistungsfähigere ausgetauscht werden, wobei die Leistungsaufnahme auf 2 800 W und der Gesamtwirkungsgrad auf $\eta = 0{,}67$ steigt?

39.23 Heizleistung für Spritzgießwerkzeug

Berechnen Sie die Masse eines Spritzgießwerkzeuges aus Stahl, wenn folgende Daten bekannt sind.

die Heizleistung: 6,8 kW
die Anfangstemperatur des Werkzeugs: 20 °C
die Betriebstemperatur des Werkzeugs: 80 °C
der Gesamtwirkungsgrad: 77 %
die Aufheizzeit: 70 min

7. Formschräge und Konizität

Der Spritzling muss sicher und ohne Beschädigung entformt werden können. Deshalb haben alle Konturen, die in Entformungsrichtung liegen, die Ausformschrägen.

$$x = l \cdot \tan \alpha$$

Bezeichnungen:

x	die Konizität
α	die Ausformschräge
l	die Bauteiltiefe

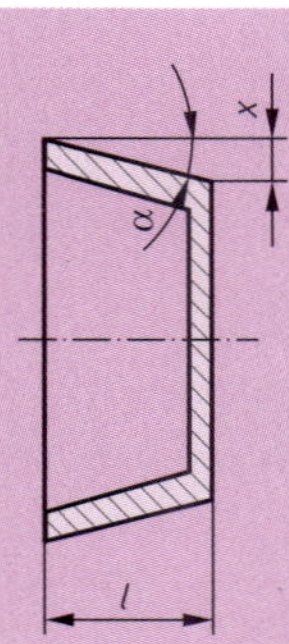

die Richtwerte für Entformungsschrägen:	
PS	1,5°
SB	1°
ABS	0,5°
HDPE	0,5°
PP	0,3°
POM	0,5°
PE teilkristallin	1°
PE amorph	1,5°

Aufgaben zur Formschräge und Konizität

39.24 Becher

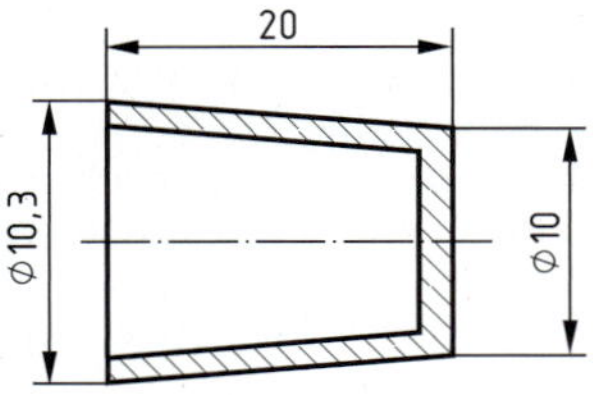

Gesucht sind:
a) die Konizität x,
b) die Entformungsschräge α

39.25 Spritzling

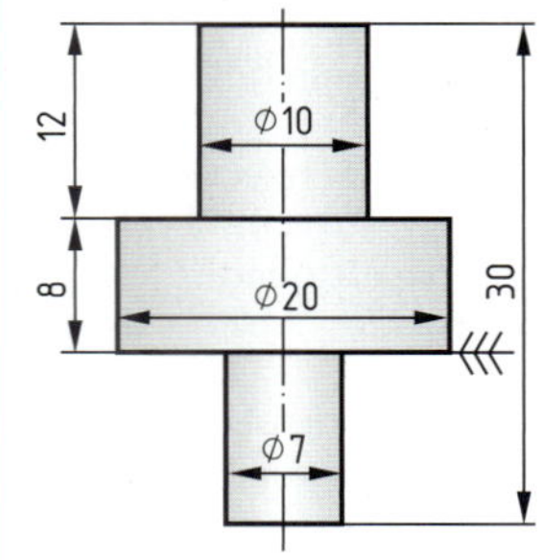

Für den gezeichneten Spritzling aus Polystyrol sollen die Maße des Formnestes festgelegt werden. Bestimmen Sie die erforderlichen Durchmesser.

8. Angussverteiler

Die Gestaltung der Verteilerkanäle erfordert einen Kompromiss zwischen dem Wärmeverlust, der Fließfähigkeit der Formmasse, dem Abfallvolumen und den Herstellkosten. Um den Angusskanal bzw. den Angussverteiler in seiner Profilart besser einzuschätzen, wird die Leistungsfähigkeit ermittelt. Das Ziel ist eine kleine Außenoberfläche, d.h. geringe Temperaturverluste und eine gut ausgebildete plastische Seele.

$$\text{Leistungsfähigkeit} = \frac{\text{Querschnitt}}{\text{Umfang}}$$

$$L = \frac{A}{U}$$

Bezeichnungen:
- L die Leistungsfähigkeit
- A der Querschnitt
- U der Umfang

Aufgaben zum Verteilerkanalquerschnitt

39.26 Angusskanal

a) Berechnen Sie für die nebenstehenden Verteilerquerschnitte das Leistungsverhältnis L, wenn $d = 5$ mm ist.

b) Welche Querschnitte bieten die günstigsten Voraussetzungen für den Schmelzetransport?

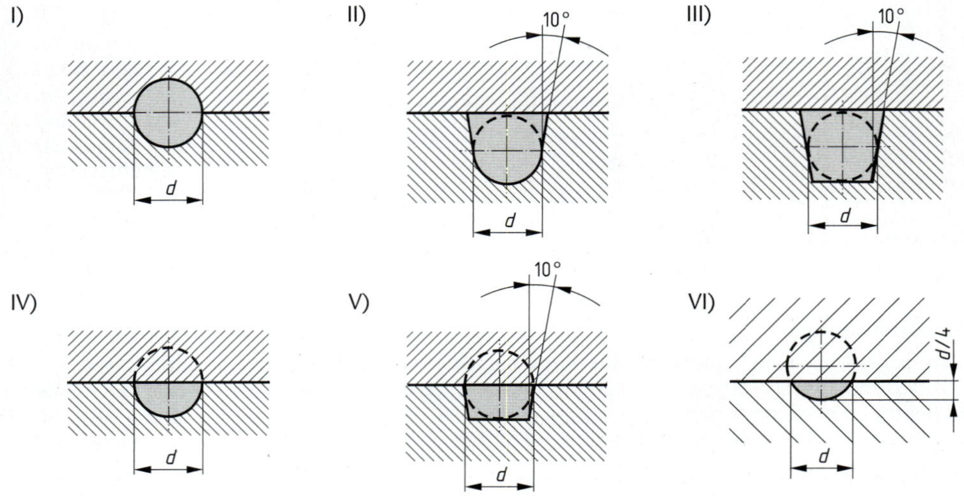

9. Spritzeinheit

Die **Spritzeinheit** plastifiziert das Granulat und fördert es mit der **Schnecke** in den Formhohlraum.

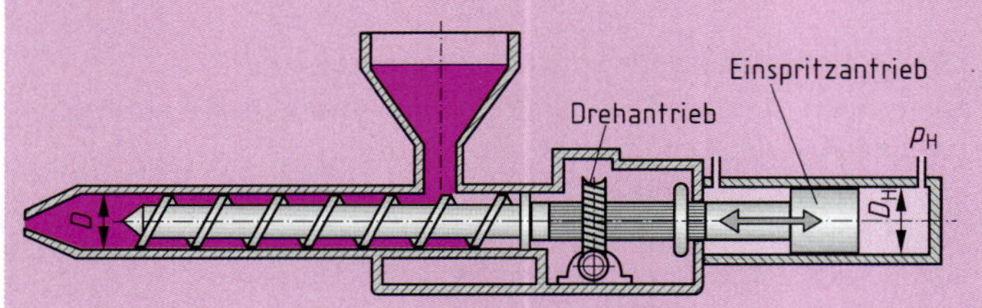

die Schnecke:

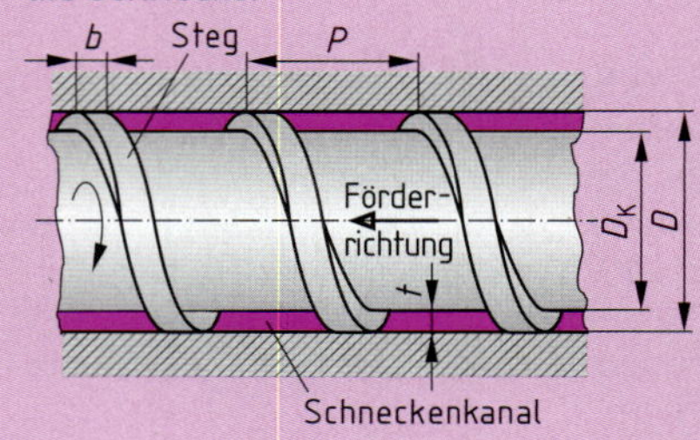

Bezeichnungen:
- D der Schneckendurchmesser (≈ dem Zylinderdurchmesser)
- D_K der Kerndurchmesser
- b die Stegbreite
- t die Gangtiefe
- P die Steigung

das theoretische Hubvolumen und das Schussgewicht:

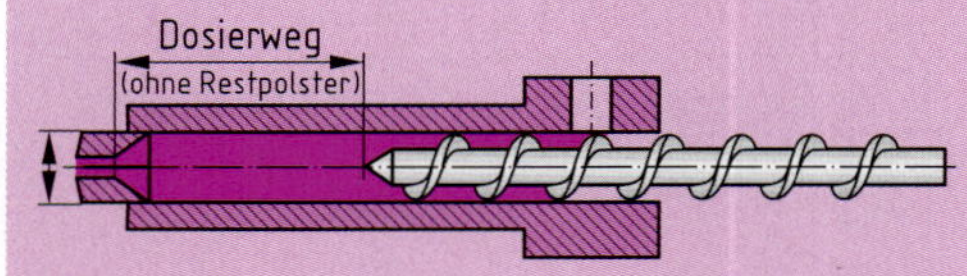

$$V_H = A \cdot h$$

$$m = k \cdot V_H \cdot \rho$$

- A der Schneckenquerschnitt $= \frac{\pi}{4} D^2$
- h der Hub (der Dosierweg)
- $k \approx$ 0,7 … 0,9 Nutzanteil
- V_H das theoretische Hubvolumen
- ρ die Dichte der Formmasse
- m das Schussgewicht

Aufgaben zur Spritzeinheit

39.27 Standardschnecke

Die geometrischen Abmessungen einer Schnecke werden in Abhängigkeit vom Schneckendurchmesser festgelegt.
Es gelten folgende Zusammenhänge.

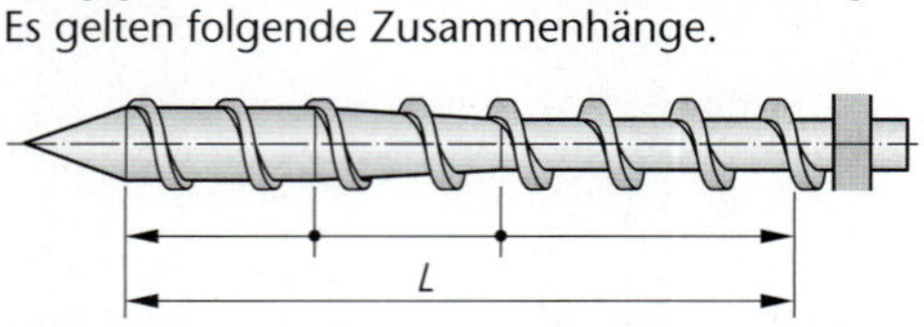

$D_K = 0{,}85 \cdot D$
$P = D$
$b = 1{,}4 \cdot t$

a) Berechnen Sie D_K, P, t, b für einen Schneckendurchmesser von 60 mm.

b) Berechnen Sie für den mittleren Bereich der Schnecke (die Kompressionszone) mit $D_{K1} = 0{,}85 \cdot D$, $D_{K2} = 0{,}78 \cdot D$ und $l_k = 300$ mm die Kegelverjüngung und die Neigung.

c) Das L/D-Verhältnis der Schnecke beträgt 21. Welche Länge hat die Schnecke?

d) Welches theoretische Hubvolumen V_H in cm^3 weist die Spritzgießmaschine auf, wenn der Dosierweg auf $2{,}5 \cdot D$ eingestellt ist?

e) Welches Schussgewicht ergibt sich für ein Spritzgussteil aus PA 6, wenn 90 % des Hubvolumens genutzt werden?

39.28 Leistungsdaten einer Spritzeinheit

An einer Spritzgießmaschine soll zur Verarbeitung von Polypropylen mit einem Spritzdruck nach dem TB gearbeitet werden. Die Schnecke wirkt als Druckkolben und hat einen Durchmesser von $D = 40$ mm. Der Hydraulikkolben zur Bewegung der Schnecke hat einen Durchmesser von $D_H = 170$ mm.

a) Ermitteln Sie den Spritzdruck für diesen Werkstoff.

b) Berechnen Sie den theoretischen Druck im Hydraulikteil (ohne Reibungsverluste).

c) Welcher Hydraulikdruck p_H ist erforderlich, wenn der Wirkungsgrad des Schneckenkolbens 86 % beträgt?

d) Welche Druckkraft F in kN wirkt auf den Schneckenkolben während des Einspritzens bei dem vorher berechneten Öldruck?

e) Welche Antriebsleistung ist für die Schnecke notwendig, wenn die Schneckenvorlaufgeschwindigkeit $v_{\text{Schnecke(axial)}} = 200$ mm/s ist?

40 Druckgießen

Gießdruck – Betriebsdruck

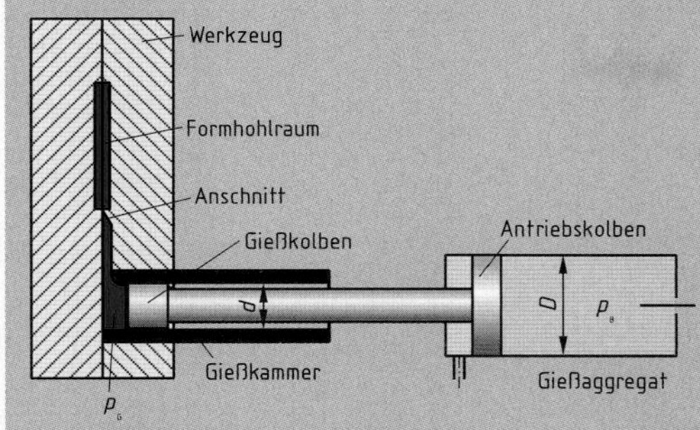

$$\frac{p_G}{p_B} = \frac{D^2}{d^2}$$

Bezeichnungen:
p_G der Gießdruck
p_B der Betriebsdruck
d der Gießkolbendurchmesser
D der Antriebskolbendurchmesser

Auftriebskraft – Zuhaltekraft

Beim Gießvorgang müssen die beiden Werkzeughälften geschlossen sein, um den hohen Gießdrücken standzuhalten.

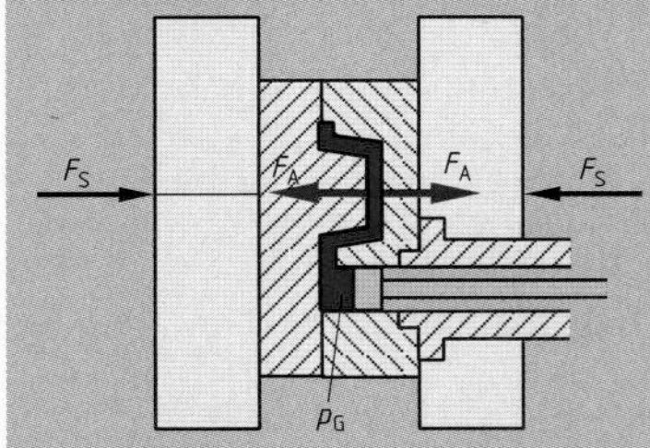

$$F_A = A \cdot p_G$$

$$F_z = 1{,}25 \cdot F_A$$

Bezeichnungen:
F_z Zuhaltekraft
A die projizierte Oberfläche vom Werkstück, vom Anguss, vom Überlauf und vom Angusskanal
p_G der max. Gießdruck im Werkzeug
F_A die Auftriebskraft

Anschnittberechnung von Kaltkammerwerkzeugen mit einer waagerechten Druckkammer

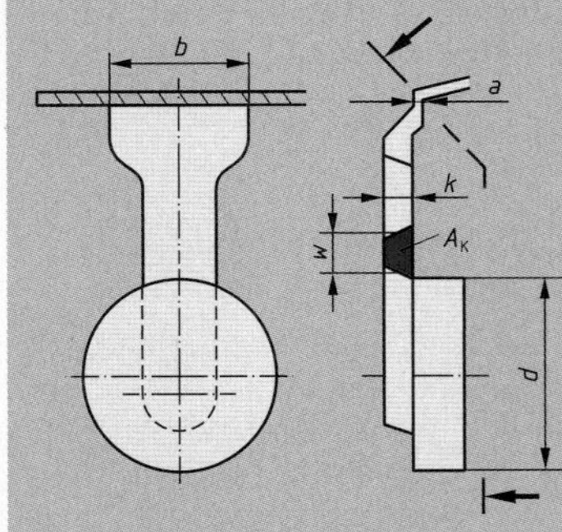

$$A_A = \frac{V_G}{t_F \cdot v_A}$$

Bezeichnungen:
a die Anschnittdicke
k die Gießkanaldicke
w die Gießkanalbreite
A_K der Gießkanalquerschnitt
V_G das Gussteilvolumen
A_A der Anschnittquerschnitt
t_F die Formfüllzeit
v_A die Anschnittgeschwindigkeit

der Anguss eines Werkstückes

die Tabellen über Erfahrungswerte:

die Formfüllzeit t_F:

die Wanddicke in mm:	die Formfüllzeit t_F in s:
1,5	0,01 – 0,03
1,8	0,02 – 0,04
2,0	0,02 – 0,06
2,3	0,03 – 0,07
2,5	0,04 – 0,09
3,0	0,05 – 0,10
3,8	0,05 – 0,12
5,0	0,06 – 0,20
6,4	0,08 – 0,30

die Anschnittgeschwindigkeit v_a:

die Legierungstype:	die Anschnittgeschwindigkeit v_A in m/s:
das Zink	20 … 50
das Aluminium	20 … 60
das Magnesium	30 … 90
das Kupfer (CuZn)	20 … 50

die Verhältnisse:

$$\frac{\text{Anschnittquerschnitt } A_A}{\text{Gießkanalquerschnitt } A_K} = \frac{1}{3} \dots \frac{1}{4}$$

die Anschnittdicke a und die Dichte ϱ:

die Legierung:	die Dicke a in mm:	die Dichte ϱ in g/cm³:
ZnAl4	0,35 … 0,8	6,6
AlSi12	1,0 … 1,4	2,65
AlSiCu4	1,2 … 2,5	2,65
MgAl9	0,6 … 2,0	1,8
CuZn15	1,5 … 3,0	8,6

die Querschnittsverhältnisse beim Gießkanal:

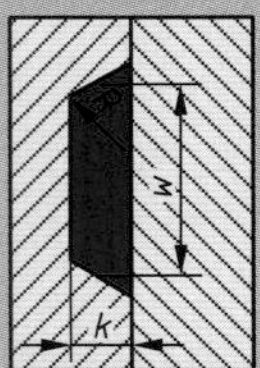

die Basislegierung:	k/w	der Radius R:
Magnesium	1 : 2	0,2 · k
Aluminium	1 : 3	
Zink	1 : 4	
Kupfer	1 : 5	

40.1 Fuß

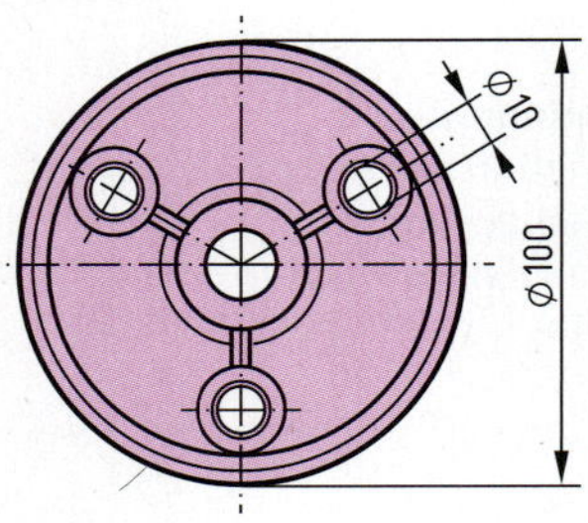

Welche Zuhaltekraft muss eine Druckgießmaschine für den abgekühlten Fuß aufbringen, wenn der Werkzeuginnendruck 600 bar beträgt und ein zentraler Anguss verwendet wird?

40.2 Pumpengehäuse

Es sollen Pumpengehäuse durch Druckguss auf einer waagerechten Kaltkammermaschine hergestellt werden. Laut Konstruktionszeichnung sind folgende Daten bekannt.

die Gussteilmasse:	$m = 270$ g
die mittlere Wanddicke:	$t = 2{,}5$ mm
der Gießwerkstoff:	EN AC-AlSi12 (EN AC-44100)

Die folgenden Daten sind zu bestimmen.
(Bei den Tabellenwerten sind die Mittelwerte zu wählen.)

a) die Strömungsgeschwindigkeit v_A im Anschnitt nach der Tabelle
b) die erforderliche Formfüllzeit t_F nach der Tabelle S. 141
c) die Dichte ϱ des Gießwerkstoffes
d) das Gussteilvolumen V_G
e) der Anschnittquerschnitt A_A
f) die Anschnittdicke a nach der Tabelle S. 141
g) die Anschnittbreite b
h) der Gießkanalquerschnitt A_K
i) die Gießkanaldicke k
j) die mittlere Gießkanalbreite w

40.3 Abdeckkapsel aus EN AC-AlSi6Cu4

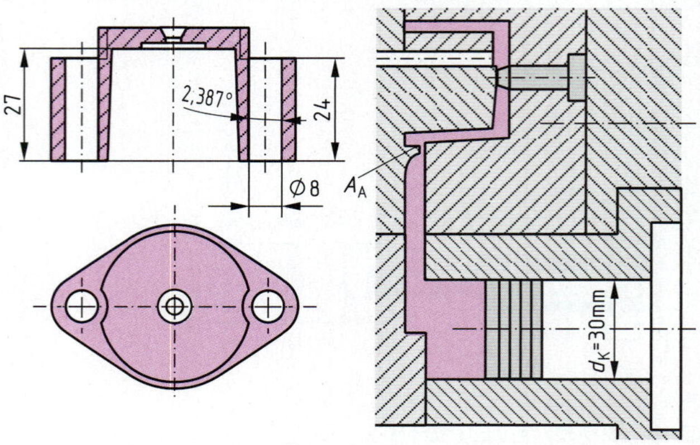

a) Berechnen Sie für das Werkstückmaß 27 mm das entsprechende Werkzeugmaß, wenn das Schwindmaß $S = 0{,}5\,\%$ beträgt.
b) Welche Strömungsgeschwindigkeit v_A ist im Anschnitt für diesen Werkstoff zu empfehlen (der Mittelwert)?
c) Wie groß ist die kleinste Anschnittdicke a nach der Tabelle?
d) Berechnen Sie die Anschnittbreite b, wenn der Anschnittquerschnitt $A_A = 0{,}28$ cm² beträgt.
e) Ermitteln Sie den erforderlichen Volumenstrom Q der Aluminiumschmelze in cm³/s.
f) Welcher Gießkanalquerschnitt A_K ist nach der Tabelle zu empfehlen?
g) Wie groß ist bei der Kanaldicke $k = 6$ mm die mittlere Gießkanalbreite w?
h) Welche Gießkolbengeschwindigkeit v_K in cm/s ist erforderlich, wenn der Gießkolbendurchmesser $d_K = 30$ mm beträgt?

40.4 Lagerflansch

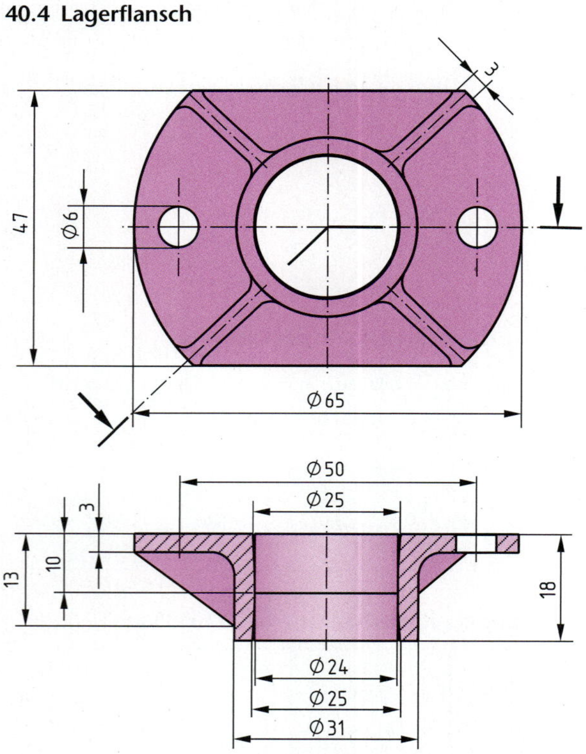

Für den Lagerflansch aus EN AC-AlSi12 sollen folgende Berechnungen durchgeführt werden.

a) das Volumen des Lagerflansches V_G (Die Formschrägen und die Ausrundungsradien bleiben unberücksichtigt.)
b) die Dichte ϱ des Gießwerkstoffes, wenn das Volumen des Lagerflansches mit $V_G = 12{,}23$ cm³ angenommen wird
c) die mittlere Strömungsgeschwindigkeit v_A im Anschnitt
d) die mittlere Formfüllzeit t_F in s
e) der Anschnittquerschnitt A_A
f) die mittlere Anschnittdicke a nach der Tabelle
g) die Anschnittbreite b durch Rechnen
h) das Verhältnis: $\frac{\text{der Anschnittquerschnitt } A_A}{\text{den Gießkanalquerschnitt } A_K}$
i) der Gießkanalquerschnitt A_K
j) das Verhältnis: $\frac{\text{die Gießkanaldicke } k}{\text{die Gießkanalbreite } w}$
k) die Gießkanaldicke k
l) die Gießkanalbreite w
m) der Betriebsdruck p_B in bar, wenn der Gießdruck $p_G = 1000$ bar, der Durchmesser des Antriebskolbens $D = 100$ mm und des Gießkolbens $d = 20$ mm sind
n) die projizierte Fläche A_{proj} des Werkstücks
o) die gesamte projizierte Fläche, wenn:
$A_{proj\ Anguss} = 1{,}77$ cm²
$A_{Kanal} = 2{,}85$ cm²
$A_{Überlaufbohnen} = 2{,}24$ cm²
p) die Auftriebskraft F_A in kN, wenn ein Gießdruck $p_G = 1000$ bar eingestellt ist
q) die Zuhaltekraft F_z der Druckgießmaschine, wenn mit 25 % Sicherheit gerechnet werden soll

41 Abtragen

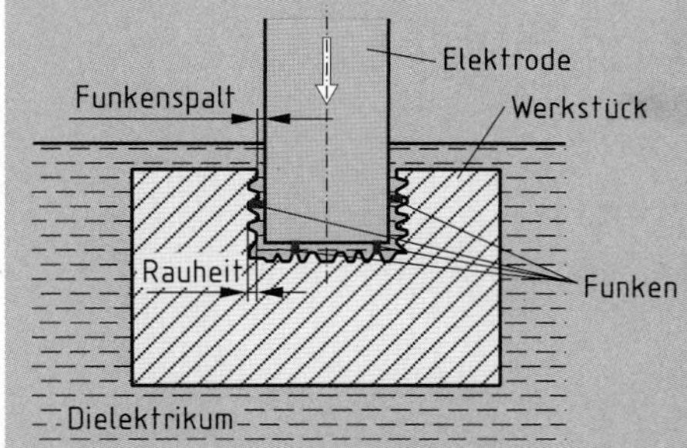

Durch die elektrischen Entladungen (die Impulse) wird der Werkstoff punktuell bis zum Verdampfen erhitzt. Die nichtleitende Flüssigkeit (das Dielektrikum) kühlt den Werkstoff wieder ab und transportiert den Abtrag fort.

Bestimmung des Entladestroms

das Diagramm 1: das Wirkfläche-Entladestrom-Schaubild
für das Schruppen mit maximalem Entladestrom an der Wirkfläche orientiert

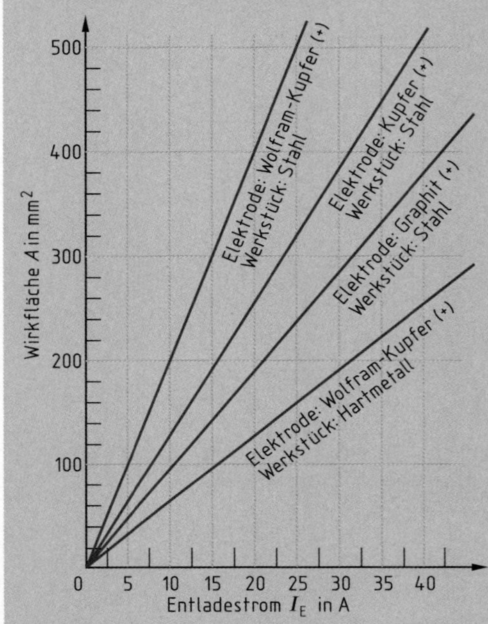

das Diagramm 2: das Rauheitswert-Entladestrom-Diagramm
für das Schlichten mit zulässigem Entladestrom an der Oberflächengüte orientiert

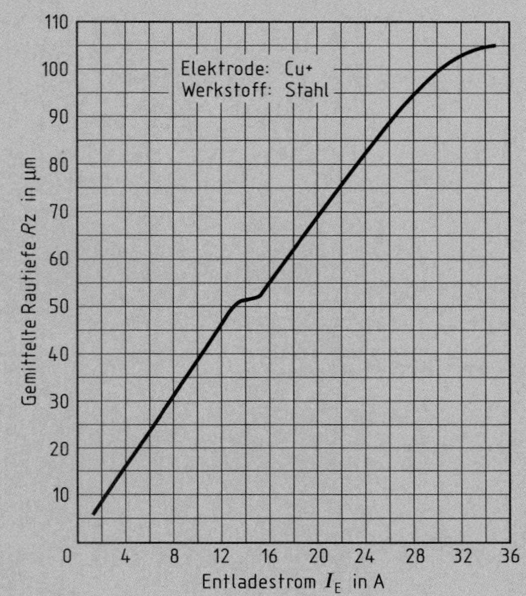

Berechnung des Elektrodenmaßes

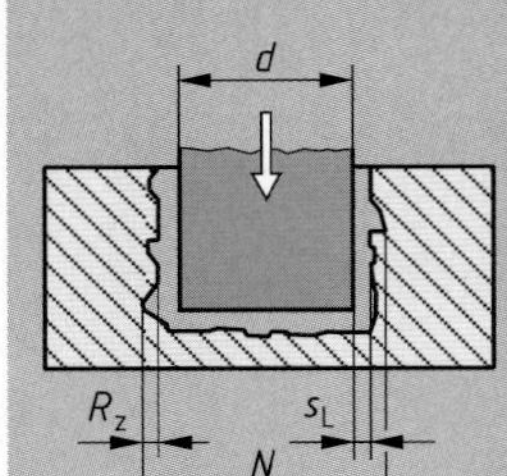

$$d = N - 2 \cdot s_L - 2 \cdot R_z$$

Bezeichnungen:

d das Elektrodenmaß
N das Fertigmaß
s_L der Funkenspalt
R_z die Rautiefe

Bestimmung der Technologiedaten

das Schruppen:
Es werden die Arbeitsrichtwerte gewählt, die den größten Abtrag aufweisen.

das Schlichten:
Es werden die Arbeitsrichtwerte gewählt, die die beste Oberflächengüte bei möglichst geringem Verschleiß aufweisen.

Je nach der Stromstärke, der Impulsdauer des Stromes und der Bauart der Erodiermaschine ergeben sich unterschiedliche Leistungswerte.

Die Umrechnung des R_z-Wertes in den Spalt s_L und umgekehrt lässt sich aus untenstehender Tabelle ablesen.

die Tabelle: die Rauheit und die Spaltbreite:

R_z in µm:	7	8	10	12	14	15	18	20	25	30	33	35	40	50	60	70	80	90	100
der Spalt s_L in mm:	0,05	0,055	0,065	0,075	0,08	0,085	0,095	0,1	0,12	0,13	0,14	0,15	0,16	0,185	0,21	0,23	0,25	0,27	0,3

das Diagramm 3: die Abtragsleistung einer mittleren Erodieranlage:

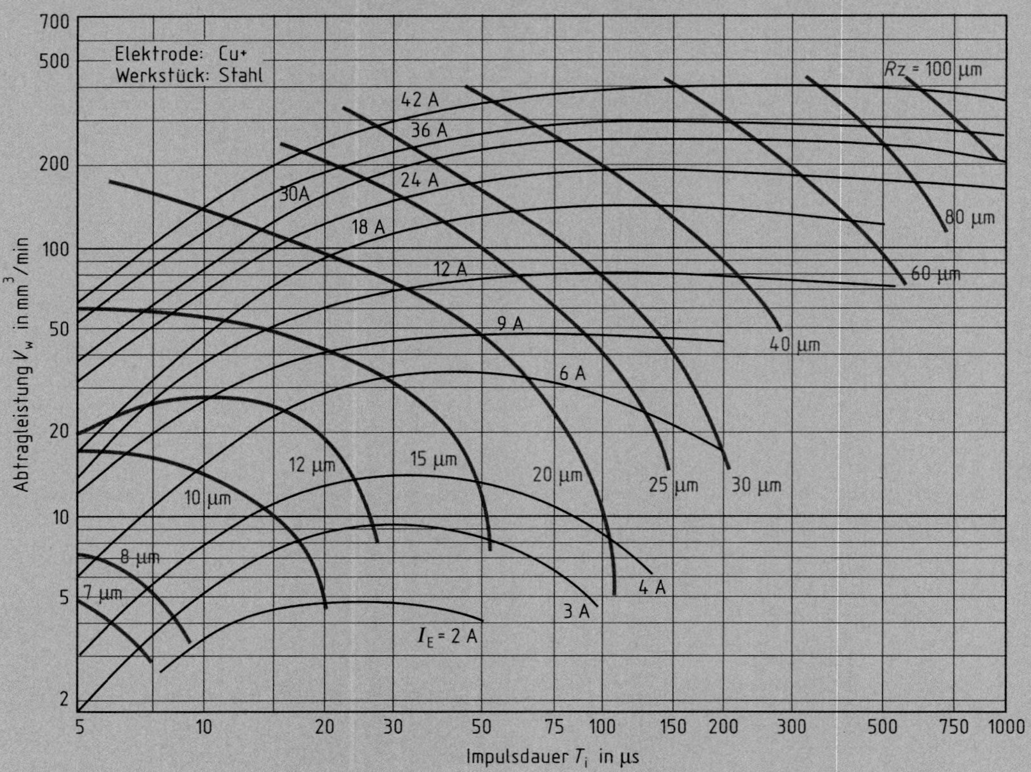

Berechnung der Fertigungszeit

das Senkerodieren:

Die Fertigungszeit ergibt sich aus dem abzutragenden Werkstückvolumen V und der Abtragsleistung V_W.

$$\text{Fertigungszeit} = \frac{\text{Abtragvolumen}}{\text{Abtragleistung}} \qquad t_h = \frac{V}{V_W}$$

Bezeichnungen:

V_W die Abtragleistung oder die Abtragrate das Senkerodieren: das abgetragene Werkstückvolumen je Zeiteinheit (mm³/min)

V das abgetragene Volumen

t_h die Hauptnutzungszeit (= die Erodierzeit)

das Drahterodieren:

Die Fertigungszeit ergibt sich aus der abzutragenden Fläche A und der Abtragleistung.

$$\text{Fertigungszeit} = \frac{\text{abgetragene Fläche}}{\text{Abtragleistung}} \qquad t_h = \frac{A}{A_W}$$

$$\text{Fertigungszeit} = \frac{\text{Schnittlinienlänge}}{\text{Vorschubgeschwindigkeit}} \qquad t_h = \frac{L}{v_f}$$

A_W die Abtragleistung das Drahterodieren: die abgetragene Fläche je Zeit (mm²/min)

A die abgetragene Fläche

L die Schnittlänge, der Vorschubweg

v_f die Vorschubgeschwindigkeit

Aufgaben zum Drahterodieren

41.1 Schneidplatte

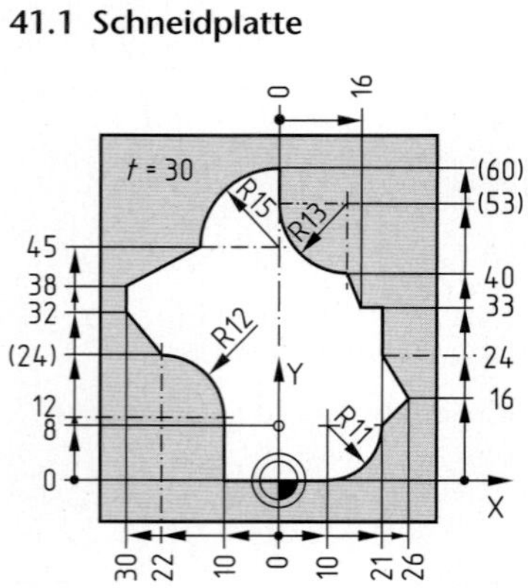

Die abgebildete Schneidplattenkontur soll durch das Drahterodieren hergestellt werden.

a) Erstellen Sie ein Schneid-Erodierprogramm nach DIN 66025, wenn im Uhrzeigersinn zu erodieren ist. Die Korrektur für den Funkenspalt und den Drahtdurchmesser wird von der Steuerung vorgenommen. Der Startpunkt liegt bei X0 Y8.

b) Bestimmen Sie mit dem TB eine Vorschubgeschwindigkeit v_f für eine mittlere Toleranz.

c) Welche Erodierzeit t_h ergibt sich bei der gewählten Vorschubgeschwindigkeit?

41.2 Schneidstempel

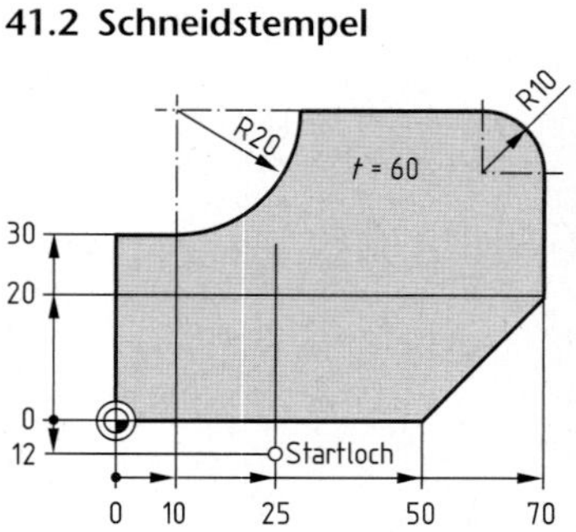

Ein Schneidstempel mit dem abgebildeten Querschnitt soll durch das Drahterodieren hergestellt werden.

a) Bestimmen Sie die Abtragleistung, wenn dafür 5 h 40 min benötigt werden und die Anschnittlänge 12 mm beträgt. Der Funkenspalt und der Drahtdurchmesser werden dabei nicht berücksichtigt.

b) Berechnen Sie die sich ergebende Vorschubgeschwindigkeit v_f.

c) Erstellen Sie ausgehend von der Startlochbohrung das Schneidprogramm für die Stempelform, wenn rechts von der Kontur geschnitten werden soll.

41.3 Gesenk für eine Pleuelhälfte

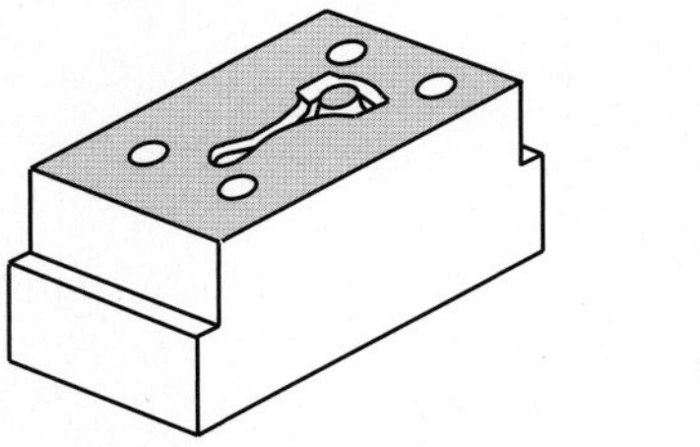

Die Masse eines Pleuelrohlings aus einem legierten Vergütungsstahl beträgt $m = 395$ g.

Für eine Erodierabtragleistung $V_W = 300$ mm³/min sind folgende Größen zu ermitteln.

a) der Rauheitswert R_z bei einem Entladestrom von 36 A aus dem Diagramm 3
b) die Impulsdauer T_i in µs
c) der Funkenspalt s_L nach der Tabelle
d) das Volumen V der Pleuelhälfte
e) die Erodierzeit t_h in min für eine Hälfte

41.4 Senkerodieren einer Warmpressmatrize

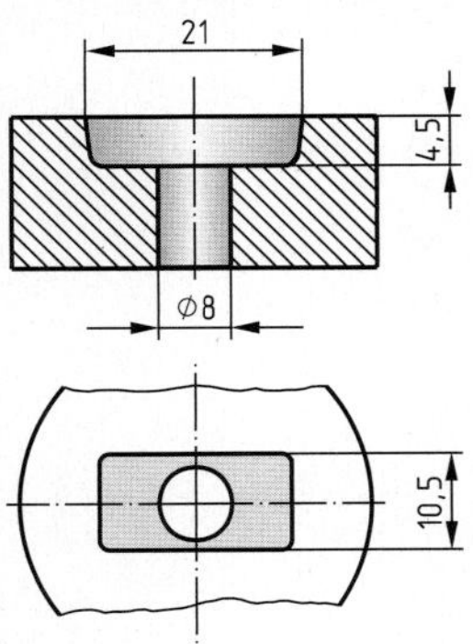

Eine vorbearbeitete (die Bohrung ø 8) Warmpressmatrize aus Stahl soll durch das Senkerodieren bei einer Abtragleistung $V_W = 100$ mm³/min erzeugt werden.

Gesucht sind:
a) die Impulsdauer bei $I_E = 24$ A,
b) der Funkenspalt s_L,
c) die Außenmaße d_l und d_b der Formelektrode,
d) das erodierte Volumen V,
e) die Erodierzeit t_h.

41.5 Gesenk

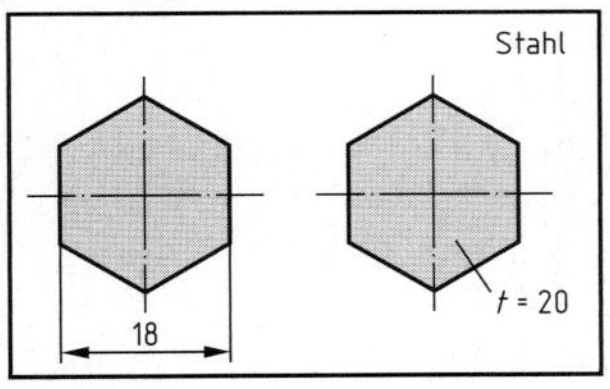

Die dargestellten gleich großen Sechskantvertiefungen sollen mit einer Cu-Senkelektrode hergestellt werden.

a) Bestimmen Sie die Wirkfläche A.
b) Welche Stromstärke I_E empfehlen Sie beim Schruppen?
c) Berechnen Sie die gesamte Abtragleistung V_W, wenn für den Auftrag 60 min benötigt werden.
d) Welcher R_z-Wert ergibt sich bei einer Impulsdauer von $T_i = 100$ µs?
e) Welcher Funkenspalt s_L stellt sich ein?

41.6 Gesenkform

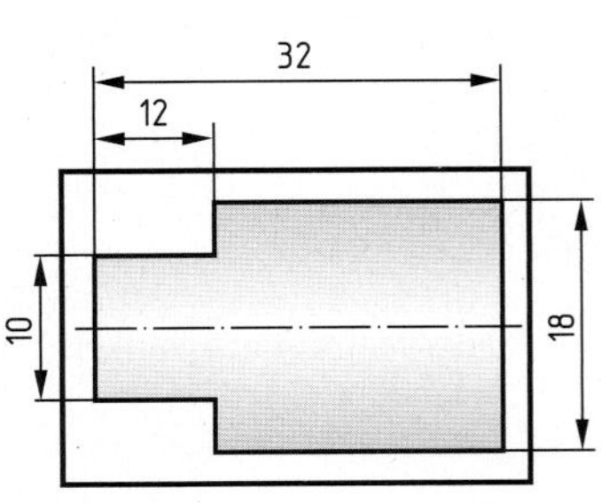

Die dargestellte Gesenkform soll mit einer Cu-Elektrode 25 mm tief in eine Formplatte eingearbeitet werden. Für die Schruppbearbeitung wird eine Abtragleistung $V_W = 200$ mm³/min gewählt.

Zu bestimmen sind:
a) die Wirkfläche A,
b) die Fertigungszeit t_h,
c) die einzustellende Stromstärke I_E nach dem Diagramm,
d) die Impulsdauer T_i aus dem Diagramm 3,
e) die Werkstück-Rauheit R_z,
f) der Funkenspalt s_L aus der Tabelle.

41.7 Schlauchverbinder

Der abgebildete Schlauchverbinder aus PVC-Hart soll mit einem Spritzgießwerkzeug hergestellt werden. Die dazu erforderliche Zeichnung des Formnestes zeigt die mittlere Abbildung. Um dieses Formnest zu erzeugen, wird eine Kupferelektrode verwendet.

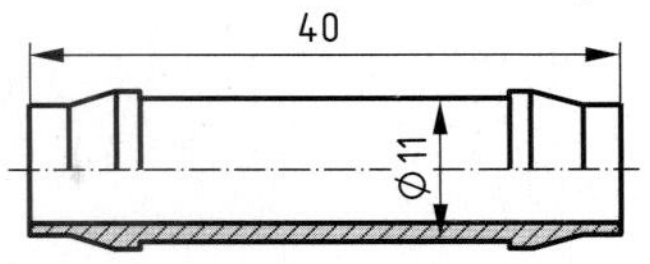

die Werkstückzeichnung unvollständig

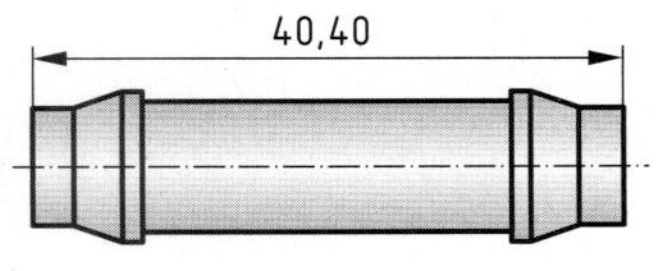

die Formnestzeichnung (= die Werkzeugzeichnung unvollständig)

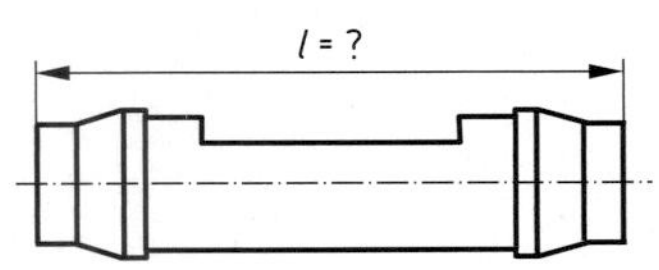

die Elektrodenzeichnung unvollständig

a) Berechnen Sie die Elektrodenwirkfläche (aus den Nennmaßen), wenn mit einem mittleren Durchmesser von 11 mm gerechnet wird.
b) Bestimmen Sie aus dem Diagramm 1 den erforderlichen Arbeitsstrom für das Schruppen.
c) Lesen Sie die bei dem abgelesenen Arbeitsstrom höchstmögliche Abtragleistung V_W in mm³/min und die dabei vorhandene Impulsdauer T_i aus dem Diagramm 3 ab.
d) Bestimmen Sie den sich dabei einstellenden seitlichen Spalt s_L und die Rautiefe R_Z.
e) Berechnen Sie die Länge l der Elektrode.
f) Berechnen Sie die Hauptnutzungszeit t_h für das Schruppen einer Formhälfte.

41.8 Vergleichsnormal

Die Oberfläche von senkerodierten Werkstücken soll mit einem Oberflächenmuster aus Stahl verglichen werden. Zu diesem Zweck wird ein Vergleichsnormal in der dargestellten Form hergestellt. Als Senkelektrode wird Kupfer eingesetzt.

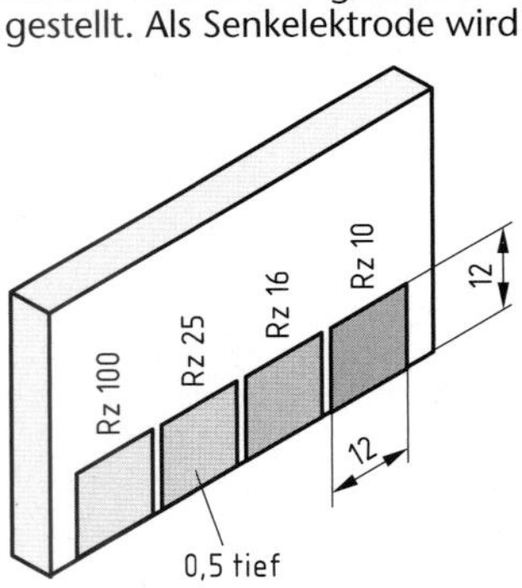

a) Ermitteln Sie zunächst die zulässigen Entladeströme I_E in der Abhängigkeit vom Rauheitswert mithilfe von Diagramm 2.
b) Ordnen Sie den vorgegebenen Rz-Werten den Spalt s_L nach der Tabelle zu.
c) Ermitteln Sie mithilfe der Stromstärke I_E und der zugeordneten Rauigkeiten folgende Technologiedaten aus dem Diagramm 3.
  • die Abtragrate V_W
  • die Impulsdauer T_i
d) Bestimmen Sie das Elektrodenmaß d für das Rauheitsfeld mit $Rz = 10$ µm.
e) Welchen Ra-Werten entsprechen die Rz-Werte annähernd nach dem TB?
f) Berechnen Sie die Erodierzeit t_h für das Rauheitsfeld $Rz = 10$ µm.

42 Schweißen

Schweißgutmenge

Für die Kalkulation von Schweißarbeiten kann die Schweißgutmenge aus Tabellen entnommen oder – wie nachfolgend dargestellt – über den Rauminhalt der Naht berechnet werden.

die Kehlnaht (im Winkel von 90°):

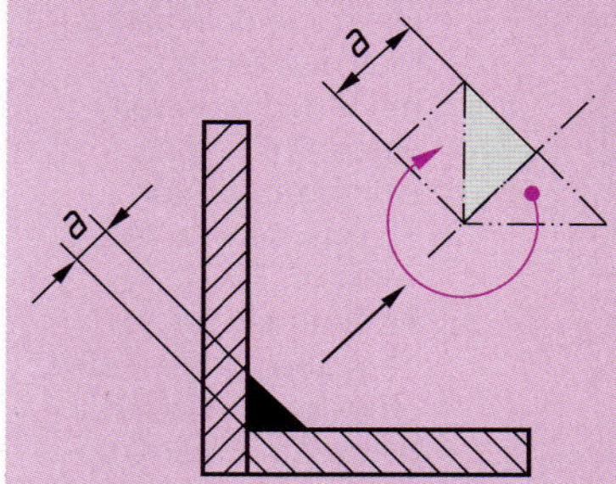

die V-Naht:

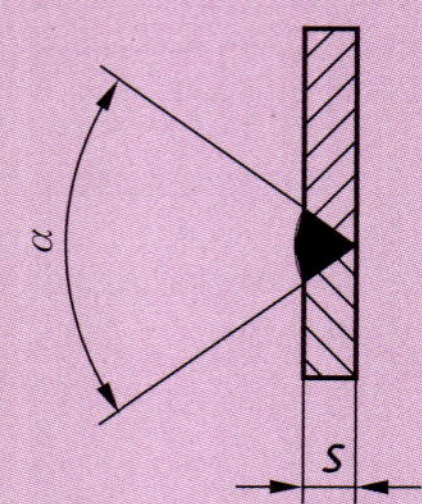

die V-Naht mit Spalt:

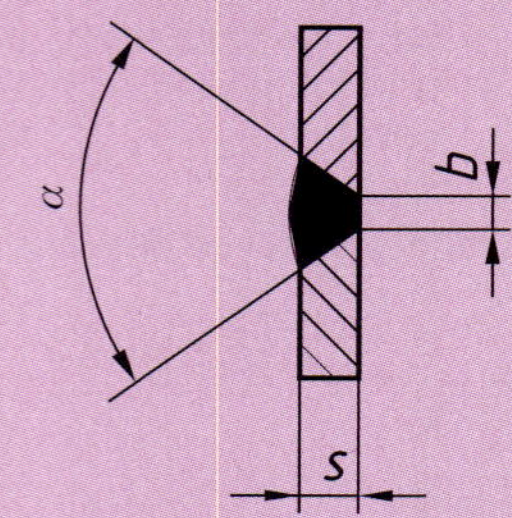

Bezeichnungen:

- S der Nahtquerschnitt in mm²
- s die Werkstückdicke in mm
- b die Spaltbreite in mm
- a die Nahtdicke in mm
- α der Nahtöffnungswinkel

Die Nahtquerschnittsfläche beträgt: $S = a^2$ | $S = s^2 \cdot \tan\frac{\alpha}{2}$ | $S = b \cdot s + s^2 \cdot \tan\frac{\alpha}{2}$

Beispiel: Doppelkehlnaht

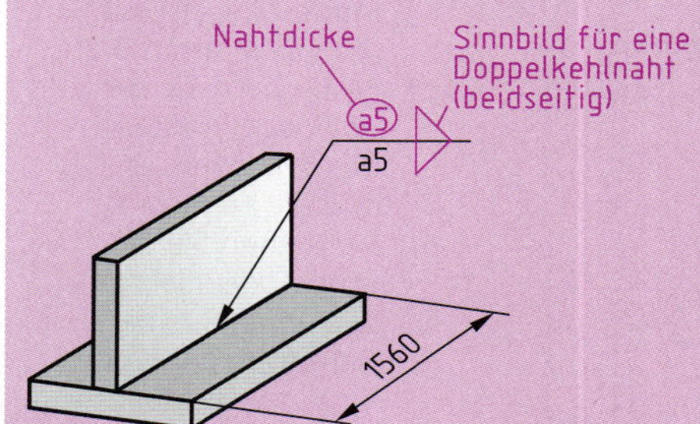

Gesucht:
a) das Volumen der Schweißgutmenge
b) die Masse des Schweißgutes

Lösung:

a) $S = a^2 = 5\text{ mm} \cdot 5\text{ mm} = \underline{25\text{ mm}^2}$

$V = 2 \cdot S \cdot l = 2 \cdot 0{,}25\text{ cm}^2 \cdot 156{,}0\text{ cm} = \underline{\underline{\mathbf{78\text{ cm}^3}}}$

b) $m = V \cdot \varrho = 78\text{ cm}^3 \cdot 7{,}85\,\frac{\text{g}}{\text{cm}^3} = \underline{\underline{\mathbf{612{,}3\text{ g}}}}$

■ Aufgaben zur Schweißgutmenge und Gasverbrauch

42.1 Geschweißtes Hohlprofil

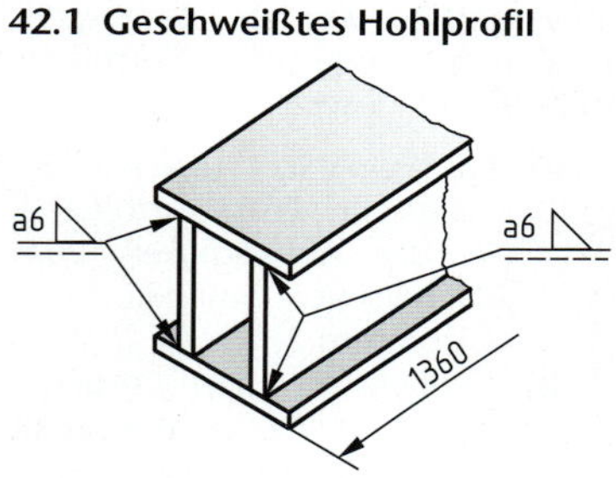

Gesucht:
a) die Schweißgutmenge in cm³
b) Masse des Schweißgutes in kg

42.2 Rohrstütze auf Fußplatte schweißen

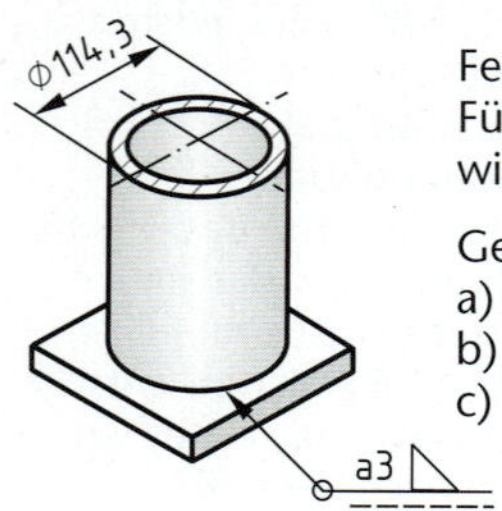

Fertigung von 8 Stützen:
Für das Fertigen von 20 cm Schweißnaht wird 4,00 € kalkuliert.

Gesucht:
a) das Volumen der Schweißgutmenge
b) die Masse der Schweißgutmenge
c) die Fertigungskosten der Schweißarbeit

42.3 Elektrodenverbrauch

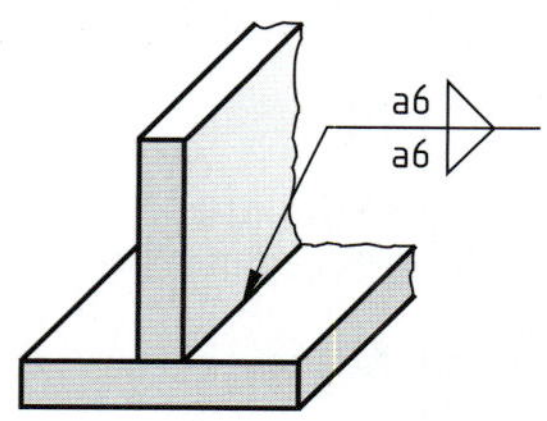

Die Doppelkehlnaht hat eine Länge von 2,56 m.
Für die Kehlnähte werden Elektroden von 4 mm Durchmesser und 450 mm Länge verwendet. Der spezifische Elektrodenverbrauch kann dem Tabellenbuch entnommen werden.

Gesucht:
a) die Schweißgutmenge in Gramm aufgrund des Nahtquerschnittes
b) die Zahl der benötigten Elektroden

42.4 V-Naht mit Überhöhungszuschlag

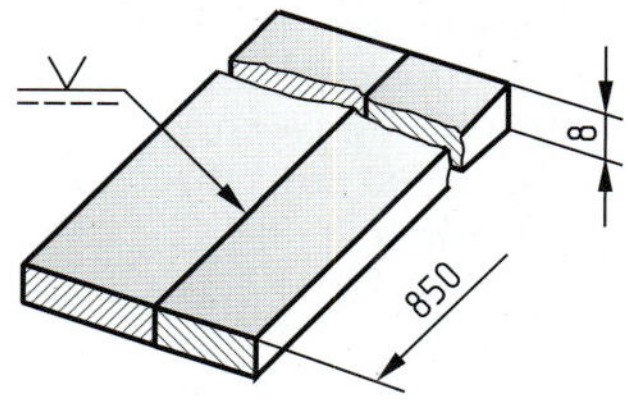

Gegeben ist:
die Spaltbreite: = 2 mm
der Nahtöffnungswinkel: $\alpha = 60°$

Ermitteln Sie:
a) den rechnerischen Nahtquerschnitt,
b) die Schweißgutmenge.

Gasschmelzschweißen

der Gasverbrauch aus Flaschen

Viele Gase lassen sich ohne Schwierigkeiten zusammendrücken, z. B. der Sauerstoff, der Wasserstoff, das Kohlendioxid. Deshalb ist es möglich, in einer Flasche mit $V = 40$ l Rauminhalt bis zu 6 000 l Sauerstoff unterzubringen. Je höher der Druck in einer Flasche ist, desto geringer wird das erforderliche Volumen je Liter Gas. Nach Boyle und Mariotte gilt bei gleicher Temperatur:

das Volumen × dem Druck vor dem Verdichten = dem Volumen × dem Druck nach dem Verdichten

$$V_1 \cdot p_{abs\,1} = V_2 \cdot p_{abs\,2}$$

Bezeichnungen:

p_{abs} der absolute Druck
V das Volumen

Hinweis: Der Druck vor dem Verdichten (p_{abs1}) wird mit dem Atmosphärendruck von $p_{amb} \approx 1$ bar angenommen.

Beispiel: Flaschenfüllung

In eine Gasflasche mit $V = 40$ l Rauminhalt werden $V = 6000$ l Sauerstoff gepresst. Wie groß ist der absolute Druck nach dem Verdichten?

Lösung: Volumen vor dem Verdichten $V_1 = 6\,000$ l, Volumen nach dem Verdichten $V_2 = 40$ l

$$V_1 \cdot p_{abs\,1} = V_2 \cdot p_{abs\,2} \Rightarrow p_{abs\,2} = \frac{V_1 \cdot p_{abs\,1}}{V_2} = \frac{6000\,\text{l} \cdot 1\,\text{bar}}{40\,\text{l}} = \underline{\underline{\textbf{150 bar}}}$$

Durch das Vergleichen des Flaschendrucks vor und nach einer Schweißarbeit kann der Gasverbrauch berechnet werden.

Gasverbrauch (nicht Acetylen)

$$\text{Gasverbrauch} = \frac{\text{Flaschenvolumen} \times \text{Druckunterschied}}{\text{Atmosphärendruck}}$$

$$\Delta V = \frac{V \cdot (p_1 - p_2)}{p_{amb}}$$

Bezeichnungen:

ΔV der Gasverbrauch
V das Flaschenvolumen
V_F das Füllvolumen
p_1 der Flaschendruck vor der Entnahme
p_2 der Flaschendruck nach der Entnahme
p_{amb} der Atmosphärendruck (der Normaldruck)
p_F der Fülldruck

Acetylenverbrauch

$$\text{Acetylenverbrauch} = \frac{\text{Füllvolumen} \times \text{Druckunterschied}}{\text{Fülldruck}}$$

$$\Delta V = \frac{V_F \cdot (p_1 - p_2)}{p_F}$$

Die Acetylenflaschen enthalten Aceton, in dem das Acetylen gelöst wird. 1 Liter Aceton löst bei 1 bar Druck 25 Liter Acetylen. Es ist ein Druck von 19 bar erlaubt. Werden 12,6 Liter Aceton verwendet, beträgt das Füllvolumen bei einer 40-l-Flasche:

$$V_F = 12{,}6 \cdot 25 \frac{\text{l}}{\text{bar}} \cdot 19\,\text{bar} \approx \underline{\underline{\textbf{6 000 l}}}$$

Richtwerte für den Gasverbrauch beim Schweißen (Auszug) und die Schweißzeitberechnung

die Werkstückdicke: mm über … bis	der Brenner Nr.:	der Sauerstoffverbrauch ≈ der Acetylenverbrauch: $\frac{\text{l}}{\text{m}}$ Stahl	$\frac{\text{l}}{\text{m}}$ Al und Al-Leg.	$\frac{\text{l}}{\text{h}}$ Stahl	$\frac{\text{l}}{\text{h}}$ Al und Al-Leg.
0,2 … 0,5	0	8	5	40	30
0,5 … 1	1	15	6	90	70
1 … 2	2	30	8	170	80
2 … 4	3	70	20	280	120
4 … 6	4	165	60	500	240
6 … 9	5	280	200	700	400
9 … 14	6	550	600	1 100	600

Aus dem zeitbezogenen Verbrauch Q_t ($\frac{\text{l}}{\text{h}}$) und dem wegbezogenen Verbrauch Q_s ($\frac{\text{l}}{\text{m}}$) kann die Schweißgeschwindigkeit v bestimmt werden.

$$\text{Schweißgeschwindigkeit} = \frac{\text{Weg}}{\text{Zeit}}$$

$$v = \frac{Q_t}{Q_s}$$

$$v = \frac{s}{t}$$

Bezeichnungen:

Q_t der zeitbezogene Verbrauch in ($\frac{\text{l}}{\text{h}}$)
Q_s der wegbezogene Verbrauch in ($\frac{\text{l}}{\text{m}}$)
v die Schweißgeschwindigkeit
s der Weg
t die Zeit

Beispiel:

Aus der Verbrauchstabelle ergibt sich für ein 10 mm dickes Stahlwerkstück: $Q_t = 1100 \frac{\text{l}}{\text{h}}$ und $Q_s = 550 \frac{\text{l}}{\text{m}}$

$$v = \frac{Q_t}{Q_s} = \frac{1100\,\text{l} \cdot \text{m}}{\text{h} \cdot 550\,\text{l}} = 2 \frac{\text{m}}{\text{h}} = \underline{\underline{\textbf{33,3} \frac{\textbf{mm}}{\textbf{min}}}}$$

42.5 Füllvolumen einer Gasflasche

Eine Gasflasche mit $V = 40$ l Rauminhalt wird mit Gas gefüllt, bis ein Fülldruck von 195 bar angezeigt wird. Wie viele l Gas befinden sich jetzt in der Flasche?

42.6 Gasflaschengröße

Eine kleine Gasflasche soll bei einem Fülldruck von 12,5 bar einen Gasvorrat von 50 l bieten. Welchen Rauminhalt muss die Flasche haben?

42.7 Inhalt einer Sauerstoffflasche

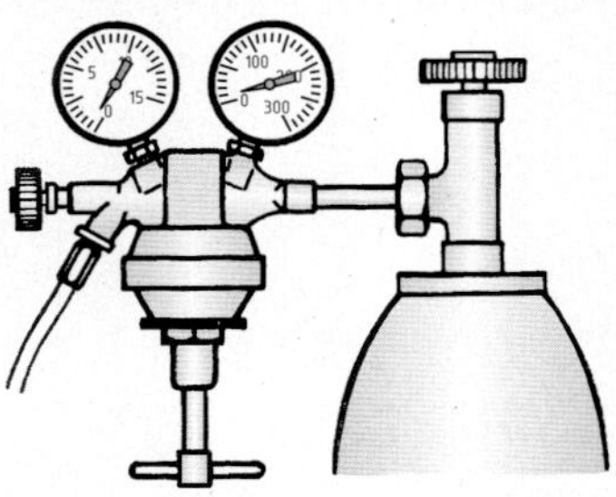

Der Höchstdruck in einer Sauerstoffflasche beträgt 200 bar.

a) Wie viele l Sauerstoff enthält eine Flasche mit 50 l Rauminhalt beim Höchstdruck?
b) Wie viele l Sauerstoff wurden verbraucht, wenn der Druck um 15,8 bar gesunken ist?

42.8 Schweißarbeit

Einer Sauerstoffflaschenbatterie mit 5 Flaschen zu je 40 l Rauminhalt werden während einer Schweißarbeit 1620 l entnommen.

a) Berechnen Sie den Druckabfall in den Flaschen.
b) Wie lange dauerte die Schweißarbeit, wenn die Entnahme mit $180 \frac{l}{min}$ erfolgte?

42.9 Geschweißter Behälter mit Boden

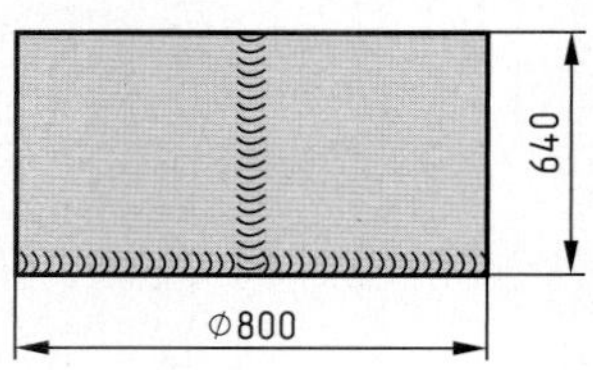

Der Sauerstoffverbrauch beträgt $90 \frac{l}{m}$ Schweißnaht. Die 40-l-Sauerstoff-flasche zeigt zu Beginn der Arbeit einen Druck von 120 bar an.

Gesucht:

a) der Sauerstoffverbrauch in l
b) der voraussichtliche Druck in der Sauerstoffflasche am Ende der Schweißarbeit

42.10 Brennschneiden

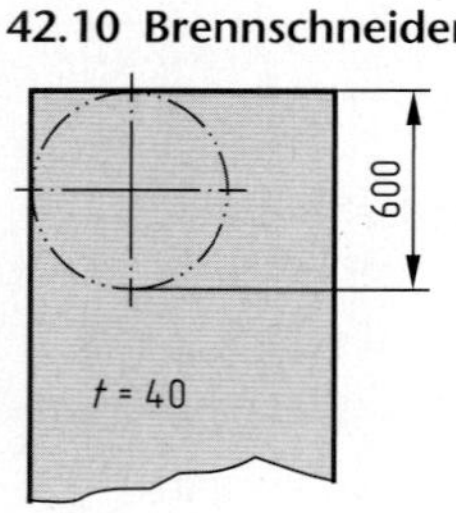

Aus einer Blechtafel ist eine Scheibe zu schneiden. Der Sauerstoffverbrauch liegt bei $350 \frac{l}{m}$.
Welchen Flaschendruck zeigt das Inhaltsmanometer einer Sauerstoffflasche mit $V = 40$ l nach der Arbeit an, wenn zu Beginn 110 bar angezeigt wurden?

42.11 Gasverbrauch beim Brennschneiden

Ein 8 mm dickes Stahlblech wird durch das Brennschneiden getrennt. Die gesamte Trennlänge beträgt 20 m, die Schnittgeschwindigkeit $600 \frac{mm}{min}$ und der Acetylenverbrauch $320 \frac{l}{h}$.

Gesucht:

a) die Arbeitszeit in min
b) der Acetylenverbrauch in l

42.12 Maximalentnahme

Wegen der Vereisungsgefahr darf einer 40-l-Gasflasche, die bei einem Druck von 150 bar gefüllt wurde, maximal $200 \frac{l}{min}$ entnommen werden.

a) Wie viele min. dauert es, bis eine Flasche bei der Maximalentnahme leer ist?
b) Wie viele Gasflaschen müssen in einer Batterie parallel geschaltet werden, wenn in 18 min ein Volumen von 15 300 l Gas benötigt wird?

42.13 Acetylenverbrauch

Eine Acetylenflasche ist bei 19 bar mit 6 000 l gefüllt. Wie viele m^3 Gas wurden verbraucht, wenn der Flaschendruck vor der Entnahme mit 15 bar und nachher mit 6 bar angezeigt wird?

42.14 Sauerstoffverbrauch beim Brennschneiden

Bei Beginn einer Brennschneidarbeit zeigt eine 50-l-Sauerstoffflasche einen Druck von 105 bar an. Der Trennschnitt erfolgt mit einer Geschwindigkeit von $750 \frac{mm}{min}$.

a) Wie viele l Sauerstoff werden für einen 6,75 m langen Schnitt benötigt, wenn der Verbrauch der Schneiddüse bei $2{,}5 \frac{m^3}{h}$ liegt?
b) Welchen Druck zeigt die Sauerstoffflasche nach der Arbeit an?

42.15 Schweißgeschwindigkeit

Ein 1,5 mm dickes Stahlblech soll durch das Gasschmelzschweißen gefügt werden.

a) Welche Schweißgeschwindigkeit in $\frac{mm}{min}$ errechnet sich aus den Werten der Gasverbrauchstabelle?
b) Wie viel Zeit wird je laufendem Meter Schweißnaht benötigt?

42.16 Schweißzeitberechnung

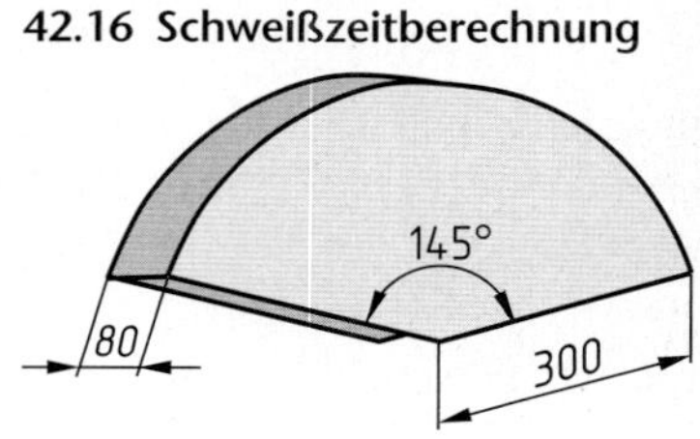

Eine Schutzhaube aus 1,5 mm dickem Aluminiumblech wird durch das Gasschmelzschweißen aus den drei Einzelteilen gefügt.

Gesucht:

a) die Gesamtlänge der Schweißnähte
b) der Sauerstoffverbrauch laut der Gasverbrauchstabelle
c) die Schweißgeschwindigkeit
d) die Schweißzeit für 5 Hauben

42.17 Rohrverlegung

Bei der Verlegung von Stahlrohren ø 33,7 × 4,5 müssen 50 Stöße geschweißt werden.

a) Wie viele l Sauerstoff werden laut der Gasverbrauchstabelle für die 50 Umfangsnähte benötigt?
b) Berechnen Sie die Schweißzeit anhand der Gasverbrauchstabelle.

42.18 Gasverbrauch und Schweißzeit

Beim Schweißen eines Großfiltergehäuses wurden die Schweißnahtlänge von 97 m und ein Sauerstoffverbrauch von 1,45 m^3 gemessen.

a) Berechnen Sie, in welchen Bereich (mm von ...bis) die Dicke des geschweißten Stahlblechs gehört.
b) Wie lange dauerte der Schweißvorgang?

Lichtbogenschweißen

Zum elektrischen Schweißen sind Schweißströme bis 1 000 Ampère notwendig. Aus Sicherheitsgründen darf die hohe Netzspannung von z. B. 230 V nicht verwendet werden. Die Leerlaufspannungen an den Schweißmaschinen werden deshalb auf 50 V begrenzt.

die Spannung und die Stromstärken: siehe Kapitel 27 Elektrotechnik

Aufgaben zum Lichtbogenschweißen

42.19 Widerstand im Schweißstromkreis

Ein Schweißumformer liefert den Gleichstrom mit einer Spannung von 35 V. Wie groß ist bei einer Stromstärke von 105 A der Widerstand im Stromkreis?

42.20 Stromstärke beim Schweißen

Der elektrische Widerstand beim Lichtbogenschweißen beträgt 0,52 Ω. Welche Stromstärke stellt sich bei einer Spannung von 26 Volt ein?

42.21 Elektrische Schweißarbeit

Ein Schweißumformer transformiert die Netzspannung von 400 V auf 50 V. Wie groß ist die elektrische Arbeit, wenn bei einem Schweißstrom von 110 Ampère 3,5 Stunden lang geschweißt wird?

42.22 Energiekosten eines Schweißtransformators

Ein Schweißtransformator nimmt durchschnittlich 4,5 kW elektrische Leistung auf. Für die Schweißarbeiten ist die Maschine 15,5 Stunden in Betrieb. Berechnen Sie die Energiekosten bei einem Arbeitspreis von 0,31 $\frac{€}{kW \cdot h}$

42.23 Schweißspannung

Wie groß ist die Spannung an einem Schweißumformer, wenn ein Strom von 180 Ampère 3 Stunden lang fließt und dabei die Kosten von 5,14 € bei einem Arbeitspreis von 0,31 $\frac{€}{kW \cdot h}$ entstanden sind?

42.24 Wirkungsgrad einer Schweißmaschine

Ein Schweißgenerator nimmt aus dem Netz eine Leistung von 9 kW auf. Die Schweißspannung beträgt 42 V und der Schweißstrom 170 A. Wie groß ist der Wirkungsgrad η der Anlage?

42.25 Schweißtransformator

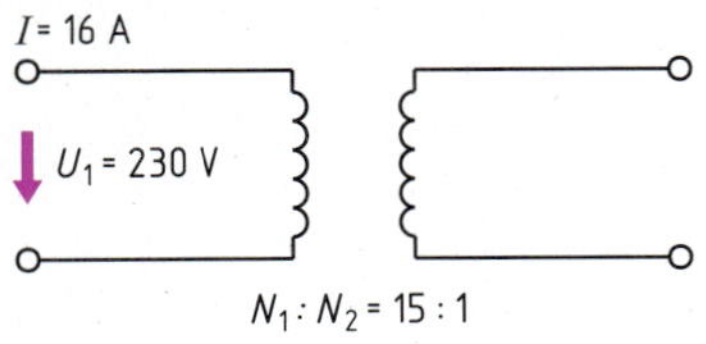

Gesucht:
a) die Spannung an der Ausgangsseite
b) die Stromstärke auf der Ausgangsseite
c) die Energiekosten bei einer Nahtlänge von 78 m, wenn 5,5 Elektroden je m Nahtfläche verbraucht werden, die Abschmelzzeit je Elektrode 80 s und der Arbeitspreis 0,31 $\frac{€}{kW \cdot h}$ betragen. Der Wirkungsgrad wird nicht berücksichtigt.

42.26 Schweißleistung

Ein Schweißtransformator liefert eine Stromstärke von 230 A. Die Eingangsseite nimmt bei einer Spannung von 400 V einen Strom von 20 A auf.
a) Wie groß ist die Schweißleistung, wenn der Gesamtwirkungsgrad der Anlage $\eta = 0{,}8$ ist?
b) Welche Schweißspannung ergibt sich?

42.27 Kehlnaht

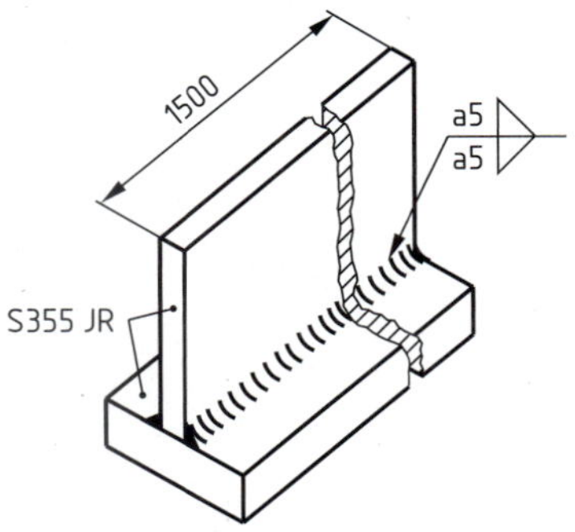

Die Kehlnähte werden mit den Elektroden ø 4 mm (ohne Umhüllung) geschweißt. Die Schweißstromstärke beträgt 200 A.

Berechnen Sie.
a) die Masse der Schweißnaht (Stahl $\varrho = 7{,}85 \frac{g}{cm^3}$)
b) die Zahl der Elektroden, wenn die 450 mm langen Elektroden bis auf eine Stummellänge von 50 mm verbraucht werden
c) die Schweißzeit (ohne Nebenzeiten), wenn eine Elektrode in 90 s abschmilzt
d) die Energiekosten bei 24 V Arbeitsspannung, wenn die Anlage mit einem Wirkungsgrad von $\eta = 0{,}7$ arbeitet und der Arbeitspreis 0,31 $\frac{€}{kW \cdot h}$ beträgt

Teil B Mathematisch orientierte Projekte zu den Lernfeldern

P1 Das Fertigen mit handgeführten Werkzeugen

P1.1 Ein Spannbügel für Wellen

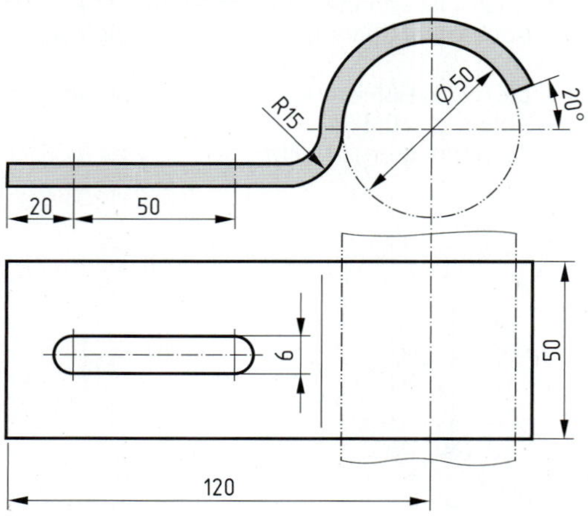

Flach EN 10278-50 x 5 - EN 10277-S235JR + C

Zum Befestigen einer Welle sollen 10 Spannbügel hergestellt werden.

a) Berechnen Sie die gestreckte Länge eines Bügels ohne die Berücksichtigung eines Korrekturfaktors.
b) Bestimmen Sie mit dem Tabellenbuch die Breite 6 des Langlochs entsprechend der Reihe mittel für eine Befestigungsschraube M10.
c) Berechnen Sie die Masse eines Bügels.
d) Wie viele Gramm Zink werden für alle 10 Spannbügel beim Feuerverzinken verbraucht, wenn allseitig ein Auftrag von 50 µm Schichtdicke erfolgt?
e) Wie viele Spannbügel könnten aus einem Flachstahlstab der Länge 5 m abgesägt werden, wenn die Schnittfugenbreite 1,8 mm beträgt?
f) Berechnen Sie die Kosten des Stahls für 10 Spannbügel, wenn der Stahlpreis 1,57 $\frac{€}{kg}$ beträgt.

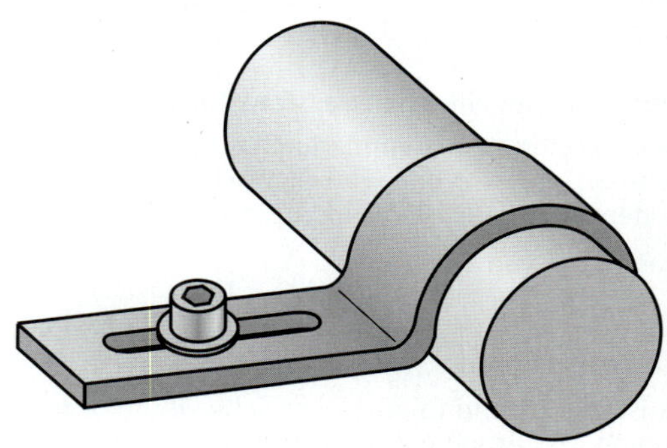

P1.2 Ein Schlosserhammer mit Halter

Für den Weihnachtsmarkt der Schule sollen 100 Hämmer gefertigt werden.

Der Hammerkopf wird aus C70U, der Stiel aus PE-LD und der Halter aus EN AW-AlMg3-H111 hergestellt.

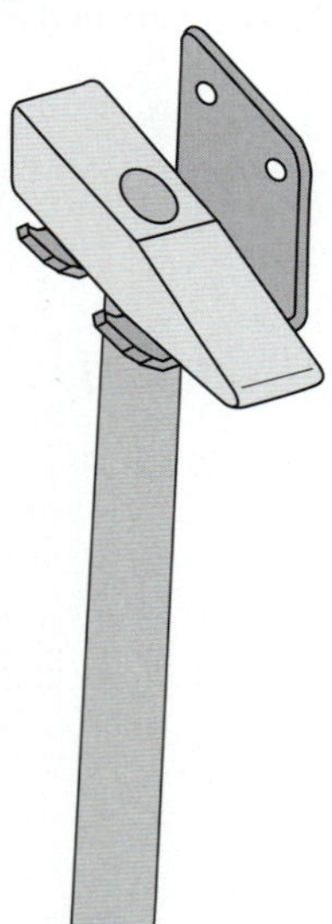

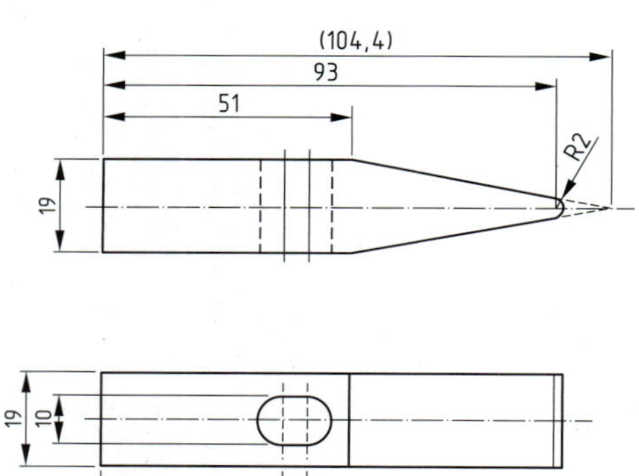

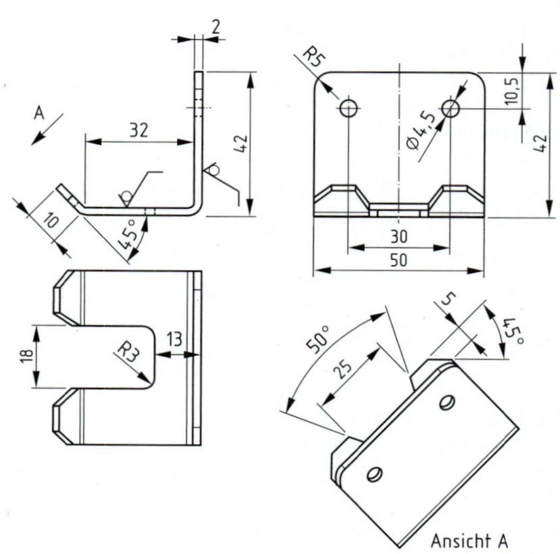

a) Erklären Sie die Werkstoffbezeichnungen.
b) Bestimmen Sie die Dichte der verwendeten Werkstoffe.
c) Der Stiel hat einen Durchmesser von 18 mm und eine Gesamtlänge von 23 cm. Berechnen Sie die Masse des Stieles.
d) Berechnen Sie die Masse des Hammerkopfes. Vernachlässigen Sie dabei die Rundung der Hammerfinne.
e) Wie wird der Hammer bezeichnet?
f) Der Werkstoff für den Hammerkopf wird als Vierkantstab EN 10059–20 × 6000 F Stahl DIN EN ISO 4957-C70U eingekauft. Berechnen Sie, wie viele Stangen bei einer Bearbeitungszugabe von 2 mm und einer Sägeblattdicke von 3,5 mm gekauft werden müssen.
g) Bestimmen Sie den Materialpreis für einen Hammerkopf, wenn 1 kg Stahl 1,57 € kostet.
h) Welchen Verkaufspreis muss der Hammerkopf erzielen, wenn die Herstellung pro Hammerkopf 21 Minuten dauert? Die Fertigungslöhne werden mit 22 € pro Stunde, die Fertigungsgemeinkosten mit 60 % der Fertigungslöhne und der Gewinn mit 15 % der Selbstkosten berechnet.
i) Bei der Kontrolle eines Hammers wird die Höhe mit 18,9 mm, die Breite mit 19,3 mm und die Länge mit 95,3 mm bestimmt. Beurteilen Sie die gemessenen Werte, wenn in der Zeichnung die Allgemeintoleranzen nach DIN ISO 2768m gefordert sind. Welche Maßnahmen sind nötig?

j) Bestimmen Sie den Mindestbiegeradius für die Herstellung der 90°-Biegung.
k) Berechnen Sie die gestreckte Länge für den Zuschnitt des Halters mithilfe der neutralen Faser. (Annahme: Die neutrale Faser liegt in der Mitte der Blechdicke.)
l) Wie viele Halter können aus einer Blechtafel 1 m × 2 m hergestellt werden?
m) Bestimmen Sie den Materialpreis des Halters, wenn 1 kg Aluminiumblech 6,10 € kostet.
n) Wählen Sie einen geeigneten Bohrer zum Herstellen der Befestigungsbohrung aus und berechnen Sie die an der Bohrmaschine einzustellende Drehzahl.
o) Wählen Sie eine geeignete Schraube aus mit einer Mutter, einer Unterlegscheibe und einer Schraubensicherung, um den Halter an einer 1,5 mm dicken Lochblechwand zu befestigen.

P2 Das Fertigen von Bauelementen mit Maschinen

P2.1 Ein Anschlagstift

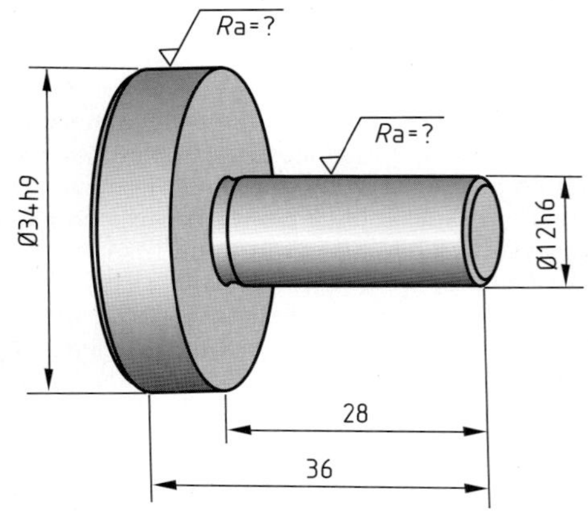

a) Ermitteln Sie die Grenzabmaße für ø12h6 und ø34h9.
b) Entnehmen Sie dem Tabellenbuch die empfohlenen Zuordnungen der Rauheitswerte R_a und R_z zu den ISO-Toleranzgraden.
c) Prüfen Sie, ob die Rauheitswerte problemlos mit dem Drehen hergestellt werden können.
d) Ermitteln Sie die Schnittgeschwindigkeiten, die Vorschübe und die Schnitttiefen für das Schruppen und das Schlichten, wenn der Bolzen aus 20MnCr5 mit Hartmetallwerkzeugen bearbeitet wird.
e) Berechnen Sie Drehzahl und die Vorschubgeschwindigkeit zum Schlichten des Durchmessers 34h9.
f) Berechnen Sie die Masse des Bauteiles ohne die Berücksichtigung des Freistiches. Beide Fasen sind mit 1 × 45° zu berücksichtigen.
g) Da der Anschlagstift nach längerem Gebrauch verschleißt, soll er zukünftig gehärtet und an den tolerierten Durchmessern geschliffen werden. Wählen Sie dafür einen geeigneten Freistich aus.

P2.2 Ein Lagerzapfen mit Flansch

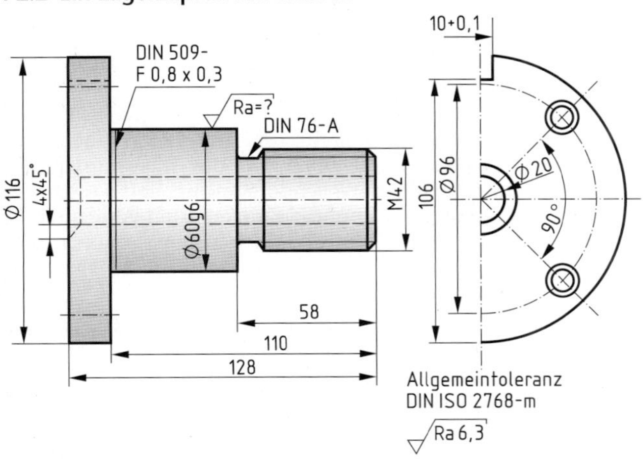

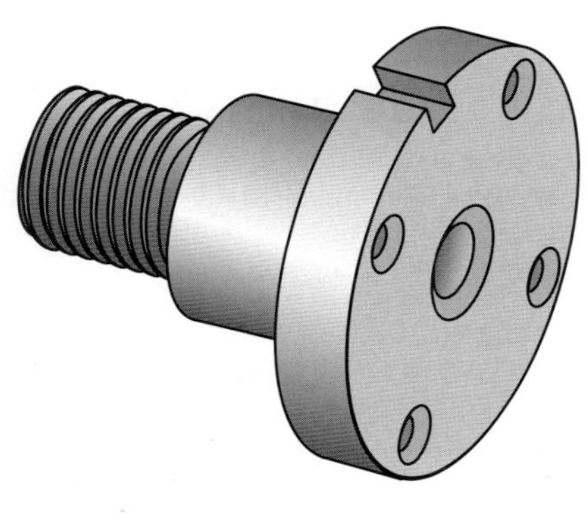

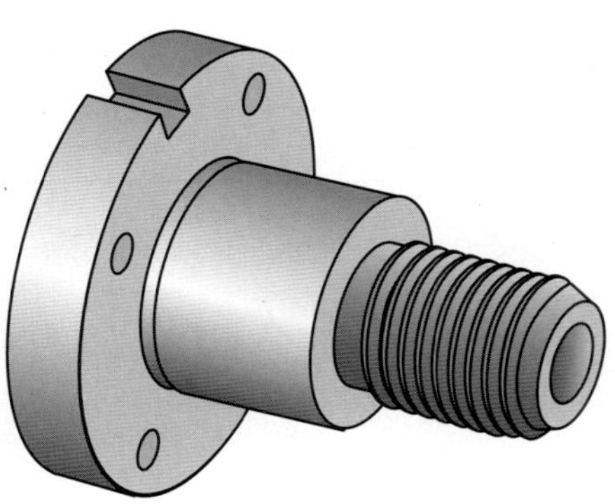

Ein Lagerzapfen wird als Einzelteil hergestellt.
a) Nennen Sie die spanenden Fertigungsverfahren, die zur Herstellung notwendig sind.
b) Das Werkstück wird aus dem warmgewalzten Baustahl S235JR hergestellt. Bestimmen Sie für die Stückliste die normgerechte Bestellbezeichnung des Rohteiles.
c) Bestimmen Sie mit dem Tabellenbuch die Abmessungen der Flanschbohrungen, passend für die Zylinderschrauben mit Innensechskant ISO 4762-M8.
d) Berechnen Sie die Masse des fertigen Werkstückes ohne die Berücksichtigung der Freistiche, der Fasen und des Gewindeschneidens.
e) Wie viele % des Rohteilvolumens werden zerspant?
f) Warum wird auf der Flanschrückseite ein Freistich DIN 509 Form F angebracht?
g) Bestimmen Sie mit dem Tabellenbuch die folgenden Abmessungen des Gewindefreistiches DIN 76-A: den Radius r, den Freistichdurchmesser d_g und die Freistichlänge g_2.
h) Bestimmen Sie mit dem Tabellenbuch für das axiale Bohren mit einem Spiralbohrer aus einem beschichteten Hartmetall eine geeignete Schnittgeschwindigkeit v_c und den möglichen Vorschub f.
i) Berechnen Sie für das axiale Bohren die Drehzahl n und die Vorschubgeschwindigkeit v_f.
j) Für das Plandrehen der Flanschaußenseite von außen nach innen:
Berechnen Sie die Drehzahl zu Beginn des Plandrehens der Flanschaußenseite von außen nach innen, wenn eine konstante Schnittgeschwindigkeit von $240 \frac{\text{m}}{\text{min}}$ eingestellt wird.
k) Auf welchen Wert würde beim Plandrehen mit einer konstanten Drehzahl die Schnittgeschwindigkeit sinken?
l) Der Lagerzapfen (ø 60 mm) hat die ISO-Toleranzklasse g6. Bestimmen Sie mit dem Tabellenbuch das Höchstmaß G_{ow} und das Mindestmaß G_{uW} der Welle.
m) Legen Sie für die Oberfläche des Lagerzapfens ø 60g6 einen für den Toleranzgrad 6 geeigneten Rauheitswert Ra fest.
n) Wie groß darf der Vorschub maximal gewählt werden, um die erforderliche Oberflächengüte mit einem Drehmeißel mit dem 0,8 mm-Eckenradius zu erreichen?
o) Zwischen welchen Grenzmaßen kann aufgrund der Allgemeintoleranz DIN ISO 2768-m die Länge des Lagerzapfens ø 60 mm schwanken?

P2.3 Ein Aufnahmeprisma

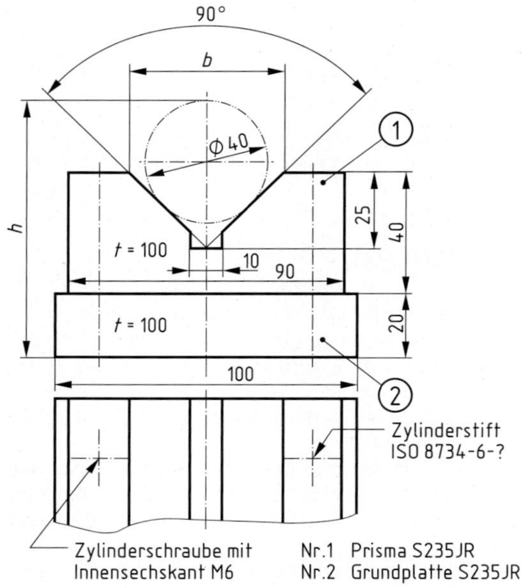

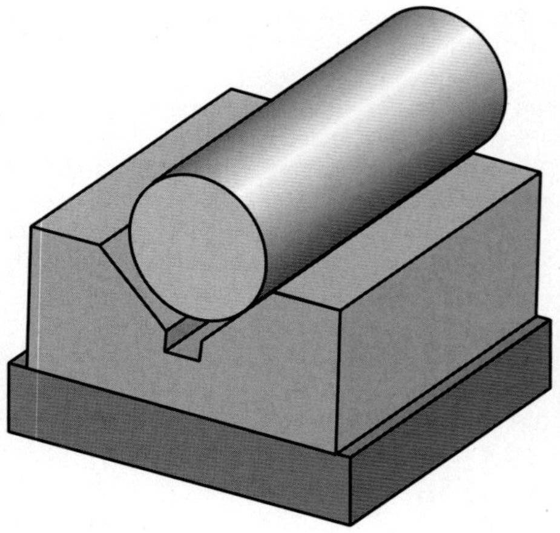

a) Berechnen Sie die zum Anreißen erforderliche Breite *b* des Prismas.
b) Berechnen Sie die Massen des Prismas sowie der Grundplatte ohne die Berücksichtigung der Bohrungen.
c) Das Prisma wird aus einem warm gewalzten Halbzeug gefertigt. Bestimmen Sie die Bestellbezeichnung bei einer Bearbeitungszugabe in der Länge von 5 mm.
d) Wie viele Prozent des gekauften Werkstoffes wird beim Herstellen des Prismas zerspant, wenn angenommen werden darf, dass durch das Bohren, das Ansenken und das Entgraten weitere 2 % des Frästeiles zerspant werden?
e) Das Rohmaterial wird mit einem hartmetallbestückten Messerkopf mit dem Durchmesser 100 mm auf Maß gefräst. Bestimmen Sie die einzustellende Drehzahl und die Vorschubgeschwindigkeit beim Schruppen und beim Schlichten.
f) Die Schräge des Prismas soll mit einem HSS-Walzenstirnfräser fertig bearbeitet werden. Legen Sie den Durchmesser des Fräsers sowie die Drehzahl und die Vorschubgeschwindigkeit fest.
g) Zum Fräsen der Freimachung 10 mm wird ein zweischneidiger Schaftfräser, Durchmesser 10 eingesetzt. Bestimmen Sie für diesen die Schnittgeschwindigkeit und den Vorschub.
h) Bestimmen Sie mit dem Tabellenbuch die Normbezeichnung einer geeigneten Zylinderschraube mit Innensechskant zum Fügen der Bauteile 1 und 2.
i) Bestimmen Sie für das Prisma den Durchmesser der Durchgangsbohrung, den Senkdurchmesser sowie die Senktiefe.
j) Bestimmen Sie für die Grundplatte den Kernlochdurchmesser für das Gewinde.
k) Wählen Sie einen gehärteten Zylinderstift aus, um die beiden Bauteile zu positionieren, und geben Sie diesen für die Stückliste normgerecht an.
l) Bestimmen Sie das Werkzeug und die Drehzahl zum Bohren der beiden Stiftlöcher mit der Handbohrmaschine.
m) Bestimmen Sie die Drehzahl beim Reiben.
n) Um das Prisma auszumessen, wird ein Messzylinder mit dem Durchmesser d = 40 mm in das Prisma eingelegt. Welcher theoretische Messwert müsste dann für das Maß *h* gemessen werden?
o) Das Prisma, die Grundplatte und die eingelegte Welle werden mit der Allgemeintoleranz DIN ISO 2768-m gefertigt. Berechnen Sie das Höchstmaß und das Mindestmaß der Gesamthöhe *h* bei einem Wellendurchmesser von d = 40 mm.
p) Berechnen Sie den größten und den kleinsten Wellendurchmesser, welche in dieses Prisma noch sicher eingelegt werden können.

P2.4 Ein Durchschlageisen

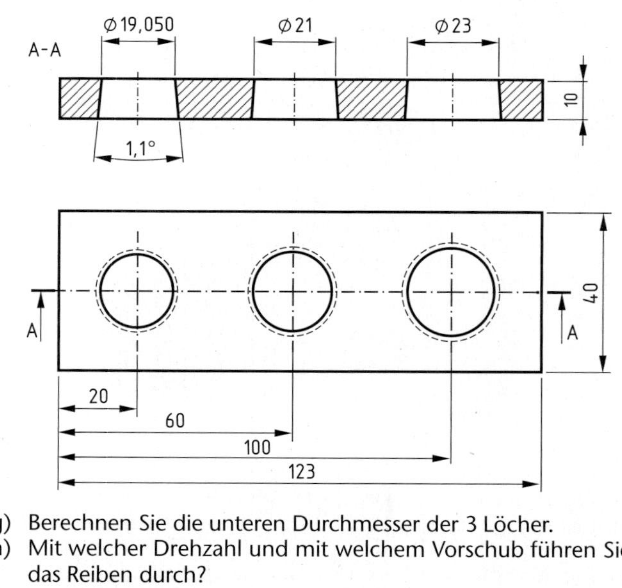

Für die Holzwerkstatt sollen 4 Durchschlageisen aus 38Cr4 zur Herstellung der runden Stäbe für Gewindestangen in Zollmaßen hergestellt werden.

a) Die oben liegenden Kanten sollen nicht angefast werden. Begründen Sie diese Forderung.
b) Wozu dient der Winkel von 1,1°?
c) Als Halbzeug steht ein blanker Stabstahl 40 × 10 mit 6 m Länge zur Verfügung. Mit welchen Fertigungsverfahren kann dieses Durchschlageisen hergestellt werden? Erstellen Sie einen groben Arbeitsplan.
d) In der erforderlichen Größe sind in der Werkstatt nur HSS-Spiralbohrer in 2 mm Abstufungen vorhanden. Geben Sie die benötigten Werkzeuge zur Fertigung der 3 Löcher an.
e) Welche Drehzahl stellen Sie zum Bohren an der Maschine ein?
f) Welche Schwierigkeiten erwarten Sie bei der Kontrolle des Werkstückes?
g) Berechnen Sie die unteren Durchmesser der 3 Löcher.
h) Mit welcher Drehzahl und mit welchem Vorschub führen Sie das Reiben durch?
i) Nach dem Einrichten der Bohrmaschine zum Reiben mit dem Tiefenanschlag für das kleinste Loch sollen die anderen Löcher durch das Unterlegen von Distanzleisten einfach hergestellt werden. Welche Höhenunterschiede müssen zu den größeren Bohrungen eingehalten werden, damit die Durchmesser stimmen?
j) Die fertigen Bauteile sollen per Post verschickt werden. Berechnen Sie die Masse des Paketes.

P3 Das Herstellen von einfachen Baugruppen

P3.1 Ein Gelenk

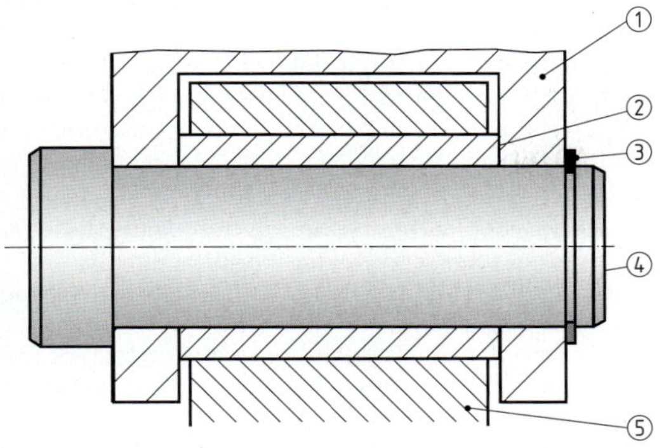

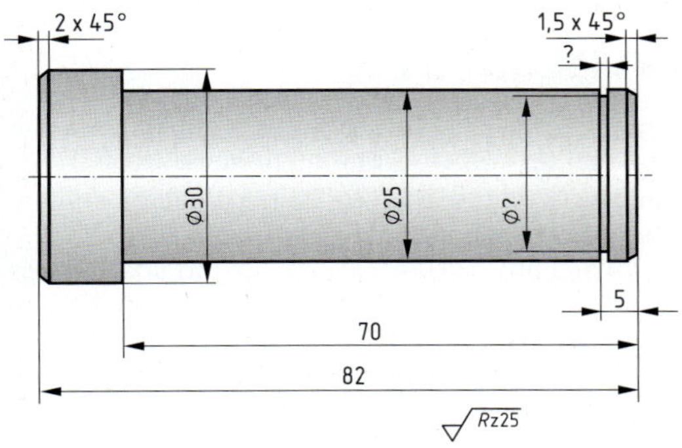

Das Gelenk besteht aus folgenden Bauteilen:
ein Bolzen, eine Gabel, ein Gelenkstück, eine Lagerbuchse, ein Sicherungsring.

a) Ordnen Sie die oben genannten Bezeichnungen der Bauteile den Ziffern 1 bis 5 zu.
b) Welche Bauteile sind beim Drehen des Gelenkstückes in Bewegung, wenn der Bolzen in der Gabel und die Lagerbuchse im Gelenkstück ein Übermaß erhalten?
c) Welche Längsabmessungen des Bolzens können aus montagetechnischen Gründen nicht nach der Allgemeintoleranz DIN ISO 2768-m toleriert werden? Legen Sie die Toleranzen fest.
d) Bestimmen Sie mithilfe des Tabellenbuches die Normbezeichnung des erforderlichen Sicherungsringes.
e) Legen Sie die zwei am Bolzen fehlenden Maße (?) normgerecht fest.
f) Welche Bolzenoberfläche muss aus funktionstechnischen Gründen eine andere als die angegebene Oberflächenbeschaffenheit erhalten? Legen Sie diese Oberflächenbeschaffenheit fest.
g) Der Bolzen wird von der Stange aus dem kaltgezogenen Rundstahl DIN EN 10278 H – 30 aus C45 auf eine Länge von 82 mm abgestochen. Berechnen Sie den Materialbedarf in kg für 10 Bolzen, wenn die Abstechbreite 2 mm beträgt.
h) Wie viele % des Volumens eines Bolzenrohlings werden bei der Fertigung zerspant?
i) Berechnen Sie die Drehzahl n für die Längsdreharbeit des Bolzenschaftes ø 25 mm beim Einsatz einer Hartmetall-Wendeschneidplatte und mittleren Bearbeitungsbedingungen.
j) Berechnen Sie die Vorschubgeschwindigkeit v_f bei dem größtmöglichen Vorschub f.

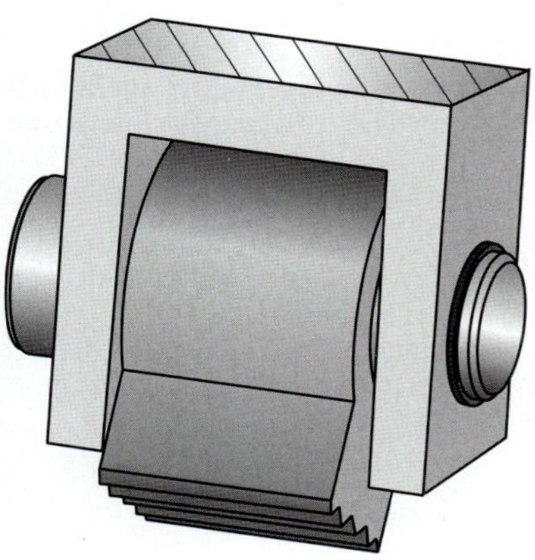

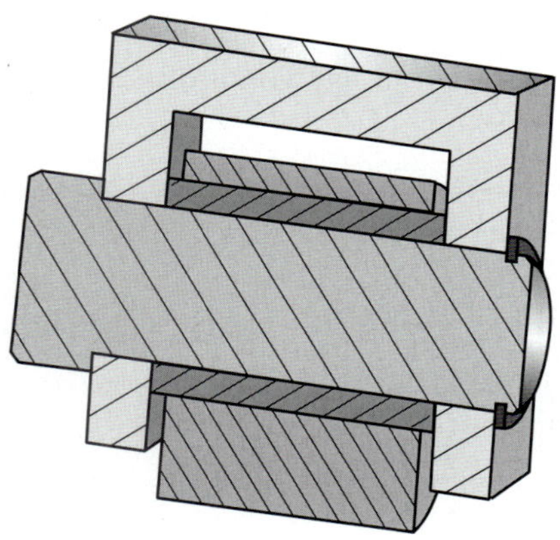

P3.2 Eine Spanneinrichtung

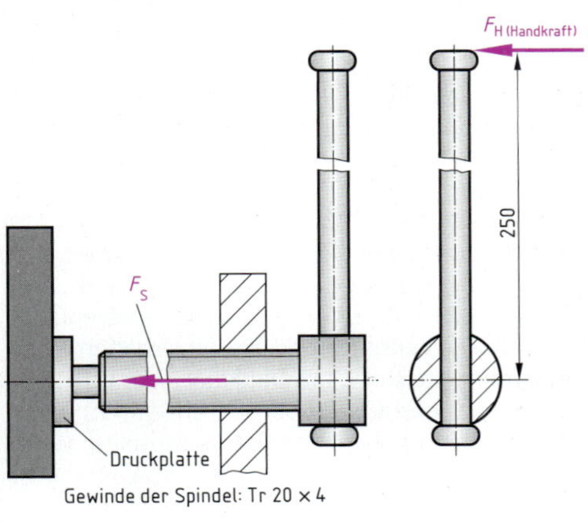

a) Berechnen Sie das Drehmoment, welches durch die Handkraft F_H = 140 N auf die Schraube aufgebracht wird.
b) Welchen Weg in axialer Richtung legt die Spindel bei einer Umdrehung des Hebels zurück?

c) Mit welcher Kraft F_s wird das Werkstück gespannt, wenn die Reibung unberücksichtigt bleibt?
d) Berechnen Sie die Spannkraft, wenn die Druckplatte und die Spindel aus Stahl hergestellt sind und trocken aufeinander laufen. Nehmen Sie dazu an, dass die Reibkraft zwischen der Druckplatte und der Spindel auf einen Durchmesser von 8 mm wirkt. Vernachlässigen Sie die Reibung am Spindelstock.
e) Welche Kraft steht tatsächlich zur Verfügung, wenn im Spindelstock 12 % des Drehmomentes verloren gehen?
f) Durch welche Maßnahmen oder Änderungen kann bei gleicher Handkraft trotz der Reibung eine höhere Spannkraft erzeugt werden?

P4 Das Warten technischer Systeme

P4.1 Eine defekte Lampe am Förderband

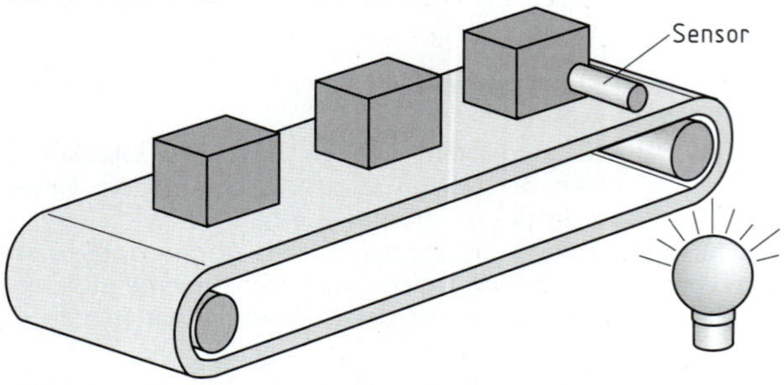

An einem Förderband ist ein induktiver Sensor zum Erkennen der Werkstücke montiert. Bei einer Sensorreaktion leuchtet eine 12-Watt-Lampe auf. Die Stromaufnahme des Sensors beträgt 18 mA, und die Arbeitsspannung ist 24 Volt.

a) Ermitteln Sie mit dem Tabellenbuch das grafische Symbol eines induktiven Sensors.
b) Welche Art von Stoffen kann ein induktiver Sensor erkennen?
c) Skizzieren Sie die vorliegende Parallelschaltung mit einer Spannungsquelle 24 V, mit dem induktiven Sensor und der 12-Watt-Lampe.
d) Berechnen Sie den Einzelwiderstand des Sensors.
e) Berechnen Sie aus der Lampenleistung den Widerstand R_L der Lampe.
f) Berechnen Sie den Gesamtstrom und den Gesamtwiderstand der Sensor-Lampenschaltung.
g) Die Lampe fällt wegen eines Defektes aus. Als Ersatz steht nur eine Lampe mit 6 Volt und 18 Watt zur Verfügung. Es ist ein Vorwiderstand einzubauen.
In welcher Schaltungsart muss der Vorwiderstand zur Lampe eingebaut werden?
h) Berechnen Sie den erforderlichen Vorwiderstand für die Ersatzlampe.

P5 Die spanende Fertigung mit Werkzeugmaschinen

P5.1 Ein Parallelendmaß mit Form- und Lagetoleranzen

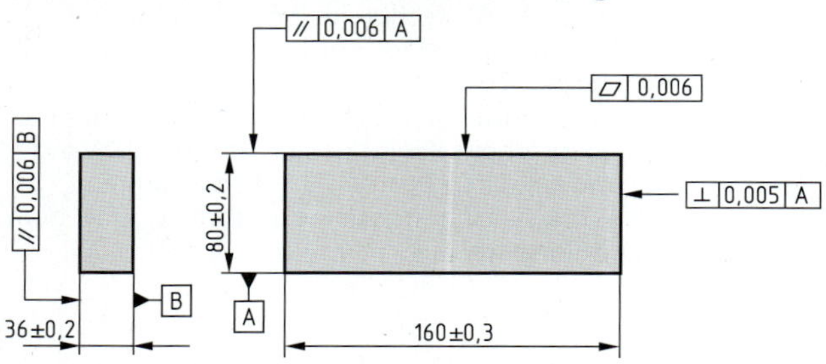

Parallelendmaße dienen als Unterlage und als Anschlag bei Bearbeitungs- und Messaufgaben.

Die Berechnung der Form- und Lagetoleranzen erfolgt über den Unterschied zwischen dem Höchst- und dem Mindestmaß.

Die Messung an jeweils repräsentativen Stellen ergab die folgenden Abweichungen vom Sollmaß.
die Höhe: 124 µm 121 µm 126 µm 123 µm 126 µm und 123 µm
die Dicke: 992 µm 996 µm 993 µm 992 µm 994 µm und 996 µm
die Länge: 672 µm 669 µm 671 µm und 673 µm

a) Überprüfen Sie die Ebenheit und die Parallelität der oberen Fläche. Ferner ist die Rechtwinkligkeit der Stirnfläche nachzuprüfen.
b) Warum sind die Ebenheit und die Parallelität für die Anwender/-innen wichtig und daher viel enger toleriert als die Höhe, die Dicke und die Länge?
c) Nennen Sie die Normbezeichnung geeigneter Werkstoffe und mögliche Bearbeitungsverfahren für die Fertigung von Parallelendmaßen.

P5.2 Die Oberflächenrauheit R_z und R_a

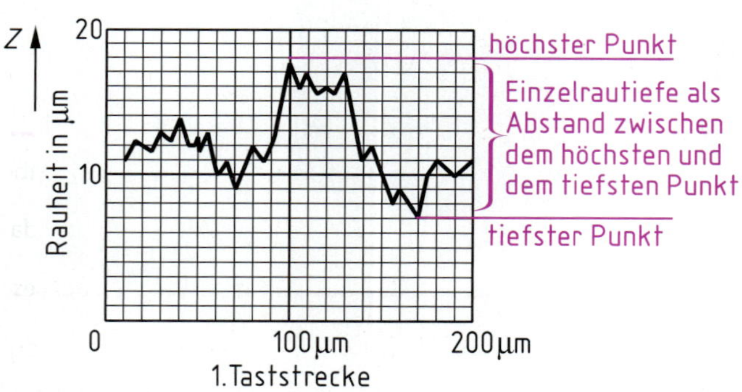

Aus der obenstehenden Profilkurve einer Taststrecke soll zunächst die Rautiefe der Taststrecke in Z-Richtung ermittelt werden.
Dazu wird jeweils die Differenz zwischen dem höchsten und dem tiefsten Punkt berechnet. Die gemittelte Rautiefe R_z ergibt sich als der Mittelwert aus 5 Taststrecken.

a) Berechnen Sie die gemittelte Rautiefe R_z des Rauheitsprofiles, wobei die nachfolgenden Taststrecken eine Rauheit von 12 µm, 9 µm, 13 µm und 12 µm aufweisen.
b) Ermitteln Sie den Mittelwert aus allen Profilwerten der 20 Taststrecken zu je 10 µm. Dieser wird dann (zur vereinfachten Berechnung) auf ganze Zahlen gerundet.
c) Berechnen Sie den Mittenrauwert R_a mithilfe einer Tabelle.

Die Taststrecke Nr.	Der Abstand des Profilwertes zum Mittelwert (µm)
1	z. B. der Mittelwert minus 11
2	:
3	:

Der Mittenrauwert ist dann das arithmetische Mittel aus den berechneten Abständen.

d) Welche erreichbaren Rautiefen R_z und Mittenrauwerte R_a gibt das Tabellenbuch für das Bohren und das Reiben an?

P5.3 Die attributive Prüfung der Bohrung einer Seilrolle

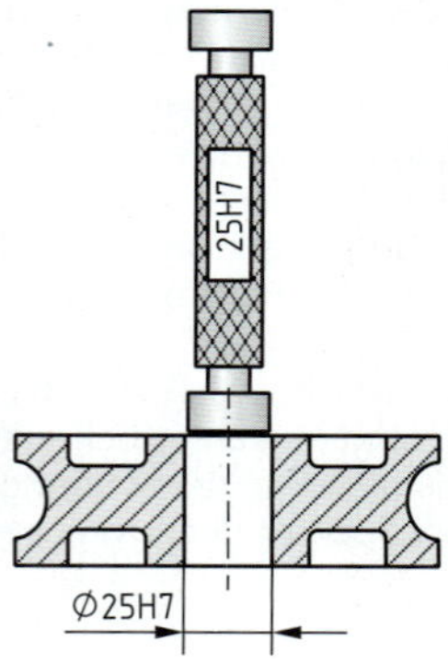

Es wurden 1000 Seilrollen mit einer Bohrung 25H7 gefertigt. Mit einem Grenzlehrdorn werden die Bohrungen auf „Gut" und „Ausschuss" geprüft. Gemäß DIN ISO 2859 wird eine repräsentative Stichprobe von 80 Werkstücken entnommen. Die fehlerhaften Werkstücke werden gezählt (engl. attribut = das Merkmal – der Fehler)

a) Wie viele Fehlstücke könnte die Stichprobe enthalten, wenn eine maximale Qualitätsgrenzlage von 0,4 % festgelegt wird?
b) Zur Annahmestichprobenprüfung wird bei den 80 Einheiten 1 fehlerhaftes Werkstück toleriert.
Die erkannten Fehlstücke werden bei der Prüfung gezählt.
Sie sind aber auszuscheiden.
Berechnen Sie den Prozentsatz der fehlerhaften Werkstücke für diesen Grenzwert.
c) Welche Vor- und Nachteile hat eine attributive Prüfung gegenüber einer variablen Prüfung?

P5.4 Die Form- und Lagetoleranzen einer Düsennadel

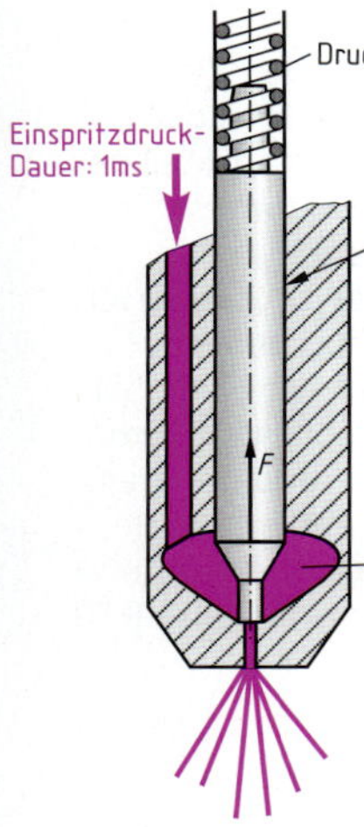

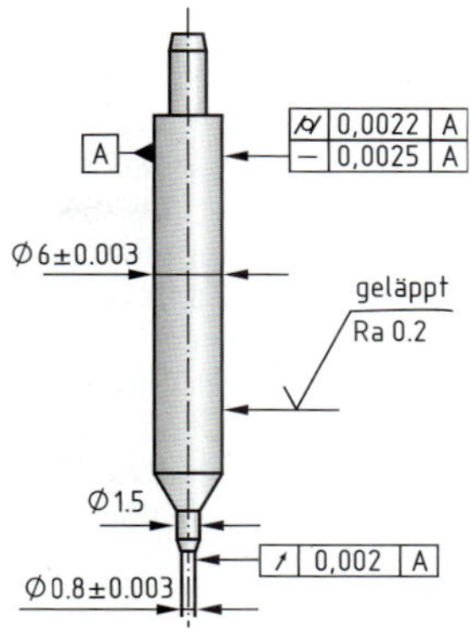

Die Düsennadel eines Dieselmotors wird mit einem rechnergestützten Formmessgerät mit induktivem Taster vermessen. Die Messunsicherheit ist dabei kleiner als 0,1 µm.
Die Formmessgeräte erfassen die Istmaße fortlaufend und berechnen das Höchst- und das Mindestmaß der Abweichungen. Zum leichteren Verständnis werden nachfolgend nur die Messwerte von den Drehungen um 0°, 90°, 180° und 270° mit den Positionen „oben" „Mitte" und „unten" untersucht.

Die Formtoleranzen (die Zylinderform und die Geradheit):

der Führungszylinder ø 6

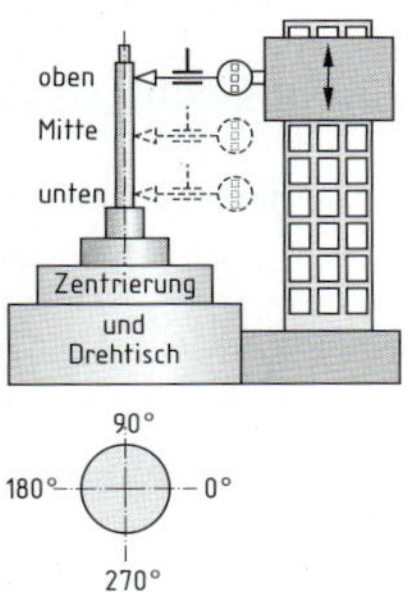

das Auswertungsblatt (die Abmaße in µm):

Die Abmaße in µm	0°	90°	180°	270°	Die Abweichung:
oben	–0,5	–1,2	–2,2	–1,8	
Mitte	–0,8	–2,3	–1,4	–0,5	
unten	–1,4	–1,2	–0,4	–1,7	
Die Abweichung:					

Der Rundlauf des Zapfens:

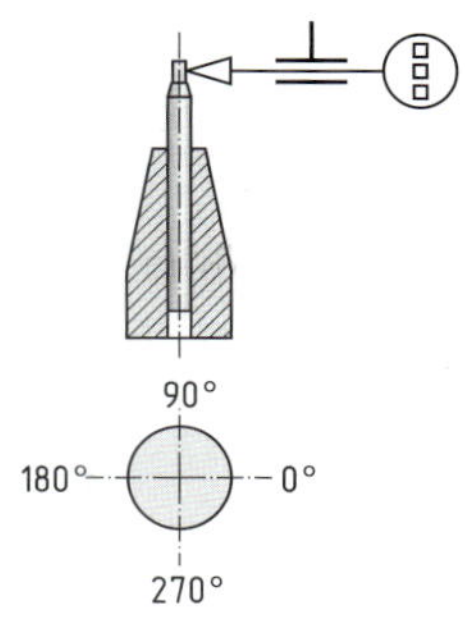

die Abmaße in µm:

0°	90°	180°	270°	Die Abweichung
+ 1,2	+ 0,8	-0,3	+0,5	

a) Prüfen Sie, ob alle Messwerte innerhalb der Toleranzen liegen.
b) Warum sind die Form- und Maßtoleranzen so eng toleriert? Welche Funktionsmängel können bei der Überschreitung der Grenzwerte auftreten?
c) Wie wird die Zylinderform geprüft?
d) Warum ist die Rauheit mit *Ra* = 0,2 µm so niedrig?
e) Welche Besonderheiten ergeben sich bei einer Paarung von Düsennadel und Düsenkörper?
f) Wie groß wäre die Kraft der Einspritznadel im geschlossenen Zustand auf die Feder bei Erreichen des Einspritzdruckes?
g) Wählen Sie eine geeignete Feder aus dem Tabellenbuch aus.

P5.5 Die Prüfung einer Passfederverbindung

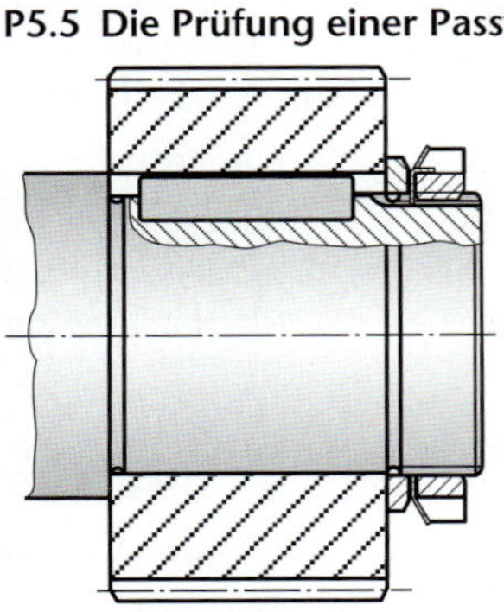

Für die dargestellte Passfederverbindung ist unter anderem der Übergangsdurchmesser zwischen der Welle und dem Zahnrad bemaßt.

Die Welle hat am Fügedurchmesser das Maß ø 35*f*6, die Nabe hat das Maß ø 35*H*6.

a) Ermitteln Sie die Grenzabmaße für die Welle und für das Zahnrad für diese Passung.
b) Um welche Art von Passung handelt es sich, und ist diese Passungswahl hier sinnvoll (Begründung)?
c) Mit welchen Prüfmitteln ist eine Prüfung der Istmaße möglich?
d) Aus welchen Gründen erstellt man ein Prüfprotokoll?
e) Es wurden 400 Wellen aus der Produktion entnommen und auf „Gut" bzw. „Ausschuss" geprüft. Die Auswertung ergab drei nicht maßhaltige Werkstücke. Erfüllt die Stichprobe das Kriterium einer maximalen Fehlerquote von 0,5 %?
f) Welche Maßnahmen können in den Fertigungsprozess integriert werden, um eine Verbesserung der Situation zu erreichen?

P6 Das Planen und Inbetriebnehmen steuerungstechnischer Systeme

P6.1 Ein einfachwirkender Zylinder mit Druckübersetzer

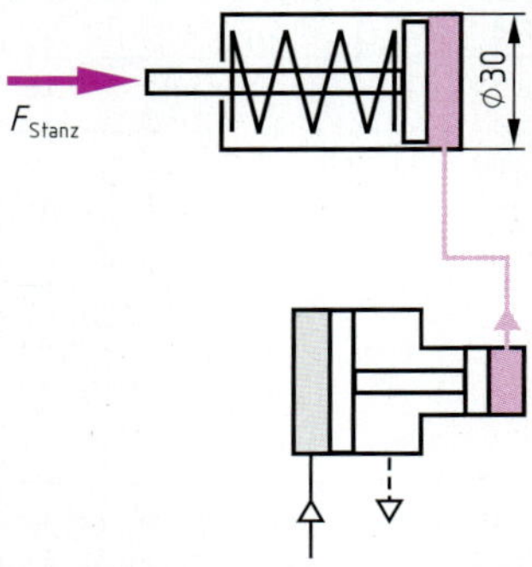

Für die Lochung in ein Tiefziehblech soll ein Drucküberesetzer eingesetzt werden. Die erforderliche Stanzkraft beträgt $F_{Stanz} = 8792$ N.

a) Wie groß muss die Kraft F eines einfach wirkenden Zylinders mindestens sein, wenn die Kraft der Feder 1 kN beträgt?

b) Welchen Wert muss der Druck p (in bar) im Hydraulikteil des Druckübersetzers annehmen, wenn der Durchmesser des einfachwirkenden Zylinders $D = 30$ mm beträgt?

c) Wie groß ist das Übersetzungsverhältnis i des Druckübersetzers bei einem Betriebsdruck von 6 bar im Druckluftnetz.

d) Welchen Durchmesser d_H hat der Kolben auf der Hydraulikseite, wenn der Durchmesser des Pneumatikkolbens 200mm beträgt? Der Wirkungsgrad auf der Hydraulik- und der Pneumatikseite beträgt jeweils $\eta = 0{,}85$. Für die endgültige Festlegung des Hydraulikdurchmessers ist die errechnete Abmessung auf den nächstkleineren Wert der Normzahlreihe R10 abzuändern.

P6.2 Eine Vorschubsteuerung

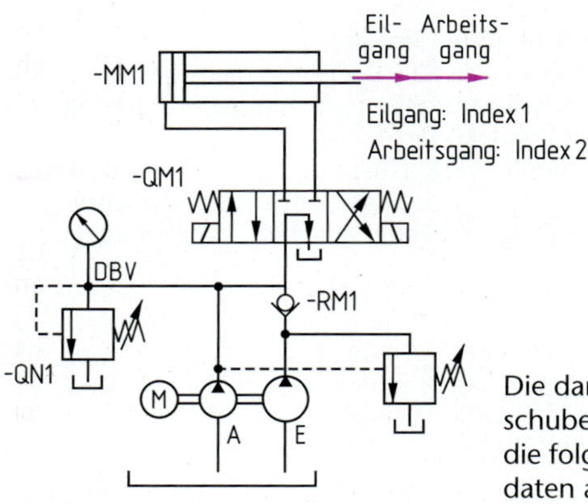

Die dargestellte Vorschubeinrichtung soll für die folgenden Betriebsdaten ausgelegt werden.

die Kraft beim Arbeitshub:	$F_2 = 5000$ N
die Kraft beim Eilgang:	$F_1 = 500$ N
der Kolbendurchmesser:	$D = 50{,}5$ mm
der Kolbenstangendurchmesser:	$d = 35{,}7$ mm
die Kolbengeschwindigkeit im Arbeitsgang:	$v_2 = 10\ \frac{cm}{s}$

a) Wie hoch ist der Arbeitsdruck p_2 (in bar)?

b) Wie hoch ist der Eilgangdruck p_1 (in bar)?

c) Wie groß ist die Fördermenge Q_2 der Pumpe A (in $\frac{cm^3}{s}$) beim Arbeitsgang?

d) Berechnen Sie die abgegebene Pumpenleistung P in kW.
Hinweis: Der Motor gibt beim Arbeitsgang und beim Eilgang die gleiche Leistung ab.

e) Ermitteln Sie die gesamte Fördermenge Q_{ges} beider Pumpen im Eilgang in $\frac{cm^3}{s}$.

f) Bestimmen Sie die Fördermenge Q_E der Eilgangpumpe (in $\frac{cm^3}{s}$).

g) Wie groß ist die Eilganggeschwindigkeit v_1 des Kolbens (in $\frac{m}{s}$)?

h) Auf welchen Druck muss das Abschaltventil eingestellt werden?

i) Auf welchen Druck muss das Druckbegrenzungsventil (DBV) eingestellt werden?

j) Berechnen Sie die Rücklaufgeschwindigkeit v_R des Kolbens.

P6.3 Ein Schaltplan mit Speicher

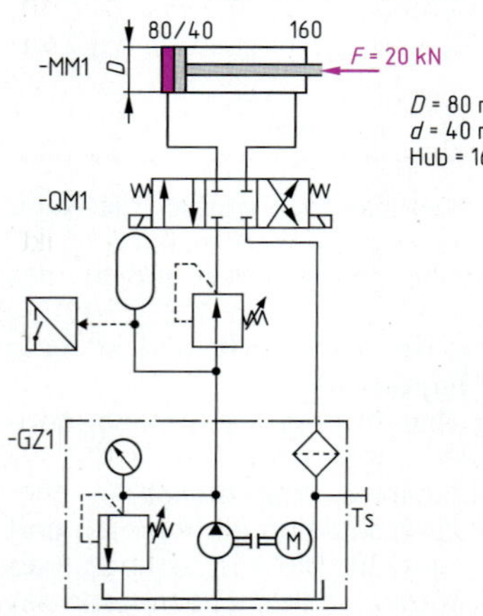

Ein Zylinder soll alle 20 s einen Doppelhub ausführen, für den eine Zeit von 3 s (der Vorhub in 1,8 s, der Rückhub in 1,2 s) zur Verfügung gestellt wird.

a) Welches Ölvolumen benötigt der Zylinder zum Ausfahren im Vorhub V_{Vorhub}?

b) Wie groß ist das erforderliche Ölvolumen beim Zurückfahren $V_{Rückhub}$?

c) Wie groß ist der Volumenstrom der Pumpe Q_{ohne}, wenn ohne den Speicher gearbeitet wird?

d) Berechnen Sie den Volumenstrom Q_{mit}, wenn mit dem Speicher gearbeitet wird?

e) Auf welchen Wert p_{DMV} ist das Druckminderventil einzustellen?

f) Wie groß ist die Ausfahrgeschwindigkeit v_{Vorhub}?

g) Wie groß ist der Volumenstrom beim Ausfahren Q_{Vorhub}?

h) Die Durchflussgeschwindigkeit bei der Druckleitung darf $5\ \frac{m}{s}$ nicht überschreiten. Wie groß ist der Rohrdurchmesser d_{Rohr} zu wählen?

P6.4 Eine Hydrauliksteuerung

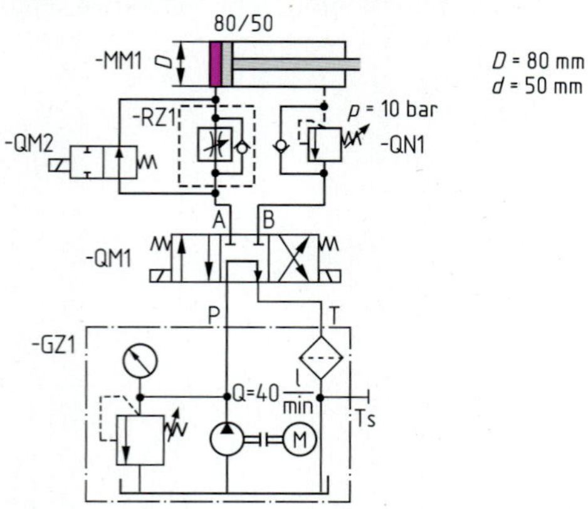

a) Berechnen Sie die Kolbenfläche beim Ausfahren A_{Aus} und beim Einfahren A_{Ein}.

b) Der Zylinder soll eine Last von 45 000 N bewegen. Der Wirkungsgrad des Zylinders beträgt 0,85. Der Wirkungsgrad vom Ausgang der Pumpe bis zum Zylinder beträgt 0,75. Berechnen Sie den erforderlichen Druck p in bar, um die angegebene Last zu bewegen. (Beachten Sie dabei, dass das DBV-QN1 im Rücklauf auf 10 bar eingestellt ist.)

c) Auf welchen Wert P_{DBV} in bar muss das Druckbegrenzungsventil des Hydraulikaggregates eingestellt werden?

d) Berechnen Sie die maximale Ein- (v_{Ein}) und die maximale Ausfahrgeschwindigkeit (v_{Aus}) des Kolbens in m/min.

e) Berechnen Sie die hydraulische Leistung (in kW) der Pumpe, wenn am DBV nach c) ein Druck von 150 bar eingestellt ist. Ermitteln Sie die erforderliche Antriebsleistung in kW, wenn der Wirkungsgrad der Pumpe 0,86 beträgt.

f) Bestimmen Sie den Gesamtwirkungsgrad η_{ges} des Systems.

P7 Die CNC-Technik

P7.1 Das Bohren einer Gehäuseabdeckung mit Polarkoordinaten

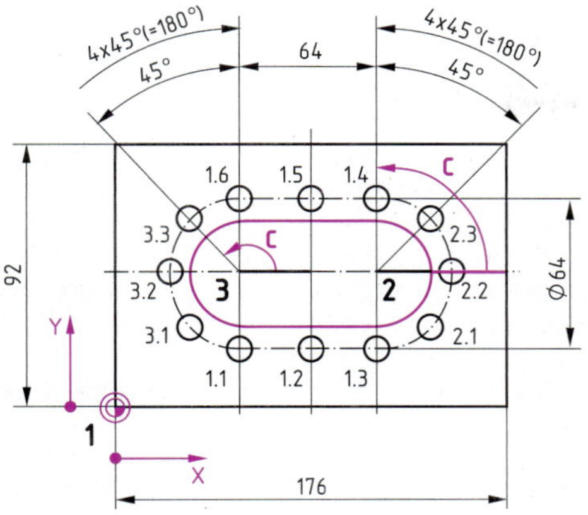

Zur Vorbereitung der NC-Programmierung ist eine Koordinatentabelle zu erstellen.
Der Ausgangspunkt ist das Hauptsystem mit dem Bezugspunkt (1).

Die Bohrungen 2.1 bis 2.3 und 3.1 bis 3.3 sind mit den Polarkoordinaten und den Bezugspunkten (2) und (3) festzulegen.

a) Geben Sie die Koordinaten für die Bezugspunkte (2) und (3) an.
b) Erstellen Sie eine Koordinatentabelle nach folgendem Muster.

Die Position:	Die rechtwinkligen Koordinaten:	Der Bezugspunkt:	Die Polarkoordinaten:
1.1	X56 Y14	1: X0 Y0	– –
1.2	X... Y...	...	– –
1.3	... ...	...	– –
:	... ...	...	...
2.1	– –	2: X120 Y46	R32 C-45

c) Eine Änderung:
Statt der 64 mm soll ein 63,6 mm Bohrungsabstand verwendet werden. Welche Anweisungen ändern sich bei den Bohrungen 2.1 bis 2.3 und 3.1 bis 3.3?
Welche Vorteile haben solche Nebensysteme allgemein?

P7.2 Das Fräsen einer Tasche

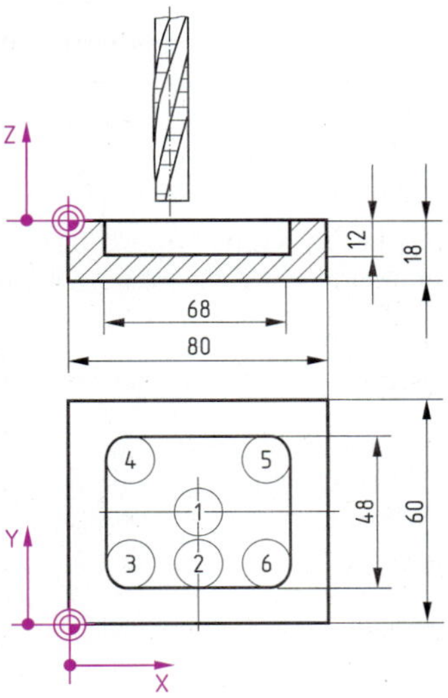

der Eckenradius in der Tasche: $R = 7$ mm

1. der Werkstücknullpunkt

Die Lage des eingespannten Werkstückes wurde mit einem federnden Kantentaster mit Leuchtanzeige erfasst.
Es ergaben sich für den Tastermittelpunkt folgende Positionswerte.
die Position A: 75,2 mm
die Position B: 18,4 mm
die Position C: –16,3 mm (die Z-Achse)

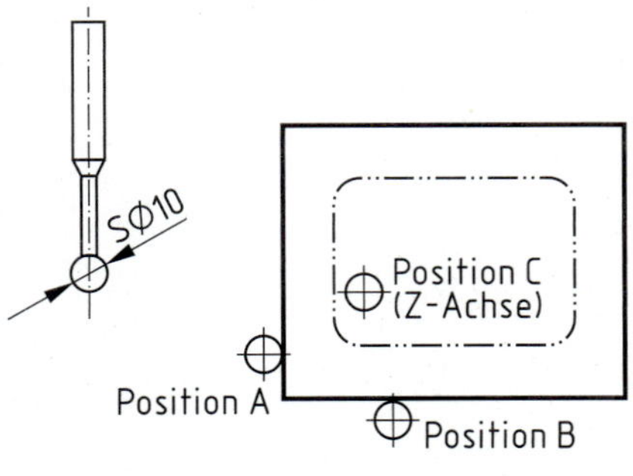

a) Berechnen Sie die Koordinaten der Werkstückflächen in der X-, der Y- und der Z-Richtung.

2. die Werkzeugkorrekturen

b) Berechnen Sie die Koordinaten für die Frästermittelpunkte der Positionen 1 bis 6 an den Tiefpunkten der Tasche bei einem Fräserdurchmesser von 14 mm.
c) Welche Wegbefehle und Koordinaten müssen für die Tiefpunkte der Fräsermitten der Position 2 und der Position 5 eingegeben werden, wenn der Vorschub in die Richtung von Position 1, 2, 3 ... erfolgt?

3. die CNC-Programmierung mit Taschenfräszyklus

das Werkzeug: ein Schaftfräser: 12 mm ø, gespeichert unter T4
die Zähnezahl des Fräsers: $z = 2$
die Schnitttiefe: $a_e = 2{,}5$ mm
der Vorschub je Fräserzahn: $f_z = 0{,}1$ mm
die Schnittgeschwindigkeit: $v_c = 40\ \frac{\text{m}}{\text{min}}$

d) Erstellen Sie ein CNC-Programm für folgende Einzelschritte.
1. Bezugsbemaßung aufrufen
2. Aufruf der gespeicherten Nullpunktverschiebung
3. Werkzeugaufruf, Spindel einschalten (Rechtslauf) – Berechnen Sie hierzu die Drehfrequenz n in $\frac{1}{\text{min}}$ und die Vorschubgeschwindigkeit v_f in $\frac{\text{mm}}{\text{min}}$.
4. Definition des Taschenfräszyklus (G87):
   X Länge der Tasche in X-Richtung
   Y Breite der Tasche in Y-Richtung
   Z Tiefe der Tasche bezogen auf den Werkstücknullpunkt
   T4 Werkzeugaufruf (Fräser 12 mm Durchmesser)
   K Schnitttiefe des Fräsers
   B Sicherheitsabstand 0,5 mm
   R Eckenradius in der Tasche
5. Aufruf des Taschenfräszyklus (G79)
   X, Y und Z sind die Startpositionen der Tasche
   Z ist dabei der Abstand von der Oberkante des Taschenmittelpunktes zum Werkstücknullpunkt.
6. Wegfahren vom Werkstück im Eilgang
7. Spindel Halt
8. Programmende

e) In welchen Programmschritten führt die CNC-Steuerung selbstständig die Berechnungen aus?

P7.3 CNC-Teileprogramm Aufnahmedorn

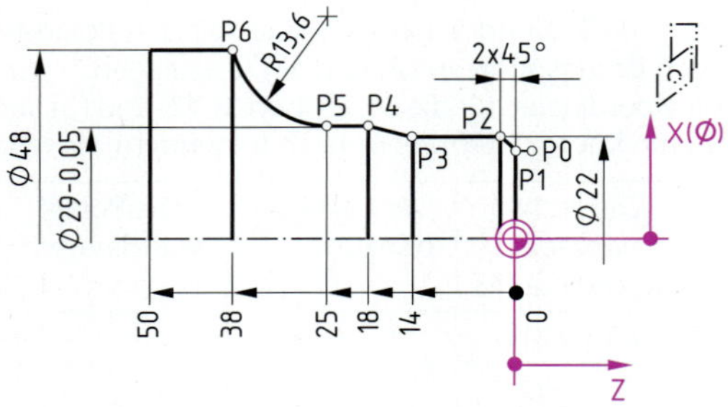

Das Teileprogramm mit Anweisungen nach DIN (siehe Tabellenbuch) (ohne technologische Daten wie z. B. Drehfrequenz, evtl. fehlerbehaftet):

```
% Aufnahmedorn
N100  G90
N110  G54
N120  G00  X20  Z0.5
N130  G01  X20  Z0
N140  X22  Z-2
N150  Z-14
N160  X29  Z-18
N170  Z-25
N180  G03  X48  Z-38  I3.6  K0
N190  M30
```

Bei der Erprobung sind Fehler festgestellt worden. Machen Sie jeweils Vorschläge zur Korrektur des Programmes:

a) Der Winkel von 45° wird nicht eingehalten.
b) Im Satz Nr. N180 blieb das Programm stehen und meldete: ERROR.
c) Der Durchmesser 29-0.05 ist mit 29 zu nahe am oberen Grenzabmaß. Er sollte mehr auf die Mitte des Toleranzfeldes eingestellt werden.
d) Die Endmontage wünscht künftig: Der Kegel mit den Punkten P3 und P4 sollte etwas flacher verlaufen.
Vorschlag: Das Maß 18 sollte auf 18,2 abgeändert werden.
e) Eigentlich müsste in den Sätzen N140 bis N170 die Anweisung G01 geschrieben werden. Warum wird dies hier nicht eingefügt?

P7.4 CNC-Programm Montageplatte

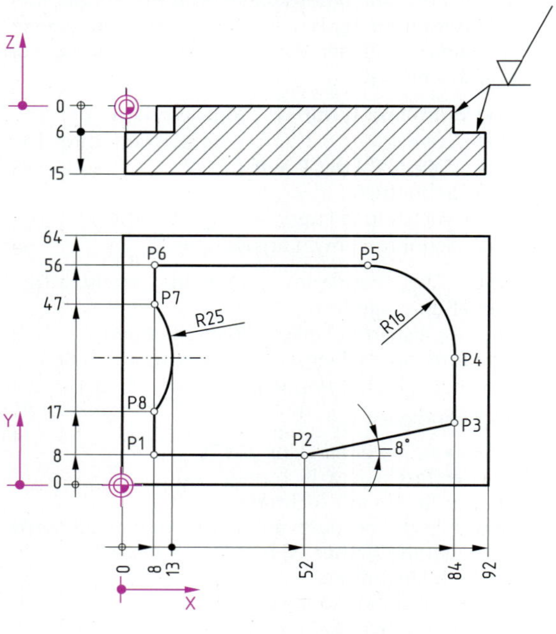

Die Kontur der Montageplatte soll durch CNC-Fräsen mit dem Vorschub beginnend bei P1 in Richtung P2, P3, P4, … bearbeitet werden.

Werkzeug (T5): Schaftfräser 20mm Durchmesser mit 4 Zähnen

$v_c = 35\,\frac{m}{min}$, $f_z = 0{,}1$ mm

a) Berechnen Sie die Drehfrequenz und die Vorschubgeschwindigkeit.
b) Berechnen Sie die Koordinaten des Punktes P3.
c) Erstellen Sie ein CNC-Programm nach DIN, wobei mit der Fräsermitte
zuerst die Vorposition X = –10,5 mm Y = –2 mm und Z = 0,5 mm anzufahren ist (Sicherheitsabstand 0,5 mm). Dadurch soll eine mögliche Kollision vermieden werden.

P8 Das Herstellen von Bauelementen durch Zerspanung

P8.1 Ein Flansch

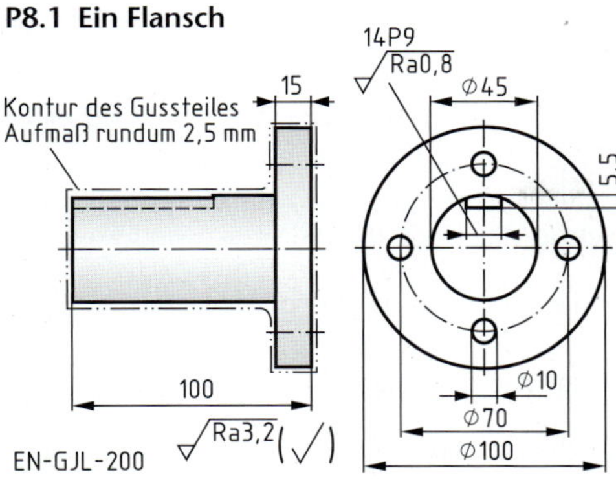

a) Toleranzen

Die Nut der Passfeder hat das tolerierte Maß 14P9.
Wie groß sind:

a_1) die Toleranz,
a_2) das Höchstmaß,
a_3) das Mindestmaß?

b) Masse

Bestimmen Sie die Masse des Rohteiles.

c) Hauptnutzungszeit – Flanschbohrungen

Zur Herstellung der 4 Flanschbohrungen wird ein nachgeschliffener HSS-Bohrer (Spitzenwinkel $\sigma = 118°$, $\gamma = 16°$) und $l_a = l_u = 1$ mm bei $v_c = 20\ \frac{\text{m}}{\text{min}}$ verwendet.

Zu bestimmen sind:

c_1) der Vorschub f,
c_2) die Hauptnutzungszeit t_h für die 4 Bohrungen.

d) Längsdrehen des Zapfens

Für das Längsdrehen (Schruppen) des Zapfens wird eine neue HM-Schneide (K10, Einstellwinkel $\kappa = 90°$, $\gamma = 0°$) mit einer Schnittgeschwindigkeit $v_c = 80\ \frac{\text{m}}{\text{min}}$ bei einem Vorschub $f = 0{,}5$ mm eingesetzt. Zur Schlichtbearbeitung soll ein Schlichtaufmaß von 0,25 mm eingehalten werden.

Ermitteln Sie:

d_1) den Spanungsquerschnitt A,
d_2) die spezifische Schnittkraft k_c,
d_3) die Schnittkraft F_c,
d_4) das Zeitspanungsvolumen Q,
d_5) die Schnittleistung P_c,
d_6) die erforderliche Antriebsleistung der Drehmaschine bei einem Wirkungsgrad von 70 %.

e) Bohren

Zum Bohren der Flanschbohrungen (trocken) ist aus den Angaben der obigen Aufgabe das Schnittmoment M_C zu berechnen.

f) Fräsen

Die Passfedernut wird in 3 Schnitten mit gleicher Schnitttiefe gefräst (Sicherheitsabstand des Fräsers = 0,5 mm).
Bestimmen Sie für einen Schaftfräser ($z = 2$; $f_z = 0{,}2$ mm, $\gamma = -5°$) und $k_c = 1740\ \frac{\text{N}}{\text{mm}^2}$ die Schnittkraft des Fräsers.

P8.2 Ein Stufenbolzen aus Vergütungsstahl C45

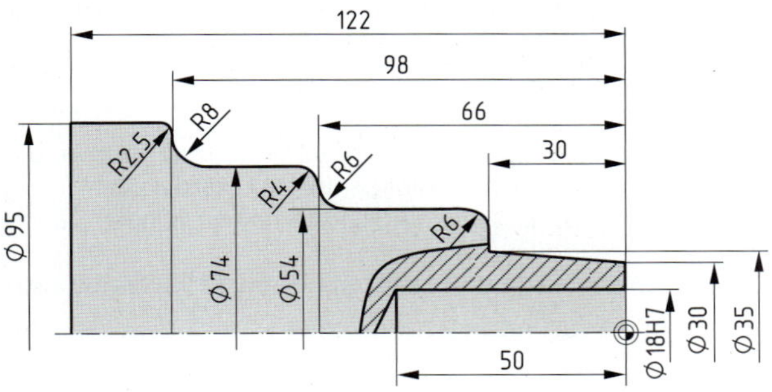

a) Toleranzen

Die Bohrung hat das tolerierte Maß ø 18H7.
Wie groß sind:

a_1) die Toleranz T,
a_2) das Höchstmaß,
a_3) das Mindestmaß.

b) Masse

Bestimmen Sie die Masse des Drehteiles (Die Radien bleiben unberücksichtigt).

c) Prozesskenngrößen – Aufbohren

Zur Herstellung der mittigen Bohrung wird ein z.T. abgenutzter HSS-Bohrer (Spitzenwinkel $\sigma = 118°$, $\gamma = 19°$) bei einem Sicherheitsabstand von 2 mm eingesetzt. Die Bohrung wird mit einem Bohrer $d = 4{,}5$ mm vorgebohrt.

c_1) Wie groß ist die mittlere Reibzugabe nach Tabellenbuch?
c_2) Welcher Fertigbohrerdurchmesser d ergibt sich daraus?
c_3) Welche Schnittgeschwindigkeit v_c ist nach Tabellenbuch zu wählen?
c_4) Welcher Vorschub f (kleinster Wert) ist nach Tabellenbuch sinnvoll?
c_5) Welche Hauptnutzungszeit t_h ergibt sich zum Aufbohren?

d) Reiben

Die Bohrung wird mit einer Reibahle aus unbeschichtetem Schnellarbeitsstahl gerieben.

d_1) Wählen Sie eine günstige Schnittgeschwindigkeit v_c.
d_2) Welche Hauptnutzungszeit $t_{h\ Reiben}$ benötigt das Reiben der Bohrung?

e) Längsdrehen der Stufen

Für das Längsdrehen (Schruppen) der Stufen wird Hartmetall P10 (WP neu gedreht) mit $v_c = 190\ \frac{\text{m}}{\text{min}}$, $f = 0{,}5$ mm, $a_p = 5$ mm und $\kappa = 95°$ eingesetzt. Zum Schlichten der Stufen werden folgende Prozesskenngrößen verwendet: $v_c = 350\ \frac{\text{m}}{\text{min}}$, $f = 0{,}1$ mm. Das Schlichtaufmaß soll 0,2 mm betragen.
Ermitteln Sie für das Schruppen:

e_1) den Spanungsquerschnitt A,
e_2) die spezifische Schnittkraft k_C, wenn $\gamma = 4°$,
e_3) die Schnittkraft F_C,
e_4) das Zeitspanungsvolumen Q,
e_5) die Schnittleistung P_C,
e_6) die erforderliche Antriebsleistung der Drehmaschine bei einem Wirkungsgrad $\eta = 75\,\%$.

f) Für das Aufbohren sind zu berechnen:

f_1) der Spanungsquerschnitt A,
f_2) die Spanungsdicke h,
f_3) die spezifische Schnittkraft k_C,
f_4) die Schnittkraft F_C,
f_5) das Schnittmoment M_C.

P8.3 Die Hochgeschwindigkeitsbearbeitung

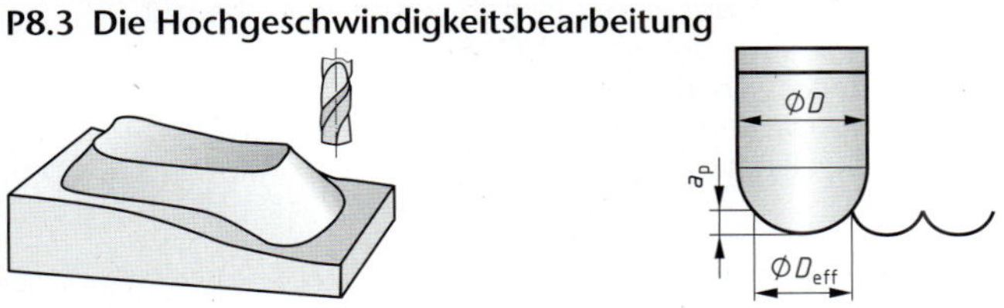

Für das abgebildete Gesenk aus 40 CrMnNi 8-6-4 mit einer Härte von 58 HRC wird die Vorschlicht- und Feinschlichtbearbeitung mittels Hochgeschwindigkeitsfräsen durchgeführt. Die Spindel der Maschine erlaubt eine Höchstdrehzahl von $n_{max} = 48\,000\ \frac{1}{\text{min}}$.
Es wird mit einem beschichteten Kugelkopffräser mit Radius 5 mm gearbeitet.

a) Wie groß ist der effektive Werkzeugdurchmesser D_{eff}:
   a_1) beim Vorschlichten, wenn die durchschnittliche Frästiefe $a_p = 0{,}15$ mm beträgt?
   a_2) beim Fertigschlichten, wenn die durchschnittliche Frästiefe $a_p = 0{,}08$ mm beträgt?

b) Welche Drehzahlen sind für das Vor- und Fertigschlichten zu programmieren, wenn der Werkzeughersteller für diesen Werkstoff $v_c = 250\ \frac{\text{m}}{\text{min}}$ am D_{eff} empfiehlt?

c) Welche Rauigkeit R_Z ergibt sich nach dem Fertigschlichten bei einer Zeilenbreite $b = 1$ mm?

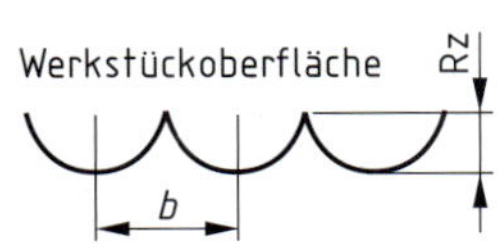

P9 Das Herstellen von Bauelementen durch Feinbearbeitung

P9.1 Eine Honeinrichtung

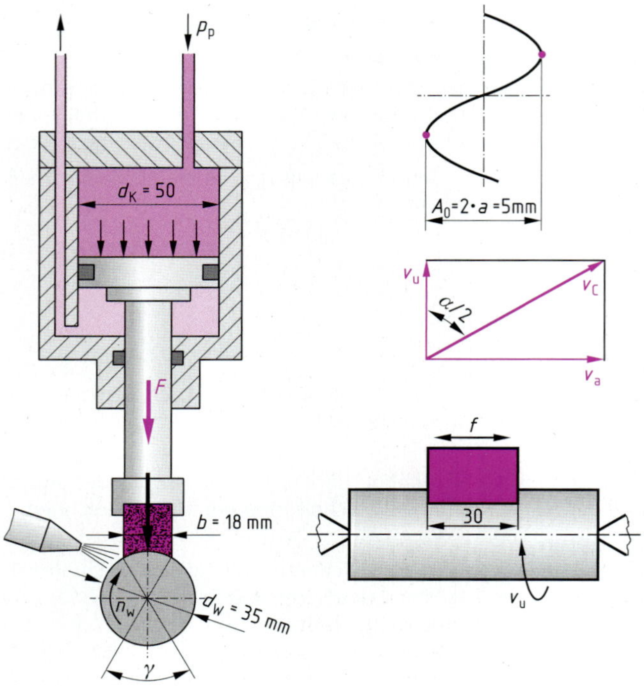

Die Abmessungen des Honsteins sind $l \cdot b = 30\ \text{mm} \cdot 18\ \text{mm}$.
Der gesamte Schwinghub beträgt $A_0 = 5$ mm.
Das Kurzhubhongerät schwingt mit einer Schwingfrequenz $f = 800\ \frac{1}{\text{min}}$.

Für Honversuche an einer Welle mit $d_W = 35$ mm sollen einige Berechnungen durchgeführt werden.

a) Wie groß ist die Umfangsgeschwindigkeit v_u in $\frac{\text{m}}{\text{min}}$ bei einer Wellendrehzahl $n_w = 160\ \frac{1}{\text{min}}$?
b) In der links abgebildeten Honspur ist eine Schwingung dargestellt. An welcher Stelle ist die Axialgeschwindigkeit am größten?
c) Berechnen Sie die maximale Axialgeschwindigkeit $v_{a\ max}$ in $\frac{\text{m}}{\text{min}}$.
d) An welcher Stelle ist die Axialgeschwindigkeit am geringsten?
e) Welche Axialgeschwindigkeit ergibt sich in den rot markierten Umkehrpunkten?
f) Welche größte Schnittgeschwindigkeit $v_{c\ max}$ ergibt sich daraus?
g) Wie groß ist die minimale Schnittgeschwindigkeit $v_{c\ min}$?
h) Wie groß ist der maximale Überschneidungswinkel α_{max}?
i) Der Druck p_p im Druckluftzylinder beträgt 2 bar. Mit welcher Kraft F wird der Honstein auf die Welle gedrückt?
j) Wie groß wird bei dieser Kraft F der Steinanpressdruck p_{Stein} in $\frac{\text{N}}{\text{cm}^2}$?
k) Damit die Rundheit der Welle bei der Bearbeitung verbessert wird, soll der Umschlingungswinkel γ etwa 60° betragen. Berechnen Sie den Umschlingungswinkel γ für die Versuchseinrichtung.
l) Nach dem Honen soll die Welle im Maßbereich 35 h3 liegen. Bestimmen Sie das Höchst- und Mindestmaß der Welle.
m) Die Welle soll eine Zylinderformtoleranz erhalten. Welche Zylinderformtoleranz darf auf keinen Fall überschritten werden? Geben Sie dazu eine Zylinderformtoleranz an.

P9.2 Das Rundschleifen einer Welle

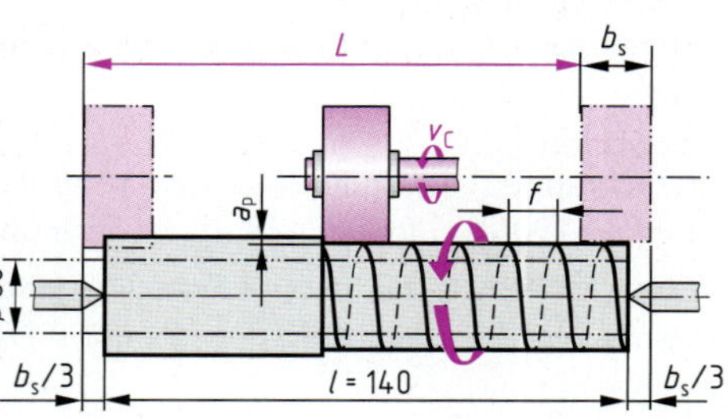

Es sind einsatzgehärtete Wellen aus 16MnCr5 mit einer Schleifzugabe von 0,2 mm auf Fertigmaß durch Längsrundschleifen zu bearbeiten.
Es wird eine Schleifscheibe 400 × 40 × 127 – A 50 L 6 – 35 verwendet. Der Wirkungsgrad des Antriebes beträgt $\eta = 0{,}6$.

a) Wie groß ist die Schleifspindeldrehfrequenz n_s, wenn die maximale Schnittgeschwindigkeit genutzt werden soll?
b) Ermitteln Sie das Geschwindigkeitsverhältnis q nach Tabellenbuch.
c) Welche Werkstückgeschwindigkeit v_w in $\frac{\text{m}}{\text{min}}$ ergibt sich bei maximaler Schnittgeschwindigkeit v_c und dem gewählten q?
d) Berechnen Sie die Werkstückdrehzahl.
e) Wie groß ist die Schnittleistung P_C in kW an der Schleifscheibe, wenn die mittlere Schnittkraft $F_C = 26$ N beträgt?
f) Welche Motorantriebsleistung ergibt sich daraus?
g) Welchen Weg L legt die Schleifscheibe in Längsrichtung (=Vorschubweg) zurück, wenn der Überlauf der Schleifscheibe jeweils 1/3 der Schleifscheibenbreite b_s sein soll?
h) Wie groß ist die Anzahl der Schnitte plus Schnitte zum Ausfeuern nach Tabellenbuch, wenn die Zustellung pro Schliff $a_p = 0{,}02$ mm sein soll?
i) Wie groß ist die Hauptnutzungszeit t_h zum Schleifen, wenn der Vorschub pro Umdrehung 70 % der Schleifscheibenbreite ist?
j) Wie groß ist das abgespante Volumen V_W?

P9.3 Das Langhubhonen eines Zylinders aus Gusseisen

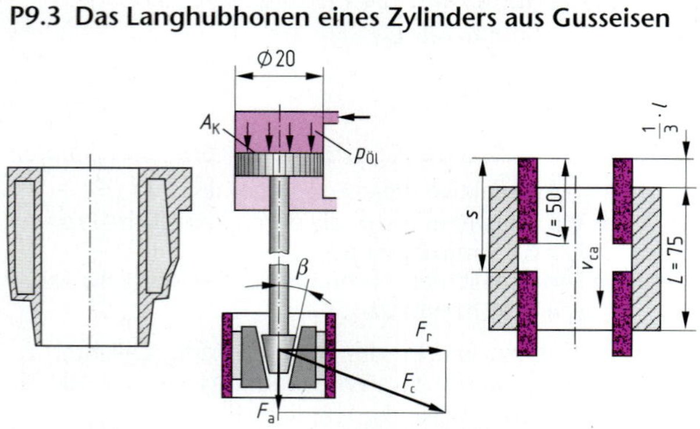

Eine Bohrung von 75 mm Länge wird mit einem Vierleisten-Honwerkzeug bearbeitet. Die Drehfrequenz beträgt $n = 200\ \frac{1}{\text{min}}$, die maximale Hubgeschwindigkeit $v_a = 20\ \frac{\text{m}}{\text{min}}$. Der Werkstückdurchmesser vorher ist $d_0 = 79{,}94$ mm, nachher $d = 80{,}00$ mm. Das Werkzeug für die Zylinderbearbeitung hat vier Diamantleisten mit $l \cdot b = 50\ \text{mm} \cdot 3\ \text{mm}$ Arbeitsfläche.

a) Welche Umfangsgeschwindigkeit v_u in $\frac{\text{m}}{\text{min}}$ hat das Werkzeug?
b) Welche maximale Schnittgeschwindigkeit ergibt sich daraus?
c) Welcher Überschneidungswinkel α der Honspuren zeigt sich auf der Bohrung?
d) Wie groß ist der Hub s in mm, wenn der Überlauf 1/3 der Honsteinlänge betragen soll?
e) Das Anpressen der Honleisten soll durch eine hydraulische Zustelleinrichtung über einen Konus erfolgen. Wie groß ist die Radialkraft F_r bei einem gewünschten Anpressdruck des Honsteines $p_{Stein} = 5\ \frac{\text{N}}{\text{mm}^2}$?
f) Wie groß ist die Axialkraft F_a, um an allen 4 Honleisten diese Radialkraft zu erzeugen, wenn der Zustellkonus einen Winkel $\beta = 4°$ hat?
g) Welcher Öldruck $p_{Öl}$ ist zum Aufbringen der gesamten Axialkraft $F_a = 210$ N notwendig?
h) Welche Schnittleistung ist für alle vier Honleisten aufzubringen, wenn die Schnittkraft F_c für eine Leiste 375 N beträgt?
i) Wie groß ist das abgespante Volumen V_W?

P10 Das Qualitätsmanagement

P10.1 Die variable Prüfung der Bohrung einer Seilrolle

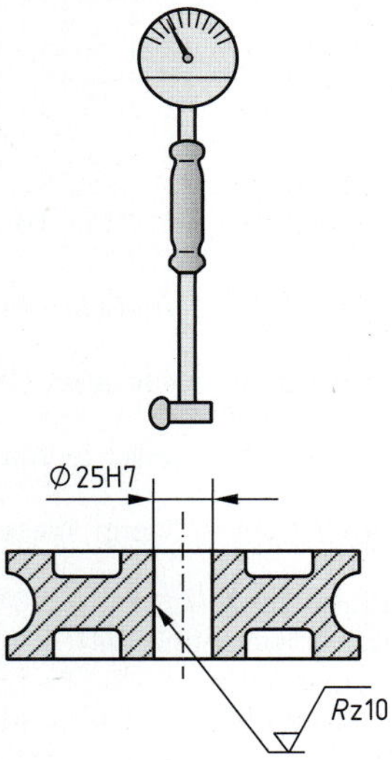

Der variable Durchmesser 25H7 wird durch Messen der Istmaße geprüft.
Es wird alle 20 Minuten eine Stichprobe von 5 Bohrungen erfasst. Die Prüfanweisung schreibt vor: Innenmessgerät mit Zentrierbrücke und Ermittlung des Umkehrpunktes.
Es ergaben sich in den 6 Stichproben folgende Abmaße vom Nennmaß 25 000 mm (Angaben in µm):

1. Stichprobe:	6	4	8	7	9
2. Stichprobe:	4	6	8	5	8
3. Stichprobe:	7	6	4	2	6
4. Stichprobe:	3	6	4	4	5
5. Stichprobe:	3	2	4	2	3
6. Stichprobe:	2	3	2	1	2

Mittelwerte der Stichprobe

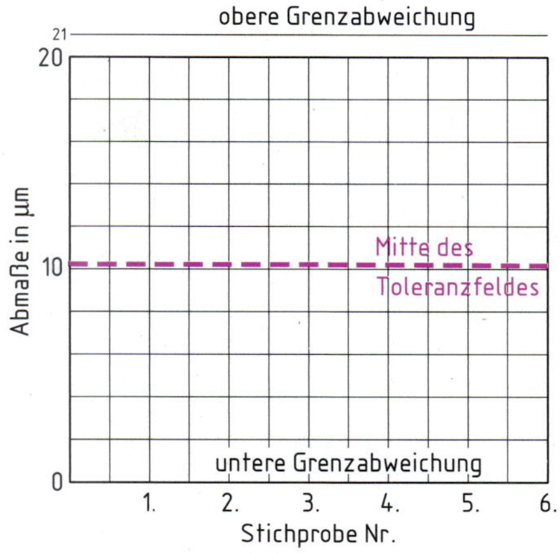

a) Welche Bedeutung hat die Angabe Rz10?
Ist dieser Wert durch Bohren mit dem Spiralbohrer erreichbar (Begründung)?
b) Entnehmen Sie dem Tabellenbuch die Grenzabmaße der Bohrung.
c) Berechnen Sie das arithmetische Mittel $\bar{x}$ aller 30 Istwerte und der einzelnen Stichproben.
Zur Auswertung wird ferner die jeweilige Spannweite R innerhalb jeder Stichprobe und die mittlere Spannweite $\bar{R}$ benötigt. Berechnen Sie diese Werte.
d) Zeichnen Sie den obenstehenden Anfang einer Qualitätsregelkarte auf kariertes Papier und tragen Sie die Mittelwerte der einzelnen Stichproben ein.
e) Vergleichen Sie die mittlere Spannweite $\bar{R}$ mit der Größe des Toleranzfeldes.
f) Liegt der Mittelwert $\bar{x}$ aller Istmaße in der Mitte des Toleranzfeldes?
Berechnen Sie den kleinsten Abstand vom Mittelwert $\bar{x}$ zum Grenzabmaß des Toleranzfeldes und vergleichen Sie dies mit der mittleren Spannweite $\bar{R}$.

P10.2 Die Prüfung von Passschrauben

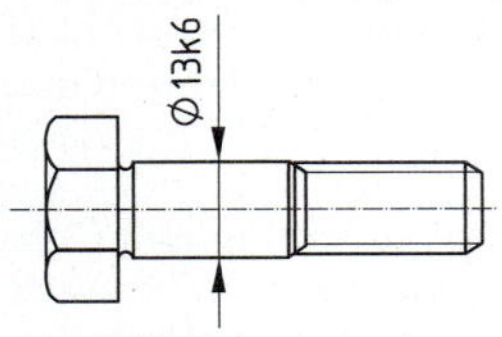

Im Wareneingang liegt eine Lieferung von 1 000 Passschrauben.

1. Variablenprüfung (Messen des Durchmessers 13k6)
In einer Stichprobe von 3 Gruppen mit je 5 Schrauben wurden folgende Abweichungen (in µm) vom Nennmaß festgestellt:

1. Gruppe	9	6	2	7	3
2. Gruppe	4	5	7	2	7
3.Gruppe	4	7	6	5	11

Diese Stichprobe ist faktisch zu klein. Zur Vereinfachung der Rechnung wurden hier statt 50 Schrauben nur die Werte von 15 Werkstücken untersucht.

Ermitteln Sie:
a) das arithmetische Mittel $\bar{x}$ aller Messungen,
b) die mittlere Spannweite $\bar{R}$ aus allen drei Gruppen,
c) die geschätzte Standardabweichung mit der Näherungsformel $\sigma \cong 0{,}43 \cdot \bar{R}$,
d) die Qualitätskennzahl Q_o und Q_u unter Verwendung von Δ_{krit}.
e) Kann die Lieferung angenommen werden, wenn die kritische Kennzahl mit 1,7 vorgegeben ist?

2. Attributive Prüfung (Zählung der fehlerhaften Stücke, z. B. Prüfung mit einer Grenzrachenlehre):
In der Prüfanweisung wurde als Grenzwert bei 200 Stück eine maximale Fehlerzahl von einer Schraube festgelegt.
Bei 100 gemessenen Passschrauben war kein fehlerhaftes Stück.
Kann die Lieferung so akzeptiert werden (Begründung)?
Machen sie einen Vorschlag zur Klärung.

P10.3 Qualitätsregelkarte und Maschinenfähigkeitsuntersuchung bei der Zahnradfertigung

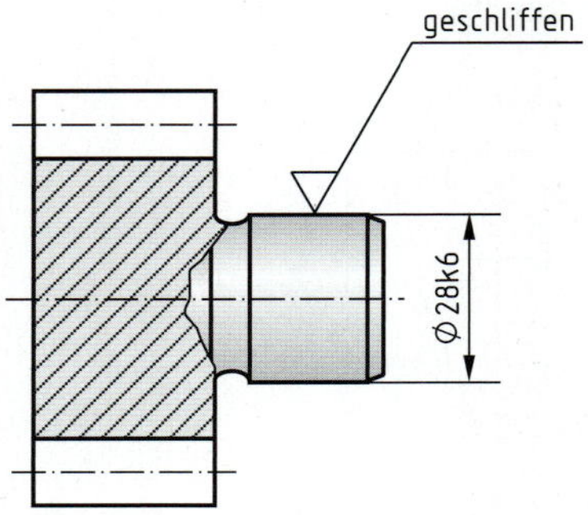

In einer Vorlaufserie wurden 50 Zahnräder gefertigt und in 10 Stichproben (Stichprobe Nr. I bis X) mit je 5 Werkstücken der Durchmesser ø 28k6 mit Feinzeiger gemessen (alle Abmaße in der nebenstehenden Tabelle in µm):

Stichprobe Nr.		**I**	**II**	**III**	**IV**	**V**	**VI**	**VII**	**VIII**	**IX**	**X**
Werkstück Abweichung vom Maß 28,000 mm	x_1	5	6	6	7	7	8	8	9	10	10
	x_2	7	4	8	5	9	9	7	11	9	12
	x_3	6	8	5	6	5	6	9	8	10	11
	x_4	4	5	7	7	8	9	10	9	8	9
	x_5	7	7	6	8	7	10	9	7	11	10

a) Bestimmen Sie die Grenzabmaße von ø 28k6 mithilfe des Tabellenbuches.
b) Berechnen Sie den Mittelwert und die Spannweite aller 10 Stichproben sowie den Mittelwert aller Istmaße.
c) Zeichnen Sie den Ausschnitt einer Qualitätsregelkarte mit dem Mittelwert $\bar{x}$ von 0 bis 20 µm:
d) Berechnen Sie die Breite der Eingriffsgrenze, wenn diese 12,5 % der Toleranz betragen soll.
e) Sind Korrekturen der Einstellung erforderlich?
f) Berechnen Sie die geschätzte Standardabweichung mit $\hat{\sigma} = 0{,}43 \cdot \bar{R}$.
g) Prüfen Sie, ob der Maschinenfähigkeitsindex $c_m > 1{,}67$ und die kritische Lage $c_{mk} > 1{,}67$ sind.

P10.4 Maschinenfähigkeitsindex und Prozessfähigkeitsindex

Das nachfolgend skizzierte Gussteil wird mit Hartmetall und mittleren Schnittdaten bearbeitet.
Es ist mithilfe des Maschinenfähigkeitsindex zu prüfen, ob die Toleranz von ø 25h6 eingehalten werden kann.

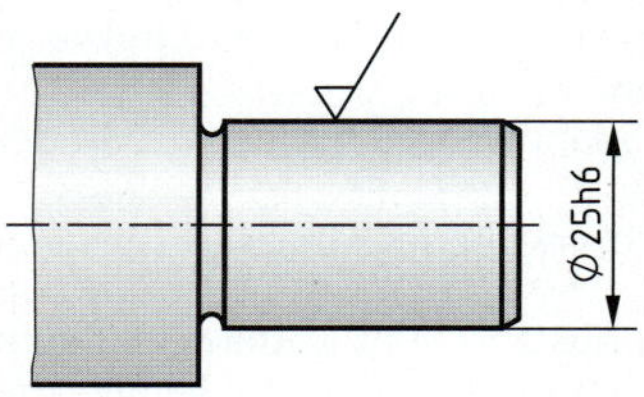

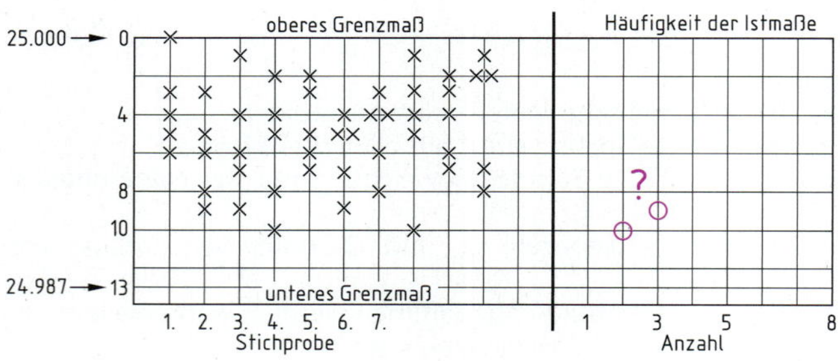

1. Maschinenfähigkeit

In einer Stichprobe einer Vorlaufserie wurden folgende Abmaße vom Nennmaß (in µm) gemessen:

1. Gruppe	6	8	8	8	7
2. Gruppe	7	6	9	7	7
3. Gruppe	6	8	9	7	6

a) Berechnen Sie den Mittelwert aller Istmaße und den Mittelwert der Spannweiten aller Gruppen.
b) Berechnen Sie die geschätzte Standardabweichung mit der Näherungsformel $\hat{\sigma} \cong 0{,}43 \cdot \bar{R}$.
c) Ermitteln Sie die Kennzahl für die Maschinenfähigkeit c_m und die kritische Kennzahl c_{mk} für die Lage der Istwerte im Toleranzfeld (Tabellenbuch).

2. Prozessfähigkeit

Innerhalb eines Monats wurden in regelmäßigen Abständen 10 Stichproben mit je 5 Werkstücken entnommen. Die Ergebnisse mit 3 CNC-Maschinen, mit verschiedenen Hartmetallsorten und mehreren Facharbeitern/-innen, sind in der Strichliste zusammengefasst.

d) Zeichnen Sie die Häufigkeiten der Maßabweichungen (Fehlerkurve) auf kariertem Papier auf (1 Karo = 2 µm). Die Werte der ersten zwei Stichproben sind bereits eingezeichnet. Tragen sie hierzu auch den Mittelwert $\bar{x}$ ein.
e) Berechnen Sie den Prozessfähigkeitsindex c_p und die kritische Kennzahl c_{pk}.
f) Der kritische Wert für die Maschinenfähigkeit ist 1,67- während für die Prozessfähigkeit Kennzahlen über 1,33 verlangt werden. Kann die Maßtoleranz für das Maß ø 25h6 zuverlässig eingehalten werden?

P11 Das Herstellen von Schneidwerkzeugen

P11.1 Ein Schneidwerkzeug für Lasche

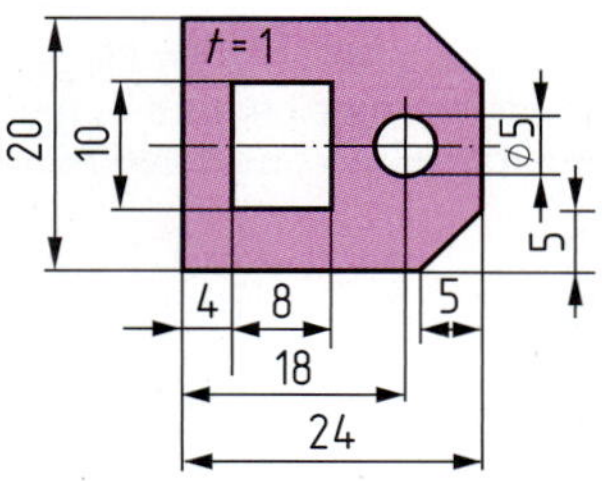

Die Lasche soll aus DC01 mit einem Folgeschneidwerkzeug hergestellt werden.

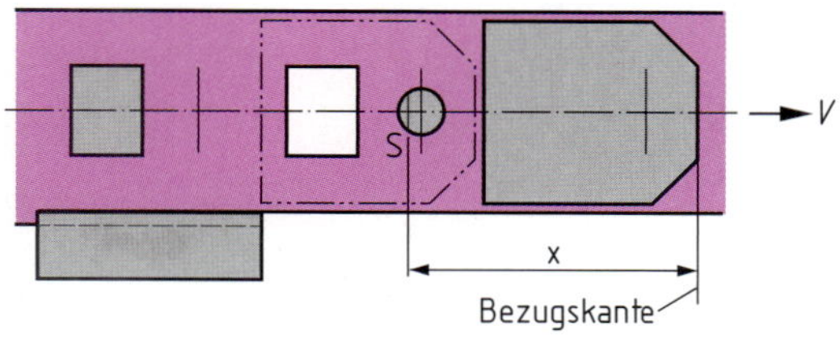

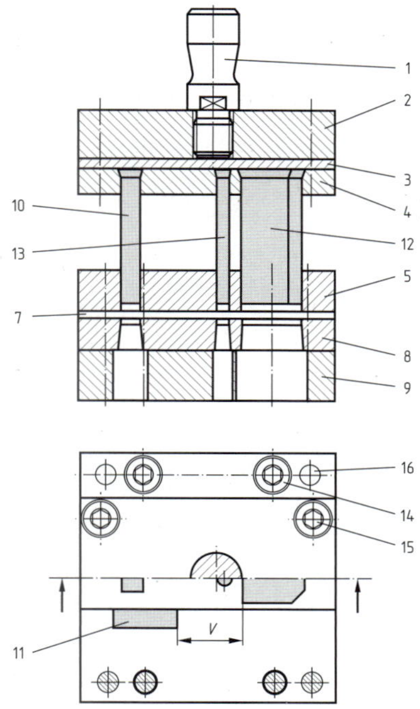

Bestimmen Sie:

a) die Streifenbreite B, wenn diese auf ganze Millimeter aufgerundet wird,
b) den Vorschub V,
c) die Scherkraft zum Lochen der Bohrung und der rechtwinkligen Aussparung,
d) die Ausschneid- F_{Aus}, die Seitenschneider- F_{Seiten} und die Gesamtschneidkraft F_{ges},
e) den Ausnutzungsgrad η, wenn vom Coil gearbeitet wird,
f) den Schneidspalt u,
g) die Maße für die beiden Lochstempel und die entsprechenden Schneidplattendurchbrüche,
h) die Notwendigkeit einer gehärteten Druckplatte (die maximal ertragbare Flächenpressung für eine ungehärtete Druckplatte ist $p = 250\,\frac{N}{mm^2}$),
i) den Abstand x zwischen der Mittelachse des Einspannzapfens (S) und der vorgegebenen Bezugskante (siehe Streifenbild) für die Längsrichtung.
Erstellen Sie dazu eine Tabelle mit folgenden Spalten:

i	l_i	a_i	$l_i \cdot a_i$

P11.2 Ein Schneidwerkzeug für Zuführungen

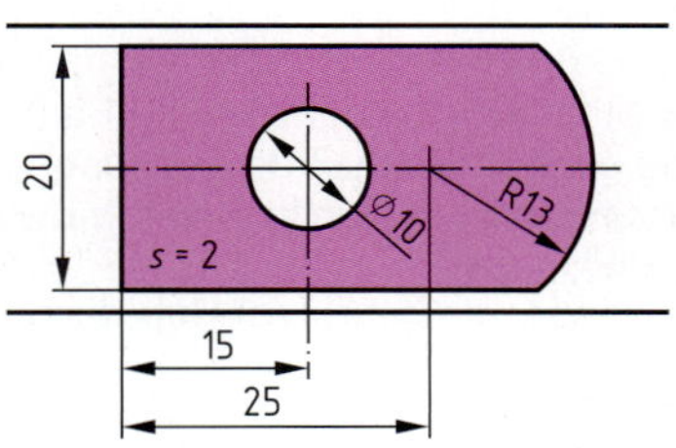

Die Arbeitsfolgen sind Lochen und Ausschneiden in einem Folgeschneidwerkzeug mit Freiwinkel. Das Zuführungsblech ist aus Stahl mit $R_m = 470\,\frac{N}{mm^2}$.

Gesucht:

a) die Stegbreite e und die Randbreite a
b) die erforderliche Streifenbreite B, wenn auf ganze Millimeter aufgerundet wird
c) der Vorschub V
d) die tatsächliche Randbreite a_{tat}
e) der Ausnutzungsgrad für einen Streifen mit 1 m Länge
f) die Scherkraft zum Lochen
g) die Scherkraft zum Ausschneiden
h) das Stempel- und Schneidplattendurchbruchmaß zum Lochen
i) die Skizze des Stempels zum Ausschneiden mit Angabe der Stempelmaße
j) die Scherarbeit, wenn der Werkstofffaktor $x = 0{,}65$ ist
k) die Flächenpressung p am Kopf des Lochstempels
l) Die beschriebene Stanzaufgabe soll auf einer Kurbelpresse mit folgender Kennlinie durchgeführt werden: Wie viele mm vor dem unteren Totpunkt darf der Schneidvorgang aufgrund der Kraftweg-Kennlinie frühestens beginnen?
m) Berechnen Sie die Gesamtschneidkraft F_{ges}. Skizzieren Sie den Verlauf der Scherkraft in das vorgegebene Schaubild.

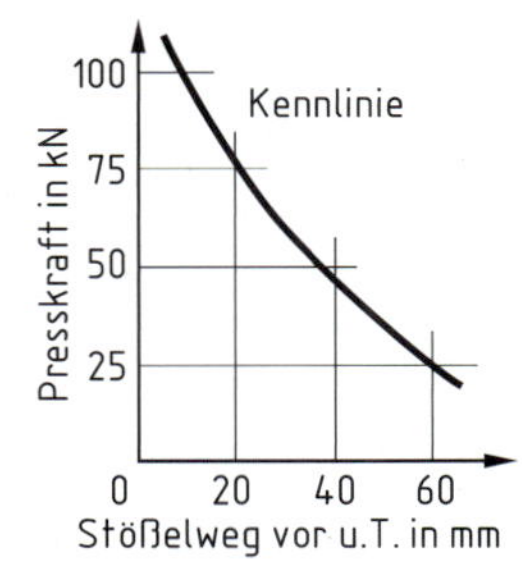

P11.3 Ein Schneidwerkzeug für Deckel

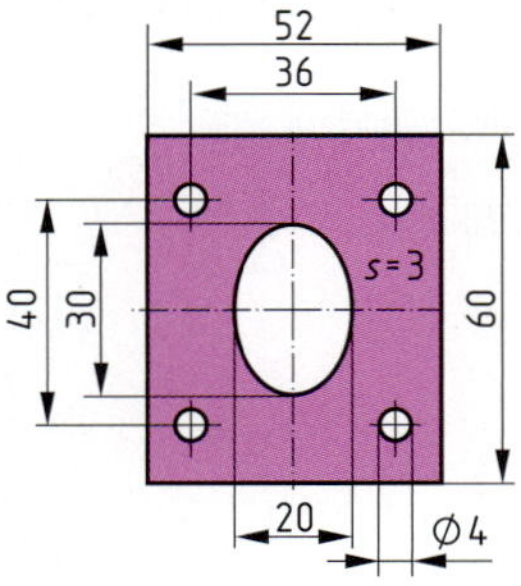

Der abgebildete Deckel soll mit einem Folgeschneidwerkzeug (mit Freiwinkel im Schneidplattendurchbruch) hergestellt werden. Die Scherfestigkeit beträgt $270\,\frac{N}{mm^2}$. Der Vorschub wird mit einem Seitenschneider realisiert.

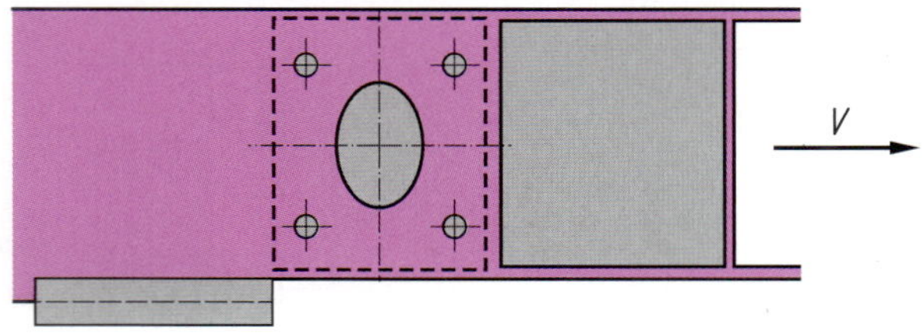

Berechnen Sie folgende Größen.

a) die Stegbreite e, die Randbreite a, den Seitenschneiderabfall i
b) den Vorschub V
c) die Streifenbreite B
d) den Ausnutzungsgrad, wenn vom Coil gearbeitet wird
e) die Stempel- und Schneidplattenmaße für das Ausschneiden
f) die Stanzkraft für eine 4 mm-Lochung
g) die Scherkraft für das elliptische Loch
h) die Schneidkraft zum Ausschneiden
i) den Abstand x der Einspannzapfenmitte (von der Ellipsenlochmitte aus), wenn die Einspannzapfenmitte im Kräftemittelpunkt liegt
Zusatz: Der Vorschub soll bei dieser Teilaufgabe durch einen Vorschubapparat ohne Seitenschneider durchgeführt werden. Erstellen Sie dazu eine Tabelle mit folgenden Spalten:

i	l_i	a_i	$l_i \cdot a_i$

P12 Das Herstellen von Verbundwerkzeugen durch Stanzen und Biegen

P12.1 Ein Winkel

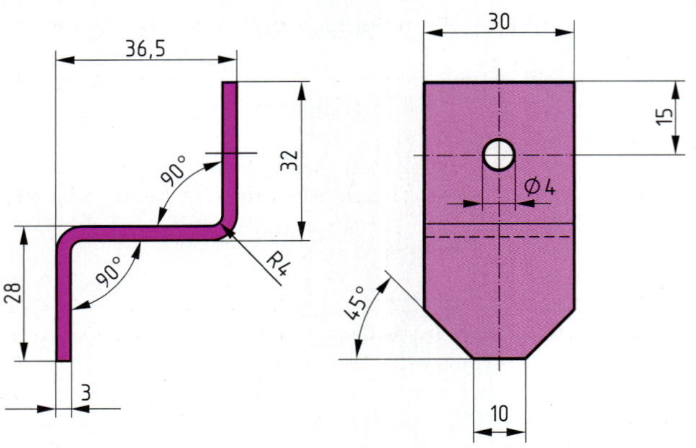

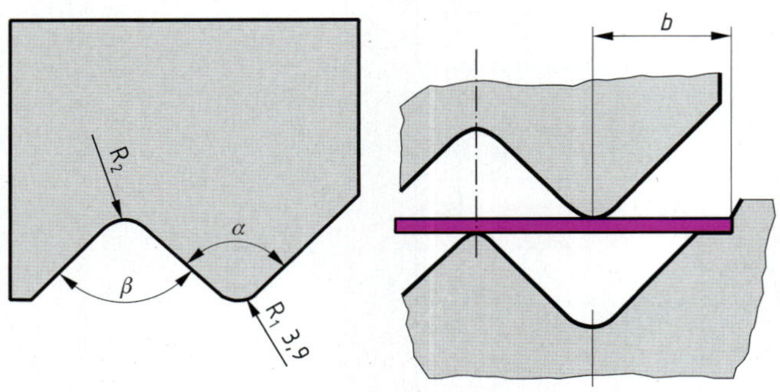

In der Abbildung ist ein Winkel aus S275JR gezeigt. Zum Biegen des Winkels werden die nebenstehenden Biegeelemente eingesetzt. Der Winkel soll zuvor in einem Folgeschneidwerkzeug gestanzt werden.

a) Stellen Sie die Gleichung $r_1 = k_R\,(r_2 + 0{,}5 \cdot s) - 0{,}5 \cdot s$ nach dem Rückfederungsfaktor k_R um.
b) Berechnen Sie den vorhandenen Rückfederungsfaktor k_R mit den Daten aus den Skizzen.
c) Ist der festgelegte Radius am Werkstück erlaubt?
d) Berechnen Sie die Winkel α und β am Biegewerkzeug.
e) Beim Biegen wird der Zuschnitt zwischen Biegestempel und Gegenhalter gespannt. Das Maß *b* legt den Abstand der Endlage zum Biegestempel fest. Berechnen Sie das Maß *b*.
f) Ermitteln Sie den Radius R_2.
g) Berechnen Sie die gestreckte Länge *L*.
h) Ermitteln Sie die erforderliche Randbreite *a* und die Stegbreite *e*, wenn die kurze Seite in Vorschubrichtung liegt. Die Randbreite soll auf beiden Seiten gleich sein.
i) Berechnen Sie die Streifenbreite *B*. Die Streifenbreite soll auf den nächsten mm-Wert gerundet werden.
j) Legen Sie den Vorschub fest.
k) Wie groß ist der Ausnutzungsgrad η, wenn vom Coil gearbeitet wird?
l) Wie groß ist der Lochstempeldurchmesser *d* und der Schneidplattendurchbruch *D* für das Lochen, wenn mit einem Schneidwerkzeug mit Freiwinkel gestanzt wird.
m) Ermitteln Sie die Schneidkraft zum Lochen.
n) Es ist nachzuprüfen, ob eine gehärtete Druckplatte erforderlich ist, wenn der Lochstempel nach DIN 9861 am Kopf 50 % größer als der Schaftdurchmesser ist.

P12.2 Haltebügel

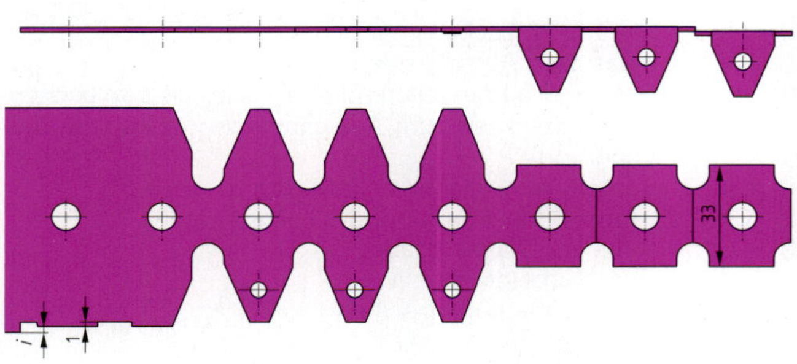

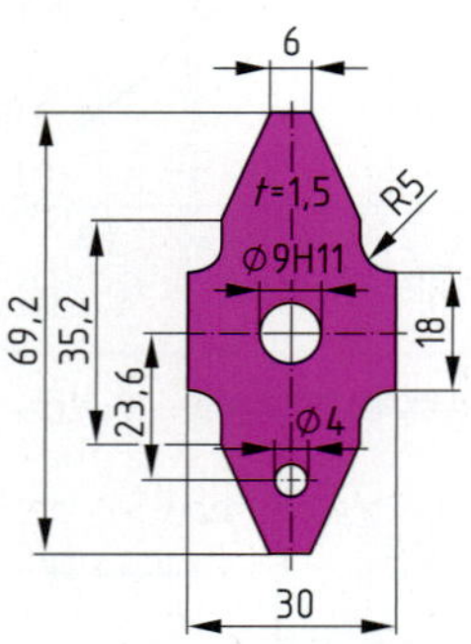

Abwicklung

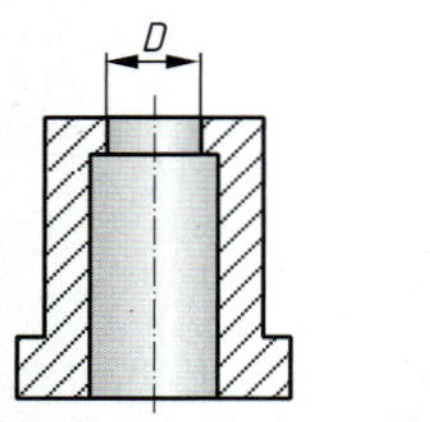

Schneidbuchse für Lochung Ø9

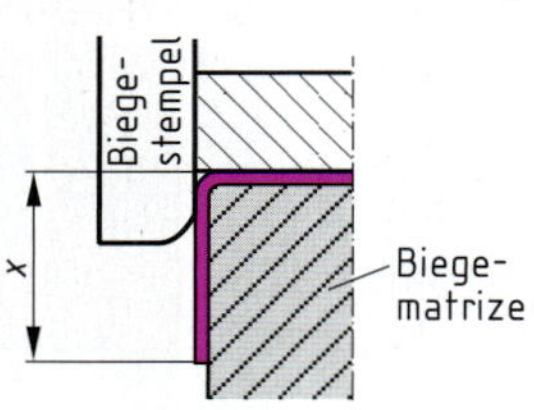

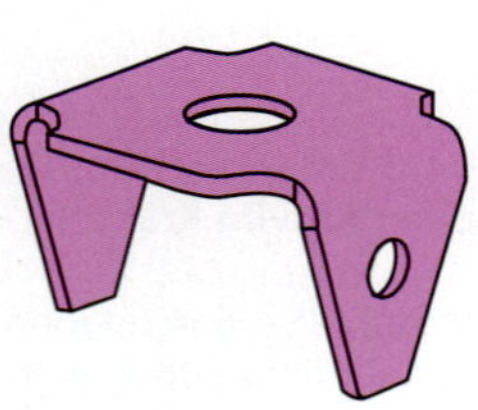

Der abgebildete Haltebügel aus DC04 soll in einem Folgeverbundwerkzeug hergestellt werden. Das Streifenbild zeigt die Verfahrensschritte.

a) Benennen Sie die Verfahrensschritte.
b) Der Haltebügel weist in der Mitte eine Lochung ø 9 H11 auf. Wie groß ist das Höchst- und das Mindestmaß der Lochung?
c) Wie groß darf der Durchbruch bzw. der Durchmesser in der Schneidbuchse höchstens sein?
d) Wie lang ist die Schnittlinienlänge, die bei einem Hub durch die Ausklinkstempel beidseitig entsteht?
e) Berechnen Sie die Schnittteilfläche *A*.
f) Bestimmen Sie das Seitenschneidermaß *i* und die Streifenbreite *B*.
g) Berechnen Sie den Ausnutzungsgrad η.
h) Wie groß ist die Schneidkraft für beide Ausklinkungen?
i) Berechnen Sie die Schneidkraft zum Lochen (ø 9, ø 4) und zum Trennen.
j) Ermitteln Sie die Scherkraft für den Seitenschneider.
k) Welche Gesamtschneidkraft F_{ges} muss aufgebracht werden?
l) Der Haltebügel wird mit zwei Biegestempeln umgeformt. Wie groß sind die Biegeradien am Werkstück zu wählen, wenn er um 25 % größer als der kleinstmögliche Biegeradius sein soll? Anmerkung zum Tabellenwert: gleicher Mindestbiegeradius wie S235.
m) Wie groß muss der Biegeradius am Biegegesenk sein?
n) Bestimmen Sie das Maß *x*.
o) Bestimmen Sie den Rückfederungswinkel ε.

P13 Das Herstellen von Verbundwerkzeugen durch Stanzen und Tiefziehen

P13.1 Ein Versuchswerkzeug für Gehäuse

Das abgebildete Gehäuse aus DC01 soll in einem Versuchswerkzeug gefertigt werden. Dazu sind einige Berechnungen durchzuführen.

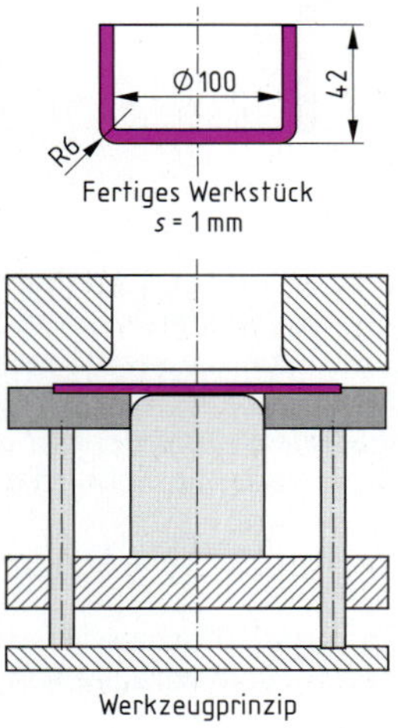

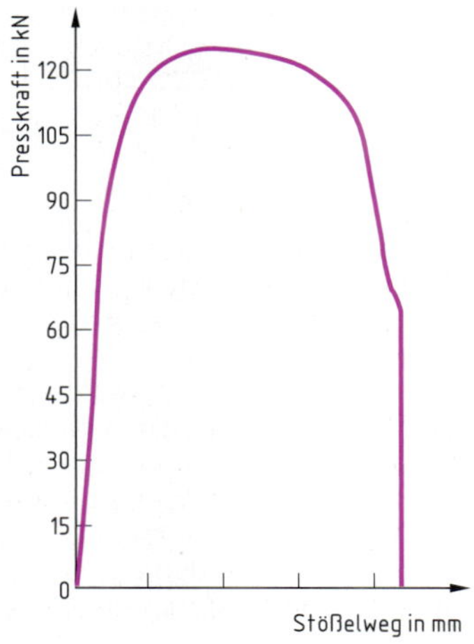

a) Berechnen Sie den Rondendurchmesser D (auf ganze mm aufgerundet)
b) Welcher Ziehspalt w ist sinnvoll?
c) Berechnen Sie den Ziehringradius r_r.
d) Welcher Ziehringdurchmesser d_r ergibt sich daraus?
e) Mit welcher maximalen Ziehkraft ist zu rechnen?
f) Die Tiefziehversuche erfolgen mit dem abgebildeten Werkzeug. Im Diagramm ist die gesamte Pressenkraft dargestellt. Auf welchen Wert wurde die Niederhalterkraft F_N eingestellt, wenn die Festigkeit des verwendeten Bleches 94 % der maximalen Festigkeit aufweist?
g) Berechnen Sie die Niederhalterdruckfläche A_N.
h) Welcher Niederhalterdruck p_N wirkt bei der vorher eingestellten Niederhaltekraft zu Beginn des Tiefziehens auf die Ronde?
i) Geben Sie die Zahlenwerte auf der waagerechten Achse (Stößelweg) des Diagramms an.
j) Ermitteln Sie grafisch aus dem Diagramm die gesamte Pressenarbeit W für einen Ziehvorgang.
k) Bestimmen Sie die Materialkosten für ein Werkstück, wenn für die Versuche eine Blechplatte (2000 mm × 1000 mm) zum Preis von 32 € verwendet wird.
l) Das Gehäuse soll nun in einem Gesamtverbundwerkzeug hergestellt werden. Dabei soll in einem Kostenvergleich ermittelt werden, ab welcher Stückzahl ein Bandvorschub verglichen mit einem Handvorschub sinnvoll ist. Der gebrauchte Bandvorschubapparat kostet noch 2900 €. Für die Kostengegenüberstellung gelten folgende Daten:
Im Handvorschub betragen die Kosten 0,84 € je Gehäuse – Mit einem Bandvorschub sind die Herstellkosten bei 0,56 € je Werkstück.

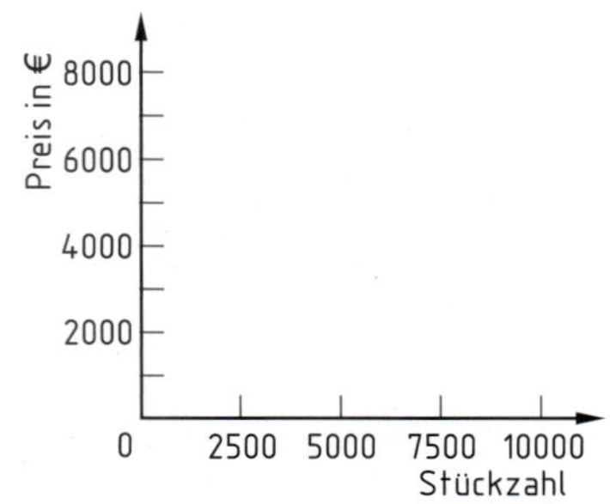

Übernehmen Sie das abgebildete Koordinatensystem und tragen Sie die Preisgeraden ein. Ab welcher Stückzahl ist ein Bandvorschub günstiger?
m) Ermitteln Sie die Herstellzeiten für die Fertigung von 10 000 Gehäusen, wenn der Handvorschub mit einer Hubzahl von 9 Hüben pro Minute und der Bandvorschub mit 50 Hüben pro Minute erfolgt.

P13.2 Folgeverbundwerkzeug

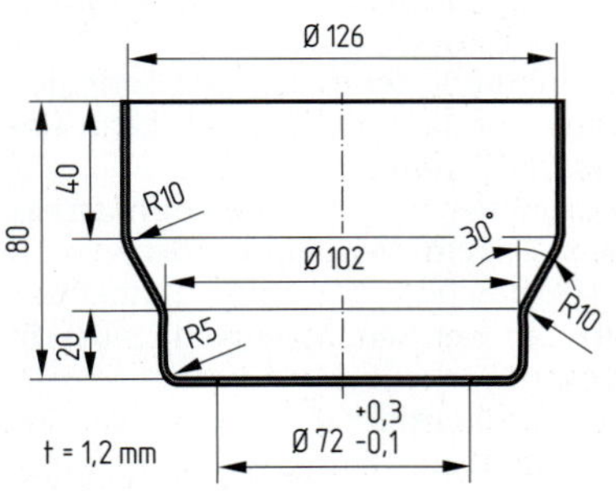

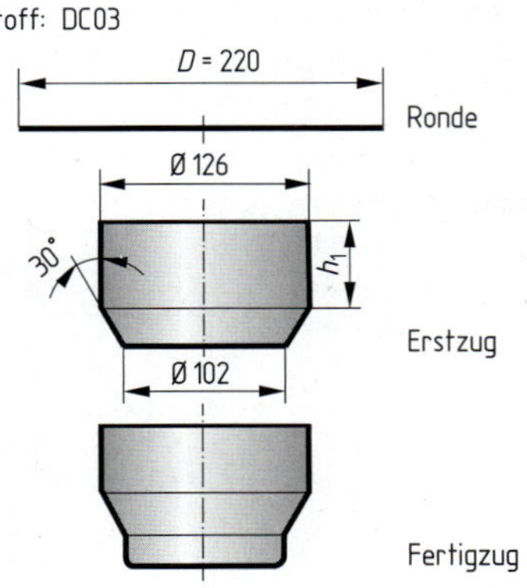

a) Berechnen Sie die vorhandenen Ziehverhältnisse der beiden Stufen.
b) Sind diese Ziehverhältnisse nach Tabellenbuch zulässig?
c) Wie groß ist das Gesamtziehverhältnis β_{ges}?
d) Rechnen Sie den erforderlichen Rondendurchmesser D, der sich aus der Fläche des Fertigteils ergibt, nach. Die Radien sind nicht zu berücksichtigen.
e) Berechnen Sie den kleinstmöglichen Radius am Ziehring für den Erstzug.
f) Welche Niederhalterkraft F_N wirkt beim Erstzug?
g) Welche Ziehkraft ist beim Erstzug aufzubringen?
h) Welche Lochkraft ist für die Innenkontur ø72 im Napfboden erforderlich?
i) Berechnen Sie die Höhe h_1. Gehen Sie dabei von einem Rondendurchmesser von 220 mm aus.
j) Berechnen Sie das Stempel- und Schneidplattenmaß für den Lochstempel ø72 bei einem Schneidplattendurchbruch ohne Freiwinkel.
k) Mit Normalschneiden erreicht man für Werkstoffe mit einer Zugfestigkeit unter 500 $\frac{N}{mm^2}$ Toleranzgrade von IT9, Ist die Toleranzangabe des Werkstücks mit dem Verfahren Normalschneiden erreichbar?

P14 Das Herstellen von Werkzeugen der Formentechnik – Spritzgießen

P14.1 Eine Abdeckung

Die abgebildete Abdeckung aus Polypropylen soll in einem Vierfach-Werkzeug hergestellt werden.

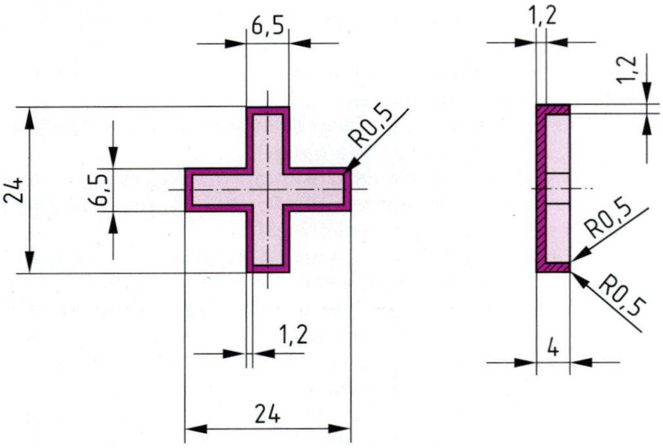

a) Welche Entformungsschräge α ist nach Tabelle sinnvoll?
b) Wie groß ist die Formschrägenbreite (Konizität) x?
c) Das Maß 24 darf nicht überschritten werden. Das Mindestmaß für die Höhe der Abdeckung beträgt 4 mm.
Für die nichttolerierten Maße gelten die Allgemeintoleranzen für Kunststoff-Formteile nach DIN ISO 20457.
Bestimmen Sie die Werkzeugmaße. Übernehmen Sie die Tabelle und tragen Sie für alle Maße die Ergebnisse ein.

Nennmaß	Toleranzart (A, B)	Toleranzgruppe		Artikelmaß mit Abmaß	Ausgangsmaß für die Berechnung	Maß am Werkzeug
		allgemein	Reihe 1			

Als Ausgangsmaß für die Berücksichtigung der Schwindung dient der Mittelwert des Artikelmaßes. Die Schwindung S beträgt 1,7 %.

d) Berechnen Sie die Zuhaltekraft F_z und die Auftriebskraft F_A, wenn für den Anguss 3,2 cm² berücksichtigt werden sollen. (Werkzeuginnendruck ≈ Spritzdruck).

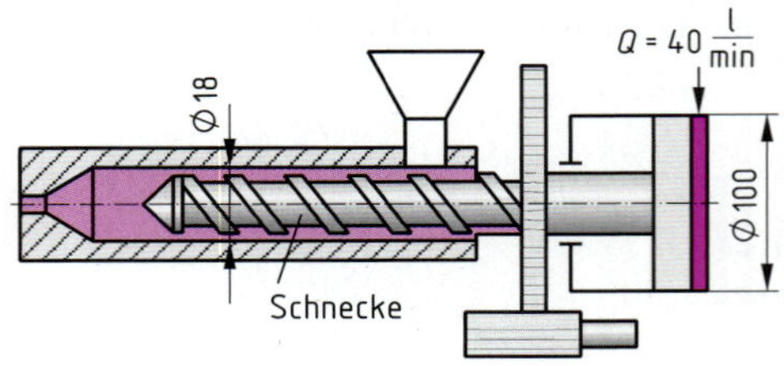

e) Die Skizze zeigt schematisch die Plastifizier- und Spritzeinheit der für die Herstellung der Abdeckung verwendeten Spritzgießmaschine. Wie groß ist beim Einspritzen die Kraft F auf die Schnecke?
f) Welcher Öldruck p ist dazu hinter der Schnecke erforderlich?
g) Mit welcher Geschwindigkeit v bewegt sich die Schnecke beim Einspritzen nach vorne?
h) Berechnen Sie das Spritzvolumen V, wenn für den Anguss 0,9 cm³ notwendig sind.
i) Berechnen Sie den Dosierweg l der Spritzgießmaschine.
j) Die Spritzgießmaschine ist mit einer vollhydraulischen Schließeinheit ausgestattet.

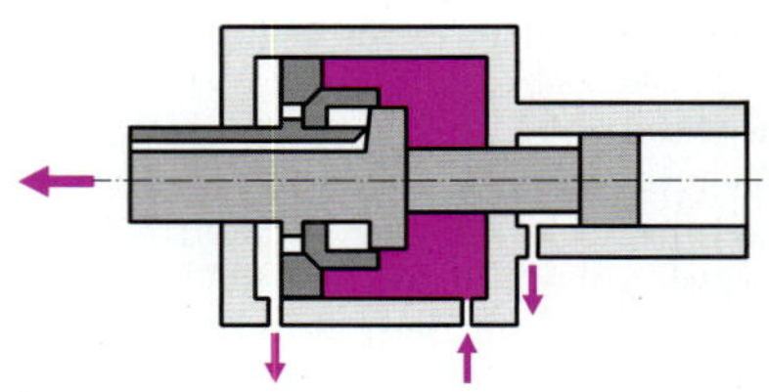

Wie groß muss die Kolbenringfläche A sein, um die berechnete Zuhaltekraft bei einem Druck von 90 bar zu erzeugen? Der Sicherheitsfaktor sei 1,25.

P14.2 Ein Anhänger

Der abgebildete Anhänger aus PS soll in einem Zweifach-Werkzeug hergestellt werden.

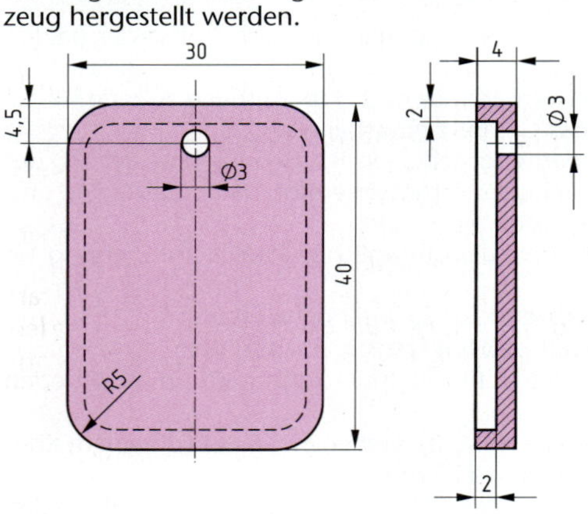

a) Bestimmen Sie für den Anhänger die in der Tabelle angegebenen Kenndaten, wenn Allgemeintoleranzen nach DIN ISO 20457 zugrunde gelegt werden.

Nennmaß	Toleranzart (A, B)	Toleranz-Gruppe allgemein	Artikelmaß mit Abmaß	Ausgangsmaß für die Berechnung

b) Berechnen Sie das Schwindmaß S in %, wenn die Werkstücklänge 40 mm im Werkzeug 40,61 mm hat (gerundet auf eine Stelle nach dem Komma).
c) Ermitteln Sie die übrigen Maße am Werkzeug.
d) Berechnen Sie das Volumen eines Spritzlings V (vereinfachte Rechnung – Radius als Ecke).
e) Welche Gewichtskraft F_G hat ein Anhänger?
f) Berechnen Sie die maximale Zuhaltekraft F_z, wenn der Spritzdruck bei PS zwischen 650 und 1550 bar liegen soll. Der Werkzeuginnendruck soll mit 60 % des maximalen Spritzdruckes angenommen werden. Für die Verteilerkanäle kann eine projizierte Fläche von 350 mm² angesetzt werden.
g) Berechnen Sie das Spritzvolumen V_{ges} für eine Formfüllung, wenn für das Angusssystem 1,7 cm³ benötigt werden.
h) Die verwendete Spritzgießmaschine hat einen Schneckendurchmesser von 25 mm. Um welchen Dosierweg l muss die Schnecke verschoben werden?
i) Eine Spritzgießmaschine arbeitet optimal, wenn das Verhältnis $\frac{l}{d}$ zwischen 1...3 liegt. Berechnen Sie das vorhandene Verhältnis.
j) Welche Ausformschräge ist für diesen Werkstoff zu empfehlen?
k) Nach Erfahrungswerten soll der Winkel α, unter dem die Formmasse in den Formhohlraum eingespritzt wird, 20 ... 50° betragen. Wie groß ist dieser Winkel des Tunnelangusses?

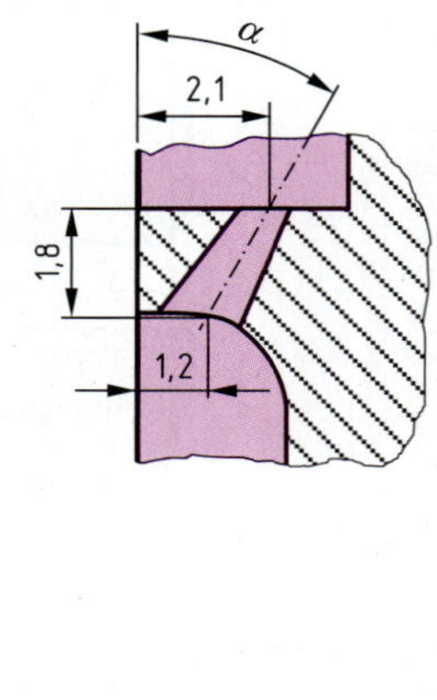

P15 Das Herstellen von Vorrichtungen

P15.1 Die Positionierung

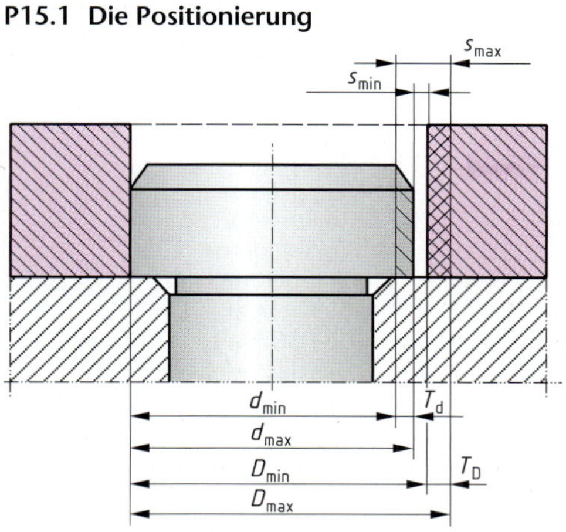

Es ist der Durchmesser *d* und dessen Abmaße eines runden Aufnahmebolzens zu ermitteln, wenn die Werkstückaufnahmebohrung $D = 20$ F7 ist. Es soll ein enger Laufsitz entsprechend H7/g6 eingehalten werden.

a) Ermitteln Sie die Abmaße der Aufnahmebohrung.
b) Welcher maximale Aufnahmebohrungsdurchmesser D_{max} ergibt sich daraus?
c) Bestimmen Sie den kleinsten Aufnahmebohrungsdurchmesser D_{min}.
d) Welche Toleranz T_D hat die Aufnahmebohrung?
e) Wie groß ist das vorgegebene Höchstspiel s_{max}?
f) Welches Mindestspiel s_{min} ist vorgeschrieben?
g) Wie groß ist der minimale Bolzendurchmesser d_{min}?
h) Wie groß ist der maximale Bolzendurchmesser d_{max}?
i) Bestimmen Sie mit dem Tabellenbuch ein Toleranzfeld mit Toleranzgrad (Toleranzklasse), die den Abmaßen am nächsten kommt.
j) Geben Sie das komplette Passungsmaß an.

P15.2 Die Positioniergenauigkeit eines Prismas

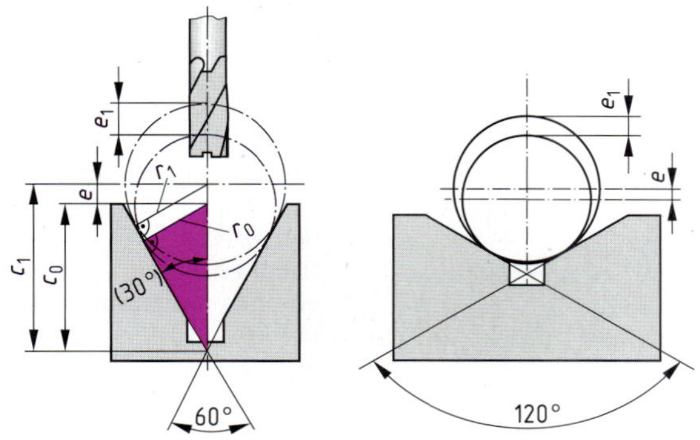

In einer Welle mit $d = 100$h11 sollen Nuten gefräst werden. Zur Positionierung werden sie in einem Prisma aufgenommen. Dafür sind einige Berechnungen durchzuführen.

a) Welche Toleranz *T* hat die Welle?
b) Wie groß ist der große Radius r_1 und der kleine Radius r_0 der Welle?
c) Berechnen Sie die Hilfsmaße c_0 und c_1 für beide Prismenwinkel.
d) Ermitteln Sie den Mittenversatz *e* für beide Prismen.
e) Wie groß ist der Abstand e_1?
f) Welcher Prismenwinkel ist bezüglich der Positioniergenauigkeit am besten?
g) In die Welle soll eine Passfedernut gefräst werden. Welche Nuttiefe t_1 ist für eine Passfeder DIN 6885 erforderlich?
h) Ist die Toleranz der Wellennuttiefe für alle Wellentoleranzen mit dem Prismenwinkel von 60° ausreichend?
i) Für die Verschiebung e_1 ergibt sich folgende Formel:

$$e_1 = \frac{T \cdot \left(1 + \sin\frac{\alpha}{2}\right)}{2 \cdot \sin\frac{\alpha}{2}}$$

Berechnen Sie auch für die Winkel 90° und 150° den Abstand e_1.

P15.3 Ein Spanneisen

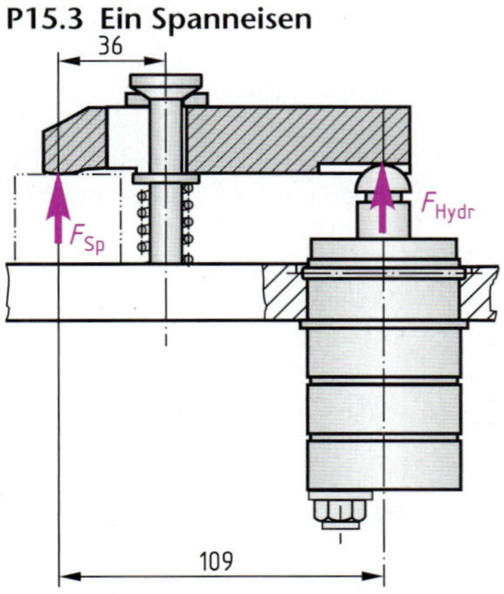

Das abgebildete Spanneisen (E335) spannt ein Werkstück (S235JR) mit F_{Sp} = 15400 N.

a) Wie groß ist die erforderliche Kraft F_{Hydr} des Hydraulikzylinders?
b) Bestimmen Sie den Durchmesser *d* des Hydraulikzylinders, wenn mit einem Druck von 63 bar gearbeitet wird. Legen Sie den nächstgrößeren Durchmesser nach Normzahlreihe R10 fest.
c) Welche gesamte Kraft F_{Schr} wirkt dabei auf die Schraube?
d) Gewählt wird eine Spannschraube M16. Welche Zugspannung σ_z wirkt dabei im Gewindebereich?
e) Welche Festigkeitsklasse empfehlen Sie, wenn ein Sicherheitsfaktor $\upsilon = 4$ eingehalten werden muss?
f) Während der Spannung wirkt eine waagerechte Zerspankraft auf das Werkstück, die durch die Reibkraft gehalten werden muss. Wie groß ist die maximale Reibkraft zwischen Spanneisen und Werkstück?

P15.4 Eine Fräsvorrichtung mit Druckausgleich

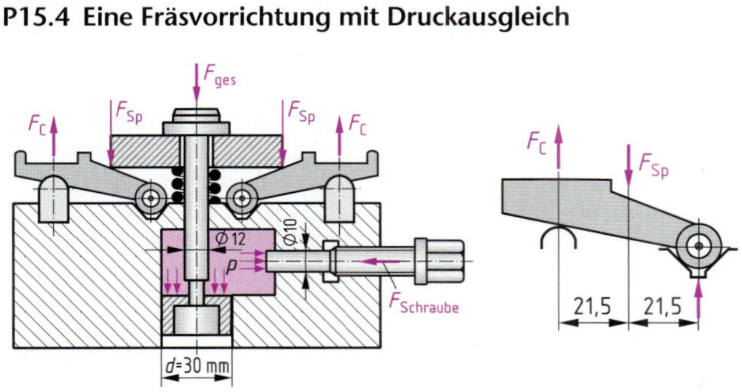

Die Nut eines Feingussteiles soll in einer Fräsvorrichtung bearbeitet werden. Bei der Fräsbearbeitung entsteht eine maximale Kraftkomponente $F_C = 700$ N.

a) Berechnen Sie die Spannkraft F_{Sp} für ein Werkstück, damit das Werkstück nicht abhebt.
b) Welche gesamte Kraft F_{ges} ist zum Spannen mindestens erforderlich, wenn die Druckfeder eine Federkraft von $F_F = 800$ N hat und aus Sicherheitsgründen die 8-fache Spannkraft wirken soll?
c) Wie groß ist der erforderliche Druck *p* im plastischen Medium, um die Kraft F_{ges} aufzubringen?
d) Die Vierkantschraube dient dazu, den Druck *p* im plastischen Medium zu erzeugen. Wie groß ist die Schraubenkraft $F_{Schraube}$?
e) Welche Handkraft F_{Hand} ist zum Drehen der Vierkantschraube M12 notwendig, wenn ein Hebelarm mit 10-fachem Nenndurchmesser angesetzt wird?

Sachregister